交通行业技师培训教材

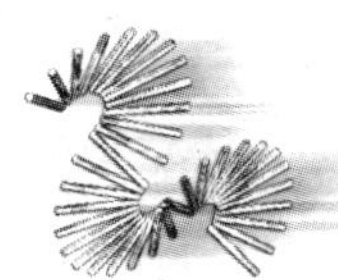

汽车指导驾驶员

培训教材

王晓林　主编

科技教育司
交通部 公　路　司 审定
人事劳动司

人民交通出版社

内 容 提 要

本书是交通部组织编审的《交通行业技师培训教材》丛书之一。全书共分十章，内容包括：现代交通管理与汽车驾驶、汽车驾驶室和车厢的装备及仪表系统、汽车发动机电子控制燃油喷射系统、汽车柴油机燃料供给系、汽车自动变速器、汽车防滑控制系统、汽车转向系和行驶系、汽车安全防护系统、车辆技术管理、现代汽车的检测，并附有复习题。

图书在版编目（CIP）数据

汽车指导驾驶员培训教材／王晓林主编. --北京：人民交通出版社，2002.7（重印 2008.2）

ISBN 978-7-114-04344-4

Ⅰ.汽... Ⅱ.王... Ⅲ.汽车-驾驶员-技术培训-教材 Ⅳ.U471.3

中国版本图书馆 CIP 数据核字（2002）第 042877 号

交通行业技师培训教材

汽车指导驾驶员培训教材

交通部科技教育司、公路司、人事劳动司 审定

王晓林 主编

正文设计：孙立宁 责任校对：戴瑞萍 责任印制：张 恺

人民交通出版社出版发行

（100011 北京市朝阳区安定门外外馆斜街 3 号）

各地新华书店经销

北京密东印刷有限公司印刷

开本：787×1092 1/16 印张：23 字数：569 千

2002 年 7 月 第 1 版

2013 年 7 月 第 1 版 第 16 次印刷

印数：60001-63000 册 定价：39.00 元

ISBN 978-7-114-04344-4

《交通行业技师培训教材》编审组

组　长：陈毕伍

副组长：费　淳、王水平、李祖平、李兆良、杜　颖

成　员：（按姓氏笔画为序）

王吉江、王振军、朱　军、任晓型、刘　革、
刘筱衡、江宗法、李吉栓、何春生、孟　秋、
渠　桦

《汽车指导驾驶员培训教材》编写组成员名单

主　　编：王晓林

副 主 编：郜学文、蔺建煌

编写人员：白德恭、毕佘则、柴慧理、高世峰、郭俊雄、
郭　旺、郭亚山、李文耀、任成尧、宋建军、
王增林、徐利民、杨　毅、赵启文

统　　稿：席建华、白德恭、崔载发

前　言

随着道路运输业和现代汽车新技术的快速发展，对交通行业各工种技师的素质提出了更高要求。为了提高交通行业汽车驾驶和维修人员的技术素质和服务质量，规范交通行业技师培训考核工作，交通部科技教育司、公路司和人事劳动司组织有关专家，按照交通部、原劳动人事部《关于印发〈交通行业实行技师聘任制的实施意见〉的通知》［（88）交劳字152号］的要求，编写了《交通行业技师培训教材》丛书。在编写过程中，教材内容注重了新车型、新技术、专业理论与实际操作技能的教学，重点培训各工种高级工解决生产工作中的疑难问题和综合关键性技术难题的能力，提高道路运输业的服务质量和生产、经济效益。在编写方式上，通过深入浅出、图文并茂、模块式教学和有针对性车型的实际操作培训，以期达到通过辅导能自学看懂教材内容的目的。该套教材内容系统完整，新技术突出实用，难度适中，既有汽车技术培训的超前性，又兼顾了全国各地汽车使用维修水平存在差异的特点，应用该套教材能够较好的满足交通行业汽车指导驾驶员和维修技师培训的需要。

2001年7月和2002年4月，交通部科技教育司、公路司和人事劳动司组织专家分别对《交通行业技师培训教材》的编写大纲和教材初稿进行了审定，审定专家组认为：《交通行业技师培训教材》的编写，紧密结合我国现阶段交通行业各工种技师的生产实际和汽车新技术应用及发展现状，从提高学员专业理论知识、实际操作技能、分析和解决生产过程中实际问题的能力入手，实用性和可操作性强，教材内容丰富，知识覆盖面较广，符合《交通行业实行技师聘任制的实施意见》中的考核标准要求，可以作为交通行业相应工种的技师培训专用教材。

《汽车指导驾驶员培训教材》是交通部组织编审的《交通行业技师培训教材》丛书之一。本书共分十章，内容包括：现代交通管理与汽车驾驶、汽车驾驶室和车厢的装备及仪表系统、汽车发动机电子控制燃油喷射系统、汽车柴油机燃料供给系、汽车自动变速器、汽车防滑控制系统、汽车转向系和行驶系、汽车安全防护系统、车辆技术管理、现代汽车的检测，并附有复习题。通过培训，学员应成为具有良好职业道德，具有在各种道路和气候条件下的安全驾驶技能，基本掌握现代汽车新技术、新材料和维修新工艺，掌握车队技术管理常识，能解决常用车型汽车维护及故障诊断与排除中的疑难问题，能指导中、高级汽车驾驶员解决工作中遇到的各种技术难题，具备汽车指导驾驶员资格的合格人材。

本书由山西省交通厅王晓林主编，郜学文、蔺建煌任副主编，参加编写的人员有：白德恭、毕余则、柴慧理、高世峰、郭俊雄、郭旺、郭亚山、李文耀、任成尧、宋建军、王增林、徐利民、杨毅、赵启文等，全书由席建华、白德恭、崔载发统稿，由安徽省交通厅运管局江宗法、张韵秋、胡云正同志审定。在编写过程中还得到了韩世钿、杨锡光等专家的帮助和指导，在此表示感谢。由于编写时间仓促，加之编写水平有限，书中难免存在错误和不妥之处，为使该教材不断完善，恳求读者批评指正。

全国各省交通厅运管局组织专家对编写大纲进行了讨论，提出了许多宝贵的修改意见和建议。

《交通行业技师培训教材》编审组

2002年6月

目　　录

第一章　现代交通管理与汽车驾驶

第一节　现代道路条件下的汽车驾驶

一、高速公路汽车驾驶

高速公路具有车速高、通行能力大、行车安全、运输成本低等特点，已成为现代交通发展的主流。由于高速公路在我国通车道路里程中所占比例还较小，许多驾驶员对高速公路上的行驶特点不够了解，重大交通事故时有发生。本节就高速公路行车规定和车辆在高速运行时的有关特性作简要介绍，探讨高速公路上的安全驾驶技术。

1. 高速公路行车特征

1）驾驶员视觉、意识特征

在驾驶过程中，“人—车—路”系统失去均衡或不安定时，就可能发生交通事故。这3个因素中，最不安定的因素是人。高速公路与一般公路相比，由于行车条件改善、行车干扰减少、汽车速度提高，给驾驶员的心理活动带来了一系列不良的影响。如高速行驶使驾驶员的空间认知能力减弱，对事物大小、动静等感知不良；高速行驶中，驾驶员的速度感变得迟钝，注意力转移困难，情绪波动较大，容易疲劳，操作反应的及时性、准确性下降等。因此，掌握高速条件下行驶时驾驶员的视觉、意识特征，对确保安全行车是十分有益的。

（1）驾驶员视觉特征

在驾驶过程中，信息收集是正确驾驶车辆的前提。据分析，各种感官中，眼睛是获取信息的主要器官，占80%左右，对驾驶操纵的影响最大。视觉特征除与人体眼睛器官的健康状况有关外，在行驶中影响其变化的重要因素就是行车速度。随着道路条件的改善，汽车行驶速度的提高，这一影响显得尤为突出，主要表现为以下几个方面：

①行车视野变窄。视野指人头部不转动、两眼注视正前方一点的条件下，两眼所能够看到的空间范围。通常人的视野范围，水平方向约为160°～180°，人眼的视野可用视野计进行检查。行车中为了保证安全，需从外界尽可能多地收集各种信息，驾驶员的视野越宽阔越好。

当驾驶员驾驶汽车高速行驶时，由于眼睛注视点变远和距汽车较近的物体映像在人眼视网膜上停留的时间太短，人眼来不及仔细分辨物体的细节。研究表明，引起人感觉的刺激物不仅要有一定的强度，而且还需要持续一定的时间。如果刺激的时间非常短，人的眼睛就无法感受到。因此，随着车速的提高，驾驶员眼睛的有效视野会越来越窄。视野随车速变化情况如表1-1所示。

不同车速下的视野范围　　　　表1-1

汽车行驶速度（km/h）	35	55	65	75	85	200
视野范围（°）	100	75	70	65	60	40

随着汽车行驶速度的提高，行车视野范围变小，驾驶员对公路两侧的情况不易看清，感觉就像在一条隧道内行驶一样，容易使驾驶员处于紧张状态，加之单调、长距离及有节奏的噪声等影响，驾驶员极易疲劳。

②视认距离缩短。在汽车行驶中，动视力的影响表现在辨别目标物体所需的距离上。速度越高，视力降低越大。一个静视力为1.4的驾驶员，车辆以80km/h的速度行驶时，其视力将下降到0.7左右，若车速达100km/h时，其视力仅有0.5左右。因此，在高速公路行驶时要特别注意。由于视力随车速的增加而降低，使驾驶员视认距离变短。当车辆以60km/h的速度行驶时，驾驶员能看清240m远的交通标志，若车速提高到80km/h时，160m远的标志都看不清，视认距离降低了33%左右，这对行车安全是很不利的。从安全角度讲，高速行车要保证驾驶员及早发现前方道路有障碍，有足够的时间做出反应，才能保证行车安全。然而，车速的提高，减少了目标的视认距离，当驾驶员发现情况后，没有充足的时间去处理，这与安全行车的要求是相矛盾的。

③速度判断错觉。有的驾驶员，只根据周围景物的移动等来判断汽车的行驶速度，这是很不准确的，常常有明显的倾向性，特别是在高速、长距离行驶时更显如此。引起驾驶员速度错觉的视觉因素主要是连续对比感觉和适应性的影响。国外曾对汽车驾驶员做过“车速减半”的试验，即首先让驾驶员以车速表为准，将车速提高到某一规定值，然后要求驾驶员立即凭自己的主观感觉，将车速减少到此时车速的一半，其试验结果如表1-2所示。

由表1-2可以看出，当车速变化时，驾驶员主观感觉到的速度差异，总比实际速度差异大，且随着汽车行驶速度的增加，速度判断误差越来越大。

同样，适应性决定了对外界变化情况比较敏感，而对缺少变化的刺激感觉迟钝。对驾驶员在车速100km/h、行驶不同距离条件下由主观判断减速至60km/h时，对车辆实际速度进行测试，其结果如表1-3所示。

车速减半试验结果 表1-2

规定车速(km/h)	32	48	64	80	96
减半车速(km/h)	16	24	32	40	48
实际车速(km/h)	22.1	33.8	43.7	52.6	61.3
判断误差(km/h)	6.1	9.8	11.7	12.6	13.3

车速判断试验结果 表1-3

行驶距离	实测车速(km/h)	判断误差(km/h)
5km后减速	66.7	6.7
30km后减速	75.7	15.7
60km后减速	80.1	20.1

表1-3数据表明，由于适应性的影响，减速前等速行驶距离越长，驾驶员的速度减弱越强，车速判断的误差也就越大。

由于速度错觉的影响，当驾驶员由一般道路刚刚驶入高速公路时，感到车速增加很多，行驶速度很快，但连续行驶一般时间以后，高速感渐渐淡薄，觉得车速好像并不很快，到高速公路出口匝道处减速时，极易出现对速度估计过低的倾向，即自以为已经降低到限制车速了，但实际却大大超过了限制车速。因此，常常因速度判断误差，在出口匝道处，造成交通事故。

④距离判断错觉。行车中驾驶员是通过判断前方障碍物的距离，来采取安全行车措施的。而实际上行车中进行距离判断是有误差的。通过对超车的研究表明，驾驶员一般都会低估超车最小距离，估计误差范围是实际超车距离的20%～50%，且随着车速的提高而增大。图1-1为按超车过程设计的一个模拟试验，在试验中，改变相对行驶两车的速度，要求自车驾驶员作

出判断，如果两车发生正面碰撞，碰撞点将在何处。试验结果表明，不论两车行驶速度如何改变，自车驾驶员总认为将在两车中间位置相撞。这说明驾驶员对前方来车的距离，速度难以做出正确的判断，而且对方车速越高，判断误差越大。很多因超车而造成的迎面碰撞事故，多是由驾驶员对距离判断错误所造成的。

(2)驾驶员的意识特征

驾驶员意识特征主要表现在其意识水平的高低，也即驾驶员头脑的清醒程度，这对及时准确地收集行驶信息，正确地分析判断、处理行车情况有重要的意义。表 1-4 给出了意识水平与工作可靠性的关系。驾驶员的意识水平受到多方面因素的影响，如身体状况、道路环境、车辆状况等。在高速公路上，驾驶员不必担心平面交叉或混合交通的横向干扰，精神比一般公路上舒畅得多。但由于行车中外界刺激信息减少，行车速度的提高，对驾驶员的意识水平将产生一定的影响，主要表现在以下两个方面。

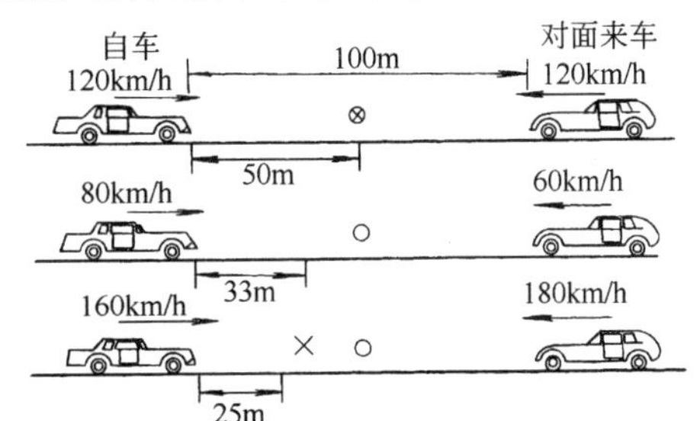

图 1-1　距离判断模拟试验

意识水平与工作可靠性的关系　　表 1-4

意识状态	生理状态	工作可靠性
无意识、失神	睡眠、熟睡	0
意识昏沉(低意识)	瞌睡、疲倦	0.9 以下
正常(放松)	安静、正常活动	0.99～0.9999
正常(积极)	积极活动	0.99999 以上
过意识	慌乱、惊慌	0.9 以下

①无意识占有现象。注意是心理活动对一定事物的集中和指向。正是由于这种集中和指向，驾驶员才能够清楚地收集和处理各种交通信息，做出正确的判断，采取相应的动作和措施。但在驾驶过程中若注意过于集中指向某一点，就会忽视其他方面，甚至对其他交通情况视而不见，这对交通安全极为不利。

高速公路上，当交通流量较大时，车流就如渠水，以一定的速度顺畅地行驶。这时，在行车道上的驾驶员大都捕捉前方容易看到的大型车辆作为目标集中点，并保持一定的距离，对旁边超车道上的车辆几乎置之不理。图 1-2 就是一种典型的情况，图中大型车 B 的驾驶员跳过小型车 a、b，只注视前方的大型车 A，A 在 B 驾驶员意识中占据了绝对位置，对小车 a、b 的存在几乎视而不见，当 A 车一旦因前方道路条件允许，突然加速行驶时，B 车很容易无意识地也踩下加速踏板加速，结果很容易与并没有加速的 a、b 车相撞。

此外，驾驶员在高速行驶时，视野变窄和注视点变远也可引起以上现象的发生。在平坦直线的高速公路上，发生的连续碰撞事故，往往是由于这些无意识占有现象而引起的。

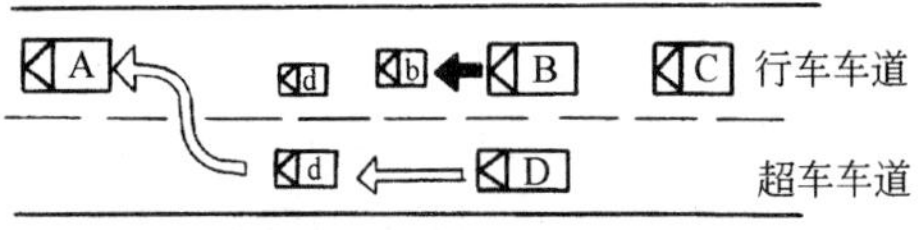

图 1-2　无意识连锁反应

②意识水平低沉。高速公路没有混合交通，车辆来回穿插少，一方面避免了大量的交通事故，但另一方面驾驶员在行车中，因在其视野范围内，只有规律行驶的车辆、各种路面标线、标志等，加之长时间的单调行驶，驾驶员中枢神经缺少刺激，逐渐进入抑制状态；同样，以一定速度运转的发动机噪声，轮胎与路面的摩擦声，都是有节奏的，能使人的听觉灵敏度降低；行驶中有

节奏的振动也起到了催眠作用。这便使驾驶员随着驾驶时间的增长，大脑逐渐进入近乎打瞌睡的“机械”状态。这时，驾驶员意识模糊，只是机械地握着转向盘，跟着前方的目标行驶，一旦遇到紧急情况，即使驾驶员已经发现了这种紧急状态，但正常的认识—判断—动作的意识过程都恢复不了，或进展极为迟缓，判断中止，不知不觉地造成了事故。

清除无意识占有现象和意识水平低沉的问题，关键是要合理地分配注意力。有经验的驾驶员是把少量注意分配在驾驶任务上，而把多数注意分配到非驾驶任务上，如道路状况，各种车辆等，以更多地收集与行车有关的信息。驾驶员在高速公路上行驶时，不能把注意集中到某辆车上，作为目标参照物而放心地行驶，而应该有意识地注意周围情况，接受一些环境的刺激，始终保证清醒的状态。

2）车辆行驶特征

(1)制动停车距离延长

分析汽车制动过程可知，当驾驶员接受到制动信息以后，制动过程共经历了5个阶段，即驾驶员反应过程 t_0，制动装置反应过程 t_1，制动力增长时间 t_2，持续制动过程 t_3 和制动解除过程 t_4，如图1-3所示。

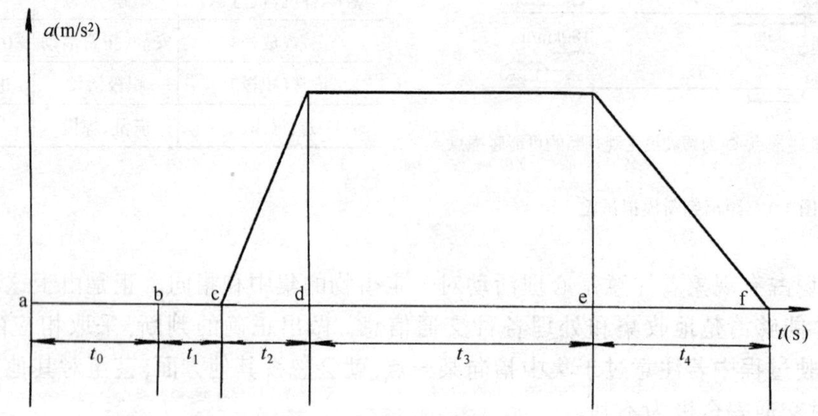

图1-3　汽车制动过程

从制动过程可以看出，在实际制动停车过程中，从驾驶员发现危险情况采取制动措施，到完全停车，需经历 $t_0 \sim t_3$ 四段时间。在这四段时间里汽车所运行的距离称为制动停车距离。制动停车距离的长短对行车安全是至关重要的，它可分为制动反应距离和制动距离两个部分。

①制动反应距离是指汽车在驾驶员的反应时间内所行驶的距离，它是行驶速度与反应时间的乘积。因此，反应距离的长短与汽车行驶速度和反应时间成正比关系。据测试，驾驶员的反应时间为0.3～1s，通常为0.6～0.8s，从绝对时间看，反应时间好像不长，但对高速行驶的汽车来说，影响甚大。假如，驾驶员反应时间为0.6s，当车速为50km/h时，反应时间内汽车行驶约8.33m，当车速达到100km/h时，则反应时间内汽车行驶距离达16.66m。这么长的行驶距离，使发生事故的可能性大为增加。

值得注意的是，驾驶员的反应时间除与年龄、情绪、身体疲劳程度、驾驶技术熟练程度等有关外，还与汽车行驶速度有关，即汽车的速度越快，驾驶员的反应时间越长。据测试，当车速为50km/h以下时，反应时间为0.6s左右；车速增加到80km/h时，反应时间增加到1.3s左右。因此可见，随着行驶速度的提高，驾驶员反应时间的延长，进一步增加了制动反应距离的长度，对安全行车构成了很大的威胁。

②制动距离是从驾驶员的右脚踏上制动踏板起到汽车停住为止，也就是 t_1、t_2、t_3 时间内汽车所行驶的距离之和。制动距离可用下式计算：

$$S_Z = S_1 + S_2 + S_3 = \frac{v_0}{3.6}(t_1 + t_2/2) + \frac{v_0^2}{254\varphi}$$

式中：S_Z——汽车制动距离，m；

S_1、S_2、S_3——对应 t_1、t_2、t_3 时间内汽车所走的距离，m；

v_0——开始制动时汽车的行驶速度，km/h；

φ——道路附着系数。

由上列公式可以看出，制动距离的长短主要取决于行驶速度、道路附着系数及制动装置结构等，其中制动前汽车行驶速度影响最大。不同车速和不同路面情况下的汽车制动距离如表1-5所示。

不同车速和路面情况下的制动距离　　　表 1-5

车速(km/h) / 制动距离(m) / 路面条件	50	60	70	80	90	100	110
干沥青混凝土路面($\varphi=0.8$)	12.3	17.8	24	31.5	39.9	49.2	59.5
湿沥青混凝土路面($\varphi=0.4$)	24.6	35.5	48.2	63	79.7	98.4	119.1
冰雪路面($\varphi=0.2$)	49.2	71	96.5	126.0	150.0	196.9	238.2

从上述分析可以看出，高速公路行车，由于车速的增加，制动反应距离、制动距离均增加，尤其是制动距离与速度平方近似成正比时，增加更为显著，这将使制动停车距离大幅度地延长，汽车行驶安全性大大下降。因此，驾驶员高速行车时，必须考虑到这一变化，充分估计到车辆制动停车距离，遇有情况，提前减速采取措施，以免发生交通事故。

(2)汽车操纵稳定性下降

汽车在行驶过程中，由于道路和交通环境的变化，免不了要作曲线运动。汽车作曲线运动必然要产生离心力，由于离心力的作用，在一定的条件下，汽车就有发生侧滑、横向翻倾的可能性，车辆的操纵稳定性将下降，影响车辆的正常行驶。

离心力的大小可用下式计算：

$$F_c = mv^2/R$$

式中：F_c——汽车转弯行驶时所受离心力，N；

v——汽车行驶速度，m/s；

m——汽车质量，kg；

R——汽车转弯半径，m。

从上列公式可以看出，影响离心力的主要因素是汽车行驶速度、汽车质量和转弯半径。在一定条件下，如汽车装载质量和道路确定，可认为汽车质量和转弯半径是定值，汽车行驶速度则是关键因素。对于给定了道路曲率半径、并已明确了路面的横向坡度和道路附着系数的路段，其允许最高行驶速度为：

$$v = \sqrt{127R(0.6\varphi \pm i)}$$

式中：v——允许行驶速度；

R——弯道曲率半径；

φ——道路附着系数；

i——转弯处的道路横向坡度。

一般情况下，高速公路在设计上可以保证行车速度要求，但在特殊条件下，如遇有冰雪，道路附着系数下降，则允许行驶速度将大大降低，这一点应特别注意。例如，汽车在重丘、遇有冰雪的高速公路上行驶，$R=300\text{m}$、$\varphi=0.2$、$i=2\%$，则允许最高行驶速度为：

$$\begin{aligned} v &= \sqrt{127R(0.6\varphi \pm i)} \\ &= \sqrt{127 \times 300 \times (0.6 \times 0.2 + 0.02)} \\ &\approx 73.03(\text{km/h}) \end{aligned}$$

综上分析，驾驶员在高速公路上行车时要注意：不能突然过大地急转转向盘，车速达100km/h以上时，操作转向盘的转动量如以手的移动距离来衡量，以转动二指宽左右（相当于4.25cm）的距离为宜，最多不超过三指宽；严格按照高速公路限制的速度转弯；遇雨、雪天气行车时转弯要格外小心。提前处理情况，尽量避免紧急制动以防止侧滑甩尾现象。从而提高汽车的操纵稳定性。

(3)轮胎性能下降

①轮胎发热严重。由气体状态方程式可知，轮胎气压和压缩空气温度存在的关系是：

$$pV = mRT$$

式中：p——轮胎气压；

V——气体体积；

T——轮胎内部温度；

R——气体常数；

m——轮胎内压缩空气质量。

行驶中轮胎要连续不断地产生伸缩变形，橡胶与帘线、帘线与帘线、外胎及胎面与地面等均会发生摩擦，生成大量的热，而轮胎材料主要是橡胶和化学纤维，是热的不良导体，所以热量难以散发，这就使得胎体内温度逐渐上升。由前述关系可以看出，由于胎体温度升高，导致轮胎气压增大，橡胶性能因高温而下降。因此，当胎体温度达到一定时，气压超过橡胶材料的极限强度，必然引轮胎损坏和加速轮胎老化。根据实验可知，轮胎变形、摩擦生热引起轮胎内温度变化主要与轮胎的负荷和旋转速度有关，即：

$$T \propto pv$$

式中：T——轮胎内部温度；

p——轮胎负荷；

v——汽车行驶速度。

由此可见，随着汽车行驶速度的 v 增加，轮胎内部温度 T 上升，轮胎气压 p 增高，轮胎强度下降，轮胎损坏的可能性加大，汽车失控引发交通事故的可能性提高。

②轮胎水楔效应。轮胎水楔效应即通常所说的水膜滑溜现象。当汽车在具有一定水膜厚度的路面上行驶时，由于轮胎的高速旋转和积水惯性作用，未能及时排净轮胎前面积水，轮胎与地面不能直接接触，从而形成了一个水楔，如图1-4所示。

水的动压作用结果，轮胎可以全浮在水面上打滑，从而使得汽车制动距离增长，前轮不能承受侧向力的作用，车辆无法操纵控制，在需改变行驶方向时，即使是很缓慢的弯道也将无法通过。

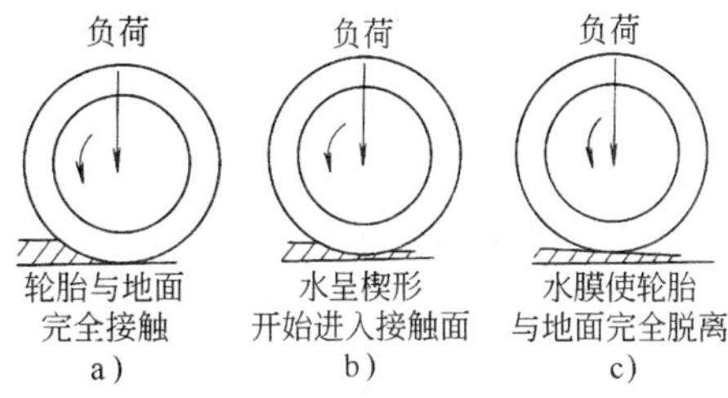

图 1-4　水膜滑溜现象

水楔效应的产生具有一定的临界速度，临界速度的大小取决于水膜厚度、轮胎花纹沟槽的深度和气压，如表 1-6、表 1-7 所示。

2. 高速公路安全行驶

1）高速公路行车前准备

（1）制定行车计划

不同水膜厚度下的临界车速 表 1-6

水膜厚度（mm）		2	4	6	8
临界车速（km/h）	新胎	120	110	100	90
	花纹磨秃胎	80	80	80	80

不同气压条件下的临界车速 表 1-7

车 辆 类 型	轿 车	载货汽车、客车
轮胎气压（kPa）	147～196	343～588
临界车速（km/h）	73～84	111～145

驾驶员应根据任务、时间、行驶距离和路况，制定好合理的行车计划。

①确定行驶路线。驾驶员应翻阅行驶路线图，或向熟悉道路情况的驾驶员询问，弄清高速公路的布置情况，如出入口分布与其他公路的连接、收费的方式等，确定最佳驶入口和驶出口，以防止行车产生迂回等，从而减少行车时间，降低运输成本，提高经济效益。

②安排好了出发时间和中途休息点。驾驶员应事先熟悉高速公路沿途服务设施分布情况，根据行驶里程、行车时速等，安排好出发时间和途中休息点，以保证自身充沛的体力和精力，及正常的反应水平，正确地驾驶操纵汽车，适应道路交通的需要。

③熟悉沿途交通状况。驾驶员行车前有一定的思想准备，可克制急躁情绪，采取预见性措施等。如沿途交通状况，交通流量大小、分布状况，沿途加油、停车、维修等服务设施的分布情况。

（2）检查车辆技术状况

为了保证自己和他人的安全，对各方汽车行驶不产生影响，行车前检查车况是驾驶员义不容辞的责任，驾驶员要养成良好的习惯，做好行车前的检查工作。

①制动装置主要检查的内容是：制动距离是否符合车型要求；左右制动印痕是否一致，制动是否跑偏，制动是否灵敏，踏板自由行程是否符合车型要求，驻车制动器工作是否可靠等；制动气压、液压是否符合安全行车要求，制动管路有无渗漏现象，液压制动的制动液是否充足，气压制动的气泵工作是否正常，传动带松紧度是否适宜，有无损伤等。

②转向装置主要检查内容有：转向盘转动是否灵活，有无沉重、发卡现象，转向盘自由行程是否符合安全行车的要求；各部转向传动机构连接是否可靠；具有液压助力系统的汽车，液压管路有无渗漏现象。

③传动及行车装置主要检查内容有：传动系各部件连接是否可靠，紧固螺栓有无松动；轮胎工作状况是否良好，气压是否符合标准，有无裂纹、损坏、异常磨损，并装双胎间是否有石块等。

④灯光、信号装置主要检查内容有：各种指示信号灯工作是否可靠，如转向、制动信号等；车内各指示仪表的工作状况，如制动压力表、车速表、水温表、油压表、燃油表等；各种照明灯光工作是否可靠等。

⑤高速公路行车还应注意以下问题：发动机冷却液、润滑油加注是否充足，系统工作是否可靠，燃油加注是否充足。

(3)检查货物、人员乘载情况

货物装载直接影响汽车行驶中产生的制动力、附着力、离心力等的大小，对汽车操纵稳定性有很大影响；人员的乘载情况，则直接影响到乘客的安危。因此，除检查载乘人数及货物装载长度、高度、宽度外，还应注意以下问题：货物捆绑是否牢固；货物装载是否均匀，特别是装货物必须紧靠车厢前端，不能留有空隙；乘员座椅固定是否可靠，按规定使用安全带的座位，安全带安装是否齐全等。

(4)准备好驾驶员行车必须物品

驾驶员应根据行程远近，行车要求等，做好以下准备工作：驾驶证、行驶证、通行证等必须携带齐全，准备好必要的途中饮水和食品等；准备好高速公路通行费、通行票等；保证行车前的充分的睡眠、休息好。

2)高速公路安全行驶

(1)在收费口附近的注意事项

在高速公路收费口附近，车速有时降不下来，且驾驶员有争道抢先缴费的动机等原因，是低速碰撞的多发区域。因此，驾驶员在驾车进入收费口及离开收费口驶向入口匝道的过程中，必须注意以下事项：

①由一般道路驶向高速公路收费口时要限速(一般为 40km/h)；

②事先作好交费准备，以免在收费口处忙乱，既耽误时间，又容易出事；

③收费口处往往设有交通情报板，介绍路上交通概况或天气变化消息。进入收费口前应予以注意；

④收费处设有若干收费口，根据各收费口上的信号指示及车辆多少，提前选好收费口，然后径直向选定的收费口驶去，接近收费口时要充分减低车速；

⑤收费口前不可临时改变行驶路线或超车、插队。已经到达某一收费口后，不要再改换其他收费口，否则影响收费口前的交通秩序，容易引起事故(图 1-5)；

⑥进入收费口后，要在收费窗口处把车窗对正，将车停稳，办完交费手续后迅速驶离；

⑦通过收费口后，要根据指路标志和自己的目的地认准行驶方向。

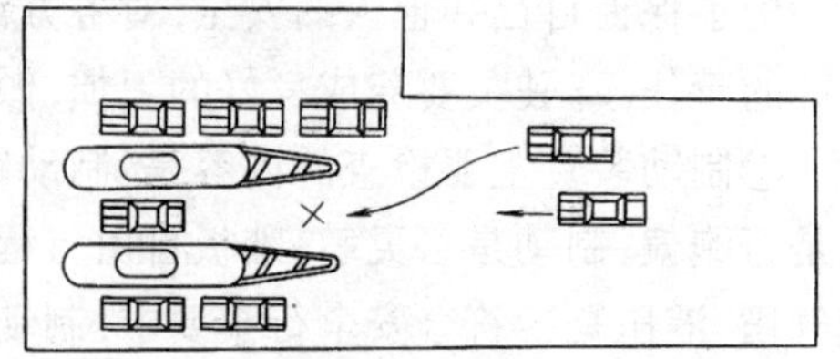

图 1-5 在收费口前不可临时改变行车路线

(2)通过入口匝道

安全进入入口匝道以后，仍然要限制车速(一般为 40km/h)。匝道是一段通向高速公路干道的曲线通道。有些入口匝道设计成特殊的回旋曲线线型，这种线型的匝道越接近干道曲率半径越小，也就是弯道越来越急，如图 1-6 所示。如果在匝道上车速太快，当接近干道时(例如图中的 B 点位置)就会感到转弯困难，甚至有驶出路外的危险。这时若采取制动措施也很危险。最好的行驶方法是行驶到图中 A 点位置时适当减低车速，到达 B 点位置再开始加速，并继续转动转向盘进入主干道行驶。

(3)由加速车道至主车道

由入口匝道驶入干道后，绝不可立即转入主车道。必须预先在加速车道上使车辆加速到接近规定速度后，才能转入主车道行驶。由加速车道至主车道的行驶过程一般可分为以下几个步骤(图1-7)：

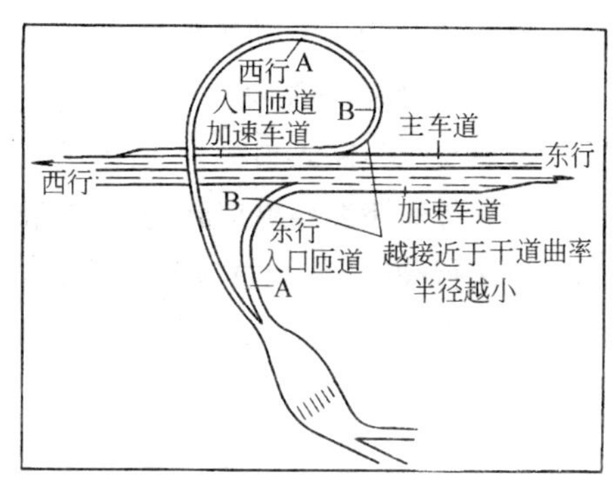

图1-6　高速公路入口匝道

①在驶入入口匝道与干道合流处的三角地带之前，打开左转向信号灯(在A点处)；

②通过汽车的内外后视镜或直接目视观察主车道上的车流动态(在B点处)；

③充分加速，使车速达到主车道规定的行驶车速(在C点处)；

④再次观察主车道车流动态，在确保安全的条件下，平稳地驶入主车道上行驶(在D点处)；

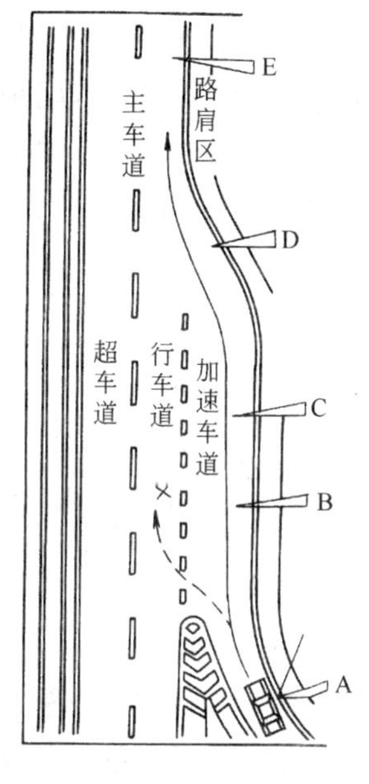

图1-7　由加速车道至主车道的行驶方法

⑤关掉左转向信号灯(在E点处)，由入口匝道与干道合流处三角地带开始的几十米加速行驶期间，车辆能否顺利进入主车道行驶是非常重要的。在这一期间内，必须根据主车道上的车流动态尽快把握好转入主车道的时机，并在到达加速车道终点以前，调整好车速，保证安全顺利地转入主车道行驶。

在进入主车道时，还要注意转动转向盘不可过急，转动量不可过大。另一方面，因为转向车轮转动量小，转向完毕后前轮上的回正力矩也很小。进入主车道后，需有意转动转向盘使其回正。

(4)高速公路干道上行驶方法

①干道行驶的规则：

a. 在主车道内行驶，且稍靠向右侧。高速公路上的干道上设有主车道和超车道两种行车道。正常情况下车辆都应在主车道内行驶，只有超车时才进入超车道行驶。在主车道内行驶时，最好稍向右侧，以便为超车车辆提供更多的侧向空间，防止发生刮擦事故。路肩主要是供临时停车用的场所，不是行车道。除非万不得已，决不能在路肩上行驶。

b. 弯道行驶时，不要跨线越线。车辆在弯道上行驶时，由于离心力的作用，有向外侧偏离的趋势，因此要控制好车速，注意转向盘操作，使车辆沿车道圆滑平顺地转弯，防止车辆在车道内忽左忽右，或跨、越线行驶。

c. 在上坡路段，速度慢的车辆要在爬坡道内行驶。高速公路在坡度较陡(超过4%)的上坡路上有爬坡车道，供性能较差的车辆上坡时使用。以免干扰主车道上其他车辆的正常行驶。任何车辆不得在爬坡车道上停车或进行超车。

d. 下长坡时利用发动机控制车速。主要原因为避免仅依靠主制动器控制车速时，引起制动器严重发热，而影响制动效果。

e. 途经高速公路入口处时，注意在加速车道上准备进入的车辆。

f. 不得向车外丢弃果皮、烟头、空瓶等杂物。

g. 高速行驶时，驾驶员容易疲劳。如果在行车中感到疲倦瞌睡时，应驶至就近的服务区临时停车休息，不要勉强继续驾车，以防发生事故。

②干道行车要领：

a. 在高速公路上行车必须遵守最低和最高限速规定。此外，由于天气等原因，高速公路管理部门可能通过可变情报板等手段发布临时性的速度限制，应该注意遵守。处在高速公路干线车流中行驶时，应适应车流情况保持稳定车速行驶，不要经常改变车速。否则不仅干扰其他车辆的正常行驶，还可能诱发交通事故。

b. 保持足够的车间距离。在高速行驶时，因车辆制动距离大大延长，所以保持足够的车间距离就显得格外重要。如果车间距离过近，一旦发生意外情况时，极易发生追尾撞车事故，图 1-8 所示为最低限度的安全车间距离。

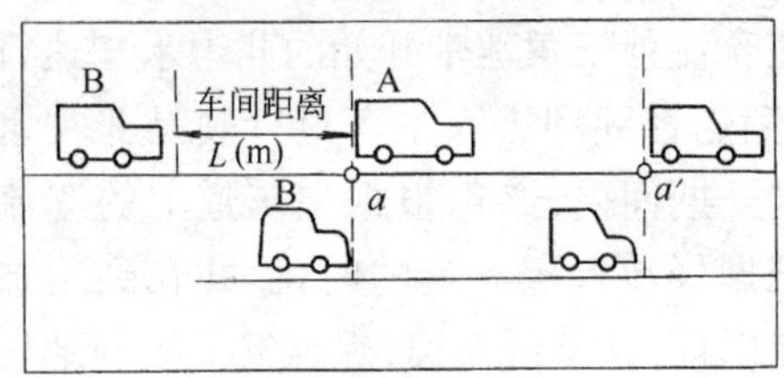

图 1-8　最小安全车间距离

图中 A、B 两车正在以相同的速度行驶，设车速为 v，两车保持着车间距 L。假设 A 车行驶至保险杠位于图中 a 点时，因遇突然情况而采取紧急制动措施，并且在后保险杠到达 a' 点时停住。跟在后面的 B 车驾驶员看到 A 车的制动灯点亮后需有 0.7s 的反应时间。如果 B 车行到前保险杠到达 a' 点时开始出现制动力，而且制动强度也与 A 车相同，那么，B 车必将在前保险杠到达 a' 点时停住，且恰好与 A 车后部接触，但又不致发生碰撞。这时，原来两车间的距离 L 是最低限度安全行车间距。从图中可以看出。$L = vt$(m)(其中 v 的单位为 m/s，t 的单位为 s)。一般驾驶员的反应时间为 1s，于是最小安全距离 L 在数值上就等于 v 值。例如 v = 70km/h 时，L = 19.5m；车速为 100km/h 时，L = 27.8m。实际行驶中的车间距离必须大于上述最小安全间距才能留有余地，以确保安全。考虑到驾驶员在事先没有思想准备的情况下，遇到突发事件时的反应时间会延长等情况，可取最小安全间距的 3～4 倍，作为实用安全距离，那么就可以得到 v 为 70km/h 时，行车间距应保持在 70m；v 为 100km/h 时，行车间距应保持 100m 为宜，即行驶多快的速度保持多大的距离为宜。

为使驾驶员能较准确地在行驶中判断与前车的距离，我国高速公路常在一些路段上设有距离判断标志牌。标志牌以 0m 标志为起点一般设置有：0m、50m、100m、200m，以便于驾驶员判断与前车的距离。

c. 掌握超车要领。首先驾驶员要正确判断与前车的速度差，在自车已接近最高限速且与前车的速度差不很大时，不宜超车，否则将延长超车行驶距离，且易形成超速行驶。表1-8中列举了不同速度差和车间距离所对应的超车行驶距离。由表中数据可以看出，速度差不大时，超车行驶距离很长，不利于安全行驶。

速度差与超车距离 表 1-8

速度差(km/h)	前车速度(km/h)	自车速度(km/h)	车间距离(m)	超车行驶距离(m)
10	90	100	100	2100
20	80	100	80	850

具体超车要领如图 1-9 所示。

a)当车到达 A 点后,通过后视镜观察后方车辆动态,当确认超车道后方无来车时,打开左转向灯。

b)再次观察前后车辆动态(图中距前车 80m 左右的 B 点处)。

c)打开左转向灯 3s 后平稳转动转向盘驶入超车道行驶(图 C 点处)。

d)在超车道上不要把车速提高到不必要的程度(图中 D 点处)。

e)在超车道上连续行驶,直到超过 80m 以上的距离时,打开右转向灯(图中 E 点处)。

f)平稳转动转向盘,驶回行车道(如图 F 点所示)。

(5)驶出高速公路的基本方法

高速公路的出口附近也是一个容易发生事故的地点,在驶出高速公路时同样应十分谨慎小心。国家有关标准规定,在高速公路各个出口的前方 4 个不同距离上应分别设有出口预告标志牌。在准备驶出某个出口时,要根据这些标志牌的指示距离,决定相应的行驶方法,见图 1-10。

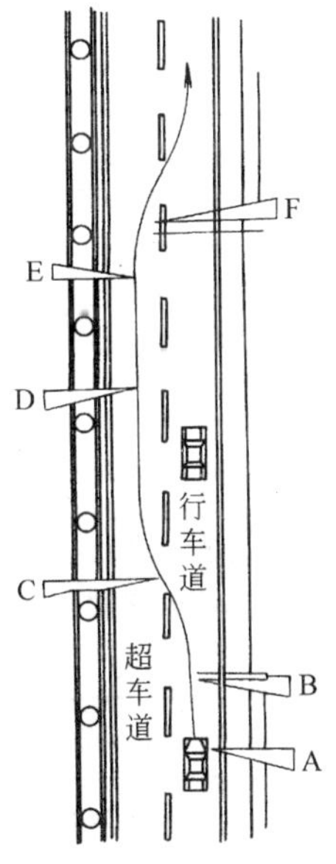

图 1-9 高速公路上超车要领

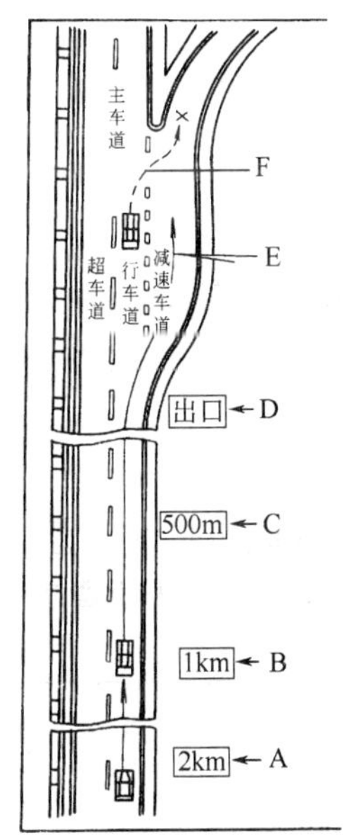

图 1-10 驶离高速公路的基本方法

①见到 2km 预告标志牌后,最好不要再超车(A 点);

②见到 1km 预告标志牌后,绝对不要再超车(B 点);

③驶过 500m 预告标志牌后,打开右转向灯,作好进入减速车道的准备(C);

④见到出口标志牌后,平稳地转动转向盘进入减速车道(D 点);

⑤进入减速车道后关闭转向信号灯,在到达分流点三角地带之前,将车速降低到40km/h;

(E 点)；

⑥到 F 点时，要注意其他车辆动态，驶向出口匝道。

二、特殊条件下的汽车运行特点

1. 雨、雪、雾天的行驶

1)雨天行车特点

(1)制动距离延长

主要原因是由于道路附着系数改变而引起的(表 1-9)。

不同状况下的道路附着系数 表 1-9

路面状况	附着系数
干燥水泥路面	0.7～1.0
潮湿水泥路面	0.4～0.6
下雨开始时	0.3～0.4

(2)易产生侧滑

主要原因一是道路附着系数下降，汽车抗侧滑能力显著降低；二是轮胎与路面间的积水不能及时被排除，极易产生水膜滑溜现象。

(3)驾驶员视线受阻

主要原因是挡风玻璃上的雨水；下雨时的雨雾；仅刮水器刮出的视窗视野也很窄。

2)雨天行车中应注意的问题

①做好出车前准备工作，即刮水器检查，点火系防潮等；

②降低行驶速度；

③禁止使用紧急制动；

④提高安全防范意识。

3)雪天行驶

降雪和结冰后的道路由于道路附着系数很小，汽车行驶时，制动距离延长(表 1-10)和易产生滑溜现象。

雪天行车应保持低速均匀的行车速度，避免使用紧急制动与急打转向盘，并注意特殊路段行驶。

4)雾天行驶

雾天行车时，由于能见度和路面附着系数下降，应降低并稳定车速，不可紧急制动。充分利用各车灯提高能见度，注意适时停靠。高速公路雾天行车措施见表 1-11。

车速为 50(km/h)在不同路面条件下的制动距离

表 1-10

路面条件	制动距离(m)
干燥水泥路面($\varphi=0.8$)	12.3
潮湿水泥路面($\varphi=0.4$)	26.4
积雪路面($\varphi=0.2$)	49.2
结冰路面($\varphi=0.1$)	98.4

注：本制动距离只指持续制动时的制动距离。

高速公路雾天行车措施

表 1-11

种类	视距(m)	行车措施
淡雾	300～150	适当减速
浓雾	150～50	限速 50km/h
特浓雾	小于 50	停止行驶

2. 夜间行驶

夜间行车的特点主要是：驾驶员的有效视野范围只是前照灯照到的地方，视野范围大大减小，视觉立体感也减弱且容易疲劳等。

1)夜间行车应注意的问题

(1)灯光

首先要掌握行车中灯光变化规律与路况、车距、车型等情况,从而正确安全行驶。

①当灯光照射距离由远变近时,表示汽车驶近或驶入上坡路段;

②当灯光照射距离由近变远时,表示汽车已在下坡路段,或陡坡进入缓行路段;

③当灯光离开路面时,表示前面已出现急转弯或汽车行驶坡顶;

④当灯光由路中移向路侧时,表示前面出现弯道。光线较短时,表示来车将接近坡道,前方是上坡路段;当对面来车射出的光线与路面脱离时,表明对面来车已接近坡顶,前方开始下坡;

⑤当灯光从道路一侧移到另一侧时,表示为连续转弯路段;

⑥尾灯灯光明亮,表明与前车距离近,灯光暗则表明与前车距离远;

⑦尾灯左右间距大,表明是大型车,否则是小型车。

(2)车速

夜间行车应降低车速,在同样条件下,比白天应降低10km/h左右,以弥补夜间视野窄小、能见度差的缺陷(表1-12)。

(3)注意避免疲劳驾驶

(4)黄昏时刻高速行车时应尽早开灯

(5)停车

夜间停车时,要把汽车驶出车道线之外停车,并且及时打开汽车的紧急情况显示灯,此外还可以利用手电筒、发烟筒等向其他过往车辆发出信号,显示汽车发生故障停车,以引起其他车辆注意,从而保证自身与它车的安全。

3. 隧道行驶

隧道内行驶时,有视野突然变窄,照明条件变暗使驾驶员眼睛不适应及气流变化易造成方向摆动等特点。因此,通过隧道时应注意以下问题:

①调整汽车行驶速度,如表1-13所示;

前照灯明视距离 表1-12

种 类	明视距离(m)	
	远光	近光
2灯式	110~120	40~50
4灯式	110~120	50~60

隧道行驶速度 表1-13

类别	限速(km/h)
特别长隧道	80
短隧道	70
双向行车隧道	40~60

②严禁随意停车和超车;

③隧道内要开灯行驶;

④注意隧道内交通状况;

⑤控制好汽车行驶方向。

4. 弯道行驶

车辆在弯道行驶时有易脱离正常行驶路面、易产生侧滑和横向翻倾、行车视线受阻等特点。因此驾驶员通过弯道时应注意以下问题:

①严格控制汽车行驶速度(表1-14);

②禁止急转弯和使用紧急制动。

转弯行驶不侧滑的最高限速 表 1-14

道路类型		平原微丘	重丘	山岭	峻岭
设计行车速度(km/h)		120	100	80	60
极限最小转弯半径(m)		650	400	250	125
转弯允许车速(km/h)	积雪路($\varphi=0.2$)	100	78	62	44
	结冰路($\varphi=0.1$)	70	55	44	31

第二节 现代城市交通管理与控制

一、现代城市交通的特点

1. 现代城市交通的特点

随着国民经济的高速发展和城市化进程的加快,我国机动车拥有量及道路交通量急剧增加。尤其是在大城市,交通拥挤堵塞以及由此导致的交通事故的增加、环境污染的加剧,是我国城市面临的极其严重的“城市病”之一,交通问题已经成为影响城市功能正常发挥和城市可持续发展的一个全局性问题。

交通拥挤的加剧,不仅会造成巨额的经济损失,而且发展严重甚至还会导致城市功能的瘫痪。交通拥挤的直接危害是使交通延误增大,行车速度降低,带来时间损失;低速行驶增加耗油量导致燃料费用的增加;增加汽车尾气排污量导致环境恶化。此外,交通拥挤使得交通事故增多,而交通事故的发生又使得交通堵塞加剧形成恶性循环。

我国城市交通现状是:机动车增长速度过快;道路建设无法满足日益增长的交通需求;常规公共交通萎缩;出租车迅速增加;轨道交通开始起步;交通管理水平低。上述问题导致城市交通拥挤堵塞日趋严重、交通事故频发、环境污染加剧、城市环境恶化。

2. 解决城市交通问题的几点建议

①制定好城市战略交通规划;

②切实实施优先发展公共交通的对策;

③加强对道路交通拥挤对策的分析论证,实施道路交通的科学化、现代化管理;

④实施交通需求管理,有针对性地开展智能交通系统的研究与应用;

⑤完善城市道路的交通管理设施和渠化。

二、城市交通管理与控制

随着我国改革开放进程的进一步加快,国民经济的各个领域已日益与国际上许多先进管理所接轨。针对我国城市交通设施与管理的现状,科学地采用交通管理与控制的各种治理措施来提高交通效益与交通安全,改善交通现状是一种效益显著、投资最省的方法。

交通管理是运用交通法规、交通工程和交通安全教育对道路上的行车、停车、行人和道路使用进行的管理;交通控制是依靠执法机关的执法或采取交通信号控制措施,随交通变化特性来指挥交通参与者的通行。交通管理为静态管理,交通控制为动态管理。交通管理与控制的目的在于保障交通安全与畅通。

1. 城市道路特性

1)城市道路的分类

城市道路有各种类型,在为生产、生活服务方面所起的作用各有特点,因此,一般应根据道路在城市中的地位、功能及其交通特征进行分类。确定分类的基本因素是交通性质、交通量和行车速度。对于公路来说,由于交通性质、交通工具比较单一,多以公路在国民经济中的重要性、交通量和行车速度要求来分类;而城市道路由于城市道路组成与交通运输方式的错综复杂,难以用单一的指标分类。因此,城市道路的分类要综合考虑各基本因素,还要结合城市性质、规模及其现状来合理划分。

根据道路在城市道路网中的地位、交通功能以及对沿线建筑物的服务功能,在我国《城市道路设计规范》(CJJ 37—90)中,将城市道路分为 4 类:

(1)快速路

快速路是为城市中大量、长距离、快速交通服务的。快速路对向行车道之间应设中间分隔带,其进出口应采用全部控制或部分控制。

(2)主干路

主干路是为连接城市各主要分区的干线道路,以交通功能为主。自行车交通量大时,宜采用机动车与非机动车分隔形式,如三幅路或四幅路。

(3)次干路

次干路是城市中数量较多的一般性道路。配合主干路组成城市干道网,起联系各部分和集散交通的作用。一般不设立体交叉,部分交叉口可以扩大,并加以渠化,一般可设 4 条车道,也可不设单独的非机动车道。次干路兼有服务功能,允许两侧布置吸引人流的公共建筑,应设停车场。

(4)支路

支路是次干路与街坊路的连接线,用来解决局部地区交通,以服务功能为主。

此外,根据城市的不同情况,还可以规划自行车专用道、有轨电车专用道、商业步行街、货运车辆专用道路等。

2)城市道路的分级

除快速路外每类道路按照所在城市的规模、设计交通量、地形等分为 I、II、III 级。特大城市及大城市应采用各类道路中的 I 级标准;中等城市应采用 II 级标准;小城市应采用 III 级标准。各类城市道路的主要技术指标见表 1-15。

有特殊情况需要变更级别时,应作技术经济论证报规划审批部门批准。

城市道路分类及主要技术指标 表 1-15

项目 类别	级别	设计车速(km/h)	双向机动车道数(条)	机动车道宽度(m)	分隔带设置	横断面采用形式
快速路		60	≥4	3.75～4	必设	双、四幅路
主干路	I	50～60	≥4	3.75	应设	单、双、三、四
	II	40～50	3～4	3.5～3.75	应设	单、双、三
	III	30～40	2～4	3.5～3.75	应设	单、双、三

续上表

类别 \ 项目	级别	设计车速(km/h)	双向机动车道数(条)	机动车道宽度(m)	分隔带设置	横断面采用形式
次干路	I	40~50	2~4	3.5~3.75	可设	单、双、三
	II	30~40	2~4	3.5~3.75	可设	单幅路
	III	20~30	2	3.5	不设	单幅路
支路	I	30~40	2	3.5	不设	单幅路
	II	20~30	2	3.25~3.5	不设	单幅路
	III	20	2	3.0~3.5	不设	单幅路

3)城市道路横断面布置的4种形式

(1)单幅路(一块板)

单幅路表示机动车与非机动车混合行驶,适用于支路和次干路。机动车在中间,非机动车在两侧。有条件时用分道线将它们分成快车道(机动车道)和慢车道(非机动车道),不过在不影响交通安全的条件下,允许临时超越分道线,调剂使用(图1-11a)。

(2)双幅路(二块板)

双幅路是利用中央分隔带把车道一分为二,分向行驶,适用于次干路或主干路。每一侧行车道上可以再利用分道线划分出快车道和慢车道。当旁侧有辅道可供非机动车行驶时,双幅路可作为快速路。如特大城市的高架路就是双幅路,专供机动车快速行驶(图1-11b)。

(3)三幅路(三块板)

三幅路中间一幅为双向行驶的机动车道,两侧为单向行驶的机动车道。三幅路用于非机动车多、交通量大、车速高的主干路。它要求红线宽度≥40m,否则横断面布置有困难(图1-11c)。

(4)四幅路(四块板)

四幅路不仅两侧非机动车道单向行驶,而且中间机动车道也是单向行驶,适用于交通量大、机动车速度高的主干路和快速路(图1-11d)。

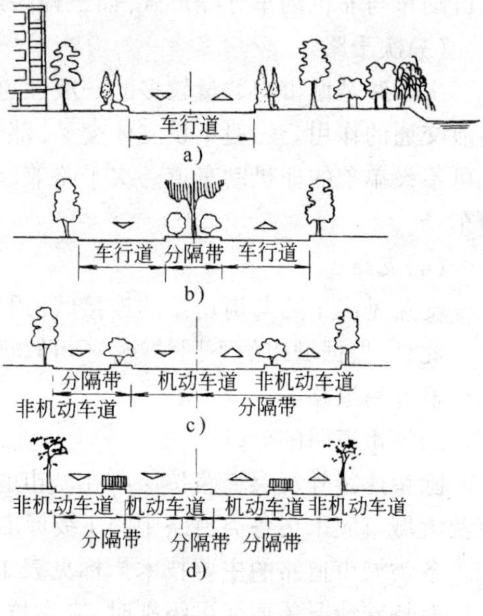

图1-11 一、二、三、四幅路断面

a)单幅路;b)双幅路;c)三幅路;d)四幅路

2.道路交叉

道路与道路交叉的部位称为道路交叉口。根据相交道路的主线标高是否相等,首先可以把交叉路口分为平面交叉和立体交叉两大类。

1)平面交叉

当相交道路的主线标高相等时,称为平面交叉(图1-12)。平面交叉的形式有:

三路交叉的T字形和Y字形(图1-12c)和e);

四路交叉的十字形和X字形(图1-12a)和b);

错位交叉(图1-12d);

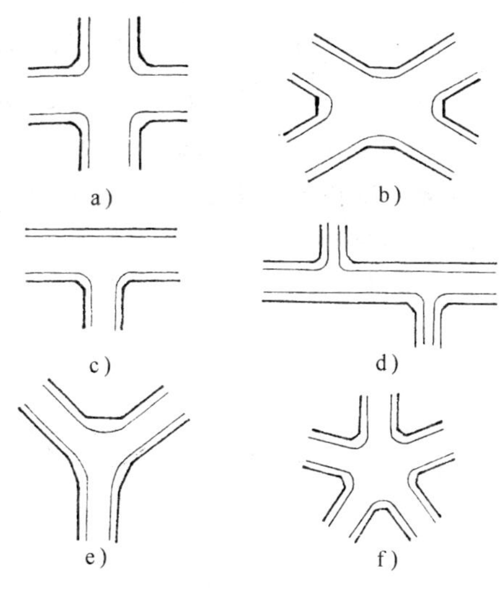

图 1-12 平面交叉路口的形式
a)十字交叉路口;b)X 型交叉路口;
c)T 型交叉路口;d)错位交叉路口;
e)Y 型交叉路口;f)多路交叉口

多路交叉(图 1-12f)。

(1)平面交叉口的交错点

进入交叉口的车辆,由于行驶方向的不同,相互交错的方式有 3 种:

①分流点:来自同一方向的车辆向不同方向行驶时的分叉点;

②合流点:来自不同方向的车辆向同一方向行驶时的汇合点;

③冲突点:来自不同方向的车辆向不同方向行驶时的交叉点。

在这 3 种交错点中,以冲突点最危险,交织的合流点其次。冲突点包括直行与直行的冲突点,直行与左转弯的冲突点,左转弯与左转弯的冲突点。冲突点的数目随着交叉口道路条数的增加而迅速增加。三叉口只有 3 个冲突点,四叉口增加到 16 个,五叉口更增加到 50 个。

为了减少以至消灭冲突点,可采用 3 种途径:

①在交叉口施行交通管制　是指用交通信号或者由交警指挥,控制由不同方向驶来的左转弯或者直行车辆,在时间上错开通行,以减少冲突点;

②对交叉口施行渠化交通管理　是指在交叉路口通过设置交通岛、分隔带或划上分道线,使车辆按规定的车道行驶,尽可能地将冲突点转换成合流点。

③改用立体交叉　是指将不同方向道路的主线标高错开,一上一下,各行其道,互不干扰,这就从根本上消灭了冲突点。

(2)渠化交通

在道路上划分道线或用分隔带、交通岛来分隔车道,使不同方向的车辆顺着规定的车道行驶,称为渠化交通。

2)立体交叉

当相交道路的主线标高不相同时,称为立体交叉。由于立体交叉在空间上上下错开,交叉口没有冲突点,行车畅通无阻,大大提高了交叉口的通行能力,这就是高速公路沿线全部采用立体交叉的主要原因。不过立体交叉与平面交叉相比,占地面积大,建筑成本高。

立体交叉根据有无匝道连接上下道路可分为分离式立交和互通式立交两种。

(1)分离式立交

分离式立体交叉只能供车辆直行不能在交叉口转弯到另一条道路上去,它既可以用于道路间交叉,又可以广泛用于道路与铁路、渠道、管线等的交叉。

(2)互通式立交

互通式立体交叉除跨线桥外,还用匝道将上下道路连通,能使车辆从一条道路转弯行驶到另外一条道路上去。它的组成如图 1-13 所示。

(3)互通式立交的基本形式

互通式立交有三种基本形式:三路连接的喇叭形(图 1-14a)和 b)、三路连接的半定向形(图 1-14c)和三路连接的全定向形(图1-14d)。

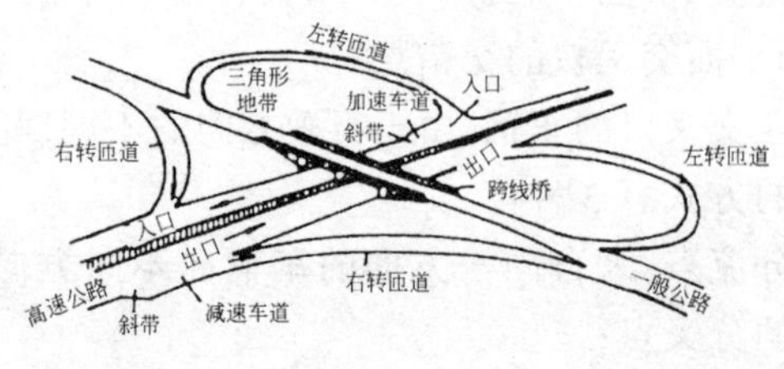

图 1-13　互通式立体交叉的组成

四路连接有六种形式：菱形(图 1-14e)；苜蓿叶形(图 1-14f)；半苜蓿叶形(图 1-14g)；环行(图 1-14h)；全定向形(图 1-14i)和半定向形(图 1-14j)。

交叉口交通管理的原则是减少冲突点，控制相对速度，重交通流和公共交通优先，分离冲突点和减小冲突区，选择最佳周期和提高绿灯利用率。

3. 全无控制的交叉路口

全无控制的交叉路口是指具有相同或基本相同的重要地位，从而具有同等通行权的两条相交道路，因其流量较小，在交叉口上不采取任何管理手段的交叉路口。

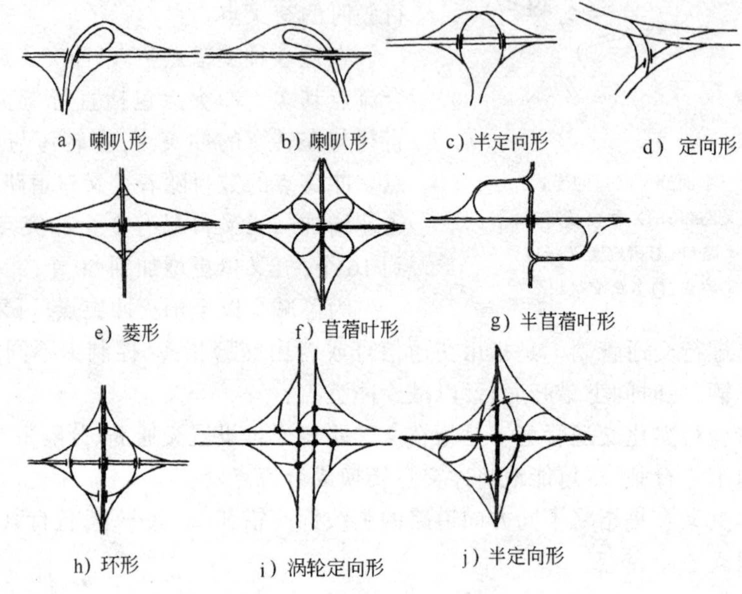

图 1-14　互通式立体交叉的基本形式

无控制交叉口通常没有明确的停车线，在车辆到达交叉口时，驾驶员将在距冲突点一定距离处做出决策，或减速让路，或直接通过。驾驶员做出的决策很大程度上取决于交叉口上的视距，故无控制交叉口的交通安全是靠交叉口上良好的视距来保证的。视距三角形常是用来分析交叉口上视距是否足够的一种图解分析方法(图 1-15)。

1)无控制交叉口的冲突

冲突是指到达停车线时，如果在交叉口内有其他车辆正在行驶，致使该到达停车线的车辆减速等待，不能正常通过交叉口的一种现象。发生冲突的车流称为冲突车流。当两冲突车流的车辆到达停车线的时间差很小时，就有可能发生冲突。反之当可能发生冲突时，虽有两车都减速和互相观望情况，但根据礼貌和习惯等，总是只有一车通过交叉口。一般习惯是先到达的车辆先通过。此时等待通过的车辆就因此产生一定的延误，这就是一个冲突。

2)无控制交叉口的通行规则

由于交叉口存在许多冲突点，使得有些相冲突车流的车辆不能同时通过交叉口，因此，需要有一个通行规则，确定各入口车辆以怎样的次序进入交叉口。

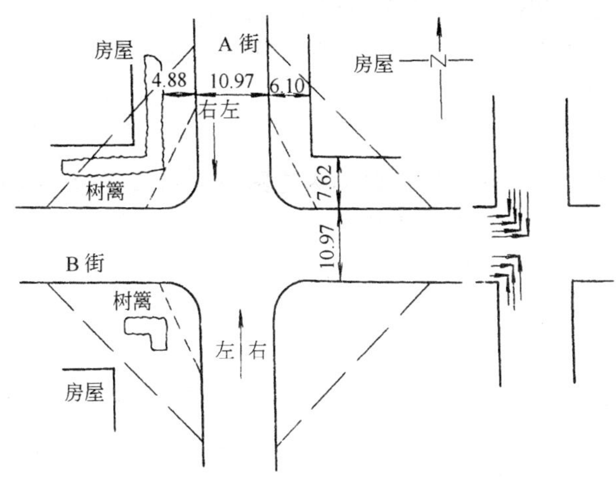

图 1-15　交叉路口的视距三角形(单位:m)

若相交道路不分主次及不考虑优先,则先到达交叉口的车辆优先通过是理所当然的。但实际并非如此简单。根据条例第 43 条:车辆通过没有交通信号或交通标志控制的交叉路口,必须遵守下列规定依次让行:"支、干路不分的,非机动车让机动车先行,非公共汽车、电车让公共汽车、电车先行,同类车让右边没有来车的车先行。相同方向同类车相遇,左转弯的车让直行或右转弯的车先行。"相交道路有主次之分,则支路车让干路车先行。《条例》中还指出:"让行车辆须停车或减速了望,确认安全后,方准通过。"

3)无控制交叉口设置信号灯应考虑的因素

无控制交叉口设置信号灯后,延误将会增加,即设置信号灯提高安全性是以增加延误作为代价的。临界流量的确定,并不是说当流量达到或超过临界流量就应设置信号灯。通常交叉口流量在一日内是随时间变化的,较普遍的特点是早晚高峰流量较大,非高峰时间流量较小。如果一个交叉口一天内仅有个别小时流量达到或超过临界流量就设置信号灯,则必然在大部分非高峰时间增加许多不必要的延误,造成经济损失。在高峰时间采取交警指挥(相当于信号灯作用)更为机动灵活,而在非高峰时间车流无控制运行。但是,当流量较大且持续时间又较长时,仍不设置信号灯就会造成行车不安全或交警指挥时间过长,显然是不合理的。因此,信号灯的设置尚应综合考虑其他因素,临界流量只是一个决策的依据和指导,不应把它视为绝对界限。它说明交叉口总流量大于或等于临界流量时,应对其进行某种管理或控制,如交警指挥或信号控制等。一个交叉口控制的程度,不仅取决于相交道路的流量及由此产生的事故数和延误大小等,而且还应考虑控制设施(如人力、信号灯等)的费用及流量随时间变化的分布规律。所以,对无控制交叉口设置信号灯应综合考虑交叉口的流量、流量分布、交通事故、延误等因素,并进行经济效益分析,便于做出最佳管制方案的选择。

4. 优先控制交叉口

无控制交叉口的延误是较小的,即使流量增加,延误增加也有限,理论和实测都表明了这点。但鉴于安全性考虑,使得无控制交叉口在低流量时就要加以管制。由无控制立刻变为信号灯控制,交叉口延误将明显增加,这就应综合考虑种种因素,权衡利弊后做出决定。较好的措施是在这两种控制之间,考虑一种过渡形式的控制。因为无控制与信号灯控制程度差别比较大,这使得在流量与控制程度之间存在着矛盾。当流量略高于临界流量时,马上设置信号灯,会增加延误;若不设信号灯,用交警指挥,又会造成指挥时间过长。如能采取某种交通标志的控制措施,并有效实施之,则既能解决安全性问题,且延误又不至于增加许多,将是比较理想的,优先控制就能满足这种要求。优先控制可分为停车标志和不可停车标志(减速)的让路标志控制,下面分别予以介绍。

1)停车标志控制

相交的两条道路中,常将交通量大的道路称为主路或干路,小的称次路或支路(包括胡同和里弄)。规定主路车辆通过交叉口有优先通行权,次路车辆必须让主路车辆先行,这种控制方式称为优先控制。停车标志控制按相交道路条件的不同分有单向停车控制和多向停车控制。

(1)单向停车控制

单向停车控制简称单向停车或两路停车,指的是进入交叉口的次路车辆必须在停止线以外停车了望,确认安全后,才准许通行。这种控制在次路进口处画有明显的停车交通标志,相应地在次路进口的右侧设有停车交通标志,同时次路进口处的路面上写有非常醒目的“停”字。停车标志在下列情况之一下设置:

①与交通量较大的主路平交的次路路口;

②次路路口视距不太充分,视野不太好;

③主路交通流复杂,或车道多,或转弯车辆多;

④无人看守的铁路道口。

(2)多向停车控制

多向停车又称多路停车。各路车辆进入交叉口均需先停车再通过,其中四路停车较多。其标志设在交叉口所有入口右侧。一般情况下,多路停车设在应该使用但由于投资困难而没有使用信号灯控制的路口。

2)让路标志控制

让路标志控制又称为减速让行控制,是指进入交叉口的次路车辆,不一定停车等候,但必须放慢车速了望观察,让主路车辆优先通行,寻找可穿越或汇入主路车流的安全“空档”机会通过交叉口。

让路控制一般用在与交通量不太大的主路交叉的次路路口,其标志和标示的设置位置与单向停车控制相同。

在我国城市中,由于车辆拥有量少,交通量总的来说是较小的,因此,让路控制的交叉路口是大量存在的。我国的交通规则对这种路口的通行权虽有规则规定(支路车让主路车),但毫无控制措施。从城市交通的现代化管理来说,在这种路口应画有明显的交通标示,并设有让路交通标志。与此同时,还要改善这种交叉路口的视距条件,使支路上的车辆在进入交叉路口前能看清楚主路上的车辆,能估计可插车间隔。这种让路控制方法对自行车甚至行人同样适用。

目前,美国较少使用让路标志,原因是让路的含义比较模糊,一旦发生车祸,责任不易裁决。“让”与“不让”,是对交叉口能否通过的一种估计,当驾驶员疏忽时就容易出事。为了分清事故责任,美国伊利诺斯州的法律上做出明确规定,当发生事故时,让路控制与停车控制的分析是相同的。实践表明,这个法律规定收到了较好的效果。

3)公共交通车辆优先通行管理

公共车辆的单位时间客运量大大超过小汽车和自行车的客运量。道路上 3.5m 宽的车行道每小时通过公共车辆的客运量可达10 000人,而小汽车只有1 000余人,自行车2 500~3 000人。因此,发展公共交通工具及给予公共车辆通行优先是国内外积极提倡的。从交通工程学的角度看,公共车辆优先占一定重要位置,甚至可作为一种专门的技术管理措施。如采用公共交通专用线、公共车专用街、公共车专用道、交通信号的公共车辆优先、公共车辆转弯优先措施等。

5. 平面交叉路口的交通管制

1)重要性

平面交叉路口的交通管制与作为道路构造的交叉路口的本身有同等的重要性,可以用计算机软件和硬件的关系作比拟,两者作为一个整体构成一个平面交叉路口。对于一个特定的平面交叉路口,必须首先把握其全体的运行方式,比如指定方向外禁止通行、单向交通、公共汽车停车位置等的规则和指示,交叉交通是用暂时停车管制方式还是用信号管制方式等等。作为平面交叉路口两种最主要的交通管制方式,暂时停车管制和信号管制在以下几个方面存在差别:

①通行能力:信号管制比暂时停车管制的通行能力要大。一般情况下,若按暂时停车管理设计的通行能力无法通过时,必须选用信号管制。

②安全性:信号管制方法的事故率一般较低,交通交叉时的车头侧面相撞和侧面冲撞等事故普遍大幅度下降,但是在平面交叉路口进口处的追尾事故有所增加;但是当次要道路的交通量特别少,几乎不可能发生车辆交叉事故时,用信号管制时,主干道的追尾事故可能有所增多,这就与预期相反,造成增加事故的结果。

③效率和舒适性:由于信号管制的红灯强迫车辆停车和等待,使旅行时间因停车再起动和等待信号而使人不愉快,且燃料消耗、废气排出和噪声等都有所增加。对行人和自行车来说,也因红灯使其行驶中断和等待而不愉快,因此在汽车交通量不太大的情况,容易发生不遵守信号的现象。

④同交通规则的关系:若采用强制性的单向通行或指定方向外禁止通行的交通规则,即使不采用信号管制,在有时也可保证交通正常运行的情况下,应考虑被禁止方向的交通对所行驶的代替道路的影响。

⑤与交叉路口构造的关系:平面交叉路口的构造与管制方式之间有着直接的关系,通行能力和安全之间存在着间接的关系。暂时停车管制时,非优先道路进口道,除右转弯专用车道外,根据安全方面的要求,必须有一条车道,而且要求同优先交通的交叉角尽量垂直。此交叉角的条件对信号交叉路口也适用,只不过对暂时停车管制要求更严。在优先道路上是否采用供横穿等待停车用的宽中央分隔带,也应基于通行能力和安全性方面来考虑,应与采用暂时停车管制的可能性联系起来。视距和视野的好坏,主要也是安全问题,不管视野多差,信号管制可在灯具上得到一些补救。

⑥与道路性质、标准的关系:由于道路性质和标准,采用信号管制有时效果不好。如汽车专用或事实上接近地方干道时,由于设置信号反而有使交通出现混乱的危险。此时若根据通行能力不能采用暂时停车管制,就必须改造道路结构(立体化)或采用交通管理措施(如禁止次要道路直行或左转弯)。

2)适用于平面交叉路口的交通拥挤对策

与平面交叉路口的交通运行有关的交通规则主要有:

①平面交叉路口及其附近引道的单向通行;

②平面交叉路口及其附近的指定方向外禁止通行;

③公共汽车站、出租汽车站等位置的设置;

④停车、临时停车规则；

⑤平面交叉路口附近出入沿线设施方式的限制。

指定这些规则的主要目的：一是为了减少平面交叉路口内的交通交错；二是为了减少平面交叉路口的进口道、出口道上交通流的混乱。

3)限制行驶方向(单向通行或指定方向外禁止通行)

限制行驶方向的规定是根据道路网中某平面交叉路口所处位置和功能酌情采用的。采用此规定后，道路密度稀疏的孤立平面交叉路口处被禁止方向交通的替代路线要增加很长。这不仅给这些道路的使用者带来许多不便，而且还因总行驶里程延长而产生新的矛盾。这种规定的影响面较大，故只从某一交叉路口情况考虑是危险的，必须从大的区域系统考虑规定。关于平面交叉路口内的有关规定，为了减少对防止左转弯与对向直行车的交叉，多采用禁止左转弯的规定，实际上这对防止左转弯事故和提高通行能力有明显的作用。但由于通行能力方面和道路构造方面的限制，这种规定的原则仅限于在不能设置左转专用车道和左转相位时采用。多路交叉和畸形交叉，可以将相交叉道路中的几条道路(主要为次要道路)做成单向通行而使交通情况简化。一般来说，把驶出交叉路口的方向做成单向通行比把进入交叉路口的方向做成单向通行效果好。在平面交叉路口附近，主要道路上有支路连接时，就会扰乱主要道路的交通流，从而对通行能力和安全性产生不好的影响。此时，这些小路只能从主要道路驶出的方向单向行驶，再者要禁止从主要道路向支路的左转弯，这样才可改善交通情况。这些问题对平面交叉路口附近的沿街建筑的出入口处理，也同样适用。在刚通过平面交叉路口后的出口道处就马上左转弯或左行过街，容易发生追尾事故，因此有必要做一些处理。

第三节　交通事故的预防与分析

一、交通事故的预防

道路交通事故的危害性越来越受到人们的密切关注。据统计，1994 年以来，我国的交通事故死亡人数一直居世界第一位，每时每刻都在威胁着人民生命财产的安全。因此，预防交通事故的发生，已经引起全社会，特别是交通管理部门的重视。下面我们从事故发生的原因和主要采取的预防措施两个方面进行讨论。

1. 交通事故发生的原因

发生交通事故相关的因素是人、车、路、环境四个方面，而其中占主导因素的是人，特别是驾驶汽车的人员。

1)人对交通安全的影响

由于人的因素，致使交通事故的发生，主要表现在以下方面。

从心理状况方面讲，主要是过分紧张，处置失误；漫不经心，注意力不集中；过于自信，判断错误；心情激动，情绪偏激等。

从生理状况方面讲，主要是人的生理状态本身不符合交通安全的要求；由于疾病引起生理机能下降；由于疲劳引起生理机能下降；由于服用药物不当引起的生理机能下降等。

从驾驶技术方面讲，主要是操作技术生疏；对情况判断不准而采取措施不当等。

从安全意识方面讲，主要是明知故犯，违章行驶；开斗气车；经不起旁人怂恿；缺乏安全行车常识等。

2)车辆对交通安全的影响

车辆技术状况与交通安全有很大的关系,在这方面主要表现在,车辆制造或设计的质量不好;车辆维修质量不符合要求;车辆装载不符合交通安全的要求;带“病”行车等。

3)道路方面的因素

道路是交通活动的基础,它本身是否符合交通安全的要求,将直接影响交通活动的正常进行。主要是弯道多或过急;坡道过陡或过长;视距过短,路面质量较差;直线平坦路面过长等。

4)环境方面的影响因素

交通环境,是指交通活动中的所有外部条件。交通环境的好坏,直接关系到交通安全。主要的环境影响有:气候变化即雨、雪、雾及昼夜变化的影响,季节变化的影响,噪声的影响和交通设施不全等的影响。

5)管理方面的影响因素

主要表现在执法不严或不公,以罚代管,道路挖掘、挤占严重,管理手段落后,在规划上缺乏交通管理和交通安全的观点,驾驶员培训不规范,不科学和考核把关不严等。

2. 交通事故的预防

为了保证行车安全,避免交通事故的发生,安全工作的重点必须放在以预防为主上。一切人力、物力、财力,应该放在交通事故的预防上,而不要放在交通事故的处理上。当然绝对杜绝交通事故的发生是不可能的,所以,我们应当采取切实有效的预防措施,把事故率降到最低。

1)提高机动车驾驶员的素质

在道路交通事故中,驾驶员的因素占 70%以上,这个比例是很大的。为达到“安全优质、高效低耗”的目的,主要应从以下几个方面着力提高机动车驾驶员素质。

(1)提高法律与道德素质

根据交通事故的原因分析得知,违章是造成交通事故的主要原因。而造成违章的原因主要是驾驶员不懂法律、法规;知法犯法、故意违章、对违章的后果认识不足以及不能正确运用《条例》等。因此,机动车驾驶员必须提高法制观念,养成自觉遵章守法的良好作风,以保证行车安全。

同时也有许多驾驶员,只图自己方便,横行直撞、夜间会车不按规定使用灯光、违章抢道、开斗气车等,都是缺乏道德修养的表现。因此驾驶员要树立全心全意为人民服务的思想,要有崇高的职业道德和高度的责任心。

(2)提高身体素质

机动车驾驶员必须加强体育锻炼,保证充足的休息时间,培养良好的生活习惯。

(3)提高技术素质

要有熟练的驾驶操作技能,并且虚心学习,善于及时总结经验教训,不断提高操作技术水平。

(4)做好车辆维护工作

保证车辆技术状况的完好,除国家公安与交通部门加强对机动车的检验和提高保修质量外,机动车驾驶员必须贯彻各项车辆检查制度。主要工作是:第一,对自己所驾车辆必须做到勤检查,勤维护,发现故障及时修复。第二,认真切实地做好三检工作,即出车前、行车途中、收车后的检查,发现异样或故障,应及时修复,不开“带病”车。

(5)严格把好驾驶员的“入口”关

根据美国马克弗伦德的调查表明:未经过正规培训的驾驶员,其肇事次数是受过正规培训的两倍左右。因此必须做好科学的培训工作,特别是要严格把关,不允许培训不合格或不适合从事驾驶工作的人员进入驾驶员队伍。

2)做好交通安全宣传教育工作

交通安全宣传教育工作是整个交通管理工作的重要组成部分,也是整个交通管理工作的基础。道路交通越发展,交通管理的科学化、法制化水平越高,就越要做好社会面的宣传教育工作。因此,各种媒体、各种渠道的宣传教育和指导驾驶员的安全帮教工作十分重要,对此必须高度重视。

(1)做好社会面的宣传教育工作

所谓社会面的宣传教育工作是指针对一定的内容,采用一定的形式,对群众讲解、说明、示意等,使公民明白和理解并付诸行动,以达到预期目的。

社会面的交通安全宣传教育的主要内容是:党和政府对交通安全工作的方针和政策;交通法规和交通管理的有关规定;交通安全常识和预防事故的知识;交通安全的先进经验和反面教训。

(2)对中小学生的宣传教育

教育的主要内容是:学习交通法规,识别交通信号、标志、标线;进行交通安全常识的教育;进行交通文明行为的教育;进行交通公德的教育等。

宣传的主要形式是:以学校为单位进行宣传教育;建立警民联系;由学生自己组织自娱自乐的安全教育活动;社会宣传活动;学校教育与家庭教育相结合等。

(3)抓好对驾驶员的宣传教育

宣传教育的主要内容是:交通管理法规及相关规定;交通安全意识;安全行驶常识;驾驶员技能培训;车辆维护的基础知识;职业道德教育;紧急救护知识的教育等。

主要教育形式是:依靠机关单位进行组织落实;依靠社会组织进行落实;建立培训基地;交通管理部门关键是要做好重点驾驶员的工作和违章驾驶员的工作,真正做到有法可依,执法必严,违法必究,有力促进交通安全管理工作。

3)强化道路交通中的科学管理

科学管理,就是按照交通事故发生和变化过程中所反映出来的客观规律性,用科学的方法来减少或预防交通事故发生的一种方法。实践证明,科学管理能收到事半功倍的效果。在条件许可的情况下,应该做好以下工作:

(1)尽快建立全国交通管理的电子网络系统。建立网络系统主要目的是加强对机动车驾驶员和机动车辆的管理,互通信息,相互监督,高效运行,保证交通安全。

(2)对于交通事故多发地段,建立速度监测系统,以便及时掌握情况,及时教育处理违章驾驶员,减少交通事故的发生。

(3)逐步建立城市智能化交通管理和高速公路智能化管理体系,以增强综合控制力,减少阻塞,形成直通流,提高机动车管理能力,从而达到安全、迅速、快捷。

4)做好高速公路交通事故的预防工作

高速公路交通事故的主要特点是:事故率低、但其后果严重,追尾事故多、进出口匝道事故多、疲劳驾车事故多、翻车事故多及变换车道事故多等。主要预防措施有以下几个方面:

(1)加强安全意识宣传

要针对特点大力宣传高速公路行车时的注意事项,通过宣传媒体、集中培训和考核等手段使每个驾驶员都明白:

①进入高速公路的车辆,技术状况应良好,安全机件应齐全有效;

②车辆进入高速公路前驾驶员的精神状态应良好,情绪应正常,不得喝酒;

③进入高速公路匝道后逐渐加速,打开右转向灯并瞭望主车道上是否有车驶来。注意避让主车道上的车辆;

④进入快车道后应注意掌握车速,并注意保持前后车安全距离,还要看清交通标志;

⑤在高速公路变换车道时,必须先打开左转弯灯,待有空间距离时,再使入超车道;在驶回主车道时,必须开右转弯灯,在确保安全的前提下,驶回主车道;

⑥在高速公路上遇到紧急情况需要停车的,一定要持续点制动,不要紧急制动,更不要猛打转向盘;

⑦装载不要超宽、超高,并将货物捆扎牢固;

⑧凡在高速公路上行驶的车辆,车上所乘人员应按规定系上安全带,特别是前排人员;

⑨在停车时,要靠边停在停车带上。如果车有故障起动不了不能靠边停放时要动员人员将车推到路边,并报告警察及时排除或用拖车拖至安全地方。

⑩在高速公路上驾车一旦发生事故,要尽快打开安全警报灯,并立即拦车抢救伤员,如遇死者须做好标记抬到路边,防止连锁事故发生。

(2)严格管理

①加强对进入高速公路车辆的监督与检查,严防不符合规定的车辆进入高速公路;

②加强动态管理,实施流动巡逻,随时纠正违章,确保畅通;

③建立完善的高速公路信息体系。汽车监控系统、监测系统、监视系统、信息广播以及传呼通讯系统要配套。

④严格执法,严格管理,公平、公正,违章必纠,肇事必惩。

二、交通事故的分析

1. 高速公路交通事故典型实例的分析及启示

案例一

1)事故自然情况

事故发生时间:某年 10 月 5 日 22 时 5 分左右。

现场情况:事故发生在某高速公路上,沥青路面,道路平直,无积雪,夜间无路灯照明。

天气:多云。

当事人:第一当事人,小型客车驾驶员(男,26 岁);第二当事人,小型客车驾驶员(男,25 岁);第三当事人,大型货运半挂车驾驶员(男,30 岁)。

人员伤亡情况:死亡三人,伤二人。

车物损坏情况:一辆小型客车报废,另一辆小型客车损坏严重,大型货车一般损坏。直接经济损失 15.6 万余元。

2)事故概况

第一当事人驾驶小型客车,在天黑没有路灯照明的情况下,没有将车速控制在规定的范围内,以高于 110km/h 的速度行驶,观察不仔细,再加上视线不清,在措手不及的情况下,与前方正常行驶,由第三当事人驾驶的大型货车追尾相撞,而第二当事人驾驶的小客车与第一当事人驾驶的小型客车同样速度距前车不足 100m 处跟着第一当事人的车辆行驶,尽管采取了措施还是撞在了第一当事人驾驶的小车尾部。造成了三死两伤、车辆报废的特大交通事故。如图1-16所示。

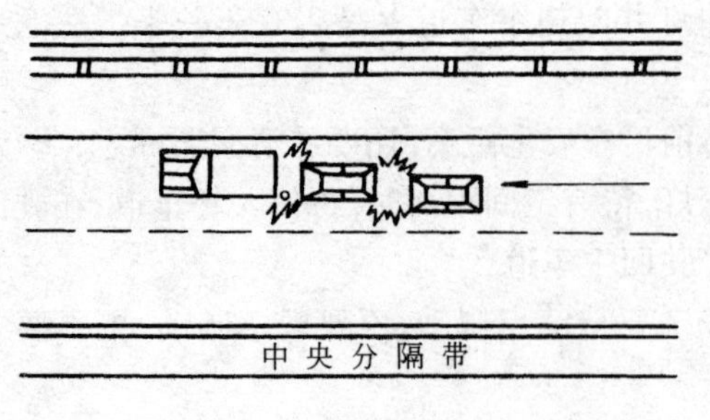

图1-16 案例一事故现场图

3)故障原因分析

第一当事人方面原因:夜间超速行驶,行车时疏于观察。

第二当事人方面原因:夜间超速行驶,跟车距离太近。

第三当事人方面原因:无。

车辆和道路方面原因:无。

4)启示

高速公路没有照明设备,在夜间能见度极低,加之车速过快和跟车距离过近,对车速、距离的判断能力下降到最低水平,从而导致无意识的追尾相撞。因而夜间行车时应严格控制车速,遵守公安部《高速公路交通管理办法》的规定,对机动车在高速公路上正常行驶时:最高车速,小型客车不得高于110km/h;当行驶车速为100km/h时,行车间距为100m以上。

案例二

1)事故的自然情况

事故发生时间:某年8月16日22时15分。

现场情况:事故发生在某高速公路上,沥青路面,道路平直,夜间无路灯照明。

天气:晴。

当事人:第一当事人,小型货车驾驶员(男,29岁);第二当事人,大型货车驾驶员(逃逸);第三当事人,小型货车四名乘车人。

人员伤亡情况:死亡四人,轻伤一人。

车物损坏情况:小型货车一般损坏,直接经济损失折款8.5万余元。

2)事故概况

第一当事人驾驶的小型货车因轮胎故障,将车停在路肩上,车内的四名乘车人帮助驾驶员更换轮胎。主观认为更换轮胎只需几分钟,而没有在车后设置故障车警告标志,也没有开启示宽灯和尾灯。第二当事人驾驶的大型货车驶过来,驾驶员注意力不集中,在未采取任何减速措施的情况下将换轮胎的四人当场撞死后,然后逃逸,见图1-17所示。

3)事故原因分析

第一当事人方面原因:驶入高速公路前对轮胎没有认真检查;违章停车,车辆发生故障停车后没有设置警告标志、开启示宽灯和尾灯。

第二当事人方面原因:无。

第三当事人方面原因:违章站在行车道上修车。

道路方面原因:无。

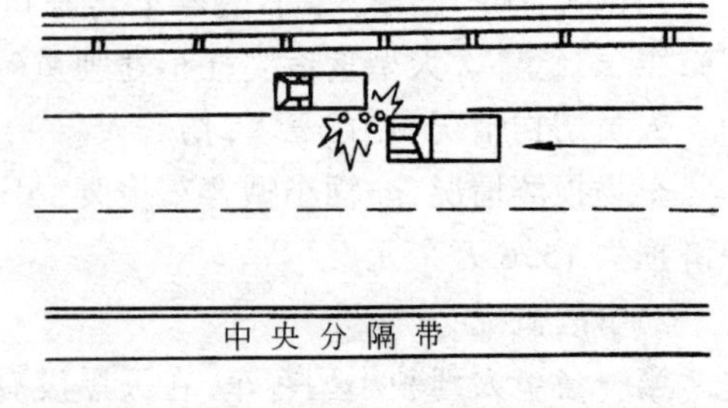

图1-17 案例二事故现场图

4)启示

机动车因故障原因在路肩上停车时,不能有任何侥幸心理和疏忽,在高速公路上停车即意味着危险的存在,必须按《高速公路交通管理办法》规定:车辆出现故障后,驾驶员必须立即开启危险报警闪光灯,并在行驶方向后 100m 处设置故障标志,夜间还须同时开启示宽灯和尾灯;禁止在车道上修车。

2.城市道路交通事故典型实例的分析及启示

案例一

1)事故自然情况

事故发生时间:9 月 28 日上午 9 时许。

现场情况:事故发生在某市、某街、一条主要街道与一条胡同交叉路口处,此交叉路口没有交通信号灯控制,但设有交叉路口的警告标志,主街中间设有隔栏,沥青路面,道路平直,路面均干燥。

天气:晴。

当事人:第一当事人,小型客车驾驶员(男,29 岁);第二当事人,小型客车驾驶员(男,21 岁)。

人员伤亡情况:重伤一人,轻伤两人。

车物损坏情况:一辆小型客车损坏严重,另一辆小型客车轻微损坏,直接经济损失 6.3 万余元。

2)事故概况

第一当事人驾驶小型客车从胡同驶出后,在没有认真观察的情况下就进行左转弯,再加上中间隔栏较密影响视线,当将要完成左转弯的情况下,第二当事人驾驶着小型客车以 40km/h 左右的速度行驶,当发现第一当事人驾驶的小型客车左转弯时,尽管采取了措施还是撞在了第一当事人驾驶的小型客车右侧尾部。造成了重伤一人、轻伤两人、车辆损坏严重的交通事故,如图 1-18 所示。

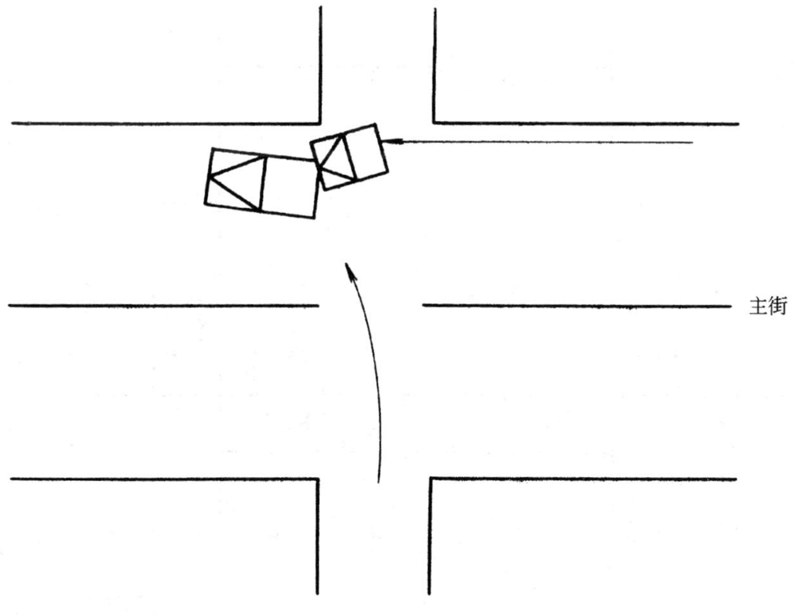

图 1-18　案例一事故现场图

3)原因分析:

第一当事人:支线车应让干线车先行,转弯车要让直行车先行。

第二当事人责任:当行至交叉路口时,应减速慢行,速度不超过 20km/h。

市政部门责任:设置中间隔栏因过高、过密而影响了双方驾驶员视线。

4)启示

在城市街道两侧,有许多小的胡同常常有车从胡同要进入街道,当车辆从胡同驶向街道时,应严格遵守次干道车辆让主干道车辆先行、转弯车辆让直行车辆先行的规定,主动进行避让,不能盲目抢行。主干道上行驶的车辆遇有交叉路口警告标志时,应按规定车速行驶,决不能超速行驶。市政交通部门在设置防护栏或分隔栏时,应根据实际交通状况,以不应影响各向行驶车辆的视线为宜。

案例二

1)事故自然情况

事故发生时间:6 月 24 日下午 6 时许。

现场情况:事故发生在某市的某十字交叉路口,有信号灯控制,沥青路面,路面平坦、干燥。

天气:少云。

当事人:第一当事人,小型客车驾驶员(男,23 岁);第二当事人,行人(男,16 岁)。

人员伤亡情况:重伤一人。

车物损坏情况:轻微。

2)事故概况

第一当事人驾驶小型客车驶入交叉路口时,正遇红灯,但该车为右转弯车辆,便以30km/h左右的速度进行右转弯,第二当事人恰好匆匆赶路通过人行横道,第一当事人虽然及时采取措施但还是将第二当事人撞倒,并从一只脚上压过,造成了重伤一人的事故,如图 1-19 所示。

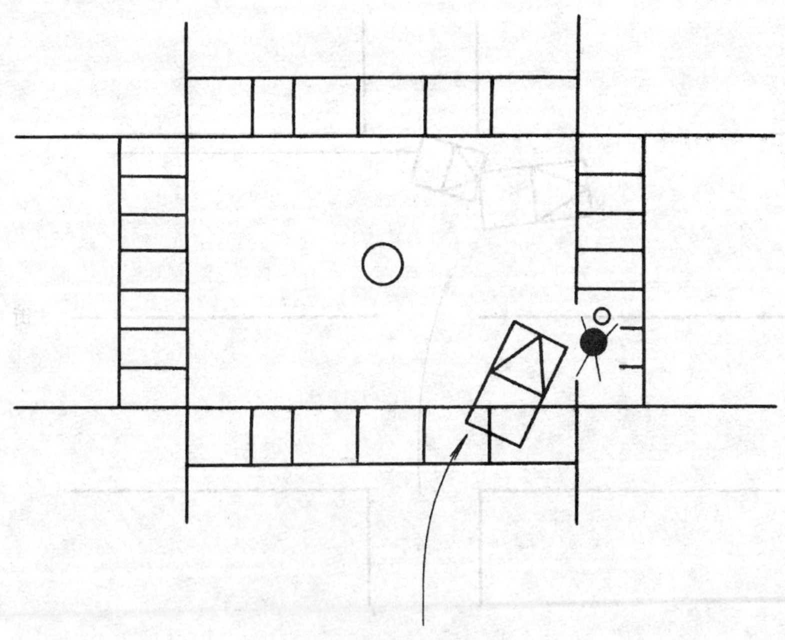

图 1-19　案例二事故现场图

3)原因分析

第一当事人:到交叉路口及转弯时速度较快,并未避让行人。

第二当事人:无责任。

4)启示

当车辆驶入交叉路口时,应提前减速,转弯车辆不仅要避让直行车辆,而且必须注意被放行的行人动态,避让人行横道上的行人。

第四节　智能运输系统简介

一、智能运输系统发展概况

交通拥挤、交通事故、环境污染、能源短缺是世界各国面临的共同问题。随着人口和经济活动的郊外化,人们更加依赖于私人小汽车。因此,道路交通量不断增加,引起交通拥挤,使得交通事故也在增加。解决交通问题的传统办法是修建道路,但无论是哪个国家的大城市,可供修建道路的空间越来越小。另外,交通系统是一个复杂的大系统,单独从车辆方面考虑或单独从道路方面考虑,都很难完美地解决交通问题。在此背景下,把车辆和道路综合起来系统地解决交通问题的思想就油然而生了,这就是智能运输系统 ITS(Intelligent Transport System)。

研究 ITS 的主要目的是避免交通拥挤和事故造成的巨大经济损失,提高运输生产率,强化国际间的竞争,实现现有设施的最有效利用。

目前,美国、欧洲和日本等发达国家,围绕综合治理城市交通问题,开展了广泛的研究。综合解决城市交通拥挤、交通事故的方向之一就是智能运输系统。我国在智能运输系统方面的研究刚刚起步。目前吉林工业大学与同济大学联合承担了国家重点自然科学基金项目《城市交通流诱导系统理论模型与方法的研究》,对推动我国交通运输业的现代化具有重要意义。近些年来,高新技术在道路交通上的应用已有一定的技术基础,如城市交通控制系统、高速公路监测系统、汽车防撞电脑模糊器。汽车工业部门等正在研制的自动驾驶系统、多功能显示系统、诱导系统、防撞系统等。这些项目有的已有成果,有的正在进行研究,但目前均未达到"智能化"的高度,特别是缺乏一个总体规划,还有待进一步的开发与研究。

二、智能运输系统的研究内容

由于智能运输系统是正在发展中的研究领域,其研究范围在不断扩展,各国根据自己的实际确定了各自的智能运输系统研究的重点内容。下面就以美国为例,介绍智能运输系统的主要研究内容。

智能运输系统(ITS)最初被称为智能道路交通系统 IVHS(Intelligent vehicle-highway system)。智能道路交通系统的研究涉及通信、电子计算机等工业、技术、商业和其他诸领域,是目前国外解决城市以及高速公路交通阻塞、提高行车安全和保护环境的主要措施,也是解决道路交通建设的限度(即受到土地资源制约的问题)、提高国际间的竞争能力、培育新兴产业的战略措施。

美国交通工程师学会(1991)在其出版的《交通工程师手册》中将 IVHS 定义为:把先进的检测、通信和计算机技术综合应用于汽车和道路而形成的道路交通运输系统。道路、汽车与信息的关系可以划分为三个层次:第一个层次即道路和汽车本身就是信息的载体,在道路上行驶的车辆中，绝大多数都携带着信息。第二个层次包括道路的信息和为驾驶员提供的信息。驾驶员需要有关交通状况的信息以使其更安全、更有效地驾驶；而交通管理者则需要监视道路上的交通情况而有效地管理、维持良好的交通秩序。第三个层次则是汽车与道路之间、汽车与控制中心之间的信息传递。从接受周围交通环境的信息方面看，今天的汽车极少具有智能，而大多数公路设施也不能探测交通流的状况。这时驾驶员的行车就像通过纵横交错的街道构成的迷宫一样，根本没有目前道路交通的实时情报，只能依靠自己的观察和经验。IVHS 系统就是利用先进技术使汽车有“头脑”，使道路聪明起来，即改变愚蠢的公路上行驶着并不真正聪明的汽车的现状。

IVHS 是若干技术开发项目的集中表现。这些技术项目加强了道路、车辆和驾驶员三者之间的联系，因此提高了公路的安全性、系统的工作效率、环境质量等。美国的交通工程师将这些开发项目分为五类：

1. 先进的交通管理系统 ATMS(Advanced Traffic Management System)

ATMS 用于监测控制和管理公路交通，并在道路、车辆和驾驶员之间提供通讯联系。它依靠先进的交通监测技术和计算机信息处理技术获得有关交通状况的信息，并进行处理，然后再及时地向道路使用者发出诱导信号，从而达到有效管理交通的目的。

2. 先进的驾驶员信息系统 ADIS(Advanced Driver Information System)

在信息类型以及信息接收者方面 ADIS 与 ATMS 有本质的差别：ATMS 中同样具有许多向驾驶员提供信息的设备，如可变信息板、公路咨询广播等，但它们传递的信息量是有限的；一个可变的信息板一般只能显示 14 个字符，公路广播的情报也不能超过几分钟，而且上述设备是为整个交通流总体服务的，其信息只具有普遍性。ADIS 则是以个体驾驶员为服务对象。驾驶员可以通过其车载路径诱导系统，在与控制中心的双向信息传递中使自己始终行驶在最短路上。ATMS 与 ADIS 的功能十分相似，即可以缩短旅行时间、降低燃油消耗和减少废气排放，使交通拥挤总体状况得到缓解。

3. 先进的汽车控制系统 AVCS(Advanced Vehicle Control System)

目的是开发帮助驾驶员实行车辆控制的各种技术，从而使汽车行驶更加安全、高效。AVCS 包括对驾驶员的警告和帮助，障碍物避免等自动驾驶技术。实际上，AVCS 具有最长期的潜在效益，同时也对汽车工程、电子工程等部门提出了最大的挑战。

4. 营运车辆调度管理系统 CVOM(Control Vehicle Operation/Fleet Management)

CVOM 实质上是运输企业应用 IVHS 技术来谋求最大效益的一种调度系统。它的目的是 IVHS 技术，利用车辆自动识别系统、车辆自动定位系统、车辆自动分类技术等提高企业内部劳动生产率，增加安全度，改进对突发事件的反应能力，改善车队管理和交通状况。

5. 公共交通系统的有效利用及运营管理 APTS(Advanced Public Transportation System)

智能交通系统是新一代道路交通系统。IVHS 技术的研究开发和应用，将现在各自单独存在的车辆状态过渡到车辆和道路融合，然后进一步将机动车辆和其他手段融合。通过这些步骤逐渐使交通系统化。从车辆方面看，其发展前景首先是开发能够从道路设施接收交通情报的情报车辆；然后随着控制技术发展，凝聚高度安全技术的安全车辆将会问世；最后实现自动驾驶车辆。到那时，我们所期待的快速、安全、准时、便捷和舒适的交通体系真正得以实现，保证社会经济可持续发展、与环境相协调的交通运输环境将确立起来。最近，智能交通系统的研究领域已被拓宽，称为智能运输系统(ITS)。

三、全球定位系统的应用

卫星导航系统又称全球定位系统，简称 GPS(Global Positioning System)，是一个能提供三维位置、速度、时间等信息及连续 24 小时全天候、全球范围服务的高精度全套定位系统。它有标准定位和精密定位两种服务。GPS 在 ITS 中的应用是当前 ITS 研制与开发中最热门最广泛的课题，主要用于导航和运营管理。由于电子技术的发展，社会需求以及法规的不断推动，使得采用高科技手段解决道路交通堵塞问题成为可能。汽车导航系统就是在 GPS 基础上发展起来的一门新型技术。

系统的功能主要表现在以下几个方面：

①通过直接输入地名、经纬度或电话号码，快捷地推荐一条到达目的地最佳路线的检索；

②在系统所推荐的最佳路线上遭遇道路堵塞、路段施工或走错等意外的情况时，具有瞬时再检索功能，提供更佳新路线的可行性；

③提供丰富的地名菜单和强大的记忆功能；

④在适当的时间内能够用语音提示行驶中路面的变化情况；

⑤在适当的位置提前显示将要到达的交叉路口周围的情况；

⑥具有多种接口，以适应扩展功能。

复习题

1. 高速公路有什么特点?
2. 叙述车速与视野的关系。
3. 什么是轮胎的水楔作用?
4. 夜间行车应注意什么问题?
5. 我国城市交通现状的特点是什么?
6. 交叉路口交通管理的原则是什么?
7. ITS 的定义是什么?
8. GPS 有什么功能?

第二章　汽车驾驶室和车厢的装备及仪表系统

随着电子技术在汽车上的广泛应用,特别是大规模集成电路和微处理器的应用,使得机电一体化成为现代汽车的显著特点。

现代汽车指示装置及组合仪表引进了数字集成电路等技术,使仪表指示更加准确、及时;在门锁、防盗系统中采用了超声波或红外线遥控器及隐蔽开关启动等技术,为汽车的安全防盗提供了保障;空调系统可以对车内的温度、湿度、净洁度等进行自动调节,给乘员提供一个舒适的环境;音响系统采用了数字调谐等技术,使乘员欣赏优美动听的音乐,大大减轻乘员的疲劳;按照车厢的布置和人体工程学的要求设置了电动座椅,使汽车和乘员舒适性越来越好。总之,电子工业的发展极大地促进了汽车驾驶室和车厢装备的现代化。

第一节　指示装置及组合仪表

为了随时掌握汽车各系统的工作情况并及时发现和排除可能出现的故障,汽车驾驶室装有各种指示装置及组合仪表,可根据其显示情况判断汽车行驶的技术状况。以上海大众帕萨特轿车为例,介绍其指示装置及组合仪表。

一、指示装置的标志及功能

上海大众帕萨特轿车仪表板上的各种指示装置如图 2-1 所示。

图 2-1　仪表板指示装置

1-安全气囊警告灯;2-挂车转向信号装置;3-后雾灯;4-电子防盗指示灯;5-转向信号装置;6-远光灯;7-防抱死系统警告灯;8-制动系统警告灯;9-充电指示灯;10-冷却液温度/液面警告灯;11-机油压力警告灯;12-后行李箱盖指示灯;13-制动摩擦片磨损警告灯;14-洗涤液液面高度警告灯;15-低燃油位警告灯

1. 安全气囊警告灯(黄色)

在点火时,该灯亮 3s,接着闪亮 12s(用于系统自检)后熄灭。若该灯没有熄灭或汽车行驶中闪亮,说明该系统有故障。

2. 挂车转向信号装置(绿色)

该灯与挂车上的转向灯同时亮,同时灭。

3. 后雾灯(黄色)

接通车尾后雾灯后,该灯闪亮。

4. 电子防盗指示灯(黄色)

点火时,该灯短时闪亮。若使用非原装汽车钥匙,该灯持续闪亮。

5. 转向信号装置(绿色)

转向信号打开后,左侧或右侧的指示灯闪亮。若该灯闪亮频率明显加快,说明转向灯有故障。

6. 远光灯(蓝色)

远光灯接通时,该指示灯闪亮。

7. 防抱死系统(ABS)警告灯(黄色)

点火时,该灯亮几秒后熄灭(用于系统自检)。若点火时该灯没亮或灯亮后不熄灭或汽车行驶中该灯闪亮,说明 ABS 系统有故障。

8. 制动系统警告灯(红色)

拉起驻车制动杆并点火,该灯应常亮;放下驻车制动杆,该灯必须熄灭,否则制动系统有故障。若该灯闪亮,说明制动液不足,应添加制动液。

9. 充电指示灯(红色)

点火时该灯发亮,发动机起动后,该灯应熄灭。通常情况下,此灯亮表示蓄电池处于放电状态,灯灭表示处于充电状态。

10. 冷却液温度/液面警告灯(红色)

点火时该灯会亮几秒钟。若汽车行驶中该灯常亮或闪亮,说明冷却液温度过高或液面过低。应检查冷却系统。

11. 机油压力警告灯(红色)

点火时该灯会亮几秒钟。若汽车行驶中,红灯闪亮并伴有 3 声警告声表示机油压力过低;黄灯常亮并伴有 1 声警告声表示机油液面过低。

12. 行李箱盖指示灯(红色)

该灯亮,说明行李箱盖没有完全关闭。

13. 制动摩擦片磨损警告灯(黄色)

该灯亮,应检查前后制动摩擦片。

14. 洗涤液液面高度警告灯(黄色)

该灯亮,应检查挡风玻璃洗涤液液面高度。

15. 低燃油位警告灯(黄色)

该灯亮,说明油箱中应该添加燃油。

指示灯及信号装置的图形标志见表 2-1。

指示灯及信号装置的图形标志　　表 2-1

序号	指示装置	信号标志	序号	指示装置	信号标志
1	安全气囊警告灯		9	充电指示灯	
2	挂车转向装置		10	冷却液温度/液面警告灯	
3	后雾灯				
4	电子防盗指示灯		11	机油压力警告灯	
5	转向信号装置		12	行李箱盖指示灯	
6	远光灯		13	摩擦片磨损警告灯	
7	ABS警告灯		14	洗涤液高度警告灯	
8	制动系统警告灯		15	低燃油位警告灯	

二、组合仪表的识别及功能

上海大众帕萨特轿车仪表板上的各种仪表如图 2-2 所示。

图 2-2　组合仪表

1-转速表；2-冷却液温度表；3-燃油表；4-车速表；5-数字时钟；6-变速杆档位指示表；7-里程表

1. 转速表

转速表用于指示发动机转速。汽车行驶中绝对不允许使发动机在刻度盘的红色范围内运转。

2. 冷却液温度表

该表在点火开关接通时工作，用来指示冷却液温度。若指针位于右侧指示范围，同时冷却液温度/液面警告灯闪亮，说明冷却液温度过高，应停车检查冷却系。

3. 燃油表

该表在点火开关接通时工作，用来指示油箱中燃油量。若指针达到红色指示范围，同时低燃油位警告灯闪亮，说明应该向油箱中添加燃油。

4. 车速表

车速表用来指示汽车行驶速度。

5. 数字时钟

数字时钟用来指示当时的准确时间。位于转速表右下侧的调整按钮可以调整数字时钟，顺时针旋转到底可以调整分钟,逆时针旋转到底可以调整小时。

6. 变速杆档位指示表

该表将显示自动变速器上变速杆档位。

7. 里程表

里程表用来记录汽车行驶里程。其上面的计数器记录了全部经过的行驶里程;下面的计数器记录了短程距离,可以通过按速度表下面的复位按钮复零位。

第二节　控制开关、门锁及防盗系统

一、控制开关的种类及功能

控制开关是汽车电路的中间环节,控制着全车电路的接通与断开。

1. 点火开关

点火开关控制着汽车上点火电路和起动电路,停车时用钥匙锁住,现代汽车安装在转向柱管上的点火开关还带有转向盘机械锁止结构。

1)国产常见车型点火开关档位及使用

国产常见车型的档位如图 2-3,其中①号接柱为电源火线,②号接柱接点火系、发电机调节器及仪表控制电路,③号接柱接辅助电器,④号接柱接起动电器,点火开关在 II 档起动位置起动发动机后,应立即松开钥匙,令其自动复位。点火开关在 LOCK 位置时,转向盘将被机械锁止。

2)现代汽车点火开关

如图 2-4 所示为上海帕萨特轿车点火开关安装位置。

接柱 / 通断 / 档位	① AM	② IG	③ ACC	④ ST
III	o		o	
0	o			
I	o	o	o	
II	o		o	o

图 2-3　点火开关工作档位

图 2-4　帕萨特轿车点火开关

位置①:点火开关断开,发动机熄火,拔出钥匙后,可锁止转向盘转向。

位置②:点火开关接通。若点火钥匙不能或很难转动,轻微来回转动转向盘,可以放开紧锁销。

位置③:起动发动机。在此位置前大灯会自动转换回停车灯,并且切断其他较大功率的用电器,在每次重新起动发动机前需将钥匙转回到位置①;点火开关内的重复起动锁止装置可以防止在发动机运转的情况下啮合起动器,以免损坏起动机。

3)注意事项

当汽车已经静止以后才可以从开关中拔出钥匙,否则转向锁止装置会意外地锁上。

2. 灯光开关、变光及转向信号灯开关

灯光开关形式有多种，现以上海帕萨特轿车灯光开关为例加以说明。

1)灯光开关的使用及远近光变换

(1)灯光开关(图 2-5a)

a)

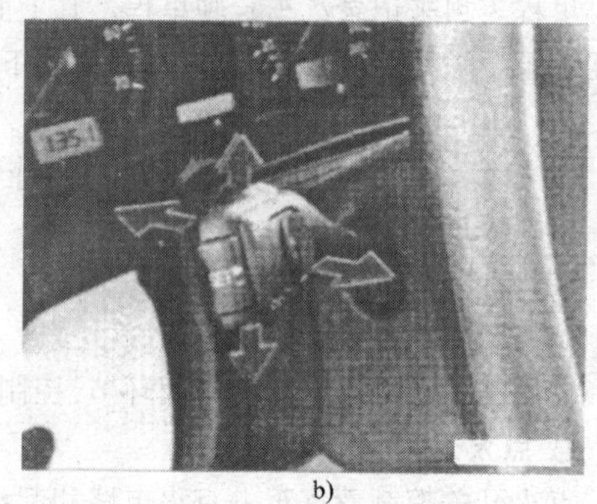

b)

图 2-5　上海帕萨特轿车灯光开关

a)灯光总开关；b)变光及转向信号灯开关

①近光灯、远光灯：大灯只有在发动机点火后才工作，在发动机怠速或熄火时，它将自动转换到停车灯的位置。该开关在近光灯/远光灯位置时，将变光拨杆前拨近光灯亮，将拨杆拉向转向盘，远光灯亮且远光指示灯亮(图 2-5b)。

②雾灯：在静止状态或近光灯/远光灯状态拉动开关至第一个档位。

③后雾灯：没有雾灯的车辆，将车灯的开关转动到近光灯/远光灯，并且拉至止位的位置。有雾灯的车辆，将在静止灯或者近光灯/远光灯位置的灯开关拉至第二个档位上。

(2)仪表灯开关(图 2-5a)　可以无级的通过转动滚花旋钮调节仪表灯的亮度。

(3)灯光射程调节开关(图 2-5a)　该开关可以使大灯适应相应的交通负载状况，避免对迎面交通的干扰，同时还可让驾驶员获得最佳视野。其调节只能在近光灯打开情况下调节，如要想将光束向下调节，应将滚花旋钮由基础位置向下转动。

2)转向信号灯开关

如图 2-5b)所示，转向信号灯仅在点火开关接通后才工作，拨杆上拨、右侧转向信号灯亮，拨杆下拨、左侧转向信号灯亮。在驶过弯道后，转向信号灯自动切断。

3. 巡航系统开关

为了减轻驾驶员脚踩加速踏板的负担，现代汽车设有巡航控制系统。图 2-6 为上海帕萨特轿车的巡航系统控制开关。

1)用途

它可以使汽车保持在 45km/h 以上的某一速度稳定行驶。

2)使用

启动：将移动开关 A 推至 ON 位置可以启动该系统。

设定速度：若已达到设定速度，则按一下 B 键即可，然后驾驶员的脚可离开加速踏板。

改变速度：按 B 键可以减小设定速度，移动开关 A 至 ON/AUFN 位置，则可自动提高设定速度。

关闭:将移动开关 A 向右推至极限位置(OFF/AUS)或在汽车静止时通过断开点火开关可以完全关闭巡航控制系统。

4. 挡风玻璃刮水器和清洗装置控制开关

如图 2-7 为帕萨特轿车挡风玻璃刮水器和清洗装置控制开关。上下拨动拨杆可改变刮水器的工作状态,将拨杆拉向转向盘(参见图中位置 5),刮水器和清洗装置同时工作,将杆松开,清洗装置停止工作。拨动开关 A,由左至右可分四档来调整刮水器和刮水间歇时间。

图 2-6 帕萨特轿车巡航系统控制开关
A-移动开关;B-按键

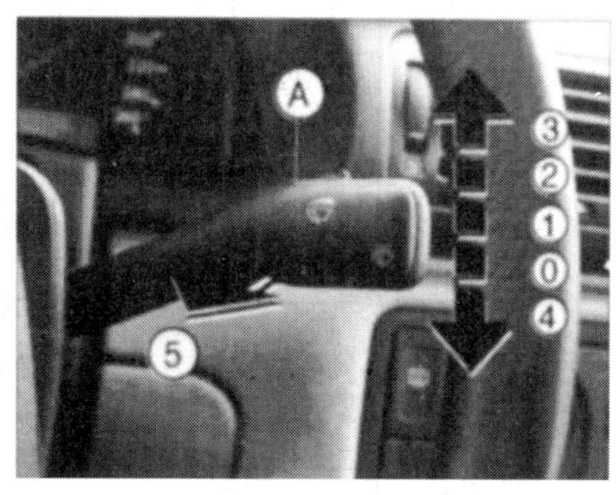

图 2-7 挡风玻璃刮雨器和清洗开关
0 位-关闭刮水器;1 位-间歇刮水;2 位-慢速刮水;
3 位-快速刮水;4 位-点动刮水

5. 其他功能开关

1)后视镜调整开关(图 2-8)

转动开关 A,使其上的白色圆点对准底板上的字母 L,然后上下左右拨动开关 A 可调整左外后视镜;对准底板字母 R 后可调整右外后视镜,白色圆点对准加热位置,后视镜在点火开关打开的状态下加热。

2)警告灯开关

在遇到车辆抛锚等紧急情况时,使用该开关。可使所有的转向灯一起闪烁,它在发动机熄火后也可工作。

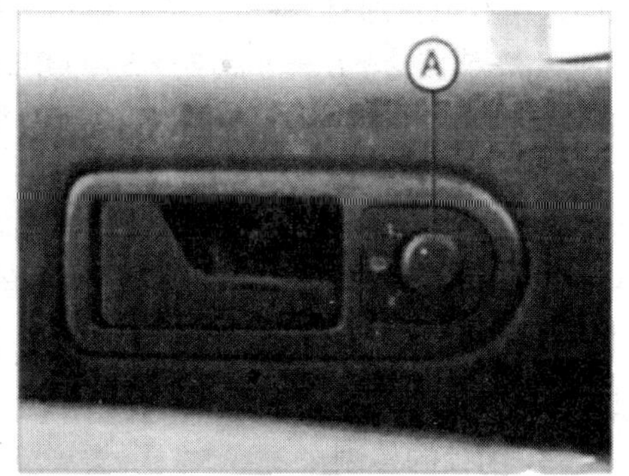

图 2-8 后视镜调整开关

二、中央门锁的功能及控制

门锁是锁止车门的机构,是保证汽车安全的一项重要措施。为此,要求门锁不仅能将车门可靠锁紧或打开,而且要求门锁在锁止位置时,操纵内外手柄均不能打开车门。为了提高汽车使用的安全性、方便性,现代轿车大多安装有中央门锁控制系统。

1. 中央门锁功能

①将驾驶室车门锁扣按下或拉起时,其他车门及行李仓门都能自动锁定或打开。

②用钥匙锁门或开门,也可以同时锁好或打开其他车门和行李仓门。

③在驾驶室内个别车门需要打开时,可分别拉开各自的锁扣。

2. 中央门锁工作过程

中央门锁的形式有多种,都是通过改变极性转换其运动方向来实现门锁的开关动作。它由锁止开关、开锁开关、换向继电器、回转式电磁线圈等几部分组成。图 2-9 为电磁线圈式中央门锁电路，其工作过程如下：

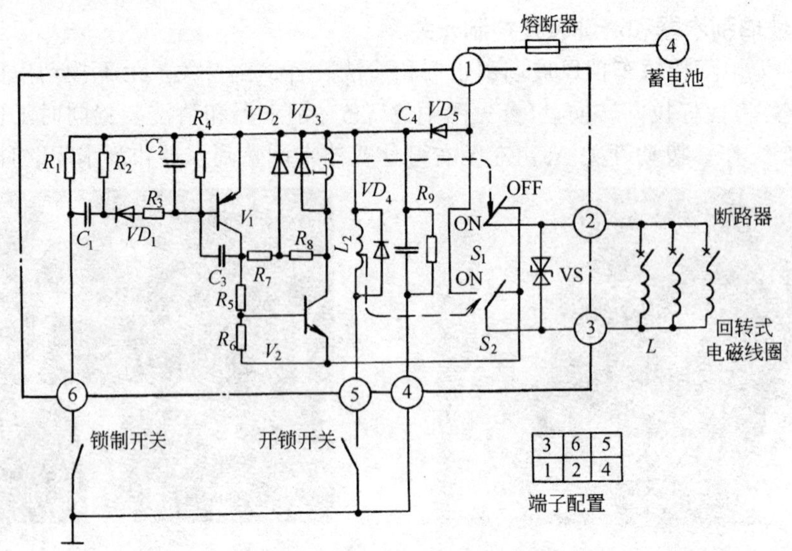

图 2-9　中央电动门锁电路

V_1、V_2-三极管；L_1、L_2-继电器线圈；S_1、S_2-继电器触点；L-电磁线圈

①当锁止开关(驾驶员侧车门)被按下时，蓄电池电流经过三极管 V_1 发射极经 R_3、VD_1、C_1、节点 6、锁制开关、搭铁回到蓄电池负极，向 C_1充电，此时因 V_1导通故 V_2 导通，继电器线圈 L_1 中有电流通过，继电器常开触点 S_1 被吸合至 ON 位置，蓄电池电流经熔断器→节点 1→ON、S_1→节点 2→L→节点 3→S_2、OFF→节点 4→搭铁→蓄电池负极。回转式电磁线圈 L 正向通电，其电磁力吸下车门锁扣拉杆，将车门锁制，随 C_1 的充满，V_1、V_2 截止，L_1 断电，S_1 回到 OFF 位置。

②当拉起驾驶员侧车门锁扣或用钥匙开门时，车门开锁开关闭合继电器线圈 L_2，通电使 S_2 吸合至 ON 位置，蓄电池电流经熔断器→节点 1→ON、S_2→节点 3→L→节点 3→OFF、S_1→节点 4→搭铁→蓄电池负极，此时，流过线圈 L 的电流方向与车门锁制时相反，电磁吸力拉起锁扣杠杆，车门锁被打开。

3. 门锁的控制

中央门锁系统由原厂钥匙控制和遥控辅助控制两套系统组成。其中遥控辅助控制系统通常由一个便携式发射器和一个车内接收器两部分组成，从发射器发出的可识别信号由接收器解码，驱动车锁打开或锁住。其主要作用是方便驾驶员锁门或开门。用户可通过设置开锁密码实现对自己汽车的保护，并在出现非法开启车门时进行报警防盗。目前该系统绝大多数采用无线电波或红外线作为识别信号的传播媒介，通常由电池和一个可识别信号生成的高精度集成电路两部分构成，如图 2-10 为上海通用别克轿车遥控发射器。

使用它可在 1～9m 范围内将全部车门锁住或打开或将行李箱锁打开。按下 LOCK（锁定)按钮，所有车门被锁止，按 UNLOCK（解锁)按钮可以解锁驾驶员车门并打开车内灯，5s 内再按下 UNLOCK 键，可以解锁所有车门。按下行李箱符号键，可以打开行李箱且只有在变速器处于驻车(P)位置时才能打开，在点火开关处于断开位置。按下报警按钮，起报警作用，汽车前大灯闪烁，喇叭重复鸣响，车内灯也将点亮，并一直持续至再次按报警按钮或点火开关处

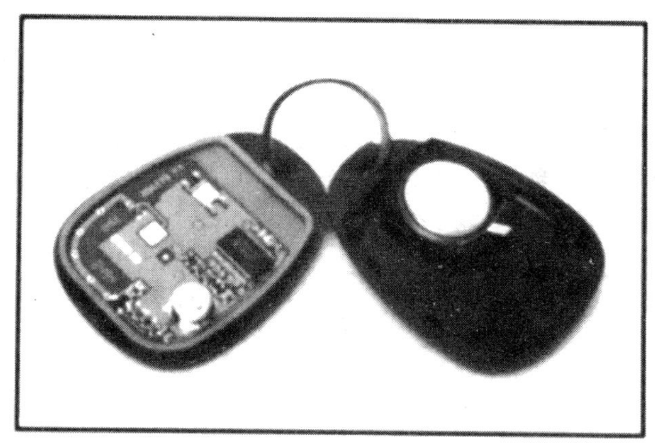

图 2-10　遥控发射器

于接通位置或持续大约 2min。正常情况下，遥控器内电池可使用 3 年，若电池需要更换，应注意不要触摸电路，以免来自人体的静电损坏发射器。

还有一些汽车门锁的控制是靠汽车的行驶车速来实现的，其作用是在车速超过某一预设值时，就自动将车门锁上，从而提高行驶过程中乘员的安全性，另外还允许驾驶员用座位旁边的车锁锁制或打开所有的车门，其电路如图 2-11，工作过程如下：

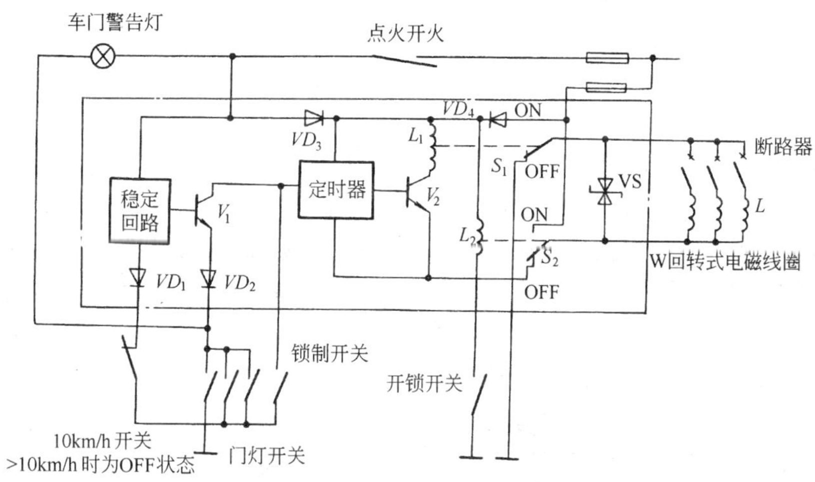

图 2-11　车速感应式中央门锁电路

V_1、V_2-三极管；L_1-锁制继电器线圈；L_2-开锁继电器线圈；S_1、S_2-继电器触点；L-回转式电磁线圈

①汽车行驶，点火开关打开，车速表内 10km/h 车速开关处于接通状态，蓄电池经熔断器、稳定回路 VD_1、10km/h 开关、搭铁。于是 V_1、V_2 截止，车门锁止继电器 L_1 中无电流，车门处于开锁状态，且只要有一个车门未锁制，该车门灯开关闭合，车门警报灯亮，提醒驾驶员注意。

②当汽车行驶车速 >10km/h 时，车速表内 10km/h 开关断开，V_1导通，定时器经 V_1、V_2门灯开关、搭铁，V_2 导通，L_1 通电 S_1 处于 ON 位置，回转式电磁线圈 L 通电工作，其吸力将车门锁扣杠杆拉下，车门被锁制。

三、防盗系统的分类及原理

为防止车辆被盗，越来越多的汽车上装有防盗系统。初期的汽车防盗装置主要用于控制门锁、门窗、转向盘、制动器、切断供油等联锁机构，以及为防止盗贼拆卸零件而设计的专用套筒扳手，但安全性差，使用不便，不能解决防抢和远距离遥控的报警问题。随着电子技术的发展，汽车防盗系统日趋严密和完善，现已发展为电子密码、遥控呼救、信息报警的电子防盗系统，其功能是当偷盗者企图行窃时，使偷盗者不能开动汽车，并随即发出音频报警信号，给偷盗者造成恐吓，达到使其放弃偷盗的目的。

1．分类

电子防盗系统种类较多，按功能分为以下三种类型：

1)防止偷盗者非法进入汽车的防盗系统

主要装备有红外监视系统，由布置在车辆内部周围的一组红外传感器构成了一道无形网，以监视是否有移动的物体进入车内，这种防盗系统安全性高，可靠性强，但成本较高。

2)防止非法搬运或破坏汽车的防盗系统

它通过布置在车内的超声波传感器、振动传感器和倾斜传感器等部件，监测是否有人试图非法搬运或破坏汽车，这种类型的防盗系统一般需要遥控系统(启动或解除防盗系统)和报警系统来完成，故成本高使用不便，易误报或漏报，安全性较低，且报警信号易造成噪声污染。

3)防止汽车被非法开走的防盗系统

国内市场大多利用带密码的遥控系统来控制起动机、点火线圈等零部件的工作，而世界上较先进的是应用防盗点火锁系统，利用电子应答来判断用户使用的钥匙是否合法，并以此确定发动机控制器的工作。

2．上海别克轿车防盗系统

上海别克轿车防盗系统利用控制起动继电器的搭铁回路来确定起动机是否工作，同时控制发动机电脑。若有人企图实施非法开启工作，不但起动机、发动机不工作，而且起恐吓作用的灯光、喇叭也会起作用，除非使用原厂钥匙或遥控器开启车门时才会解除防盗警戒，使起动继电器回路搭铁，同时使发动机电脑工作，其原理如图 2-12 所示。该点火开关钥匙内部装置一特定电阻作为防盗识别标志，每次用钥匙开门时，防盗电脑均测量该电阻是否与中央控制电

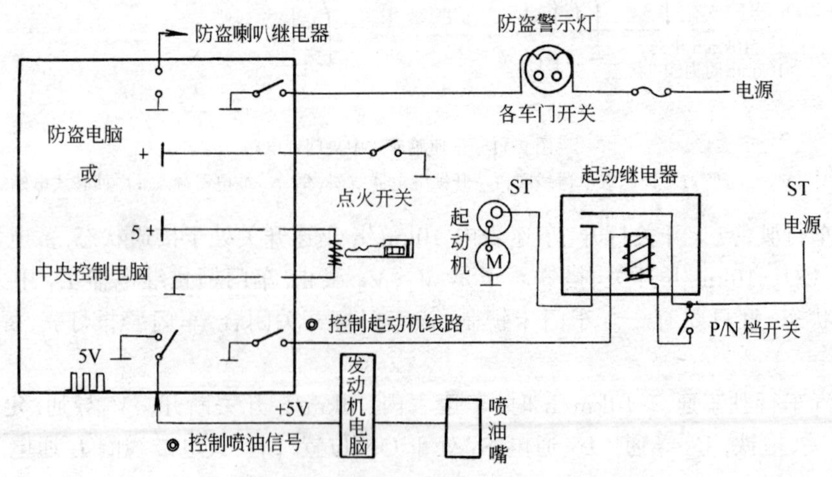

图 2-12　防盗系统原理图

脑板内设立的特定阻值相吻合，否则为非法开启，防盗系统开始报警，钥匙阻值共有15档，故应注意在拆蓄电池或在更换中央控制电脑时必须在中央控制电脑记忆中重新设定电阻值，设定方法如下：

①将钥匙插入点火开关，转至起动位置，再转至锁定位置，并取出钥匙，此时，仪表板上防盗警报灯闪烁；

②将钥匙插入点火开关，不要转动，此时，中央控制电脑测量并记忆钥匙的特定阻值；

③待警示灯熄灭后，表明记忆工作完成，取出钥匙即可。

3．日产风度轿车的防盗系统

日产风度（A32）轿车的防盗系统（简称 NATS）是世界上最先进的一种，它由定位器和防盗警报系统组成，如图2-13，用于A32的防盗系统V2.0的定位器有如下功能：

①只有在发动机控制单元（ECM）和NATS的防盗控制模板（IMMU）内注册防盗密码（ID号）的点火钥匙，才能使发动机起动，原车提供的点火钥匙ID号已由NATS注册；

②若有人企图用未经NATSV2.0注册过的钥匙起动发动机时，发动机不起动；

③当点火钥匙在OFF或ACC位置时，NATS安全指示灯闪烁，即该车装备了防盗系统；

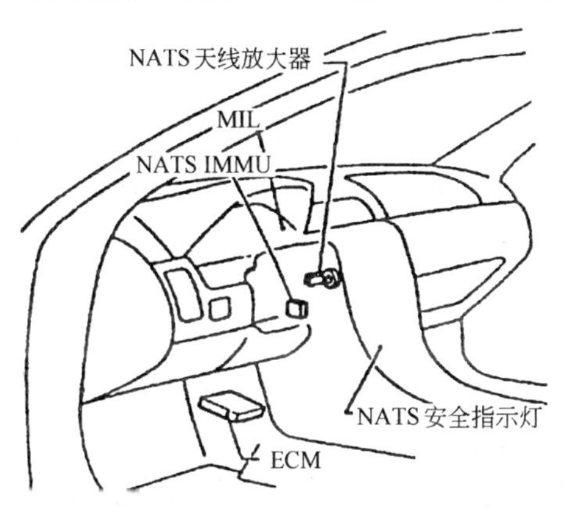

图2-13　A32轿车的防盗系统

④当NATS检测系统有故障时，发动机故障灯（MIL）闪烁。

A32轿车型防盗系统的定位器由NATS点火钥匙、点火锁芯内的天线放大器、NATS定位器控制单元（ECM）、位于中央仪表组下的NATS安全指示灯及故障灯等组成，如图2-14，其工作原理如下：

①点火钥匙插入锁孔内，钥匙上ID芯片发出脉冲信号，经天线放大器放大后传输给NATSIMMU，该数字信号与注册在NATSIMMU内的ID号进行比较，若两号码吻合，则进行随机码的比较。

②在ECM内储存有一随机号码，当点火开关位于“OFF”时，ECM内的随机号码更换，并将更换的随机码传输给NATSIMMU；当点火开关位于“ON”时，NATSIMMU又将此号码传输给ECM，两个号码一致时，发动机才能起动，否则防盗警告系统将工作。但应注意在丢失了钥匙或更换点火开关后，只有通过日产专用电脑和防盗软件重新登录后才能使发动机起动。

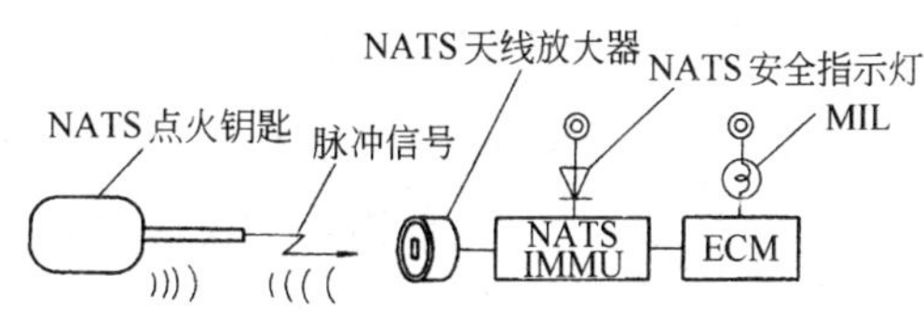

图2-14　A32车型的定位器组成及工作原理

第三节　汽车空调、音响及信息系统

一、汽车空调的工作原理及操作方法

汽车空调是通过人为的方式在车内创造一个对人体适宜的气候环境，使车厢内的空气温

度、相对湿度、空气的流速及空气的净洁度达到人体所需要的舒适范围。

1. 制冷循环

汽车空调最基本的制冷系统是由制冷剂和四大机件，即压缩机、冷凝器、膨胀阀、蒸发器组成，见图2-15。制冷剂在冷气装置内从液体蒸发成气体，又从气体凝集成液体，并不停地进行循环，这种循环称之为制冷循环。制冷循环由压缩、冷凝、膨胀、蒸发等过程组成。

压缩过程：压缩机吸入蒸发器中吸收热量后的低压(0.15MPa)、低温(0℃)的气态制冷剂并压缩成高压(1.5MPa)、高温(70～80℃)的气态制冷剂，然后送入冷凝器冷却降温。

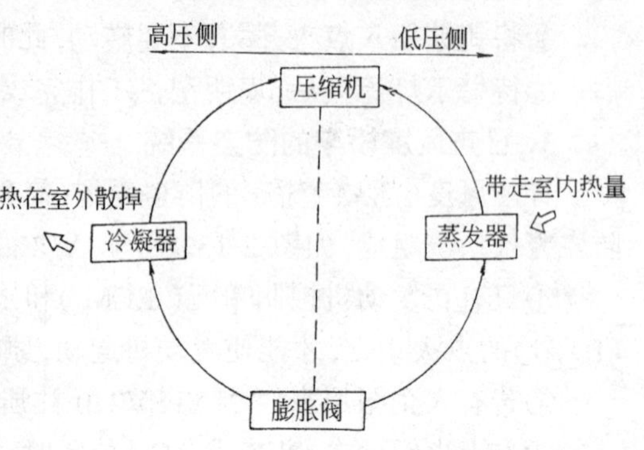

图2-15 制冷循环示意图

冷凝过程：高温高压制冷剂气体进入冷凝器，与环境空气进行热交换，放出热量，使制冷剂由气态变为液态。

膨胀过程：冷凝后的液态制冷剂经过有节流作用的膨胀阀后体积变大，变成低温(-5℃)、低压(0.15MPa)的湿蒸气，以便进入蒸发器中迅速吸热蒸发。

蒸发过程：节流后的低压、低温制冷剂进入蒸发器中吸收车内热量而蒸发，转变成低温(0℃)、低压(0.15MPa)气态制冷剂。从蒸发器流出的气态制冷剂又被吸入压缩机增压后泵入冷凝器冷凝，进行制冷循环。

2. 主要部件结构及工作原理

1)压缩机

压缩机的功用是把蒸发器中吸收热量后产生的低温低压气态制冷剂吸入后进行压缩，升高其压力和温度后送往冷凝器。压缩机形式很多，目前汽车上大多采用旋转斜盘式压缩机，其工作原理如图2-16所示，活塞及气缸在活塞的两端各形成一腔室，当主轴旋转时斜盘作左右摇摆运动，斜盘通过钢球驱动活塞在前后气缸中作往复运动，完成进气和压缩过程。这样，压缩机在同一时间内完成了进气、压缩两个过程，这种压缩机结构紧凑，效率高，性能可靠，传动转矩平衡，振动噪声小，制冷容量大，常被汽车空调采用。

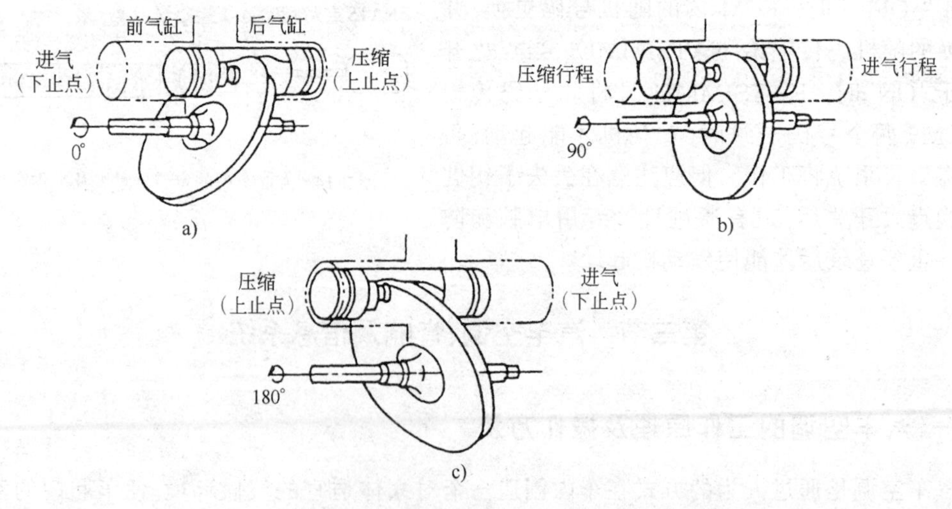

图2-16 斜盘式压缩机工作示意图

2)冷凝器

冷凝器的功用是将压缩机排出的高温、高压气态制冷剂的热量吸收并散发到车外空气中。通常冷凝器是由钢管或铝管制成的芯管和散热片组成。多数车辆的冷凝器安装在水箱前面且与水箱在同一垂面内,中型客车安装在车身两侧或车身后侧并用高速冷凝风扇提高散热能力。

3)膨胀阀

膨胀阀(图 2-17)安装于蒸发器的入口上,从冷凝器输出的液态制冷剂经膨胀阀节流后,急剧膨胀降压、降温为低压湿蒸气,然后进入蒸发器中吸收车内空气的热量。膨胀阀主要由感温筒、毛细管、膜片等组成工作时,液态制冷剂经球阀被喷入蒸发器中,液态制冷剂因突然膨胀而变成低压蒸气,吸收蒸发器周围空气的热量,使蒸气汽化后成为低压气态制冷剂,设感温筒内的压力 P_1,蒸发器出口处的压力 P_2,弹簧力 F。当压缩机停止工作时,膨胀阀膜片上方的压力与蒸发器入口的压力相等,即 $P_1 = P_2$,$P_1 < P_2 + F$,因此球阀在弹簧作用下,处于关闭状态,无制冷剂流出;当蒸发器出口处温度高时,使感温筒中的制冷剂膨胀,膨胀阀膜片上方的压力升高,即 $P_1 > P_2 + F$,膜片向下移动,顶开球阀,液态制冷剂流入蒸发器的量增加;当蒸发器出口处温度降低时,感温筒中制冷剂收缩,膨胀阀膜片上方压力减小,即 $P_1 < P_2 + F$,膜片上移,球阀开度减小,减少了喷入蒸发器的制冷剂量。

4)蒸发器

蒸发器结构与冷凝器相似,它由铝制芯管和散热片组成,其作用与冷凝器相反,起吸热作用。

5)制冷剂

汽车上广泛采用的制冷剂为氟里昂 R12 或 R134a(C_2HF_4 新型无氯环保型制冷剂),R12 在常温常压下为无色无味气体,具有化学性能稳定、无毒无臭味、不易燃易爆、对金属无腐蚀及高温低压下易液化等优点,但 R12 渗透性强,对密封件要求高。由于 R12 会破坏大气臭氧层被禁用,我国规定从 2001 年 1 月 1 日起,所有新出厂的汽车一律不准用 R12,必须采用 R134a。

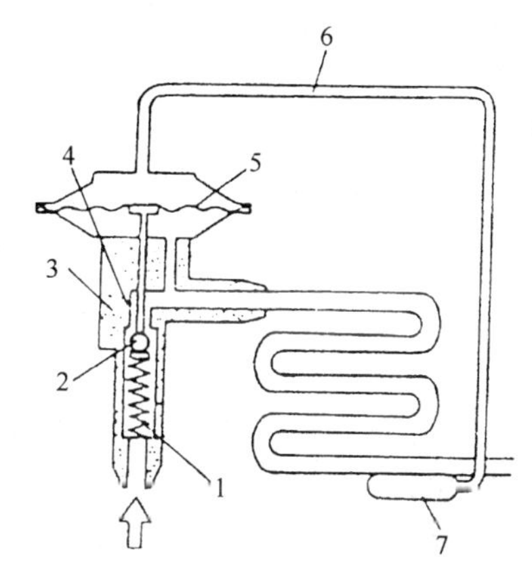

图 2-17 膨胀阀结构

1-弹簧;2-球阀;3-壳体;4-顶杆;5-膜片;6-毛细管;7-感温筒

3. 空调操作方法

以丰田 CORONA FWD 系列轿车空调系统为例。图 2-18 所示为按钮型空调控制开关。

空调开关钮用于开放和关闭空调,按下空调开关钮,空调起动。若空调指示灯闪亮,说明系统出现故障,空调自动关闭。温度控制杆用于调节输送的空气温度。进气控制钮用于选择进气,即选择外界空气或再循环空气。气流控制钮用于选择从气流出口处输入的气流,面部钮使空气流向面部;双层面钮使空气流向面部和地板;地板钮使大部分空气流向地板和面部;地板挡风玻璃钮使大部分空气流向挡风玻璃、地板和面部;挡风玻璃钮使大部分空气流向挡风玻璃、前侧车窗和面部。风扇转速控制钮用于风扇的开和关,并选择风扇转速。

1)冷却

①将温度控制杆移至中温和低温之间的任何位置上;

②按下进气控制钮,选择外界空气位置;

③按下气流控制钮的面部钮或双层面钮;

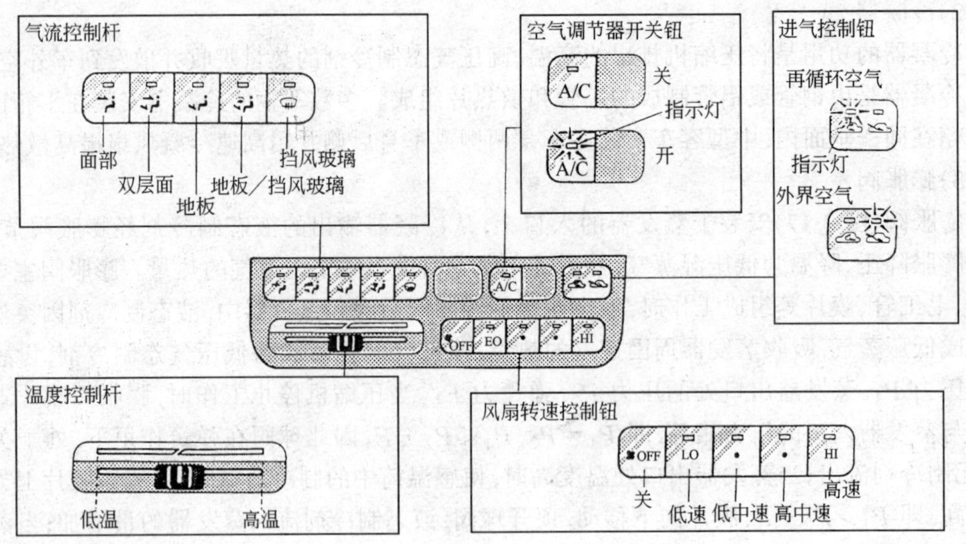

图 2-18　空调控制开关

④将风扇转速控制钮移至除“OFF”以外的任何位置；

⑤按下空调开关钮。

2)加热

①将温度控制杆移到除低温位置以外的任何位置上；

②按下进气控制钮，选择外界空气位置；

③按下气流控制钮的地板钮或双层面钮或地板/挡风玻璃钮；

④将风扇转速控制钮移至除“OFF”以外的任何位置；

⑤如果需要进行去湿加热，则按下空调开关按钮。

3)通风

①将温度控制杆移至低温位置；

②按下进气控制钮，选择外界空气位置；

③按下气流控制钮的面部钮；

④将风扇转速控制钮移至除“OFF”以外的任何位置；

⑤将空调开关保留在关位置。

4)消除挡风玻璃内侧的雾

①将温度控制杆设定在任何位置上；

②按下进气控制钮，选择外界空气位置；

③按下气流控制钮的挡风玻璃钮；

④将风扇转速控制钮移至除“OFF”以外的任何位置；

⑤按下空调开关钮。

5)消除挡风玻璃外侧的霜或雾

①将温度控制杆设定在高温位置；

②按下进气控制钮，选择外界空气位置；

③按下气流控制钮的挡风玻璃钮；

④将风扇转速控制钮按入“HI”位置；

⑤将空调开关保持关位置。

6)空调使用、维修注意事项

①只有在所有车门关闭时,空调系统效果才会明显;

②发动机过热时,应当停止使用空调,待发动机正常工作后再使用;

③要避免身体直接接触制冷剂,以防冻伤;

④避免制冷剂遇明火,遇明火后会产生有毒物质;

⑤装有制冷剂的容器不许加热或直接在阳光下照射;

⑥维修空调要在通风良好的场所进行,以防制冷剂泄漏引起人的窒息;

⑦不要将制冷剂排放到大气中,以防破坏大气臭氧层。

二、汽车音响与信息系统

汽车音响是现代汽车的重要组成部分,已经受到了驾驶员和乘员的青睐。现代汽车音响使用了许多高新技术,已经向多功能、数字化、高技术、高性能的方向发展。

1. 现代汽车音响新技术与特点

①采用数字调谐技术(DTS)。该技术可以实现调谐自动搜索、自动扫描、自动搜索存储。除此之外,还可以人工调谐寻找、检索和预检索。我国生产的奥迪100型轿车安装的收放机已采用了该技术;

②采用全逻辑电控机芯。采用该机芯可使磁带放音机实现微机控制自动化;

③采用数/模转换器和数字滤波器,使音质更佳;

④采用新颖的消噪系统。

2. 现代汽车音响举例

以航天部燎原无线电厂生产的NEC—303系列型AM/FM立体声汽车收、放音机为例介绍其使用方法,该系列机型具有快速向前走带、单声/立体声、调频、调幅波段选择,以及DIN-C标准尺寸,便于在各型汽车上安装,该机型汽车收放机面板各操作键及显示功能如图2-19所示。

3. 汽车音响发展趋势

①采用多片连续播放式汽车CD机,既具有CD控制操作功能,又具有TAPE/FM收放机。此类机型在许多轿车上已安装使用。

②新型的数字磁带录音机/数码盒式磁带录音机(DAT/DCC)汽车音响。这种汽车音响采用自动寻迹伺服技术,各功能操作均可用大屏幕LCD显示,并具有高速音乐搜索、重复、程序播放、高低音控制功能。

③执行话音指令的汽车音响系统。这种音响采用了汽车音响系统话音识别技术,代替了驾驶员手动的键钮操作,有效解决事故隐患。

4. 汽车信息系统

汽车信息系统主要包括汽车音视(AV)系统、汽车多媒体、汽车移动通信等。

1)汽车音视系统

如今的汽车音响已满足不了乘员的需求,因此在一些高档轿车的仪表板上安装了Hi-Fi录像机、彩色电视等,这样可以方便地播放录像,查看重要新闻或自己喜欢的节目。

2)汽车多媒体

汽车多媒体即将音响、图像、信息等在车厢内融合为一体的数码综合界面系统,主要包括

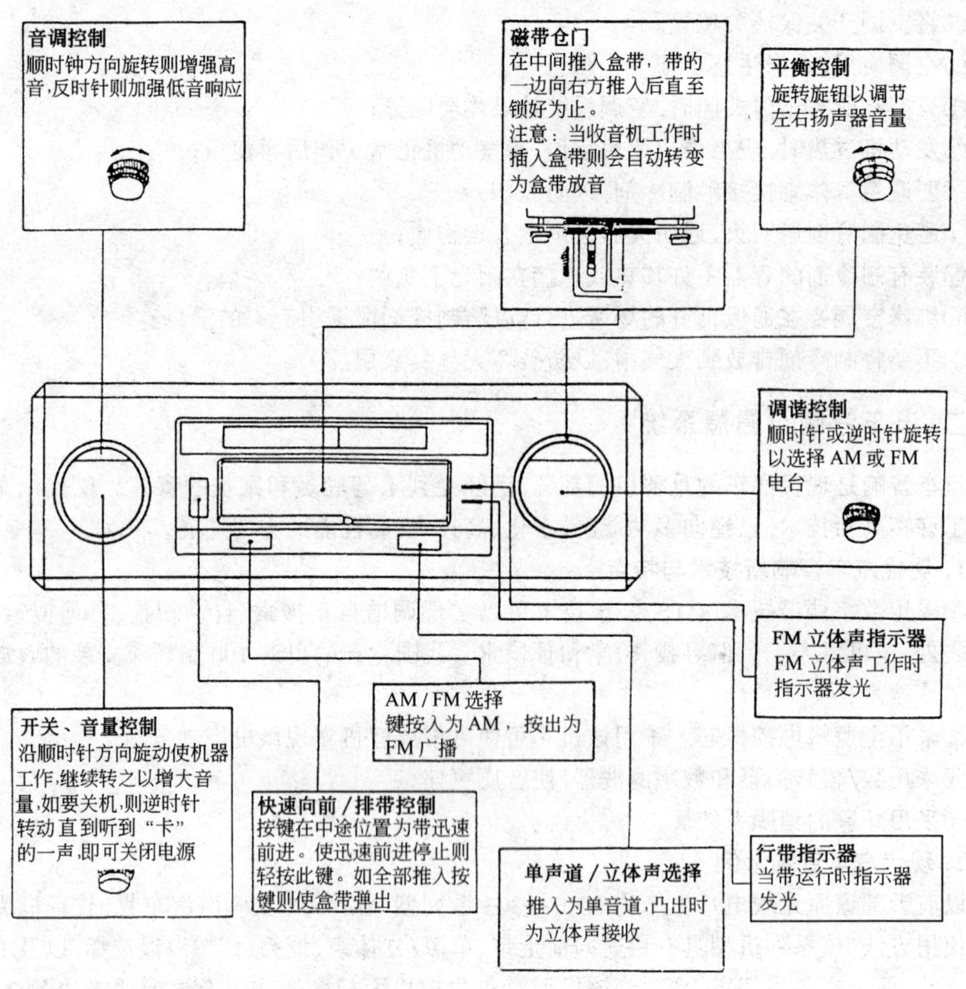

图 2-19　NEC-303 面板结构示意图

汽车导向仪、数码卫星广播和 DVD。汽车导向仪可以用来了解即时的塞车情况和发生事故的地点,数码卫星广播和 DVD 可供乘员在车内观看电影、打可视电话、接收或传送电脑资料的数码信息等。

3)汽车移动通讯

汽车移动通讯即利用无线方式建立的汽车综合调度管理系统,如上海 900MHz 出租汽车综合调度管理系统就可以有效的提高出租汽车的营运效率。

第四节　汽车电动座椅

一、座椅的功能

汽车座椅的主要功能是为驾驶员提供便于操纵、安全而舒适的驾驶位置;为乘员提供安全舒适、而又不易疲劳的乘坐位置。为此要求汽车座椅应满足下列要求:

①按人体工程学的要求,座椅应有良好的动态、静态舒适性且外形要适合人体生理功能的

要求,力求达到舒适、美观、大方;

②座椅在车厢内的布置应合理,尤其是驾驶员座椅必须保证驾驶员处于最佳的驾驶位置;

③座椅应有充分的强度、刚度、耐久性,对于可调座椅应有可靠的锁止机构,确保安全;

④座椅应有良好的振动特性,从而吸收从车厢传来的振动,改善舒适性;

⑤座椅应设制各种调节机构,以适应不同驾驶员及乘员的要求;

⑥汽车座椅应采用最经济的结构,在保证安全、舒适的前提下,尽可能减轻其质量。

二、电动座椅的结构、调节及工作原理

1. 电动座椅的结构

电动座椅一般由操纵开关、电机、座椅调节器及传动装置等几部分组成。电机一般为双向永磁式,其数量取决于座椅调节功能的完善程度。只能在前后方向移动的两向调节座椅装有一个双向电机,如图 2-20 所示。在前后移动基础上还可升降的四向调节座椅通常装有两个双向电机,在此基础上,座椅前端或后端还可分别升降的六向调节座椅,装三个双向电机,还有一些电动座椅甚至有四个或四个以上双向电机,可以根据需要,令其具有更多的调节功能。

电动座椅的传动装置包括变速器、联轴装置和电磁阀,座椅调节器包括螺旋千斤顶和齿轮传动机构,其中电机与变速器由联轴节相连,传动装置和座椅调节器之间由软轴来连接,开关接通后,电机经齿轮、联轴节、变速器、软轴传至座椅调节器,当调节器到达行程终止时,软轴便停止运行,此时若电机仍转,动力将被联轴节所吸收,防止电机损坏。

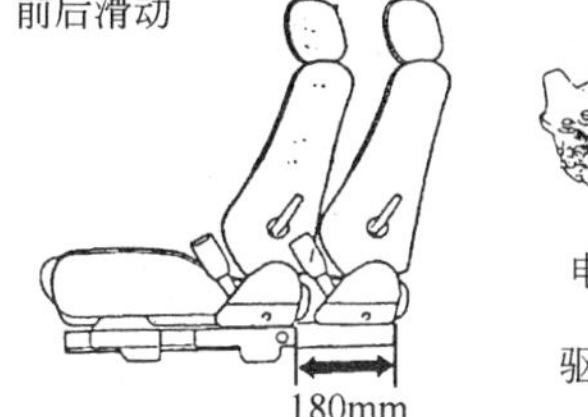

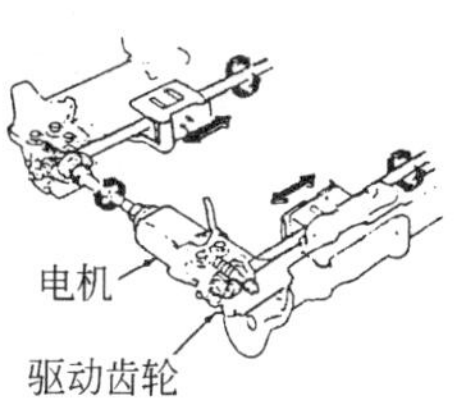

图 2-20 可前后调节的电动座椅

2. 座位调节及工作原理

汽车座椅的调节,是让驾驶员、乘员乘坐得更舒适,同时通过调节可以改变坐姿,降低乘员长时间乘车的疲劳程度。电动座椅的面世,使座椅的调节更加多功能化,从而提供了更安全舒适的服务,如具有八种调节功能的电动座椅,可以实现座椅的前后移动调节、上下移动调节、座位前部的上下调节、靠背的仰合调节、侧背支撑调节、腰椎支撑调节及靠枕上下、前后调节等。

电动座椅前后方向的调节量一般为 100～180mm,座位前部与后部的调节量约为 30～50mm,全程移动大约需要 8～10s 。

调节操纵开关,可控制电流流经电机的方向,使其按不同方向运转,从而完成不同的调节功能,为防止电机过载,大多数永磁式电机装有断路器,如图 2-21 为凌志 LS400 轿车电动座椅的控制线路,它可实现座椅的前后移动,靠背倾斜角度,座位前部、后部上下及腰垫支撑等多个方向的调整。如座椅的前移调节:按下电动座椅前移开关,其电路为蓄电池→熔断器→断路器→开关→接点 14→前移调节开关→接点 11→滑动电机→开关→接点 12→开关→接点 13→蓄电池负极,形成回路,滑动电机工作,电动座椅向前移动。同样操纵其他开关,可分别实现座椅其他方面的调整。调整时应注意座椅只能在汽车静止的情况下进行。

三、带存贮功能的电动座椅

现代高级轿车的座椅采用了电子控制系统,其中有一个存贮器,它能将选定的座椅调节位置进行存储,使用时只需按动所需项目的调整开关,就可以按贮存的各个座椅的位置要求调整

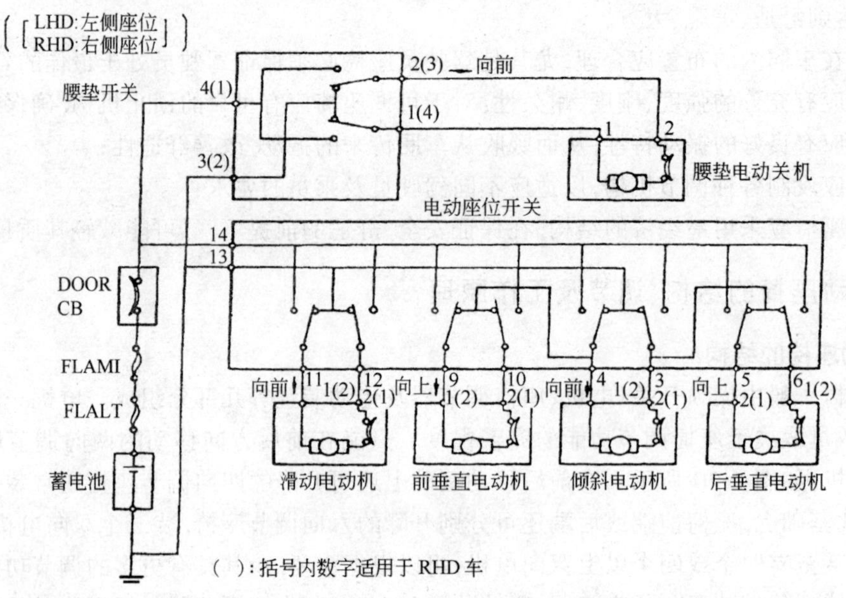

图 2-21 凌志 LS400 轿车电动座椅电路图

座椅位置,每个座椅可进行 8 个方向的调整,故每个座椅应有 4 个传感器向存贮器输入座椅位置的电压信号,只要座椅位置调定后,驾驶员按下存贮按钮,电子控制装置就将电压信号存贮起来,作为重新调整位置时的基准,如图 2-22 所示。

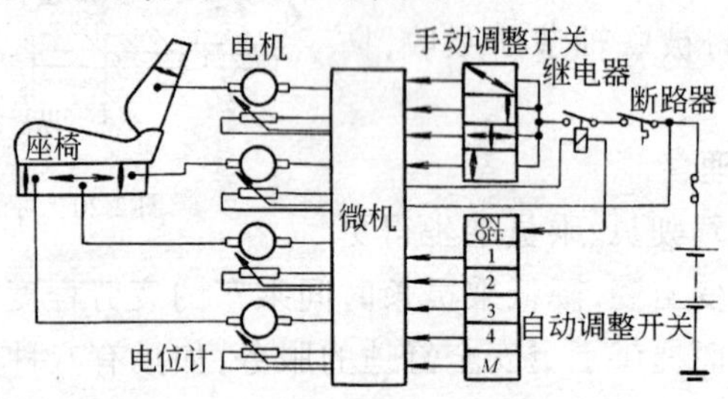

图 2-22 用微机控制的电动座椅

复习题

1. 简述桑塔纳 2000 系列轿车中电子车速里程表结构。
2. 在汽车空调中如何实现其制冷循环?
3. 在汽车空调使用维修中应注意哪些问题?
4. 点火开关有何用途? 国产常见车型的点火开关工作档位有哪些?
5. 中央门锁有何功能? 简述电磁线圈中央门锁的工作过程。
6. 简述上海别克轿车防盗系统如何重新设定防盗识别标志?
7. 电动座椅一般由哪几部分组成? 具有八种调节功能的电动座椅可实现哪些方面的调节?

第三章　汽车发动机电子控制燃油喷射系统

发动机电控燃油喷射系统以电脑为核心，以空气流量和发动机转速为基础控制数据，对喷油量(空燃比)、点火正时、怠速空气供给等进行精确控制，以保证发动机获得与各种工况相匹配的最佳混合气成分和点火时刻。发动机的电子控制系统由空气供给系统、燃油喷射系统、电子点火控制系统和电子控制系统 4 个部分组成。

第一节　空气供给系统

一、空气供给系统的组成

进气系统为发动机可燃混合气的形成提供必需的空气。空气经过空气滤清器、空气流量计(D—Jetronic 无此装置)、怠速空气调整器、节气门、进气总管、进气歧管进入各气缸，如图 3-1 所示。

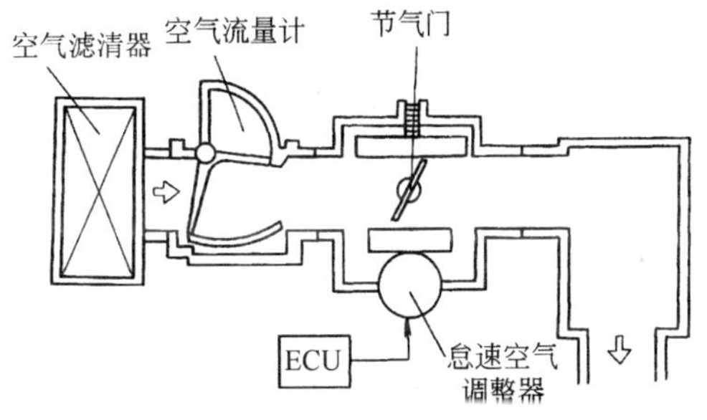

图 3-1　空气供给系统

一般行驶时，空气的流量由通道中的节气门来控制。怠速时，节气门关闭，空气由旁通道通过，怠速转速的控制是由怠速调整螺钉和怠速空气调整器调整流经旁通道的空气量来实现。

1. 空气流量计

空气流量计是将吸入的空气量转换成电信号送至电脑，作为决定喷油量的基本信号之一。按其结构形式可以分为以下 4 种：

①叶片式空气流量计——为体积流量型，20 世纪 60 年代较为流行，现已淘汰；

②卡门旋涡式空气流量计——为体积流量型，多见于三菱和丰田汽车；

③热线式空气流量计——为质量流量型，20 世纪 80 年代初开发研制，现今已广泛应用；

④热膜式空气流量计——为质量流量型，美国通用汽车公司研制，大多应用在通用公司和日本五十铃公司生产的汽车上。

1)卡门旋涡式空气流量计

(1)结构

卡门旋涡式空气流量计通常与空气滤清器外壳安装成一体，在其空气通道中央设置一锥体状的涡流发生器，在涡流发生器后部将会不断产生称之为卡门旋涡的涡流串，测出卡门旋涡的频率即可感知空气流量的大小。图 3-2 和图 3-3 分别为反光镜检测方式和超声波检测方式的卡门旋涡式空气流量计的结构简图。

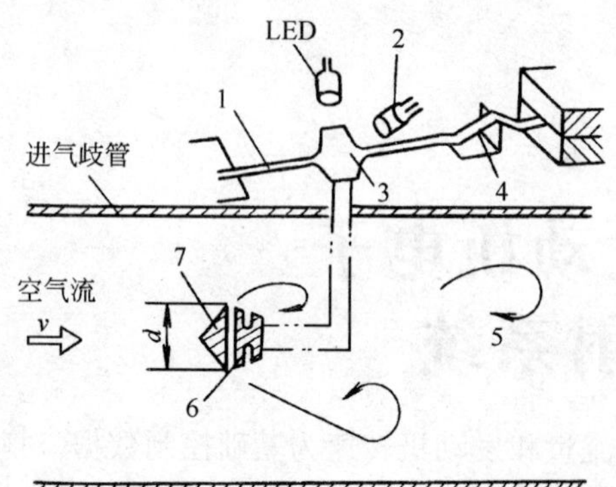

图 3-2　卡门旋涡式空气流量计(反光镜检测方式)
1-全波段;2-光电管;3-反光镜;4-板簧;
5-卡门旋涡;6-导压孔;7-涡流发生器

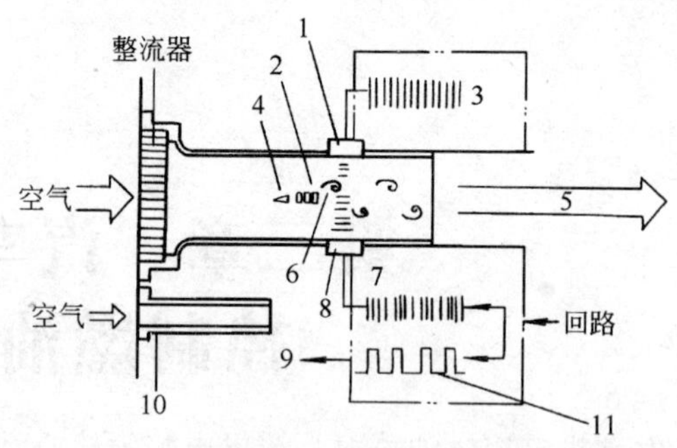

图 3-3　卡门旋涡式空气流量计(超声波检测方式)
1-信号发生器; 2-涡流稳定板;3-超声波发生器;4-涡流发生器;5-往发动机; 6-卡门旋涡;7-与涡数对应的疏密声波;8-接收器;9-接计算机;10-旁通通路;11-整形矩形波(脉冲)

(2)工作原理

当通过空气通道的空气流速变化时,将影响卡门旋涡的频率,空气流速 v 与卡门旋涡的频率 f 之间存在如下关系:

$$v = d \times f / S_t$$

式中:d——涡流发生器外径尺寸;

S_t——斯特罗巴尔数,约为 0.2。

只要合理设计进气管道和涡流发生器的尺寸,则斯特罗巴尔数 S_t 在空气测量范围的全程内几乎为定值,所以,测得卡门旋涡的频率就可以知道空气流速 v。再将空气通道的有效截面积与空气流速 v 相乘,就可知道吸入空气的体积流量。

2)热线式空气流量计

(1)结构

热线式空气流量计的基本构成是感知空气流量的白金热线,根据进气温度进行修正的温度补偿电阻(冷线)和控制热线电流并产生输出信号的控制线路板,以及空气流量计的壳体。而根据白金热线在壳体内安装的部位不同,可分为主流测量方式和旁通测量方式两种结构形式的热线式空气流量计。图 3-4 是采用主流测量方式的热线空气流量计的结构图。

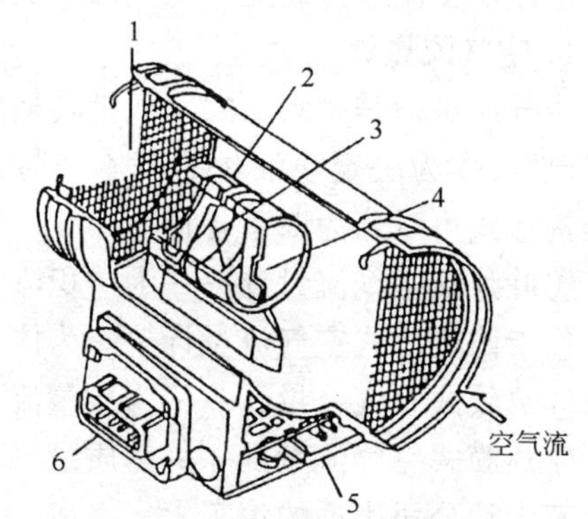

图 3-4　热线式空气流量计(主流测量方式)
1-防护网;2-取样管;3-白金热线;4-温度补偿电阻;5-控制线路板;6-电连接器

其上一般设置六脚插头与发动机微机控制装置相连接,如图 3-5 所示,用以传递信息。图 3-6 是采用旁通测量方式的热线空气流量计的结构图。它与主流测量方式在结构上的主要区别在于:将白金热线和温度补偿电阻(冷线)安装在空气旁通道上。热线和温度补偿电阻是用铂线缠绕在陶瓷绕线管上制成的。

(2)工作原理

如图 3-7 所示,在空气通道中放置热线 R_H,由于其热量被空气吸收,热线本身变冷。

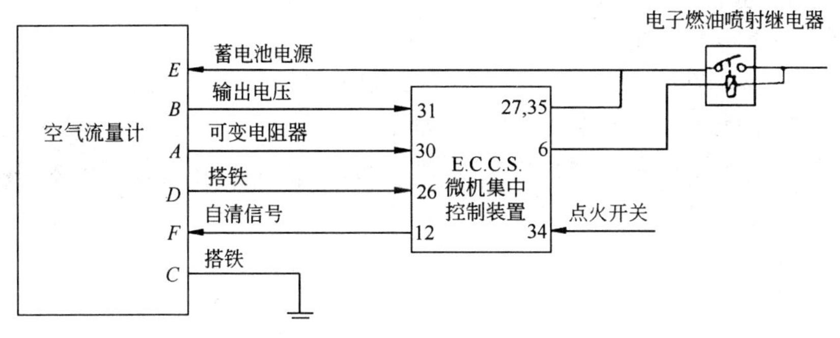

图 3-5　热线式空气流量计与电脑的连接

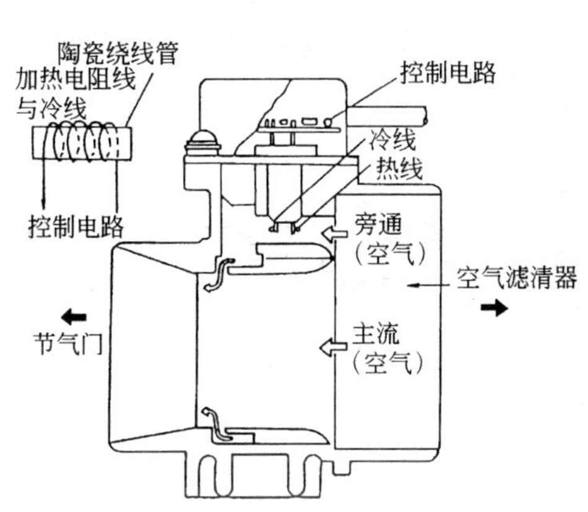

图 3-6　热线式空气流量计(旁通测量方式)

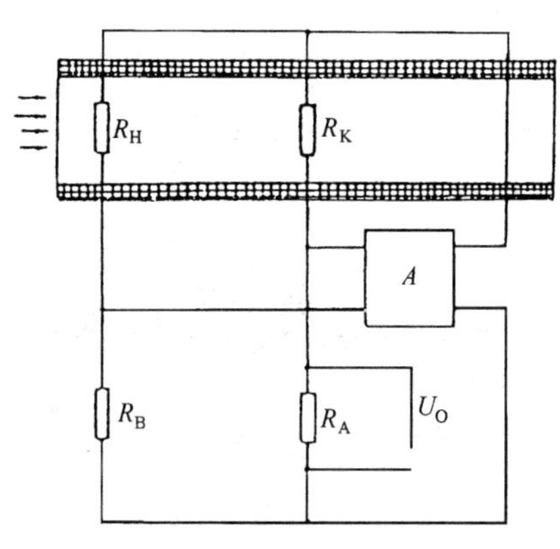

图 3-7　热线式空气流量计基本原理

A-混合集成电路；R_H-热线电阻；R_k-温度补偿电阻；R_A-精密电阻；R_B-电桥电阻

其工作原理是将热线温度与吸入空气温度差保持在 100℃，热线温度由混合集成电路 A 控制，当空气质量流量增大时，由于空气带走的热量增多，为保持热线温度，混合集成电路使热线 R_H 通过的电流增大；反之，则减小。这样，就使得通过热线 R_H 的电流是空气质量流量的单一函数。热线加热电流 I_H 在 50～120mA 之间变化，具体取决于进气空气的质量流量。热线加热电流给出输出信号，其大小按通过惠斯顿电桥电路中精密电阻 R_A 上的电压降。在惠斯顿电桥的另一端上有温度补偿电阻 R_K 和电桥电阻 R_B，为了减小电流损耗，其电阻值较高，使通过这个端上的电流减小电损耗，其电流仅有几毫安。

3)热膜式空气流量计

热膜式空气流量计的结构和工作原理与热线式空气流量计基本相同(如图 3-8 所示)，只是将发热体由热线式改为热膜式，热膜是由发热金属铂固定在薄的树脂膜上构成的。这种结构可使发热体不直接承受空气流动所产生的作用力，增加了发热体的强度，提高了空气流量计的可靠性。

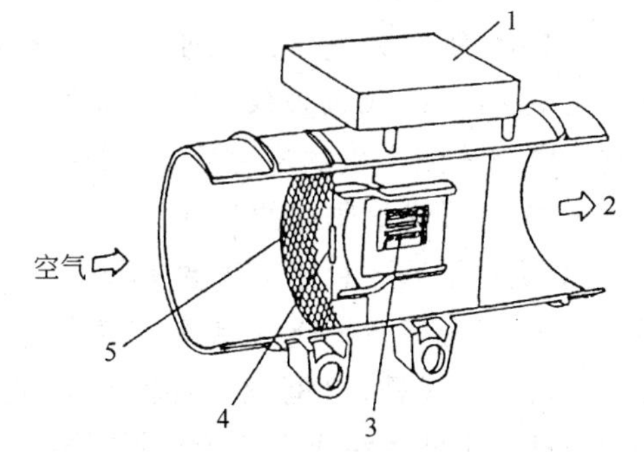

图 3-8　热膜式空气流量计

1-控制回路；2-通往发动机；3-热膜；4-温度传感器；5-金属网

2. 怠速空气调整器

1)怠速空气调整器的功能

怠速空气调整器的功能:一是稳定发动机的怠速转速,从而降低汽车怠速行驶时的燃油消耗量;二是发动机在怠速运行时,若负荷增大,如接通空调、动力转向和液力变矩器等,则提高怠速转速(快怠速),以防止发动机熄火。它是通过控制节气门旁通道的方式来实现怠速调整的。

2)怠速空气调整器的分类

根据其结构特点可分为双金属片式、石蜡式、电磁式、旋转滑阀式和步进电机式等5种。

(1)双金属片式怠速空气调整器

该形式的空气调整器已经过时,不再叙述。

(2)石蜡式怠速空气调整器

石蜡式怠速空气调整器根据发动机的冷却水温度控制空气旁通道截面积。控制力来自恒温石蜡的热胀冷缩。采用这种形式的空气调整器,导入发动机冷却水是必要条件。图3-9a)所示是这种一体化结构的总体构成。图3-9b)所示是石蜡式怠速空气调整器的结构。

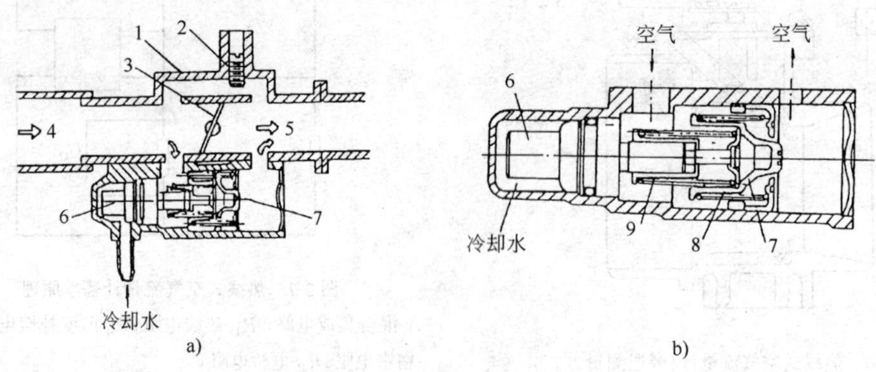

图3-9 石蜡式怠速空气调整器构造

a)总体构成; b)结构

1-节气门体;2-怠速调整螺钉;3-节气门;4-来自空气滤清器;5-去往空气盒;6-恒温石蜡;7-提动阀;8-外弹簧;9-内弹簧

(3)电磁式怠速空气调整器

图3-10所示为电磁式怠速空气调整器的结构。由电磁线圈、阀轴及阀等主要部件构成。它是利用电磁线圈产生的电磁吸力,使阀轴在轴向作线位移,从而控制阀门的开度。

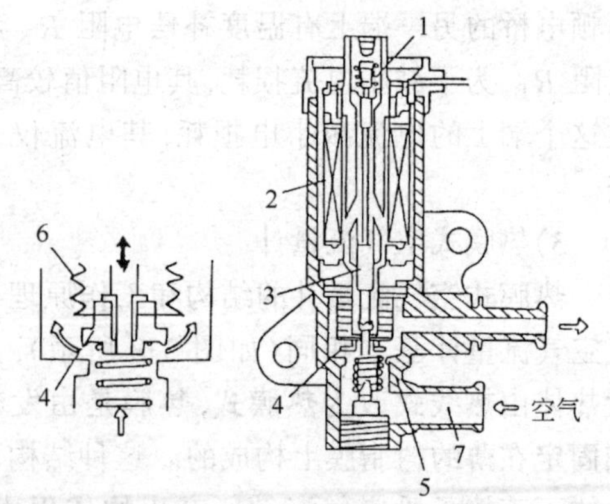

图3-10 电磁式怠速空气调整器

1-弹簧;2-电磁线圈;3-阀轴;4-阀;5-壳体;6-波纹管;7-吸入门

(4)旋转滑阀式怠速空气调整器

图3-11为旋转滑阀式怠速空气调整器剖视图。它由永久磁铁、电枢、旋转滑阀、螺旋复位弹簧和电刷及引线等组成。旋转滑阀固装在电枢轴上,与电枢轴一起转动,用以控制流过旁通道的空气量。永久磁铁固装在外壳上。电枢位于永久磁铁的磁场中。如图3-12所示,电枢铁心上缠有两

组绕向相反的电磁线圈 L_1 和 L_2。当线圈 L_1 通电时，电枢带动旋转滑阀顺时针偏转，空气旁通道截面关小；线圈 L_2 通电时，电枢带动旋转滑阀逆时针偏转，空气旁通道截面开大。L_1 和 L_2 的两端与电刷滑环相连，经电刷引出与电脑(ECU)相连接。电枢轴上的电刷滑环，类似电机换向器结构，它由三段滑片围合而成，其上各有一电刷与之接触。

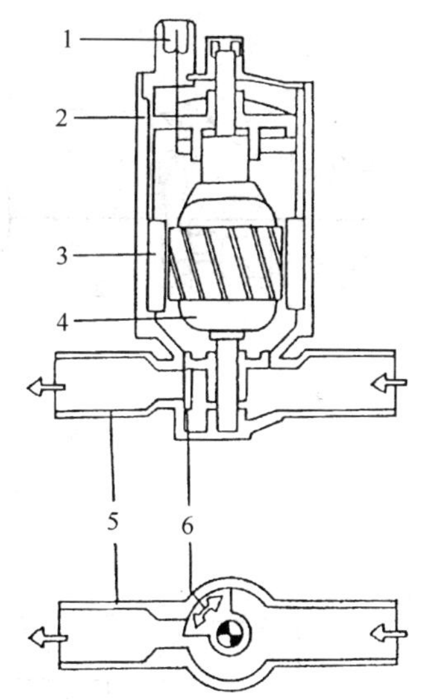

图 3-11　旋转滑阀式怠速空气调整器
1-电接头；2-外壳；3-永久磁铁；4-电枢；5-空气旁通道；6-旋转滑阀

(5)步进电机式怠速空气调整器

步进电机式怠速空气调整器是由永久磁铁构成的转子、激磁线圈构成的定子和把旋转运动变成直线运动的进给丝杆及阀门等部分组成的。它利用步进转换控制，使转子可正转，也可反转，从而使阀芯上下运动以达到调节旁通空气道截面的目的。图 3-13 为步进电机式怠速空气调整器的结构。

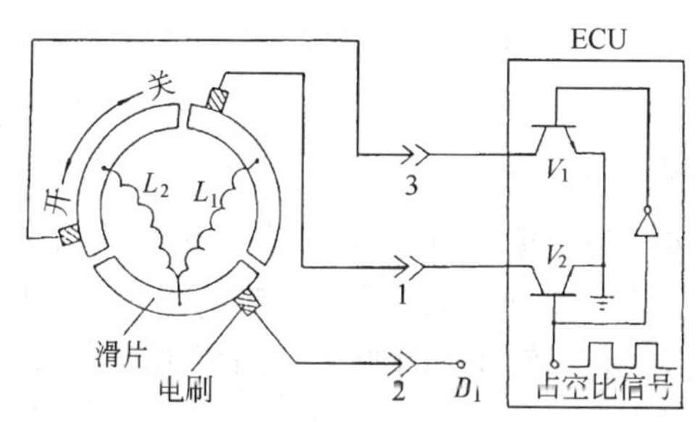

图 3-12　旋转滑阀式怠速空气调整器电路连接图

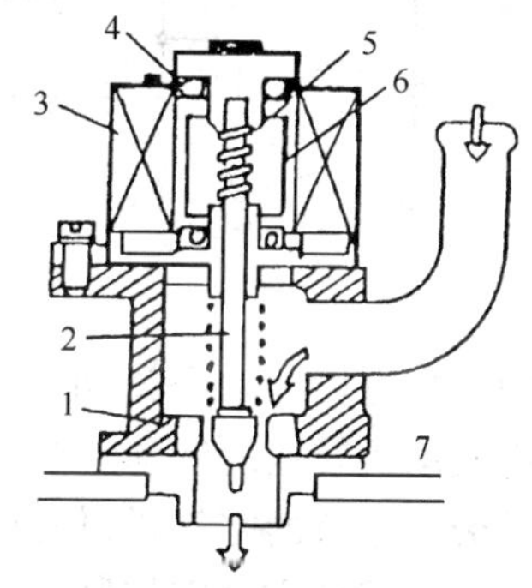

图 3-13　步进电机式怠速空气调整器
1-阀座；2-阀轴；3-定子；4-轴承；5-进给丝杆；6-转子；7-阀芯

3. 怠速控制(ISC)

一般由微机对怠速进行控制的内容包括：起动后控制、暖机过程控制、负荷变化的控制、减速时的控制等。怠速转速控制的实质是对怠速时充气量的控制。

怠速充气量的控制对策、方式随车型有所不同。电控燃油喷射发动机目前可分为两种基本类型：一是控制节气门旁的旁通空气道的空气流量，如图 3-14a)所示；二是直接控制节气门关闭位置的节气门直动式，如图 3-14b)所示。

1)旁通空气式

旁通空气式如图 3-14a)所示，在节气门旁的旁通空气道内设有一个阀门。阀门开大，旁通空气道截面增大，空气流量增大，则怠速转速提高；反之，则怠速转速降低。现将几种常见的控制方法介绍如下：

(1)占空比型真空电磁阀(VSV)怠速控制型

控制阀控制电路如图 3-15 所示。

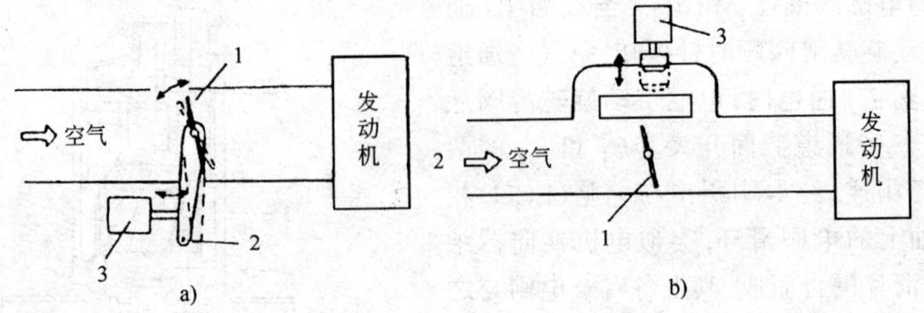

图 3-14　两种空气量控制方式的原理示意图

a)旁通空气式；b)节气门直动式

1-节气门；2-节气门操纵臂；3-执行元件

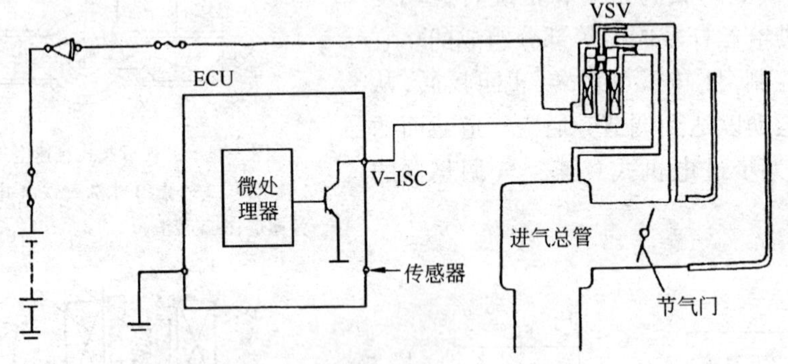

图 3-15　占空比型怠速控制阀控制电路

在空调开关、空档起动开关、电器负载、动力转向开关等接通与断开，使发动机负荷发生变化时，将引起发动机转速的波动。此时 ECU 改变控制脉冲信号的占空比以控制 VSV 阀的开度，调节流过旁通通道的空气量，保持怠速稳定运转。由于该阀控制的空气调节量较少，在暖机期间，快怠速由辅助空气阀控制。

①起动控制。为了改善起动性能，在点火开关位于起动档时，ECU 控制 VSV 阀全开；

②发动机转速变化预测控制。当空调开关、动力转向开关或空档起动开关接通时，ECU 将改变控制脉冲信号的占空比，保持发动机怠速稳定运转；

③固定占空比控制。当节气门位置传感器怠速触点断开或空调开关闭合时，ECU 将输出一固定占空比信号，VSV 阀保持一定开度，流过旁通通道的空气量保持不变。

④反馈控制。当发动机实际怠速转速与 ECU 存储器中预设的目标转速的差值超过一定值时，ECU 改变控制脉冲信号的占空比，使实际怠速转速和预设的目标转速一致。

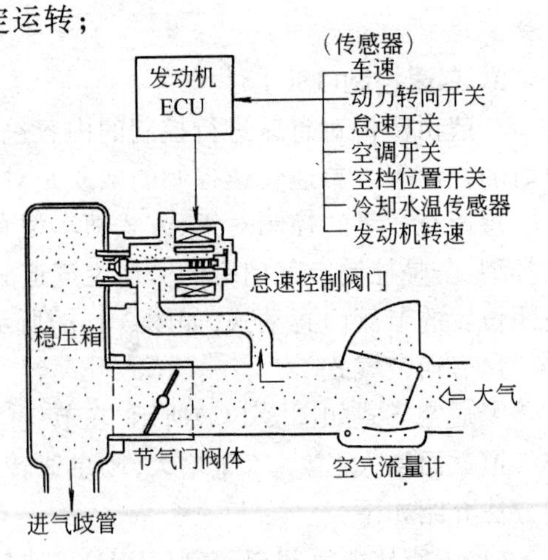

图 3-16　怠速控制系统（步进电机式）

(2)步进电机控制式

目前，相当一部分汽车采用步进电机控制怠速转速，使发动机在不同怠速不同工况下，都处于最佳怠速转速运转。步进电机由微机进行控制，如图 3-16

所示。

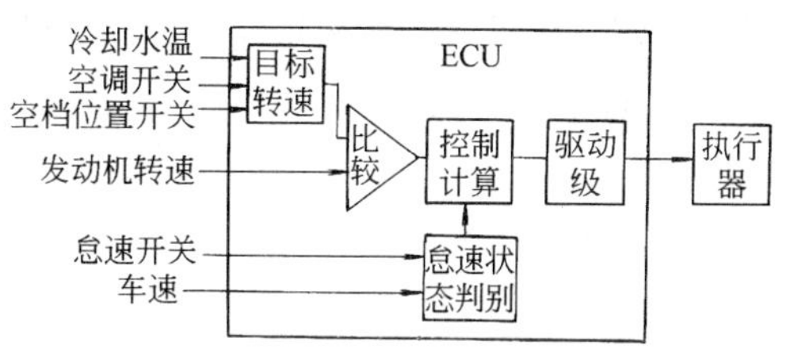

图 3-17 怠速控制程序图

微机进行怠速控制时，一般控制程序如图 3-17 所示。首先微机根据节气门全关信号（怠速开关）和车速信号，来判断发动机是否处于怠速状态。然后微机根据发动机水温传感器、空调器、动力转向以及自动变速器（液力变矩器）等负荷情况，按照存储器存储的参考数据，确定相应的目标转速。

①起动初始位置的确定。为了改善发动机的再起动性能，在发动机点火开关关断（OFF）后，微机控制怠速控制阀门处于全开状态，为下次起动作好准备。为了使怠速控制阀门在发动机下次起动时处于完全打开状态，在点火开关切断电源后，必须继续给微机和步进电机供电一段时间（一般为 2s）。在这段时间内，通过 ECU 内部主继电器控制电路对主继电器进行控制，如图 3-18 所示。当点火开关断开时，主继电器由 ECU 的 M—REL 端继续供电 2s，待步进电机进入起动初始位置后才断电；

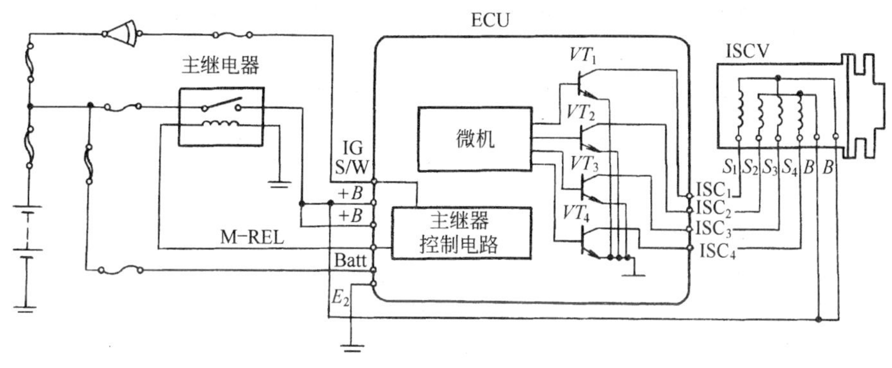

图 3-18 步进电机控制原理电路

②起动控制。发动机起动时，由于怠速控制阀预先设定在全开位置，在起动期间经过怠速控制阀的旁通空气量最大，发动机容易起动；

③暖机控制。在暖机时，根据冷却水温所确定的位置，怠速控制阀开始逐渐关闭。当冷却水温度达 70℃时，暖机控制结束；

④反馈控制。在怠速运转时，如果发动机的实际转速与微机存贮器存贮的目标转速相差超过一定值（如 20r/min）时，微机将通过步进电机控制怠速控制阀，增减旁通空气量，使发动机的实际转速与目标转速相同；

⑤发动机负荷变化的预控制。发动机在怠速运转时，空档起动开关、空调开关接通或断开，都将使发动机的负荷立刻发生变化。为了避免发动机怠速时转速波动或熄火，在发动机转速出现变化前，微机控制怠速控制阀开大或关小一个固定位置；

⑥电器负载增多时的怠速控制。在怠速运转时，如使用的电器负载增大，蓄电池电压就会降低。控制步进电机，相应地增加旁通道空气量，提高发动机怠速转速，即提高发电机的输出功率。

⑦学习控制。微机通过步进电机的正、反转步数，确定怠速控制阀的位置，达到调整发动机怠速转速的目的。但由于发动机在整个使用期间，其性能会发生变化，虽然步进电机控制阀

门的位置未变,而怠速转速也与初设的数值不同。此时微机利用反馈控制的方法,使发动机转速达到目标值。与此同时,微机将步进电机转过的步数存贮在存贮器中,在以后的怠速控制中使用。

(3)旋转电磁阀式

旋转电磁阀式的怠速控制原理电路如图 3-19 所示。

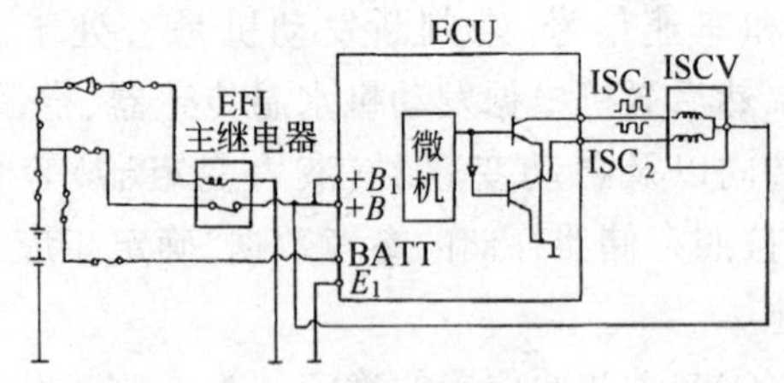

图 3-19 怠速控制原理电路(旋转电磁阀式)

在整个怠速范围内,微机根据水温等传感器输入的信号,确定发动机所处怠速工况的占空比,对怠速转速进行控制。

①起动控制。在发动机起动时,从存贮器中取出预存的数据,控制怠速控制阀的开度;

②暖机控制。在发动机起动后,微机根据冷却水温度,控制发动机在暖机过程中怠速转速的变化;

③反馈控制。发动机起动后,当满足反馈控制条件(怠速触点闭合,车速低于 2km/h、空调开关断开)时,微机将根据发动机实际转速与存贮器中预先设定的目标转速进行比较,调节阀门开度,使转速符合目标转速。

④发动机负荷变化时的控制。在发动机怠速运转时,如空档起动开关接通或某种负载较大的电器工作,会使发动机的负荷改变。为避免发动机转速波动或熄火,在发动机转速出现变化前,微机控制怠速控制阀开大或关小一定角度;

⑤学习控制。旋转电磁阀式怠速控制,是根据占空比控制阀门的转动角,而达到调节发动机怠速转速之目的。但由于发动机在整个使用期间,其性能会发生变化,尽管控制的占空比仍保持在某一值,然而发动机的怠速转速和使用初期数值已不一样。此时微机可用反馈控制的方法,进行学习修正,将怠速转速调整到目标值。当目标怠速达到后,微机将其占空比存入备用的存储器中,在以后的怠速控制中作为这一工况下控制占空比的基准值。

2)节气门直动式

节气门直动式,则是通过控制节气门开启程度,调节空气通路的截面,达到控制充气量,实现怠速控制,目前常见在单点喷射系统中采用。节气门直动式的控制结构如图 3-20 所示。

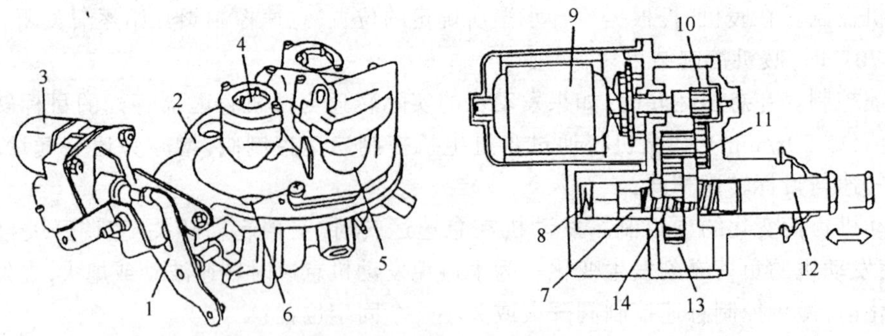

图 3-20 节气门直动式怠速控制执行机构

1-节气门操纵臂;2-节气门体;3-怠速执行机构;4-喷油器;5-压力调节器;6-节气门;7-防转动六角孔;8-弹簧,9-直流电动机;10、11、13-减速齿轮;12-传动轴;14-丝杠

4. 可变进气的控制

1)可变进气系统的概念

可变进气系统是利用发动机工作时进气管道的进气动态来提高充气效率,以达到在发动机转速范围内增大发动机的转矩和功率。

为便于分析,常将进气动态效应视为惯性效应和波动效应共同作用的结果。

进气惯性效应,一般是指利用进气行程时进气管内高速流动气体惯性作用来提高充气效率的。如果进气管的长度和直径适当,从负压波发出到正压波返回到进气门所经历的时间,正好与进气门从开启到关闭所需的时间配合,即正压波返回到进气门时,正值进气门关闭前夕,从而提高了进气门的正压力,起到增压作用,达到提高充气量的效果。

进气波动效应,一般是指利用进气门关闭后,进气管的气体还在继续来回波动的作用来提高充气效率的。如果进气管的形状、长度和直径较合适,有利于压力波的反射和谐振,使正压波与下循环进气过程重合,就能使进气终了时的压力升高。达到提高充气效率的目的。

2)可变进气系统的结构形式

为了有效地利用进气动态效应、提高充气效率,汽车发动机上采用设置动力腔、谐振腔及各种结构形式的可变进气系统。

图 3-21 为奥迪 V6 发动机可变进气系统的进气歧管的几何形状。在发动机的进气歧管内设置进气转换阀,它接受 ECU 的控制。

在发动机转速低于 4 100r/min 时,每个气缸进气道中的转换阀门总是处于关闭位置,形成路径较长而截面较小的进气管道,如图 3-21a)所示;当转速大于 4 100r/min 时,进气道中的转换阀门开启,构成路径较短而截面较大的进气管道,如图 3-21b)所示。

图 3-22 为一日产汽车发动机可变进气系统的原理图。当发动机在低速中、小负荷工作时,转换阀关闭,进气仅通过细长的进气管流入,可以产生巨烈的旋流,提高进气流速,由于细长管的动态效应,改善了中低速的转矩特性;当发动机在高转速大负荷工作时,转换阀开启。进气经过短而粗的进气管道,大大提高了充气量,从而获得较大的功率。

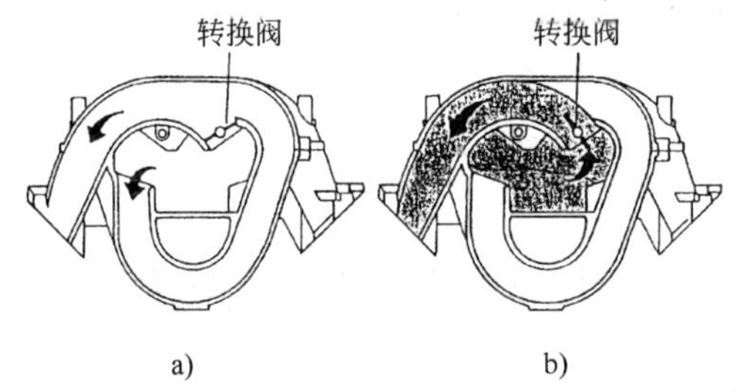

图 3-21 奥迪 V6 可变进气系统

a)转换阀关闭时;b)转换阀开启时

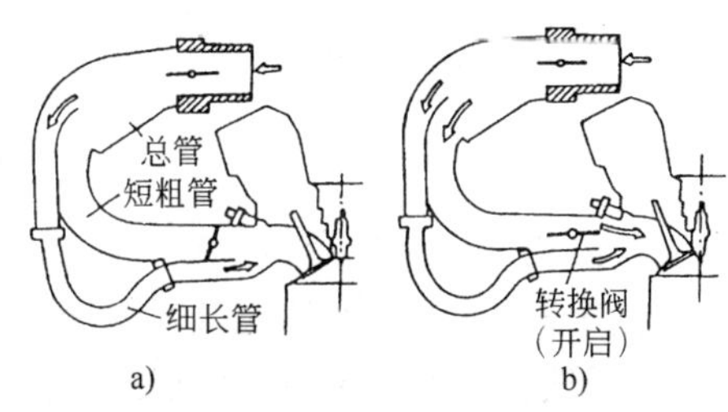

图 3-22 日产汽车发动机可变进气系统原理图

a)中、低速工作时;b)高转速工作时

图 3-23 为日本丰田汽车公司采用的双进气管分别参加工作的可变进气系统原理图。图中显示每个气缸配有 4 个气门。2 个进气门各配有一个进气管道。其中一个进气通道中装有进气转换阀。在发动机低速中、小负荷工作时,转换阀关闭,只利用一个进气通路,将进气通路减半(见图 3-23a),此时进气流速提高,进气惯性增大,可提高发动机转矩;当发动机高转速大负荷工作时,转换阀开启,进气通路为两条(见图 3-23b),此时进气截面增大,进气阻力减小,充气量增加,同时最佳动态转速也移向高速,使高转速大负荷时的动力性能得到提高。

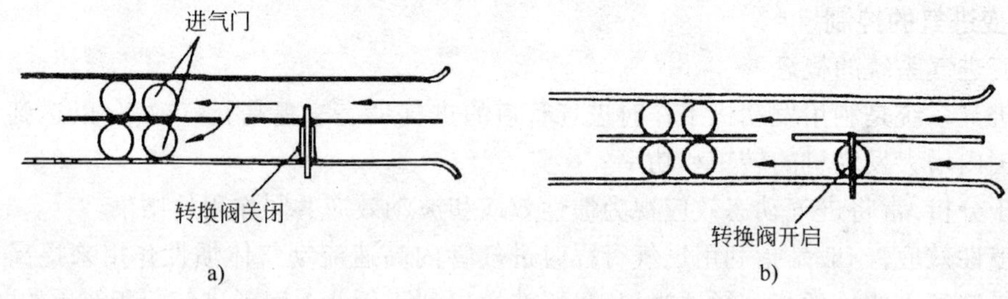

图 3-23　丰田双进气管可变进气系统原理图

a)低转速时;b)高转速时

5. 涡轮增压的控制

1)涡轮增压的概念

所谓增压是将进入气缸前的新鲜空气预先进行压缩,然后再以高密度送入气缸。

目前,在小轿车上的汽油发动机中,应用最普遍、最有效的是废气涡轮增压系统。图 3-24 为奥迪轿车汽油发动机上废气涡轮增压的原理图。

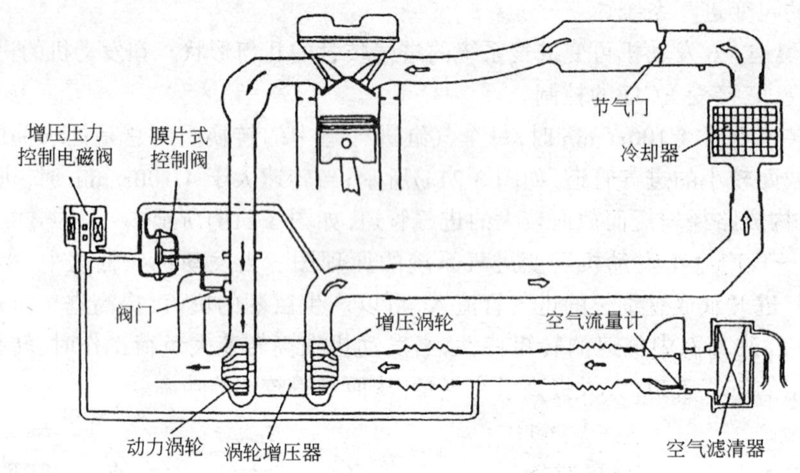

图 3-24　废气涡轮增压原理图

2)废气涡轮增压的优点

①能提高进气密度,增加充气量。使发动机在各种转速下达到最佳进气效果,可增加功率 40%左右,而且还可提高转矩、降低油耗;

②能消除大气压力下降引起的发动机功率下降和燃油消耗率的增加;

③增压器所消耗的功率由排出的废气提供,并不消耗发动机输出的有效功率;

④能够有效降低汽车的排气污染。

3)增压压力的控制

目前对增压压力的控制多采用调节进入动力涡轮室的废气。而放气控制阀则由 ECU 通过增压电磁阀进行控制。图 3-25 为一带有涡轮增压的汽油发动机电子控制系统。

在实际控制中,基本上都采用调节点火正时和调节增压压力相结合的方法。当 ECU 根据传感器输入的信号鉴别出爆震时,即刻使点火提前角推迟。同时平行地降低增压压力。在这两方面调节生效(爆震消失)时,再将增压压力慢慢降低。通过点火正时调节装置,又将点火提前角调节至最佳值,以保持发动机的更大转矩。当点火提前角到达最佳值时,再慢慢地增加充

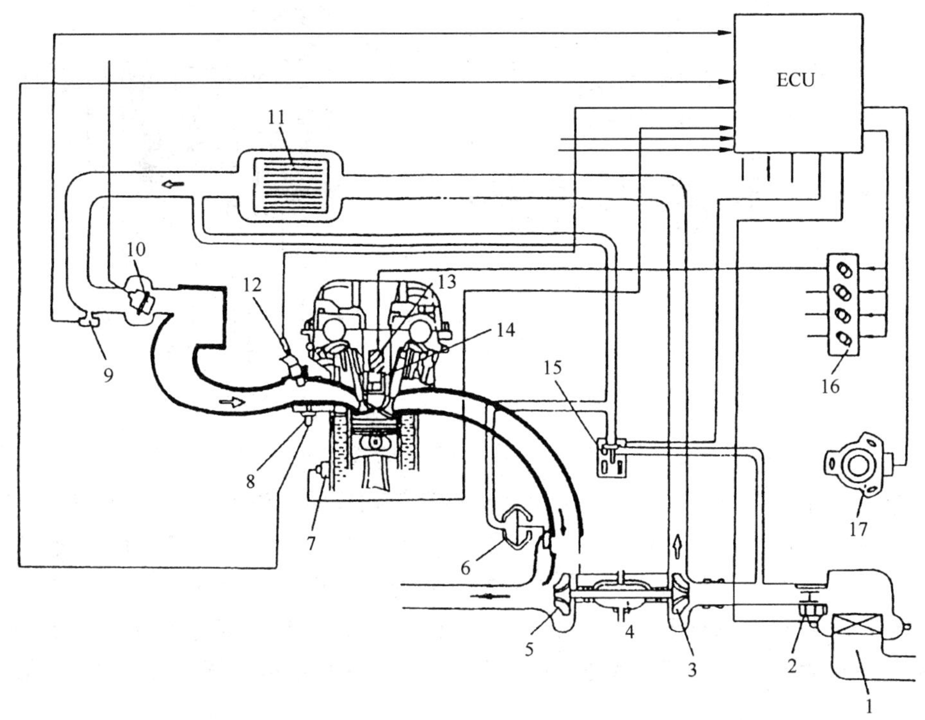

图 3-25　带有涡轮增压的汽油发动机电子控制系统

1-空气滤清器；2-空气流量计；3-增压涡轮；4-涡轮增压器；5-动力涡轮；6-膜片式放气控制阀；7-爆震传感器；8-冷却液温度传感器；9-增压压力传感器；10-节气门位置传感器；11-冷却器；12-喷油器；13-点火线圈；14-火花塞；15-增压压力控制电磁阀；16-点火器；17-曲轴位置传感器

气增压压力。

4)废气涡轮增压器使用要点

废气涡轮增压器处在高温(废气温度为 500℃左右)、高转速(涡轮轴转速一般在 45 000r/min 以上，有些高达 160 000r/min)下工作，使用时要特别注意以下事项：

①增压器的全浮动轴承对润滑油的要求很高，应按规定使用专用增压机油。必须按维护规定，定期清洗机油滤清器；

②为确保高速下全浮动轴承的润滑，起动后应怠速运转几分钟，使润滑油达到一定的温度和压力。若欲使汽油机不工作时，也不能突然停机，要逐渐减少负荷，最后怠速运转几分钟后再停机；

③定期清洗空气滤清器。

6．进气歧管绝对压力传感器

进气歧管绝对压力传感器(以下简称进气压力传感器)，相当于空气流量计。

进气压力传感器种类较多，就其信号产生原理可分为半导体压敏电阻式、电容式、膜盒传动的可变电感式和表面弹性波式等。其中电容式和半导体压敏电阻式进气压力传感器应用较为广泛。

1)半导体压敏电阻式进气压力传感器

该进气压力传感器利用的是半导体的压阻效应，因其具有尺寸小、精度高、成本低和响应性、再现性、抗振性较好等优点，得到广泛的应用。其结构如图 3-26 所示，它是由压力转换元

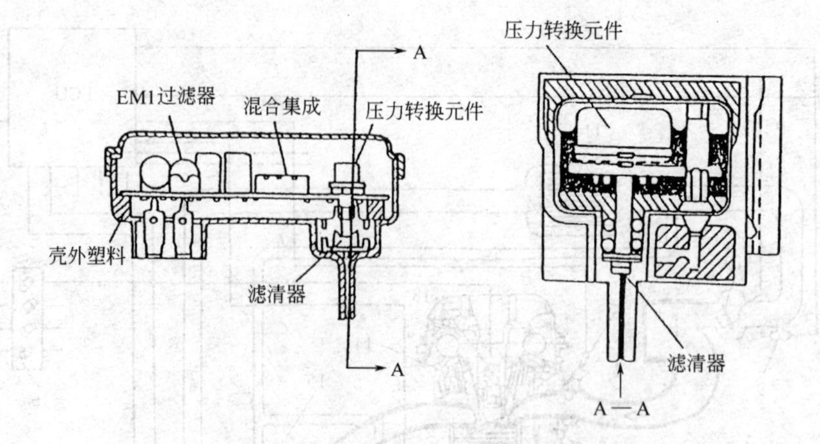

图 3-26　压敏电阻式进气压力传感器结构

件和把转换元件输出信号进行放大的混合集成电路等构成的。压力转换元件是利用半导体的压阻效应制成的硅膜片。硅膜片的一面是真空室,另一面导入进气歧管压力。硅膜片(如图 3-27 所示)周围有 4 个应变电阻,以惠斯顿电桥方式连接。由于薄膜一侧是真空室,因此薄膜的另一侧即进气歧管内绝对压力越高,硅膜片的变形越大,因其应变与压力成正比,故附着在薄膜上的应变电阻的阻值随应变成正比的变化,这样就可利用惠斯顿电桥将硅膜片的变形变成电信号。

2)电容式进气压力传感器

电容式进气压力传感器是使氧化铝膜片和底板彼此靠近排列,形成电容,利用电容依膜片上下的压力差而改变的性质,获得与压力成比例的电容值信号(如图 3-28 所示)。把电容(压力转换元件)连接到传感器混合集成电路的振荡器电路中,则传感器产生可变频率的信号,其输出信号的频率与进气歧管绝对压力成正比。

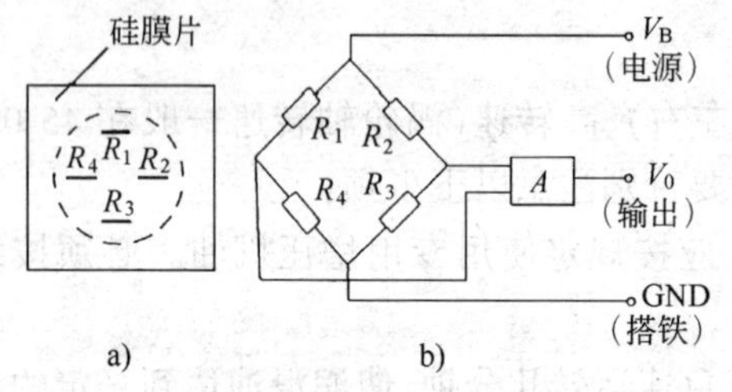

图 3-27　压敏电阻式进气压力传感器工作原理
a)硅膜片;b)电路示意图

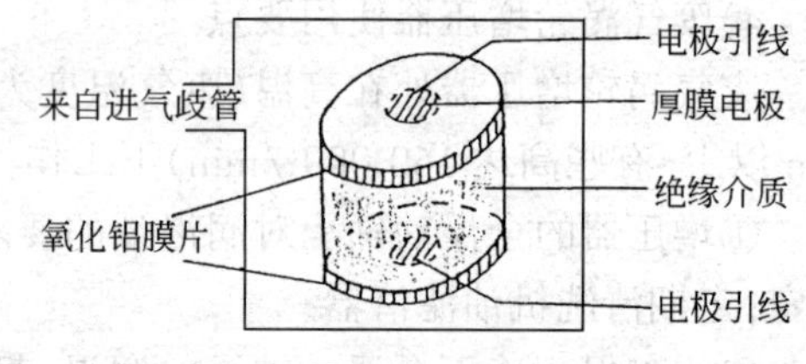

图 3-28　电容式压力传感器结构示意图

7. 节气门位置传感器(TPS)

节气门位置传感器装在节流阀体上,把节气门打开的角度转换成电压信号送到微机(ECU)。

怠速触点(IDL)信号主要用于断油控制和点火提前角的修正。微机根据节气门开度输出信号(VTA)或全负荷开关信号(PSW),增加喷油量,以提高发动机的输出功率。节气门位置传感器有线性输出和开关量输出两种形式。

1)线性输出型节气门位置传感器

这种形式的传感器结构和电压信号输出特性如图 3-29 所示。节气门位置传感器与微机

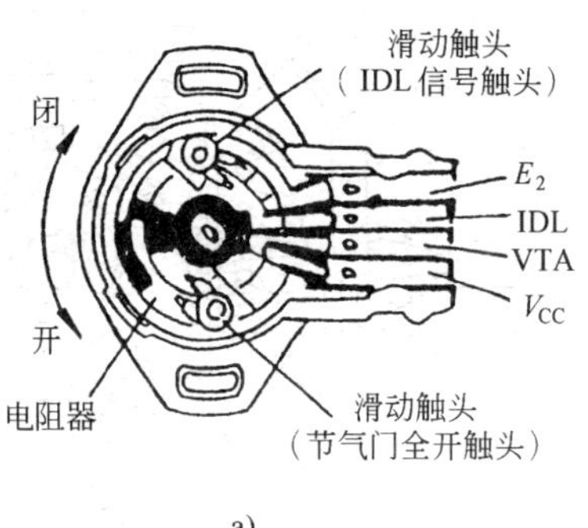

a)

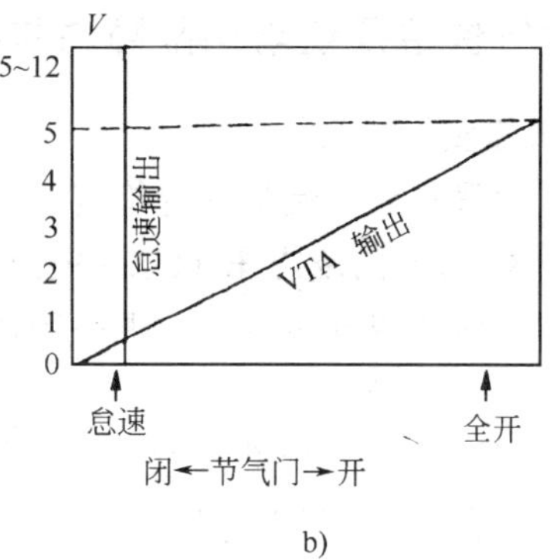

b)

图 3-29　线性输出型节气门位置传感器结构与特性

a)结构；b)特性

的连接如图 3-30 所示。

2)开关量输出型节气门位置传感器

这种形式的传感器结构和节气门开度与输出电压信号的关系如图 3-31 所示。

IDL 触点和 PSW 触点可检测发动机的运行工况。IDL 触点闭合时，IDL 信号输出高电平说明发动机处于怠速工况运行；PSW 触点闭合时，PSW 信号输出高电平说明发动机处于大负荷区工作。为了检测发动机的加速状况，某些发动机在节气门位置传感器中还增加了 A_{CC}信号输出接头，如图 3-32 所示。

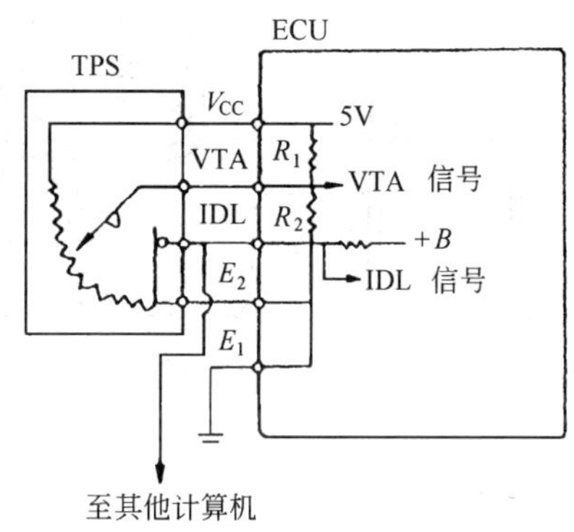

图 3-30　线性输出型 TPS 与 ECU 的连接

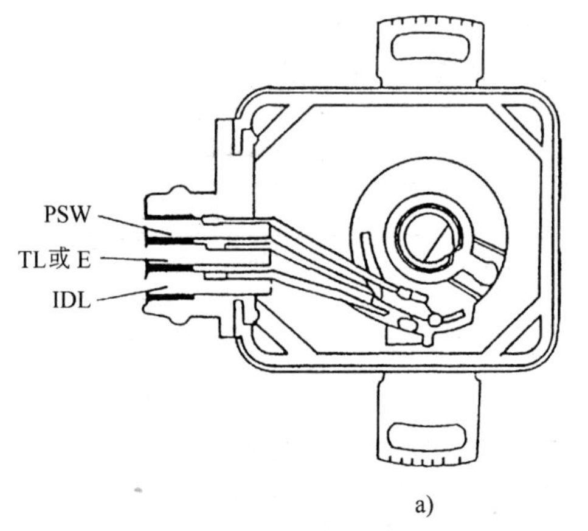

a)

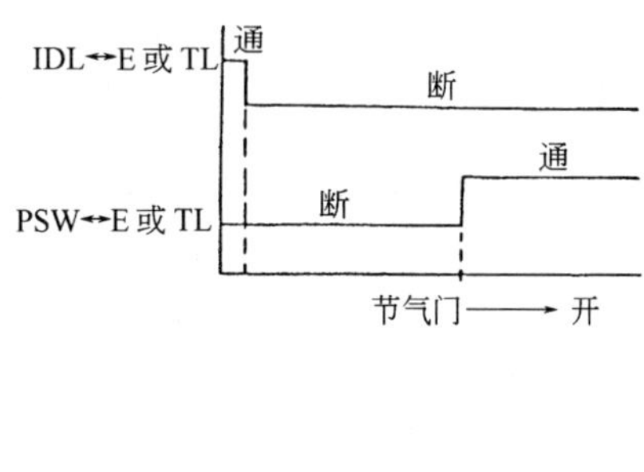

b)

图 3-31　开关量输出型 TPS 的结构与电压输出信号

a)结构；b)特性

二、空气供给系统常见故障与排除

1. 空气流量计

1)卡门旋涡式空气流量计的检查

如图 3-33 为丰田凌志车 1UZ—FE 型发动机采用的卡门旋涡式空气流量计的电路图。

(1)空气流量计电阻的检查

拔掉空气流量计的导线连接器,用电阻表测量空气流量计上 THA 与 E_2 端子之间的电阻(见图 3-33a),其标准电阻值见表 3-1,如果电阻值不符,则须更换空气流量计。

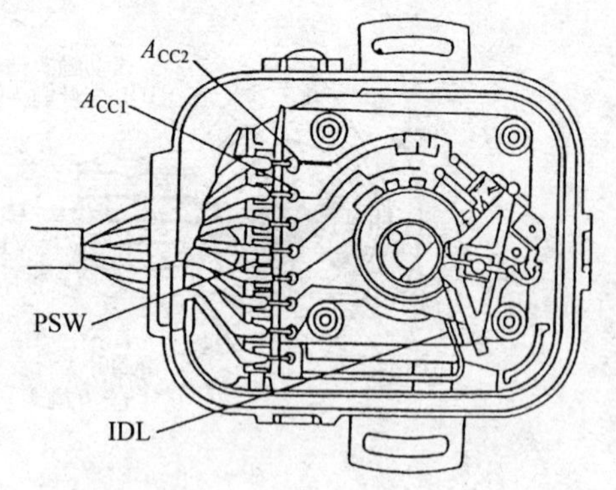

图 3-32　带 A_{CC}信号输出的开关量输出型 TPS 结构

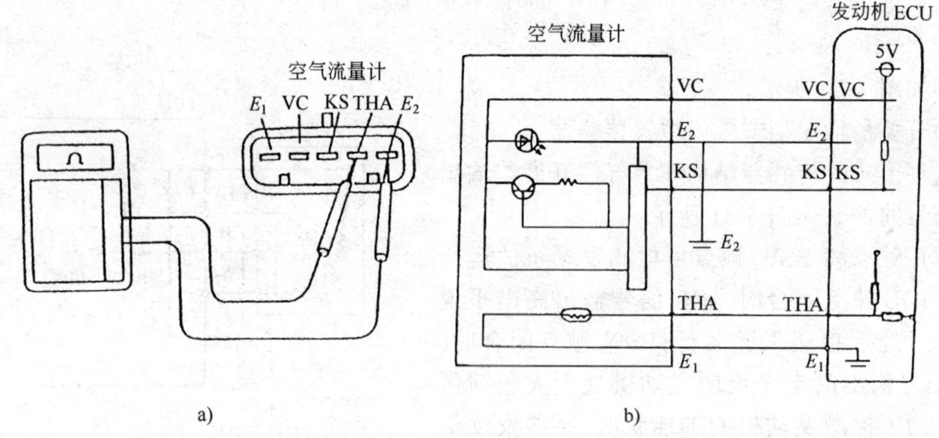

图 3-33　卡门旋涡式空气流量计电路图

a)测量;b)电路

卡门旋涡式空气流量计 THA－E_2 端子间的电阻　　表 3-1

端子	标准电阻(kΩ)	温度(℃)
THA—E_2	10～20	－20
	4～7	0
	2～31	20
	0.9～1.3	40
	0.4～0.7	60

(2)空气流量计电压的检查

插好此空气流量计的导线连接器,用电压表检测发动机 ECU 各端子下 THA—E_2、VC—E_1、KS—E_1 间的电压,其标准电压值见表 3-2。如果电压值不符合要求,则按故障诊断表 3-3 查找故障。

发动机 ECU 上 THA－E_2、VC－E_1、KS－E_1 端子间的电压 表 3-2

端 子	电压(V)	条 件
THA—E_2	0.5～3.4	怠速、进气温度 20℃
VC—E_1	4.5～5.5	点火开关 ON
KS—E_1	4.5～5.5	点火开关 ON
	2～4V(脉冲发生)	怠速

卡门旋涡式空气流量计故障诊断表 表 3-3

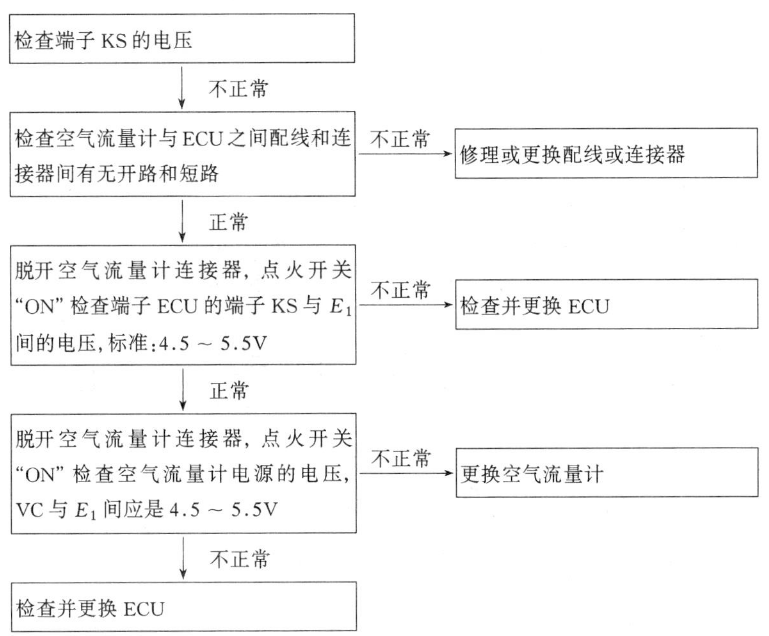

2)热线式空气流量计的检查

如图 3-34 所示为日产汽车 VG30E 发动机所用的热线式空气流量计的电路。

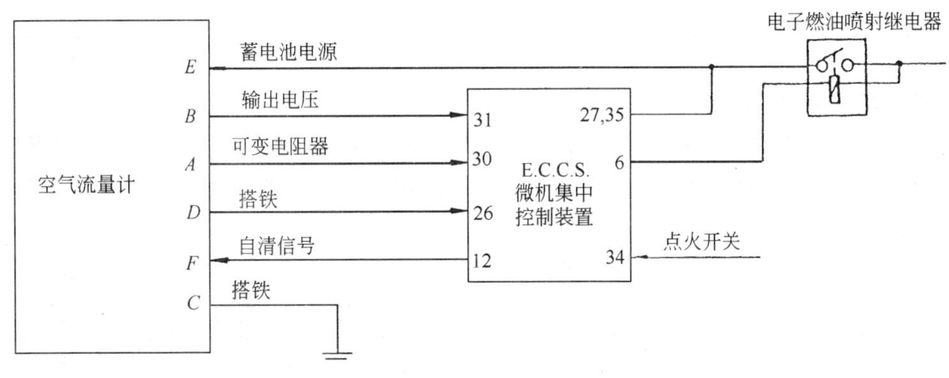

图 3-34 热线式空气流计的电路图

(1)空气流量计输出信号的检查

①拔下此空气流量计的导线连接器，拆下空气流量计。按图 3-35 所示，将蓄电池的电压施加于空气流量计的端子 D 和 E 之间，然后用电压表测量端子 B 和 D 之间的电压，其标准电压值为 1.1V～2.1V。如其电压值不符，则须更换空气流量计；

②在进行上述检查后，给空气流量计的进气口吹风，此时测量端子 B 和 D 之间的电压。其标准电压值为 2V～4V。如电压值不符，则须更换空气流量计；

(2)自清洁功能的检查。装好热线式空气流量计及其导线连接器，拆下此空气流量计的防尘网，起动发动机。当发动机停转后 5s，从空气流量计进气口处，可以看到热线自动加热烧红(约 1 000℃)约 1s。若无此现象发生，须检查自清信号或更换空气流量计。

2. 节气门位置传感器

下面以皇冠 3.0 配备的 2JZ—GE 发动机为例，予以说明。其他车型检查方法与之相近。

1)节气门位置传感器电阻的检查

拔下此传感器导线连接器，用塞尺测量节气门止动螺钉与止动杆间的间隙(用手拨动节气门)，用电阻表测量此传感器导线插孔上端子间的电阻，见图 3-36，其电阻值应符合表 3-4。

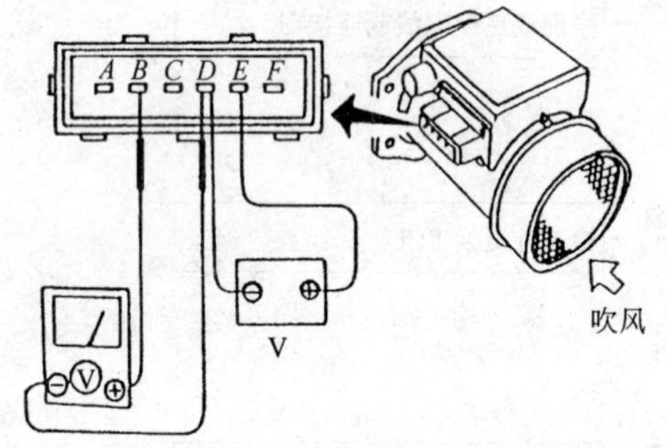

图 3-35 热线式空气流量计输出信号的检查

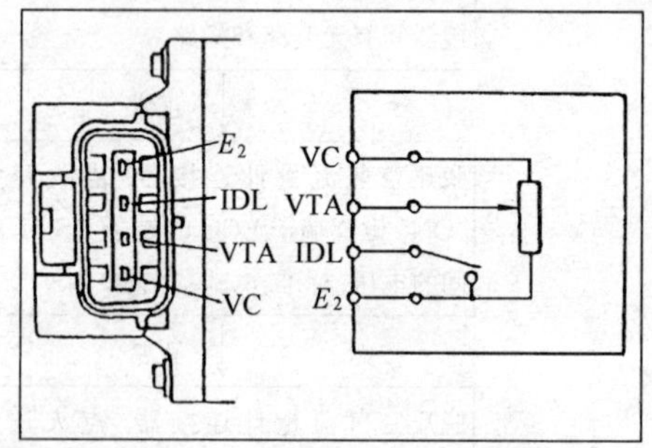

图 3-36 节气门位置传感器原理图

节气门位置传感器上各端子间电阻 表 3-4

止动螺钉与止动杆间隙	端子名称	电阻值
0mm	VTA—E_2	0.34～6.3kΩ
0.45mm	IDL—E_2	0.5kΩ 或更小
0.55mm	IDL—E_2	无限大
节气门全开	VTA—E_2	2.4～11.2kΩ
—	VC—E_2	3.1～7.2kΩ

2)节气门位置传感器电压的检查

插好节气门位置传感器的连接器，当点火开关位于“ON”时，发动机 ECU 连接器上 IDL、VC、VTA 三个端子处应有电压，见图 3-37 所示，其电压值应符合表 3-5。如无电压则按故障诊断表 3-6、表 3-7 进行查找。

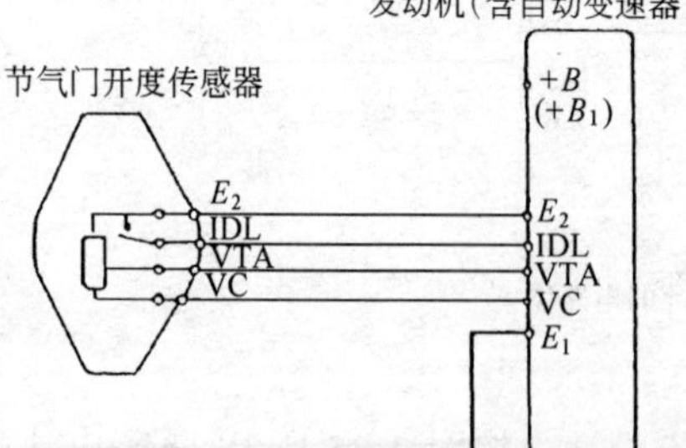

图 3-37 节气门位置传感器电路图

节气门位置传感器各端子电压 表 3-5

端 子	条 件	标准电压(V)
IDL—E_2	节气门开	9～14
VC—E_2	—	4.0～5.5
VTA—E_2	节气门全闭	0.3～0.8
	节气门全开	3.2～4.9

IDL(或 VC)与 E_2 无电压故障诊断表

表 3-6

ECU 的 IDL(或 VC) 与 E_2 端子间的电压
↓ 不正常
检查 ECU 的 $+B(+B_1)$ 端子与 E_1 端子电压 —不正常→ 见其他检验
↓ 正常
检查节气门位置传感器
↓ 不正常 → 更换
↓ 正常 → 检查节气门位置传感器线路
检查节气门位置传感器线路 ↓ 不正常 → 修理
检查节气门位置传感器线路 ↓ 正常 → 换 ECU 再试

VTA 与 E_2 端子间无电压故障诊断表

表 3-7

ECU 的 VTA 和 E_2 端子间的电压
↓ 不正常
检查 ECU 的 VC 和 E_2 端子间的电压 —不正常→ 检查 VC 与 E_2 端子间电压
↓ 正常
检查节气门位置传感器 —不正常→ 修或换
↓ 正常
检查 ECU 与节气门传感器间的线路 —不正常→ 修或换
↓ 正常
换 ECU 后再试

3. 进气歧管绝对压力传感器

1)切诺基进气歧管绝对压力(MAP)传感器

该 MAP 传感器是一个压敏电阻型传感器,它安装在仪表板前方的前围板上,其真空软管与节气门体相连接,如图 3-38 所示。MAP 传感器与控制器(ECU)有三条引线相连,如图 3-39 所示。其中一条是 ECU 向传感器加的电源线,输入传感器的电压为 5V(4.8~5.1V),另一条是传感器的信号输出线,最后一条是传感器的搭铁线。在发动机怠速运转时,歧管的真空度高(绝对压力低),传感器的电阻值大,传感器输出 1.5~2.1V 的低电压信号;当节气门全开时,歧管真空度低(绝对压力高),传感器电阻值小,传感器输出 3.9~4.8V 较高的电压信号。在发动机工作时,MAP 传感器根据发动机负荷变化情况,向 ECU 提供 0~5V 的电压信号。

2)切诺基进气歧管绝对压力(MAP)传感器的测试

检测时,应参照图 3-39 绝对压力传感器工作电路图。

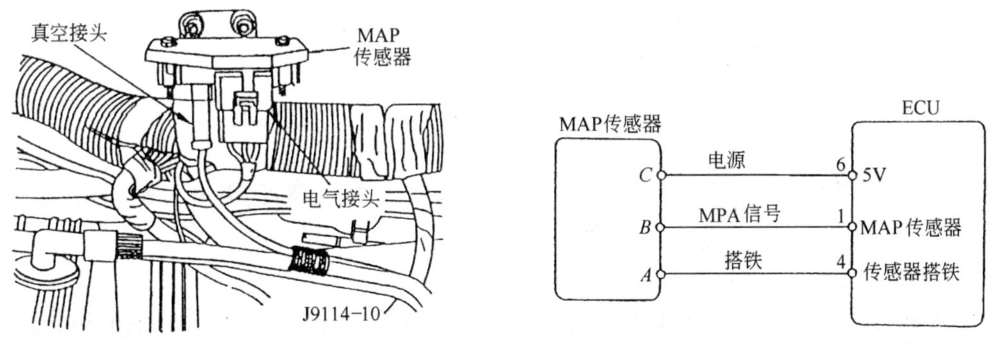

图 3-38 歧管绝对压力(MAP)传感器

图 3-39 绝对压力传感器工作电路

①检查真空软管连接情况。如连接不良或漏气应视情况进行修理或更换;

②测试传感器输出电压信号值。用高阻抗数字万用表的电压档测试传感器“B”接柱的输

出电压，当点火开关接通(ON)而发动机未发动时，传感器的输出电压值应为4～5V；当发动机在热机空档怠速运转时，输出电压降到1.5～2.1V。此时如从ECU线束插头“1”处测试，其电压也应是上述数值，如不符，则为传感器信号连线断路或插头接触不良；

③测试ECU线束插头“6”处的电压值。当点火开关接通时，该电压为5V±0.5V。此时再用电压表测试传感器“C”接柱电源电压值，其电压值也应为5V±0.5V，如不符，则为传感器电源线断路或插头接触不良；

④测试传感器的搭铁线连接情况。从传感器的“A”接柱处，测试其接地电阻值，如电阻不为零或电阻值较大，多数为导线断线或ECU插接件连接不良，应予以修理或更换线束；

⑤测试ECU地线插头“4”的搭铁情况。用欧姆表测试ECU“传感器搭铁”插头“4”与ECU“电源搭铁”插头。测试ECU“电源搭铁”插头与发动机搭铁接柱之间的电阻值(发动机接搭铁在气缸体右侧机油尺管的安装螺栓上)，若它们之间电阻值均为0Ω或1Ω时，表示传感器搭铁良好，若电阻值>1Ω或更大，应查明原因排除之。若ECU“传感器搭铁”插头“4”与ECU“电源搭铁”插头间断路，且查不出原因，则应更换ECU。

第二节　燃油喷射系统

一、燃油喷射系统的优点及分类

1. 燃油喷射系统的优点

①发动机上使用化油器作为燃油供给装置，其最困难的问题是如何把相同空燃比的混合气均匀地送到每一个气缸里。而采用多点汽油喷射为燃油供给装置，就可以解决此问题，如图3-40所示。喷油器位于发动机各缸靠近进气门的位置，这样每一缸可以得到相等的燃油量，使吸入气缸内的混合气空燃比一致；

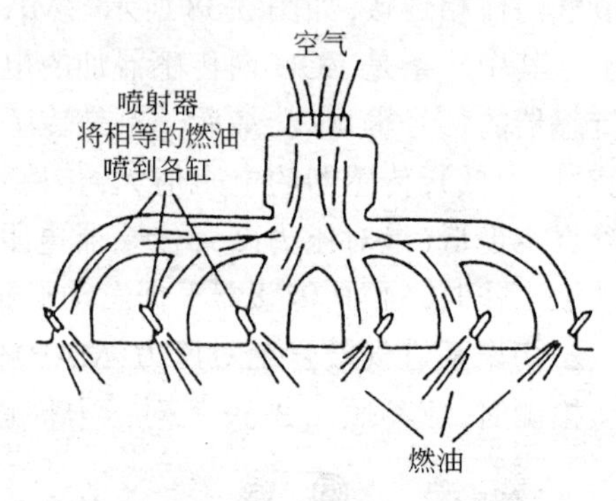

图3-40　喷油器使各缸喷油量相同

②在进气系统中，由于没有喉管，进气压力损失小。增大充气量，提高发动机的动力性；

③在汽车加减速行驶的过渡运行阶段，空燃比控制系统能够迅速响应，使加减速反应灵敏；

④对大气压力或外界环境温度变化引起的空气密度变化，可以进行适量的空燃比修正；

⑤使发动机起动容易，且暖机性能提高；

⑥能提供各种运行工况下最适宜的混合气空燃比，燃油雾化好，各缸分配均匀，使燃烧效率高。因此，能有效地降低排放，节省燃油；

⑦由于具有减速断油功能，可有效地降低排放，节省燃油。

由此可见，电控燃油喷射发动机更能适应对汽车的要求，即减少排放、降低油耗、提高功率及改善驾驶性。因此，电控燃油喷射取代化油器势在必行。

2. 燃油喷射系统的分类

1)按喷油器安装部位分类

汽油喷射系统可分为电子控制单点喷射系统和电子控制多点喷射系统。

2)按喷油时序分类

汽油喷射系统可分为同时喷射、次序喷射、分组喷射。

如图 3-41 所示。同时喷射是指发动机在运转期间,各缸喷油器同时开启同时关闭。分组喷射是将喷射器分成两组交替喷射。次序喷射是喷油器按发动机各个缸进气行程的顺序轮流喷射。

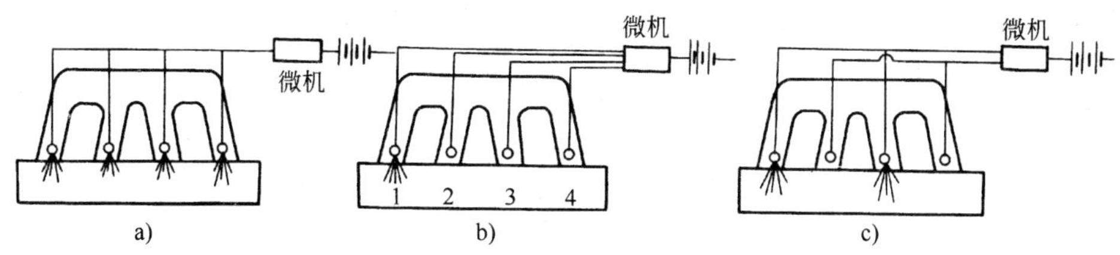

图 3-41 喷油器喷油时序

a)同时喷射; b)次序喷射; c)分组喷射

3)按喷射装置的控制方式分类

汽油喷射系统可分为机械式汽油喷射系统、机电结合式汽油喷射系统和电控式汽油喷射系统。

机械式汽油喷射系统是空气计量器和燃油分配器组合在一起,如图 3-42 所示。

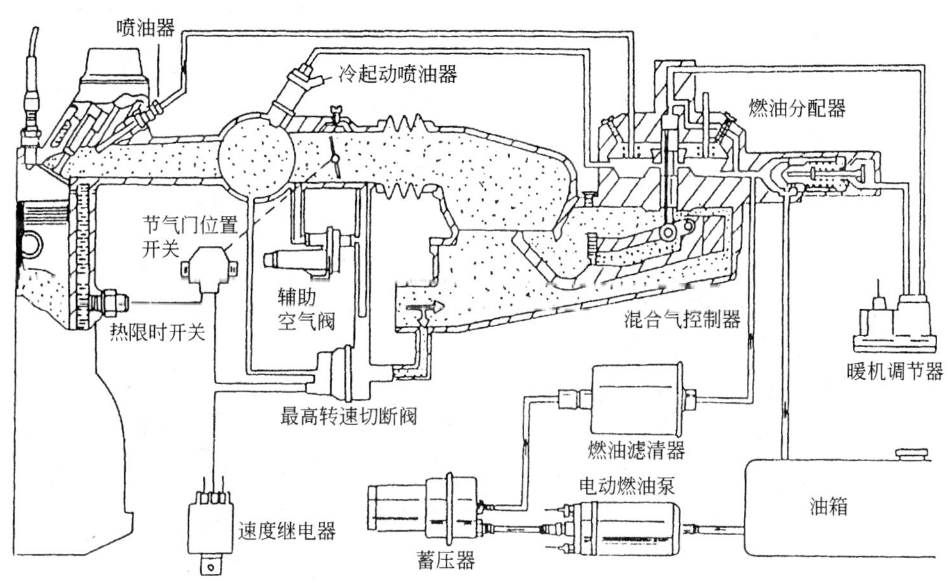

图 3-42 机械式汽油喷射系统

机电结合式汽油喷射系统是在机械式汽油喷射系统的基础上加装传感器及一个微机控制的电液式压差调节器。微机根据传感器的输入信号,控制电液式压差调节器,通过改变燃油分配器燃油计量槽进出口油压差,以调节混合气空燃比。如图 3-43 所示的 Bosch 公司的 KE－Jetronic系统。

电控式汽油喷射系统根据各种传感器送至微机的发动机运转状况的信号经运算后,发出控制喷油量和点火时刻等多种执行指令,实现多种机能的控制。如 Bosch 公司 Motronic 系统,如图 3-44 所示。

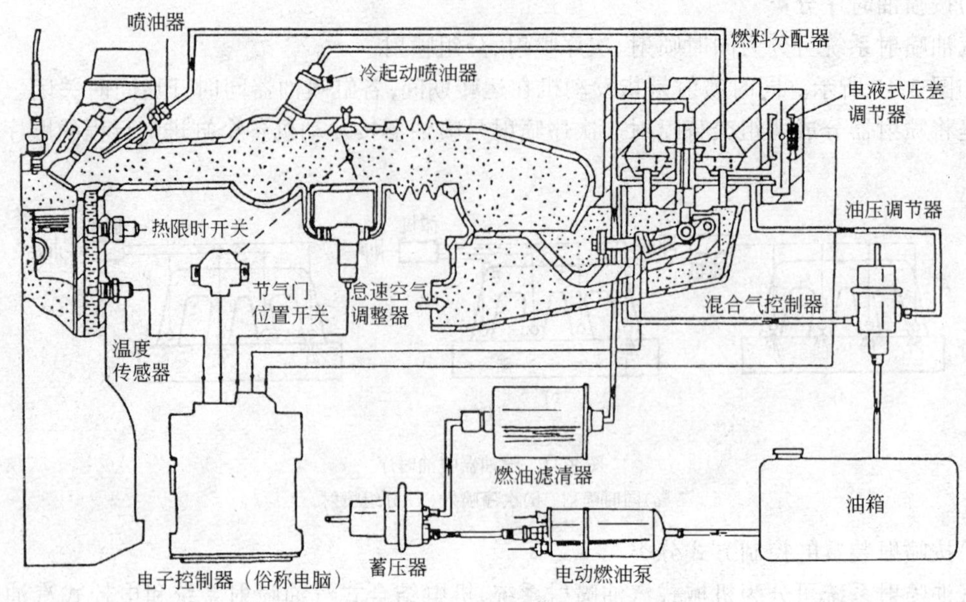

图 3-43 机电结合式汽油喷射系统

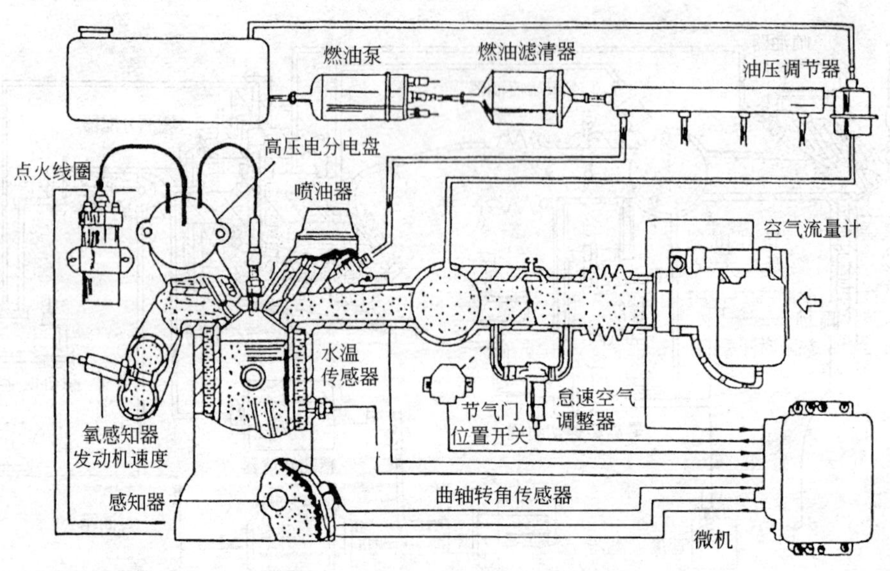

图 3-44 电控汽油喷射系统

4)按空气的检测方式分类

可以分为歧管压力计量式、叶片式、卡门旋涡式、热线式、热膜式。

二、燃油供给系统常见故障与排除

1. 燃油供给系统的组成

燃油供给系统由燃油泵、燃油滤清器、燃油脉动减振器、喷油器、燃油压力调节器及供油总管、开关信号、可变电阻型传感器等组成(图 3-45)。

燃油由燃油泵从油箱中泵出，经燃油滤清器除去杂质及水分后，再送至燃油脉动减振器，以减少其脉动。这样，具有一定压力的燃油流至供油总管，再经各供油歧管送至各缸喷油器。喷油器根据微机(ECU)的喷油指令，开启喷油阀，将适量的燃油喷于进气门前，待进气行程时，再将燃油混合气吸入气缸中。装在供油总管上的燃油压力调节器是用以调节系统油压的，目的在于保持喷油器内与进气歧管内的压力差为 250kPa。

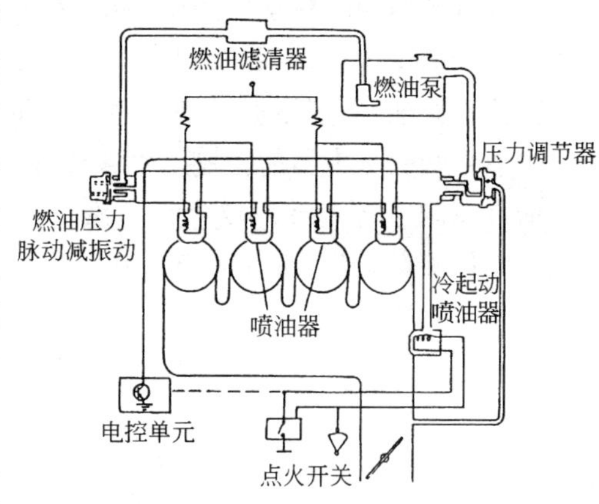

图 3-45　燃油系统

此外，为了改善发动机低温起动性能，有些车辆在进气歧管上安装了一个冷起动阀，该阀的喷油时间由热限时开关或者微机(ECU)控制。

1)电动燃油泵

(1)电动燃油泵的种类、结构

电动燃油泵的主要任务是供给燃油供给系统一定压力的汽油。它一般安装在供油管路中或燃油箱内。

电动燃油泵主要由泵体、永磁电动机和外壳三部分组成(如图 3-46 所示)。永磁电动机通电即带动泵体旋转，将燃油从进油口吸入，流经电动燃油泵内部，再从出油口压出，给燃油供给系统供油。燃油流经电动燃油泵内部，对永磁电动机的电枢起到冷却作用，故此种燃油泵又称湿式燃油泵。

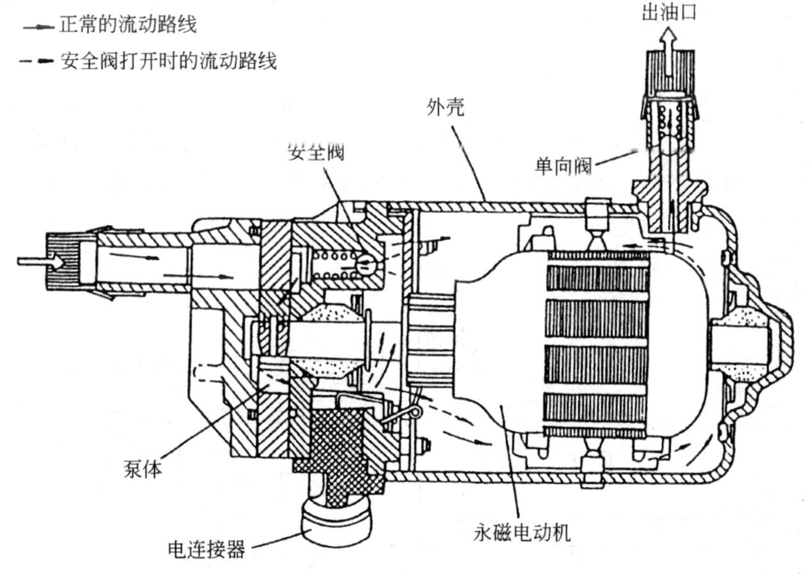

图 3-46　电动燃油泵的结构

燃油泵的安全阀可以避免燃油管路阻塞时压力过高。单向阀的设置是为了在燃油泵停止工作时密封油路，使燃油供给系统保持一定残压，以便发动机下次起动容易。泵体是电动燃油泵泵油的主体，根据其结构不同可分为滚柱泵、齿轮泵、涡轮泵和侧槽泵等形式。

(2)电动燃油泵控制的工作原理

装有电控燃油喷射系统的发动机，对电动燃油泵的工作应进行控制。通常只在发动机起动和运转时油泵才工作，此时即使点火开关接通，发动机没有转动，油泵也不工作。有的发动机为了控制泵油量，还根据发动机的负荷和转速等情况，对燃油泵的转速进行控制。

①油泵开关继电器的控制。油泵工作的控制，通常是指对油泵电路断开继电器的控制。

油泵控制电路如图 3-47 所示。发动机起动时，点火开关的起动(ST)端接通，继电器线圈 L_2 通电，其触点闭合，油泵通电工作。发动机运转时，发动机转速信号(N_e)输入 ECU，ECU 内三极管 VT 导通，继电器圈线 L_1 通电。因此，只要发动机运转，继电器触点总是闭合的。如发动机停止转动，三极管 *VT* 截止，继电器线圈 L_1 断电，其触点断开，燃油泵停止工作。

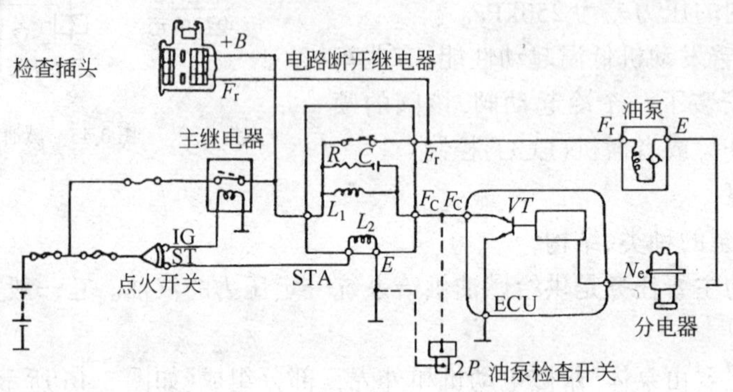

图 3-47　燃油泵控制电路(D 型 EFI 系统)

②油泵转速的控制。发动机在低速或中小负荷下工作时，需要的供油量相对较小，此时油泵低速运转；发动机在高转速或大负荷下工作时，需要供油量较大，此时油泵高速运转。目前常见的油泵转速控制方式有以下几种：

a. 电阻器式　图 3-48 为电阻器式油泵转速控制电路。它在油泵控制电路中增设一个电阻器和油泵控制继电器。发动机工作时，ECU 根据发动机转速和负荷，对油泵控制继电器进行控制，油泵控制继电器则控制电阻器是否串入油泵电路中，以此达到控制油泵转速变化。

b. 专设控制油泵用 ECU 式　该种方式专设一个电子控制单元 ECU，如图 3-49 所示。油泵 ECU 对油泵转速的控制，也是通过控制加到油泵电机上的不同电压来实现的。

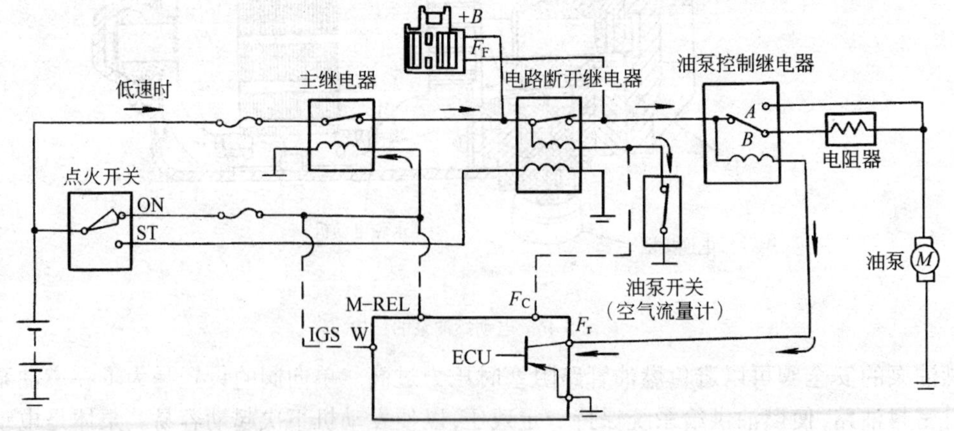

图 3-48　油泵转速控制电路(电阻器式)

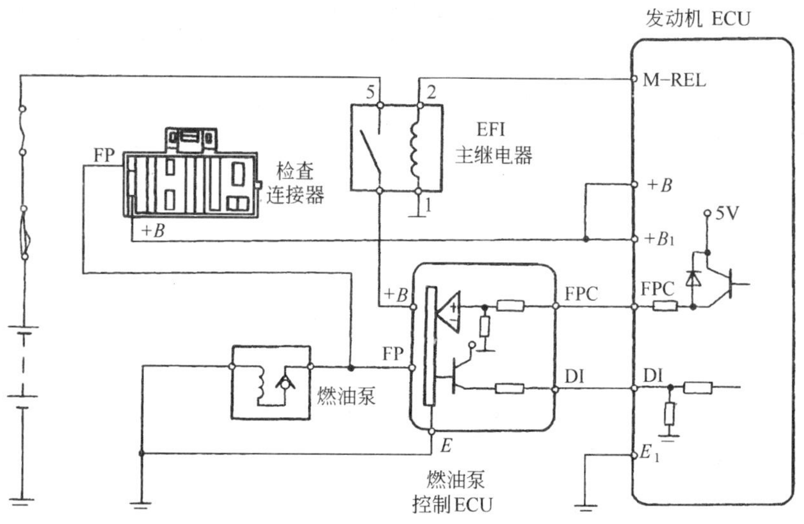

图 3-49 油泵控制电路(专设油泵 ECU 式)

当发动机在起动阶段或高转速、大负荷下工作时,发动机 ECU 向油泵 ECU 的 FPC 输入一个高电位信号,此时油泵 ECU 的 FP 端向油泵电机供应较高的电压(相当于蓄电池电压),使油泵高速运转。发动机在怠速或小负荷下工作时,发动机 ECU 向油泵 ECU 的 FPC 端输入一个低电位信号,此时油泵 ECU 的 FP 端,向油泵电机供应低于蓄电池的电压(约 9V),使油泵低速运转。

当发动机的转速低于最低转速时,油泵 ECU 断开油泵电路,使油泵停止工作,所以此时尽管点火开关处于接通状态,油泵也不工作。

c. 微机直接控制油泵工作电压式　由微机直接控制油泵的工作电压,如图 3-50 所示。

发动机工作时,发动机 ECU 原则上根据燃油消耗量、需要的回油量和供油装置的温度等,通过内部的控制回路 IC,控制功率三极管 *VT* 的导通和截止,控制 A 点的平均压降值(分压值),使油泵保持在所需的工作电压。微机在进行实际控制时,油泵的工作电压主要随发动机转速和喷油脉宽变化,如图 3-51 所示。

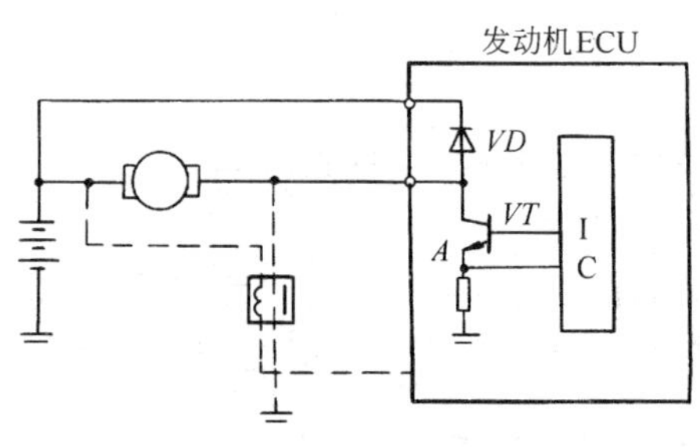

图 3-50 油泵工作电压控制电路(微机直接控制)

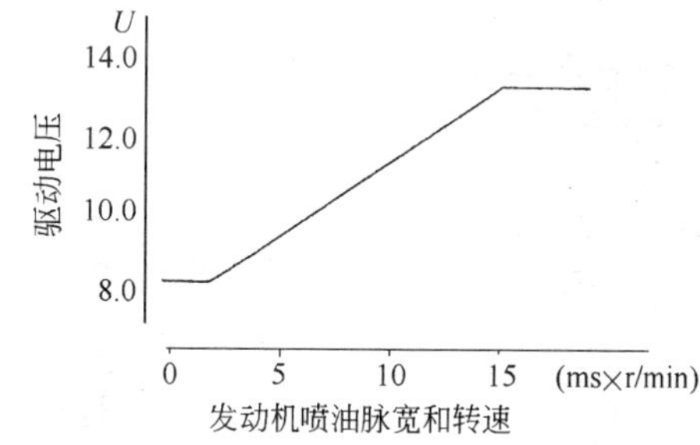

图 3-51 油泵工作电压特性

图 3-50 中的二极管 *VD* 为反馈二极管。在功率三极管 *VT* 工作截止的瞬间,反馈电流经过二极管构成回路,此时不仅可以平缓工作电流,而且也可节省电功率。

表 3-8 为日产汽车 VG30E 发动机各种工况下的油泵工作电压值。

各种工况下油泵工作电压值　　表 3-8

工　　况	电　压(V)
1. 点火开关转到"ON"后 5s 内发动机被驱动时 2. 发动机起动后 25.5s 内(温度超过 50℃) 3. 发动机温度超过 90℃ 4. 发动机温度低于 10℃	约 13.4
除以上情况	9.4～13.4

在微机直接控制方式中,有的还装有油泵继电器,如图 3-50 中虚线所示。装有油泵继电器的油泵工作情况见表 3-9 所示。

油泵工作情况　　表 3-9

点火开关位置	发动机情况	油泵继电器	油泵情况
接通(ON)	未转	断开	工作 5s
	起动	接通 30s	工作
	运转	断开	工作
	熄火后	断开	1s 内停止工作

2)燃油滤清器

燃油滤清器应具有过滤效率高、寿命长、压力损失小、耐压性能好、体积小、质量轻等性能。它安装在燃油泵的出口一侧,滤清器内部经常受到 200～300kPa 的燃油压力,因此耐压强度要求在 500kPa 以上。燃油滤清器是一次性的,应根据车辆行驶里程更换。

3)燃油压力脉动减振器结构及性能

当喷油器喷射燃油时,在输送管道内会产生燃油压力脉动,燃油压力脉动减振器是使燃油压力脉动衰减,以减弱燃油输送管道中的压力脉动传递,降低噪声。

一般将燃油压力脉动减振器安装在供油总管(油架)上,或者设置在电动燃油泵上。其内部分为膜片室和燃油室,中间以膜片隔开,并在膜片室内设计有弹簧,将膜片压向燃油室。由燃油泵输送出来的燃油压力作用于膜片及弹簧,使燃油室的容积变化而吸收油压的脉动。

图 3-52 和图 3-53 分别是安装在供油总管和电动燃油泵上的燃油压力脉动减振器的构成图。

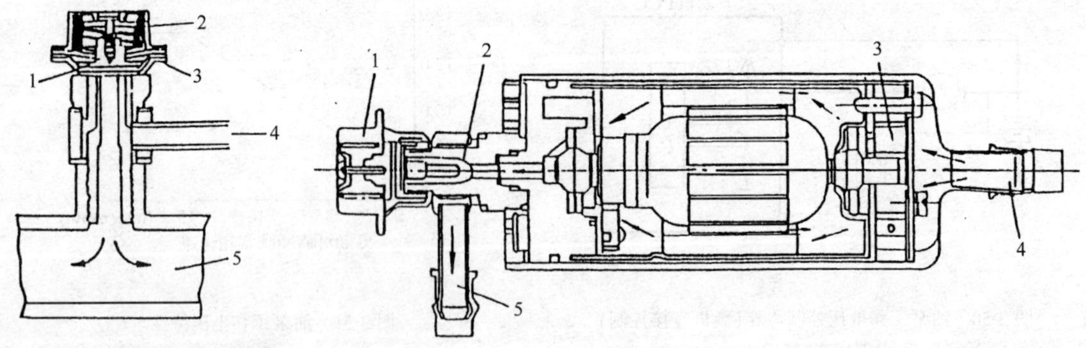

图 3-52　油压脉动减振器安装于供油总管上
1-阀;2-弹簧;3-膜片;4-从燃油泵来;5-供油总管

图 3-53　油压脉动减振器安装于电动燃油泵上
1-燃油压力脉动减振器;2-单向阀;3-电动燃油泵;4-吸油口;5-出油口

4)燃油压力调节器

燃油压力调节器的主要功用是使系统油压(即供油总管内油压)与进气歧管压力之差保持常数,一般为250kPa。这样,从喷油器喷出的燃油量便唯一地取决于喷油器的开启时间。为了使系统油压与进气歧管压力差保持稳定,燃油压力调节器所控制的系统油压应随进气歧管压力变化作相应的变化。(系统油压一般在0.25~0.3MPa的范围内。)

燃油压力=250kPa+进气歧管压力

燃油压力调节器一般安装在供油总管上,其结构如图3-54所示。当供油总管的燃油进入燃油室的油压超过预定的数值时,燃油压力就将膜片上顶,克服弹簧压力,使膜片控制的阀门打开,燃油室内的过剩燃油通过回油管流回到燃油箱中,因而使供油总管及压力调节器燃油室的油压保持在预定的油压值上(弹簧的设定弹力为250kPa,当进气歧管真空为零时,燃油压力保持在250kPa)。当进气歧管真空度变化时,会影响到膜片的上下动作,以改变燃油压力。如图3-55所示。

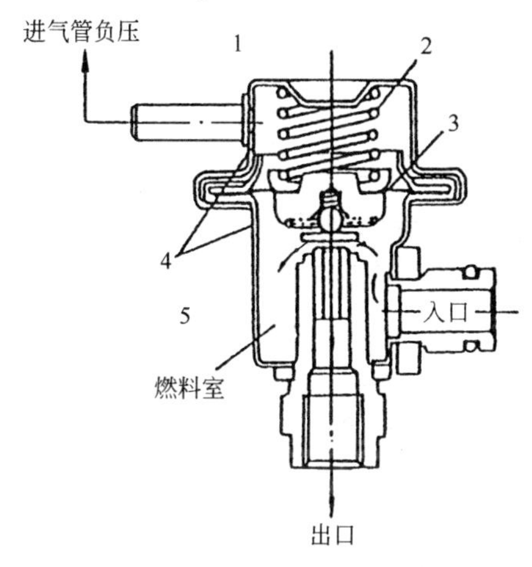

图3-54 燃油压力调节器结构

1-弹簧室;2 弹簧;3-膜片;4-壳体;5-阀

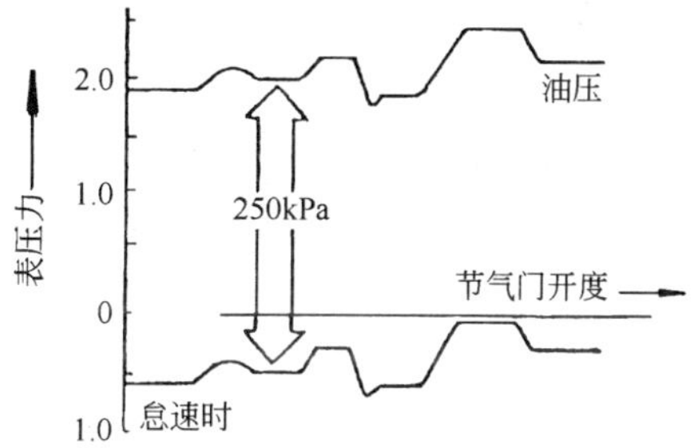

图3-55 节气门开度与燃油压力的关系

5)电磁喷油器的种类、结构

电磁喷油器是发动机电控汽油喷射系统的一个关键的执行器,它接受微机送来的喷油脉冲信号,精确地计量燃油喷射量。主要有:轴针式、球阀式和片阀式等。

(1)轴针式电磁喷油器

图3-56为轴针式电磁喷油器的结构图。它主要由喷油器外壳、喷油嘴、针阀、衔铁以及电磁线圈组成。电磁线圈通电时,产生磁场吸动引铁上移,衔铁带动针阀从其座面上升约0.1mm,燃油从精密环形间隙中流出。

喷油器用专门的橡胶支座安装。从而形成隔热作用,防止喷油器中的燃油产生气泡。另外,橡胶成型件可保护喷油器不受过高振动应力的作用。

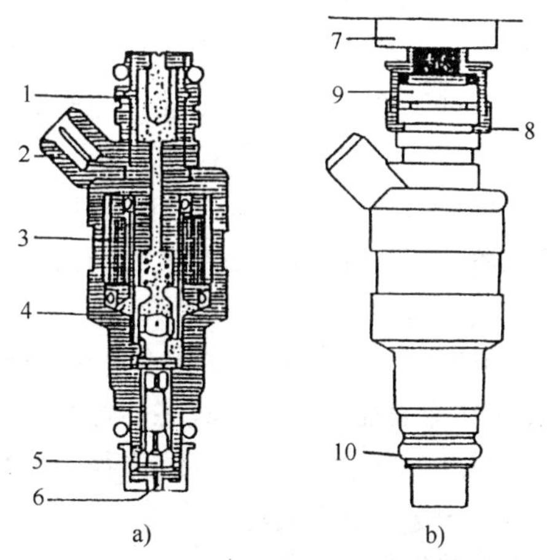

图3-56 轴针式电磁喷油器

a)结构; b)安装

1-滤网;2-电接头;3-电磁线圈;4-衔铁;5-针阀;6-喷油轴针;7-燃油分配管;8-保险夹头;9-上密封圈;10-下密封圈

(2)球阀式电磁喷油器

图3-57为球阀式电磁喷油器结构。它与轴针式电磁喷油器的主要区别在于阀针的结构。球阀式的阀针是由钢球、导杆和衔铁用激光束焊接成整体制成的。

(3)片阀式电磁喷油器

片阀式电磁喷油器,其内部结构的主要特点是质量轻的阀片和孔式阀座。

(4)单点喷射系统用电磁喷油器

它是将两只电磁喷油器、压力调节器和传感器等安装在节气门体上,其总成被称之谓中央喷射单元(图3-58)。

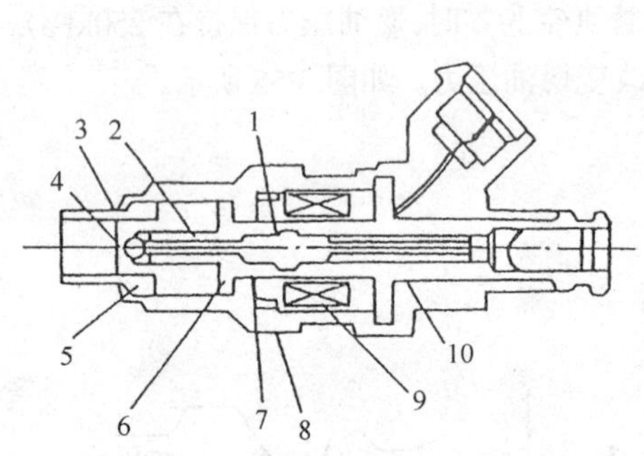

图3-57 球阀式电磁喷油器

1-弹簧;2-阀针;3-阀座,4-喷孔;5-护套;6-挡块;7-衔铁;8-喷油器体;9-电磁线圈,10-盖

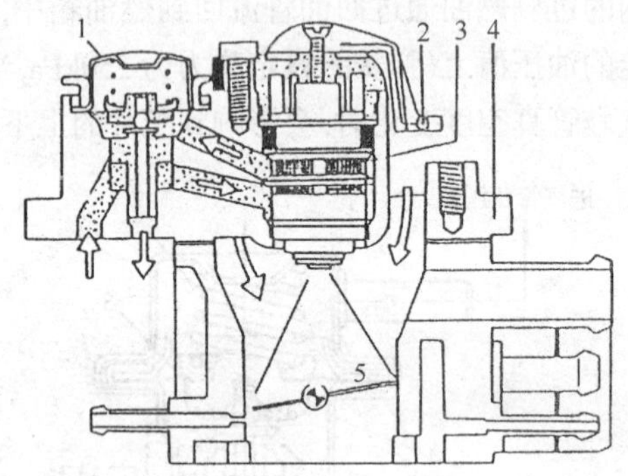

图3-58 中央喷射单元的结构

1-压力调节器;2-进气温度传感器;3-电磁喷油器;4-节气门体;5-节气门

图3-59是德国Bosch公司的单点式电磁喷油器。它由一个扁平衔铁和一个球阀用激光熔焊在一起。球阀下方有阀座,通过6个径向布置的计量喷孔喷出燃油。在球阀的上方设有一个压缩弹簧和一个电磁线圈,当喷油脉冲电流通过电磁线圈时,产生的电磁吸力克服弹簧压力将球阀吸离阀座,使燃油喷出。

(5)冷起动喷油器及热限时开关

发动机冷起动时,必须附加地喷入一定量的燃油。这部分附加的喷油量是由冷起动喷油器喷入主进气管道的,冷起动喷油的开启持续时间取决于发动机的温度,由热限时开关控制。冷起动喷油器的结构如图3-60所示。它是一个电磁阀,装在充满压力油的阀体内腔中的阀门4是一个衔铁,它被弹簧紧压在阀座上,阀门上还绕有电磁线圈2。当点火开关和热限时开关均接通后,电磁线圈被励磁产生磁场,将阀门吸起离座,燃油就通过旋流式喷嘴5,进入节气门后的进气管道内。

热限时开关的功能是控制冷起动喷油器的喷油时间。如图3-61所示,它是一个中空的螺钉,旋装在能表征发动机热状态的位置上。其中有一个外绕电热线圈的双金属片3,它可根据本身的温度控制触点5的开闭,来控制冷起动喷油器的开启持续时间。

6)可变电阻器型传感器

在不装氧传感器的D-Jetronic燃油喷射系统中使用可变电阻器改变混合气的浓度,如图3-62所示。

在装氧传感器的D-Jetronic燃油喷射系统中,微机根据氧传感器的输入信号修正怠速混合气的空燃比,因而不需要可变电阻器。

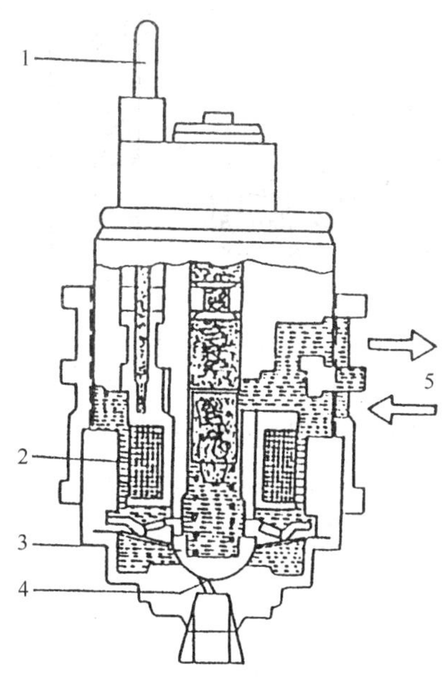

图 3-59　Bosch 公司单点式电磁喷油器
1-电接头；2-电磁线圈；3-球形阀；4-斜置的喷油孔；5-燃油的流向

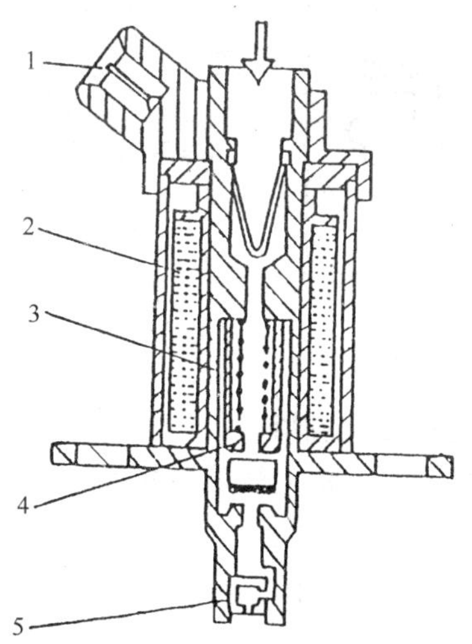

图 3-60　冷起动喷油器结构
1-电插头；2-电磁线圈；3-阀门弹簧；4-阀门；5-旋流式喷嘴

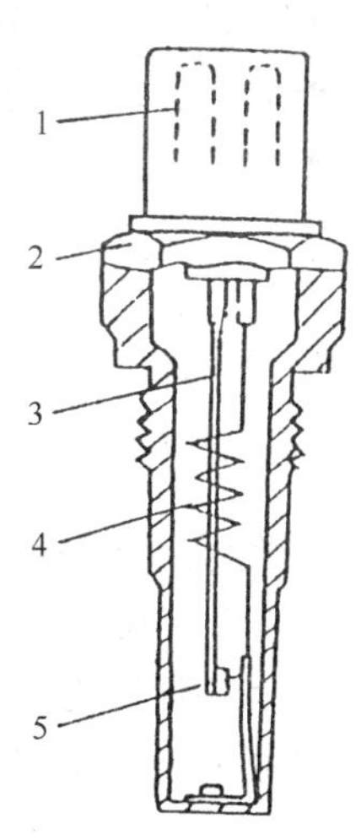

图 3-61　热限时开关的结构
1-电接头；2-壳体；3-双金属片；4-加热线圈；5-触点

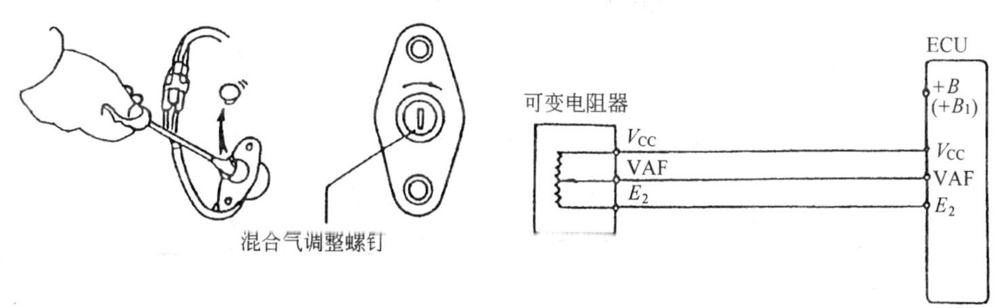

图 3-62　调整怠速混合气的可变电阻器

7)开关信号

(1)起动信号(STA)

STA 信号用来判断发动机是否处在起动状态。在起动发动机时必须使混合气加浓。从图 3-63 可看出，STA 信号和起动机的电源连在一起，由空档起动开关控制。

(2)空档起动开关信号(NSW)

在装有自动变速器(A/T)的汽车中，微机用这个信号区别变速器是处于“P”或“N”(停车或空档)档，还是处于“L”、“2”、“D”或“R”档位；NSW 信号主要用于怠速系统的控制。电路图如图 3-64 所示。

(3)空调信号(A/C)

A/C 信号用来检测空调压缩机是否工作。微机根据 A/C 信号控制发动机怠速时的点火提前角、怠速转速和断油转速等。

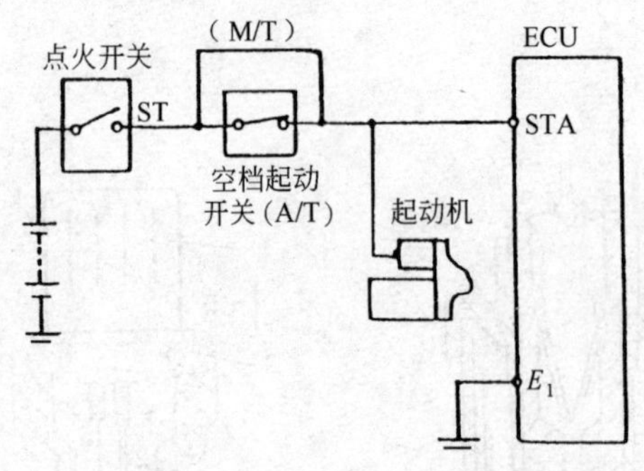

图 3-63　起动信号电路

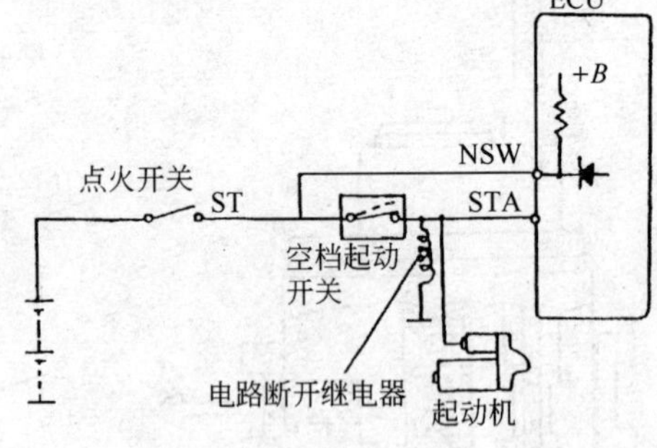

图 3-64　空档起动开关信号电路

2. 燃油供给系统常见故障与排除

重点介绍燃油泵和喷油器的常见故障与排除

1)燃油泵系统的检修

如图 3-65 为燃油泵系统电路图。

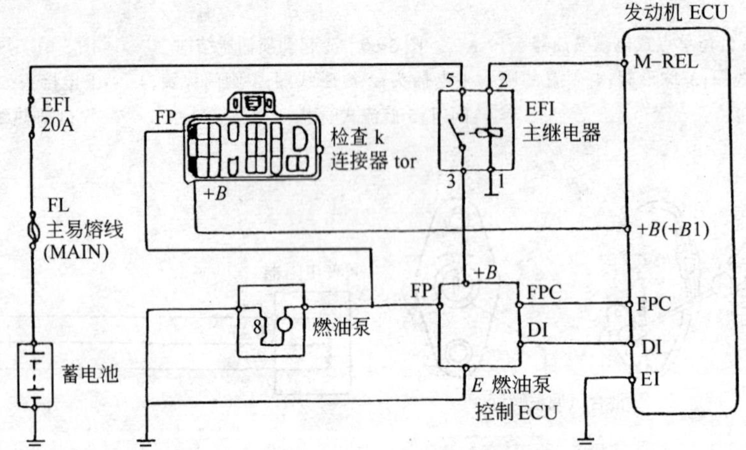

图 3-65　燃油泵系统电路图

(1)车上检查燃油泵系统

①燃油泵工作情况的检查:

a. 用连接线将检查连接器上的 + B 和 FP 端子连接起来;

b. 再使点火开关位于"ON"位置,但不要起动发动机;

c. 检查来自燃油滤清器的进油软管处是否有可用手指感觉到的油压(注意:可听到燃油的回流声音);

d. 关闭点火开关(位于 OFF);

e. 从检查连接器上取下连接线。

如果没有油压,检查以下元件:EFI 的主继电器易熔线(MAIN FL 1.0Y)、EFI 熔断丝 20A、EFI 的主继电器、燃油泵的 ECU、燃油泵、发动机的 ECU 以及各线束连接器。

②燃油压力的检查

a. 从蓄电池上拆下搭铁线(蓄电池电压应不低于 12V);

b. 拆下输油管与主输油管的连接螺栓,取下两个密封垫圈(注意:拆卸时,连接螺栓应慢

慢松开,此时会有汽油漏出,要接好漏油);

c. 用3个新密封垫圈及接头螺栓,把油压表接入输油管和主输油管之间;

d. 用连接线把检查连接器上的+B和FP端子连接起来;

e. 装上蓄电池的搭铁线,再使点火开关位于"ON"位置;

f. 测量油压,其标准油压为:265~304kPa(2.7~3.1kg/cm^2)。如果压力过高,则更换油压调节器。如果油压过低,则检查以下元件:燃油管和连接器(有无渗漏)、燃油泵、燃油滤清器、燃油压力调节器;

g. 关闭点火开关,从检查连接器上拆下连接线;

h. 起动发动机后,测量油压。怠速时,其标准油压为:196~235kPa (2.0~2.4kg/cm^2)。此时,拆下油压调节器上的真空管,并用塞子塞住管口,怠速时标准油压为265~304kPa。如果压力不合要求,则应检查真空管和油压调节器;

i. 熄火后,检查油压表的读数是否能在5min而不降低。如不能,应检查燃油泵、油压调节器和喷油器;

j. 油压检查完后,关闭点火开关,拆下蓄电池搭铁线,再拆下油压表(注意:防止汽油飞溅),用两个新密封圈和接头螺栓,把输油管装在总输油管上。

③油泵ECU的检查

拔开燃油泵ECU的导线连接器,用电阻表测量导线插头上E、DI端子的搭铁电阻时应通,如不通,则检查其连接线路。

插好燃油泵ECU的导线连接器,在各种条件下用电压表测量燃油泵ECU上+B、FP、FPC端子的搭铁电压,其电压值应符合表3-10。如不符,则须检查连接线路或更换燃油泵ECU。

燃油泵ECU上各端子的电压 表3-10

端　　子	条　　件	标准值(V)
FP—搭铁	突然加速	12~14
	怠速	8~10
+B—搭铁	点火开关"ON"	9~14
FPC—搭铁	突然加速到6 000r/min或更高	4~6
	怠速	2.5

④燃油泵的检查

拔开燃油泵的导线连接器,从车上拆下油泵进行检查。

a. 燃油泵的电阻检查。用电阻表测量燃油泵上两个接线端子间的电阻,即为燃油泵电机线圈的电阻,其值应为0.2~3.0Ω(20℃时)。如电阻值不符,则须更换燃油泵。

b. 燃油泵工作状态检查。如图3-66所示,将燃油泵与蓄电池相接(正负极勿接错),并使油泵尽量远离蓄电池,每次接通不超过10s(时间过长会烧坏燃油泵的电机线圈)。如油泵不转动,则须更换燃油泵。

⑤燃油泵系统维修后有无漏油的检查

a. 用连接线将检查连接器上FP和+B端子连接起来;

b. 将点火开关旋至“ON”,但不起动发动机;

c. 当用钳子夹住回油软管时,高压油管内的燃油压力会升到大约392kPa。在这一状态下,检查燃油系统各个部位是否漏油(注意:只能夹住软管,不可弯曲软管,否则会使软管断裂);

2)喷油器的检修

如图3-67为2JZ—GE发动机的喷油器的电路图。

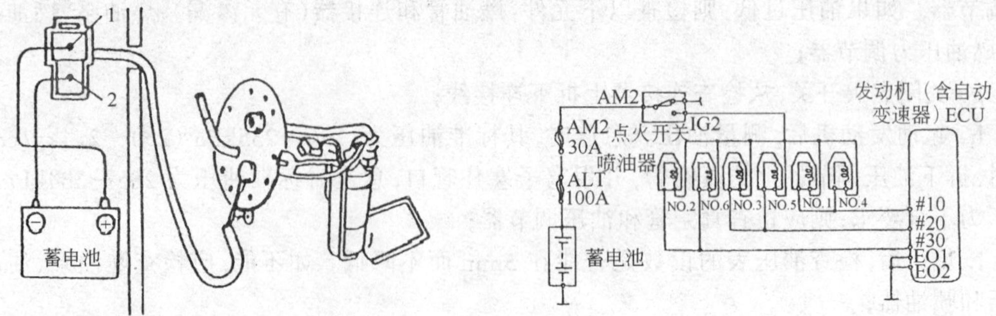

图3-66 燃油泵工作状态的检查
1、2-插头编号

图3-67 喷油器电路

(1)喷油器的检查

①喷油器电路电压的检查。当点火开关位于“ON”位置时,发动机ECU的♯10、♯20、♯30端子与EOl或EO2端子间应有电压,其标准电压值为9～14V。如无电压则按故障诊断表3-11查找故障。

发动机ECU的♯10、♯20、♯30与EO1或EO2端子间无电压故障诊断表

表3-11

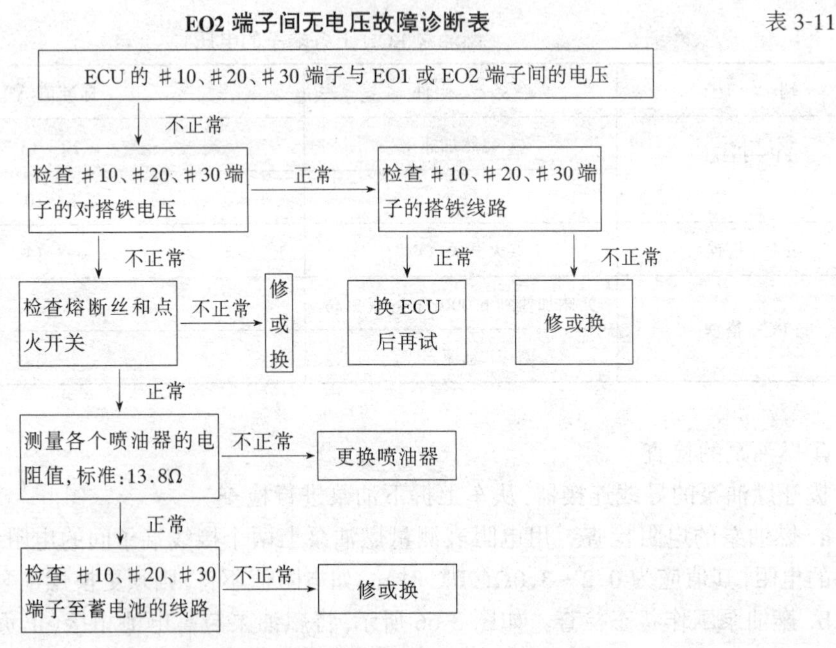

②喷油器工作情况的检查。发动机工作时,用手指或听诊器(触杆式)接触喷油器,通过声音来判断喷油器是否工作。另外,还可通过检查喷油器的工作声音和发动机的转速是否相符来检查喷油器的工作情况。具体方法如下:

a. 发动机热机时，按图 3-68 所示，接好转速表，用蓄电池作转速表的电源，转速表的触杆接检查连接器的 IG“－”端子；

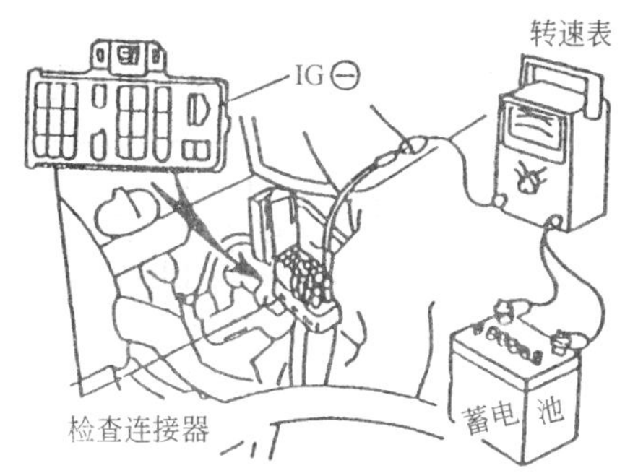

图 3-68　转速表的接法

b. 使发动机转速达 2 500r/min 以上，听喷油器的工作声音，这时可用手指感觉到。然后在松开加速踏板的短时间内，喷油声音停止，接着又恢复，恢复转速为 1 400r/min。如果喷油器的声音不正常，则检查喷油器或 ECU 的喷油信号；

c. 喷油器的电阻检查。拔开喷油器的导线连接器，用电阻表测量喷油器上两个接线端子间的电阻。20℃时其标准电阻值应为 13.4～14.2Ω。如果阻值不符，则应更换喷油器。

(2)喷油器的测试

首先拔开各喷油器的导线连接器，从车上拆下主输油管，再从主输油管上拆下喷油器。按图 3-69 所示，把喷油器、油压调节器、进油管、检查用的软管以及丰田车专用的软管连接头等连接好。

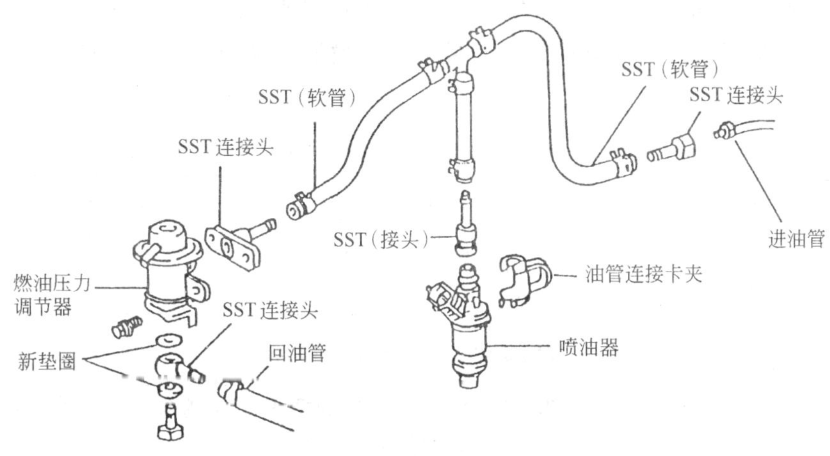

图 3-69　组装喷油器测试件

①喷油量的检查。用连接线把检查连接器的 +B 与 FP 端子连接起来，按图 3-70 所示，将蓄电池与喷油器连接好。接通 15s，用量筒测出喷油器的喷油量，并检查其喷油形状，每个喷油器测 2～3 次。标准喷油量为 70～80cm^3/15s，各喷油器允差为 9cm^3。如果喷油量不符合标准，则应清洗或更换喷油器；

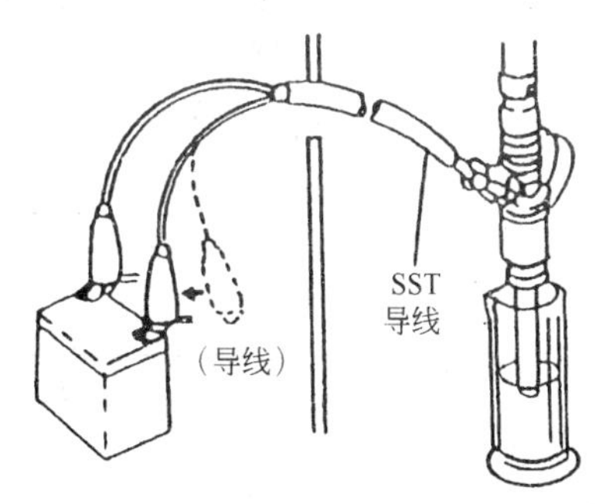

图 3-70　喷油器喷油量的测量

②检查漏油。在进行喷油量的检测后，脱开蓄电池与喷油器的连接，检查喷油器喷嘴处有无漏油，要求每分钟漏油不允许大于一滴。

③冷起动喷油器的检查

如图 3-71 所示为凌志 1UZ—FE 发动机的冷起动喷油器电路。

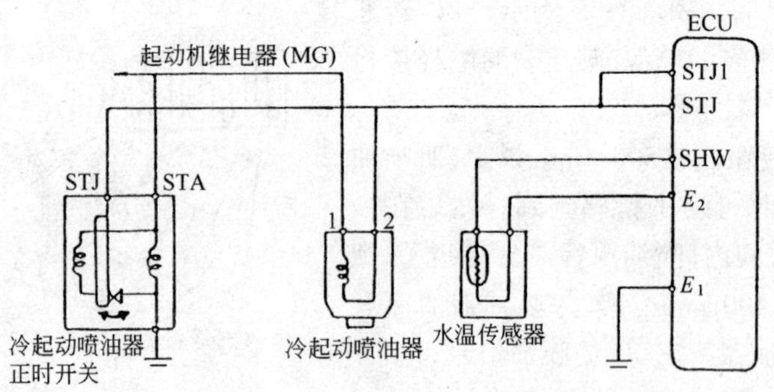

图 3-71　冷起动喷油器电路

①冷起动喷油器的检查。拔开冷起动喷油器的导线连接器，用电阻表测量冷起动喷油器端子 1 和 2 间的电阻，其标准电阻值应为 2～4Ω(20℃)。如电阻值不符，则应更换冷起动喷油器。冷起动喷油器的测试方法与喷油器相同；

②冷起动喷油器正时开关的检查。拔开冷起动喷油器正时开关的导线连接器，用电阻表测量正时开关上各端子间的电阻，其电阻值应符合表 3-12 的电阻值。如不符，则须更换正时开关；

③冷起动喷油器系统的故障诊断。如果冷起动喷油器系统有故障，则按故障诊断表3-13进行查找。

冷起动喷油器正时开关上各端子间的电阻　　表 3-12

端　　子	标准电阻值(Ω)	冷却液温度
STA—STJ	25 ～45	15℃以下
	65～85	30℃以下
STA—搭铁	25～85	—

冷起动喷油器系统故障诊断表　　表 3-13

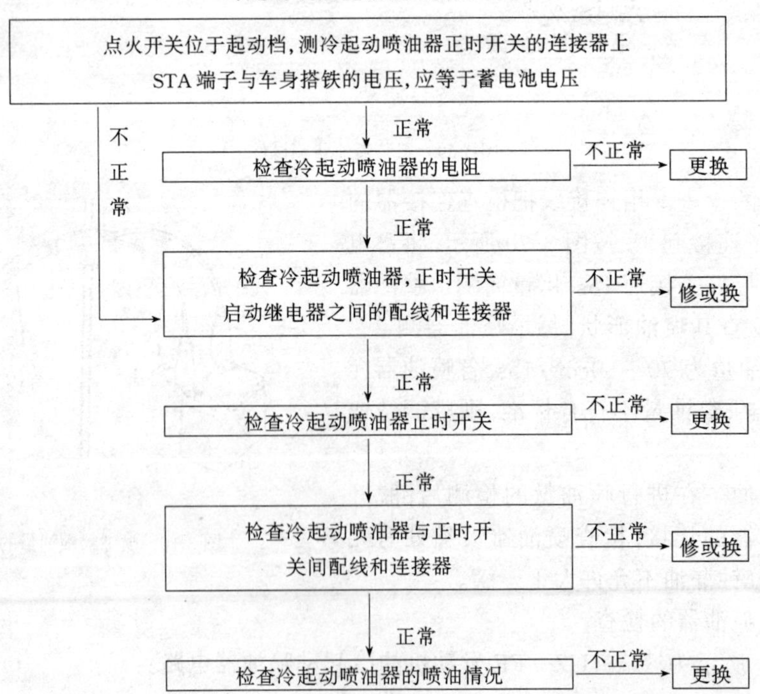

第三节 电子点火控制系统

一、非微机控制电子点火控制系统的组成、结构、工作原理及检测

1. 非微机控制电子点火系统的组成及工作原理

1)组成

非微机控制电子点火系由分电器、信号发生器(装在分电器内,也有装在曲轴上)、点火器、点火线圈、火花塞等组成,如图 3-72 所示。信号发生器又可以分为磁感式、霍尔效应式、光电式及电磁振荡式。点火器类型较多,其内部功能也有差异。较为先进的点火器除具有放大和处理来自信号发生器的信号、开关基本功能外,还有一些附加功能。如具有闭合角控制、恒流控制、停车断电保护、过压保护等功能。

2)各部件的结构及工作原理

非微机控制电子点火系统是利用大功率晶体管代替原来的断电触点,起开关作用。点火器根据信号发生器输送来的信号控制大功率晶体管导通和截止,以诱发点火线圈产生次级电压,如图 3-73 所示。

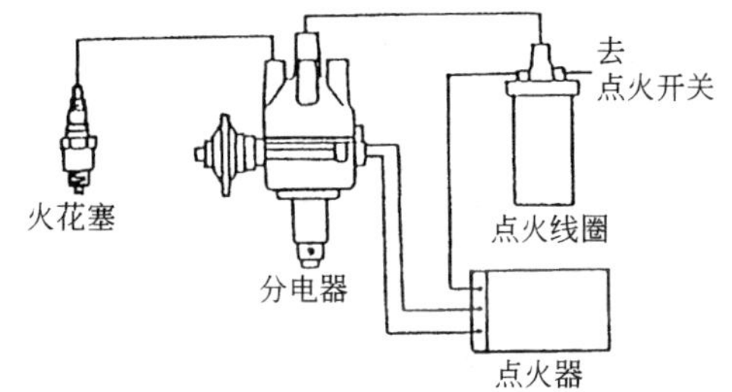

图 3-72 普通电子点火系组成

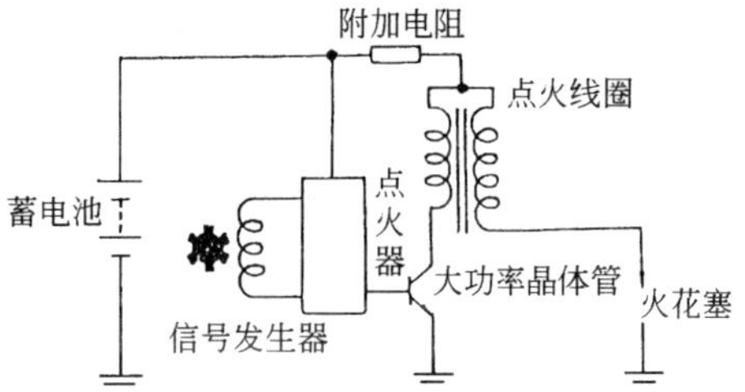

附加电阻
点火线圈
蓄电池
点
火
器
大功率晶体管
火花塞
信号发生器

图 3-73 普通电子点火系工作原理图

下面以丰田公司生产的全晶体管电子点火装置为例,对非微机控制电子点火系统的各部分组成予以介绍:

(1)分电器

分电器上没有断电器,点火线圈初级电流的通、断是靠点火器来完成的,分电器上的信号发生器产生信号,使点火器工作,分电器的结构与剖面如图 3-74 所示。分电器的轴上装有带 4 个齿的信号转子,底板上装有带电磁线圈的信号发生器,这就是分电器的传感机构。点火提前装置与普通分电器的相同。

(2)点火信号发生器

点火信号发生器包括信号转子及信号线圈两个部分。图 3-75 所示为信号转子和信号线圈部分的磁路,磁路的组成为:当信号转子的齿部接近信号线圈的中心时,气隙变小,磁通增加;而当信号转子齿部将要离开信号线圈中心时、气隙增大,磁通减小。因此,信号线圈就会输出交变信号。

(3)点火组件

①点火组件由检测部分和信号放大部分组成。检测部分就是从分电器的信号线圈处检测出点火信号,而信号放大部分则把点火信号放大,并控制点火线圈初级电流的通断。点火线圈

与点火器的外观如图 3-76 所示。分电器与信号线圈之间的连接采用了屏蔽线,以防止干扰信号窜入连线中。

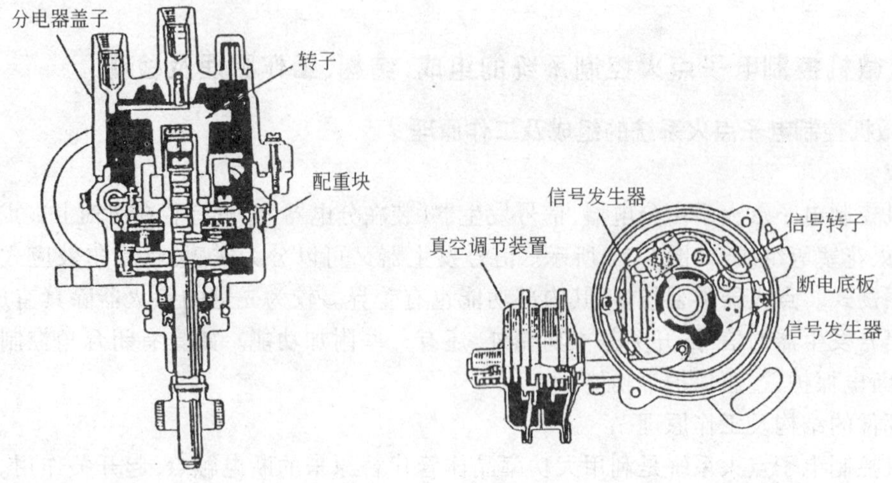

图 3-74　分电器的结构与剖面图

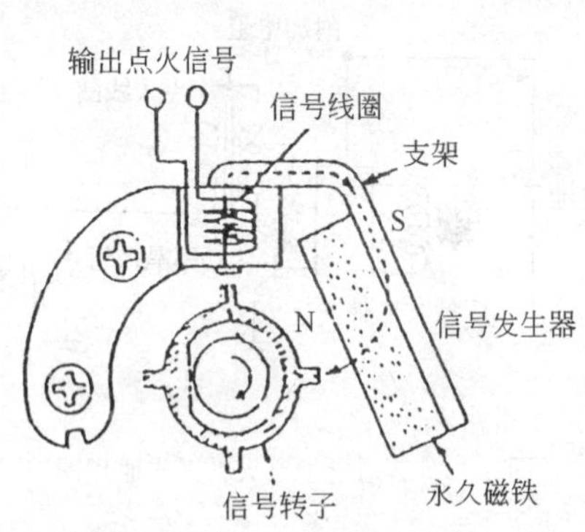

图 3-75　信号发生器的磁路

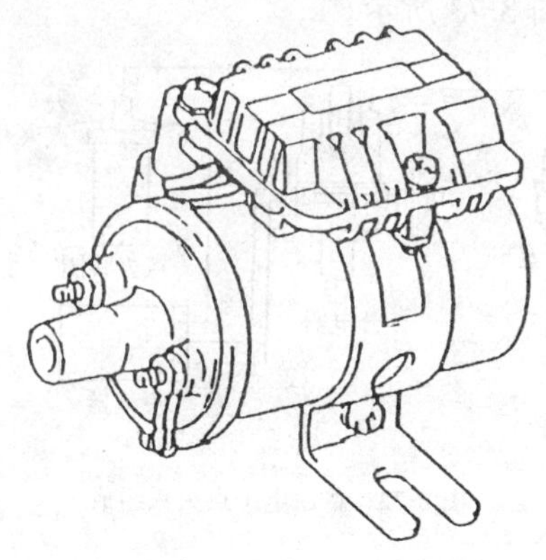

图 3-76　点火线圈与点火组件的外观

②点火器的工作原理。图 3-77 是全晶体管点火装置的原理图,图中画出了发动机停止时电流的通过情况。以下分三种情况说明电路工作过程:

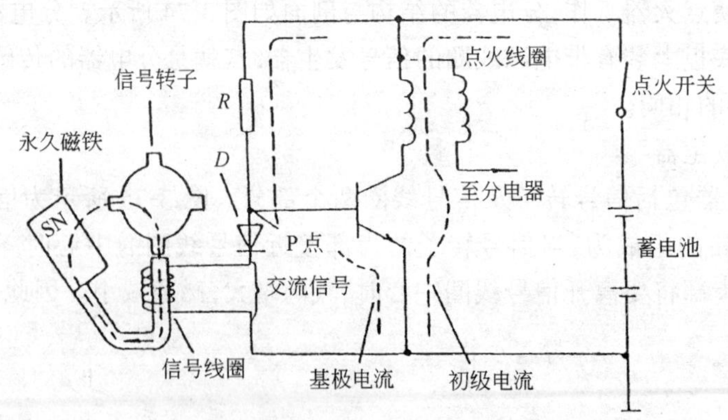

图 3-77　全晶体管点火装置的原理电路

a. 发动机停止时。首先看一下闭合点火开关、发动机停止时的电路状况。如图 3-78 所示，信号线圈中不产生电动势，蓄电池输出的电流①经过电阻 R，又通过晶体管的基极形成基极电流，使晶体管导通，点火线圈的初级中有电流通过。电流②经过二极管 D 到信号发生器的信号线圈，这一电流与信号线圈的功能没有什么关系。

b. 信号线圈产生正电压时。下面说明已起动发动机，信号线圈两端产生图 3-79 所示方向电压时的工作情况。这时把信号线圈看成一个电池，那么电池就要向外输出电流②，但是因二极管 D 的阻碍作用，所以电流无法形成通路。

另一方面，蓄电池输出的电流①经电阻 R 后形成晶体管的基极电流，晶体管导通。归纳来看，在信号线圈产生正电压的瞬间，晶体管“ON”，点火线圈的初级有电流通过。

c. 信号线圈上产生负电压时。信号线圈上产生负电压时的状况如图 3-80 所示。分析电路时，也是把信号线圈看成是一个蓄电池，把晶体管、二极管及信号线圈合并一起来考虑。在只把信号线圈看成电源的电路中，没有电流通过。

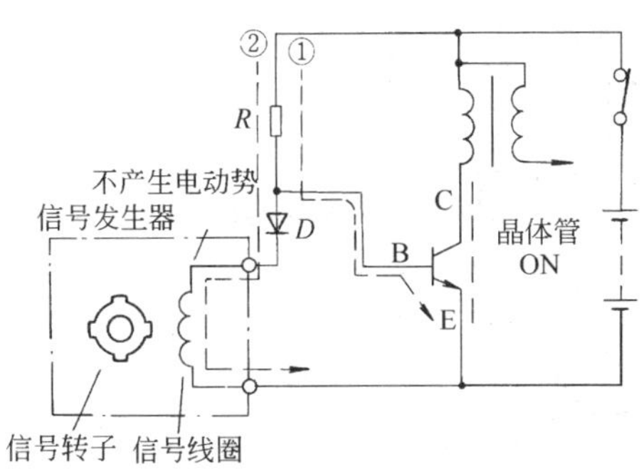

图 3-78　发动机停止时的电路状态

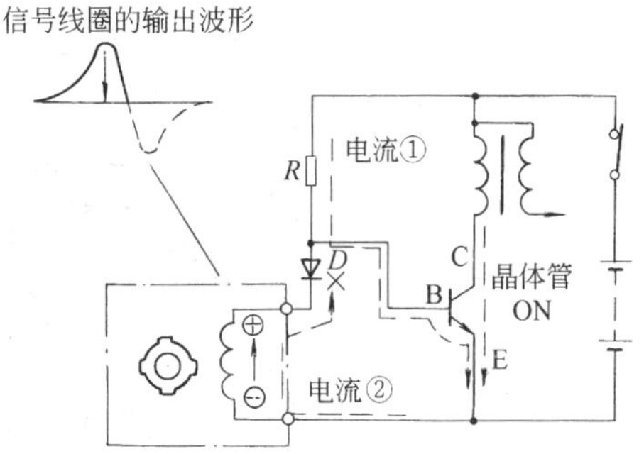

图 3-79　信号线圈产生正电压时的状况

但是，当把蓄电池也一并来考虑时，就会发现信号线圈所产生的电压与蓄电池的电压方向相同，呈串联状态。因此，通过电阻的电流就不经过晶体管的基极，而是通过二极管进入信号线圈，这时，晶体管截止，初级电流被切断，次级绕组上产生高压。

对晶体管来说，当其基极与发射极之间的电位差小于 0.6V 时就不能工作。在图 3-81 所示的电路中有两个电阻 R_1 和 R_2，在发动机停机时可使 P 点电位低于晶体管的工作电位，晶体管截止。

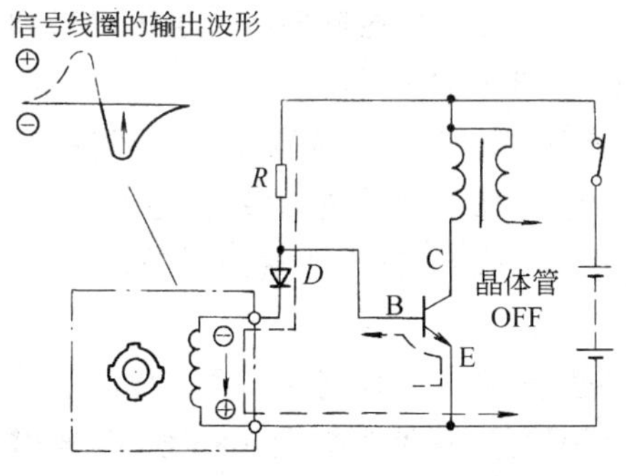

图 3-80　信号线圈上产生负电压时的状况

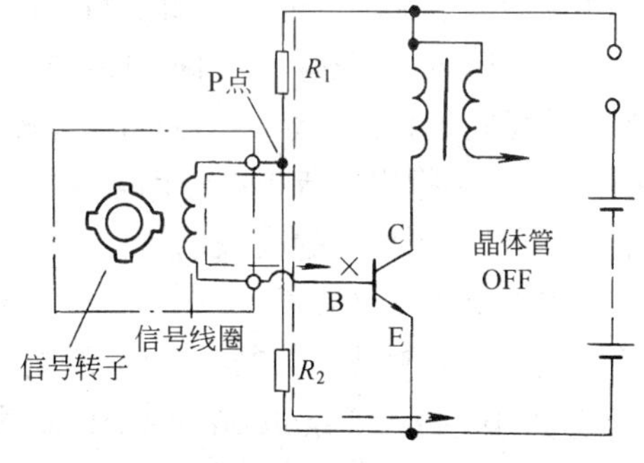

图 3-81　停机断电保护电路

2. 非微机控制电子点火装置的类型

除上述的非微机控制的普通电子点火装置外，还有带闭合角控制的电子点火装置、带恒流控制和闭合角控制的电子点火装置、整体式电子点火装置以及带停车断电保护和过压保护等功能的电子点火装置。现介绍如下：

1)带闭合角控制的全晶体管点火装置

闭合角控制是根据分电器的转速，来控制点火线圈初级绕组的通电时间。因为点火线圈有自感，初级电流不能立刻升高，需要一定时间才能达到饱和，如图 3-82 所示。低速时还是有足够的时间使初级电流达到饱和。但是，随着转速的增加，通过初级电流的时间缩短，初级电流下降，作为防止措施之一就是改变闭合角，图 3-83 就是丰田公司带闭合角控制的全晶体管点火装置电路。

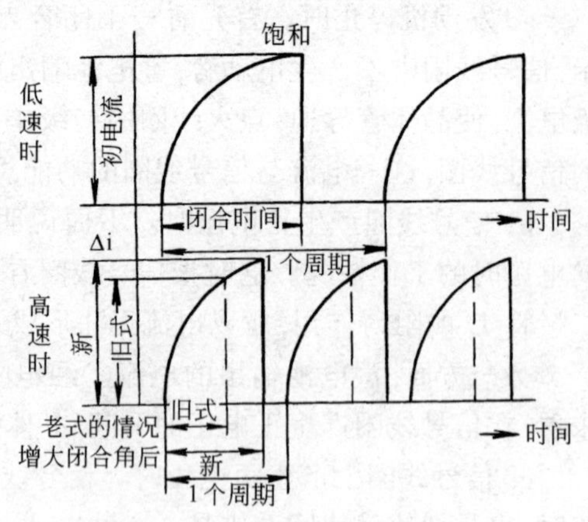

图 3-82　转速升高时初级电流降低

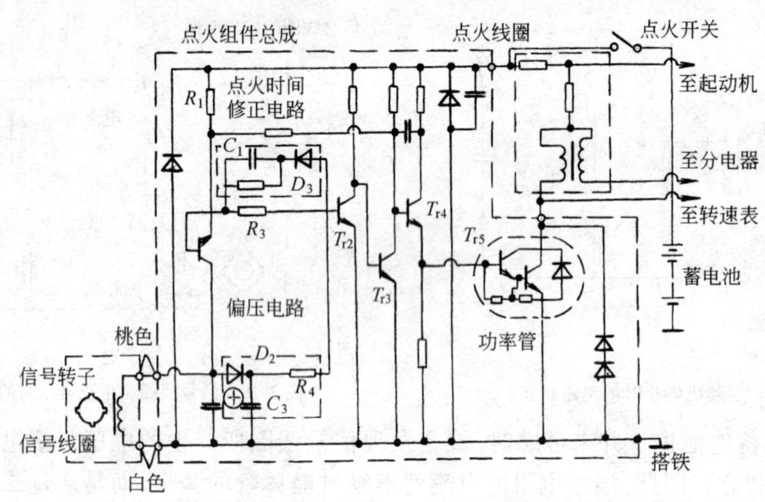

图 3-83　带闭合角控制的全晶体管点火装置电路

2)带恒流控制和闭合角控制的电子点火装置

闭合角控制就是增大高速时的闭合角，以防止初级电流被切断时电流值较低。带定电流和闭合角控制的点火装置能够一直保持初级电流为 6A，而且在高速旋转区域也可以得到稳定的次级高压。带定电流和闭合角控制的点火系统电路如图 3-84 所示。

丰田公司在这种点火装置上采用了闭磁路点火线圈。这种点火装置具有下述特点：一是次级高压稳定，它把定电流控制与闭合角控制组合在一起，在范围较宽的转速、电源电压、温度条件下，仍可以得到稳定的次级电压；二是采用闭磁路点火线圈，输出能量得到提高。

3)整体式电子点火装置

整体式点火装置是把分电器、点火线圈、点火组件及高压点火线制成一个整体的点火装置(英文名称为 Integrated Ignition Assembly，用 IIA 为其缩写)，其外观如图 3-85 所示，闭磁路点火线圈和点火组件都装在分电器内。点火组件采用了单片式集成电路，它装在分电器的外壳上，所以改善了散热条件。IIA 的电路结构与全晶体管点火装置大致相同。

4)带停车断电保护和过压保护等控制的电子点火装置

前面所述的电子点火装置，其点火器的功能较少。目前，以多功能点火器为核心的电子点

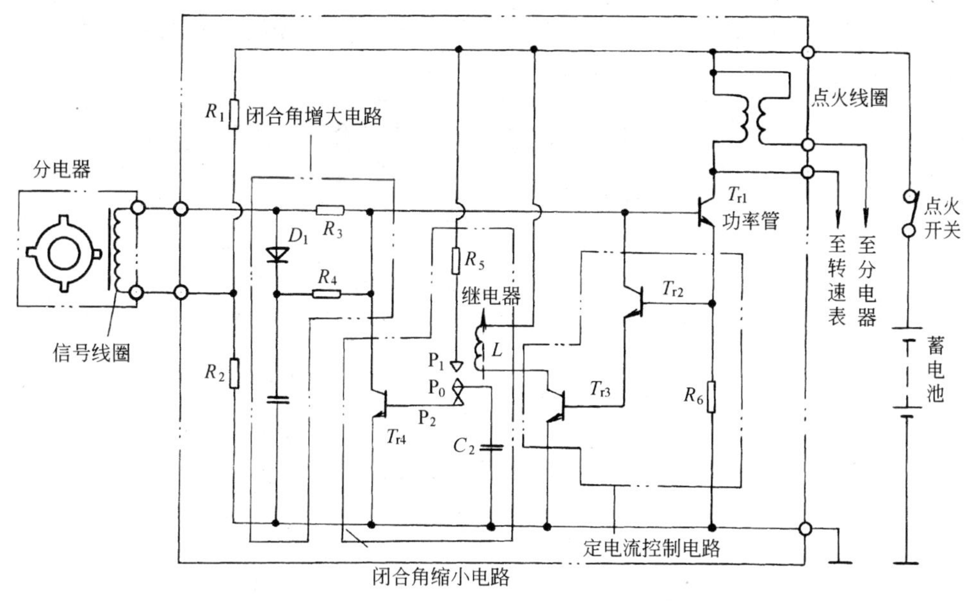

图 3-84　带定电流和闭合角控制的点火装置电路

火装置将逐步取而代之。

下面以意大利 SGS 公司生产的由 L479 集成块为核心组成点火器为例说明。图 3-86 为由 L479 集成块为核心组成的点火器(与霍尔式信号发生器相配)电路图。该类电子点火装置除具有闭合角控制、恒流控制外,还具有停车断电保护及过压保护等功能。

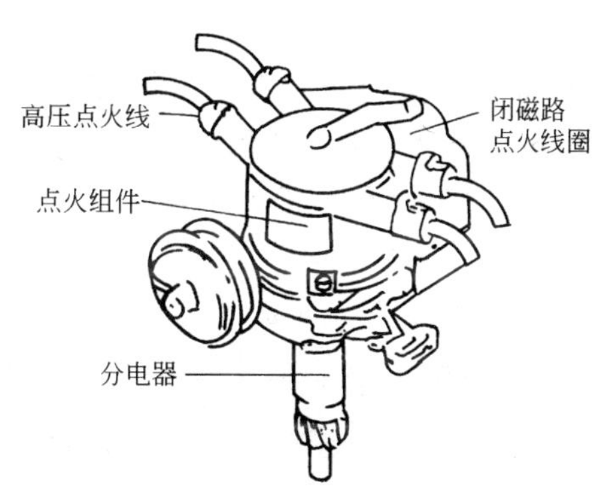

图 3-85　IIA 的外观

(1) 停车断电保护控制

当汽车停驶、发动机停止工作的情况下,驾驶员如忘记关闭点火开关,而霍尔点火信号发生器也正好输出高电平时,将会使点火线圈初级绕组处于长期通电状态,易造成点火线圈和点火器过热损坏,并消耗大量的电能。为避免上述情况的发生,在点火器内设置了停车断电保护电路,它能在发动机停转后自动缓慢地使达林顿三极管 V 在一定时间内变为截止状态,以切断点火线圈初级电路的电流。该电路由 L497 集成块与外接电容 C_P、电阻 R_7 组成(参见图 3-86)。电路工作时,将不停地检测霍尔点火信号发生器输出信号电平的高低,当输入信号为高电平时,电路以恒定的充电电流向 C_P 充电,当点火信号为低电平时,C_P 放电。当汽车停驶,点火开关未断开,并且霍尔信号发生器输出的点火信号为高电平的时间比规定的导通时间长,电容 C_P 充电电压会进一步升高,当达到某一电压值时,停车保护电路工作,使达林顿三极管 V 缓慢截止,而使点火线圈初级电流逐渐下降为零。当再次起动发动机时,分电器转动,输出的点火信号降为低电平时,C_P 又迅速放电,电路又恢复到正常工作状态。

(2) 过压保护控制

如图 3-86 所示,过电压保护电路由 L497 的 15 脚与外围电路的 R_2、R_3 组成。根据末级

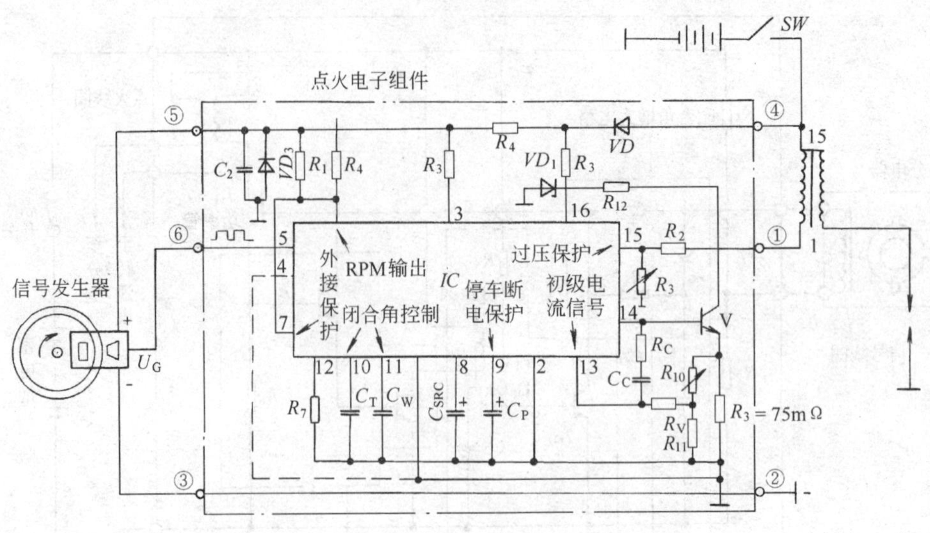

图 3-86　以 L497 为核心组成的点火器电路

大功率三极管的耐压指标，适当调整 R_2、R_3 可调节大功率三极管的集电极工作时的承受电压，以保护大功率三极管长期可靠的工作。

3. 非微机控制电子点火控制系统的检查

1)分电器盖与分火头的检查

如图 3-87 所示，检查分电器盖与分火头有无裂纹、损伤、是否清洁、有无烧损、腐蚀以及弹簧的作用。

2)离心提前装置的检查

如图 3-88 所示，固定螺旋齿轮，向右旋转分火头，松手后，应返回。

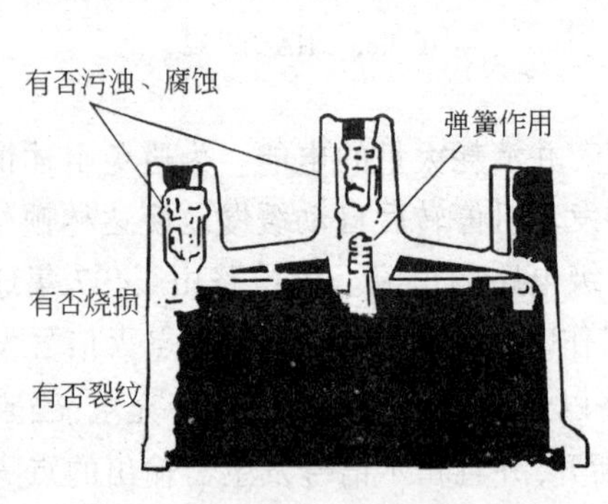

图 3-87　分电器盖与分火头的检查方法

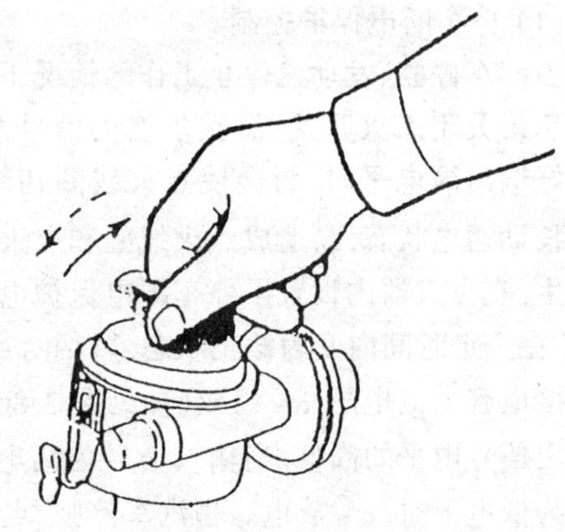

图 3-88　离心提前装置的检查

3)气隙的调整

按如图 3-89 所示进行调整，基准值为 0.2～0.4mm。

4)信号发生器的检查

按图 3-90 所示方法，检查信号发生器的阻值，基准值为 140～180Ω。

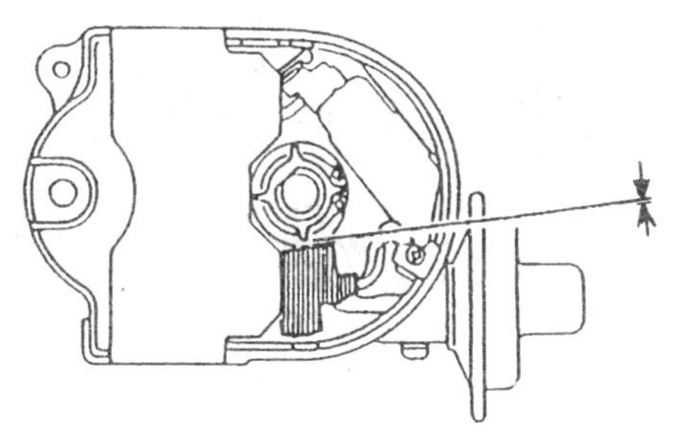

图 3-89　气隙调整

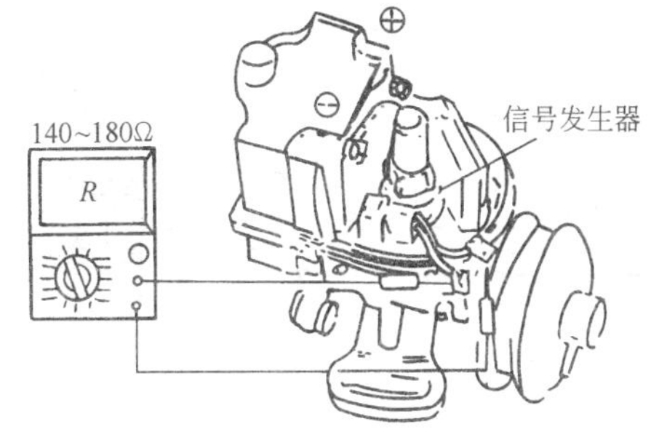

图 3-90　检查信号发生器的阻值

5)真空提前装置的检查

①把手动真空泵与真空室相连，在加上 4×104Pa 的负压时，拉杆被吸引，但负压不降低。如图 3-91 所示；

②确认当负压回到零时，拉杆能迅速返回。

6)高压线的检查

按图 3-92 所示的办法，用万用表检查高压线，常温下每根高压线的基准值为 25kΩ。

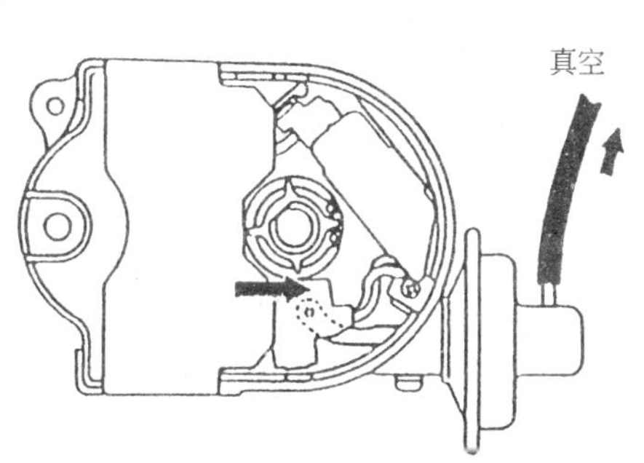

图 3-91　真空提前装置的检查

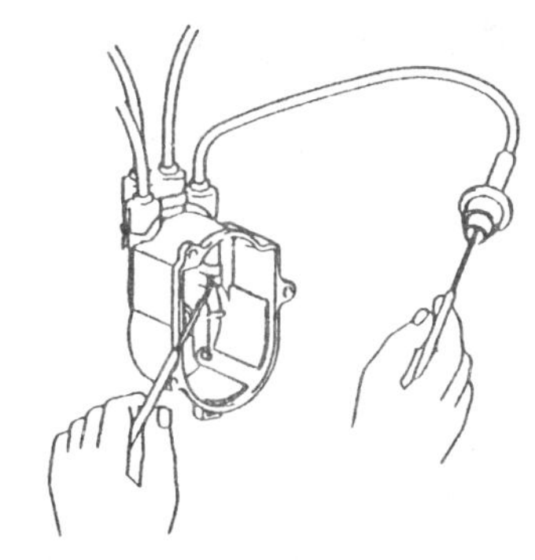

图 3-92　高压线的检查方法

7)点火器的检查

①闭合点火开关，在发动机停机的状态下，测定输入电压。如图 3-93 所示。测定附加电阻输入端与搭铁间的电压，此电压值约为 12V；

②如图 3-94 所示，检查功率管是否导通。测量点火线圈的附加电阻输入端与点火线圈一端子间的电压，此电压值应为 12V 左右；

③检查功率管是否截止，如图 3-95 所示，取下点火组件与分电器的连接插座，然后在这种状态下把万用表调到×1Ω 档或×10Ω 档，把万用表的表笔与点火组件一侧的插座端相连，注意表笔的极性不要接错。

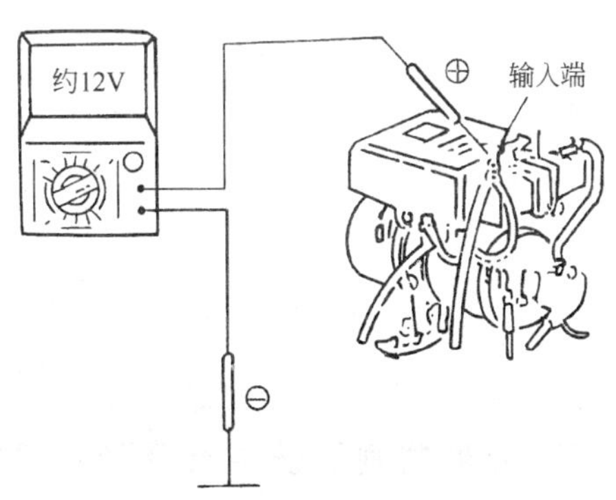

图 3-93　点火器输入电压的检查

测量点火线圈附加电阻的输入端与点火线圈一端子间的电压，此电压值应为 0V 左右。进行这项检查时，利用了点火组件与分电器的连接端

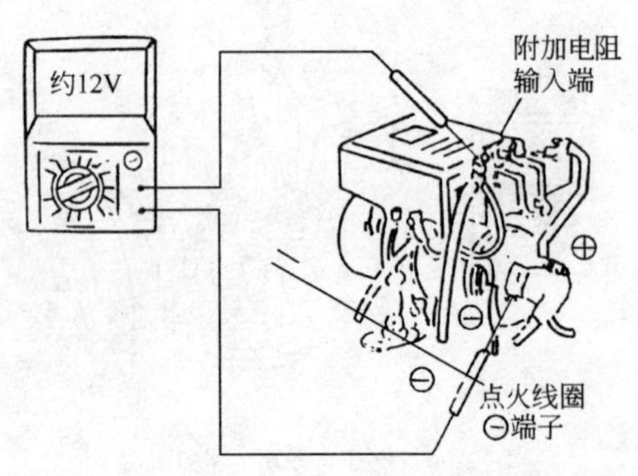

图 3-94　检查点火器之一

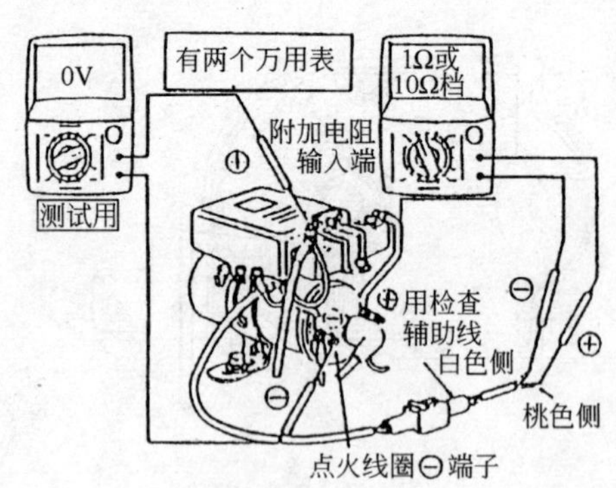

图 3-95　检查点火器之二

子，通过万用表把电压加到点火组件上，使检测晶体管的工作电平下降到负值，形成晶体管的截止条件。

8）点火线圈的检查

用万用表测定图 3-96 所示各端子间的电阻，电阻的基准值如表 3-14 所示。

电阻的基准值　表 3-14

项　　目	测试端子	基准值(Ω)
初级绕组电阻	C—E	1.4～1.6
次级绕组电阻	C—D	11 900～16 100
附加电阻	A—B	1.1～1.3
绝缘电阻	C—F	无穷大

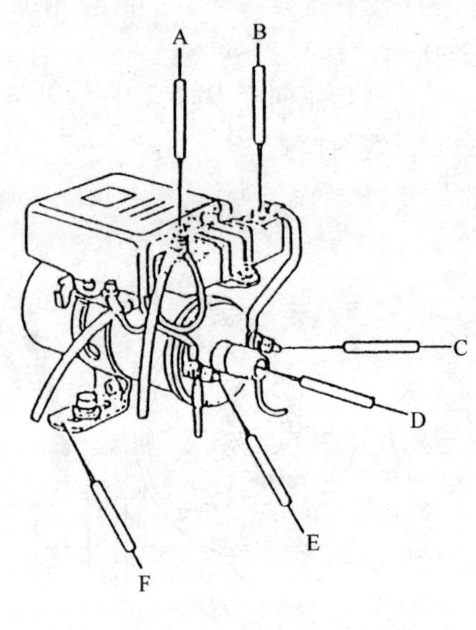

图 3-96　点火线圈的检查方法

9）发动机运转不正常时点火系统的检查

如发动机工作不正常，则按下面所列的检查顺序。

检查插接器及线束有无异常
↓
检查分电器及间隙
↓
检查分电器、信号发生器的阻值
↓
点火组件工作状况检查之一
↓
点火组件工作状况检查之二
↓
点火线圈阻值的检查

二、微机控制电子点火控制系统的组成、结构、工作原理及检测

1. 微机控制电子点火控制系统的组成及各部件的工作原理

1）组成

微机控制点火系主要由下列元件组成,监测发动机运行状况的传感器;处理信号、发出指令的微机;响应微机发出指令的点火电子组件、点火线圈、火花塞及高压导线等组成,如图 3-97、图 3-98 所示。

微机根据曲轴位置传感器和转速、水温等工况传感器信号计算出点火时刻和通电时间,将此计算结果送至点火电子组件(点火器),由点火电子组件控制点火线圈的初级电路接通和断开,使火花塞点火。

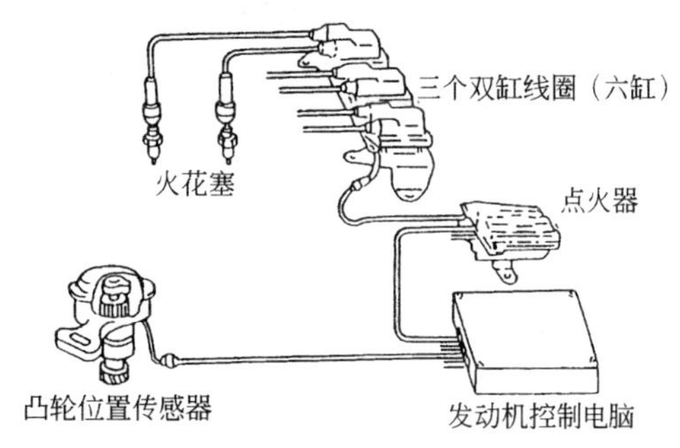

图 3-97　点火系统

2)各部件的结构及工作原理

(1)点火线圈

点火线圈是产生点火所需高压电的一种变压器。一般发动机点火系所采用的点火线圈依磁路区分,可分为闭磁路式及开磁路式两种。现对无分电器点火式闭磁路点火线圈予以介绍。

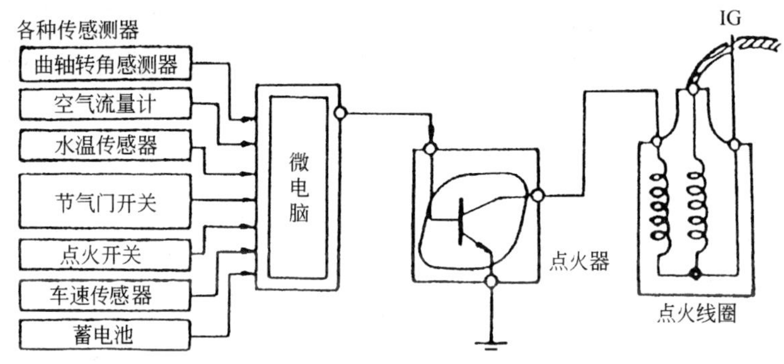

图 3 98　微机控制点火系的组成简图

在发动机无分电器点火系统(DLI　系统)中采用小型闭磁路点火线圈,每个点火线圈分别供用两气缸的火花塞同时串联点火(如图 3-99 和图 3-100 所示)。

DLI 闭磁路点火线圈与前述的闭磁路点火线圈在结构上主要有两点区别:其一是 DLI 闭磁路点火线圈的初级线圈与次级线圈没有连接,各自独立。初级线圈的一端与电源"+"连接,受点火开关的控制。另一端与点火器内功率晶体管的集电极连接。当功率晶体管导通时,初级线圈通电,在其周围的环形铁心中充满磁场;当功率晶体管截止时,初级线圈电流迅速切断,使其周围磁场立即消失,则次级线圈感应高压电使火花塞跳火。其二是次级线圈中串联一只高压二极管,其作用是为了避免功率晶体管导通时,点火线圈诱生的电压造成火花塞误跳火的现象发生。

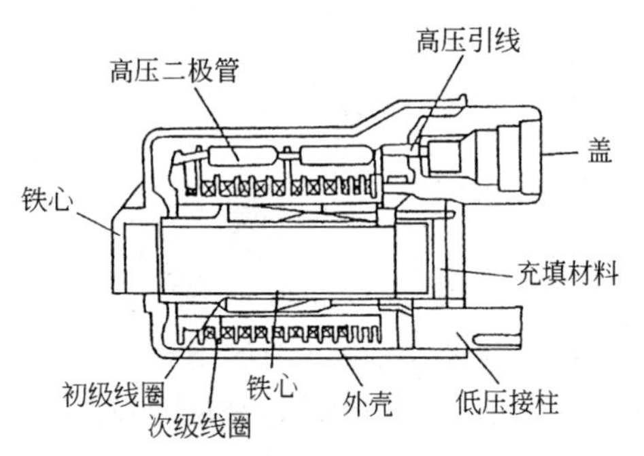

图 3-99　DLI 闭磁路点火线圈

(2)曲轴位置传感器

曲轴位置传感器是发动机集中控制系统中最主要的传感器,是控制点火时刻(点火提前角)，确认曲轴位置不可缺少的信号源。其检测并输入发动机微机控制装置的信号包括活塞上止点及曲轴转角等两种，同时也是供测量发动机转速的信号源。曲轴位置传感器可分为磁脉冲式、光电式和霍尔式三大类。就其安装部位有在曲轴前端、凸轮轴前端、飞轮上和分电器内的，车辆不同，所采用的结构形式不完全一样。下面介绍各种形式曲轴位置传感器的具体结构和工作原理。

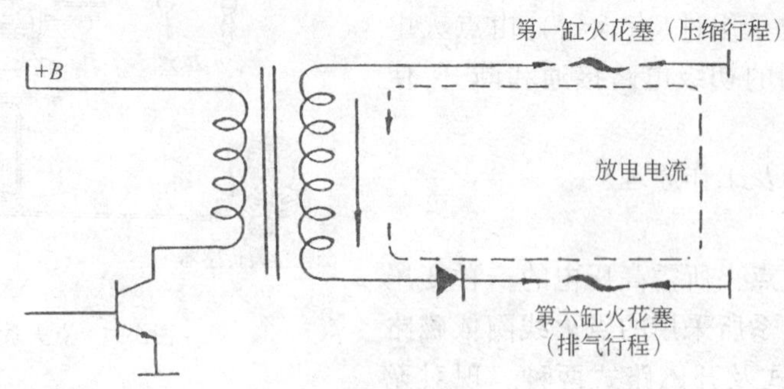

图 3-100　双缸点火电路

①磁脉冲式曲轴位置传感器，以丰田公司磁脉冲式曲轴位置传感器为例介绍。

丰田公司 TCCS 系统用磁脉冲式曲轴位置传感器安装在分电器内，其结构如图 3-101 所示。该传感器分成上、下两部分，上部分产生 G 信号，下部分产生 N_e 信号。都是利用带有轮齿的转子旋转时，使信号发生器感应线圈内的磁通变化，从而在感应线圈里产生交变的感应电动势信号，将此信号放大后，送入微机。

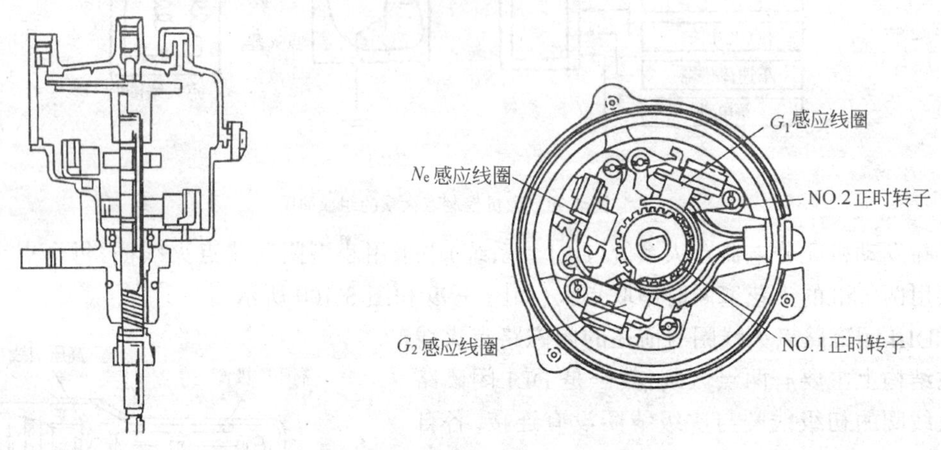

图 3-101　丰田公司磁脉冲式曲轴位置传感器

a. N_e 信号。N_e 信号是检测曲轴转角及发动机转速的信号。由固定在下半部等间隔 24 个轮齿的转子(No.2 正时转子)及固定于其对面的感应线圈组合而成，如图 3-102 所示。

就转子上的一个轮齿来说，当转子旋转时，轮齿与感应线圈的凸缘部(磁头)的空气间隙变化，导致通过感应线圈的磁场变化而产生感应电动势。因为轮齿靠近及远离磁头时，将产生一次增减磁通的变化，所以，每一个轮齿通过磁头时，都将在感应线圈中产生一个完整的交流电压信号。

No.2 正时转子上有 24 个齿，故转子旋转一圈，即曲轴旋转 720°时，感应线圈产生 24 个交流信号。N_e 信号如图 3-102 所示，其一个周期的脉冲相当于 30°曲轴转角(720° ÷ 24 = 30°)。

更精细的转角检测，是利用 30°转角的时间，由电脑再均分为 30 等份，即产生曲轴转角的 1°信号。同理，发动机转速的检测，也一样由电脑依照 N_e 信号的两个脉冲(60°曲轴转角)所经过的时间为基准计算发动机转速。

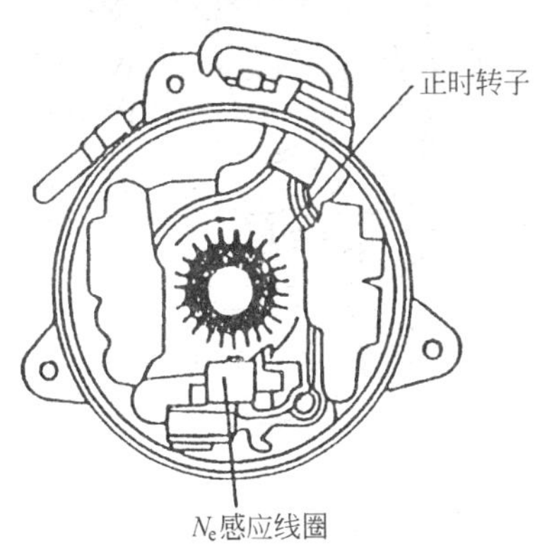

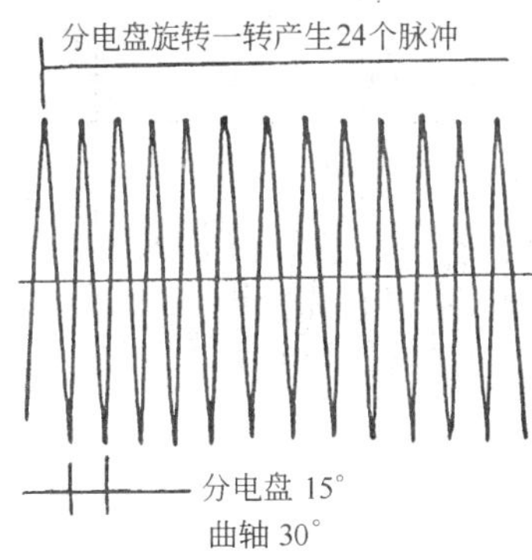

图 3-102　N_e 信号发生器结构与波形

b. G 信号。G 信号系用于辨别气缸及检测活塞上止点位置。G 信号是由位于 N_e 信号发生器上方的凸缘转轮(No.1 正时转子)及其对面对称的两个感应线圈产生的。其构造如图 3-103所示。其产生信号的原理与 N_e 信号相同。G 信号也用来作为利用 N_e 信号计算曲轴转角的基准信号。

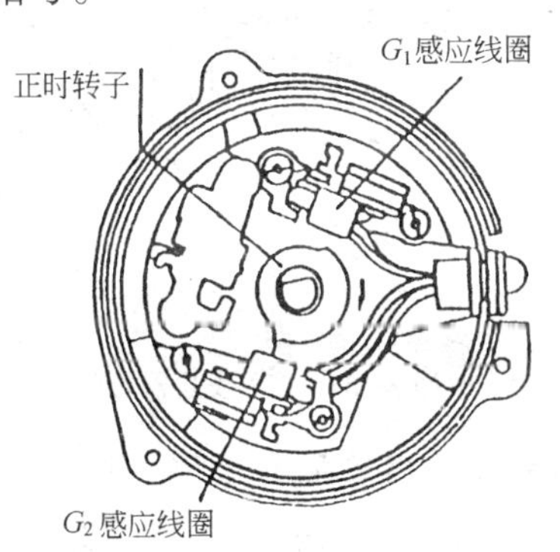

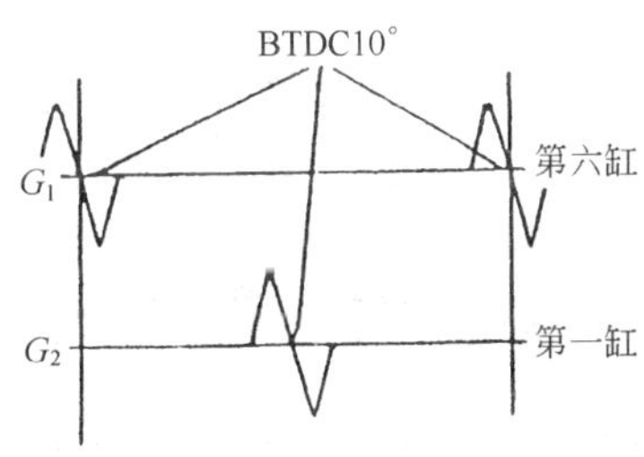

图 3-103　G 信号发生器的结构及波形

G_1、G_2 信号分别检测第六缸及第一缸的上止点。由于 G_1、G_2 信号发生器设置位置的关系，当产生 G_1、G_2 信号时，实际上活塞并不是正好达到上止点(BTDC)，而是在上止点前 10°曲轴位置。图 3-104 为曲轴位置传感器 G_1、G_2、N_e 信号与曲轴转角的关系。

②光电式曲轴位置传感器。日产公司光电式曲轴位置传感器设置在分电器内，它由信号发生器和带光孔的信号盘组成(如图 3-105 所示)。信号盘安装在分电器轴上，其上外围有 360 条缝隙(光孔)，产生 1°信号；外围稍靠内间隔 60°分布着六个光孔，产生 120°(曲轴转角)信号，其中有一个较宽的光孔是产生一缸上止点对应的 120°信号的(如图 3-106 所示)。

信号发生器固装在分电器壳体上，主要由两只发光二极管、两只光敏二极管和波形电路组成(如图 3-107 所示)。两只发光二极管分别正对着两只光敏二极管，发光二极管以光敏二极管为照射目标。信号盘位于发光二极管和光敏二极管之间，当信号盘随发动机曲轴运转时，因信号盘上有光孔，则产生透光和遮光的交替变化，使信号发生器输出表征曲轴位置和转角的脉冲信号。

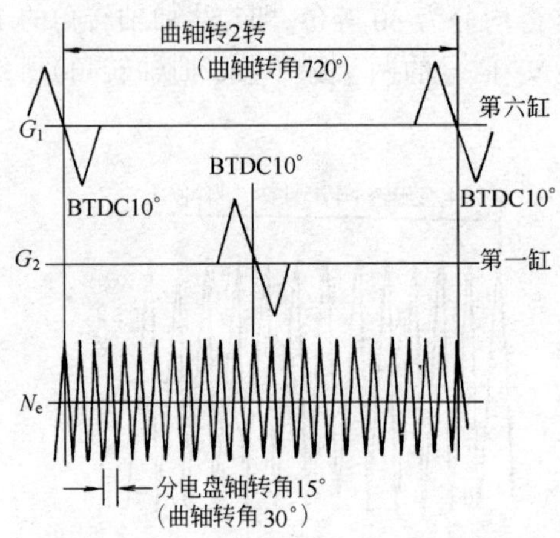

图 3-104　G、N_e 信号与曲轴转角的关系

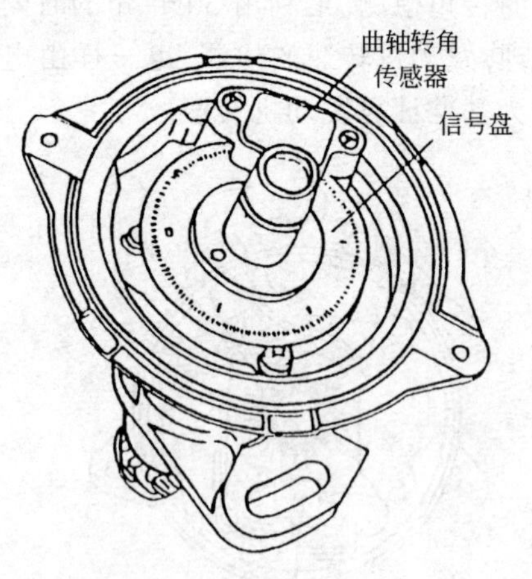

图 3-105　光电式曲轴位置传感器

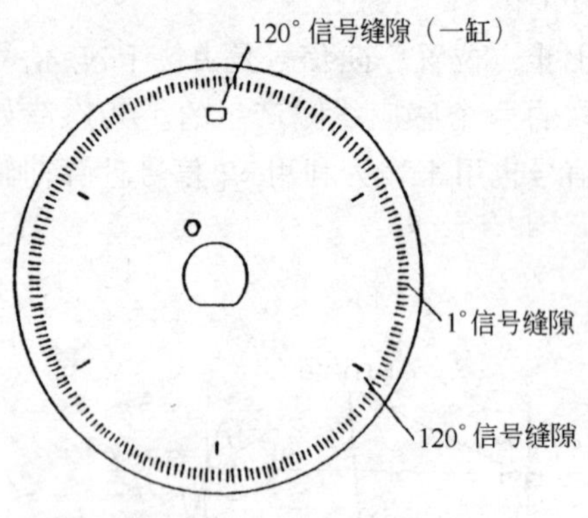

图 3-106　信号盘结构

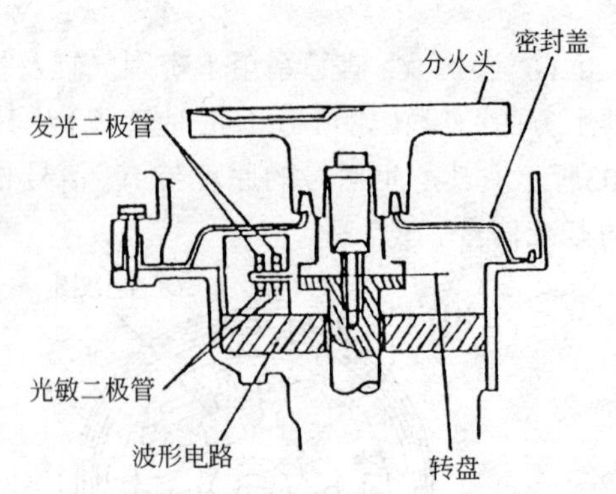

图 3-107　信号发生器的布置

图 3-108 为信号发生器产生脉冲信号的原理，当发光二极管的光束照射到光敏二极管上时，光敏二极管感光产生电压；当发光二极管的光束被遮挡时，光敏二极管产生的电压为零。将光敏二极管产生的脉冲电压送至波形电路放大整形后，即向电脑输送曲轴转角的 1°信号和 120°信号。因信号发生器安装位置的关系，120°信号在活塞上止点前 70°输出。发动机每转两圈，分电器轴转一圈，则 1°信号发生器输出 360 个脉冲，每个脉冲周期高电位对应 1°，低电位亦对应 1°，共表征曲轴转角 720°。与此同时，120°信号发生器在各缸压缩上止点前 70°产生一个脉冲，共六个脉冲信号。

③霍尔式曲轴位置传感器。霍尔式曲轴位置传感器是利用霍尔效应原理，产生与曲轴转角相对应的电压脉冲信号的。

a. 霍尔效应原理。在磁场中，运动电荷的偏移称为霍尔效应。霍尔效应的原理如图 3-109 所示。

当电流 I 通过放在磁场中的半导体基片(称霍尔元件)，且电流方向与磁场方向垂直时，电荷在洛伦兹力作用下向一侧偏移，在垂直于电流与磁通的霍尔元件的横向侧面上即产生一个与电流和磁场强度成正比的电压，称为霍尔电压 U_H，霍尔电压可用下式表达：

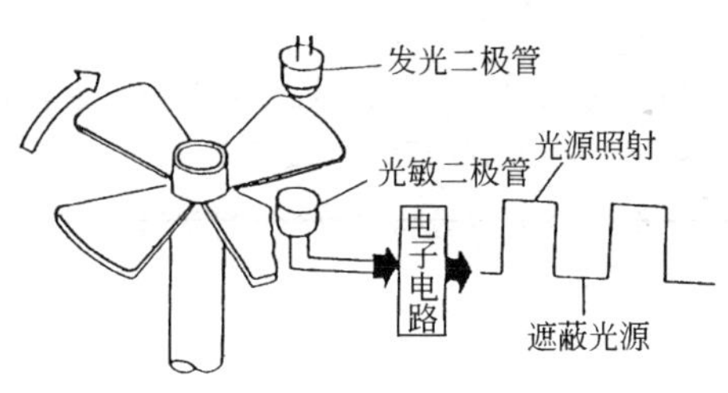

图 3-108 光电式信号发生器作用原理

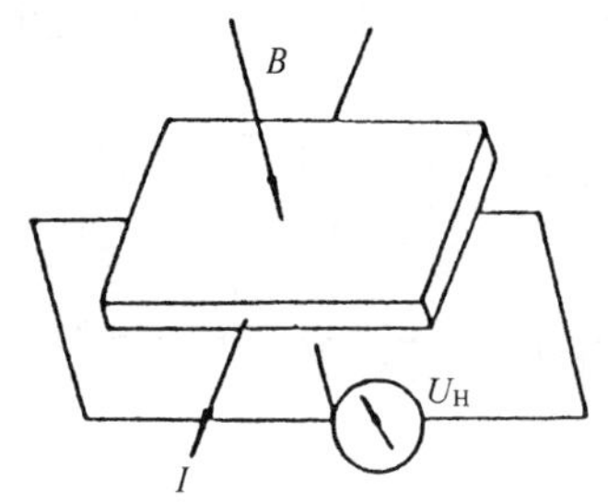

图 3-109 霍尔效应原理

I-电流；B-磁场；U_H-霍尔电压

$$U_H = R_H IB/d$$

式中：R_H——霍尔系数；

d——基片厚度；

I——电流；

B——磁场强度。

可见，当结构一定且电流 I 为定值时，霍尔电压 U_H 与磁场强度 B 成正比。霍尔式曲轴位置传感器就是利用触发叶片或轮齿改变通过霍尔元件的磁场强度，从而使霍尔元件产生脉冲的霍尔电压信号，经放大整形后即为曲轴位置传感器的输出信号。

霍尔信号发生器由永久磁铁、导磁板和霍尔集成电路等组成(如图 3-110 所示)。内外信号轮侧面各设置一个霍尔信号发生器，信号轮转动时，每当叶片进入永久磁铁与霍尔元件之间的空气隙中时，霍尔集成电路中的磁场即被触发叶片所旁路(或称隔磁)，如图 3-110a)所示，这时不产生霍尔电压。当触发叶片离开空气隙时，永久磁铁 3 的磁通便通过导磁板 5 穿过霍尔元件，如图 3-110b)所示，这时产生霍尔电压。将霍尔元件间歇产生的霍尔电压信号经霍尔集成电路放大整形后，即向微机控制装置输送电压脉冲信号，如图 3-111 所示，外信号轮每旋转一周产生 18 个脉冲信号，称为 18X 信号。一个脉冲周期相当于曲轴旋转 20°转角的时间，微机再将一个脉冲周期均分为 20 等份，即可求得曲轴旋转 1°所对应的时间。微机根据这一信号控制点火时刻。

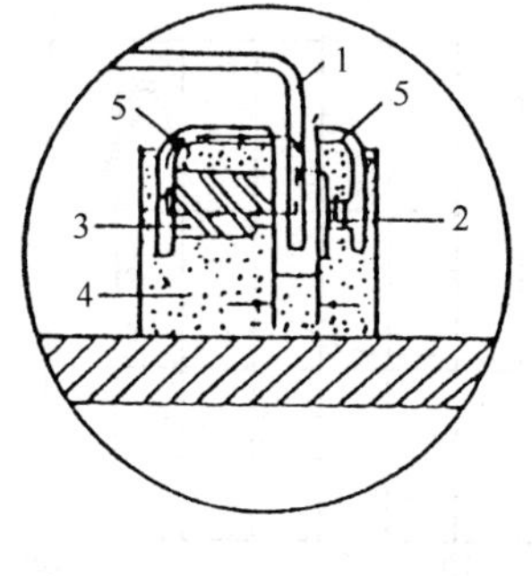

a)

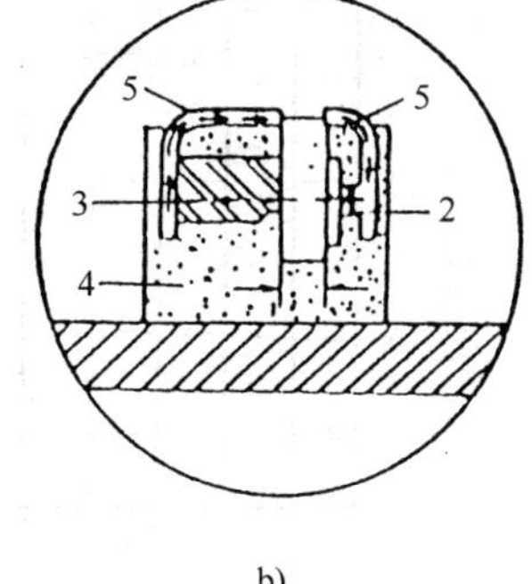

b)

图 3-110 霍尔发生器的工作原理

a)磁场被旁路时；b)磁场被饱和时

1-信号轮的触发叶片；2-霍尔元件；3-永久磁铁；4-底板；5-导磁板

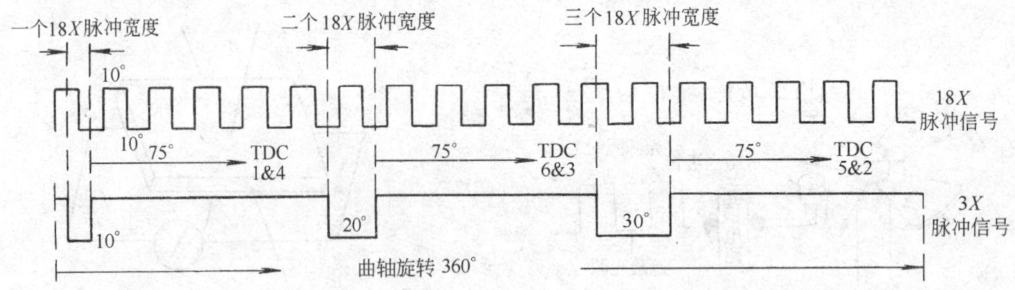

图 3-111　霍尔式曲轴位置传感器输出信号(GM公司)

b. 采用触发轮齿的霍尔式曲轴位置传感器。

克莱斯勒公司的霍尔式曲轴位置传感器安装在飞轮壳上,采用触发轮齿的结构。同时在分电器内设置同步信号发生器,用以协助曲轴位置传感器判缸。

(3)爆震传感器

发动机电子集中控制系统中已广泛应用了点火时刻闭环控制的方法,有效地抑制了发动机爆震现象的发生。爆震传感器的功用是检测发动机有无爆震现象,并将信号送入发动机微机控制装置。

①非共振型压电式爆震传感器。非共振型压电式爆震传感器是以接收加速度信号的形式,来判别爆震是否产生。图 3-112 为这种传感器的结构,它由两个压电元件同极性相向对接,配重将加速度变换成作用于压电元件上的压力,所用的配重由一个螺栓固定于壳体上、输出电压由这两个压电元件的中央取出,构造简单,制造时不需调整。

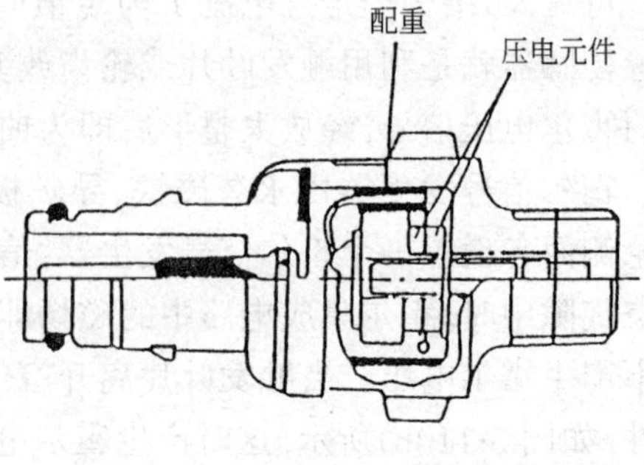

图 3-112　非共振型压电式爆震传感器

发动机振动时,安装在发动机缸体上的爆震传感器、内部配重因受振动的影响,而产生加速度。因此,在压电元件上就会受到加速时惯性力的作用,而产生电压信号。图 3-113 为非共振型压电式爆震传感器输出电压与频率的关系。

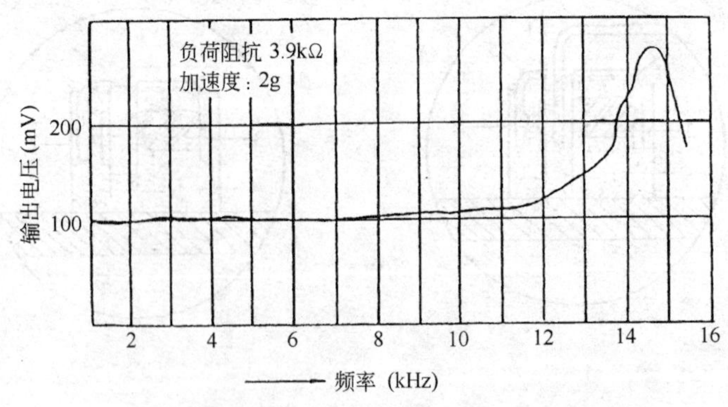

图 3-113　非共振型压电式爆震传感器输出电压与频率的关系

这种类型的传感器必须将反应发动机振动频率的输出电压信号送至识别爆震的滤波器中，以判别是否有爆震信号产生。

②共振型压电式爆震传感器。此种形式的爆震传感器是利用产生爆震时的发动机振动频率与传感器本身的固有频率相符合，而产生共振现象，用以检测爆震是否发生。该传感器在爆震时的输出电压比非共振(无爆震)时的输出电压高得多，因此无需使用滤波器，即可判别有无爆震产生。

图3-114所示为共振型压电式爆震传感器的结构，压电元件紧密地贴合在振荡片上，振荡片则固定在传感器的基座上。振荡片随发动机振动而振荡，波及压电元件，使其变形而产生电压信号。当发动机爆震时的振动频率与振荡片的固有频率相符合时，振荡片产生共振，此时压电元件将产生最大的电压信号，如图3-115所示。

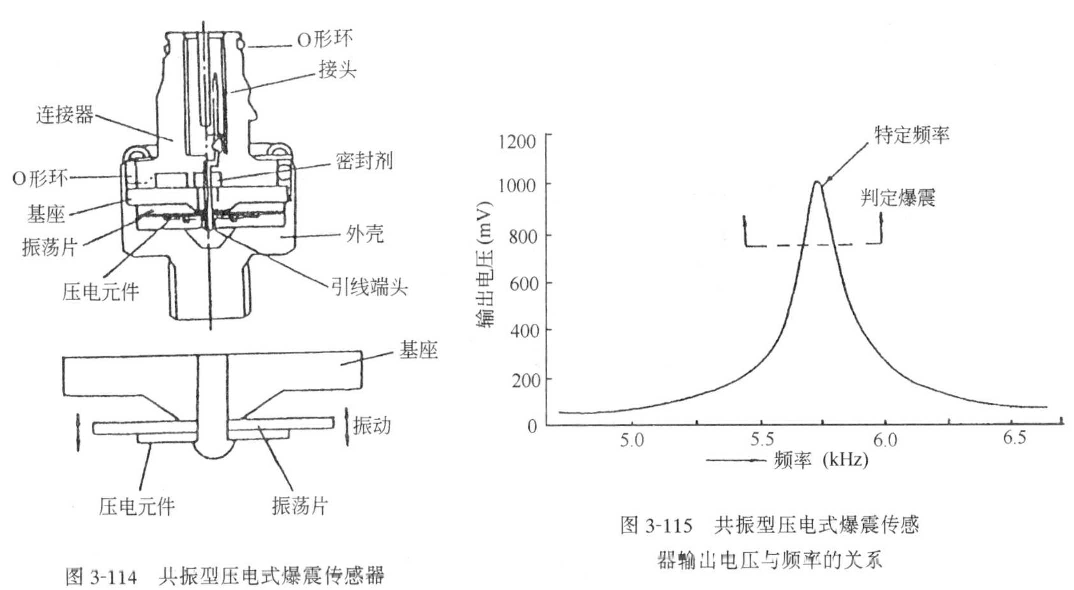

图3-114 共振型压电式爆震传感器

图3-115 共振型压电式爆震传感器输出电压与频率的关系

2. 微机控制一般点火系基本工作原理

1)基本工作原理

微机综合各传感器输入信息，从存贮器中选出最适当的点火提前角，再根据曲轴位置传感器判别出曲轴转速、位置及几缸处于压缩上止点，然后控制大功率晶体管的导通和截止，即控制点火线圈初级电流的断续。

2)点火提前角的控制

因点火提前角的大小会对发动机油耗、功率、排放污染、爆震、行驶特性等产生较大影响，而影响点火提前角大小两个主要因素是发动机的转速和负荷。根据汽车实际运行状况及不同工况的各种要求，在实验室中可获得各种工况下的最佳点火提前角。并将此数据存贮在微机的存贮器中。例如在怠速时，最佳点火提前角就是使有害气体排放量最低、运转平稳和油耗最小的点火提前角；而在部分负荷范围，主要要求提高行驶特性和降低油耗；而在大负荷工况，重点是提高最大转矩，避免产生爆震。

图3-116表示的是存于存贮器中的一个标准的三维点火特性曲线图。图中三个轴分别代表发动机转速、负荷和点火提前角。如已知转速和负荷就可以从图中找出相应的最佳点火提

前角。实际点火提前角的控制，依据厂家不同，其控制方法也不相同。

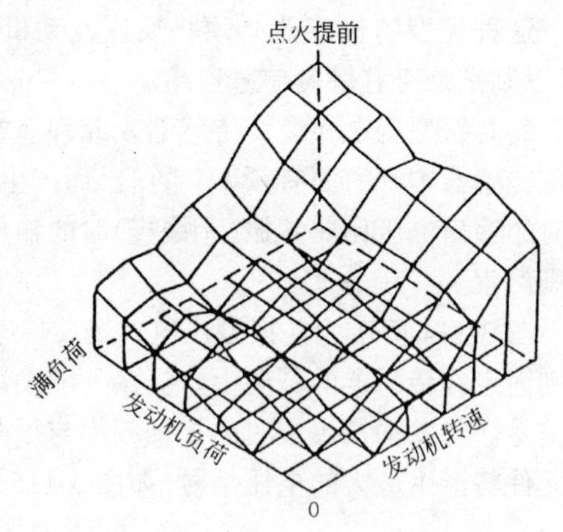

图 3-116　三维点火特性曲线图

3. 微机控制无分电器点火(DLI)系统工作原理

前面研究的点火系统，不管是一般电子点火系或是微机控制点火系，都是只有一个点火线圈产生高压电，然后由配电器按照点火顺序，依次分配到各缸火花塞上进行点火，如图 3-117 所示。近几年，丰田公司开始采用一种无分电器点火系统(DLI)。无分电器点火系统完全取消了传统的分电器，没有分电器盖和分火头。由于点火线圈产生的高压电，直接送到火花塞，因此也叫直接点火系统。

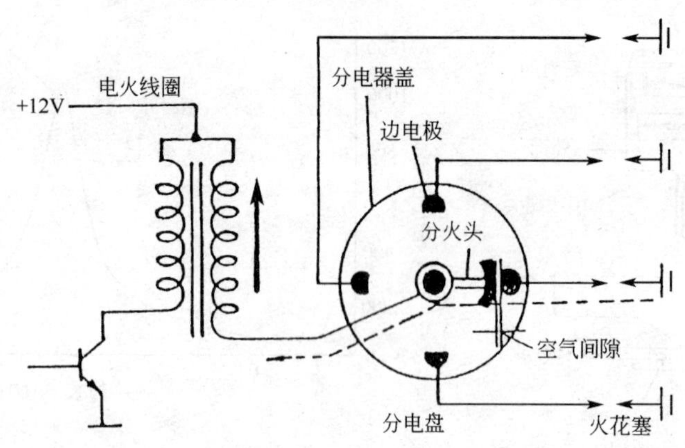

图 3-117　配电器对高压电的分配

无分电器点火系统目前常采用以下两种方式：

1)无分电器同时点火方式

同时点火方式是两缸采用一个点火线圈，即一个点火线圈有两个高压输出端，分别与一个火花塞相连，负责对两个气缸点火。如图 3-118 所示。其中一缸在排气末期，另一缸在压缩末期同时串联点火。

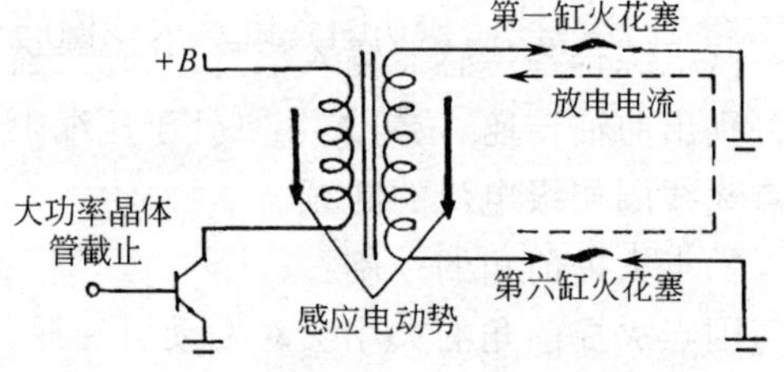

图 3-118　双缸点火时的放电电路

2)无分电器单独点火方式

指每个气缸的火花塞上配用一个点火线圈，单独对本缸进行点火。

这种点火方式特别适合在四气门(每个气缸有两个进气门两个排气门)发动机上配用，如图 3-119a)所示。从图中可以看出，火花塞安装在两根凸轮轴的中间，然后每缸火花塞上直接压装一个点火线圈，在布置上很容易实现。图 3-119b)为奥迪车四气门五缸发动机的点火线圈安装情况。每个点火线圈通过导向座用 4 个螺钉固定在气缸盖的盖板上，然后再扣压到各缸火花塞上。

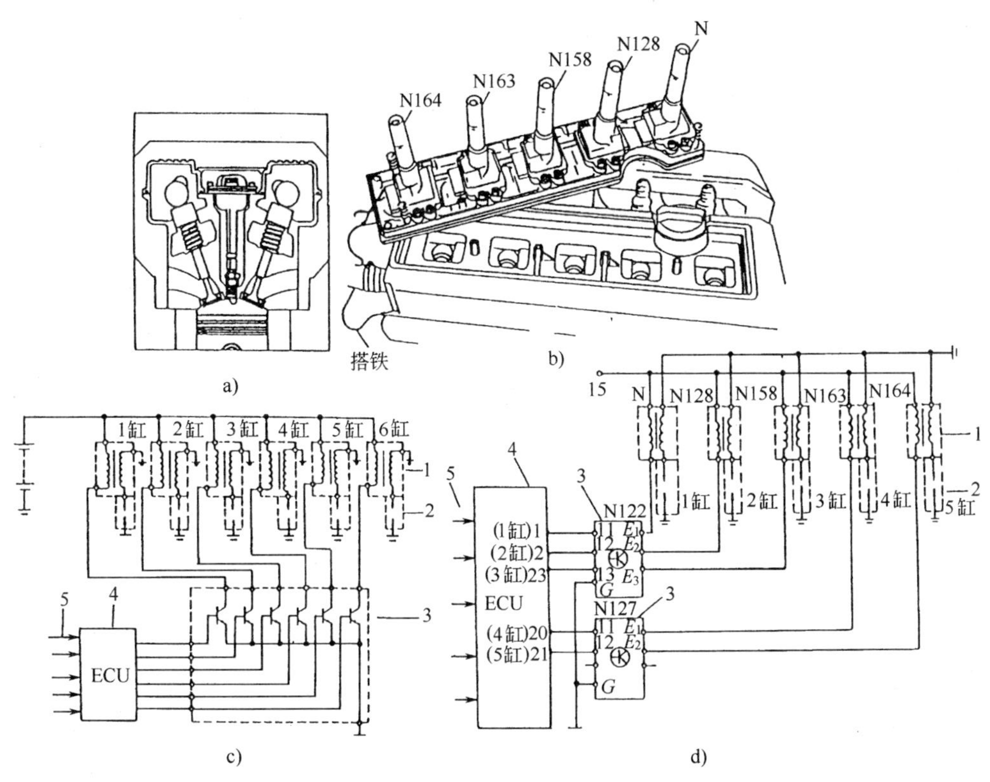

图 3-119　无分电器单缸独立点火系

1-点火线圈;2-火花塞;3-点火器;4-电控单元;5-各传感器和开关输入信号

这种单独点火方式,其控制电路大致相同,但随车型不同也存在一些差异。图 3-119c)为日产公司无分电器点火系的电控原理图。它主要由各缸分别独立的点火线圈和点火器、电控单元(ECU)等组成。各缸点火线圈的初级绕组分别由点火器中的一个功率管控制。整个点火系统的工作由电控单元(ECU)进行控制。发动机工作时,微机根据曲轴转角位置传感器、空气流量传感器、点火基准信号传感器、冷却液温度传感器、爆震传感器、点火开关和有关开关输入信号,根据存贮器(ROM)存贮的数据,经计算适时地输出点火信号至点火器,由点火器中的功率管分别接通和切断各缸点火线圈的初级电路。当切断点火线圈初级电流时,在次级绕组产生高压电并点燃气缸内的混合气。

电控单元的主要功能有:判断点火气缸、计算点火提前角和闭合角以及将点火信号分配到指定的气缸。

图 3-119d)为奥迪五缸发动机无分电器点火系的电控原理图。该点火系的 5 个点火线圈分别接到两个点火器 N122、N127 上。其中 N122 控制 1、2、3 缸的点火线圈,N127 控制 4、5 缸的点火线圈。两个点火器分别用导线(点火信号输出线)与电控单元相连。发动机工作时,电控单元通过 1、2、23、20、21 各接柱上的点火信号输出线,适时对各缸输出点火信号,通过点火器,控制各缸点火。

4. 微机控制电子点火系统的检测与调整

1)曲轴位置传感器(CPS)

北京切诺基曲轴位置传感器(CPS)的测试方法如下:

曲轴位置传感器完整测试,可采用 DRBII 测试仪。

在没有 DRBⅡ测试仪的情况下，可用一模拟万用表的电压档对传感器的 ABC 3 个接柱(见图 3-120)进行测试。曲轴位置传感器的工作电路如图 3-121 所示。

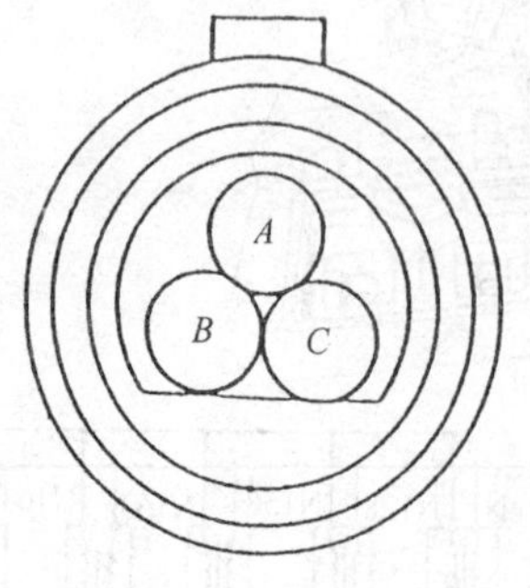

图 3-120 曲轴位置传感器接头端面视图

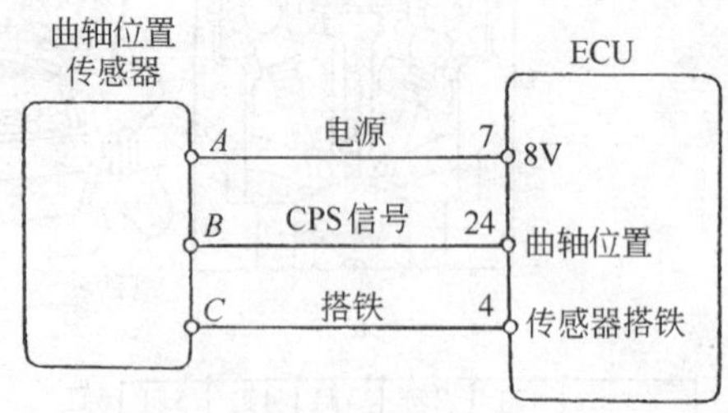

图 3-121 曲轴位置传感器(CPS)工作电路

如传感器正常，当点火开关打开(ON)时，其 *AC* 间的电压值约为 8V。*BC* 间的电压值，在发动机转动时，在 0.3～5V 之间变化，电压表指针来回摆动。

若在 *BC* 接柱上连接一示波器，当传感器正常时，转动发动机，其示波器应显示脉动波形。否则，应进一步查明传感器导线的连接情况，如导线连接正常，则应更换传感器。

如从曲轴位置传感器插座上拆下线束，用欧姆表跨接在传感器接柱的 AB 或 AC 间，此时应是开路，如果指示有电阻，则应更换传感器。

2)同步信号传感器

以北京切诺基同步信号传感器的测试为例，其同步信号传感器的工作电路如图 3-122 所示。同步信号传感器的测试可采用 DRBII 测试仪。

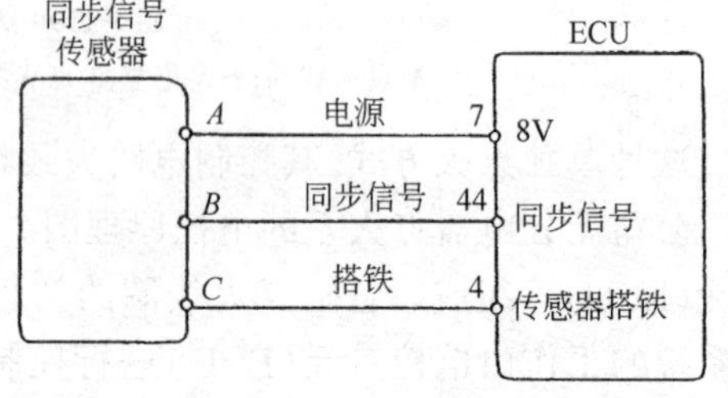

图 3-122 同步信号传感器工作电路

在没有 DRBII 测试仪的情况下，可用一模拟万用表的电压档进行测试。将电压表置于 15V 档上，测试传感器 *A*、*B*、*C* 三个接柱间的电压值(测试时不要将分电器上的插接件从分电器上拆下)。如传感器正常，当点火开关打开(ON)时，*AC* 间的电压值约为 8V。拆下分电器盖，转动发动机曲轴，使脉冲环进入同步信号发生器，*BC* 间电压值大约为 5V；如继续转动，电压表的指针应在 0～5V 之间来回摆动。如在 *BC* 间接一示波器，其示波器应显示脉动波形。以上都表示同步信号传感器工作正常。否则，应进一步检查传感器导线连接情况，如正常，应更换传感器。

3)冷却液温度传感器

(1)北京切诺基冷却液温度传感器的检查

冷却液温度传感器是测定发动机冷却液温度高低的装置。该装置产生的信号输入 ECU 后，和其他传感器产生的信号一起，用来确定喷油脉冲宽度、点火时刻等。

冷却液温度传感器安装在节温器壳内并伸入水套中，如图 3-123 所示。冷却液温度传感器采用负温度系数热敏电阻式传感器。

(2)北京切诺基冷却液温度传感器测试

冷却液温度传感器的工作电路如图 3-124 所示。

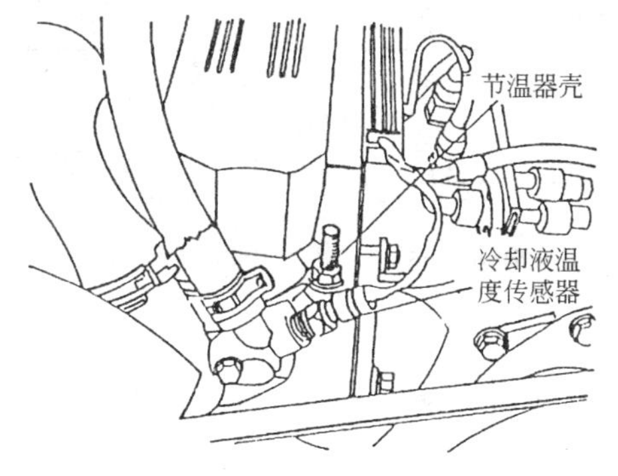

图 3-123 冷却液温度传感器

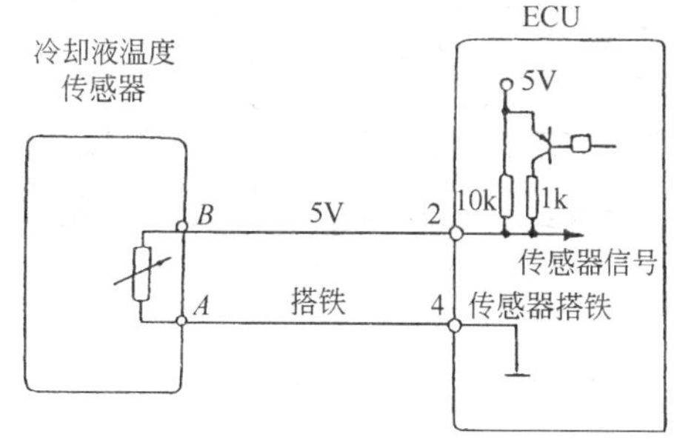

图 3-124 冷却液温度传感器工作电路

①冷却液温度传感器的电阻值。从冷却液温度传感器上拆下线束的插头，用数字式高阻抗万用表 Ω 档测试传感器 *BA* 间的电阻值。不同温度下的电阻值如表 3-15 所示。如果电阻值不在表内的规定范围之内，应更换传感器；

②测试冷却液温度传感器输出的信号电压值。在传感器正常连接和工作时，从传感器接线柱的“*B*”端(或从 ECU 插接件接线柱“2”上)，测试传感器输出电压信号。大致情况如表 3-16 所示。

当传感线束断开时，如从 ECU 插接件接柱“2”上测试电压值，当点火开关打开时，约为 5V；

③测试传感器线束的电阻值。用高阻抗数字万用表的 Ω 档，测试传感器接柱“*B*”和 ECU 插接件接柱“2”之间、传感器接柱“*A*”与 ECU 插接件接柱“4”之间电阻值，不得大于 1Ω。

冷却液温度传感器/进气歧管空气温度传感器电阻值 表 3-15

温　　度(℃/F)	电阻(kΩ)	
	最　　小	最　　大
-40/(-40)	291.49	381.10
-20/(-4)	85.85	108.39
-10/(14)	49.25	61.43
0/(32)	29.33	35.99
10/(50)	17.99	21.81
20/(68)	11.37	13.61
25/(77)	9.12	10.88
30/(86)	7.37	8.65
40/(104)	4.90	5.75
50/(122)	3.33	3.88
60/(140)	2.31	2.67
70/(158)	1.63	1.87
80/(176)	1.17	1.34
90/(194)	0.86	0.97
100/(212)	0.64	0.72
110/(230)	0.48	0.54
120/(248)	0.37	0.41

冷却液温度传感器各种温度下的电压值 表 3-16

冷 态 曲 线 (用 10kΩ 电阻器)		热 态 曲 线 (用 909Ω 的计算电阻)	
℃(F)	电压(V)	℃(F)	电压(V)
-28.8(-20)	4.70		
-23.3(-10)	4.57	51.6 (125)	4.00
-17(0)	4.45	54.4 (130)	3.70
-12.2(10)	4.30	60(140)	3.60
-6.6(20)	4.10	65.5 (150)	3.40
-1.1(30)	3.90	71.1 (160)	3.20
4.4(40)	3.60	76.6 (170)	3.02
10(50)	3.30	82.2 (180)	2.80
15.5(60)	3.00	87.7 (190)	2.60
21.1(70)	2.75	93.3 (200)	2.40
26.6(80)	2.44	98.8 (210)	2.20
32.2(90)	2.15	104.4 (220)	2.00
37.7(100)	1.83	110 (230)	1.80
43.3(110)	1.57	115.5 (240)	1.62
48.8(120)	1.25	121.1(250)	1.45

4)点火系的综合检测

下面以北京切诺基为例进行说明:

当怀疑点火系有故障时,可将点火线圈上的高压线,从分电器盖上拔下。握住高压导线,距缸体约 6mm,如图 3-125 所示。然后用起动机转动发动机,观察高压导线跳火情况,正常情况下,高压导线上应产生稳定的高压火花。

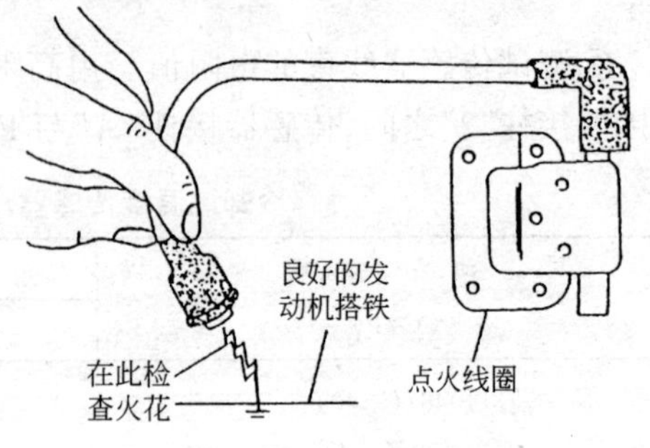

图 3-125 检查火花

如果没有火花或火花很弱,应对点火线圈、点火线圈与电源、ECU 接柱之间的电路情况进行检查,视情况排除之。点火线圈的电阻值如表 3-17 所示。

点火线圈电阻值(Ω) 表 3-17

点火线圈(制造厂)	初级绕组(21~27℃)	次级绕组(21~27℃)
钻 石	0.97~1.18	11 300~15 300
日本电装	0.95~1.20	11 300~13 300

如果火花稳定,继续转动发动机,同时将高压导线慢慢离开搭铁,此时点火线圈的接头处不应产生电弧,如果出现电弧,应更换点火线圈。

如果火花稳定,且点火线圈接头没有电弧出现,表示点火系产生的次级电压能够保证点火。如仍有怀疑,可再检查一下分电器盖、分火头、分缸高压线和火花塞。

如果上述部件都正常工作,点火系统就不是造成发动机运转不正常的原因,应对燃油系统和发动机其他部分进行检查。

第四节　电子控制系统

一、信号输入装置的组成及功能

1. 信号输入装置的组成

以北京切诺基为例,主要信号输入装置的组成有:歧管绝对压力(MAP)传感器、曲轴位置传感器(CPS)、同步信号传感器、歧管空气温度(MAT)传感器、冷却液温度传感器、节气门位置传感器(TPS)、氧(O_2)传感器、蓄电池电压信号、空调(A/C)选择、请求信号、点火开关信号、起动信号、停车/空档开关信号(仅适用装有自动变速器的)、动力转向开关信号、汽车车速(里程)传感器、恒速(巡航)控制开关信号(选装件)、制动器开关信号、交流发电机输出信号等。

2. 主要信号输入装置的功能

1)歧管空气温度(MAT)传感器

(1) 功能

MAT 传感器是一只负温度系数热敏电阻式传感器,它的作用是用来测定进气温度。它与 ECU 的连接电路如图 3-126 所示。MAT 传感器内的热敏电阻与 ECU 内的固定电阻 R 相串联,形成分压器网络。

(2) 测试

进气歧管空气温度传感器的工作电路如图 3-126 所示。

①测试空气温度传感器的电阻值。从进气歧管空气温度传感器上拆下线束插头,用高阻抗数字万用表的 Ω 档测试传感器的电阻值。其电阻值与冷却液温度传感器相同,如表 3-15 所示。如电阻值不在表中规定范围之内,应更换传感器;

②测试传感器线束的电阻值。如不通或电阻值大于 1Ω 以上,应视情况修理或更换。

2)蓄电池电压信号

表示蓄电池的电压高低。蓄电池与 ECU 的连接如图 3-127 所示。

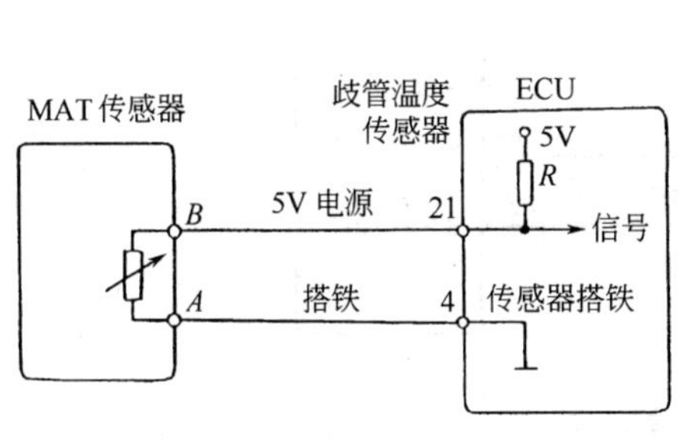

图 3-126　进气歧管空气温度(MAT)传感器工作电路

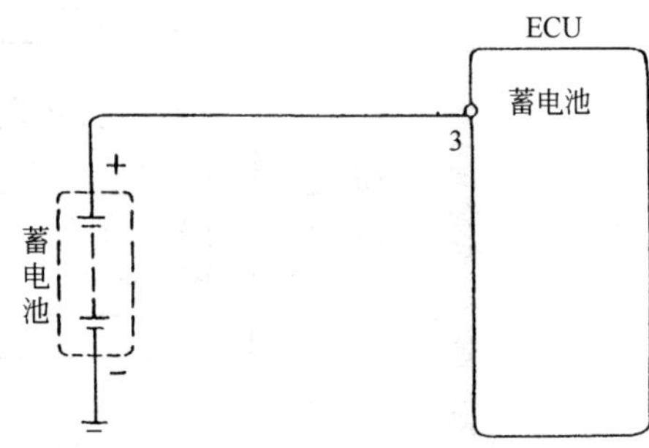

图 3-127　蓄电池电压信号

蓄电池是发动机包括 ECU 在内的电源。蓄电池与 ECU“3”接柱(“蓄电池”)间的连线不受点火开关控制。蓄电池电压信号作用还有:

①当蓄电池电压变化时,微机应对喷油器喷油持续时间进行修正;

②当蓄电池电压变化时,微机应对点火闭合角进行修正。

3)点火开关信号

点火开关信号其电路如图 3-128 所示。

当点火开关转到接通(ON)位置时,点火开关接通信号(12V)送入 ECU。

4)动力转向开关信号

动力转向开关闭合将使发动机负荷增加。动力转向开关是在动力转向系统的高压回路中安装的一个压力开关,其工作电路如图 3-129 所示。

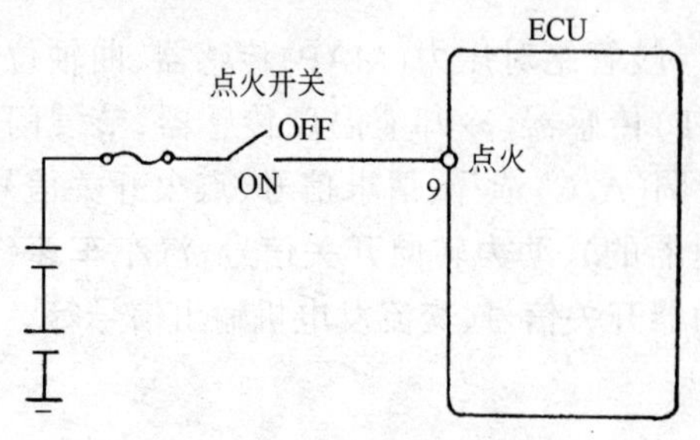

图 3-128 点火开关信号电路

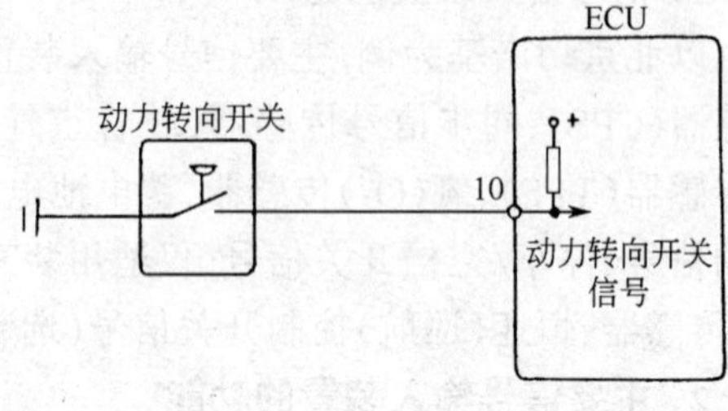

图 3-129 动力转向开关信号电路图

5)汽车车速(里程)传感器

主要用来确定汽车是否在行驶、汽车行驶的车速和汽车行驶里程。

该传感器一般采用磁脉冲式传感器,通过分动器的输出轴,每转一转向 ECU 输入 8 个脉冲波。汽车车速传感器的工作电路如图 3-130 所示。

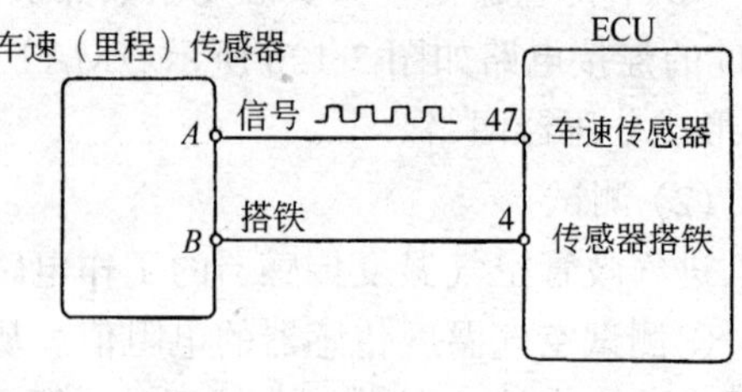

图 3-130 汽车车速(里程)传感器工作电路

6)恒速控制开关信号

恒速控制开关信号包括三个独立的输入信号,即开/关、设定和复位。其工作电路如图 3-131所示。三个开关信号的作用分别是:

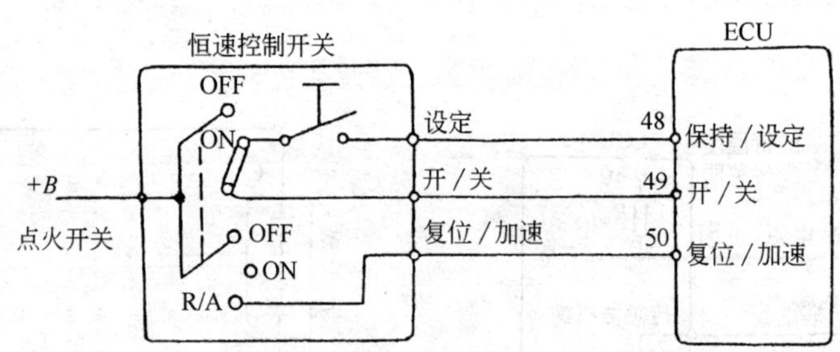

图 3-131 恒速控制开关信号电路

①开/关(ON/OFF)信号,通知 ECU 表示恒速控制系统开始工作;

②设定(Set)信号,通知 ECU 表示已经选择固定车速;

③复位(Resume)信号,通知 ECU 表示需要先前已设定的车速。

7)制动器开关信号

表示制动器是否工作的信号。电路如图 3-132 所示。另外它还用来接通制动灯电路。

8)交流发电机输出信号

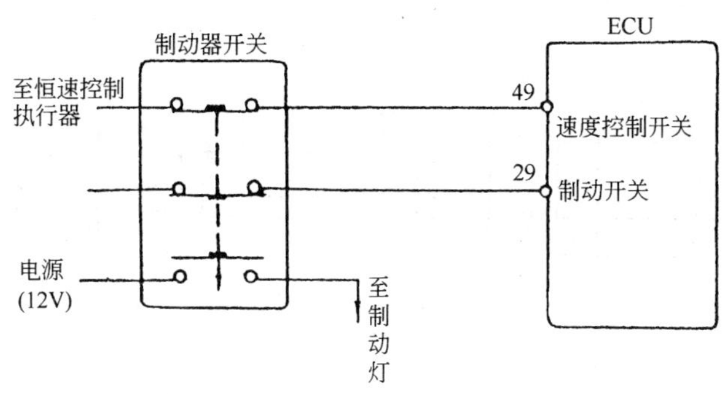

图 3-132　制动开关信号电路

主要表示发电机输出电压的高低。发电机输出信号与 ECU 的电路连接情况如图 3-133 所示。

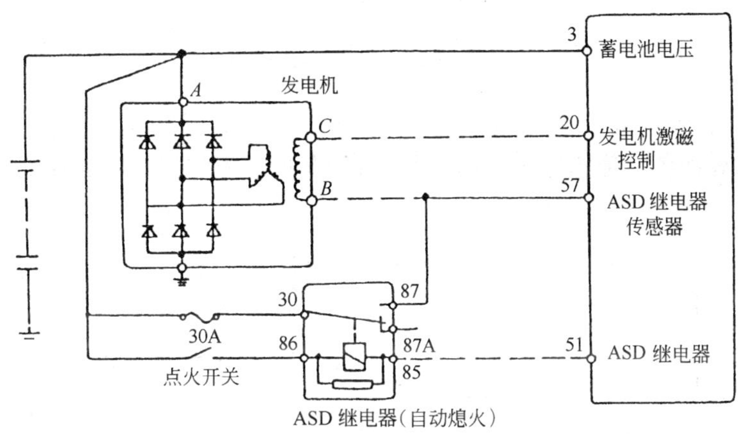

图 3-133　发电机输出信号电路

二、ECU 控制单元的组成及功能

1. ECU 电子控制单元的组成

电子控制单元也叫电子控制器，常叫 ECU(Electronic Control Unit)。它是发动机的一种电子综合控制装置。发动机电子控制器的作用是根据电子控制器内存贮的程序对发动机传感器输入的各种信息进行运算、处理、判断，然后输出指令，控制有关执行器动作。现代发动机电子控制器的最基本构成如图 3-134 所示。

2. ECU 电子控制单元各个部分的功能

1)输入回路

从传感器来的信号，首先进入输入回路。在输入回路里，对输入信号进行预处理，一般是在去除杂波和把正弦波变为矩形波后，再转换成输入电平。图 3-135 为输入回路作用的示意图。

2)A/D 转换器(模拟/数字转换器)

从传感器送出的信号，有模拟信号和数字信号两种，如图 3-136 所示。其中相当一部分传感器输出的信号都是模拟信号，需经过相应的 A/D 转换器，将模拟信号转换成数字信号后才能输入微机，如图 3-137 所示。

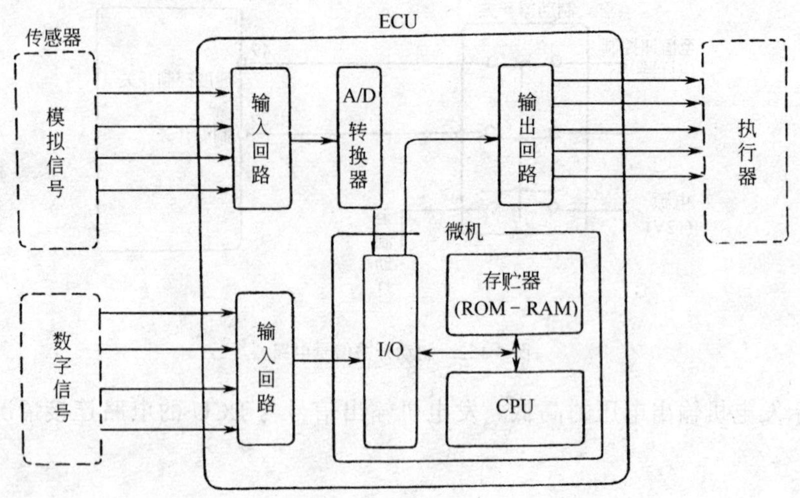

图 3-134　发动机电子控制器的基本构成

3)微型计算机(简称微机)

它能根据需要把各种传感器送来的信号,用内存程序和数据进行运算处理,并把处理结果,送往输出回路。

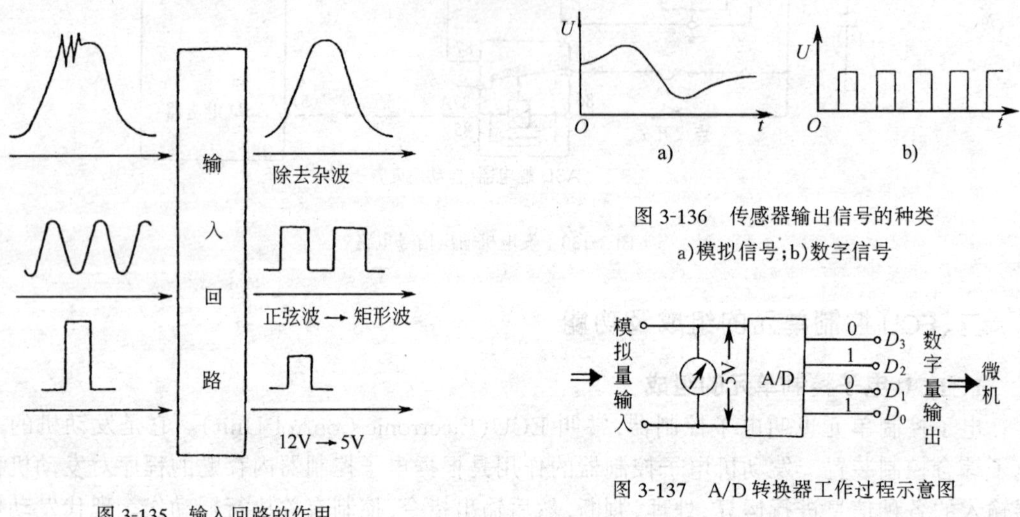

图 3-135　输入回路的作用

图 3-136　传感器输出信号的种类
a)模拟信号;b)数字信号

图 3-137　A/D 转换器工作过程示意图

微机主要由中央处理器(CPU)、存贮器和输入、输出口(I/O)等部分组成。如图3-138所示。

(1)中央处理器(CPU)

它是整个控制系统的核心。CPU 主要由进行算术、逻辑运算的运算器、暂时存储数据的寄存器、按照程序执行各装置之间信号传送及控制任务的控制器等构成。CPU 的工作是在时钟脉冲发生器的操作下进行的。当微机通电后,脉冲发生器立即产生一连串的具有一定频率的脉宽的电压脉冲,使微机全部工作同步,按照统一的节拍操作,保证同一时间内完成一定的操作,实现控制系统各部协调工作的目的。

(2)存贮器

主要功能是存储信息资料。存贮器一般分为两种。能读出也能写入的存贮器叫随机存贮器，简称 RAM。只能读出的存贮器叫只读存贮器，简称 ROM。

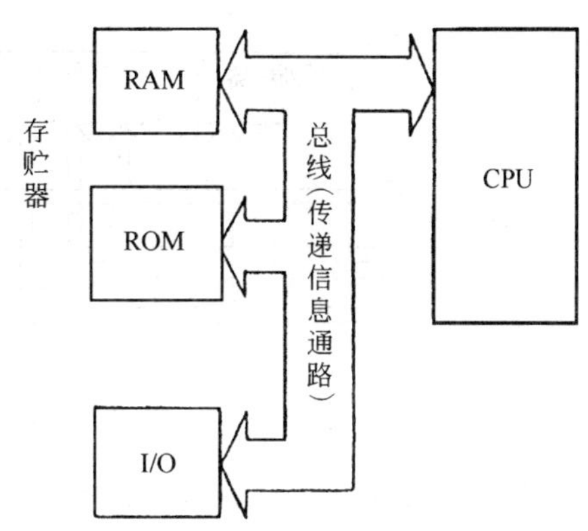

图 3-138 微型计算机的基本构成图

RAM 主要用来存贮微机操作时的可变数据，如用来存贮微机输入、输出数据和计算过程中产生的中间数据等。根据需要，可随时调出或被新的数据代替(改写)。RAM 在微机中起暂时存贮信息作用。当电源切断时，所有存入 RAM 的数据均完全消失。发动机运行中，存入 RAM 的有些数据，如故障代码、空燃比学习修正值等，为了能较长期的保存，防止点火开关关闭时，由于电源被切断而造成的数据丢失。一般这些 RAM 都通过专用的电源后备电路与蓄电池直接连接，使它不受点火开关的控制。当然，当电源后备专用电路断开时或蓄电池上的电源线都拔掉时，存入 RAM 的数据都会自然丢失。

ROM 用来存贮固定数据，即存放各种永久性的程序和永久性、半永久性的数据。如电子控制燃油喷射发动机系统中的一系列控制程序软件、喷油特性脉谱、点火控制特性脉谱以及其他特性数据等，这些信息资料一般都是在制造时由厂家一次性存入，运用中无法改变其中的内容；只有需要时读出存入的原始数据资料。当电源切断时，存入 ROM 的信息不会丢失，通电后又可以立即使用。

PROM 为可编程序只读存贮器。它和 ROM 一样只能进行一次编程，使用时其信息是不能改变的。这种存贮器可由用户根据需要，自行编写程序，用一种叫做 PROM 编程器的专用仪器对 PROM 编程，而无需生产 IC 的厂家完成编程。

EPROM 为可擦除可编程只读存贮器。这种存贮器与 PROM 相似，但 EPROM 芯片的顶部有一窗口，其内部存贮的程序可用紫外线照射的方法予以擦除(消除)，然后再用专用编程器存入新的程序。这种存贮器可重复使用达万次，多在原型系统试制或小规模生产中采用。

EEPROM 为电力擦除可编程只读存贮器。这种存贮器与 EPROM 类似，但它可以不从微机的电路板上取下，而在通电的情况下，进行擦除和重新编程。一般只允许少部分擦除和重新编程。

以上 4 种只读存贮器，不管哪一种，当电源切断时，存入存贮器的信息资料都不会丢失。

(3)输入与输出口(I/O)

输入与输出口是 CPU 与输入装置(传感器)、输出装置(执行器)间进行信息交流的控制电路。根据 CPU 的命令，输入信号以所需要的频率通过 I/O 接口接收，输出信号则按发出控制信号的形成和要求通过 I/O 接口，以最佳的速度送出(或送入中间存贮器)。

输入、输出口是微机系统不可缺少的部分，起着数据缓冲、电平匹配、时序匹配等多种功能。

(4)总线

总线是一束传递信息的内部连线。在微机系统中，中央处理器、存贮器与输入、输出口，通过传递信息的总线连接起来，它们之间的信息交换均要通过总线进行。总线按传递信息的类别可分为数据总线、地址总线与控制总线三种，如图 3-139 所示。

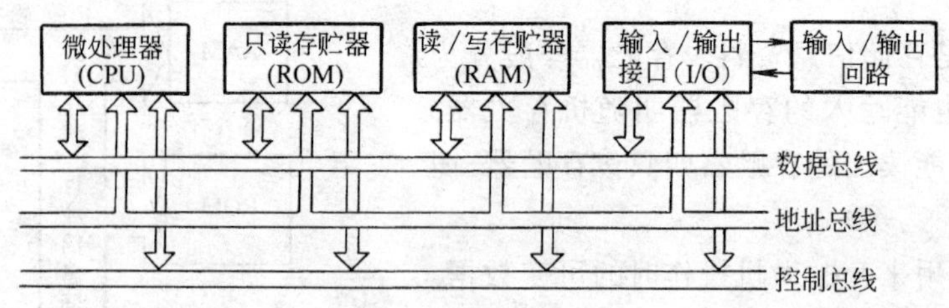

图 3-139 微机系统总线

由上可知,微机主要由中央处理器(CPU)、存贮器(RAM、ROM)、输入/输出口(I/O)等组成。

4)输出回路

输出回路是微机与执行器之间建立联系的一部分装置。它将微机发出的决策指令,转变成控制信号来驱动执行器工作。输出回路一般起着控制信号的生成和放大等功能。微机输出的是数字信号,而且输出的电流很小,用这种信号一般不能驱动执行器工作,需要输出电路将其转换成可以驱动执行器工作的控制信号,如喷油器驱动信号、点火控制信号、燃油泵控制信号等,图 3-140 为喷油器驱动信号示意图。

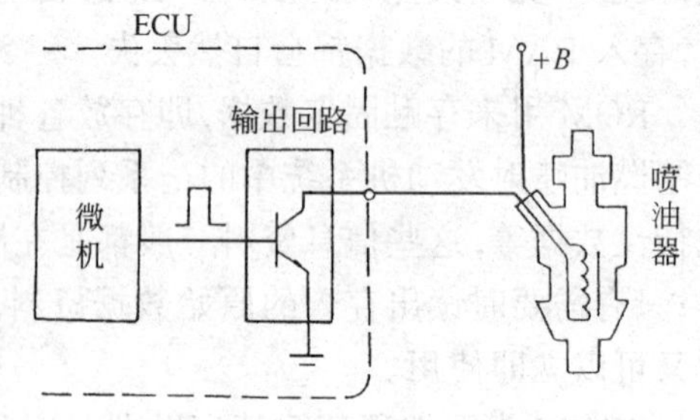

图 3-140 控制喷油器的输出回路

目前的发动机电子控制器除上述基本装置外,还把电源装置、电磁干扰保护装置、自检装置、后备系统等组装在一起,装在一个盒子里。

三、执行器的组成及功能

1. 执行器的组成

发动机工作时,各传感器及开关信号输入发动机控制器(ECU)后,按照微机的预编程序和有关数据,经计算和判断,适时输出控制信号,控制各执行器动作,以达到精确控制发动机在各种工况下进行工作。

以北京切诺基为例,执行器主要有:自动熄火(ASD)继电器、燃油泵继电器、镇流电阻旁路继电器、自动怠速(AIS)步进电机、喷油器、点火线圈、空调离合器继电器、散热风扇继电器(仅适用 4.0L 发动机)、恒速控制电磁线圈、交流发电机激磁、排放维修提示(EMR)灯、发动机检查灯、换档指示灯(仅适用手动变速器)、交流发电机灯(仅适用基本车型仪表组)、转速表(如果有)、CCD 线束(汽车防盗报警)等。

2. 执行器的功能

1)自动熄火(ASD)继电器的控制

自动熄火继电器的作用是自动地接通和切断喷油器、点火线圈、发电机磁场线圈和氧传感器加热器的电源电路。

自动熄火继电器控制电路随生产年代有一些差异,图 3-141 为一典型工作电路。

当点火开关处于接通(ON)或启动(START)位置的 1.8s 内,或起动发动机后曲轴位置传感器输入的转速信号超过预定值时,微机都将输出控制信号,接通 ECU 内 ASD 继电器驱动器搭铁电路,使 ASD 继电器和燃油泵继电器线圈(1996 年车型)电路通电,继电器触点(常开触

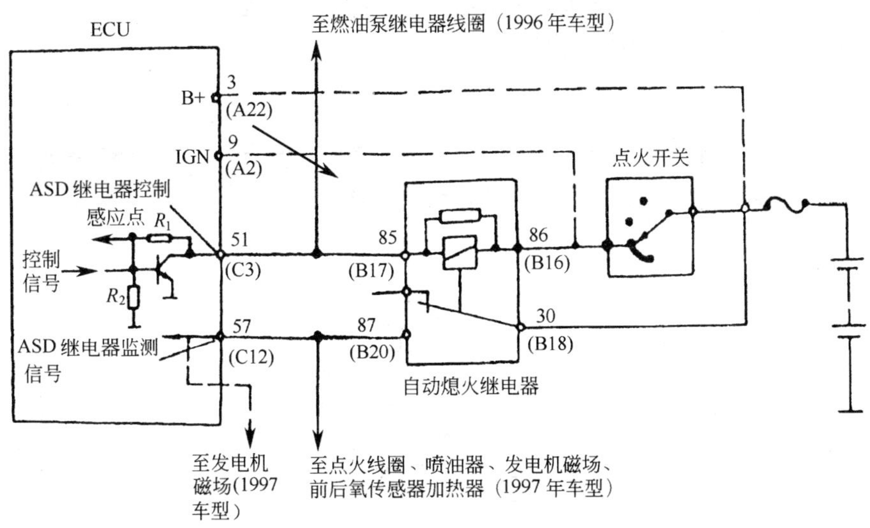

图 3-141　自动熄火(ASD)继电器工作电路

点)闭合。

如果 ECU 在 3s 内未收到曲轴位置传感器输入的信号,微机将切断 ASD 继电器驱动器搭铁电路,使继电器触点张开。

2)燃油泵继电器的控制

其控制电路如图 3-142 所示。该燃油泵继电器是由 ECU 的燃油泵继电器控制端 C19 直接进行控制的。

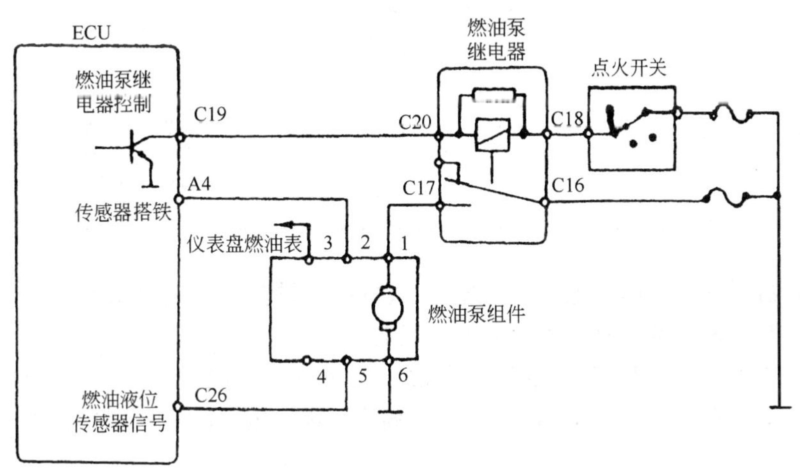

图 3-142　燃油泵继电器控制电路(1997 年车型)

当点火开关处于运行/起动(RUN/START)位置最初 1.8s 内,或曲轴位置传感器输入信号超过预定值时,ECU 使燃油泵继电器控制端内部搭铁,接通燃油泵继电器线圈,接通燃油泵组件中的燃油泵电机电路,一旦 ECU 收不到曲轴位置传感器信号,则燃油泵继电器控制端内部停止搭铁,使燃油泵停止工作。

3)交流发电机励磁的控制

ECU 输出控制信号,控制交流发电机的励磁电流,使发电机输出电压保持在一定范围,ECU 控制发电机的励磁电路如图 3-143 所示。

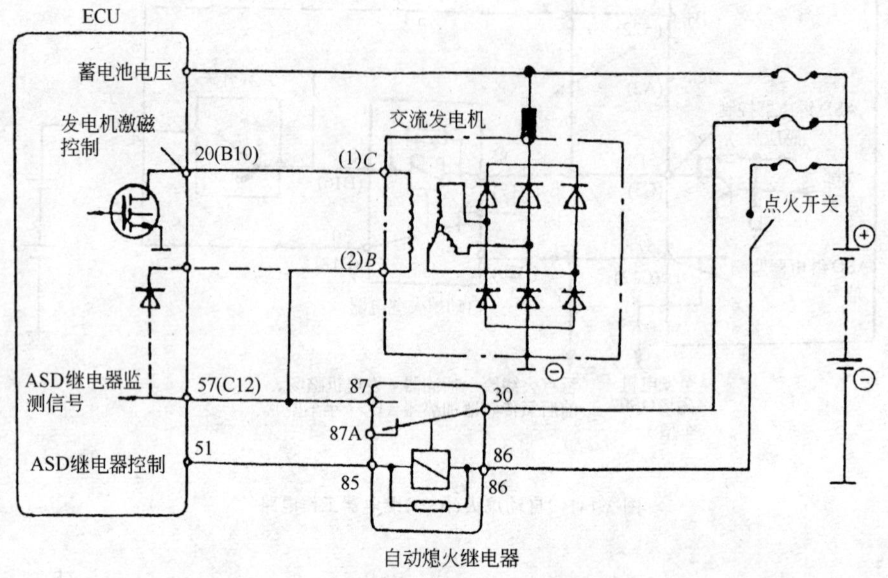

图 3-143　ECU 控制发电机的激磁电路

如果 ECU 检测到蓄电池充电电压低于充电目标电压值(见表 3-18),微机会输出控制信号,使场效应管的相对导通率(即占空比)增大,提高发电机的输出电压。反之,微机会使场效应管的相对导通率减小,降低发电机的输出电压,如图 3-144 所示。

充电目标电压与蓄电池温度的关系　　表 3-18

蓄电池温度℃(F)	充电目标电压 V
-20(-4)	15.19~14.33
0(32)	14.82~13.96
20(68)	14.51~13.65
40(104)	1408~13.22
62(144)	13.77~13.04

在发动机怠速运转时,如发电机电压过低,微机会通过控制发电机励磁电流,和控制怠速提高发电机转速,来调整发电机的输出电压和充电率。

对于 1997 年以后的车型,磁场绕组的电源不是由 ASD 继电器直接供给,而是改由通过 ASD 继电器监测端,经过 ECU 内部向发电机磁场绕组提供电源,如图 3-143 虚线所示(BJC 车型未改)。

4)散热器风扇继电器的控制

在 4.0L 发动机上,设置一个电动冷却风扇,该风扇由 ECU 进行控制。ECU 根据冷却液温度传感器输入的信号或空调器工作时,适时地控制散热器风扇继电器,以控制散热器风扇工作。散热器风扇继电器的工作电路如图 3-145 所示。

5)空调压缩机离合器继电器的控制

ECU 根据空调选择、空调请求信号及有关信息,决定接通和断开空调压缩机电磁离合器继电器电路,如图 3-146 所示。

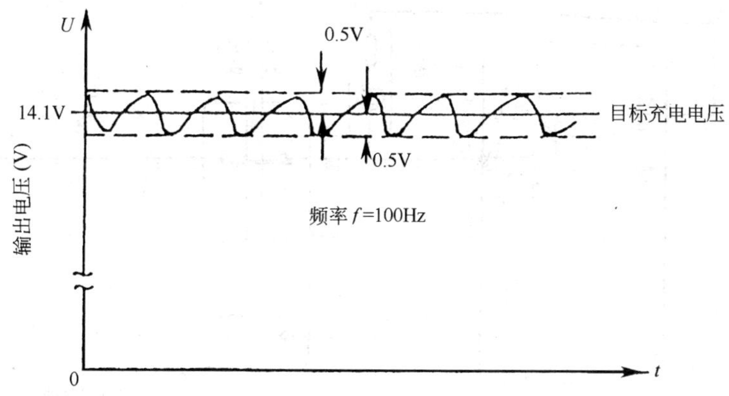

图 3-144 ECU 控制发电机输出电压

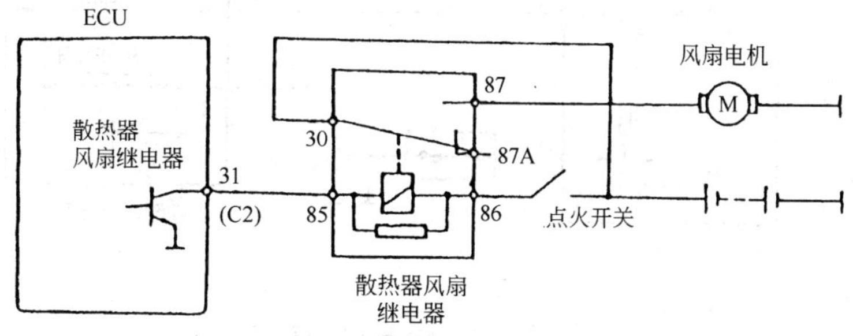

图 3-145 4.0L 发动机散热器风扇继电器工作电路

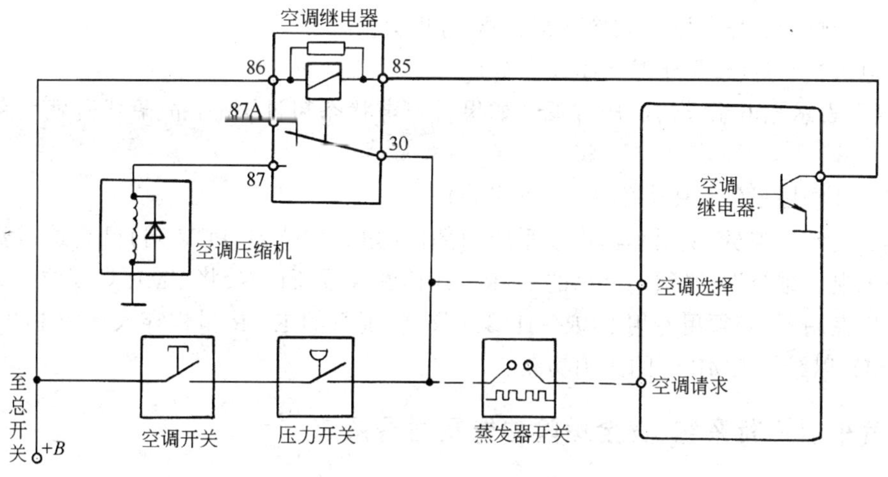

图 3-146 空调离合器继电器工作电路

6)车速控制(BJC 车型未装)

车速控制系统是由 ECU 进行控制并采用真空操作装置。该装置工作时,微机能够根据相关信息,控制车速控制伺服装置——车速控制电磁阀,自动地增减节气门开度,使汽车行驶速度保持一定。车速控制工作电路如图 3-147 所示。

7)换档指示灯(只限手动变速器选用)

换档指示灯也叫档位指示灯或升档指示灯。该灯亮时,为通知驾驶员应及时升档。

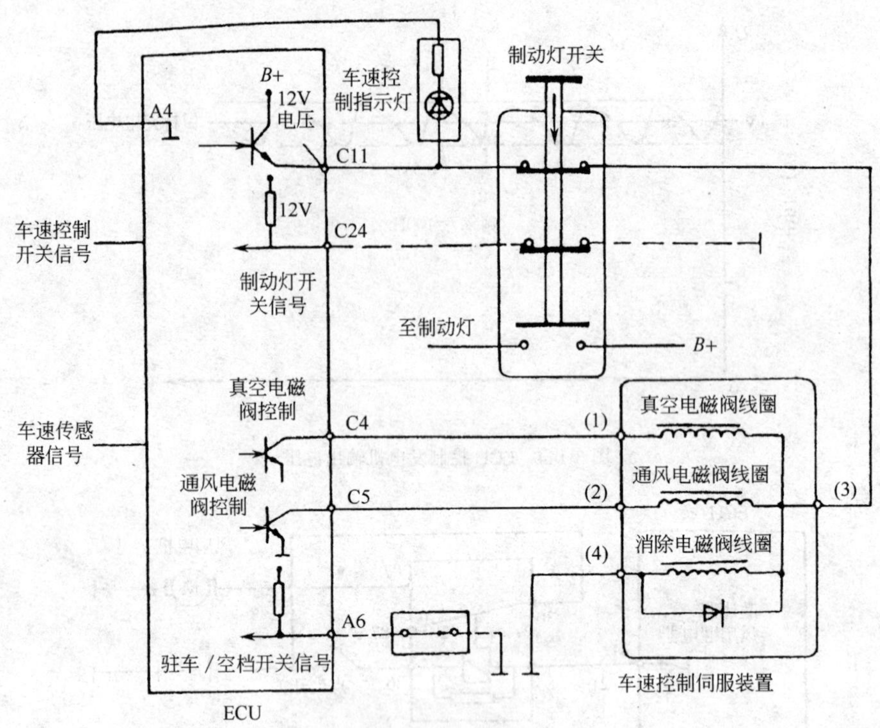

图 3-147 车速控制工作电路

如果驾驶员未及时换档,3～5s 以后,微机将关闭此灯。换档灯保持关闭状态直到停止加速且恢复换档灯的工作范围。如换到第五档,灯也灭。

8)发电机指示灯(仅用于基本型仪表板)

该灯亮,表示充电系统的电压过低。如果低充电状态超过 1min,故障代码就会存入存贮器内。

9)排放维修提示(EMR)灯(BJC 车型未装)

作用是提示驾驶员,说明车辆排放系统的部件(如氧传感器、PCV 阀)已到达需安排维修或更换的期限。维修后,必须用专用的 DBR—II 诊断仪重新设置,将 EMR 灯复位。如果中间更换发动机控制器,必须用专用 DBR—II 诊断仪,将现行的 EMR 里程存入新的 ECU 存贮器(EEPROM),以维持 EMR 灯的正确功能。

四、汽车自诊断系统、安全保险功能及后备系统

1. 汽车自诊断系统

现代汽车发动机的电子控制系统中,一般都设有故障自诊断系统。该系统利用电子控制器,对电子控制系统中的各部件进行监测、诊断,根据发动机电子控制系统的工作情况,能自行、及时找出发动机电子控制系统出现的故障。

1)自诊断系统工作原理

电子控制系统工作时,正常的输入、输出信号都是在规定范围内变化。当某一电路出现信号异常或送入微机不能识别的信号时,或者专设的监控电路确认输入信号不合理时,微机就可判定为发生故障。

因此，自诊断系统可以对传感器、ECU 控制单元本身、执行器及三元催化转换器等部分的故障进行有效的诊断和监控。下面分别予以介绍。

(1)传感器故障诊断

在发动机电子控制系统中，有许多传感器与水温传感器类似，如进气温度、蓄电池温度、节气门位置、进气歧管绝对压力等传感器。它们向 ECU 输入的信号都是模拟信号。在发动机工作时，正常情况下。它们向 ECU 的模数转换器(A/D)输入的信号电压值大小都有一定范围。因此，这些传感器的诊断，通常采用监测其输入信号电压值是否在规定范围，来确定是否有故障。

(2)ECU 电子控制单元本身的故障诊断

在 ECU 内，为了实现对自身的监测，也设有相应的监控回路，用以监视是否按正常的控制程序工作。在监控回路内设有监视时钟，按时对 ECU 电控单元进行复位。当 ECU 内部发生故障时，程序不能正常执行，时钟就不能使电控单元复位，造成溢出，据此判为故障。

2)故障指示灯功能(Malfunction Indicator Light)

一般发动机电子控制系统，都在仪表板上设置一个发动机故障指示灯。在自诊断系统检测出发动机的故障时，一方面将故障信息存入存贮器(RAM)内，另一方面输出控制信号，点亮发动机故障指示灯，如图 3-148 所示。故障指示灯的功能一般有以下几点：

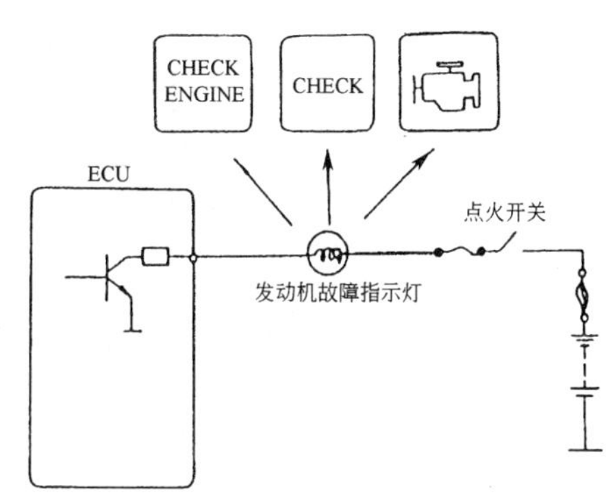

图 3-148　发动机故障指示灯电路

(1)故障报警

发动机运行中，当微机检测出控制系统出现故障时(不是全部故障)，立即输出控制信号，接通故障指示灯电路，使发动机故障指示灯点亮。故障排除后恢复正常工作时，灯才熄灭。

(2)检查故障指示灯工作是否正常

在发动机尚未发动前，驾驶员将点火开关打开(ON)时，发动机故障指示灯应点亮。一般都对故障指示灯的灯泡测试数秒钟。如果灯不亮，一般说明故障指示灯电路有故障。

发动机起动后(发动机转速一般高于 500 r/min时)，发动机在正常情况下，发动机故障指示灯应自动熄灭。如果灯继续亮，说明自诊断系统已检测到发动机电子控制系统有故障。

(3)显示故障代码

有相当多的汽车，在将内存的故障代码调出时，是通过发动机故障指示灯以不同闪亮频率进行显示的。后面将详细叙述。

(4)发动机定期维修、养护提示作用

有些汽车上，还有发动机定期维修、养护提示功能。

3)诊断故障码(DTC, Diagnostic Trouble Code)的读取

汽车自诊断系统检测到发动机电子控制系统的故障后，将及时地将故障信息以代码的形式存入存贮器内。读取故障码的方法很多，可概括为两大类，一是直接利用车上的自诊断系统，二是间接利用车外的专用的检测仪。

(1)直接利用车上的自诊断系统读取故障码

因车型不同、汽车制造厂不同、生产年代不同，自诊断系统(OBD —I)系统的不同，其故障

码的读取方法也有所不同。它们分别以不同的方式进入自诊断模式,然后以不同的方法显示、读取故障码。

目前大部分汽车,都是利用汽车仪表板上的发动机故障指示灯的闪烁规律读取故障码。还有利用故障诊断插座输出的电脉冲、利用 ECU 箱体上的发光二极管闪亮规律读取故障码。在一些高级轿车上,还有利用组合仪表上液晶显示器,以数字形式显示故障码的。

下面仅以丰田车为例简要说明。丰田车基本上都是利用仪表板上的发动机故障指示灯读取故障码的。

自诊断系统一般都有一个专用故障诊断插座。利用车上的自诊断系统读取故障码时,搞清故障诊断插座的位置、各个端子的名称、功用是非常重要的一步。

在日本丰田车上,一般有两个故障诊断插座。一个是长方形的,通常叫检查连接器,安装在发动机机舱内。另一个是圆形的,叫故障诊断测试插座,常用 TDCL(Test Diagnostic Communication Link)表示,可用来与专用监测仪相连接。图 3-149a)为诊断插座的电路连接情况。图 3-149b)、c)为两个故障诊断插座的位置和外形。

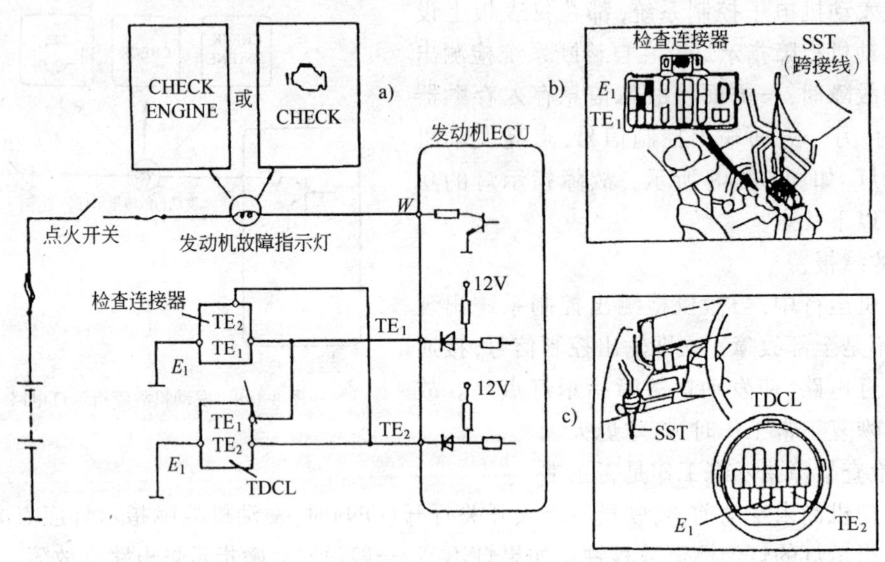

图 3-149 丰田车发动机自诊断显示原理电路

a)仪表板发动机故障指示灯;b)检查连接器;c)TDCL 连接器(T 端子)

丰田车的发动机电子控制系统有两种故障诊断模式(或叫两种状态)。一是"普通"方式(也叫正常状态)。二是"测试"方式(也叫试验状态)。这里仅对经常采用的"普通"方式作简介。

①将点火开关置于 ON 位置,但不要起动发动机;

②进入自诊断状态,启动故障码调用程序。用故障诊断连接器(跨接线),跨接检查连接器或 TDCL 内的 TE_1 和 E_1 两个端子;

③观察发动机故障指示灯(CHECK)的闪烁规律,并读出故障代码。故障如图 3-150 所示。

这里应该说明两点。一是少数汽车通过上述手工方法,即直接利用车上的自诊断系统不能读出故障码,这些汽车(如大众汽车公司生产的汽车),只能用专用检测仪才能读取故障码;

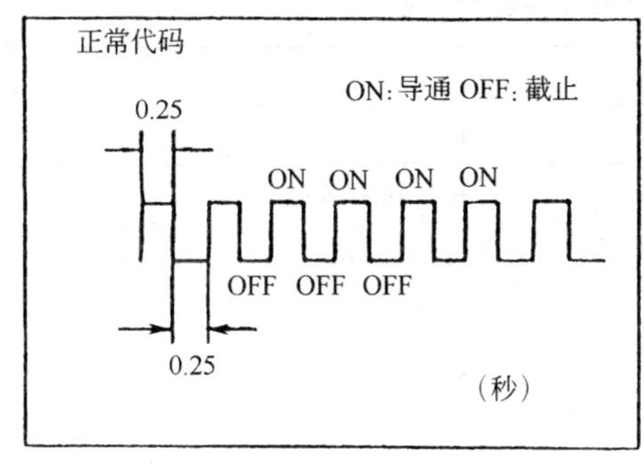

a)

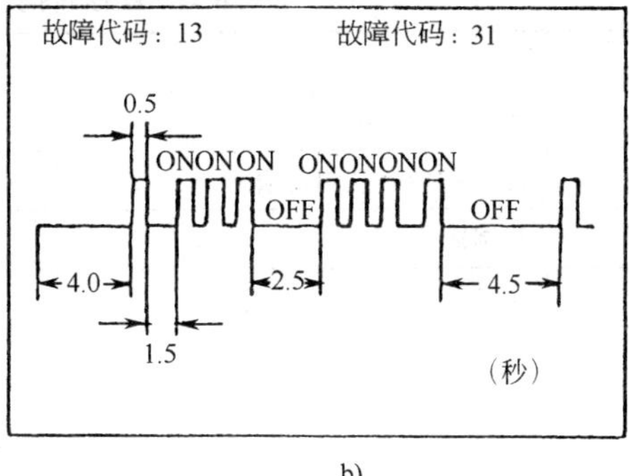

b)

图 3-150　诊断故障代码的波形

a)正常代码波形；b)故障代码“13”和“31”

二是因车型不同，过去采用故障诊断系统（OBD —I）是各厂家自主开发、自成体系，不具有通用性。

(2)用专用检测仪读取故障码

为了准确、方便、快速地对汽车电子控制系统进行故障诊断，现在国内外为此设计、生产了各种各样的专用的汽车检测仪。

当需要进行故障诊断时，将专用汽车检测仪的插头和汽车上的故障诊断插座相连接。然后打开点火开关，进行一些操作后，就可以很方便地从检测仪的显示屏上，读出所有贮存在微机中的故障码。

利用汽车专用检测仪，除了能读取故障码外，多数检测仪还具有其他功能。一般都能程度不同的对汽车电子控制系统的传感器、执行器及 ECU 本身，作更进一步的检查。先进的检测仪功能较全，检测的项目多、范围广。主要有以下功能：

①进行数据传送、直接测取各部分电路中的有关参数；

②通过检测仪向汽车电子控制系统发出工作指令；

③通过检测仪发出指令，消除 ECU 存贮器内的故障码。

(3)故障代码的清除

无论利用哪一种车上的自诊断系统来读取故障码，当故障排除后，其故障码仍会继续保存在存贮器中，此时应予以清除。多数汽车可以用下述简单方法清除：

①在点火开关处于关断（OFF）位置状态下拔掉发动机 ECU 备用电源线上的熔断丝（丰田车为 EFI 15A 熔断丝）10s 或更长时间，即可清除存贮器中的故障码。

②拆下蓄电池负极接线柱上的搭铁线约 20s，也可清除存贮器中的故障码。

(4)OBD —II 诊断插座和故障码简介

第二代车载自诊断系统（OBD —II），具有统一的诊断插座（DLC）和统一的故障码（DTC）。

①OBD —II 诊断插座有统一的标准形状和尺寸，规定一律安装在驾驶室内，且位于驾驶员一侧仪表板的下方。该诊断插座有 16 个端子，其外形如图 3-151 所示。诊断插座中各端子的代号和含义如表 3-19 所示。

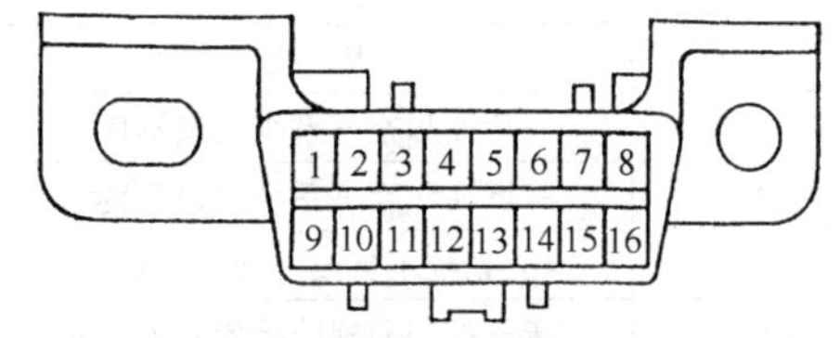

图 3-151　OBD —II 诊断插座

OBD —II 诊断插座各端子代号与含义 表 3-19

端子代号		端子代号	
1	供制造厂应用	9	供制造厂应用
2	SAE—J1850 资料传输 +	10	SAE—J1850 资料传输
3	供制造厂应用	11	供制造厂应用
4	车身搭铁	12	供制造厂应用
5	信号回路搭铁	13	供制造厂应用
6	供制造厂应用	14	供制造厂应用
7	ISO—9141 资料传输 K	15	ISO —9141 资料传输 L
8	供制造厂应用	16	接蓄电池正极

OBD —II 诊断插座中,重要的关键性的端子,如电源、搭铁、资料传输线都作出了明确规定。其中资料传输线有 ISO(国际统一标准)和 SAE(美国统一标准)两种。OBD —II 诊断插座中有些端子为汽车制造厂使用,厂家可以根据自己需要选用。虽然这些端子有所不同,但可以通过程序进行调整。

②OBD —II 故障码

OBD —II 故障码由五位组合而成,如图 3-152 所示。

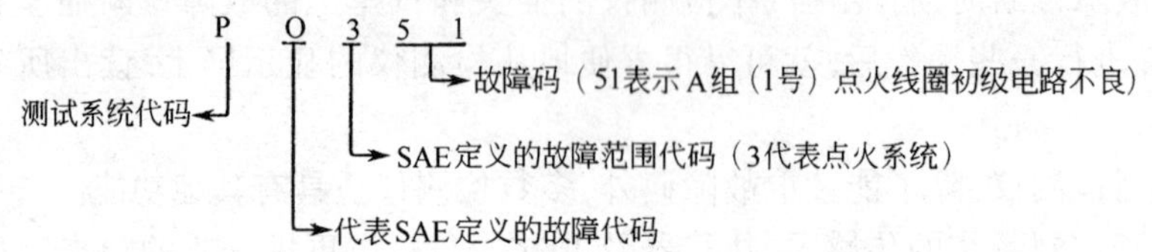

图 3-152 OBD —II 故障码

分述如下：

a. 第一位为英文字母。是系统代码,如：

P——代表发动机和变速器组成的动力传动系统(POWER TRAIN)；

B——代表车身电控系统(BODY)；

C——代表汽车底盘电控系统(CHASSIS)；

U——未定义,待 SAE(美国汽车工程师协会)另行发布：

b. 第二位为数字。表示由谁定义的 DTC。目前有“0”和 1(或 2、3)。其中：

0——代表 SAE 定义的故障码;

1——代表汽车制造厂自定义的故障码。

c. 第三位为数字。表示 SAE 定义的故障范围代码,如表 3-20 表示。

SAE 定义的故障范围代码 表 3-20

代 码	故 障 范 围	代 码	故 障 范 围
1	燃油和空气系统测定不良	5	汽车或怠速控制系统不良
2	燃油和空气系统测定不良	6	电脑或输入/输出控制系统不良
3	点火系统不良或发动机间歇失火	7	变速器控制系统不良
4	废气控制和辅助装置系统不良	8	非 EEC 动力传动系统不良

d. 第四、五位为数字。最后两位代表设定的故障码(在第一个字母后用“1”数字表示时，则为制造厂规定编码)。

采用 OBD —II 车载自诊断系统后，故障诊断插座和故障码都开始实现标准化。一般都需用检测仪才能读取故障码。在一些汽车上，仍可用原手工方法。即利用车上的自诊断系统读取原来的故障码。

2. 安全保险功能与后备系统

1)安全保险功能

安全保险功能也叫故障保险功能。当某些传感器或执行器出现故障时，如果发动机 ECU 仍按通常方式继续控制发动机运转，就可能使发动机或其他部件也出现问题。再如点火系统中点火器发生故障，当 ECU 接收不到点火器反馈信号(IGF)时，如喷油器继续喷油，未燃的气体就会流入排气净化的催化器，使催化器温度很快升高并超过许用温度，还会产生其他不良后果。为了避免上述情况的发生，具有自诊断功能的发动机控制系统，一般都同时具有安全保险功能。

安全保险功能主要依靠 ECU 内的软件来完成。ECU 会自动地按微机存贮器内设定的程序和数据，使控制系统继续工作或者停机。如运行中，判断水温信号电路出现故障时，ECU 会采用预先设置在存贮器中的代用值(标准值)，来代替水温信号。在发动机起动时先临时采用进气温度传感器的信号数值，然后再按某些相关值代替。这样可以确保发动机继续运行。而当点火器出现故障时，ECU 在连续 3～5 次得不到点火监视信号(IGF)后，则立即采取强制措施，使喷油器停止喷油。

2)后备系统

后备系统是当 ECU 内微机控制程序出现故障时，ECU 把燃油喷射和点火正时控制在预定水平上，作为一种备用功能使车辆继续行驶。该系统只能维持基本功能，而不能保持正常的运行性能。

图 3-153 为发动机 ECU 后备系统的原理框图。

后备系统为一专用后备电路，由集成电路组成。监视回路中装有监视计时器。正常工作

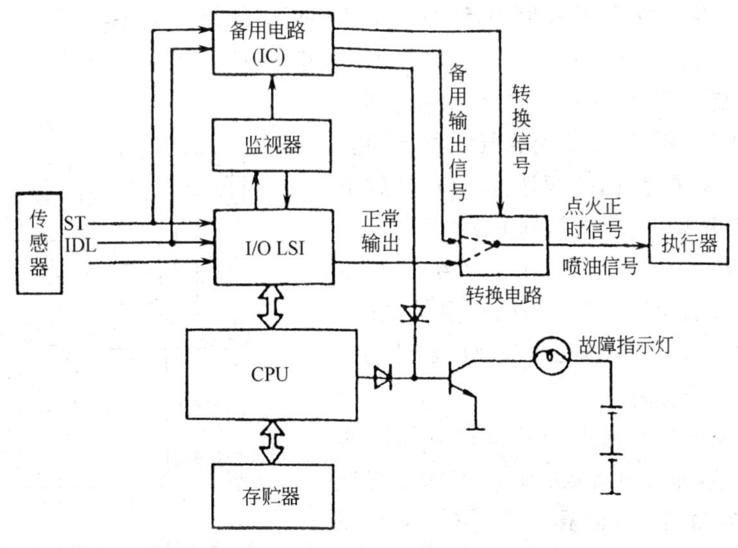

图 3-153　ECU 后备系统原理框图

情况下,微机定时进行清除。出现异常情况时,例行程序不能正常运行,计时器的定期清除工作不能进行,微机显示溢出。当监视器发现微机溢出,就能检测出异常情况。当监视器监测出微机出现异常情况而满足启用后备系统的条件时,首先"发动机检查灯"亮,告诉驾驶员发动机已出现故障。与此同时,ECU 自动转换成简易控制的后备功能。在简易控制中,ECU 输出的燃油喷射信号和点火信号为一固定值,可以使车辆能继续行驶。后备集成电路(IC)根据起动(ST)信号和怠速(IDL)触点状态,选择设定的固定数值。固定值的大小,取决于发动机型号。日产某汽车后备系统工作时的数值如表 3-21 所示。

日产某汽车后备系统工作时的数值

表 3-21

状态 项目	启动 (ST 开关闭合)	怠速 (IDL 触点闭合)	非怠速 (IDL 触点断开)
喷油持续时间(ms)	12.0	2.3	4.1
喷油频率	每转一次		
点火提前角	上止点前 10°	上止点前 10°	上止点前 20°
闭合时间(ms)	5.12		

第五节 排放控制系统

一、排气再循环系统的作用、组成、工作原理及检查

1. 排气再循环(EGR)系统的作用、组成及工作原理

1)工作原理

排气再循环简称为 EGR(Exhaust Gas Recirculation)系统。它是将一部分排气引入进气管与新混合气混合后进入气缸燃烧,从而实现再循环。并对送入进气系统的排气进行最佳的控制。

EGR 系统净化 NO_x 的基本原理是:排气中的主要成分是 CO_2、H_2O 和 N_2 等,这三种气体的热容量较高。当新混合气和部分排气混合后,热容量也随之增大。在进行相同发热量的燃烧时,可使燃烧温度下降,这样就抑制 NO_x 生成。

由于采用 EGR 系统,而使混合气的着火性能和发动机输出功率下降,因此应选择 NO_x 排放量多的发动机运转范围,进行适量的 EGR 控制。

如图 3-154 为真空控制 EGR 系统。图中 TVV 为温度真空控制阀,当发动机水温较低时,它关闭通往 EGR 阀的真空通道,使 EGR 阀无真空作用,停止排气再循环。

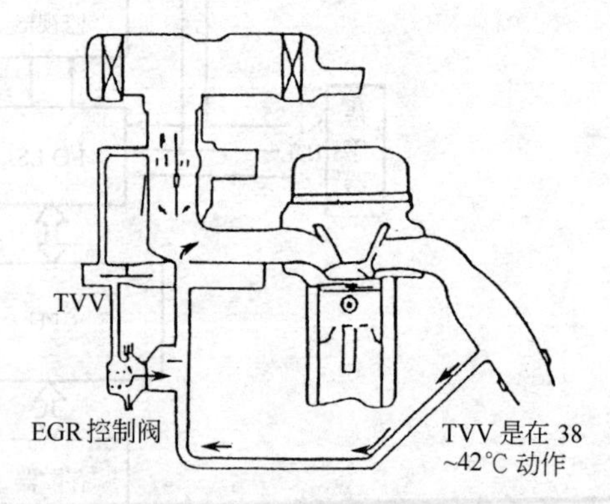

图 3-154 真空控制式 EGR 系统

EGR 控制阀的真空通道的开口在节气门的上方,怠速及低速(车速在 40km/h 以下)时,在节气门上方无真空,EGR 控制阀关闭,排气也不进行再循环。

当水温超过设定温度(38～42℃)后,TVV阀打开。如果节气门开度增大,EGR的真空开口处产生真空;当真空力大于弹簧弹力时,EGR控制阀打开,一部分排气流到进气管,排气进行再循环。而当节气门在全开附近时,进气管的真空变小,EGR阀在弹簧作用下关闭,就使排气再循环停止。当排气再循环时,EGR率在一定范围内与进气量成比例。

2)作用

采用排气再循环可有效地降低NO_x的生成,一般机械式控制装置的EGR率(一般为5%～15%)较小。电子式排气再循环(EGR)控制系统,不仅结构简单,而且可进行较大EGR率(15%～20%)控制。另外,随着EGR率的增加,燃烧将变得不稳定,缺火严重,油耗上升,HC的排放量也增加。因此,当燃烧恶化时,可减少EGR率,甚至完全停止EGR。电子式EGR控制系统的主要功能,就是选择NO_x排放量多的发动机运转范围,进行适量EGR控制。

3)组成

一般可以将排气再循环系统分为开环控制和闭环控制两种。其中,开环控制系统又分为普通电子式和可变EGR率式两种。下面分别予以介绍。

(1)普通电子式排气再循环(EGR)控制系统的组成及工作原理

①组成。如图3-155所示为日产汽车VG30型发动机所用的普通电子式排气再循环控制系统,它由排气再循环电磁阀、节气门位置传感器、排气再循环控制阀、曲轴位置传感器、发动机的ECU、水温传感器、起动信号等组成。

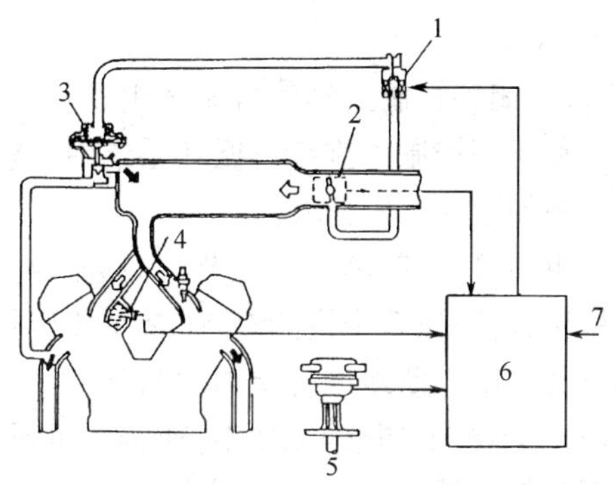

图3-155　普通电子式EGR控制系统

1-排气再循环电磁阀;2-节气门开关;3-排气再循环控制阀;4-水温传感器;5-曲轴转角传感器;6-微机集中控制装置;7-起动信号

②工作原理。在发动机工作时,微处理机根据各传感器,如曲轴位置传感器、水温传感器、节气门位置传感器、点火开关等送来的信号,确定发动机目前在哪一种工况下工作,以输出指令,控制排气再循环电磁阀打开或关闭,从而控制排气再循环控制阀打开或关闭,使排气再循环进行或停止。

具体的工作过程见表3-22所示。表中所列各种工况下,发动机的ECU向排气再循环电磁阀供给"接通"信号时,电磁阀接通,阀门关闭,切断了控制排气再循环控制阀的真空通道,使排气再循环系统不再进行排气再循环。

排气再循环的控制过程　　表3-22

工　况	排气再循环电磁阀	排气再循环系统
发动机起动时 节气门位置传感器的怠速触点接通时 发动机温度低时 发动机转速低于900r/min、高于3 200r/min	ON (电磁阀"接通"阀门关闭)	不起作用
除以上工况外	OFF(断开)	起作用

(2)可变EGR率排气再循环的控制组成及工作原理

①组成　如图3-156所示,为开环控制排气再循环系统的一种实例。

图中VCM阀是一个真空调节阀。当发动机工作时,微处理机根据曲轴位置传感器、节气门位置传感器、水温传感器、点火开关、电源电压等，给排气再循环控制电磁阀提供不同占空比的脉冲电压，使其具有不同打开、关闭频率，以调节进入 VCM 阀负压室的空气量，得到控制 EGR 阀不同开度所需真空度，从而获得为适应发动机工况所需不同的 EGR 率。脉冲电压信号的占空比越大，电磁阀打开时间越长，进入 VCM 阀负压室的空气量越多，真空度越小，排气再循环控制阀开度越小，EGR 率越小，当小至某一值时，排气再循环阀关闭，排气再循环系统停止工作。反之，EGR 率越大。

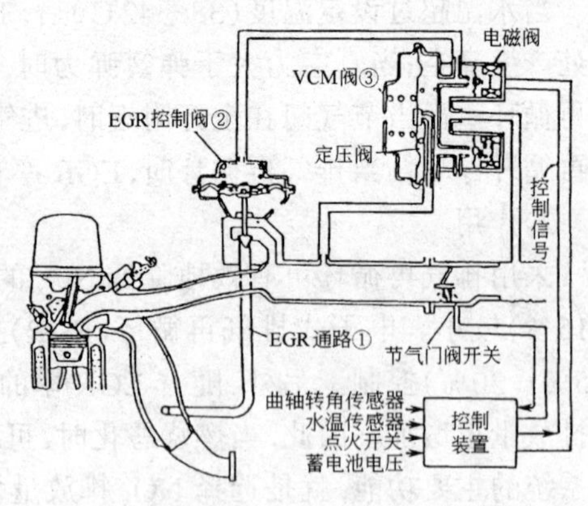

图 3-156　可变 EGR 率排气再循环控制系统

②工作原理。根据发动机台架试验可以确定的 EGR 率与发动机转速、进气量的对应关系，将有关数据存入发动机 ECU 内微机的 ROM 中。发动机工作时，微处理机根据各种传感器送来的信号，经过查表和计算修正、输出适当的指令，控制电磁阀的开度，以调节排气再循环的 EGR 率。

(3)闭环控制式排气再循环组成及工作原理

在闭环控制式排气再循环系统中，微机是以 EGR 率作为反馈信号实现闭环控制的。其控制框图如图 3-157 所示。

由图可知，新鲜空气经节气门进入稳压箱，发动机排气中的一部分(还流废气)经控制阀进入稳压箱，稳压箱中设置有 EGR 率传感器，它对稳压箱中新鲜空气与废气所形成的混合气中的氧气浓度不断地进行检测，并将检测结果输入微机。微机经过分析计算后向控制阀输出控制信息，不断地调整 EGR 率，使排气再循环的 EGR 率时刻在微机的控制下保持在理想状态，从而有效地减少 NO_x 的排放量。

2. 电控式排气再循环系统的检查

1)EGR 真空调节器的检查

(1)检查和清洗

EGR 真空调节器内的过滤片如图 3-158 所示。EGR 系统原件若有脏污可用压缩空气吹净，如损坏则须更换。

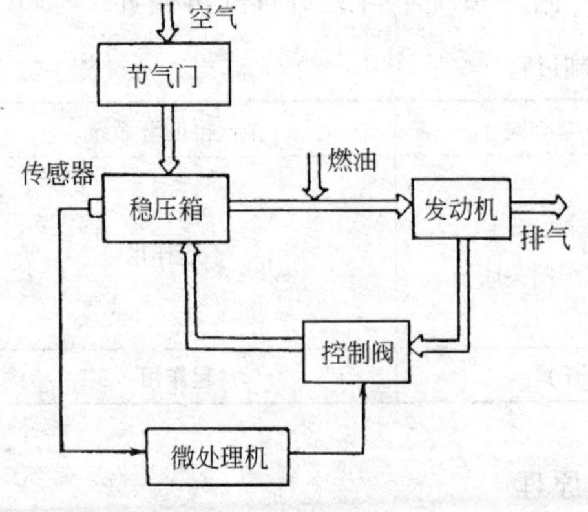

图 3-157　闭环控制式排气再循环系统框图

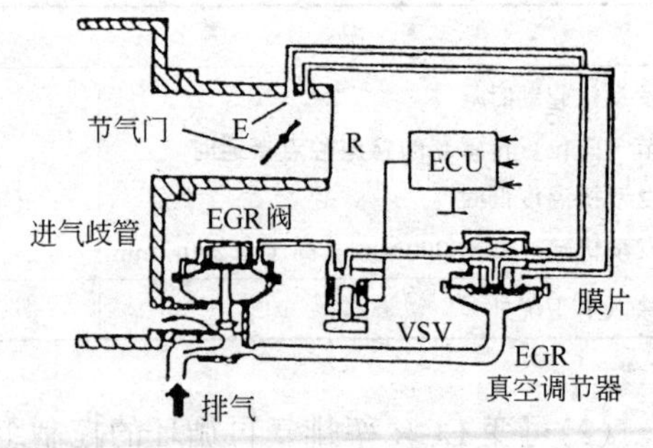

图 3-158　EGR 系统原理图

(2)检查 EGR 真空调节器工作情况

如图 3-159 所示。从 EGR 真空调节器 P、Q 和 R 孔上脱开真空软管。用手指堵住 P 和 R 孔,把空气吹入 Q 孔,检查空气是否能畅通无阻地通过空气滤清器侧。启动发动机并保持在 2 500r/min,重复上述检验,检查空气流动是否严重受阻,否则,则应更换 EGR 真空调节器。

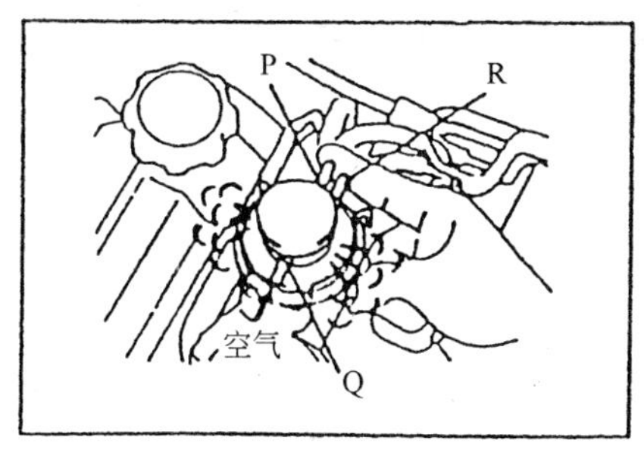

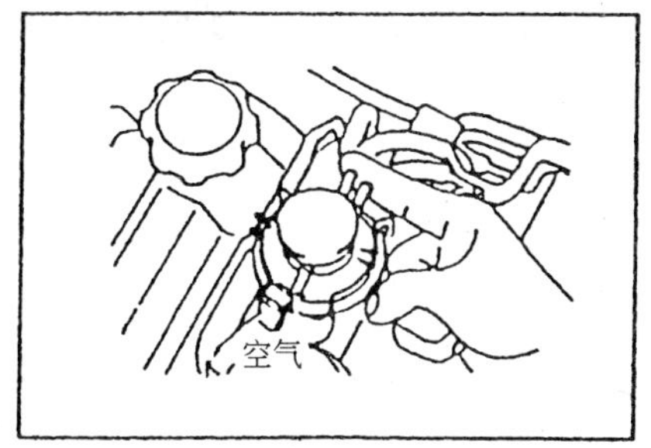

图 3-159 EGR 真空调节器的检查

2)真空开关阀(VSV)的检测

如图 3-160 为真空开关阀的电路图。

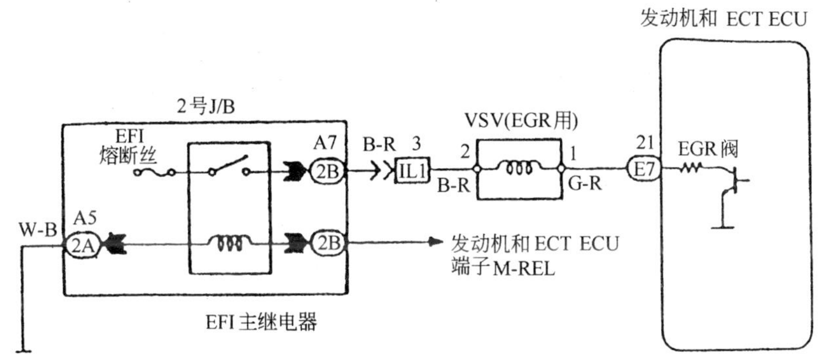

图 3-160 凌志 IUZ—FZ 发动机 EGR 系统电路图

(1)检测电阻

点火开关置"OFF",脱开真空开关阀(VSV)的导线连接器,测量 VSV 阀上两个端子间的电阻,其标准阻值应为 33～39Ω(冷态)。测量每个端子与阀体之间的电阻,应为无穷大。否则应更换 VSV 阀。

(2)工作情况的检查

当在 VSV 阀的两个端子上加上蓄电池电压时,来自管子 E 的空气经过空气滤清器流出。当不加蓄电池电压时,来自管子的空气经过管子 F 流出,否则应更换 VSV 阀(如图3-161所示)。

3)EGR 阀的检查

(1)手感检查

将手指按在 EGR 阀上,检查发动机工况变化时,EGR 阀有无动作。在冷车状态下踩下加速踏板,使发动机转速上升至 2 500r/min 左右,此时手指应感觉不到 EGR 阀膜片动作。当发动机热机(水温高于 55℃)后踩下加速踏板,使发动机在 2 500r/min 运转,此时手指应感觉到 EGR 阀膜片动作。

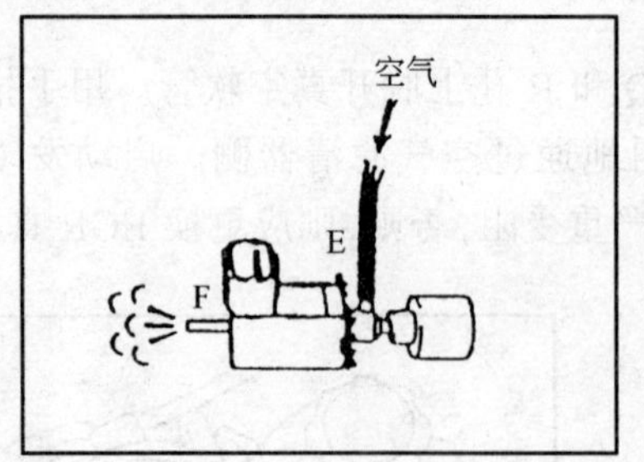

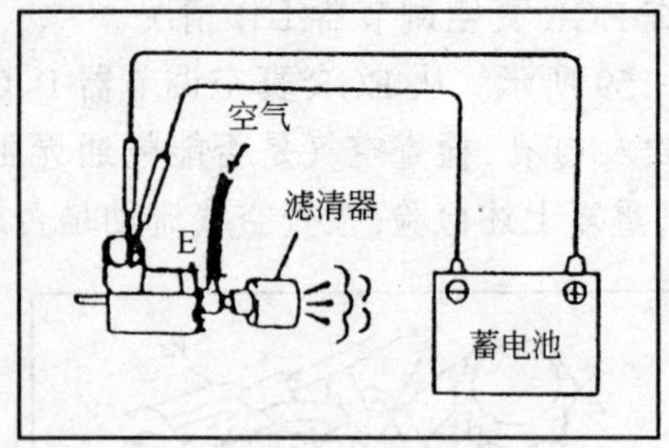

图 3-161　真空开关阀(VSV)的检测

(2) 用真空泵检查

起动发动机,使发动机怠速运转,拔下 EGR 阀与 VSV 阀之间的真空管。用手持式真空泵对 EGR 阀施加 19.95 kPa 的真空度。若此时发动机怠速运转情况变坏甚至熄火,说明 EGR 阀工作正常;若发动机运转情况无变化,则 EGR 阀损坏,应更换。

4)故障分析

如果排气再循环(EGR)系统有故障,可按表 3-23 程序进行查找。

EGR 系统的故障诊断　　表 3-23

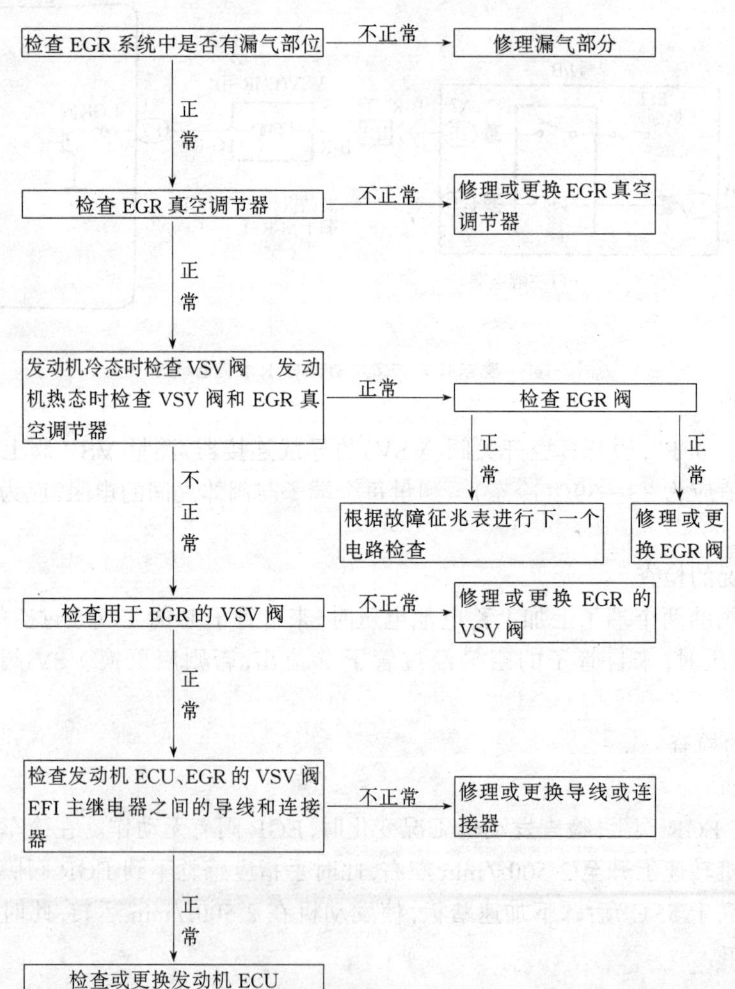

二、三元催化反应装置的作用、组成、结构及检查

1. 三元催化反应装置的作用、组成及工作原理

1)组成

三元催化反应装置由三元催化反应器、氧传感器、温度报警装置(有的安装)和空燃比反馈控制系统及微机控制系统等组成。

2)作用

三元催化反应装置不仅能促使 CO、HC 的氧化反应,也能促使 NO_x 的还原反应,从而使 CO、HC 和 NO_x 三种有害成分都得到净化。

图 3-162 表示了三元催化反应器的净化效率与空燃比的关系。由图可以看出,三元催化剂是在理论空燃比为中心的某一狭小范围内同时具有氧化、还原反应,使 CO、HC 和 NO_x 净化率都高。

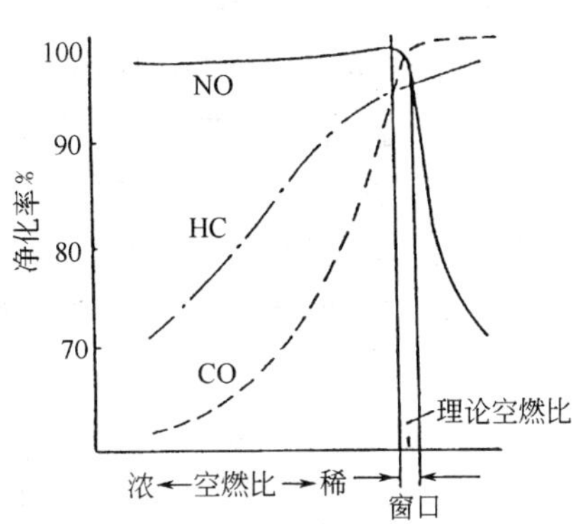

图 3-162　三元催化反应器的净化特性

三元催化反应器中催化剂是铂、铑。铂能促使 CO、HC 的氧化,铑能加速 NO_x 的还原。催化剂的表面活性作用是利用排气本身的热量激发的,其使用温度范围,以活化开始温度为下限,以过热引起催化器故障的极限温度为上限。

3)三元催化反应装置使用注意事项

①一般排气中有害成分的开始转化温度,需要超过 250℃,发动机起动预热 5min 后才能达到此下限温度,一旦活化开始,催化床便因反应放热而自动地保持高温;

②保持催化器高净化率、高使用寿命的理想运行条件的使用温度约为 400～800℃,使用温度的上限为 1 000℃;

③为防止催化剂过热,必须保证点火系可靠工作,有的反应器为此安装温度报警装置,以提醒驾驶员注意;

④发动机在低速全负荷下运转时,排气温度可达 700～800℃,在上坡或怠速工况时,反应器温度因 HC 和 CO 浓度增大而上升,尤其是在上坡后又怠速、火花塞缺火,未燃的混合气进入反应器等情况,使催化床温度急剧上升,最高可达 1 400℃;

⑤催化反应器损坏的原因经常也由排气中铅化物、碳烟、焦油等引起,因此,应使用无铅汽油。

2. 三元催化反应器的结构

三元催化反应器有两种结构,即丸状结构和整块式载体结构,如图 3-163 所示。其外观像一个排气消声器,实际上它也起消声作用,壳体用耐高温、耐腐蚀的材料制成,内部装有催化床,装在靠近发动机的位置上。在较好的使用条件下,其寿命可达 8～10 万 km。

3. 氧传感器的类型、结构及检修

1)类型

在使用三元催化转换器降低排放污染的发动机上,氧传感器是必不可少的。空燃比一旦偏离理论空燃比,三元催化剂对 CO、HC 和 NO_x 的净化能力急剧下降,故在排气管中插入氧传感器,根据排气中的氧浓度测定空燃比,向微机控制装置发出反馈信号,以控制空燃比收敛于

理论值。

目前已实际应用的氧传感器有氧化锆式和氧化钛式两种氧传感器。

2）氧化锆式氧传感器的结构

氧化锆式氧传感器的基本元件是专用陶瓷体，即氧化锆（ZrO_2）固体电解质，如图3-164所示。陶瓷体制成试管式的管状，亦称锆管。锆管固定在带有安装螺丝的固定套中，其内表面与大气相通，外表面与废气相通。锆管内外表面都覆盖着一层多孔性的铂膜作为电极。氧传感器安装于排气管上，为了防止废气中的杂质腐蚀铂膜，在锆管外表的铂膜上覆盖有一层多孔的陶瓷层，并且还加装一个防护套管，套管上开有槽口。氧传感器的接线端有一个金属护套，其上开有一孔，用于锆管内表面与大气相通，电线将锆管内表面铂极经绝缘套从传感器引出。

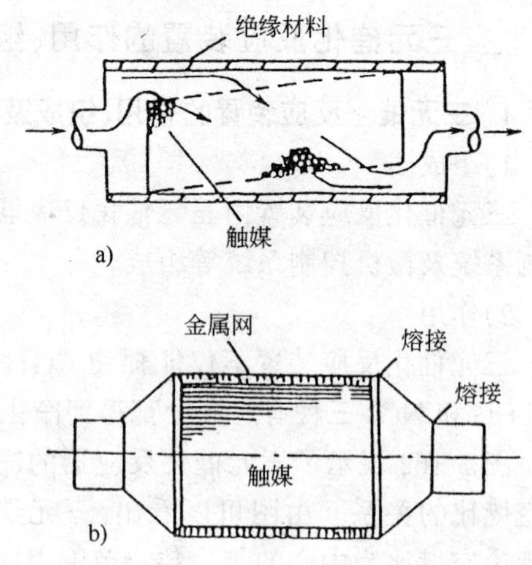

图 3-163　三元催化反应器的外观结构
a）丸状结构；b）整块式载体结构

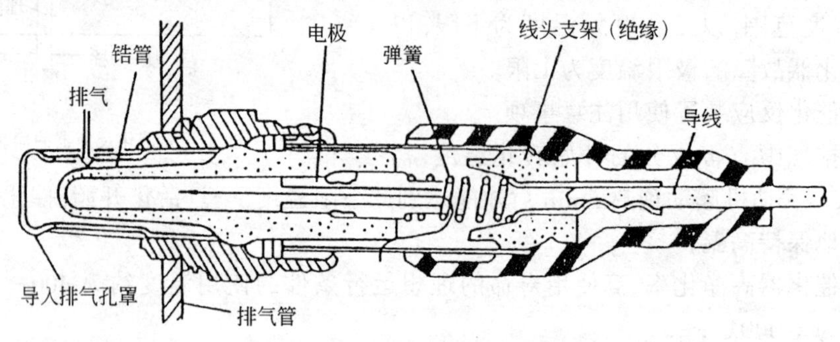

图 3-164　氧化锆式氧传感器

锆管的陶瓷体是多孔的，允许氧渗入该固体电解质内，温度较高时，氧气发生电离。若陶瓷体内（大气）外（废气）侧氧含量不一致，即存在着浓度差时，在固体电解质内部氧离子从大气一侧向排气一侧扩散，结果，锆管元件成了一个微电池，在锆管两铂极间产生电压（如图 3-165 所示）。

当混合气稀时，排气中所含氧多，两侧氧浓度差小，只产生小的电压；而当混合气浓时，排气中氧含量少，同时伴有较多的未完全燃烧的产物 CO、HC、H_2 等，这些成分在锆管外表面的铂催化作用下，与氧发生反应，消耗排气中残余的氧，使锆管外表面氧气浓度变成零，这样就使得两侧氧浓度差突然增大，两极间产生的电压便突然增大。

因此，氧传感器产生的电压将在过量空气系数 $\lambda=1$ 时产生突变，$\lambda>1$ 时，氧传感器输出电压几乎为零，$\lambda<1$ 时，氧传感器输出电压接近 1V（如图 3-166 所示）。在发动机混合气闭环控制的过程中，氧传感器相当于一个浓稀开关，根据混合气空燃比变化向电脑输送脉冲宽度变化的电压脉冲信号（如图 3-167 所示）。

氧化锆式氧传感器输出信号的强弱与工作温度有关，输出信号在 300℃ 左右时最明显，所以有些氧传感器采用加热的方法来保证其工作温度，称之谓加热式氧化锆式氧传感器。该传感器的结构原理与不加热式的相同，只是在传感器内部增加了一个陶瓷加热元件加热。不论

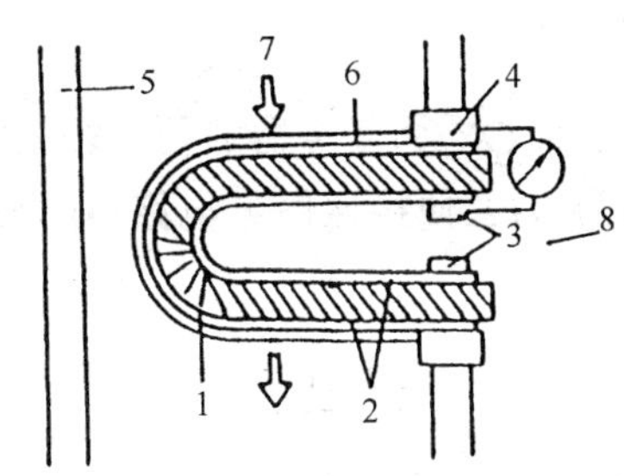

图 3-165　氧传感器在排气管中的布置简图
1-陶瓷体；2-铂电极；3、4-电极引线点；
5-排气管；6-陶瓷防护层；7-排气；8-大气

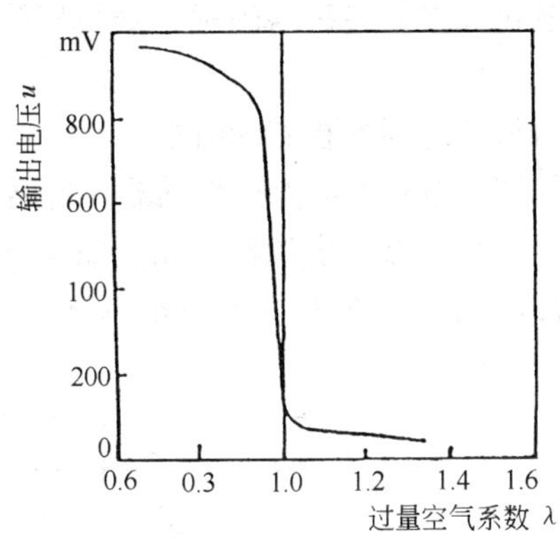

图 3-166　氧传感器电压特性

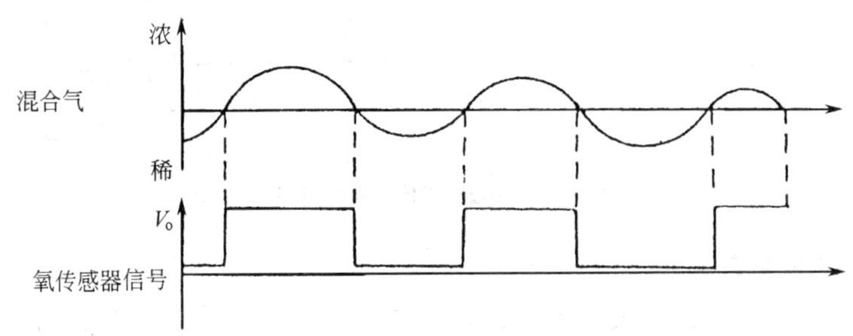

图 3-167　氧传感器输出信号

排气温度是多少，陶瓷体温度总是不变的。其优点是使氧传感器安装灵活性大，扩大了混合气闭环控制的工作范围。

3）氧化钛式氧传感器的结构

氧化钛式氧传感器是利用二氧化钛（TiO_2）材料的电阻值随排气中氧含量的变化而变化的特性构成的，故又称电阻型氧传感器。二氧化钛是在室温下具有很高电阻的半导体。但当排气中氧含量少（混合气浓）时，氧分子将脱离，材料的电阻亦随之降低。此种现象与温度和氧含量有关，因此，欲将二氧化钛在 300～900℃ 的排气温度中连续使用，必须做温度补偿。

图 3-168 所示即为氧化钛式氧传感器的结构，它具有两个二氧化钛元件，一个是具有多孔性用来感测排气中氧含量的二氧化钛陶瓷，另一个则为实心二氧化钛陶瓷用来作加热调节，补偿温度的误差。该传感器外端以具有孔槽的金属管作为防护套，防止里面二氧化钛元件受到外物撞击。传感器接线端以橡胶做为密封材料，防止外界气体渗入。

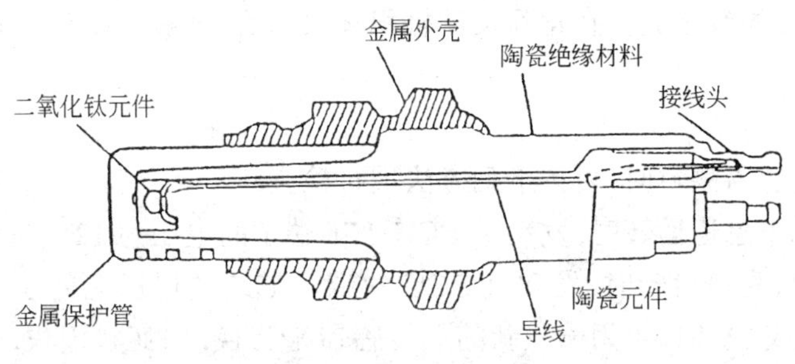

图 3-168　氧化钛式氧传感器结构

氧化钛式氧传感器的优点是结构简单,造价便宜,抗腐蚀抗污染能力强,经久耐用,可靠性高。

4)氧传感器的检查、测试

如图3-169所示为氧传感器的电路,其中发动机ECU的OX为氧传器的信号输入端,HT为氧传感加热器的电源输出端。如果排气温度过低(冷态),HT便接通供电电路;如果排气温度过高(热态),HT便断开供电电路。

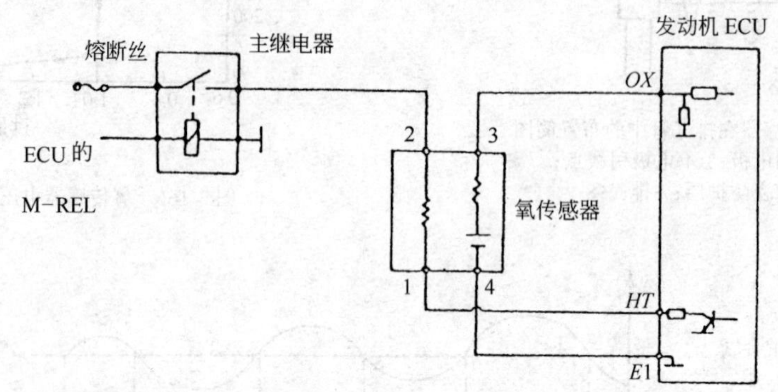

图3-169 氧传感器的电路

(1)氧传感器的检查

①氧传感器的电阻检查。拔开氧传感器的导线连接器,用电阻表检测氧传感器的端子1和2间的电阻,其电阻值应符合标准值(见具体车型说明书)。如阻值不符,则须更换氧传感器。

②氧传感器电压输出信号的检测。装好氧传感器的导线连接器,起动发动机,使氧传感器达到工作温度,并维持怠速运转。此时,用电压表检测氧传感器端子3与4间的输出电压,其电压值应在0.5V左右变化(氧传感器的输出电压一般在0.2~0.9V之间)。若节气门打开过程中,输出电压没有变化,说明氧传感器不良。

若拔开一根发动机真空管,产生稀混合气,则氧传感器的输出电压应下降,约为0.1~0.3V;若堵住空气滤清器的进气口,产生浓混合气,则氧传感器的输出电压应增大,约为0.8~1.0V。

(2)氧传感器的颜色

①淡灰色顶尖,这是氧传感器的正常颜色;

②白色顶尖,由硅污染造成的,此时必须更换氧传感器;

③棕色顶尖,由铅污染所致;

④黑色顶尖,由积炭造成。在排除发动机积炭故障后,一般可以自动清除氧传感器上的积炭。

5)故障分析

当检测到氧传感器故障时,可按下列方法进行检查:

①发动机冷态下怠速运转时,发动机ECU HT端子的电压为12V左右。

②发动机在中、高速运转时,发动机ECU的端子OX的电压应处于0~1V的跳跃状态,如长时间处于0V或1V时,可用一只新的氧传感器来替换,如症状消失,表明氧传感器损坏,否则为ECU或线束故障。

③取下氧传器的接线端子，检测加热器端子(1 和 2)的电阻，凌志车用的氧传器的阻值应为 5～6Ω。

三、CO 控制装置的作用、组成、结构及工作原理

1．CO 控制装置的作用及组成

1)作用

减少 CO 的浓度，达到废气净化的目的。

2)组成

如二次空气供给装置、热反应器、三元催化反应器等。

2．CO 控制装置的结构及工作原理

1)二次空气供给装置

二次空气供给系统的布置如图 3-170 所示。叶片式空气泵由曲轴皮带驱动，空气经分流阀、转向阀等送到各缸的排气门附近，利用燃烧后的高温，使废气中残留的 HC 和 CO 与空气相混合后再燃烧，达到废气净化的目的。

2)热反应器

热反应器也是一种用来降低 CO 和 HC 排放量的后处理装置。它安装在发动机排气道的出口处，通常与二次空气供给装置一起使用。如图 3-171 所示为一种热反应器的结构。

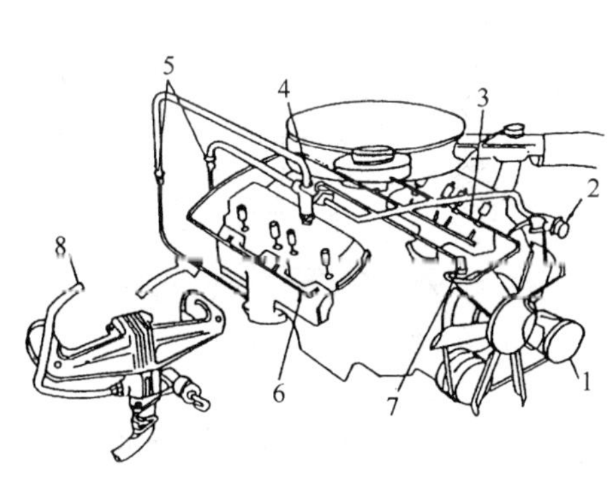

图 3-170　二次空气供给系统简图

1-空气泵；2-空气分流阀；3-真空度传感管路；4-空气转向阀；5-单向阀；6-空气喷射入口；7-真空开关；8-由空气转向阀来

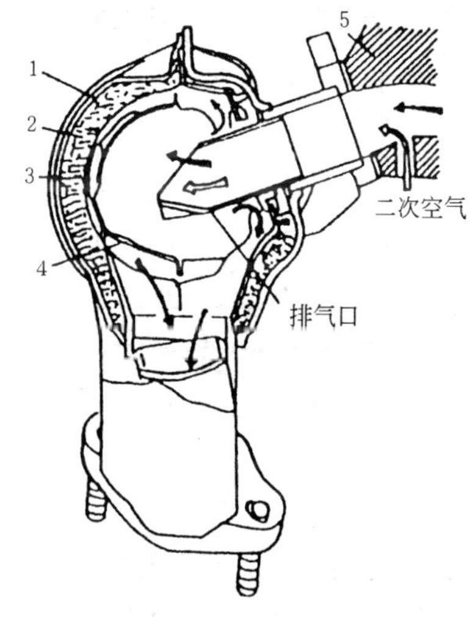

图 3-171　热反应器的结构

1-外壳；2-绝热材料；3-外筒；4-内筒；5-气缸盖

它由壳体、外筒和内筒三层壁组成，壳体与外筒之间是保温层，填有绝热材料，使其内部保持高温，以利于 CO 和 HC 的再燃烧。

二次空气与废气相混合初步氧化燃烧后，进入内筒，又进入热反应器的心部，使其利用本身的余热而保持反应所需要的高温。而足够大的反应器容积和气流的曲折途径，使其有足够的停留时间进行反应，使排气中 CO 和 HC 在反应器中再进行氧化和燃烧，从而进一步降低这两种成分的排放量。

3)氧化催化反应器

这种反应器采用沉积在面容比很大的载体表面上的催化剂作为媒介质，发动机排出的气

体在其中通过，使消除未燃 HC 和 CO 的再氧化反应能在较低的温度下更快进行，生成无害的 H_2O、CO_2，从而达到净化目的。

通常用贵金属铂、钯或其氧化物作为催化剂。常用的催化剂载体材料是氧化铝。该反应器的外观与使用条件与三元催化反应器基本相同。

四、活性炭罐的作用、组成、工作原理及检查

1. 炭罐的作用及组成

1)作用

防止油箱内的燃油蒸汽对大气的污染。

2)组成

炭罐本身是一个抗油性的尼龙或塑料容器，里面装满了活性炭颗粒，见图 3-172。

2. 活性炭罐工作原理

图 3-173 是一种燃油蒸发净化控制系统简图，其工作原理为：

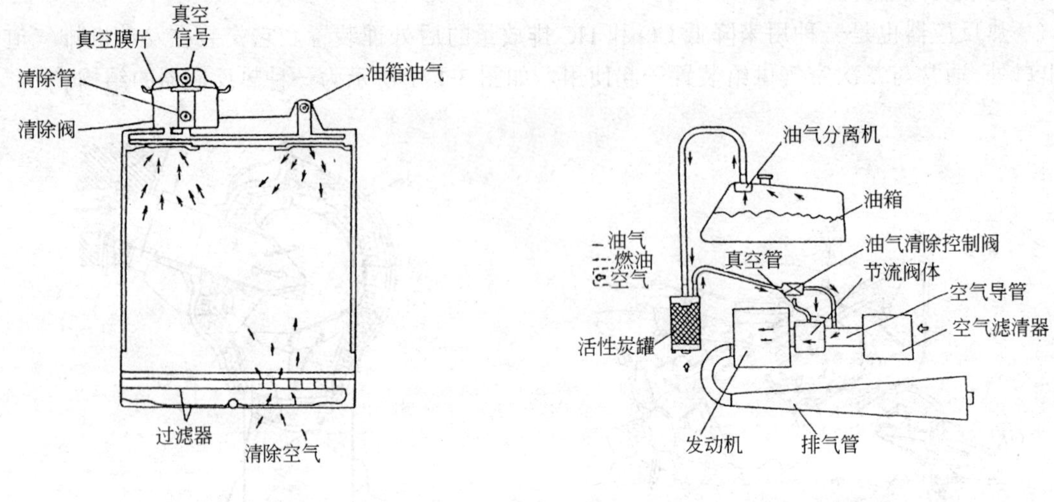

图 3-172 炭罐

图 3-173 燃油蒸发净化控制系统

将油箱内燃料蒸发产生的油气导入活性炭罐中，由罐中的炭粒将 HC 吸附。当发动机运转时，由于节气门处负压源的作用使油气清除阀打开，使炭罐与进气管之间产生通路，利用空气导管中空气高速流动而产生的吸力，将 HC 从炭粒上脱离，并与从罐底部流入的空气一起被吸入气缸内燃烧。清除 HC 油气后，活性炭罐又可以重新吸附、清除 HC 循环使用，并且其性能不变。

3. 燃油蒸发排放控制系统的检查

1)组成

它主要由活性炭罐、止回阀(单向阀)、双金属真空通道阀(BVSV)、油箱盖单向阀以及各种连接软管等组成。

2)工作过程

其工作过程见表 3-24 所示。

燃油蒸发控制系统各主要部件工作情况 表 3-24

冷却液	BVSV 阀	节气门开度	炭罐止回阀	油箱盖止回阀	蒸发的燃油(HC)
35℃以下	关闭				来自油箱的 HC
54℃以上	开启	位于排污口下	关闭		被吸收在炭罐中
		位于排污口上	开启		来自炭罐的 HC 被导入进气管
油箱内高压			开启	关闭	油箱 HC 被吸收在炭罐中
油箱内高真空			关闭	开启	空气被导入油箱

3)检查

(1)活性炭罐的检查

①外观检查活性炭罐有无开裂或损坏。

②用低压压缩空气吹入油箱接管,空气应能畅通无阻地从其他管子流出;把压缩空气吹入排污管,空气不应从其他管子流出。否则应更换活性炭罐。

③用 294kPa(3kg/cm^2)的压缩空气吹入油箱接管,以清洗过滤片。

(2)真空通道阀(BVSV)的检查

从车上拆下 BVSV 阀,并将 BVSV 阀置于装有水的容器内(图 3-174)。当水温在 35℃以下时,向管内吹入空气,BVSV 阀应关闭。当水温在 54℃以上时,向管内吹入空气,BVSV 阀应打开。如果情况不符,则应更换 BVSV 阀。

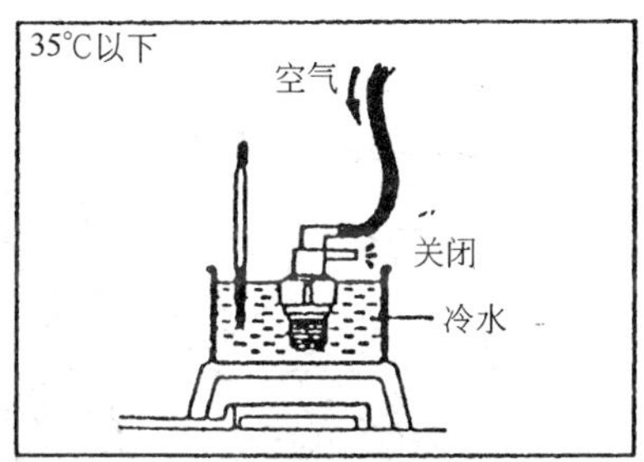

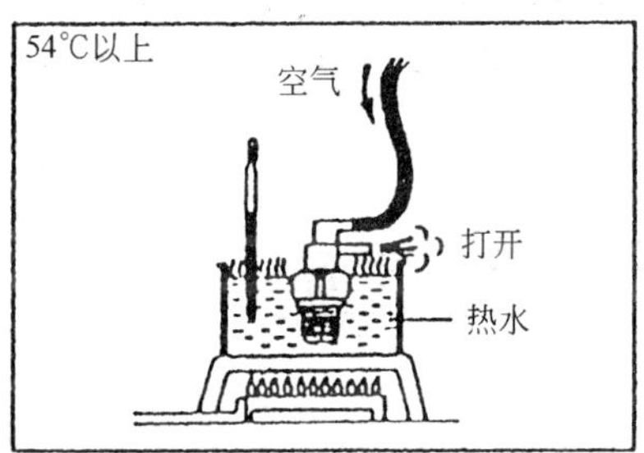

图 3-174 BVSV 阀的检查

五、曲轴箱通风系统的类型、工作原理及检查

汽车上,将窜气引入气缸内燃烧掉的曲轴箱强制通风系统,简称 PCV(Positive Crankcase Ventilation System)。

1. PCV 的类型

1)开式曲轴箱通风系统

图 3-175 为开式曲轴箱通风系统,它将曲轴箱和空气滤清器下方的进气管连通,并且加装一个 PCV 阀。缺点是由通气孔进入曲轴箱的空气未经滤清,而且当曲轴箱内排放大量增加时,有从通气孔倒流到大气中去的可能性。

2)闭式曲轴箱通风系统

图 3-176 为闭式 PCV 系统,将通气孔改接在空气滤清器已滤清的一边。新鲜空气先经空气滤清器,然后进入曲轴箱和窜气混合,发动机工作时,利用进气管真空度把 PCV 阀打开,进入气缸进行燃烧。当发动机在高速全负荷工作时,一旦窜气量过多而不能完全吸尽时,多余的窜气还可以从曲轴箱倒流入滤清器经进气管吸入气缸。

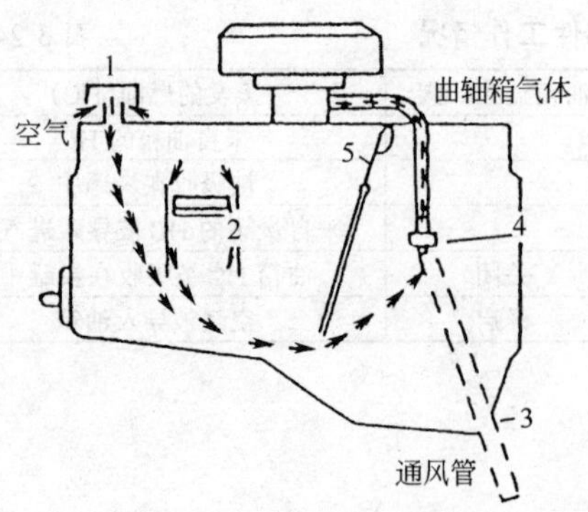

图 3-175 曲轴箱通风系统
1-通气孔;2-活塞;3-通风管(已拆去);
4-通风阀;5-油尺

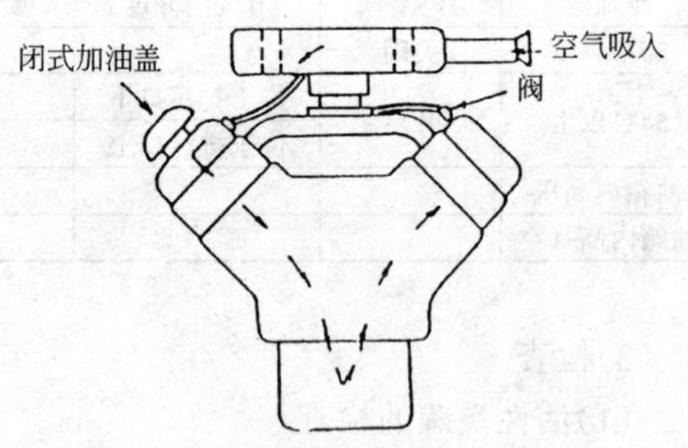

图 3-176 闭式曲轴箱强制通风系统

PCV 阀的功用是根据发动机不同的工况,利用进气管真空度的改变,自动控制曲轴箱窜气的再循环量,是一种计量阀。其结构如图 3-177 所示。当怠速或小负荷时,进气管的真空度大,阀门就向通路变小的方向移动,防止过多的窜气进入气缸,如图 3-177a)所示。当节气门全开时,即真空度低窜气量大,阀门加大流通断面而提供最大的窜气流量,如图3-177b)所示。

2. 曲轴箱强制通风(PCV)系统的检查

如图 3-178 为凌志 LS400 的曲轴箱强制通风系统

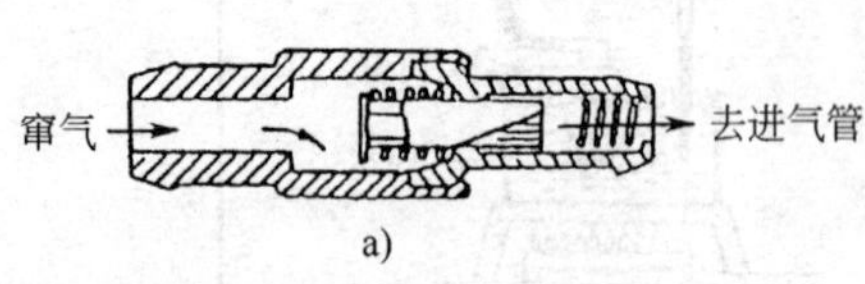

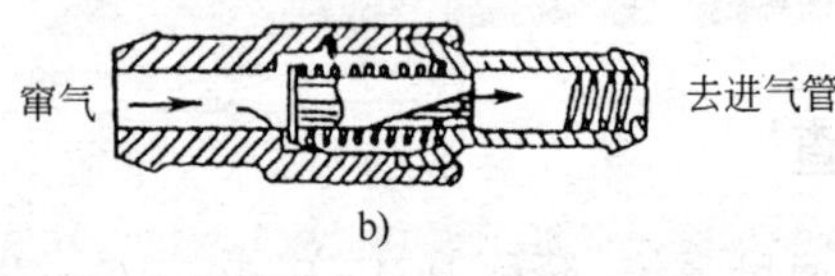

图 3-177 PCV 阀的结构
a)流通断面小;b)流通断面大

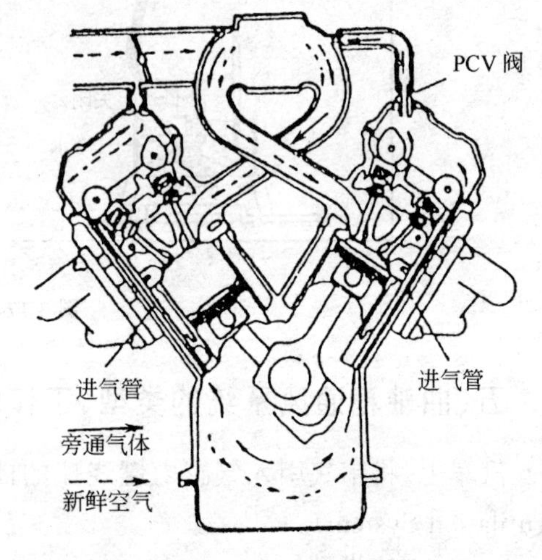

图 3-178 曲轴箱强制通风系统

1)PCV 阀的检查

拆下 PCV 阀,把清洁的软管接到 PCV 阀上,从 PCV 阀接气缸盖侧吹入空气,空气应能流畅地通过 PCV 阀;从 PCV 阀接进气歧管侧吹入空气,PCV 阀应不通。否则应更换 PCV 阀。

2)PCV 阀的软管及连接部位的检查

外观检查 PCV 阀的软管是否损坏或开裂,检查软管连接部位是否松动,软管是否过度弯曲,否则应修理或更换。

复习题

1. 燃油喷射系统的优点有哪些?
2. 燃油喷射系统按不同的分类标准,可以分为哪几类?
3. 空气供给系统主要由哪些组成?
4. 燃油供给系统主要由哪些组成?
5. 电磁喷油器的种类有哪些?
6. 简述废气涡轮增压器的使用要点。
7. 非微机控制电子点火控制系统由哪些部分组成?
8. 非微机控制电子点火装置可以分为哪几类?
9. 微机控制电子点火控制系统由哪些部分组成?
10. 曲轴位置传感器可以分为哪几类?
11. 以北京切诺基为例,简要介绍微机控制电子点火控制系统的综合检测。
12. 排气再循环系统可以分为哪几类? 简要介绍 EGR 系统的组成部分。
13. 简要介绍三元催化反应装置的组成及氧传感器的分类。
14. CO 控制装置的作用是什么?
15. 简述活性炭罐的工作原理。
16. 曲轴箱通风系统分为哪几类? 简要介绍各自的工作原理。
17. 简述信号输入装置的组成。如何测试进气歧管温度传感器?
18. ECU 电子控制单元由哪几部分组成? 了解中央处理器(CPU)的工作原理。
19. 主要的执行器有哪些? 了解各主要执行器的作用。
20. 简述汽车自诊断系统中故障指示灯的主要功能。

第四章　汽车柴油机燃料供给系

柴油机与汽油机相比，具有燃料经济性好、工作可靠、耐久性好、功率范围广等一系列优点，不仅在重型汽车、牵引车、大客车上得到了广泛的应用，而且在中、小型汽车上应用也日益增多。燃料供给系是柴油机的重要组成部分。燃料供给系的结构及技术状况对柴油机的动力性、经济性、使用可靠性和排气污染影响极大，因此掌握柴油机燃料供给系的工作原理，是合理使用、正确维护柴油机，确保其使用性能的关键。

第一节　柴油机燃料供给系的组成和功用

柴油机燃料供给系分为低压油路和高压油路两大部分。低压油路包括油箱、柴油粗滤器、输油泵和柴油细滤器等，主要实现柴油的贮存、运输和滤清功用；高压油路包括喷油泵、喷油器和燃烧室等。

柴油机燃料供给系的工作过程是输油泵将柴油从油箱吸出，经滤清器 9 滤清，把清洁的柴油送到喷油泵内，喷油泵 5 按柴油机的不同工况将柴油经高压油管 10，输送到喷油器 11 内，最后经喷孔形成雾状喷入燃烧室内。输油泵供应的多余燃油以及喷油器顶部回油孔流出的少量燃油经回油管 12 流回油箱 1，如图 4-1 所示。

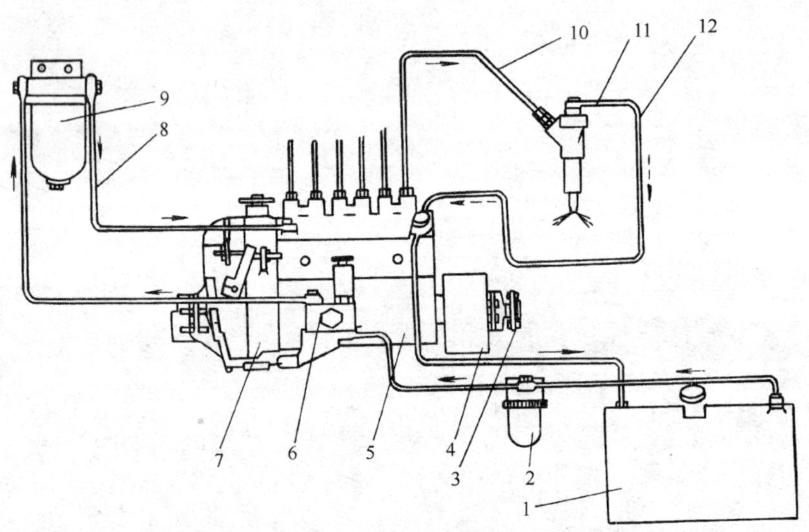

图 4-1　柴油机燃料供给系示意图

1-燃油箱；2-粗滤器；3-连接器；4-提前器；5-喷油泵；6-输油泵；7-调速器；
8-低压油管；9-细滤器；10-高压油管；11-喷油器；12-回油管

柴油机燃料供给系的功用是根据柴油机的不同工况，定时、定量、定压地将雾化质量良好的燃料按一定的喷油规律喷入气缸内。喷油泵是实现这一功用的关键装置。目前，随着柴油机技术的发展，应用较多的喷油泵主要有柱塞式喷油泵、分配式喷油泵和 PT 喷油泵等。柱塞式喷油泵使用较为普遍,结构简单,因此本章主要介绍分配式喷油泵和 PT 喷油泵的结构、工作原理、使用及维护。

第二节　分配式喷油泵的结构、工作原理、使用与维护

分配式喷油泵(简称分配泵)是一种新型喷油泵,其特征是用一组供油元件通过分配机构定时定量地将燃油分别供给各气缸。与直列柱塞式喷油泵相比,分配泵的优点是结构简单、零件数量少、体积小、质量轻、成本低等。其缺点是这种喷油泵对柴油中的杂质和水分较为敏感,易发生分配转子和分配套筒咬死的故障。此外,最大供油压力和供油量较柱塞式喷油泵小,而且前述优点在多缸机上才能充分显示出来,因此它仅适于在小型高速柴油机上采用。

分配泵的结构形式有多种,但主要有对置双柱塞式分配泵和单柱塞式分配泵两大类。本节以南京依维柯汽车上所用的索菲姆柴油机 VE 型单柱塞式分配泵为例进行叙述。

一、VE 型单柱塞式分配泵的结构

VE 型单柱塞式分配泵由喷油泵及分配器、机械式调速器、滑片式输油泵和供油提前角调节装置等组成(图 4-2)。

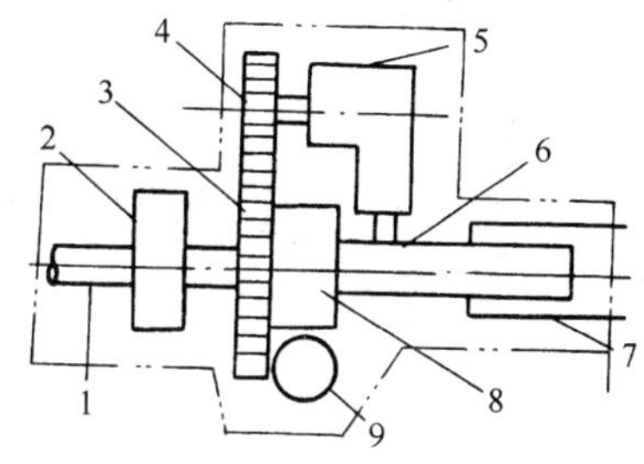

图 4-2　VE 型单柱塞式分配泵组成示意图
1-驱动轴;2-滑片式输油泵;3、4-调速器驱动齿轮;5-机械调速器;6-喷油泵;7-接四个喷油器的高压油管;8-滚轮环、凸轮盘;9-供油提前角调节装置

如图 4-3 为 VE 型单柱塞式分配泵的结构图。它可分为两部分,主要部分为铝合金泵体,内部装有滑片式输油泵 4,油压调节阀 5,传动轴以及传动轴齿轮 11,滚轮及滚轮环 9,平面凸轮 10,供油提前角自动调节装置 8,调速控制杆 12。另一部分为铸钢泵体,被称为分配泵头,内部装有旋转的分配柱塞 6,控制套筒(溢流阀)15,出油阀 13,电磁式停油装置 25 以及油管接头等。

二、VE 型单柱塞式分配泵的工作原理

1. VE 型单柱塞式分配泵的工作过程

VE 型单柱塞式分配泵的工作原理包括:进油、泵油、配油(分配柴油)过程及供油结束等。

1)进油过程

如图 4-4 所示,在进油过程中,柱塞自右向左运动处于接近下行程的终点位置。当柱塞上部的进油槽 3 与套筒上的进油口 2 相对时,燃油经电磁停油阀 1 进入压油腔和柱塞内,进油结束。

2)泵油和配油过程

(1)泵油过程

如图 4-5 所示,在泵油过程中,柱塞开始自左向右运动上升,当柱塞上行并旋转到进油孔关闭时,柱塞上的分配孔与套筒上的出油孔其中之一接通时,使分配油路打开。此时,由于柱塞的旋转,平面凸轮 4 被滚轮 5 顶起,柱塞继续上行将燃油增压,增压后的燃油经出油阀送往喷油器,再喷入燃烧室。

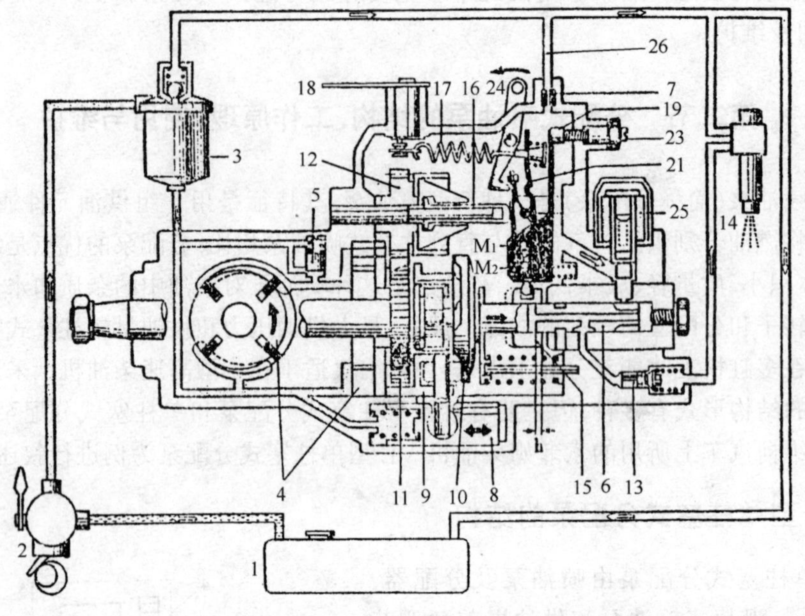

图 4-3 VE 型单柱塞分配泵的结构图

1-燃油箱;2-输油泵;3-燃油滤清器;4-滑片式输油泵;5-油压调节阀;6-分配柱塞;7-放气孔; 8-供油角自动调节器;9-滚轮及滚轮环;10-平面凸轮;11-调速器传动装置;12-调速控制杆;13-出油阀;14-喷油器;15-溢流阀;16-调速器滑动套筒;17-调速弹簧;18-速度控制杆;19-校准杆;20-起动弹簧;21-张紧杆;22-全负荷限制器;23-全负荷油量调节螺钉;24-机械停油装置;25-电磁式停油装置;26-回油量孔

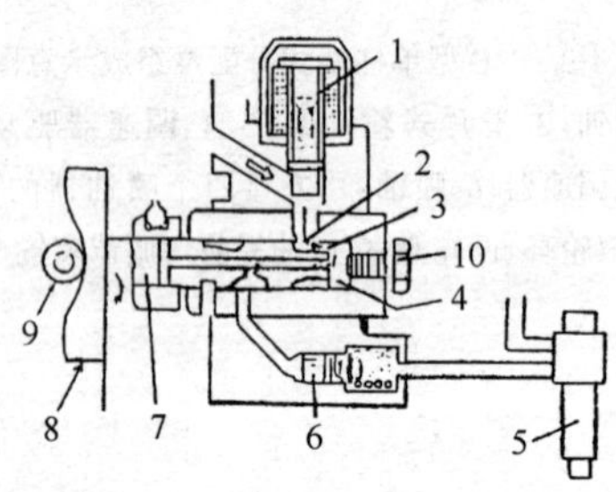

图 4-4 VE 型单柱塞分配泵进油过程

1-电磁停油阀;2-套筒上的进油孔;3-柱塞上的进油槽;4-压油腔;5-喷油器;6-出油阀;7-柱塞;8-平面凸轮;9-滚轮;10-检视螺钉

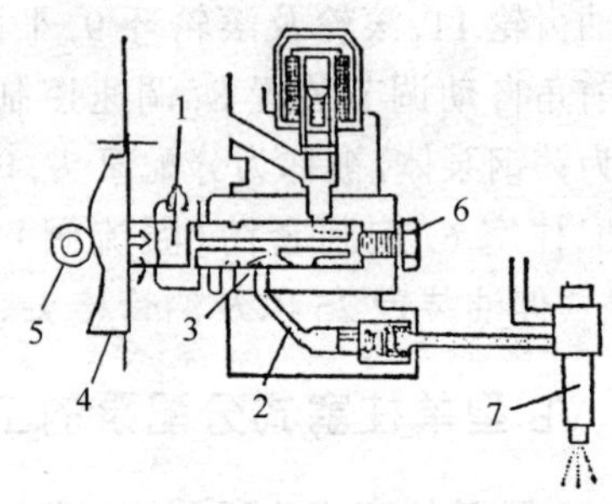

图 4-5 VE 型单柱塞式分配泵泵油过程

1-柱塞 ;2-分配通路; 3-分配口;4-平面凸轮;5-滚轮;6-检视螺钉;7-喷油器

(2)配油过程

如图 4-6 所示,在配油过程中,由于柱塞的旋转,柱塞上的分配孔 5 与分配通路的对合位置在不断的变化,从而进行柴油的分配,经过分配后的柴油经高压油管到喷油器,喷入燃烧室。

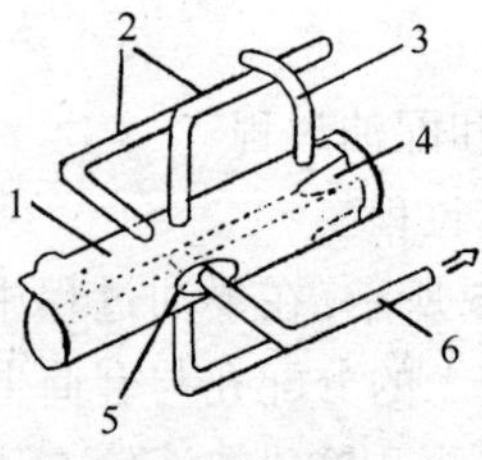

图 4-6 VE 型单柱塞式分配泵配油过程

1-柱塞;2-分配通路;3-进油道;4-进油槽;5-分配孔;6-至喷油器

(3)供油结束

如图 4-7 所示,供油结束时,柱塞在滚轮 5 的作用下进一步上行,当柱塞 2 上的溢油孔和泵室相通时,柱塞 2 内的高压油由溢油孔 3 流到分配泵室内，柴油压力立即降低，供油结束。如果柱塞上的溢油孔和分配泵室相通的时刻改变时，即供油结束时刻也改变，从而也改变了供油的有效行程 h（如图 4-8 所示）。将控制套筒 1 向左移动时，有效行程 h 减小，使供油量减小；当控制套筒 1 向右移动时，有效行程 h 相应增大，供油量也随之增加。

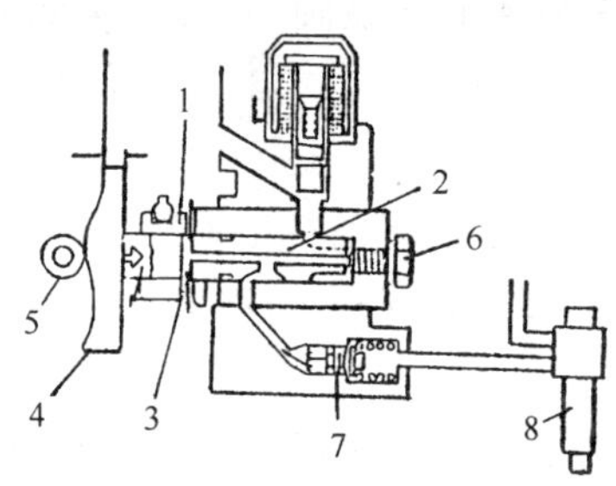

图 4-7 VE 型单柱塞式分配泵供油结束
1-控制套筒；2-柱塞；3-溢油孔；4-平面凸轮；5-滚轮；6-检视螺钉；7-出油阀；8-喷油器

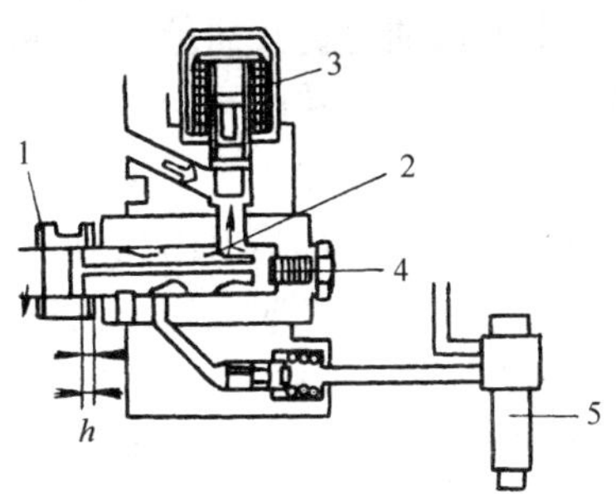

图 4-8 VE 型单柱塞式分配泵供油量调节
1-控制套筒；2-柱塞；3-电磁停油阀；4-检视螺钉；5-喷油器

综上所述，VE 型单柱塞分配泵供油量增减大小的调节，是靠调速器控制溢流环（控制套筒）而改变供油量结束时刻的，即控制供油的有效行程来进行的，这就是通常所说的断油计量的方法。

当供油结束后，分配泵柱塞再转 180°时，均压槽 2 和分配油路 1 相通，使分配油路内的燃油压力和泵室内的燃油压力相平衡。这样可使整个分配油路内的燃油压力在喷射前趋于均匀，从而使各缸的供油量达到均匀（图 4-9）。

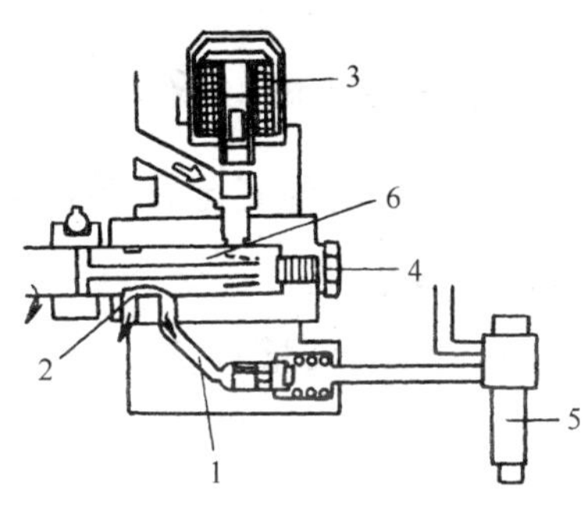

图 4-9 VE 型单柱塞式分配泵均压过程
1-分配油路；2-均压槽；3-电磁停油阀；4-检视螺钉；5-喷油器；6-柱塞

2. VE 型单柱塞式分配泵的工作原理

如图 4-10 所示，当柴油机运转时，曲轴通过曲轴正时齿轮、齿形皮带和喷油泵正时齿轮带动附件箱正时齿轮旋转。附件箱主轴又通过内外齿套带动喷油泵驱动轴旋转（见图 4-3 和图 4-10 所示）。

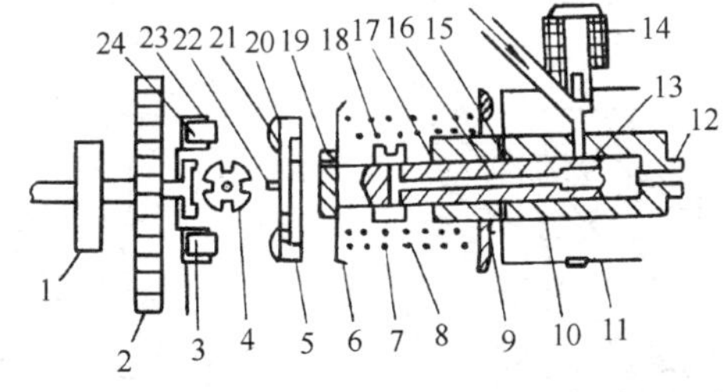

图 4-10 依维柯柴油机 VE 型单柱塞式分配泵原理图
1-滑片式输油泵；2-调速器驱动齿轮；3-驱动轴的凸轮；4-旋转 90°联轴节；5-凸轮盘；6-弹簧座；7-柱塞回位弹簧；8-油量控制器；9-柱塞；10-套筒；11-高压油管；12-检视螺钉；13-进油槽；14-电磁式断油阀；15-套筒出油孔；16-柱塞出油孔；17-柱塞中心孔；18-柱塞回油孔；19-销钉孔；20-驱动销钉；21-凸轮；22-凸轮盘凸齿；23-滚轮环；24-滚轮

通过联轴器带动凸轮盘5和分配泵柱塞9旋转。由于凸轮盘5始终紧靠在滚轮环23的滚轮24上,当凸轮盘5旋转时,在滚轮和凸轮盘的相互作用下,凸轮盘和柱塞就不断地沿其轴线作往复运动。当柱塞向左运动时,柱塞上的回油孔18被油量控制器8所封闭,柴油在滑片式输油泵1的作用下从电磁断油阀14和进油槽13进入并充满分配泵腔。当柱塞向右运动时,柱塞上的回油孔仍被油量控制器所封闭,当进油槽13和断油电磁阀14被套筒隔开,柱塞继续向右移动时,泵腔内的柴油压力迅速升高到足以克服通向喷油器的出油阀弹簧的作用力时,开始向各缸喷油器供油。VE型单柱塞分配泵的柱塞不但作往复运动,同时还作旋转运动。当柱塞9旋转时,其出油孔对准某出油阀的油道时,高压柴油即推开出油阀沿高压油管流入各缸喷油器,只要柱塞上的出油孔(其中一个)转到与套筒出油孔(四个)对齐时,即可向喷油器(四个)提供高压柴油。

上述进油和出油过程中,柱塞的回油孔18始终被油量控制器封闭着,若回油孔露出油量控制器以外,与低压油腔相通时,柱塞高压油腔内的高压柴油沿其柱塞中心孔17从柱塞回油孔18流回低压油腔,此时,出油阀关闭,分配泵停止向外供油。因此,只要向左移动油量控制器8,使柱塞压油行程中回油孔提前与低压油腔相通,就能减少供油量。如果控制器8向右移动,使柱塞压油行程中回油孔推迟与低压油腔相通,就可以增大供油量。

驾驶员脚下的加速踏板,就是通过速度控制杆18(图4-3)、调速弹簧17和有关的调节控制杆来拨动油量控制器向左右移动的,从而使供油量减少或增加。

三、VE型单柱塞式分配泵的调节机构

1. 油量调节机构

如图4-3所示,油量调节机构由全负荷油量调节螺钉23,校准杆19和控制套筒15(溢流阀)等组成。当旋入全负荷油量调节螺钉23时,推动校准杆19绕其轴作逆时针方向转动,拨动控制套筒15向右移,使供油量增大;反之,拨动控制套筒15向左移,使供油量减小。通常全负荷螺钉调好后,加以铅封,不允许任意调整。

2. 供油提前角自动调节装置

当发动机转速提高时,为了保证良好的燃烧过程,必须提前将柴油喷入燃烧室。在VE型单柱塞式分配泵的泵体下部装有供油提前角自动调节装置。其作用是随发动机转速的变化而自动调节供油提前角。

如图4-11b)所示,在正常的工作情况下,自动定时器活塞被弹簧压在不提前的位置。

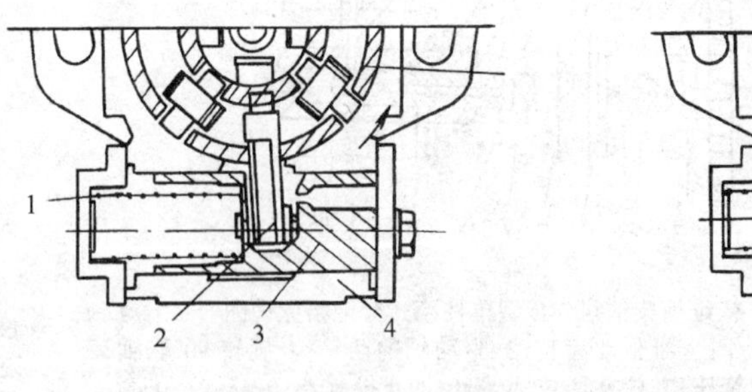

a)

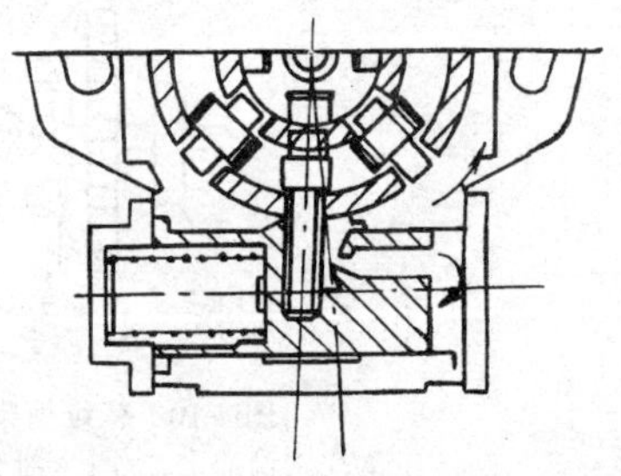

b)

图4-11 供油提前角自动调节装置的结构与工作原理

a)调节前;b)调节后

1-弹簧;2-拨销;3-活塞;4-分配泵内腔

如图 4-11a)所示，当发动机转速升高时，滑片式输油泵转速也提高，泵腔内的燃油压力增加，当作用于定时活塞上的油压超过定时器弹簧的弹力时，活塞便向左移动，通过滑动销使滚柱环朝着与驱动轴旋转方向相反的方向移动，从而使供油时间提前。

当发动机转速降低时，泵腔内的燃油压力下降，由于自动定时器弹簧的作用，定时器活塞便被推向左方，滚柱恢复到正常的工作位置。

四、VE 型单柱塞式分配泵电磁式停油装置

VE 型单柱塞式分配泵装有电磁式停油装置。电磁驱动的阀门位于吸油孔时，电磁阀用钥匙开关就可以控制。在钥匙开关接通时，电磁阀通过电流，将阀门吸到上方并压缩弹簧，从而打开燃油通路。

如图 4-12 所示为电磁式停油装置的电路，在开关板上设有 ST、ON、OFF 开关，用以接通或切断进入气缸的燃油通路。

如图 4-13 所示，当发动机转动时，将起动开关 ST 闭合，从蓄电池来的电流直接流经电磁线圈，较大的电流使线圈内的阀门被吸到上方并压缩弹簧，从而打开了燃油通路；当发动机起动后，将开关闭合(ON)，此时由于电路中串入了电阻，使通过电磁线圈的电流减小，使阀门保持在线圈内；当发动机停止转动时，将开关闭合(OFF)，此时电路被切断，线圈中的阀门在弹簧作用下返回阀座，将吸油孔关闭，从而切断了油路，使发动机熄火停车。

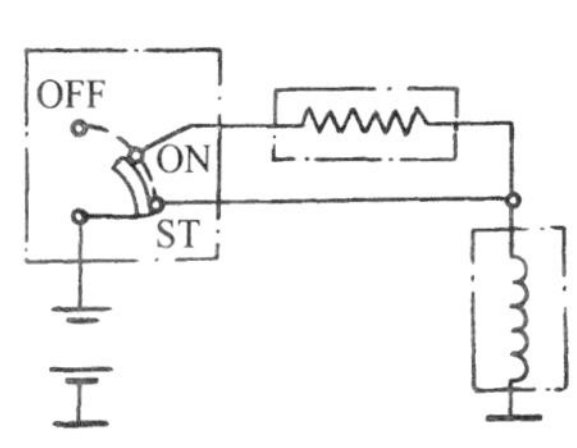

图 4-12 电磁式停油装置电路

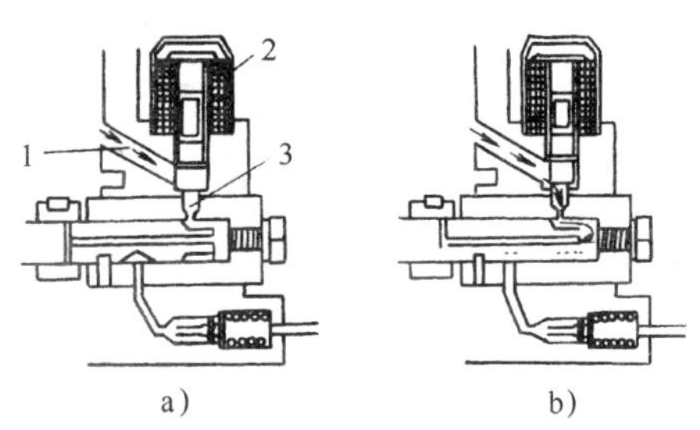

图 4-13 电磁式停油装置工作原理图
a)发动机停转时；b)发动机运转时
1-燃油通路；2-电磁线圈；3-进油口

五、VE 型单柱塞式分配泵调速器

1. VE 型单柱塞式分配泵调速器的结构

VE 型单柱塞式分配泵调速器为机械式调速器(图 4-14)，这种分配泵供油量的调节是通过改变柱塞有效行程 h 来实现，而有效行程是由控制套筒的位置决定的。控制套筒的位置是由调速器根据发动机的转速和负荷自动调节的。在飞锤支架上装有 4 个飞锤(也叫配重)，飞锤通过止推垫圈推动调速器套筒移动。调速器杠杆由导向杆、控制杆和拉杆通过支撑轴 A 连接在一起。调速器的弹簧有：起动弹簧、控制杆与拉杆之间的弹簧。起动时，通过起动弹簧使控制杆推压调速器套筒，使控制套筒移到起动位置。调速弹簧挂在拉杆上端弹簧座和速度控制杆下端小轴之间。在拉杆上端装有怠速弹簧，在导向杆下端还装有支座弹簧。

2. VE 型单柱塞式分配泵调速器的工作原理

调速器应保证分配泵的喷油量适应发动机各工况要求。由调速器旋转而产生的飞锤离心力和调速弹簧的弹力相互作用，使调速器套筒左右移动，通过杠杆机构使控制套筒移动，改变柱塞的有效行程，从而增减供油量，适应发动机多种工况的需要。

1)发动机起动时的状态

如图 4-14 所示,当发动机起动时,踏下加速踏板,使速度控制杆移到全负荷位置,控制弹簧被拉伸,弹簧张力使拉杆左移并碰到上面的限制器。此时,由于飞锤静止不动,拉杆通过弱的板簧使控制杆压向调速器套筒,飞锤完全处于闭合状态。这时,控制杆以 A 为支点向左转动,使控制套筒向右移动至起动加浓位置,在此状态下,发动机便可得到加浓的供油量。

2)发动机怠速时的状态

如图 4-15 所示,发动机起动后,加速踏板随之放松,使调速杆 1 回复到怠速位置,此时控

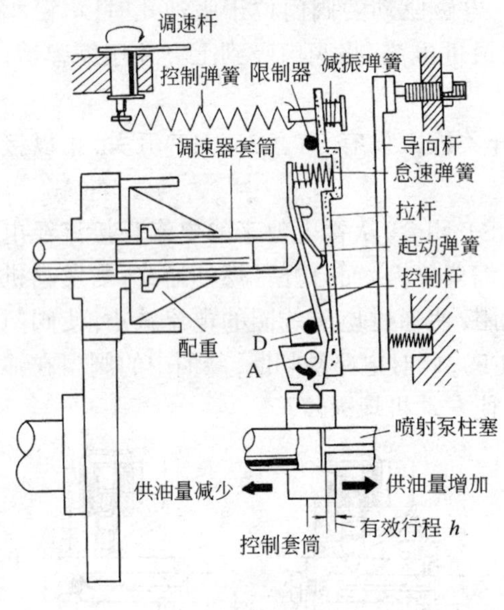

图 4-14 VE 型分配泵调速器结构与工作原理

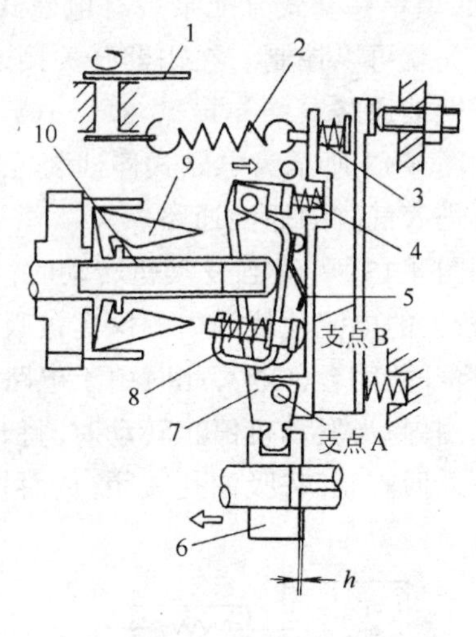

图 4-15 调速器怠速时的状态
1-调速杆;2-控制弹簧;3-减振弹簧;4-怠速弹簧;5-起动弹簧;6-控制套筒;7-支承杆;8-控制杆;9-飞锤;10-调速套筒;h-有效行程

制弹簧 2 的张力几乎为零。调速器即使低速运转,但飞锤也要向外张开,使控制套筒 6 移到怠速位置。在飞锤离心力和怠速弹簧、减振弹簧的张力平衡位置,使发动机得到良好的怠速运转。

3)发动机全负荷时的状态

踏下加速踏板,使调速杆 1 移到全负荷位置(如图 4-16)。由于控制弹簧 2 的张力变大,减振弹簧 5 的张力也变大,减振弹簧被全部压缩,拉杆 7 碰到上面的限制器 6,并固定在该位置。同时,由于控制杆 10 也通过支点 E,正和拉杆 7 接触。因此,拉杆和支承杆也要左移,使控制套筒保持在全负荷位置。

4)限制最高转速时的状态

如图 4-17 所示,这时发动机转速进一步上升,飞锤的离心力进一步增加,拉杆 2、控制杆 5 和支承杆 4 将克服控制弹簧 1 的张力,以 A 为支点右转,使控制套筒左移,供油量减小,从而防止发动机超过最高转速运转。

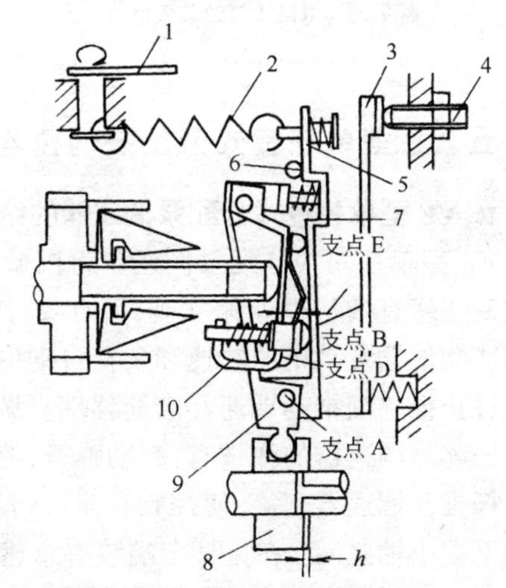

图 4-16 调速器全负荷时的状态
1-调速杆;2-控制弹簧;3-导向杆;4-全负荷油量调节螺钉;5-减振弹簧;6-全负荷限制器;7-支承杆;8-控制套筒;9-支承杆;10-控制杆;h-有效行程

六、VE 型单柱塞式分配泵的使用及维护

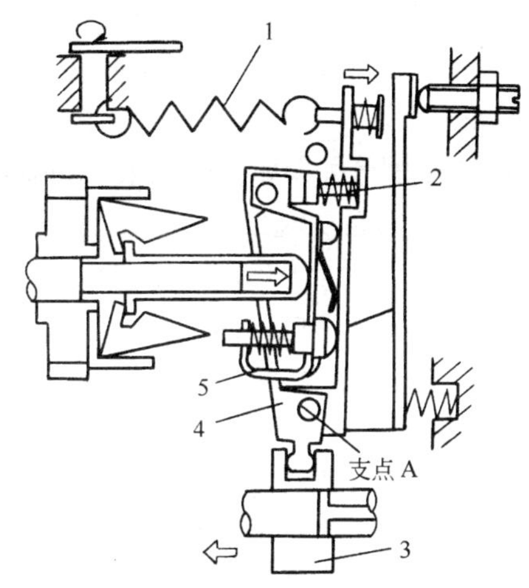

图 4-17 限制最高转速的状态
1-控制弹簧；2-拉杆；3-控制套筒；4-支承杆；5-控制杆

1．VE 型单柱塞泵的油量调节机构

如图 4-16 所示，油量调节机构由全负荷油量调节螺钉 4、导向杆和油量控制套筒等组成，当旋入全负荷油量调节螺钉 4 时，推动导向杆 3 以 D 为支点左转，拨动油量控制套筒向右移，供油量增大。反之，供油量就减小。全负荷油量调节螺钉调整好后。加以铅封，不允许随意调整。

2．VE 型单柱塞泵供油正时的调整

把喷油泵正时齿轮按正时记号对准，将喷油泵插装在附件箱主轴的内齿套中，初步拧紧喷油泵的紧固螺栓，不要太紧(因这后面还要通过转动壳体进行喷油时刻的校准)。拆下喷油泵柱塞分配套筒端部的检视螺钉 6(图 4-7)插入千分表探针，使其与柱塞接触。然后，反方向摇动飞轮，根据飞轮上的上止点记号，使第一缸活塞处于上止点前，符合所规定的供油量提前角位置上(814007 型为 6°；814027 型为 4°30′)。这时从千分表上应该看到喷油泵柱塞从其下止点起刚好经过 1mm 的柱塞行程。否则，就应该转动喷油泵泵体，使其绕驱动轴旋转过某一角度(即转动滚动环某一角度)，直至千分表表示柱塞刚好经过 1mm 的柱塞行程。最后拧紧喷油泵紧固螺栓。

3．燃料系统空气排除

①用扳手放松喷油泵溢油阀上的放气螺钉；

②用手扳动输油泵手柄往上下的方向往复泵油，直到出油阀处出现柴油为止；

③放气后，顺时针方向转动放气螺钉，并拧紧；

④油水分离器的排放：

a．在油水分离器排放螺塞下面的乙烯软管端放置容器；

b．往逆时针方向转动(约 5 圈)，松开放气螺塞，然后使手油泵工作，直到油水分离器内充满柴油为止；

c．当放完空气后，顺时针方向转动放气螺塞，并拧紧，然后再泵几次油即可；

d．在发动机起动后，检查油水分离器的放气螺塞处有无漏油现象。

4．柴油滤清器的更换

①用柴油滤清器专用扳手，把柴油滤清器向逆时针方向转动；

②用干净布擦干净滤清器盖上的配合面；

③在使用新的柴油滤清器时，在其 O 形环上抹一层润滑脂，然后加注柴油，小心地按顺时针方向转动柴油滤清器，以免柴油遗漏，直至 O 形环与柴油滤清器的密封完全配合为止，随后使用专用扳手把柴油滤清器转动 1/3～2/3 圈，使其完全紧固；

④泵动手油泵，对柴油系统进行排气；

⑤柴油滤清器在正常情况下，行驶 1.5 万 km 或使用 9 个月应更换。

5．发动机的怠速调整

首先对发动机进行预热，在发动机完全预热后，接通发动机转速测试仪。其次关掉汽

车空调。最后使加速踏板加速杆接触到怠速调整螺钉进行正常的怠速运转时,检查发动机的运转情况。若怠速偏离规定的转速范围,则用喷油泵的怠速调整螺钉进行调整。怠速为800r/min。

6. VE型分配泵常见故障及其排除

1)发动机起动困难

①燃油切断器电磁阀损坏或电源线接触不良,使电磁阀不能正常工作,喷油泵高压腔中不能进油。可更换新电磁阀或排除线路故障;

②柱塞、柱塞套筒、油量控制套等精密件的过度磨损,造成供油不足,可修复或更换磨损零件;

③油路中有空气,可排除空气。

2)发动机功率不足或转速不稳

①喷油器有故障或供油时刻不正确时,可检查喷油器或调整供油正时;

②柱塞、柱塞套筒或油量控制套磨损,使供油不足,可修复或更换磨损零件;

③柴油的质量不好,应选用规定牌号的柴油。

3)发动机冒烟

①供油时刻太迟,后燃严重。应调整供油正时;

②喷油泵供油过多可重新调整供油量。

4)发动机突然停车

①燃油切断器电磁阀损坏,线路接触不良,或电路出现故障;

②柴油箱内的柴油不足或无油,应加注柴油;

③柴油滤清器或管路被脏物堵塞,应更换滤芯,清除滤清器或管路。

第三节 PT燃油系统的特点、工作原理、使用与维护

一、PT燃油系统的主要特点

一般柴油机供给系统中,产生高压燃油、喷油正时和油量调节均由喷油泵来完成。在二冲程发动机上采用油泵——喷油器完成。PT燃油系统则与上述两种供油系统有很大区别,油量调节是由PT喷油泵(简称PT泵)完成的,而高压的产生和定时喷射由PT喷油器来完成,因此它具备了上述供油系统的优点,归纳起来有如下几点:

①由于油量的调节是由PT泵完成的,从而取消了喷油泵和喷油器之间的连接管路及传动机构,从而使结构紧凑,并且各缸油量的分配均匀性易于集中调整,比较稳定,使发动机的平稳性大为改观;

②由于高压油是由喷油器产生的,免去了高压油管,因此喷油过程中消除了高速时压力波和燃油压缩所带来的不良影响,可以采用较高的喷油压力(68.89~137.79MPa)。可以满足强化发动机所要求的高喷射率和喷射压力的要求,而且雾化良好,有利于燃烧;

③进入喷油器的柴油只有20%左右经喷油器喷入气缸燃烧,余下的80%左右的柴油对喷油器进行冷却和润滑后流回油箱。因此可对喷油器进行充分冷却,还可以带走油路中的气泡,有利于提高喷油器的工作可靠性和使用寿命;

④PT燃油系统中只有一对精密偶件;

⑤发动机停止转动时，PT燃油系统是利用PT燃油泵上的断油阀关闭油路，切断燃油流动的。可使断油利落干净，效果更佳；

⑥与其他供油系统相比较，PT燃油系统更便于采用电子控制；

⑦PT燃油系统还具有结构简单、使用可靠、维修方便，体积小和重量轻等优点；

⑧使用PT燃油系统的发动机不易飞车。

二、PT燃油系统的工作原理

1．PT燃油系统的组成

汽车用PT燃油系统组成简图见图4-18。发动机工作时，燃油箱1中的柴油经滤清器2滤清后流入PT泵3，PT泵可根据柴油机工况的变化，以不同的油压将柴油输送给喷油器4，喷油器则对低压燃油进行计量加压并在规定的时刻使之呈雾状喷入气缸。

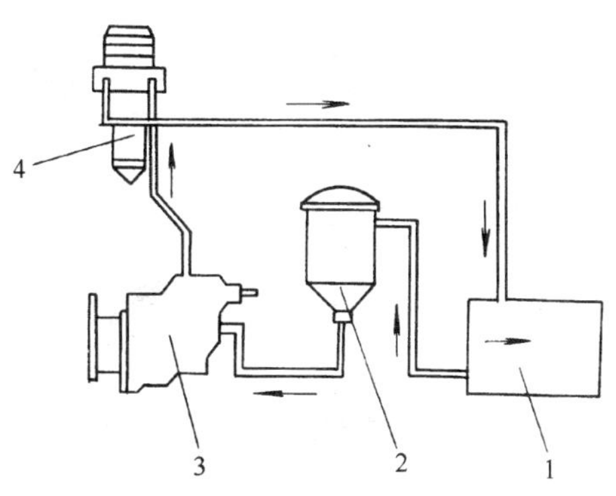

图4-18　PT燃油系统油路示意图

1-燃油箱；2-滤清器；3-PT泵；4-喷油器

PT燃油系统示意图如图4-19所示，是由油箱、柴油粗滤器、输油泵、稳压器、柴油细滤器、调速器、节流阀、断油阀、供油管、喷油器、回油管等组成。其中齿轮泵、稳压器、滤清器、PTG型两速式调速器，旋转式节流阀、断流阀以及加装的MVS型全程式调速器等组成一体。增压发动机还装有冒烟限制器，这个组合体称为压力——时间燃油泵，简称PT泵。

2．PT燃油系统的基本工作原理

图4-19中，燃油从油箱1流经滤清器2被齿轮泵3吸入，从齿轮泵3排出的燃油压力约为980kPa左右，然后经过PT泵内部的稳压器4、调速器6、节流阀7、断油阀8后，离开PT泵组合体，大部分经供油管9进入喷油器10。喷油器由凸轮驱动机构控制，按顺时针定时地把燃油喷入气缸内。喷油器中其余的燃油通过另一条回路经燃油歧管，返回PT泵的进油一侧。

PT燃油系统调节供油量的原理是液体通过某一通道的流量与液体的压力、允许通过的时间和通道的阻力(通道断面尺寸)成比例。即在通过时间和阻力不变情况下，流量与压力成正比；在压力与阻力不变时，流量与允许通过的时间成正比；若压力与时间不变，则流量与阻力成反比。这实质上是由流体力学两个基本方程式所导出的必然结论。对单一喷油器来说，其入口处的量孔断面尺寸是经选定而不变的。那么，油量仅与压力和喷油时间成正比。另外，喷油凸轮形状也是不变的，以角度计无论转速如何变化，所经历的角度是不变的，但以时间计则燃油进入的时间是变化的，随转速升高而时间变短使喷油量减少。在此情况下，如果还要保持供油量不变，则必须由PT燃油泵来提高喷油器的进油压力，以补偿由于时间缩短对供油量的影响。所以PT燃油泵的输油压力是同时随发动机负荷和转速而变化的。这就是利用压力、时间来控制循环供油量的基本道理。

3．PT泵

按上述原理工作的PT泵的典型结构如图4-20所示，其油路图如图4-21所示。柴油机的动力经齿轮13传到主轴12，再分别驱动齿轮泵27和PTG调速器24。齿轮泵吸入柴

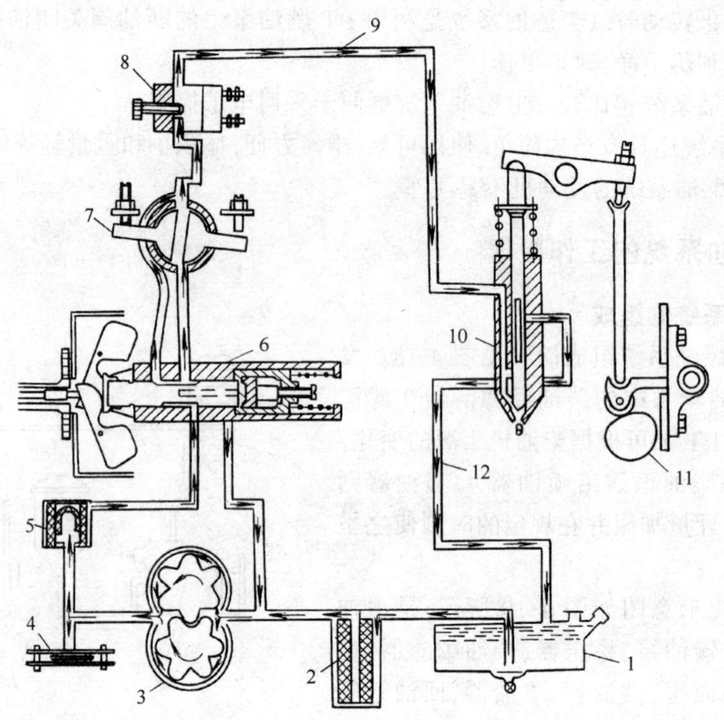

图 4-19 PT 燃油系统燃油流向示意图

1-油箱;2-粗滤器;3-齿轮泵;4-稳压器;5-细滤器;6-调速器;7-节流阀;
8-断油阀;9-供油管;10-喷油器;11-凸轮轴;12-回油管

油并压送到滤清器 9 中进一步滤清。为清除输出柴油的压力波动,在齿轮泵出口端装有膜片式稳压器 26(即借助稳压器空气室中空气的弹性,对脉动油压起缓冲作用,使油压平稳)。从滤清器出来的柴油分为两路:一路往下进入 PTG 调速器 24,另一路经上部进入 MVS 调速器 1。(MVS 调速器是全程式调速器,多用于工程机械柴油机;PTG 调速器为两级式多用于汽车柴油机)。PTG 调速器主要由飞块 18、套筒 17、飞块柱塞 15、调速柱塞 20、低速校正弹簧 14、调速弹簧 23、高速校正弹簧 19、怠速弹簧 22、怠速柱塞 21 等组成,兼起调压和调速作用。

调速柱塞 20 的内腔径向油孔与油道 A 和旋转式节流阀 25 相通,因而内腔油压与齿轮泵输出油压基本相同。怠速柱塞 21 位于调速柱塞一端,因柴油压力作用,调速柱塞与怠速柱塞两者端面不接触,而保持一定间隙 Δ,部分燃油即从此间隙流回齿轮泵。柴油机工作时,调速柱塞受到的飞块离心力造成的轴向推力 F 是由间隙 Δ 处的油作用力 F_f 来平衡,而 F_f 又由怠速弹簧力 F_s 来平衡,即

$$F = F_f = F_s$$

当柴油机转速升高时,F 相应增大,随着调速柱塞右移,间隙 Δ 减小,而节流作用加强,因此 PT 泵输出柴油压力将增高,因此,循环供油量并不因转速升高、喷油器进油时间缩短而减少。反之,柴油机转速下降时,F 减小 Δ 变大,输出燃油压力下降。此即为 PT 泵调压作用。

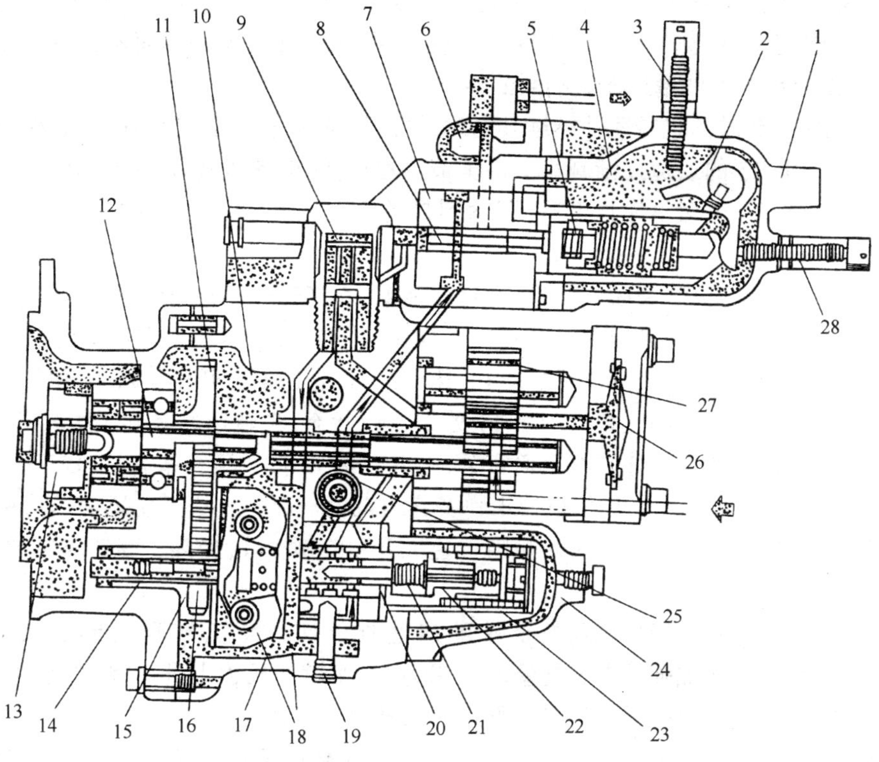

图 4-20　PT 燃油泵

1-MVS 调速器;2-操纵摇臂;3-高速限制螺钉;4-调速弹簧;5-怠速弹簧;6-断油阀;7-柱塞套筒;8-柱塞;9-滤清器;10、11、13、16-齿轮;12-主轴;14-低速校正弹簧;15-飞块柱塞;17-调速柱塞套筒;18-飞块;19-高速校正弹簧;20-调速柱塞;21-怠速柱塞;22-怠速弹簧;23-调速弹簧;24-PTG 调速器;25-旋转式节流阀;26-稳压器;27-齿轮泵;28-怠速螺钉

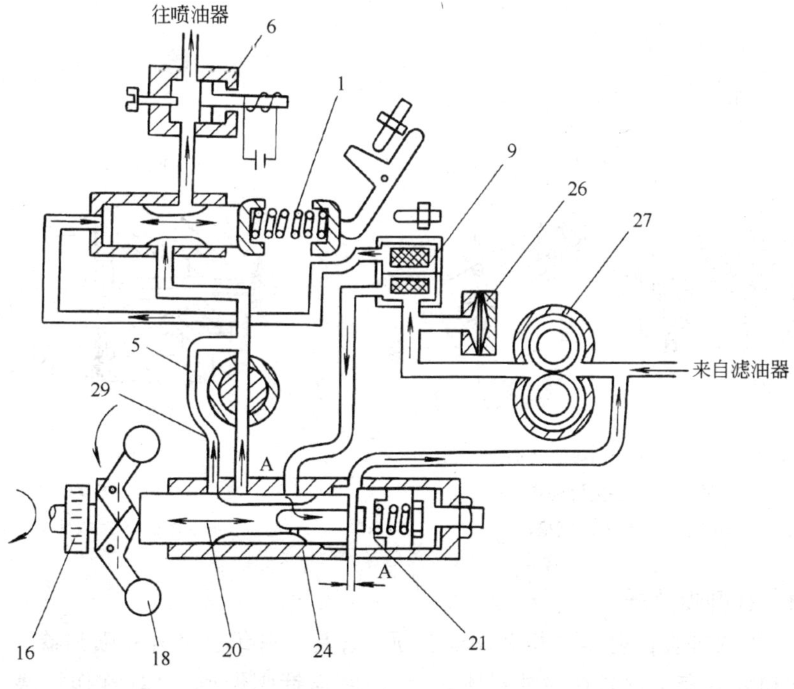

图 4-21　PT 泵油路示意图

1～28 同图 4-20;29-怠速油道

调速柱塞上燃油压力的作用面积大致与怠速柱塞左端凹部面积相等，因而更换怠速柱塞时，如凹部面积发生变化，则 PT 泵性能将会改变。此外，两个柱塞的端面不允许损伤，否则会影响从间隙 Δ 泄出的燃油量进而影响泵的性能。

当柴油机转速超过标定转速并继续升高时，调速柱塞进一步右移，调速弹簧 23 受压缩，使通往旋转式节流阀 25 的通道逐渐减小。由于节流作用，输出燃油压力急剧下降，喷油量减少，最终燃油几乎被切断，转速不能再升高，即达到最高空载转速。这时燃油从间隙 Δ 经油道大量流回齿轮泵入口处。

怠速时将旋转式节流阀关闭，此时恰好怠速油道 29 打开一部分，燃油即从此流出，维持柴油机的怠速运转。若由于某种原因导致转速下降时，F 减小，调速柱塞左移，使怠速油道开度增大，供油量增大，转速相应回升。反之，当转速升高时，怠速油道开度便减小，使转速下降。

当柴油机转速不高时，高速校正弹簧 19 处于自由状态，当转速升高到最大转矩转速附近时，校正弹簧的右端开始与调速柱塞套筒接触，随着转速上升，调速柱塞右移，校正弹簧则逐渐被压缩。这样调速柱塞作用力 F 将被校正弹簧弹力抵消一部分。从而使燃油压力略微下降，循环供油量即稍减小，相应地柴油机转矩随转速上升而略微下降，提高了高速时柴油机的转矩适应性。

柴油机在最大转矩转速时，低速校正弹簧 14 也处于自由状态，转速降低时，飞块柱塞 15 左移压缩校正弹簧，从而加强了调速柱塞的作用力 F，使燃油压力上升。因此，柴油机转矩随转速降低的下降率减小，提高了柴油机在低速时的转矩适应性。

汽车柴油机 PT 泵中的旋转式节流阀用于人为地控制怠速与标定转速之间工作范围的供油量。节流阀与加速踏板用杆系连接，可由驾驶员通过加速踏板操纵。如图 4-22 所示，转动阀芯 5 加大燃油通过面积，输出燃油压力便增高，因而使油量减小。

断油阀是一个电磁阀（如图 4-23），通电时阀片 3 被吸向右边，断油阀打开，柴油得以通过，断电时阀片在弹簧 2 作用下关闭，供油停止。断油阀还设有手动螺纹内顶杆，在电路失灵时使用，旋入时打开阀门，反之关闭。

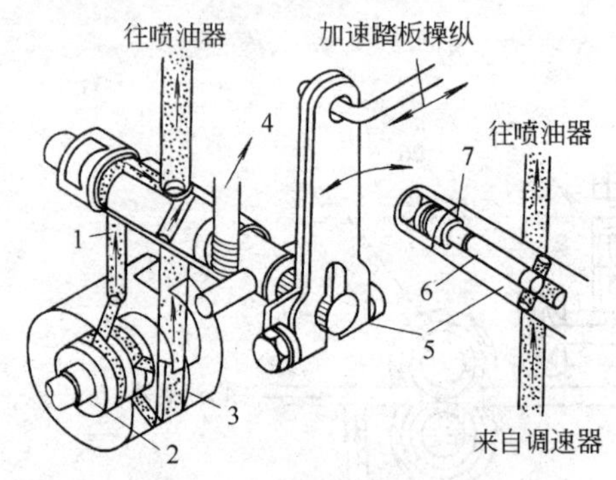

图 4-22 旋转式节流阀的操纵及调整

1-怠速油道；2-调速柱塞；3-主燃油道；4-限位螺钉；5-阀芯；6-阀芯柱塞；7-调整垫片

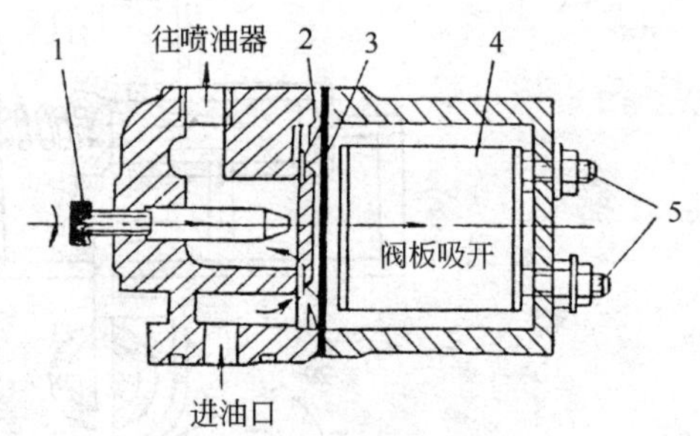

图 4-23 断油阀

1-螺纹顶杆；2-复位弹簧；3-阀片；4-电磁铁；5-接线柱

4．PT—D 型喷油器

PT—D 型喷油器的基本结构如图 4-24 所示，是一种组合型开式喷油器。喷油器螺母 2 把喷油嘴 10 和柱塞套 1 拧紧在喷油器体 4 上，柱塞与针阀做成一体（称作柱塞—针阀），以其顶部凸肩与导向套6夹固在一起。推杆下端的凸球面与柱塞—针阀上端的凹球面相配合。复位弹簧5安装在喷油泵体和导向套上的台阶之间，用以保持柱塞—针阀与推杆，推杆与凸轮之间的紧密接触。

PT—D型喷油器是由吸油—回油、量油、喷油和喷油完毕—回油等4个过程组成，其工作过程如图4-25所示。

1）吸油—回油（图4-25a）

当柱塞—针阀上行时，已调整好压力的油从进油量孔A进入喷油器油道，经排油孔B、柱塞—针阀的环形切槽和回油孔C、D及回油管回到浮子箱。柴油如此循环有利于喷油器的冷却、柱塞的润滑以及空气的排除，有利于提高喷油器的可靠性和延长使用寿命。

2）量油（如图4-25b）

柱塞—针阀继续上行打开孔E（称作计量孔），柴油进入压力室开始量油过程。

3）喷油（如图4-25c）

柱塞—针阀下行时关闭计量孔，进入喷嘴头的柴油获得增压并经10个孔径为0.2mm的喷孔喷入燃烧室。喷油压力可高达102.9MPa。

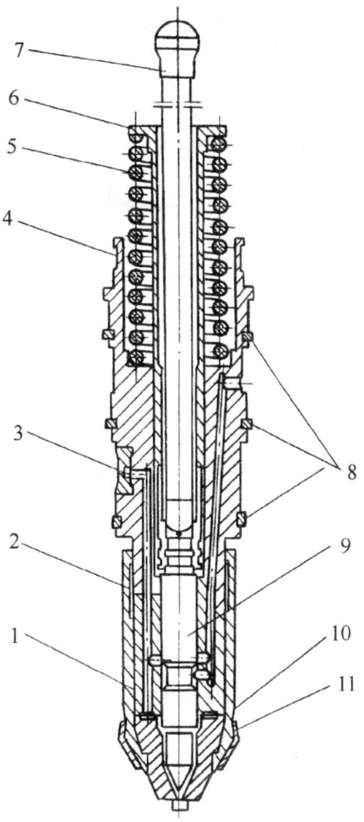

图4-24 PT—D型喷油器

1-柱塞套；2-喷油器螺母；3-进油螺塞；4-喷油器体；5-复位弹簧；6-导向套；7-推杆；8-O形密封圈；9-柱塞—针阀；10-喷油嘴；11-密封垫

4）喷油完毕—回油（如图4-25d）

柱塞—针阀继续下行至针阀锥面与喷嘴头锥面接触时，喷油结束，此时开始旁通回油。针阀落座的接触应力可以靠推杆的机构进行调整。

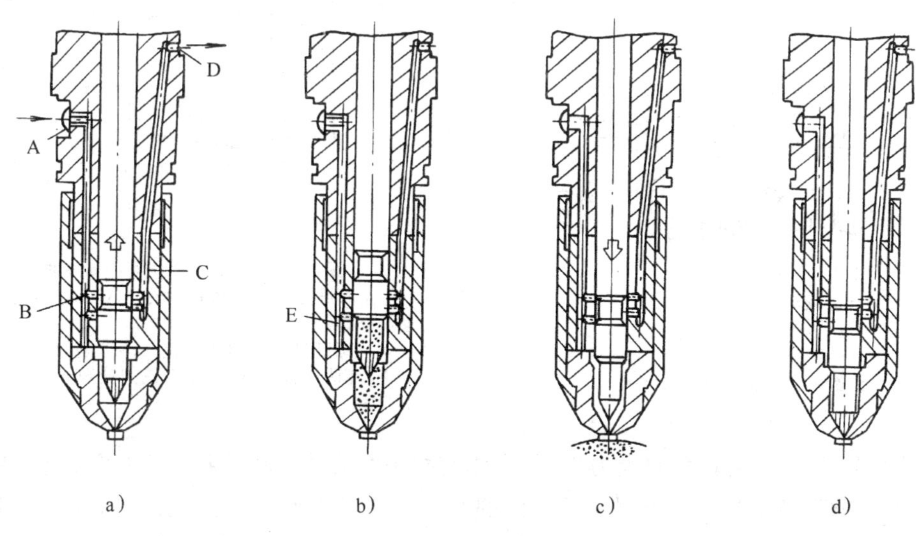

图4-25 PT—D型喷油器工作过程

a）吸油—回油；b）量油；c）喷油；d）喷油完毕—回油

三、PT燃油系统的使用与维护

PT燃油系统与传统的柱塞泵燃油系一样，由很多高度精密零件组成。如果使用不当，发动机运转一段时间后，这些零件将会出现各种故障，造成燃油系工作失常，导致发动机功率下降，油耗增加，严重时发动机不能起动。如使用、维护不当，在PT系统中混入空气、水和杂质后，对PT供油系统的影响更大。

1. PT燃油系统混入空气的危害

空气进入PT燃油系统后会发生PT燃油泵工作失常，各缸喷油不均匀和喷油器喷油不正常等情况。因而使发动机起动困难，功率下降、转速不稳或突然熄火。

1)空气从PT燃油系统的管路中渗入

可能产生的部位有：浮子油箱—燃油滤清器—PT燃油泵之间(如图4-26所示)。

①空气从浮子油箱与滤清器之间渗入，或从滤清器盖上的固定螺栓和垫片损坏处渗入。渗入的空气在滤清器的上部形成空腔，因为柴油是从滤清器上部进入的，所以空腔中的空气很容易渗入油中。

检查方法是先取下小滤清器盖，检查柴油是否充满滤清器。当发现燃油不足时，应予以加满并盖紧，换上新的垫片和螺栓。在维护时，从柴油滤清器排污塞排出水、污物和较多的柴油以后，也应按上述方法向燃油滤清器中添加柴油。

②空气从燃油滤清器与PT泵之间渗入。检查时，可以外部观察油管是否漏气或接头松脱。如果管子某处漏气则在发动机停止转动后可看到有柴油从渗漏处渗出。

2)PT泵各密封部位失效，空气从失效部位直接进入泵体

PT燃油泵可能漏气的部位如图4-27所示。PT泵的内腔和调速器罩盖中始终充满着由调速器柱塞间隙和齿轮泵轴承间隙渗入的柴油，所有这些空腔都与齿轮泵的吸油部分相通。

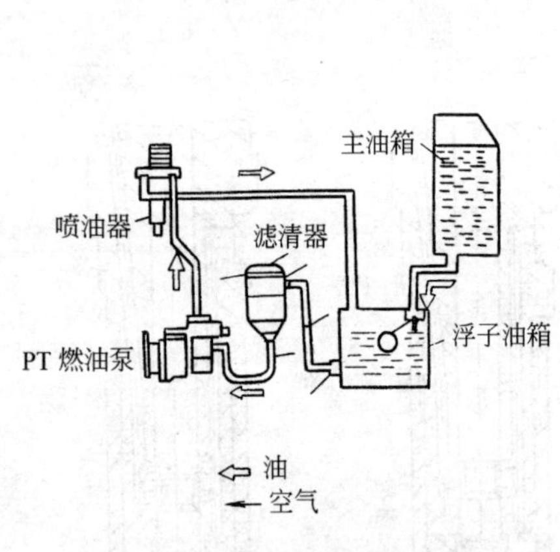

图4-26　管路漏气部位

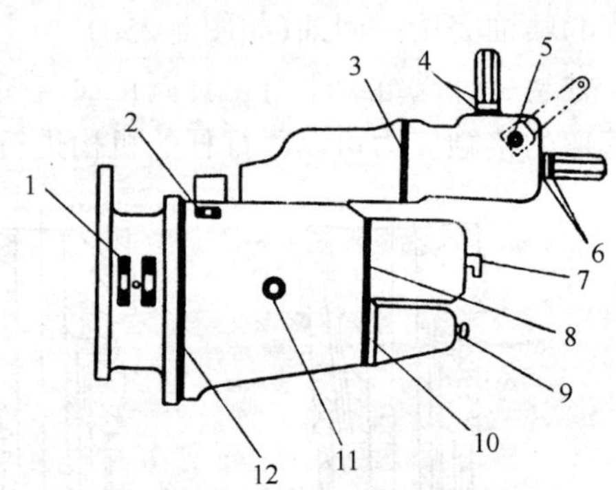

图4-27　PT燃油系统可能漏气的部位
1-前盖油封；2-计时表轴油封；3-MVS调速器；4-最高转速调整螺钉垫片；5-操纵臂轴承O形密封圈；6-最低转速调整螺钉垫片；7-进油管接头；8-齿轮泵垫片；9-柱塞；10-PTG调速器罩垫片；11-节流阀轴O形密封圈；12-前盖垫片

在PT泵工作时，由于齿轮泵的吸力作用，壳体空腔中的柴油不断被吸走，因而形成了PT泵内腔中柴油的循环，使PT泵工作期间壳体内的柴油处于负压状态。因此，在密封失效时，空气就全被吸入泵体内和柴油混合进入喷油。PT密封失效时，泵腔中会渗入大量的空气，使泵腔内真空度减小，同时因柴油内混有空气，当空气含量较多时就破坏了供油的连续性，使吸油量

减少,从而使 PT 泵出口压力减小。此时,发动机会产生转速忽高忽低的“喘气”现象。这种现象首先发生在怠速或低速运转时,漏气严重时,中速运转时也会发生。检查时,应使发动机在怠速工况下运转,按图 4-27 所示向可能漏气的部位滴润滑油,或用手指堵住有关孔口,此时观察所滴油被吸入泵体或在堵住孔后,“喘气”现象减轻或消失,则说明该处漏气。检查时对每个密封部位逐一进行。

在诊断出 PT 燃油泵漏气部位后,应视不同情况采取相应措施。若漏气是因为垫片损坏或接头松脱所致,则应更换垫片或旋紧接头。若漏气是由密封件失效所致,则应予以更换。

2. PT 燃油系统混入水的危害

当水进入燃油系统后,将会使调速器柱塞,喷油器柱塞等零件发生锈蚀现象,特别是停车后再次起动发动机时,有可能使 PTG 调速器柱塞传动销、驱动舌和齿轮泵驱动轴折断。在冬季,由于水的混入还有可能引起燃油系内结冰而使油路堵塞,发动机无法起动。

燃油系中的水可通过以下两个途径进入。其一,可能是由于加注的柴油中含有水;其二,发动机工作一段时间后,油箱中柴油减少,如不及时加油,在油箱中没有充满油的情况下,夜间由于气温下降,空气中的水蒸气便在箱壁上冷凝,从而使水混入柴油中。因此,要求在每班作业完后即将油箱加满。另外,每班作业开始前,可打开油箱下面的排水塞排除沉积在油箱下面的水,也可打开滤清器排污塞,将积存水排除,发动机长期停放期间应使 PT 泵内存有足够柴油,并对 PT 泵定期转动。而且在重新启动之前,应对 PT 泵进行仔细检查,在确认零件运转灵活时,再起动发动机。

3. PT 燃油系统中混入机械杂质的危害

机械杂质进入燃油系也会造成不良结果。在 PT 燃油泵中有许多精度很高的偶件,如 PTG 调速器柱塞与套筒配合的间隙为 0.008～0.0125mm,怠速弹簧柱塞的端面凹面和棱角都不允许有任何损伤。若损伤,间隙改变,影响从端面间隙中泄漏出的燃油量,因而影响发动机性能和寿命。

为防止杂质混入柴油,在加注柴油时,必须将其沉淀并过滤。定期对燃油滤清器进行检查和清洗。尤其重要的是按规定清洗燃油系统中的滤网磁性式滤清器的上下滤网。

4. 喷油器调整不当出现发动机冒黑烟

这也是 PT 燃油系统常见故障。喷油器调整螺钉的转矩调整过大时,喷油器柱塞锥形头部将对筒头锥形座产生过大的压力。使喷油器传动机构和喷油器产生附加载荷,严重时会使喷油器筒头顶坏;当转矩调整过小时,会使喷油器柱塞锥形头部与筒头锥形座面接触不良,燃烧炽热气体会进入嘴头内部,使喷孔和锥形配合面处形成积炭和胶状沉淀物,从而使其过热而造成嘴头脱落。结果造成发动机严重冒黑烟。当出现此现象时,必须立即停机检查,必要时应更换喷油器筒头并重新进行调整。为防止这类故障出现,对喷油器应按规定进行检查和调整。

第四节　废气涡轮增压器的工作原理、使用与维护

柴油机输出的机械功是由柴油在气缸中燃烧产生的热能转化而来的,输出功的大小取决于进入气缸内的柴油和空气数量以及热能的有效利用程度。因此,要提高柴油机的功率,就必须向气缸内喷入更多的柴油,并使它充分燃烧。而要使柴油充分燃烧,就必须在增加喷油量的同时,增加进入气缸的空气量。增加柴油机循环进气量,可采用加大气缸工作

容积(即加大气缸直径,活塞行程或增加气缸数目)的方法,但加大气缸工作容积会使柴油机的体积和质量增加。增加进气量的另一种方法是增加进气密度,进气密度与进气压力和温度有关,压力升高和温度降低都可使进气密度增加。目前在柴油机上主要是采用进气增压的方法。废气涡轮增压系统,就是利用柴油机排出的废气驱动增压器中的涡轮旋转,将外界吸进的空气进行压缩,并沿进气管进入到柴油机的气缸中。增压较高时,有时还使增压后的空气在中间冷却器中降温后再进入气缸,从而使空气密度进一步提高。柴油机利用废气涡轮增压后的性能变化主要表现为,一是柴油机的有效功率可以增加10%～40%,甚至更高;二是柴油机的机械效率提高;三是柴油机的排气污染和噪声降低;四是柴油机比质量(kg/kW)大大减小。

一、废气涡轮增压器的工作原理

废气涡轮增压器根据废气在涡轮中不同的流通方向,可分为径流式涡轮和轴流式涡轮两类。大中型柴油机多采用轴流式涡轮增压器,而车用柴油机则应用径流式涡轮增压器。

1. 离心式压气机的工作原理

废气涡轮增压器一般都采用单级离心式压气机,如图4-28所示。它由压气机叶轮4、扩压器3和压气机蜗壳2等组成。沿压气机叶轮径向侧壁均布有若干叶片。工作时,压气机叶轮由涡轮带动着高速旋转,压气机内的空气在叶片的带动下一起旋转,高速旋转着的空气在离心力作用下被甩向叶轮外缘。空气从叶轮处得到能量,使空气温度和压力都有较大的提高。被叶轮甩出的空气进入扩压器,扩压器周围有若干条由叶片构成的流道,流道截面呈逐渐增大(进口小;出口大)的形状。空气流经扩压器后,速度降低,而压力升高,使空气从压气机叶轮流出时获得的动能,通过扩压器后大部分转变为压力能。

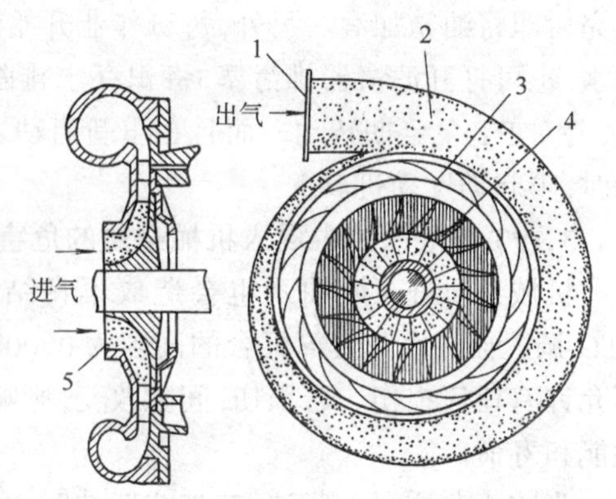

图4-28　离心式压力机工作原理
1-出气口;2-压气机蜗壳;3-扩压器;
4-压气机叶轮;5-进气口

空气经扩压器进入压气机蜗壳2内,蜗壳内的流道也做成由小逐渐变大的形状,空气流经蜗壳流道时,使速度继续降低而使压力进一步升高。

空气流过上述流道完成一系列功能转换后,将涡轮传给压气机叶轮的机械功大部分转变为空气的压力能,获得较高压力的空气,经柴油机进气管送入气缸内,同时压气机内空气被甩走,中间出现局部真空现象,外界空气便从进气口5不断被吸入,使空气不断地压送到气缸内。

2. 径流式涡轮机的工作原理

如图4-29为径流式涡轮机的工作原理,涡轮机由蜗壳1、喷嘴环3、涡轮4和转子轴5组成。蜗壳1的作用是引导柴油机的排气均匀地进入涡轮,由于燃气沿蜗壳径向流入,故喷嘴环3装在涡轮边缘。工作时,燃气以一定速度经蜗壳进入喷嘴环,并以较高速度和一定压力冲击到涡轮叶片上。燃气气流在涡轮通道中的速度和压力分布是不均匀的,在受气流冲击面,压力增高而气流速度相对下降,在背面上则压力降低而气流相对速度增高,叶片两端的压力差推动涡轮旋转。

因为气流在叶轮中是向心流动的，所以在涡轮叶片之间的通道是逐渐收缩的形状，气体在通道中继续膨胀。在涡轮出口处压力和温度降低，此时的气体绝对速度远低于涡轮进口处速度，表明燃气在喷嘴中膨胀所获得的动能已大部分传给了涡轮。现代车用径流式涡轮多采用无叶片蜗壳，如图 4-30 所示。这种结构中，蜗壳兼有喷嘴的作用。蜗壳结构可控制燃气按需要的气流方向和状态参数进入涡轮，这种蜗壳也称为无叶片蜗壳。可使涡轮径向尺寸及质量减小，结构更为简单。

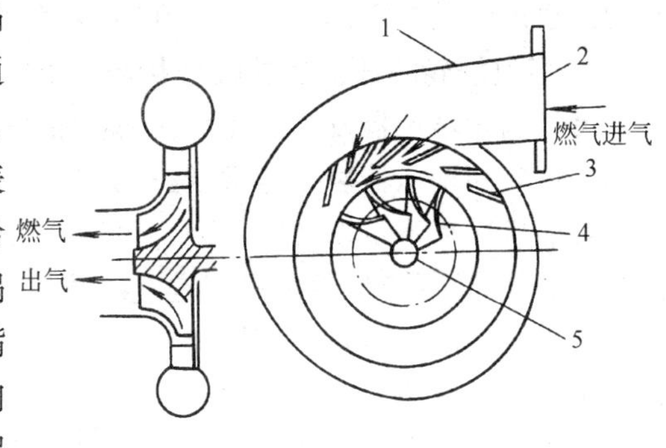

图 4-29 径流式蜗轮机工作原理

1-蜗壳；2-废气进口；3-喷嘴环；4-蜗轮；5-转子轴

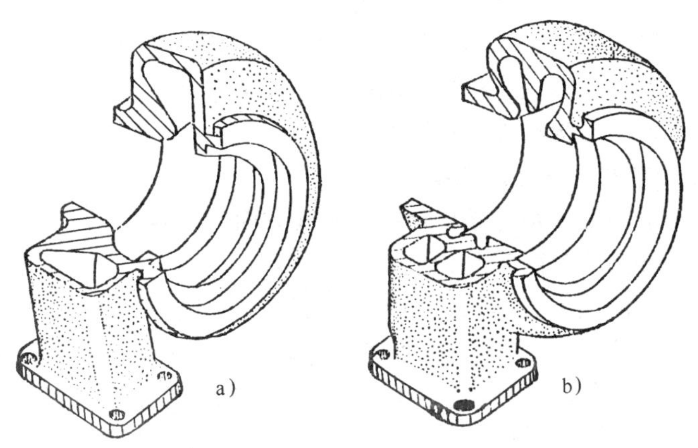

图 4-30 无叶片蜗壳

a)单气道蜗壳；b)双气道蜗壳

二、废气涡轮增压器的使用与维护

1. 废气涡轮增压器的故障原因

大多数废气涡轮增压器使用中发生故障的原因不外乎润滑不良、外来物质进入和积炭、磨损与疲劳损坏 3 个方面。

润滑不良是指增压器中压气机叶轮与涡轮的转子轴轴承得不到良好的润滑以至转子轴或轴承损坏，使增压器无法正常工作。润滑不良可由两方面原因引起：

①润滑油不足，即润滑油进油管路泄漏等；

②润滑油变质，这主要发生在涡轮机端，如高温燃气密封不好进入油腔等可造成润滑油变质。

外来物质进入和积炭是指进气管道中的油污和排气管道中的积炭等。如进气管中空气滤清器长期不更换，进气管、压气机叶轮、扩压器等长期不进行清洗等会产生积垢，从而使进气阻力增大。同样，涡轮机的涡轮、喷嘴环上积炭也会产生不良后果。此外，较大的异物如进入增压器则会造成叶片折断等后果。

增压器长期使用过程中必然使转子轴轴承发生磨损，如磨损量超过一定限度就会使转子轴运转不良，如阻力过大，产生振动等。而涡轮和压气机叶轮的叶片由于工作环境恶劣，在长时间高速运转条件下(尤其是涡轮叶片),会产生疲劳损坏。

2. 废气涡轮增压器的故障分析与排除

废气涡轮增压器发生故障后,柴油机的一般表现有:柴油机动力不足、冒黑烟、冒蓝烟及机油消耗过多和增压器声音异常、噪声大等。

柴油机功率不足以及冒黑烟都可能是由于柴油机进气不足造成的。首先应开机检查是否有接头漏气,然后停机逐步检查空气滤清器、进气管、压气机叶轮及外壳,再检查排气管、涡轮叶片及蜗壳,并转动转子轴看能否运转自如,轴承间隙是否过大。根据故障的原因进行重新紧固接头或更换滤芯或冲洗污物,乃至更换轴承。

发动机冒蓝烟及机油消耗过多,是燃烧机油和泄漏造成的。首先检查增压器的进、回油管路及接头,再检查压气机出口、涡轮机出口是否有油迹(先怠速运转一会儿)从而判断增压器内油封是否泄漏,然后可按故障原因进行紧固或更换密封元件,此外,进气阻力过大使压气机内真空度过高以及回油管堵塞等也会造成油封漏油。

增压器工作时出现异响或工作噪声过大,其原因主要是由于轴承磨损严重,使转轴运转时不稳导致运动件与固定件相碰;压气机、涡轮叶片损坏或轴承损坏;由于积炭等原因造成转子轴轴系失去平衡。因此一旦出现上述故障必须立即停机拆检,或清洗或更换。

3. 废气涡轮增压器的正常使用与维护

废气涡轮增压器的正常使用与维护包括以下几方面的内容:

①经常检查外部接头的紧固状况;

②滤清器应定期清洗或更换,间隔视进气状况而定,一般为200~300h;

③定期清洗涡轮和压气机,一般用普通淡水,必要时可加入少量清洗液。清洗压气机时在全速大负荷下进行,而清洗涡轮则必须在低负荷下进行,具体方法(如喷水量)应按增压器的使用说明书进行。清洗的间隔由增压压力或排气温度的变化量所决定,当变化量达到正常状态的5%~10%就应清洗;

④增压器的拆、装要严格按使用说明书进行以免造成不必要的损伤;

⑤按使用说明书规定,定期更换增压器转子轴轴承。

第五节　排气制动装置的工作原理及应用

汽车在通常情况下,发动机产生动力带动汽车行驶,制动时制动器对汽车进行制动使汽车减速或停车。经常行驶在山区或矿区的汽车,常处于满载下长坡的行驶状态,将频繁地使用行车制动器,造成制动器温度剧增,引起制动器的加速磨损等不良后果。为减轻行车制动器的负担,使汽车安全行驶,一些汽车配装了辅助制动装置。汽车的辅助制动装置有各种不同的形式,主要有发动机制动、液力减速、电力减速等。发动机制动时,松开加速踏板,汽车靠惯性行驶,发动机被汽车拖动而旋转,对汽车产生阻力,起辅助制动作用。

这里以康明斯发动机为例,说明其辅助制动装置的作用及工作原理。

一、压缩制动装置的工作原理

压缩制动时,柴油机成为压气机。制动系统在压缩行程终了时,打开排气门,使柴油机气缸内不产生燃烧过程,被压缩的空气通过排气系统排出。

压缩制动的(杰可勃制动)组成及工作过程如图4-31所示。当电磁阀接通时,由柴油机机

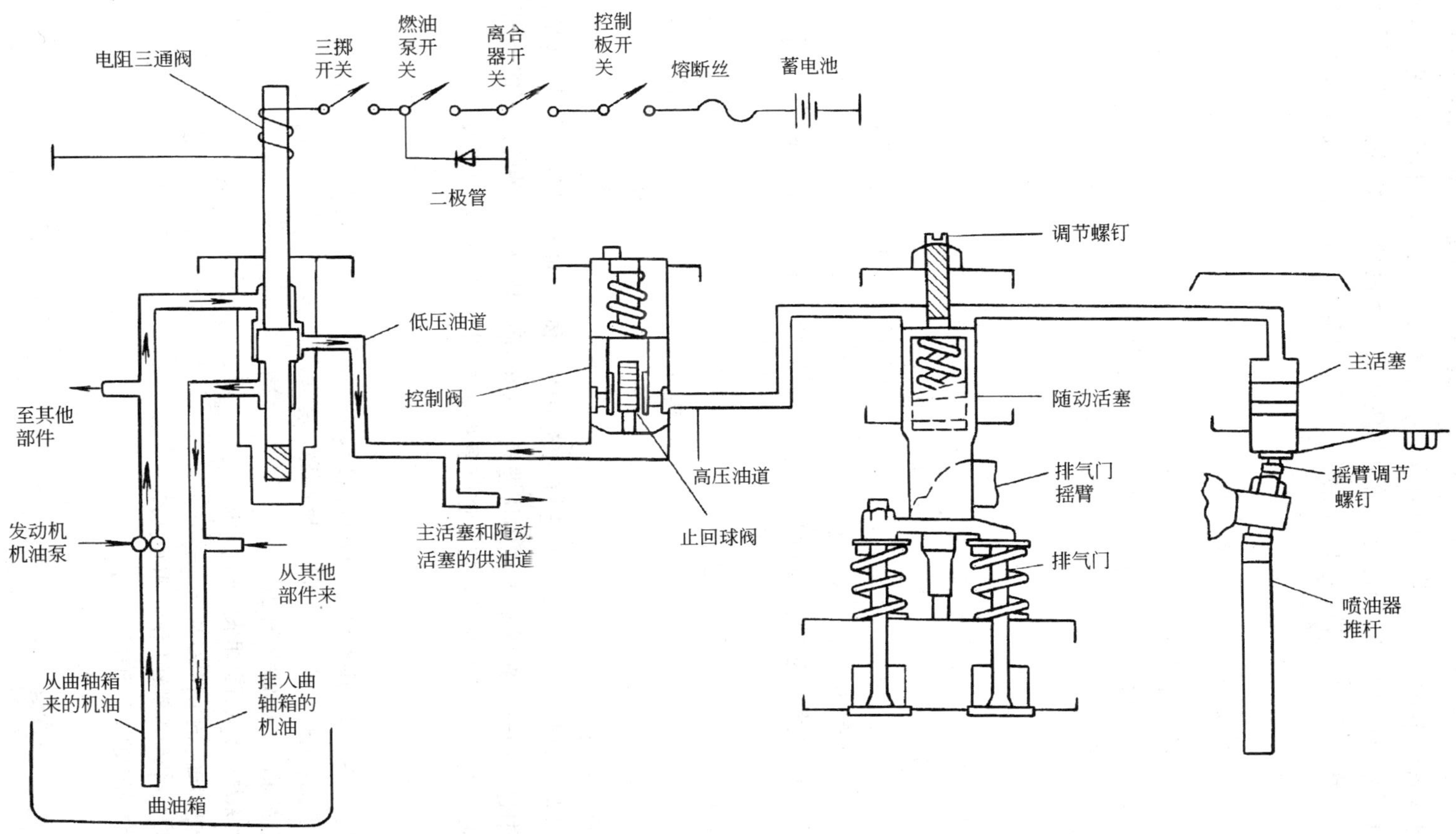

电阻三通阀
三掷开关
燃油泵开关
离合器开关
控制板开关
熔断丝
蓄电池
二极管
调节螺钉
低压油道
控制阀
至其他部件
主活塞
随动活塞
高压油道
排气门摇臂
摇臂调节螺钉
发动机机油泵
从其他部件来
主活塞和随动活塞的供油道
止回球阀
排气门
喷油器推杆
从曲轴箱来的机油
排入曲轴箱的机油
曲油箱

图 4-31　压缩制动(杰可勃制动)工作原理图

油泵输送的机油经三通阀流入低压油道，顶开控制阀的止回球阀进入控制阀，然后流入随动活塞和主活塞的油缸中，迫使主活塞下移，顶住喷油器的摇臂调节螺钉，在喷油行程时，喷油器推杆上行而推动摇臂调节螺钉向上移动，同时推动主活塞上移，因止回球阀的作用，油道的油不能经止回球阀倒流回低压油道，于是使主活塞和随动活塞因机油压力升高而变成了高压油道，高压油便推动活塞下移，压下丁字压板，压缩终了时打开排气门，将被压缩的气体从排气门排出，完成压缩制动过程。

二、排气制动装置的工作原理及应用

1. 排气制动装置的工作原理

排气制动装置是在排气管中适宜的地方设置一个阀门。当使用排气制动时，将此阀门关闭，增加排气系统的阻力，从而对汽车增加了阻力，降低了车辆的速度，达到了排气制动的目的。

2. 排气制动装置的应用

排气制动装置的应用是根据汽车行驶条件和柴油机本身性能和结构来定。一般情况下与如下因素有关：在要求较长时间制动的情况下，因排气制动会产生积炭，在此情况下不宜采用排气制动，而应采用液压减速或电减速装置。在下列条件下可采用排气制动：

①系统最大压力绝不应超过 310kPa；

②缸盖上装用零件号为 178869 的加强型气门弹簧和零件号为 170296 加强型气门导管；

③排气制动的缓冲板在柴油机加速或全负荷时必须能全开；

④柴油机在怠速时，排气制动应在关闭位置，缓冲板调整得能允许少量排气通过；

⑤非增压机型，在进气系统中应装有进气管抑制器，以防污物通过空气滤清器进入柴油机。如果柴油机装用了排气制动装置，就可用无放气阀的空气滤清器。

3. 进气管抑制器

当柴油机装有排气制动装置时，在进气系统中的气体，可能出现脉冲现象，这是由于在排气制动过程中进气门开启时气缸内气体从进气门倒流所引起的。这种脉冲可能会损坏空气滤清器滤芯而使污物进入柴油机。安装了进气管抑制器即可防止此类故障发生。

复习题

1. 柴油机燃料系由哪几部分组成？对其有何要求？
2. 转子式分配泵有什么特点？其工作原理如何？
3. VE 型分配泵的常见故障有哪些？
4. PT 燃油系统由哪几部分组成？有什么特点？
5. 简述 PT 燃油泵的工作原理？
6. 说明废气涡轮增压器的工作原理(径流式)？
7. 说明排气制动的工作原理？

第五章　汽车自动变速器

现代汽车广泛采用的活塞式内燃机，其转矩变化范围比较小，不能适应各种条件下阻力变化的要求，而在复杂的使用条件下要求汽车的牵引力和车速能在相当大的范围内变化，为此在汽车传动系中设置了变速器。变速器分为普通齿轮式有级变速器和自动变速器两种。普通变速器的换档过程较复杂，冲击较大，要求驾驶员要有一定熟练的操作技术，同时由于频繁换档，容易造成驾驶员疲劳。而自动变速器还具有普通变速器所不具备的显著优点：既有一定的缓冲和过载保护作用，提高了汽车传动系的使用寿命；在一定范围内可实现无级变速，提高了乘客的舒适性；具有良好的加速性能和通过性并且操纵轻便。所以，自动变速器在各类汽车上尤其是轿车上得到了广泛的应用。由于汽车电子控制技术的发展，使自动变速器的使用进入了一个新的时代。随着轿车逐渐进入家庭，装用自动变速器的汽车越来越受到人们的青睐。

第一节　自动变速器的分类和组成

一、自动变速器的分类

目前汽车上使用的自动变速器有：液力机械自动变速器、液压传动自动变速器、电传动自动变速器、有级式机械自动变速器、机械无级自动变速器等5种类型。

1. 液力机械自动变速器

液力机械自动变速器是由液力传动装置和机械有级变速装置组合而成的。液力传动装置的基本形式是液力偶合器和液力变矩器，由于液力偶合器只能起到液力联轴节的作用，而不能改变转矩的大小，故目前汽车上不再采用。液力变矩器具有无级连续变速和变矩的能力，对外部负载有良好的自动调节和适应性能，但单独使用时，传动效率低，变矩范围有限，难以实现倒档，所以它必须与机械有级变速装置（行星齿轮变速机构或定轴齿轮机构）组合使用。

根据液力机械自动变速器的换档控制方式不同，自动变速器可分为液力控制自动变速器和电子控制自动变速器。

2. 液压传动自动变速器

液压传动主要依靠液体压能的变化来传递或变换能量，它是利用工作腔的容积变化来工作的，液压元件主要是液压泵和液压起动机。液压泵将发动机输出功率转变为工作油压并由控制元件将其输入液压起动机，液压起动机驱动车辆。近几年来在推土机、装载机上应用较多，因其传动效率较低，且液压元件制造成本高，所以目前在汽车上尤其在轿车上应用不多。

3. 电传动自动变速器

电传动与液压车轮起动机相似，它取消了机械传动中的传统机构，而代之以电流输至电动机（通常称为“电动轮”）来驱动汽车。其基本传动形式是：由发动机带动发电机，然后用发电机发出的电能驱动装在车轮中的电动机。其特点是可实现无级变速,得到恒定功率特性,但价格高、自身质量大,目前载质量在 8.5t 以上的自卸载货车、大型铲运机及轮式装载机上采用,已成为发展趋势,此外装有燃料电池的汽车上也会得到广泛的应用。

4. 有级式机械自动变速器

齿轮式有级变速器以效率高、成本低、生产工艺成熟的特点而被广泛应用。但存在着换档频繁、劳动强度大、动力中断等缺陷。随着电子技术的发展和微机控制技术的应用,已研制成功机械手动变速器的起步换档的自动控制。但与液力自动变速器相比,自动控制的难度更大,要求很高的控制精度,目前汽车上还很少应用。

5. 电子控制无级自动变速器

电子控制无级自动变速器与液力机械自动变速器的主要区别是将液力机械自动变速器中的机械变速装置改为机械无级变速装置。目前无级变速装置有两种形式:一种是双锥体无级变速装置,因其接触部分挤压应力太高而难于实用化。另一种是金属三角带式无级变速装置,由于它有操纵简便、行驶舒适、省油等优点,所以一直在研究和开发,国外一些汽车公司已将其装用在中小排量的轿车上,这也是自动变速器的发展方向。

二、自动变速器的组成

液力机械自动变速器主要由液力变矩器、行星齿轮变速器、液压控制系统、电子控制系统、变速器壳体及油液冷却系统等组成。

图 5-1 为电子控制液力机械自动变速器的结构示意图,若取掉 ECU 则为全液压控制液力机械自动变速器。

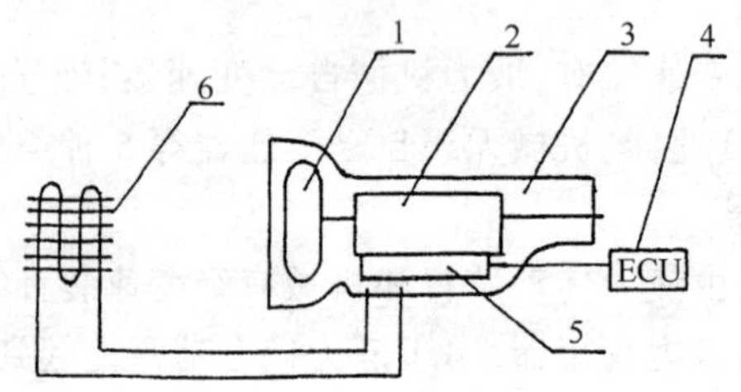

图 5-1 液力自动变速器结构示意图

1-液力变矩器;2-行星齿轮变速器;3-壳体;4-电子控制系统;5-液压控制系统;6-油冷却系统

第二节 液力变矩器的组成及工作原理

液力变矩器已作为一个标准部件应用于自动变速器中,其作用是将发动机的动力传递到自动变速器的变速系统,同时能在一定范围内减速增矩。

一、液力变矩器的组成

液力变矩器是构成自动变速器不可缺少的核心组成部分,常用的液力变矩器由泵轮、涡轮、导轮三个工作轮组成,称之为三元件液力变矩器(图 5-2)。

上述三个工作轮都装于密闭的变矩器壳体中,壳体内充满变矩器的工作油液,三个工作轮之间没有机械联系。

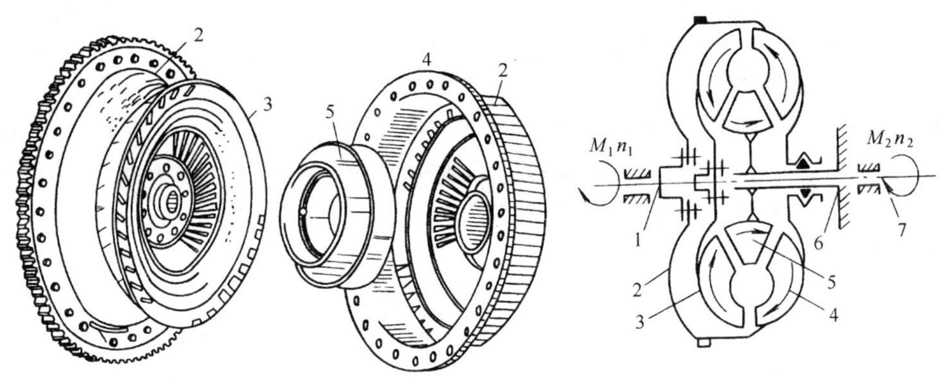

图 5-2　液力变矩器示意图

1-发动机曲轴;2-变矩器壳;3-涡轮;4-泵轮;5-导轮;6-导轮固定套管;7-从动轴

1. 泵轮

图 5-3 为泵轮的示意图。左边的薄盘是与飞轮相当的驱动盘。由于变矩器较重,可当作飞轮使用,装在外圈的齿圈与驱动盘形成一体。驱动盘用螺栓与泵轮连接,变矩器左边凸起部与曲轴凹部相连接。发动机发动时,泵轮随曲轴转动。变矩器内的自动变速器油由于离心力向外侧射出,形成驱动力。

2. 涡轮

如图 5-4 所示,涡轮是有很多叶片的圆盘,可以在变矩器内与泵轮同向转动。涡轮轮毂的花键与输出轴的花键相啮合。输出轴顶端与变矩器内部轴套相配合,可以自由转动。如果把变矩器比作离合器,涡轮就相当于离合器的从动盘,输出轴与变速器的一轴相当。

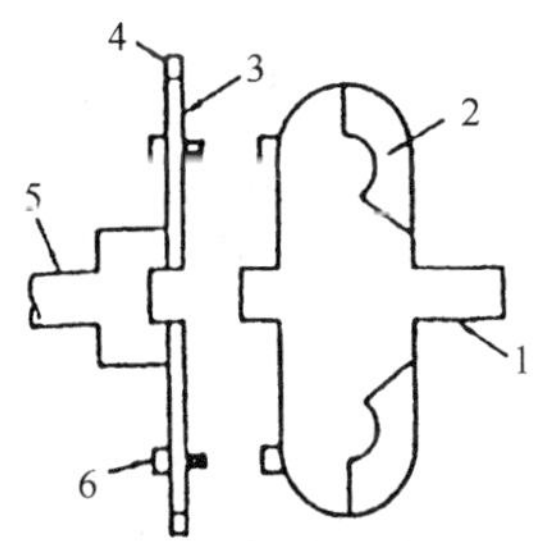

图 5-3　泵轮示意图

1-变矩器轴;2-泵轮;3-驱动盘;4-齿圈;5-曲轴;6-安装螺栓

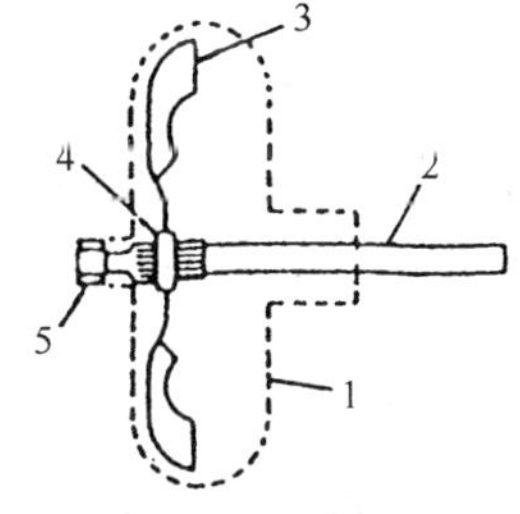

图 5-4　涡轮示意图

1-变矩器壳;2-输出轴;3-涡轮;4-轮毂;5-轴套

3. 导轮

导轮是装有叶片的小圆轮,其内表面有叶片,如图 5-2 中的 5。导轮与导轮轴之间装有单向离合器,它装在涡轮与泵轮之间。

变矩器除以上三个主体外,还有油泵、单向离合器和锁止机构等。

变矩器内油液的循环过程是从油泵经过进油口及变矩器轴与导轮轴之间的间隙油道进入变矩器内,循环后经过导轮轴上的排油口(即导轮轴与输出轴之间的间隙)返回油泵。

二、液力变矩器的工作原理

液力变矩器能够传递转矩的原理如图 5-5 中的一对风扇一样,图中左边为主动风扇,右边为从动风扇，只要给左边的风扇以动力(通电)使之转动，右边的风扇也随之转动，两风扇之间并无机械连接，动力的传递是通过流体——空气传递的。液力变矩器的工作与此极为类似，不同之处是将空气换为液压油。

发动机带动泵轮旋转，泵轮叶片使油液运动，这样就把发动机的机械能转换成油液的液体动能。当油液高速进入涡轮，推动涡轮转动，又把油液的液体动能转换为机械能，由输出轴输出动力。油液从涡轮流出后进入导轮叶片间的通道，然后又流回泵轮形成如图 5-2 中箭头所示方向的循环流动。变矩器中的油液就在此循环流动过程中实现动力传递。

液力变矩器中的导轮机构，不仅能够传递转矩，而且能在泵轮转矩不变的情况下，随着涡轮的转速不同而改变涡轮输出转矩的大小，即能够实现变矩作用。下面利用变矩器工作轮的展开图来说明液力变矩器的变矩原理。展开图的制取方法见图 5-6。即将循环圆上的中间流线展开成一直线，各循环圆中间流线均在同一平面展开，于是在展开图上，泵轮 B、涡轮 T 和导轮 D 便成三个环形平面，且工作轮的叶片角度也清楚地显示出来。为了说明方便，设发动机转速及负荷不变，即变矩器泵轮的转速 N_b 及转矩 M_b 为常数。

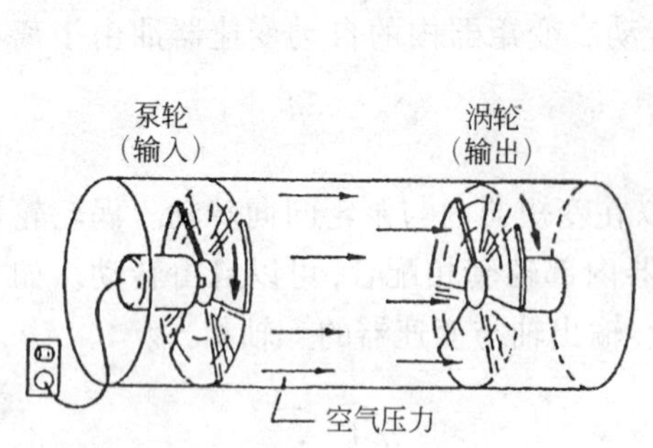

图 5-5 液力变矩器的工作原理示意图

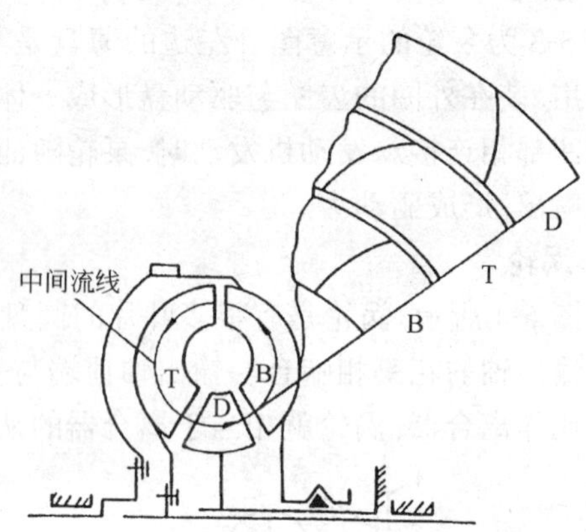

图 5-6 液力变矩器工作轮展开示意图
B-泵轮；T-涡轮；D-导轮

1. 汽车起步时液力变矩器工作原理

汽车起步时，涡轮转速 n_T 为零，如图 5-7a)所示。油液在泵轮叶片的带动下，以一定的绝对速度沿图中箭头 1 的方向冲向涡轮叶片。因为涡轮静止不动，油液将沿着叶片流出涡轮并冲向导轮，液流方向如图中箭头 2 所示。然后液流再从固定不动的导轮叶片沿箭头 3 方向流入泵轮中。当液体流过叶片时，受到叶片的作用力，其方向发生变化。设泵轮、涡轮、导轮对液流的作用转矩分别为 M_b、M'_T 和 M_d。根据液流受力平衡条件，则 $M'_T = M_b + M_d$。

由于液流对涡轮的作用转矩(即变矩器输出转矩)与 M'_T的方向相反、大小相等，因而在数值上，涡轮转矩 M_T 等于泵轮转矩 M_b 与导轮转矩 M_d 之和。显然此时 $M_T > M_b$，即涡轮转矩大于泵轮转矩，也就是说变矩器起到了增大转矩的作用。

当变矩器输出的转矩，经传递到达驱动轮上产生的牵引力以克服汽车起步阻力时，汽车即开始起步。

2. 汽车起步后液力变矩器工作原理

汽车起步后，与之相连的涡轮转速 n_T 也从零逐渐增加，这时液流在涡轮出口处不仅具有

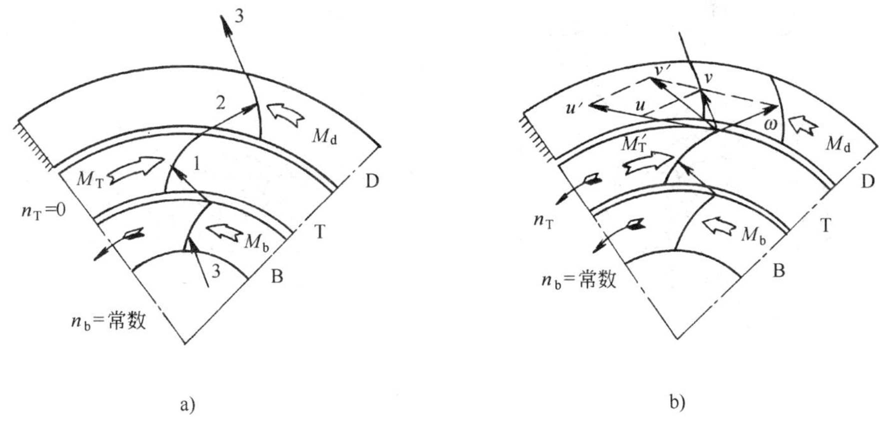

图 5-7　液力变矩器工作原理图

a)当 n_b=常数,n_T=0 时;b)当 n_b=常数,n_T 逐渐增加

沿叶片方向相对速度 ω,而且具有沿圆周方向的牵连速度 u,所以冲向导轮叶片的液流的绝对速度 v 应是二者的合成速度,见图 5-7b)。因原设泵轮转速不变,只是涡轮转速发生变化,故涡轮出口处相对速度 ω 不变,只是牵连速度 u 起变化。由图可见,冲向导轮叶片的液流的绝对速度 v 将随着牵连速度 u 的增加(即涡轮转速 n_T 的增加)而逐渐向左倾斜,使导轮上所受转矩值逐渐减小。当涡轮转速增大到某一数值,由涡轮流出的液流(如图 5-7b)中心所示方向)正好沿导轮出口方向冲向导轮时,由于液体流经导轮时方向不变,故导轮转矩 M_d 为零,于是涡轮转矩与泵轮转矩相等,即 $M_T=M_b$。

由上述分析可知,在涡轮转速较低时,液力变矩器能够起变矩作用,而且在发动机的转矩和转速保持不变的情况下,变矩器涡轮的输出转矩和转速能够随着汽车行驶阻力的变化而改变。行驶阻力增大时,转速自动降低,转矩相应地增大,从而适应汽车行驶条件的需要。所以说,液力变矩器在一定范围内是一种能够随着汽车行驶阻力的不同而自动地、无级地改变输出转矩和转速的无级变速装置。而当涡轮转速升高到某一数值时,液力变矩器只起传递转矩的作用,而不能改变转矩的大小。

三、单向离合器和锁止离合器

液力变矩器虽然能减速增矩,但是在变速比达到某一极限值时,其传动效率迅速下降,这对于实际使用是很不利的,为此现代汽车上所装用的液力变矩器中,大多都装有单向离合器和锁止离合器,以提高汽车的动力性和经济性。

1. 单向离合器的结构和作用原理

单向离合器装用在导轮与导轮轴之间,其外圈与导轮连为一体,内圈与导轮轴刚性连接。它分为滚柱斜槽式和楔块式两种,如图 5-8 所示。

在液力变矩器工作过程中,冲出导轮的油液力图使导轮逆泵轮的旋转方向转动,此时,滚柱或斜块锁止。导轮不动而产生作用力矩 M_d($M_d>0$),从而使 $M_T>M_d$ 而增矩。

随着发动机逐渐加速,涡轮转速 n_T 增大,而 M_T 减小,当 $M_T=M_b$ 时,继续加速,若导轮固定,则由于液流冲击导轮背面,力图使导轮顺泵轮的旋转方向转动,会出现 $M_d<0$, $M_T<M_b$,即涡轮转矩降低现象。此时若使用单向离合器,离合器释放,导轮自由转动,$M_d=0$, $M_T=M_b$,变矩器转入偶合器工况,传动效率提高。装有单向离合器的液力变矩器称之为综

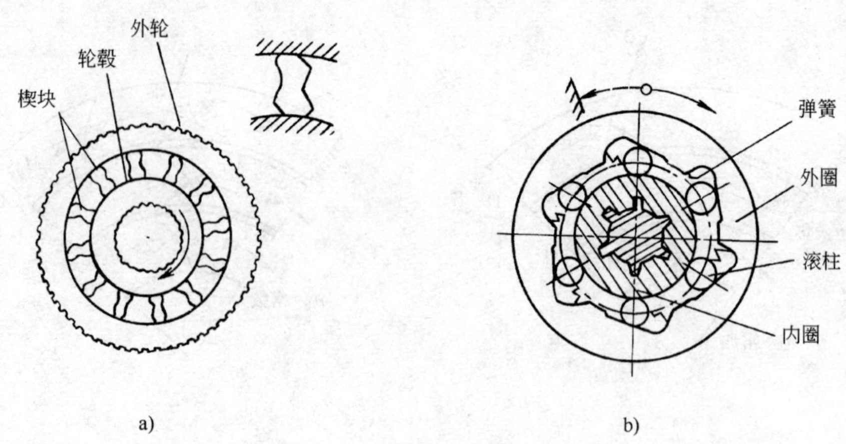

图 5-8　单向离合器的结构

a)楔块式单向离合器;b)滚柱式单向离合器

合式液力变矩器,它能将液力变矩器和液力偶合器综合起来,传动效率可达到 95%。

2. 锁止离合器的结构和作用原理

锁止离合器是加装在涡轮前面的由液压控制的摩擦式离合器。它的主动部分与飞轮相连,从动部分通过涡轮与输出轴相连。采用升压或降压的办法使其结合或分离。当汽车行驶在良好的路面上时,将其结合;当汽车行驶在坏路或起步时,将其分离。结合时的传动效率可达 100%,如图5-9所示。

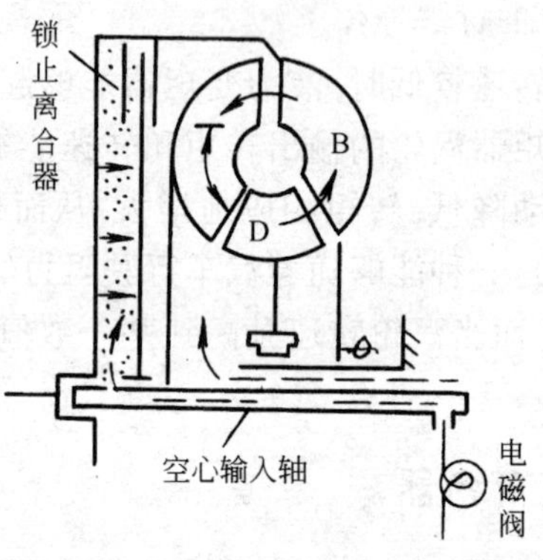

图 5-9　锁止离合器示意图

四、典型液力变矩器

1. 三元件综合式液力变矩器

图 5-10 为三元件综合式液力变矩器。主要由泵轮、涡轮和导轮三个基本元件组成。变矩器壳体前端与发动机飞轮固定在一起,后端与泵轮轮毂焊成一体,导轮通过滚柱式单向离合器支承在固定套管上。

变矩器中的液压油是由自动变速器的油泵提供,经过变矩器轴套与导轮固定套之间的间隙进入变矩器内,受热后的液压油经过导轮固定套与变矩器之间的间隙或变矩器输出轴流出变矩器,经油道进入液压油冷却器,冷却后流回自动变速器的油底壳,然后再由油泵通过补偿油道将冷却后的液压油泵入变矩器内(图 5-11)。

2. 带锁止离合器的液力变矩器

图5-12为带锁止离合器的液力变矩器。在这种变矩器内有一个由液压操纵的锁止离合器，其主动盘即为变矩器的壳体，从动盘是一个可作轴向运动的压盘，它通过花键套与涡轮相连。压盘背面的液压油与变矩器泵轮、涡轮中的油压相通，保持一定的油压，压盘左侧的液压油通过变矩器输出轴中间的控制油道与锁止控制阀相通。锁止控制阀由变速器的微机通过锁止电磁阀来控制。

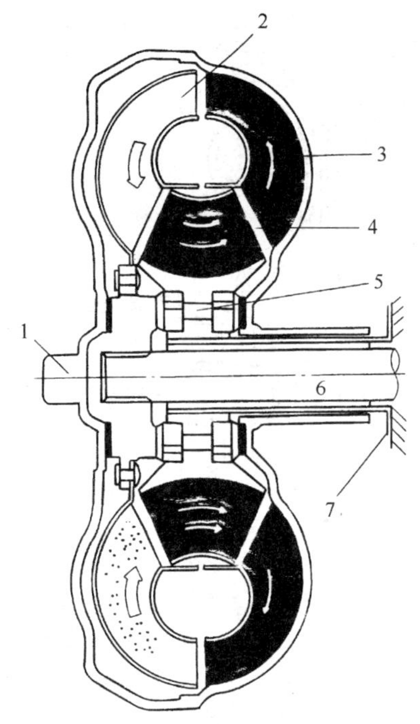

图5-10 三元件综合液力变矩器

1-输入轴；2-涡轮；3-泵轮；4-导轮；5-单向离合器机构；6-输出轴；7-导轮支撑

自动变速器的微机向电磁阀发出控制信号，操纵锁止控制阀，以改变锁止离合器压盘两侧的油压，从而控制锁止离合器的工作。当车速较低时，锁止控制阀让液压油从油道B进入变矩器（如图5-13a），使锁止离合器压盘两侧保持相同的油压，锁止离合器分离，这时输入变矩器的动力完全通过液压油传给涡轮，变矩器起变矩作用。当汽车在良好道路上高速行驶，且车速、节气门开度、自动变速器油温等因素符合一定要求时，自动变速器的微机操纵锁止控制阀，让液压油从油道C进入变矩器，而油道B与泄油口相通，使锁止离合器压盘左侧的油压下降。由于压盘背面（图中右侧）的液压油压力仍为变矩器压力，从而使压盘在两侧压力差的作用下压紧在主动盘（变矩器壳）上（见图5-13b），这时输入变矩器的动力通过机械离合器的机械连接，由压盘直接传给涡轮输出。另外，锁止离合器在接合时，还可减少变矩器中的液压油因液体摩擦而产生的热量，有利于降低液压油的温度。

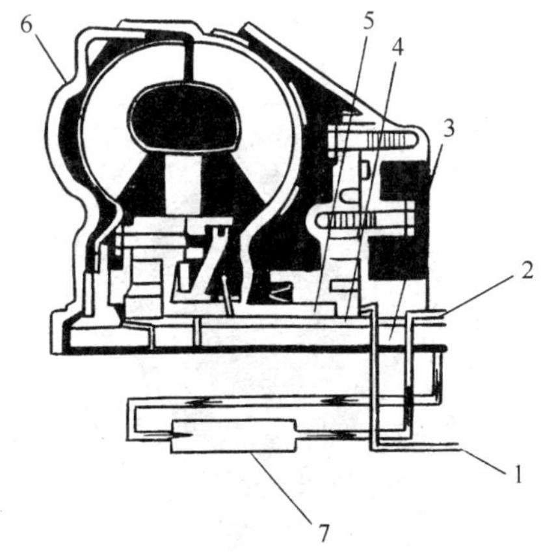

图5-11 变矩器液压油的供给与冷却

1-进油道；2-回油道；3-变矩器输出轴；4-导轮固定套；5-变矩器轴套；6-变矩器壳；7-液压油冷却器

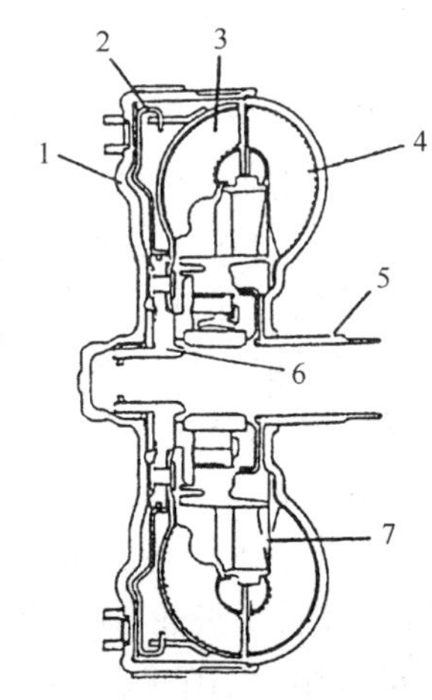

图5-12 带锁止离合器的综合式液力变矩器

1-变矩器壳；2-锁止离合器压盘；3-涡轮；4-泵轮；5-变矩器轴套；6-输出轴花键套；7-导轮

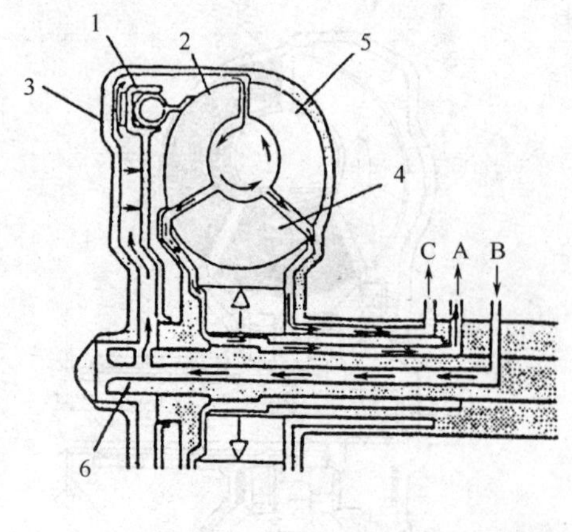

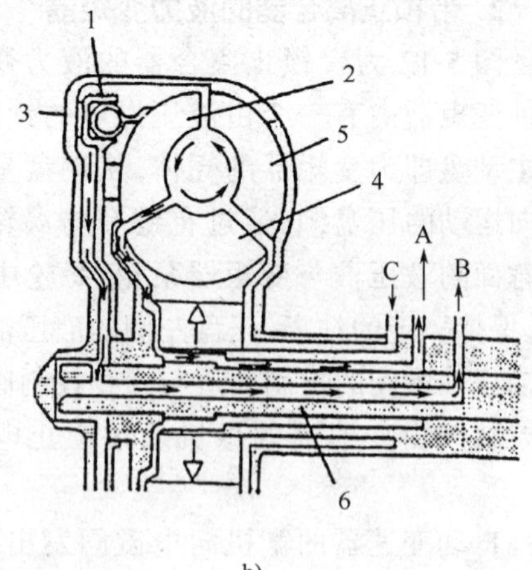

图 5-13　锁止离合器工作原理示意图

a) 锁止离合器分离；b)锁止离合器结合

1-锁止离合器压盘；2-涡轮；3-变矩器壳；4-导轮；5-泵轮；

6-变矩器输出轴；A-变矩器出油道；B、C-锁止离合器控制油道

第三节　行星齿轮变速机构

液力变矩器虽能在一定范围内自动地、无级地改变发动机转矩，但由于液力变矩器存在着变矩能力与效率之间的矛盾，难以满足汽车使用要求，所以在汽车上广泛采用的是液力变矩器与机械变速器串联组成的液力机械变速器。机械变速器中所采用的变速齿轮有普通齿轮和行星齿轮两种。行星齿轮变速器具有体积小、结构简单、操纵容易及变速比大等优点，因而被大多数汽车的液力自动变速器所采用。行星齿轮变速器由行星齿轮机构和换档执行元件两部分组成，本节主要讨论行星齿轮变速器。

一、行星齿轮机构的结构与工作原理

1. 行星齿轮机构的结构和组成

如图 5-14 为最简单的单行星排齿轮机构。它由太阳轮、齿圈、行星架、行星齿轮、行星齿轮轴等组成。太阳轮位于中心，齿圈位于最外侧，行星齿轮位于太阳轮与齿圈之间，分别与它们啮合。行星齿轮机构通常有 3～6 个行星齿轮，行星齿轮轴安装在行星架上。工作时，行星齿轮即绕行星轴自转，又绕太阳轮公转，当行星齿轮绕太阳轮公转时，其行星齿轮轴和行星架也随之转动。在该行星排中，太阳轮、齿圈和行星架三者绕同一轴线旋转，是组成行星排的三个基本元件。

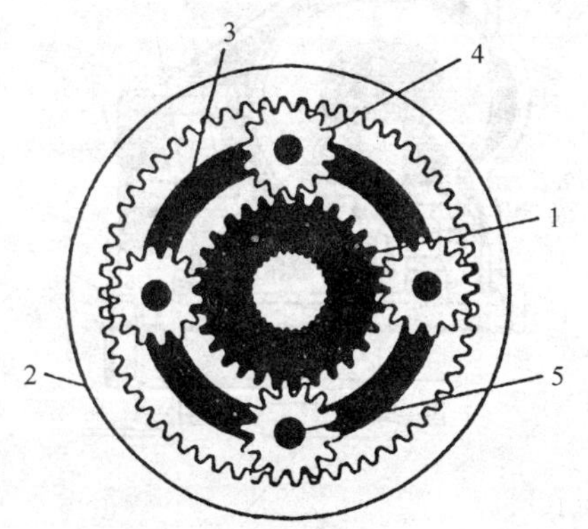

图 5-14　行星齿轮机构组成

1-太阳轮；2-齿圈；3-行星架；

4-行星齿轮；5-行星齿轮轴

2. 行星齿轮机构的变速原理

由于单行星排齿轮机构没有固定的传动比，因此不能直接用于变速传动。为了组成具有一定传动比的机构，必须将太阳轮、齿圈和行星架这三个基本元件中的一个加以固定，或使其运动受到一定的约束，或将某两个基本元件互相连接在一起，使行星排获得确定的传动比。

下面分析最简单的单排行星齿轮机构传动比的计算方法，其他各种形式的行星齿轮机构的传动比可以用同样的方法导出。由于在单排行星齿轮机构中，行星齿轮只起中间轮的作用（惰轮），因此单排行星齿轮机构的传动比取决于太阳轮齿数 Z_1 和齿圈齿数 Z_2，与行星轮齿数无关。

设 $Z_2/Z_1=\alpha$　根据分析，单排行星齿轮机构的运动特性方程为：

$$n_1+\alpha n_2=(1+\alpha)n_3$$

式中：n_1——太阳轮转速；

n_2——齿圈转速；

n_3——行星架转速。

由这一特性方程可看出，在太阳轮、齿圈和行星架这三个基本元件中，可任选其中两个基本元件分别作为主动件和从动件，只要第三个基本元件有确定的转速（0 或某一数值），即可计算出该机构的传动比，也就是说对不同的元件实行制动，以不同的元件作为主动件和从动件，便可得到多种不同的传动方案和传动比（表 5-1）。仅靠单排行星齿轮机构是不能满足汽车在不同条件下对传动比的要求，用于自动变速器中的行星齿轮机构通常是由 2～3 个行星排组成，并且还装有几组换档离合器和制动器等换档执行元件，以控制各行星排的运动关系，构成不同的行星排组合，从而获得不同的档位。单行星排的运动特性方程同样适应于多行星排机构，只要该机构受到约束，其传动比都可通过各个行星排齿轮机构的运动特性方程组得到。

单行星排的 8 种传动方案　　表 5-1

序　号	传　动　方　式	传　动　比	档位说明
1	齿圈制动，太阳轮主动，行星架从动	$I=n_1/n_3=1+\alpha=1+z_2/z_1$	减速传动，前进低档
2	太阳轮制动，齿圈主动，行星架从动	$I=n_2/n_3+(1+\alpha)/\alpha=1+z_1/z_2$	减速传动，前进高档
3	太阳轮制动，行星架主动，齿圈从动	$I=n_3/n_2=\alpha/(1+\alpha)=z_2/(z_1+z_2)$	前进、超速传动
4	齿圈制动，行星架主动，太阳轮从动	$I=n_3/n_1=1/(1+\alpha)=z_1/(z_1+z_2)$	前进、超速传动
5	行星架制动，太阳轮主动，齿圈从动	$I=n_1/n_2=-\alpha=-z_2/z_1$	倒档
6	行星架制动，齿圈主动，太阳轮从动	$I=n_2/n_1=-1/\alpha=-z_1/z_2$	倒档、升速
7	三元件任何两元件连成一体	$I=1$	直接档传动
8	所有元件均不受约束	自由转动，机构失去传动作用	空档

二、换档执行元件的作用、结构及工作原理

如前所述，对于单行星排必须施加一个约束条件才能传递动力，我们把完成这些约束条件

的操纵元件统称为换档执行元件。在液力机械自动变速器中，换档执行元件包括离合器、制动器和单向离合器，其中单向离合器的工作情况是由运动条件所决定的，而离合器的接合和分离及制动器的制动和释放是由控制系统自动控制的。

1. 离合器

1)离合器的作用

①连接作用。将行星齿轮机构中某一元件与主动部分相连，使该元件成为主动部件。

②连锁作用。将行星齿轮机构中任意二元件连锁为一体，使第三个元件具有相同的转速，这时行星机构作为一个刚性整体，实现直接传动。

2)离合器的结构及工作原理

在液力机械自动变速器中，目前普遍使用的离合器是圆盘式多片湿式摩擦离合器(图5-15所示)。压板外圈有齿与主动体离合器鼓相啮合；摩擦片内圈有齿，与从动件相啮合。在多片离合器分离时，压板与摩擦片间的间隙一般为0.6～1.2mm。当油缸中无压力油时，活塞在复位弹簧作用下移向左端(见图5-16a)，离合器的压板与摩擦片间存在间隙，处于分离状态；当油缸中注入压力油，活塞被推向右边，使压板与摩擦片压紧、离合器处于接合状态(见图5-16b)。在有些自动变速器中，将两个离合器合成一体，装在同一个离合器鼓内，以使结构更加紧凑。

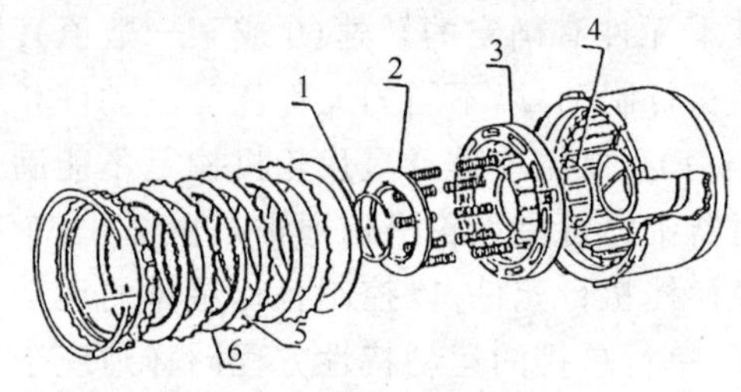

图5-15　离合器结构

1-卡簧；2-复位弹簧；3-活塞；4-密封圈；5-压板；6-摩擦片

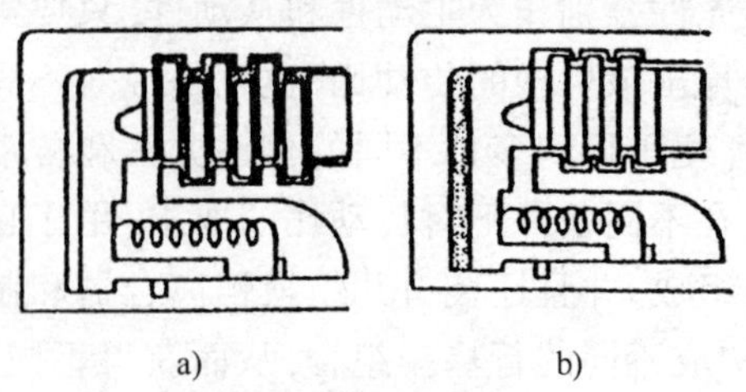

图5-16　离合器工作原理

a)分离状态；b)接合状态

2. 制动器

1)制动器作用

制动器在自动变速器中起约束作用，它将行星齿轮机构中某一元件与变速器壳体相连，使该元件约束制动而固定。

在液力自动变速器中，制动器的形式主要有两种：一种是圆盘式多片湿式制动器；另一种是带式制动器。多片式制动器，实际上与多片离合器有相同的结构，其区别就在于离合器的壳体是一个主动部件，而制动器的壳体和油缸是固定不转动的，当多片制动器的钢压板和摩擦片处于结合状态时，对摩擦片连接的构件起约束作用。

2)带式制动器的结构及工作原理

带式制动器的结构如图5-17所示，主要由制动带、液压缸和顶杆等组成，制动鼓通常就是离合器的外壳，当压力油从作用口注入时，作用在活塞上的油压克服弹簧力及弹簧室内的残余油压使活塞左移，通过顶杆使制动带抱紧离合器外壳而起

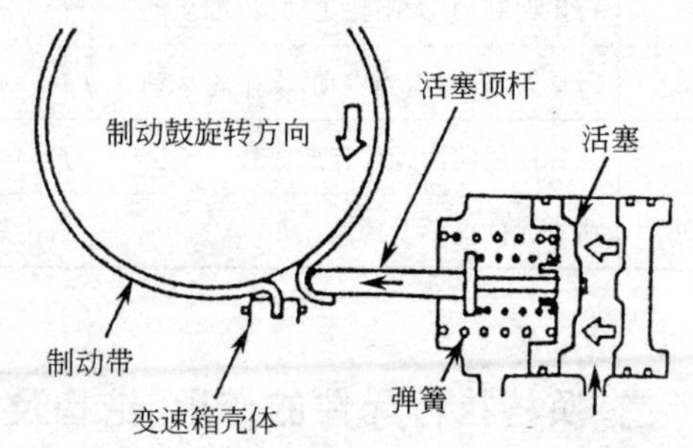

图5-17　带式制动器

制动作用。当需要解除制动时，压力油从活塞左方注入，而活塞右方的油道卸压，活塞右移，解除制动。

三、行星齿轮变速器的结构

目前汽车自动变速器所采用的行星齿轮机构的类型主要有两类，即辛普森式行星齿轮机构和拉维萘尔赫式行星齿轮机构。本节主要介绍汽车上广泛采用的辛普森式行星齿轮变速器。

为了进一步了解液力机械变速器的结构，必须弄清自动变速器档位的概念。选档手柄所在的位置与自动变速器本身所处的档位是不同的，选档手柄的档位是指手柄所在的位置，而自动变速器本身的档位是由换档执行机构的动作决定的。

1. 行星排四档行星齿轮变速器

图 5-18 是丰田 A340E 自动变速器的结构示意图，它由一前二后的三个行星齿轮组成，前面的单排行星齿轮机构称为超速行星排，安装在行星齿轮变速器的前端，其工作状态由超速离合器 C_0、超速制动器 B_0 及单向超速离合器 F_0 控制，后两排行星齿轮机构的工作状况由离合器 C_1、C_2 制动器 B_1、B_2、B_3 单向离合器 F_1、F_2 控制。该自动变速器的选档手柄有 P(停车档)、R(倒档)、N(空档)、D(前进档)、2 和 L(前进低档)6 个档位，在 D 档位时，它具有 4 个前进档，自动变速器能根据驾驶情况自动在 1、2、3、4 档间自动变速，因此该自动变速器又称之为四档自动变速器。

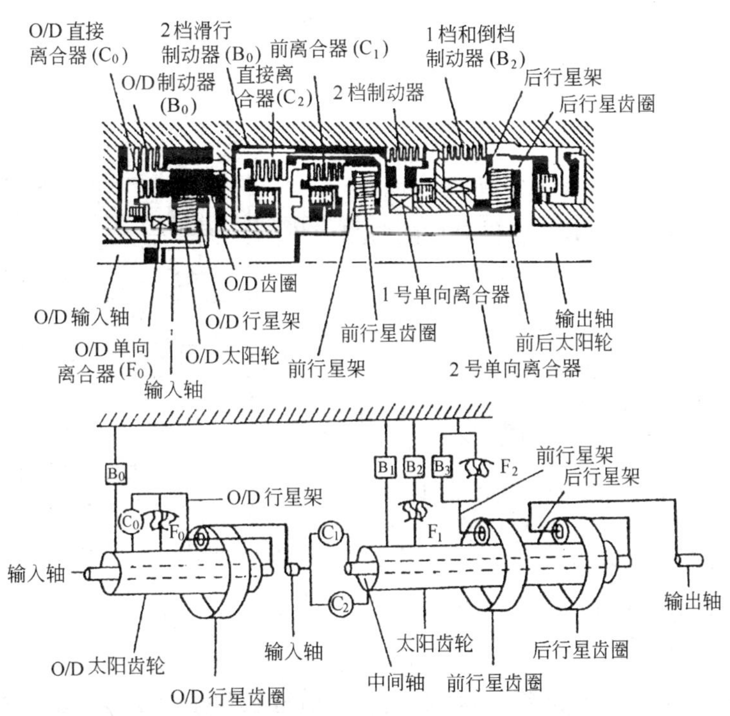

图 5-18　A340E 自动变速器原理图

A340E 行星齿轮变速器换档执行元件的工作规律如表 5-2 所示。

A340E 行星齿轮变速器换档执行元件的工作规律　　表 5-2

换档手柄位置	档位	C_0	B_0	F_0	C_1	C_2	B_1	B_2	B_3	F_1	F_2
P	停车	○									
R	倒档	○		○			○		○		
N	空档	○					○				
D	1	○		○	○						○
	2	○		○	○			○		○	
	3	○		○	○	○		○			
	4		○		○	○		○			
2	1	○		○	○						○
	2	○		○	○		○	○		○	
	3	○		○	○	○		○			
L	1	○		○	○				○		○
	2	○		○	○		○	○		○	

注：○表示工作。

2. 双行星排四档行星齿轮变速器

神龙富康 A 系列轿车所采用的 AL4 自动变速器，是由三元件的液力变矩器和改进后的辛普森 II 型双行星排组成的电控自动变速器，有 4 个前进档和 1 个倒档，体积小，质量轻，与横置发动机相匹配（图 5-19）。第一行星排位于后端盖一侧，第二行星排位于液力变矩器一侧，第一组行星排的内齿圈 b_1 与第二组行星排的行星齿轮架 H_2 和一级减速主动齿轮连在一起。第二行星排的内齿圈 b_2 与第一行星排的行星齿轮架 H_1 连在一起。换档执行机构为两个多片式离合器 C_1、C_2 和一个多片式制动器 B_1 及两个带式制动器 B_2、B_3。离合器 C_1 把动力传给第一组太阳轮 a_1，离合器 C_2 把动力传给 H_1，制动器 B_1 用于限制 a_1 的旋转，制动器 B_2 用于限制 H_1 的旋转，制动器 B_3 用于限制 a_2 的旋转。当只有一个离合器工作而没有制动器工作时就形成空档，无动力输出。当一个离合器与一个制动器同时工作或两个离合器同时工作或无制动器工作就形成 4 个前进档和 1 个倒档，输出的动力传给一级减速主动齿轮经两级减速后传给左右传动轴。

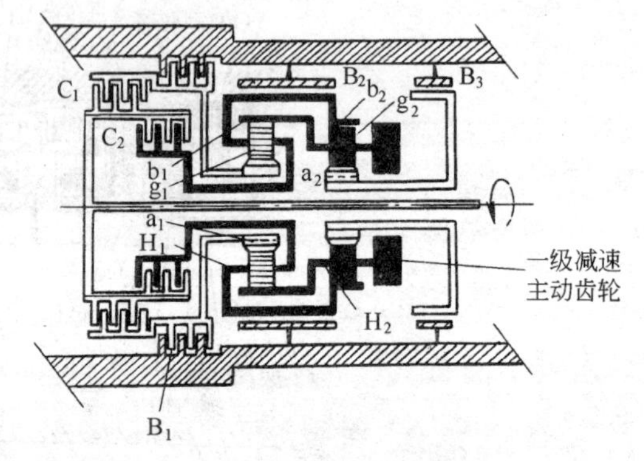

图 5-19　AL4 自动变速器结构图

C_1、C_2-片式离合器；B_1-片式制动器；B_2、B_3-带式制动器；g_1-第一组行星齿轮；g_2-第二组行星齿轮；H_1-第一组行星齿轮架；H_2-第二组行星齿轮架；b_1-第一组内齿圈；b_2-第二组内齿圈；a_1-第一组中心轮；a_2-第二组中心轮

该自动变速器有 P、R、N、D、3、2、2＋按程序选择器按键“1”7 个档位，其中 3、2、2＋按程序选择器按键“1”为锁定档位。其工作部件的工作规律见表 5-3 所示。

AL4 自动变速器工作部件的工作规律 表 5-3

变速器操纵杆位置	执行的档位	动作部件	离合器			制动器		
			C_0	C_1	C_2	B_1	B_2	B_3
P	停车档	“a_1”		○				
R	倒 档	“a_1”		○			○	
N	空 档	“a_1”		○				
D	1 档	“a_1”		○				○
	2 档	“b_2-H_1”	●		○			○
	3 档	“a_1”和“b_2-H_1”	●	○	○			
	4 档	“b_2-H_1”	●		○	○		
3	1 档	“a_1”		○				○
	2 档	“b_2-H_1”	●		○			○
	3 档	“a_1”和“b_2-H_1”	●	○	○			
2	1	“a_1”		○				○
	2	“b_2-H_1”	●		○			○
2+按程序选择器按键“1”	1	“a_1”		○				○

注：○为动作部件；C_0 为锁止离合器；●表示按行驶条件锁止离合器可能动作。

第四节 自动变速器的控制系统

液力变矩器和行星齿轮变速机构组成了自动变速器的机械传动部分，这是液力自动变速器的必要条件和结构基础，它保证了自动变速器可以在不中断发动机动力传递的状态下通过换档执行元件的动作来实现档位的变换。但由谁来控制换档执行元件动作的问题还是没有得到解决，所以自动变速器中必须设有换档控制系统，这个系统是自动变速器的核心和关键。它的任务是：控制油泵的泵油压力，使之符合自动变速器各系统的工作需要，根据选档手柄位置和汽车行驶状态实现自动换档，同时还控制液力变矩器中液压油的循环和冷却以及变矩器中锁止离合器的工作。

自动变速器的换档控制系统有两种类型，即全液压换档控制系统和电液控制的自动变速器换档系统（简称电控系统）。由于电子控制技术的发展，现代汽车已大部分装用了电子控制的自动变速器。

一、全液压自动变速器的换档控制系统

1. 液压控制原理

汽车液力自动变速器的液压控制系统由油泵、阀体和若干控制阀等组成，图 5-20 是液压控制系统的结构框图。发动机驱动油泵，将油液以一定压力输送到控制阀体，在控制阀体上有若干控制阀，控制阀起油路的“开关”作用，控制阀的移动将开通或切断某些油路，使液压油缸内活塞动作，从而使离合器结合或分离，制动器制动或释放，达到换档变速的目的。

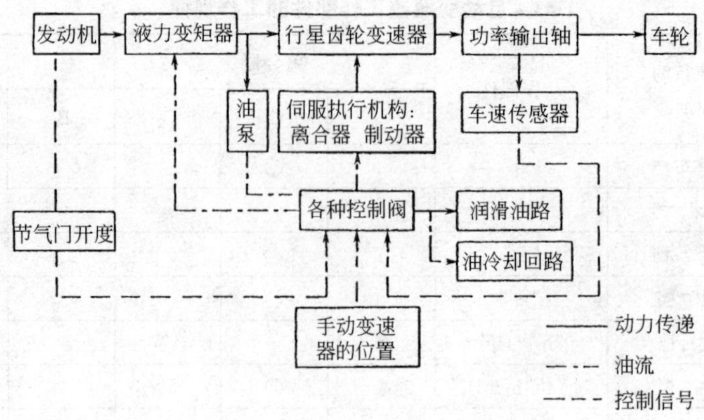

图 5-20 液压控制系统结构框图

液压控制系统就是依靠液体的压力来控制各液压元件和变换油路来实现换档控制,换档的主要信息源有手动选档杆的位置、节气门的开度和汽车的车速。

2. 换档控制系统的组成及各主要部件的结构和作用

一个完整的液压控制系统应有供油及调压、手动选档、压力参数调节、换档时刻控制、换档执行元件、改善换档品质工况等。

1)供油及调压部分

供油及调压部分的作用是:向整个液压控制系统提供具有一定油压、足够流量及合适温度的油液,并能够安全可靠地满足液力自动操纵系统的调压操纵和润滑要求。

供油及调压部分主要由油泵、滤油器、油冷却器、主油路压力调压阀、液力变矩器补偿压力调压阀等组成。本节主要介绍一次调节阀(主调压阀)和二次调节阀(次调压阀)。

①一次调节阀。图 5-21 是液力自动变速器液力操纵系统中一次调节阀、二次调节阀、单向阀和安全阀的结构工作原理图。

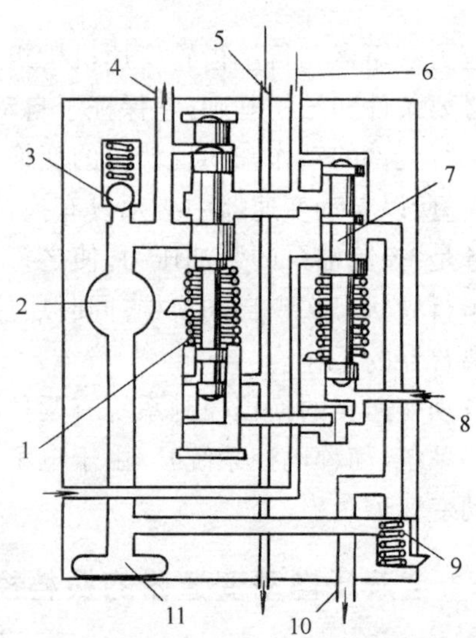

图 5-21 一次调节阀、二次调节阀、单向阀和安全阀的结构工作原理图

1-一次调节阀;2-油泵;3-安全阀;4-流向各部分管路压力;5-管路压力;6-流向变矩器和润滑油路;7-二次调节阀;8-来自节气门阀压力;9-油冷却器旁通阀;10-流向油冷却器;11-滤油网

一次调节阀由阀体和弹簧组成。主油路油压受控于一次调压阀,其作用是根据汽车行驶速度和节气门开度的变化,自动调节流向各液压系统的油压,保证各液压系统工作稳定,防止油泵功率的损耗。

②二次调节阀。二次调节阀也是由阀体和弹簧组成。其作用是根据汽车行驶速度和节气门开度的变化,能自动调节液力变矩器的油压,也能保证各摩擦副的润滑油压和流向液压油冷却装置的油压。发动机转速低或节气门关闭时,次调压阀在弹簧作用下,把通向液压油冷却装置的油道切断,直到变矩器内油压变为 0.2MPa 左右为止。发动机转速升高时,随着变矩器油压升高,把油路开放,使液压油进入冷却装置冷却,以保证正常的液压油温

度。当发动机停止转动时,次调压阀在弹簧力的作用下,把液力变矩器的油路关闭,防止液压油从液力变矩器外流,以保证液力变矩器转矩的输出。

2)手动选档部分

手动选档部分是由选档手柄通过选档拉杆机构与手控制阀拨板相连,来实现手动阀的移动,进行油路的转换。其作用主要是为液力自动变速器提供不同的驱动范围,根据汽车驾驶员的意愿及路况,选择不同的 P、R、N、D、2(或 S)、L 等档位。

图 5-22 是日本皇冠轿车 A43DE 型自动变速器手控制阀的示意图,该阀从左至右共有五道油路,其中第二道油路为主油道,其进油口与主油路调压阀和油泵相通,其余油道为出油口,在各档位时分别与各液压元件、阀等相连通,以实现油路的转换。

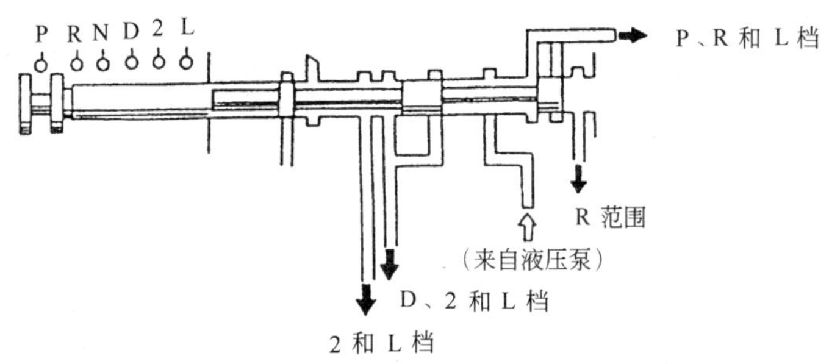

图 5-22 自动变速器手控阀示意图

3)压力参数调节部分

压力参数调节部分主要由调速器阀(速度调节阀)、节气门阀、调速器调节阀和降档压力调节阀等组成。其功能主要有两个:一是调速器阀把调制后的调速器油压传给阀体,以控制自动变速器的升档和降档;二是节气门阀把调制后的节气门油压传给阀体,以控制自动变速器的升档和降档。本节主要介绍调速器阀和节气门阀。

①调速器阀。如图 5-23 所示,自动变速器液压操纵系统的调速器阀一般装在自动变速器的输出轴上,使调速器阀能够感应出汽车速度的变化,以得到和汽车速度相对应的输出油压信号,从而控制自动变速器的换档时机。

②节气门阀。汽车自动变速器液压操纵系统节气门阀的作用是利用节气门的开度来控制液压油路。如图 5-24 所示,在节气门阀的顶端装一个滚柱,滚柱与节气门阀轮接触,节气门阀

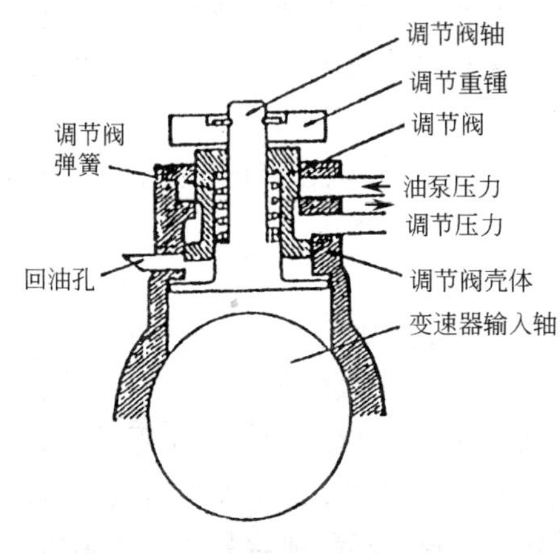

图 5-23 调速器阀的结构和工作原理

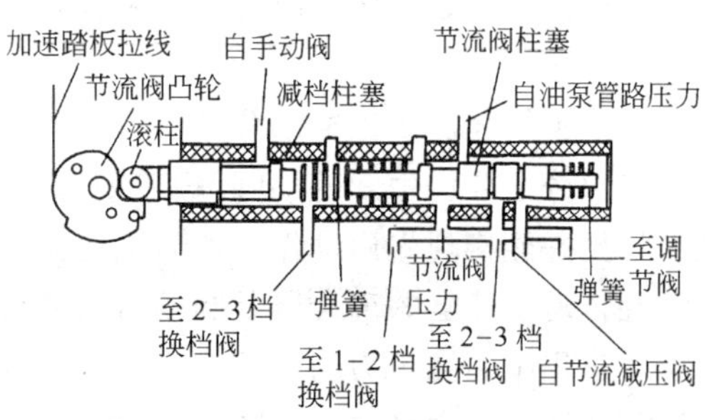

图 5-24 节气门阀的结构和工作原理

凸轮通过一个钢丝加速踏板拉线与节气门相连。节气门打开时，凸轮转动，并通过滚柱带动阀体运动，节气门阀前部是减档柱塞，后部是节气门阀体，阀体两端用弹簧支撑。节气门阀的进油口油压来自油泵的管路压力，另一个进油口油压来自主调压阀的压力。出油口分别与1-2档、2-3档换档阀相通。出油口的压力还可以作用到节气门阀的柱塞上。如果减档柱塞的位置不变，即踏下的加速踏板位置不变，两弹簧张力相平衡时，出油压力可以使节气门阀复位，关闭进油口，这样，节气门阀的出油压力就可以反映加速踏板的开度。如果把加速踏板踏到最大位置，减档柱塞移动的距离较大，使来自减档压力调节阀的油路打开，并作用到1-2档、2-3档换档阀，使汽车上坡时能够强制减档。

4)换档时刻控制部分

换档时刻控制部分的功能是根据自动变速器的换档规律，通过换档阀的动作来实现自动换档。换档阀的作用就像一个液压开关，其数目根据自动变速器前进档位数而定，图5-25是换档阀工作原理示意图。它是一种由液压控制的两位换向阀，在阀的右端作用着来自调速阀的

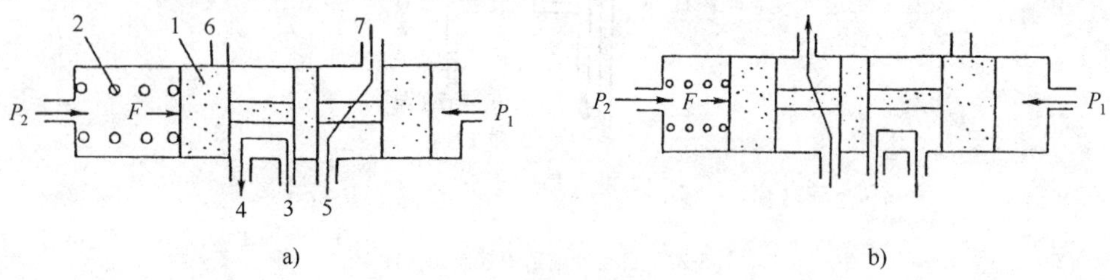

图5-25 换档阀工作原理示意图

1-至高档换档阀；2-弹簧；3 主油路进油孔；4-至低档换档执行元件；5-至高档换档执行元件；6、7-泄油孔

P_1-调速器油压；P_2-节气门油压；F-弹簧力

调速器油压，左端作用着来自节气门阀的节气门油压和换档弹簧的弹力。换档阀的位置取决于两端控制压力的大小。当右端的调速器油压低于左端的节气门油压和弹簧弹力之和时，换档阀保持在右端。当右端的调速器油压高于左端的节气门油压和弹簧弹力之和时，换档阀移至左端。换档阀改变方向时，开启或关闭主油路，或使主油路的方向发生变化，从而让主油路压力油进入不同的换档执行元件，使之处于工作状态，以实现不同的档位。当换档阀从右端移至左端时，自动变速器升高一个档位；反之，换档阀从左端移至右端时，自动变速器降低一个档位。每个换档阀只有两个位置，因此它只能控制相邻两个档位的升档和降档过程，这样四档自动变速器就需要3个换档阀，分别控制1-2档、2-3档、3-4档的升降档。

5)换档执行元件部分

该部分主要是摩擦式离合器、制动器及单向离合器，其结构和工作原理已经在上节作过介绍。

6)改善换档品质工况部分

该部分主要由中间随动阀、顺序动作阀及储压器等组成，其功能是使换档动作平滑柔顺，调节油压并能实现先后动作。本节主要介绍储压器。

在自动变速器的离合器及制动器的油路上，一般都分别装有储压器。其作用是满足离合器接合过程中油缸压力的增长先快后慢的要求，使其接合平稳柔和，也能吸收油压冲击，以保持液压系统的压力稳定。如图5-26所示，储压器的阀两端面积不等，弹簧装在面积小的一侧，面积大的一侧称为作用侧，来自油泵主油路压力油作用在背压侧，使活塞处于被压缩状态。当

活塞作用侧油路被开通时，来自手动阀的管路压力油同时作用于离合器和储压器，由于储压器的作用，初期油压迅速增长，克服其离合器接合部件的自由间隙，当压力增长到一定程度，克服背压侧的压力，使活塞上升，离合器充油时间延长，油缸中压力增长缓慢，以保证其工作的平顺性。

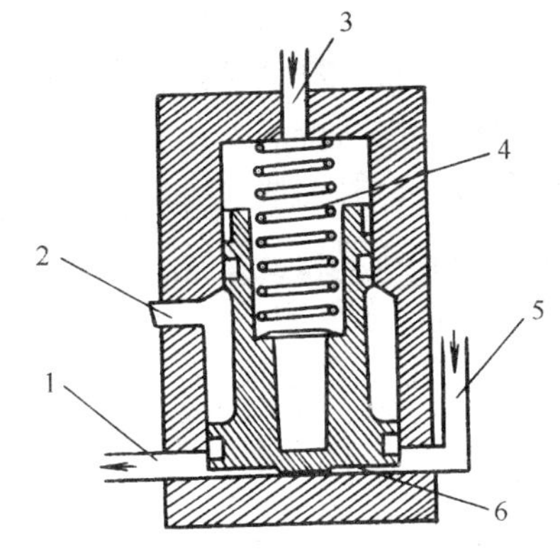

图 5-26 储压器

1-流向后离合器活塞；2-排油；3-来自油泵管路压力；4-背压；5-来自手动阀压力；6-作用侧

二、电控自动变速器的换档控制系统

电控自动变速器的换档控制系统是在液力控制自动变速器的基础上改成电子控制。电子控制自动变速器的核心是微机，并利用电磁阀取代了部分液压阀，节气门的开度信号、车速信号不是通过节气门阀和调速器阀得到，而是利用传感器来采集并输入给微机，由微机确定换档点，通过换档信号使换档电磁阀工作而进行自动换档。电控自动变速器由于使用先进的微机及电子技术，因而使其结构简化，体积减小，控制精度提高。

1. 电控自动变速器的换档控制原理

电控自动变速器的换档控制系统是由液力换档控制系统和电控系统构成。而液力换档控制系统的各液压元件结构和工作原理与前所述基本相同。电控系统由微机、传感器和执行元件组成，微机根据各传感器输入的信号确定换档和锁止离合器锁止的时刻，发出信号控制执行元件——电磁阀，电磁阀的动作结果改变作用在控制阀的油液压力，以实现自动变速器的自动升档或降档和锁止离合器的接合或分离。电子控制系统的框图如图 5-27 所示。

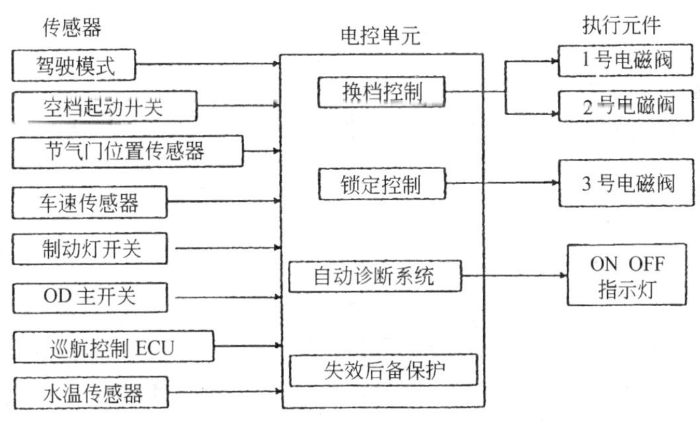

图 5-27 电控系统框图

2. 电控系统各部件的作用

1)微机

在电控自动变速器的换档控制系统中，有的采用专用电控变速器微机(ECT)，有的和电喷发动机共用一个控制微机(ECU)。微机按照需要从各个传感器接收信号，进行处理，并将处理结果送至输出电路。

电控自动变速器微机的作用是：控制换档时刻，控制换入超速档的时刻，控制锁止离合器，监控自动变速器的液压油温度、压力及运行情况，以及具有故障自诊断和失效保护功能等。

2)传感器

用于电控自动变速器换档控制系统中的传感器主要有:车速传感器、节气门位置传感器、水温传感器、油温传感器以及空档起动开关、超速开关和模式选择开关等。其中有些传感器可与电控发动机共用,如节气门位置传感器、水温传感器等。有些传感器则是单独设置,如车速传感器、输入轴转速传感器等。

(1) 车速传感器

车速传感器一般安装在行星齿轮变速器的输出轴附近,它是一种电磁感应式转速传感器,用于检测自动变速器输出轴转速。微机根据其信号计算出车速,作为其换档控制的依据。

(2) 输入轴转速传感器

输入轴转速传感器安装在行星齿轮变速器的输入轴上,用于检测输入轴转速,并将信号送入微机,使微机更精确地控制换档过程。另外微机还将该信号与发动机转速信号进行比较,计算出变矩器的传动比,使油路压力控制过程和锁止离合器的控制过程进一步优化,以改善换档感觉。

3)电子控制装置中的电磁阀

自动变速器中电子控制装置的执行元件是电磁阀,它们都组装在控制阀体内,其数目因自动变速器的结构不同而异,图 5-28 是神龙富康轿车四档自动变速器的电磁阀布置图,共有 8 个电磁阀。变速器微机根据换档规律精确地控制电磁阀的通断电,使阀板中的相应管路油压建立或泄压,最终使不同离合器、制动器油缸供油或泄压以实现换档。图 5-28 中,1～6 为顺序电磁阀,1～4 顺序电磁阀控制 C_1、C_2 离合器及 B_1、B_2、B_3 制动器的油缸供油或泄油,顺序电磁阀 5、6 用于控制离合器、制动器油缸油压的缓冲。电磁阀 7 为压力调节电磁阀,电磁阀 8 为变矩器锁止电磁阀。

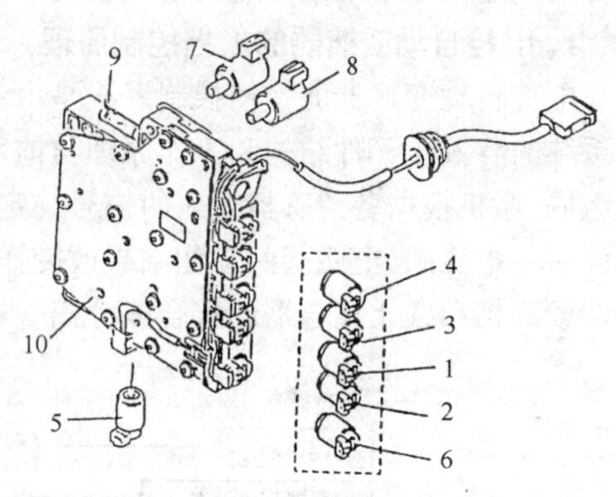

图 5-28　电磁阀的布置

1～6-顺序电磁阀 EVS1-EVS6;7-压力调节电磁阀;8-变矩器锁止电磁阀;9-手动阀;10-液力控制盒

3. 电子控制自动变速器电控系统实例

丰田 CROWN3.0 轿车 A340E 自动变速器:这种自动变速器的行星齿轮变速器中有 10 个换档执行元件,其电液控制系统和发动机控制系统共用一个微机。微机在控制自动变速器工作时,主要依据节气门位置传感器所测得的节气门开度信号和车速传感器所测得的车速信号进行换档控制和锁止离合器控制,并通过两个换档电磁阀和 1 个锁止电磁阀来操纵 3 个换档阀和 1 个锁止离合器控制阀,以实现档位变换或让锁止离合器接合,其电控自动变速器油路见图 5-29。2 个换档电磁阀和 10 个执行元件在不同的档位的工作情况见表 5-4。

这种自动变速器控制系统中有两个检测车速的传感器,即车速表传感器和车速传感器。车速表传感器的信号主要用于仪表盘上的车速表;车速传感器的信号则用于微机的换档控制。微机根据档位开关,超速档开关,制动灯开关的信号及水温传感器信号,选择不同的换档控制程序,以满足不同的行驶条件对自动变速器的要求。该控制系统还设有一个模式开关,用于选择动力模式和经济模式。

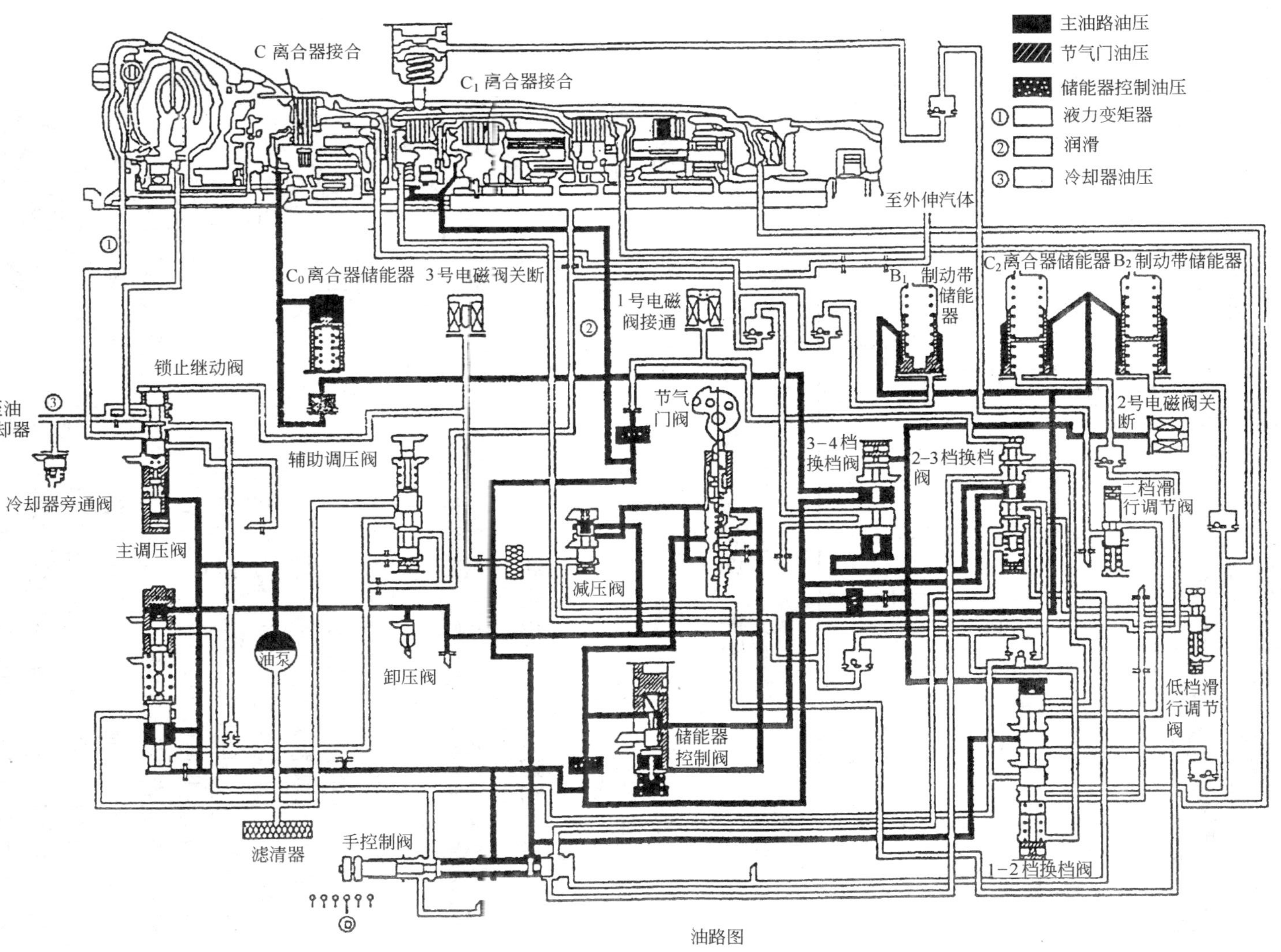

图 5-29　A340E 自动变速器油路图

A340E 自动变速器换档执行元件及电磁阀工作规律　　表 5-4

换档手柄位置	档位	C_0	B_0	F_0	C_1	C_2	B_1	B_2	B_3	F_1	F_2	1# 电磁阀	2# 电磁阀
P	停车	○										○	
R	倒档	○		○			○		○			○	
N	空档	○					○					○	
D	1	○		○	○						○	○	
	2	○		○	○			○		○		○	○
	3	○		○	○	○		○					○
	4		○		○	○		○					
2	1	○		○	○						○	○	
	2	○		○	○		○	○		○		○	○
	3	○		○	○	○		○					○
L	1	○		○	○				○		○	○	
	2	○		○	○		○	○		○		○	○

注:○表示工作

第五节　自动变速器的合理使用

随着汽车及电子技术的高速发展,装用自动变速器的轿车越来越多,由于自动变速器的结构及工作原理与传统的有级式变速器有很大的不同,因此要正确操作,合理使用自动变速器,防止早期损坏。

一、自动变速器选档手柄的使用

自动变速器的操纵是由驾驶员通过驾驶室内的选档手柄及模式开关来操作的。一般选档手柄有 5~8 个档位。图 5-30 是目前大多数轿车采用的选档手柄布置方式,有 6 个档位。图 5-31 是神龙富康轿车自动变速器的选档手柄及仪表。对于自动变速器来讲,自动变速器选档手柄的档位与其本身所处的档位是两个完全不同的概念,选档手柄所处的档位是指选档手柄所处的工作位置及工作状态,而不是指某一固定速比(如 D 位时,有 1、2、3、4 四个档位),实际上选档手柄只改变自动变速器手动阀的位置,而自动变速器本身的档位则是由换档执行机构的动作决定的,它除了取决于手动阀的位置外(选档手柄位置),还取决于汽车的车速、节气门的开度等因素。要正确使用自动变速器,应首先了解自动变速器选档手柄在各个档位的含义。

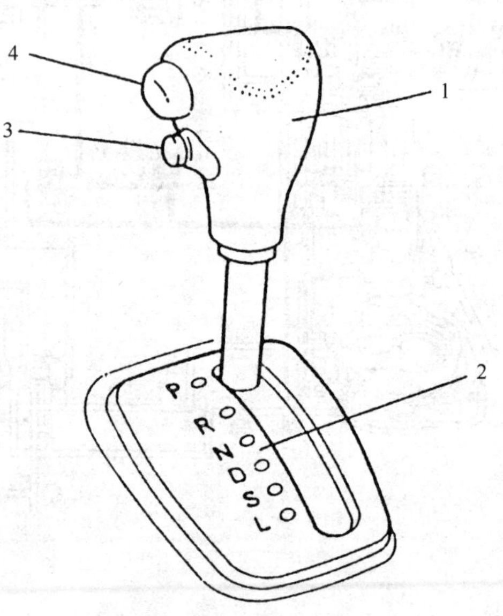

图 5-30　自动变速器选档手柄
1-选档手柄;2-档位;3-超速档开关或保持开关;4-锁止按钮

1. 驻车档(P 位)

图 5-31 中,驻车档位于选档手柄的最前方。当选档手柄位于该位置时,自动变速器中的驻车锁止机构将变速器锁止,使驱动轮不能转动,防止汽车移动。同时换档执行机构使自动变速器处于空档状态。当选档手柄离开驻车档位置时,驻车锁止机构即被释放。

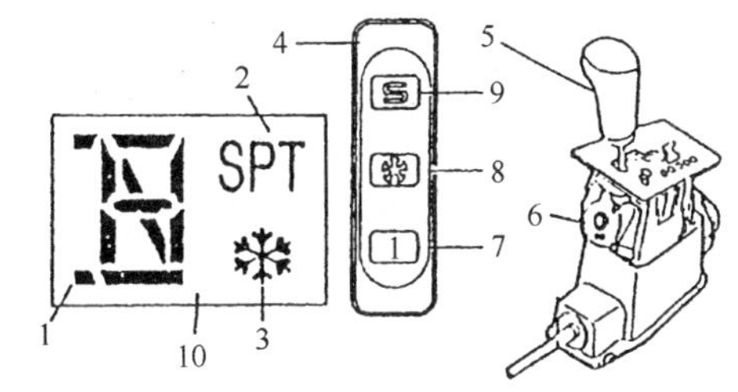

图 5-31　AL4 自动变速器选档手柄及仪表

1-档位显示;2-"S"键按下显示;3-"＊"键按下显示;4-程序选择器;5-变速杆;6-变速杆锁止电磁阀;7-强制一档键;8-雪地键;9-运动键;10-档位、程序显示器

2. 倒档(R 位)

倒档位于驻车档与空档之间,当选档手柄位于倒档位置时,控制倒档的各执行元件工作,自动变速器的输出轴反向输出动力。此时,汽车倒向行驶。

3. 空档(N 位)

空档通常位于选档手柄的中间位置,在倒车档和前进档之间。当选档手柄位于空档位置时,换档执行机构的动作和停车档相同,自动变速器处于空档状态。此时,发动机的动力虽经输入轴传入自动变速器,但只能使各齿轮空转,输出轴没有动力输出。

4. 前进档(D 位)

前进档位于空档之后,大部分轿车自动变速器在选档手柄位于前进档时,可以实现 4 个不同传动比的档位。即 1 档、2 档、3 档和超速档。其中 1 档传动比最大,2 档次之,3 档为直接档、传动比为 1,超速档传动比小于 1。在汽车行驶过程中,如果选档手柄位于前进档位置,则自动变速器的液压或电子控制系统能根据车速、节气门开度等因素的变化,按照设定的换档规律,自动变换档位。

5. 前进低档(S 位和 L 位)

前进低档通常有 2～3 个位置,如图 5-30 中的 S 和 L 位,图 5-31 中的 3、2、2＋按程序选择器上的"1"键位。当选档手柄位于 S 位(或 3 位)时,自动变速器只能在 1 档、2 档、3 档之间自动变换档位。当选档手柄位于 L 位(或 2 位)时,自动变速器能在 1 档、2 档之间自动变换档位。当选档手柄位于 L＋保持开关(或 2＋按程序选择器上的"1"键位)时,自动变速器固定在 1 档位,不能自动升档。

二、自动变速器控制开关的使用

新型自动变速器除了可用选档手柄进行换档控制外,还可以通过选档手柄上或汽车仪表板上的一些控制开关进行一些其他的控制。

1. 几种常见的控制开关

1)超速档开关(O/D 开关)。这一开关用来控制自动变速器的超速档。打开 O/D 开关,自动变速器选档手柄在 D 档位时最高可升入 4 档(超速档)。关闭 O/D 开关,限制超速档的工作,自动变速器选档手柄在 D 档位时,最高只能升入 3 档。

2)模式开关。

模式开关用来选择自动变速器的控制模式(即自动变速器的换档规律),常见的控制模式有以下几种:

①经济模式。此模式是以汽车获得最佳的燃油经济性为目标来设计换档规律的,在此模式下,汽车可获得最佳的燃油经济性;

②动力模式。此模式是以汽车获得最大动力性为目标来设计换档规律的，在此模式下，汽车经常处在大功率范围内运转，从而提高了动力性和爬坡能力；

③标准模式。其换档规律介于经济模式和动力模式之间，它兼顾了汽车的动力性和经济性。

3)保持开关。

这种开关位于选档手柄上，按下这个开关，自动变速器便不能自动换档，当选档手柄位于D、S、L位时，自动变速器分别保持在3、2、1档。汽车在雪地上行驶时，可按下此开关，以防止驱动轮打滑。

2. AL4自动变速器程序选择器的使用方法

AL4自动变速器的程序选择器实际上也是一种模式开关，通过程序选择器可选择三种模式："自适配"、"运动"和"雪地"模式：

1)打开点火开关不用按任何键，微机选择自适配模式，这是基本模式。变速器的微机使自动变速器的运行适应于驾驶风格、道路和载荷，以省油优先。

2)按"S"键，微机选择运动模式，此模式优先考虑动力性，而不优先考虑省油。

3)按"*"键，微机选择雪地模式，此模式适用于低附着力路面行驶以防止车辆打滑。

4)把选档手柄放到"2"位，再按程序选择器上的"1"键，可得到强制1档，此时自动变速器无升档动作。

三、不同工况下自动变速器的使用

由于自动变速器在结构和工作原理上与手动变速器有很大的不同，所以在实际操作上也有许多不同之处。

1. 发动机起动

1) 正常起动

发动机起动时，应拉紧驻车制动或踩住制动踏板，同时将自动变速器的选档手柄置于P位或N位。此时转动点火开关至起动位置，才能使起动机转动，并带动发动机起动。而选档手柄位于P、N位以外的任何位置上时，将点火开关转至起动位置，起动起动机都不会转动。

2) 汽车在行驶途中熄火后起动

装有自动变速器的汽车在行驶途中突然熄火时，选档手柄仍然处于行驶档位置，此时若转动点火开关起动，起动起动机不会转动，必须先将选档手柄移动到P位或N位后，才能起动发动机。在起动时也应踩住制动踏板或拉住驻车制动手柄，以防汽车在起动过程中溜车。

2. 汽车起步

①汽车起步时应先踏下制动踏板，然后再进行挂档，并查看所挂的档位是否正确，再松开驻车制动，抬起制动踏板，缓慢踏下加速踏板；

②必须先挂档，后踏加速踏板，不允许边踏加速踏板边挂档，或先踏加速踏板后挂档，或挂档后还未松开驻车制车时就加速。

3. 汽车在一般道路上行驶

①装有自动变速器的汽车在一般道路上行驶时，应将自动变速器的选档手柄置于D位，并打开超速档开关。这样自动变速器就能根据车速、行驶阻力、节气门开度等因素，在1档、2

档、3 档及超速档之间自动升档或降档，以选择最适合汽车行驶的档位；

②为了节省燃料，提高汽车的经济性，可将模式开关设置在经济模式或自适配模式上。加速时，应平稳缓慢地踏下加速踏板，并尽量使节气门开度保持在小于 1/2 开度范围内。也可以采用“提前升档”的方法，即汽车起步后，先以较大的节气门开度将汽车车速迅速加至 20～30km/h，然后将加速踏板很快松开，并持续 2～3s，这时自动变速器就能立即从 1 档升至 2 档；当感觉升档后，再将加速踏板踏下，继续加速，使自动变速器从 2 档升至 3 档。这种操作方法能让自动变速器较早地升入高一档，从而提高了发动机的负荷率，降低了发动机的转速，在一定程序上节省了燃油，同时还降低了发动机的磨损程度，减小噪声；

③为了提高汽车的动力性，可将模式开关设置在动力模式上。在急加速时，还可采用“强制低档”的操作方法。即：将加速踏板迅速踏到全开位置，此时自动变速器会自动下降 1 个档位，获得强烈的加速效果。当加速的要求得到满足后，应立即松开加速踏板，以防止发动机转速超过极限转速，造成损坏。“强制低档”旨在高速超车，在这种工况下，自动变速器的摩擦片磨损、发热现象都很严重，很容易造成碎裂或粘结。若非特殊需要，不宜经常使用。

4．倒车

①在汽车完全停稳后，方可将自动变速器选档手柄移至 R 位置；

②在水平路面上倒车时，可完全放松加速踏板，以怠速缓慢倒车；

③若在倒车中要越过台阶或凸起物时，应缓慢踏下加速踏板，在越过台阶之后要及时制动。

5．汽车在坡道上行驶

①在一般的坡道上行驶时，可按一般道路的行驶方法，将选档手柄置于 D 位，用加速踏板或制动踏板来控制上下坡车速；

②如果汽车以超速档在坡道上行驶，因坡道阻力大于驱动力，导致车速下降，到一定车速时自动变速器从超速档降至 3 档；到 3 档后，又因驱动力大于坡道阻力，汽车又被加速，到一定车速后又升档至超速档。这样，若坡道较长，将重复上述过程，即在超速档减速降档，降档后在 3 档加速，到一定车速后又升至超速档，形成“循环跳档”，加剧了自动变速器中摩擦片的磨损。在这种情况下，可将超速档开关关闭，限制超速档的使用，汽车就能稳定地加速上坡。若坡道较陡，汽车在上坡时在 3 档和 2 档之间“循环跳档”，可将选档手柄置于 2 档位置，即可使自动变速器在 2 档稳定地行驶。

6．发动机制动

在汽车下坡时，如果完全放开加速踏板车速仍太高，可将选档手柄放置于 S 位或 L 位，并把加速踏板踏松至最小(注意：禁止熄火)，此时驱动轮经传动轴、变速器、变矩器反拖发动机运转，这样可利用发动机的运转阻力让汽车减速，这种情况称之为发动机制动。要注意不能在较高车速时将选档手柄从 D 位拨至 S 位或 L 位，如果这样会使变速器中的摩擦片因急剧摩擦而受到损坏。当车速较高时，应先用制动器使汽车减速到较低车速，再将选档手柄从 D 位换至 S 位或 L 位。

7．汽车在雪地或泥泞路面上行驶

在雪地或泥泞路面上行驶时，若选档手柄位于自动变速器的 D 位置，当驱动轮打滑时，如果驾驶员立即松开加速踏板，由于打滑的驱动轮转速较高，自动变速器会出现前面所述的提前升档现象，从而进一步加剧了驱动轮的打滑，此时可将选档手柄置于 S 位或 L 位，限制自动变速器的最高档位，即可利用加速踏板开度来控制车轮的转速，防止驱动轮打滑。设有保持开关(雪地开关)的自动变速器也可将保持开关或雪地开关打开,以防车辆打滑。

8. 临时停车

若汽车在交叉路口等待交通信号或因堵车等原因需要临时停车时,如果停车时间较短,可让选档手柄保持在D位上,只用行车制动器停车,这样只要一松开制动,汽车就可以重新起步。若停车时间稍长,也可以让选档手柄保持在D位,但最好行车制动器、驻车制动器同时使用,以免不小心离开制动踏板时汽车向前窜动而发生意外。若停车时间较长,最好把自动变速器的选档手柄换到N位,并拉紧驻车制动手柄停车,以免造成自动变速器液压油升温过高。

9. 汽车停放

汽车停放好后,应踩住制动踏板,将选档手柄移到停车档位置,并拉紧驻车制动手柄,然后关闭点火开关,并熄火。

四、自动变速器使用的注意事项

为了充分发挥自动变速器的性能优势,防止因操作不当而造成的自动变速器的早期损坏,在驾驶装用自动变速器的汽车时,应注意以下几点:

①在驾驶时,若无特殊需要,不要将自动变速器的选档手柄在D、S、L(或D、3、2、L)间来回拨动。特别要禁止在行驶中将选档手柄拨入N位或在下坡时用空档滑行。否则,由于发动机怠速运转,自动变速器内发动机驱动的油泵出油量减少,而自动变速器内的零件仍在汽车的带动下作高速动转,这样自动变速器的零件会因润滑不良而损坏;

②挂上行驶档后,不要一脚猛轰加速踏板到底。在行驶中当自动变速器自动升档或降档的瞬间,不应再猛踩加速踏板。否则会使自动变速器中的摩擦片、制动带等受到严重损坏;

③当汽车还没有完全停稳时,不允许从前进档换至倒档,也不允许从倒档换至前进档,否则会损坏自动变速器中的摩擦片和制动带;

④一定要在汽车完全停稳后才能将自动变速器的选档手柄拨入停车档位置,否则,自动变速器会发出刺耳的金属撞击声,并损坏停车锁止机构;

⑤要严格按照标准调整好发动机的怠速,怠速过高或过低都会影响自动变速器的使用效果。怠速过高,会使汽车在挂档起步时产生强烈的闯动,怠速过低,在坡道上起步时,若松开制动后加油不及时,汽车会后溜,增加了坡道起步的操作难度;

⑥为了防止不正确的操作造成自动变速器的损坏,大部分车型的自动变速器选档手柄上都有一个锁止按钮。由P档位换至其他任何档位或其他任何档住换至P档位,或由任何档位换至R档位时,必须按下锁止按钮 ,否则选档手柄将被锁止而不能移动;

⑦由于自动变速器内部各机构的润滑是依靠发动机转动时液力变矩器的泵轮的轴套带动油泵运转,产生油压来润滑自动变速器。若发动机不转动则自动变速器各执行元件得不到很好的润滑易造成磨损或损坏。所以在由于汽车故障而牵引时,对于前轮驱动的汽车,应在升起驱动轮的情况下进行牵引。对于后轮驱动的汽车(前轮驱动的汽车无专用设备不能升起前轮时),牵引时应遵守下列条件:

a. 必须将变速杆放置在"N"位置;

b. 牵引距离不得大于50km,车速不得超过50km/h;

c. 发动机熄火后,严禁用推车的办法来起动发动机。

第六节　自动变速器的常见故障诊断与排除

自动变速器的结构和工作原理都比较复杂，不论是换档执行元件损坏，还是控制电路、液压控制阀或其他任何部件出现故障，都会影响自动变速器的正常工作。由于自动变速器本身不易拆装，这就给故障的诊断和排除带来一定的困难。所以，当自动变速器出现故障或工作不正常时，应利用各种检测工具和各种手段，按照合理的程序和诊断步骤，诊断出故障的原因，以便有针对性地检修。盲目地拆卸和分解往往找不出产生故障的真正原因，甚至会造成自动变速器不应有的损坏。

一、自动变速器的故障检测

为了对自动变速器的故障进行确诊，需要进行相关的检测，检测内容大致上可分为基本检查、检查故障码、手动换档试验、机械系统测试和液压系统的测试等。

1. 基本检查

基本检查用于判断自动变速器的工作是否正常，通过此项检查常常可以解决自动变速器的许多故障，因此这项步骤是必不可少的，具体检查内容为：

1)检查发动机的怠速

若怠速过低，自动变速器选档手柄从"N"或"P"位拨到"R"、"D"、"2"、"L"等档位时，会因怠速不稳定而使车身产生振动；怠速过高，则会产生过度的换档冲击，并且当换至行驶档(倒档或前进档)时，除非踩下制动踏板，否则车辆将会移动。检调怠速时，应将自动变速器选档手柄位于"P"位或"N"位，通常装有自动变速器的汽车发动机怠速为750r/min，若怠速过高或过低均应给予调整。

2)检查节气门能否全开

当加速踏板踏到底时，发动机节气门应处于全开位置；发动机熄火后，节气门应全闭，否则将会引起发动机输出功率减小，汽车加速不良，或者出现汽车达不到最高车速的现象。

3)检查节气门拉线

当节气门拉线调整过松，则加速踏板控制液压会低于正常值，引起换档点过低，从而导致发动机的功率消耗；若拉线调整过紧，则使加速踏板控制液压过高，引起换档点高而导致换档冲击。此项检查用于判断发动机的负荷是否正确地传至由节气门控制的自动变速器的节气门阀。

4)检查自动变速器的液压油面

自动变速器中液压油面的高低对自动变速器的性能影响极大。若自动变速器中油面过高，则行星齿轮机构与旋转机件都浸泡在自动变速器油中，它们会对自动变速器产生强烈的搅拌，以至在自动变速器油中产生气泡，气泡进入液压控制系统，会使液压回路中的压力降低，导致各控制阀和工作元件工作不良，同时在车速较高时，自动变速器内压力升高，易造成自动变速器油的泄漏。若自动变速器油面过低，油泵吸入空气，使空气混入自动变速器工作油内，同样会降低液压回路中的液压油压力，导致各控制阀及工作元件工作不正常。

自动变速器油面高度的检查方法是：

①将汽车停放在水平地面上，并拉紧驻车制动；

②起动发动机使其怠速运转；

③踏住制动踏板，将选档手柄拨至倒档"R"、前进档"D"、前进低档"2"、"L"等位置，并在每个档位上停留几秒钟，使液力变矩器和所有的换档执行元件中都充满液压油，最后将选档手柄拨至停车档"P"位置；

④从加油管内拔出自动变速器油尺，将擦干净的油尺全部插入加油管后再拔出，检查油面高度。

液压油油面高度的标准是：如果自动变速器处于冷态（即冷车刚起动，液压油温度较低，为室温或低于25℃），油面高度应在油尺刻线的下限附近；如果自动变速器处于热态（液压油温度已达70～80℃），油面高度应在油尺刻线的上限附近（图5-32）。

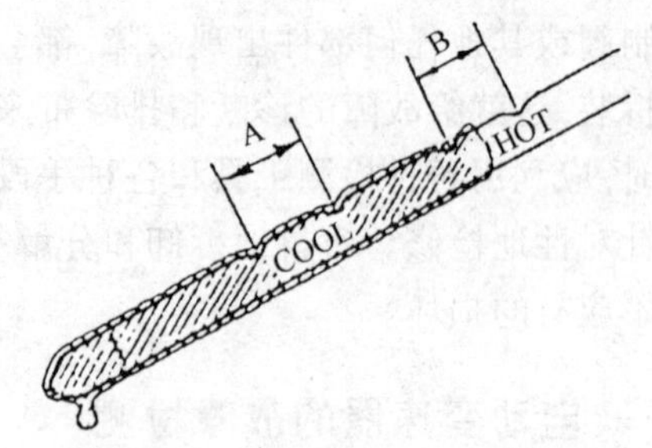

图5-32　自动变速器油面高度的检查

A-冷态时的油面高度范围；B-热态时的油面高度范围

在添加或更换自动变速器油时，必须严格按照汽车使用说明书的要求选用自动变速器油，并严格控制换油周期。

5)检查空档起动开关

装用自动变速器的汽车发动机，只有选档手柄在空档（N档）和停车档（P档）时才能起动，而在其他档位则不能起动。若有异常则必须检查空档起动开关。

6)检查超速档开关（O/D开关）

该项目用于检查自动变速器能否进行在3-4档之间的自由切换。

2．检测故障代码

故障代码能够帮助诊断人员迅速准确地找到自动变速器的故障部位。当自动变速器的某些系统出现故障时，发动机微机（或自动变速器微机）的记忆系统会将其记录在案，诊断人员则需要进行必要的特殊操作将其读出，待故障排除后则一定要将故障码清除。读取故障码的方法对不同厂商的汽车有所不同，但基本的方法有两种：一种是利用汽车自身所配的自诊断系统；另一种是通过解码器读取。

3．手动换档试验

为了确定故障存在的部位，区分故障是由机械系统、液压系统还是电子控制系统引起的，应当进行手动变速试验。手动变速试验是人为地使电控自动变速器脱离汽车微机（或自动变速器微机）的控制。拨动选档手柄，检查其动作情况，若每档位动作都正常，则说明故障在电控系统；若某一档位动作异常，则说明故障在变速器的机械或液压部分。

4．机械系统的测试

机械系统的测试包括失速试验、时间滞后试验、道路试验和液压试验等。

1)失速试验

目的是通过检测在"D"和"R"档位时的发动机最大转速，查明发动机与自动变速器的综合性能，包括发动机的输出、液力变矩器导轮上的单向离合器功能、行星齿轮系统的离合器及制动器是否打滑等。

2)时间滞后试验

在发动机怠速时进行换档，从开始换档到感觉到振动时，会有一个时间过程，这一过程称为时间滞后。进行时间滞后试验的目的是检查离合器是否过度磨损，并判别施加于各离合器的工作油压是否适当以及油路的密封情况。

3)道路试验

自动变速器的道路试验主要是为了测试离合器、制动器的工作情况,是诊断这些部件是否磨损失效的主要依据。在自动变速器维修结束后,道路试验也用来检验自动变速器修复后能否达到使用性能的要求。道路试验时,应将自动变速器在每个选档位置都进行使用,以便检查是否打滑,检测换档时机及换档的平稳性,同时注意换档时是否有尖锐刺耳的声音和异常振动,这有助于确定故障的原因。

4)液压试验

由于自动变速是以液压原理进行变速的,所以自动变速器的液压试验特别重要,一般自动变速器各档位都有液压力测试孔,所需测试的档位与油压值视不同的变速器而定。

液压试验用以检查在液压控制装置中各个阀是否受到适当的油液压力作用。

二、自动变速器常见故障诊断与排除

自动变速器发生故障多因发动机、电子控制系统或液力机械变速器本身而引起,故障诊断时要对这三方面加以区分。

自动变速器的常见故障有:汽车不能行驶、换档冲击过大、无前进档、无倒档、频繁跳档、变速器发热、变速器反应迟钝或错档等,各种常见故障的现象、原因及诊断方法分别介绍如下:

1. 汽车不能行驶

1)故障现象

①无论选档手柄位于前进档、前进低档或倒档,汽车都不能行驶;

②冷车起动后汽车能行驶一小段路程,但稍一热车就不能行驶。

2)故障原因

①自动变速器油底壳被撞坏,液压油全部漏光;

②选档手柄和手动阀摇臂之间的连杆或拉索松脱,手动阀保持在空档或停车档位置;

③油泵进油滤网堵塞;

④主油路严重泄漏;

⑤油泵损坏。

3)故障诊断和排除

①拔出自动变速器油尺,检查其液压油的油面高度。若油尺上无液压油,表明自动变速器内的液压油漏光。对此,应检查油底壳、液压油散热器、油管等处有无破损而导致漏油。若有漏油处,应修复后重新加油;

②检查自动变速器选档手柄与手动阀摇臂之间的连杆或拉索有无松脱,若有松脱,应重新装复,并调整好选档手柄的位置;

③拆下主油路测压孔的螺塞,起动发动机,将选档手柄放至前进档或倒档位置,观察测压孔内有无液压油流出。若无液压油流出,应打开油底壳,检查手动阀摇臂与摇臂轴间有无松脱,阀芯有无折断或脱钩。若手动阀工作正常,则说明油泵损坏。应拆卸分解自动变速器,更换油泵;

④若主油路测压孔内只有少量液压油流出,油压很低或基本上没油压,应打开油底壳,检查油泵进油滤网有无堵塞。若无堵塞,说明油泵损坏或主油路严重泄漏。对此,应拆解自动变速器予以修复;

⑤若冷车起动主油路有一定油压,但热车后油压明显下降,说明油泵磨损过甚,应予以更换;

⑥若测压孔内有大量液压油喷出,说明主油路油压正常,故障出在自动变速器的输入轴、行星排或输出轴。应拆解自动变速器予以修复。

2. 换档冲击过大

1)现象

①在起步时,由停车档或空档挂入倒档或前进档时,汽车振动较严重;

②行驶中,在自动变速器升档的瞬间汽车有明显的窜动。

2)故障原因

①发动机怠速过高;

②节气门拉线或节气门位置传感器调整不当,使主油路压力过高;

③升档过迟;

④真空式节气门阀的真空软管破裂或松脱;

⑤主油路调压阀有故障,使主油路油压过高;

⑥减振活塞发卡,不能起减振作用;

⑦微机或电子控制系统有故障。

3)故障的诊断与排除

①检查发动机怠速。如果怠速过高,应按标准予以调整;

②检查节气门拉线或节气门位置传感器的调整情况。若不符合标准应给予重新调整;

③检查真空式节气门阀的真空软管,有破裂,应更换。若松脱,应接牢;

④进行道路试验,看是否有升档过迟或在升档之前发动机转速异常升高的现象,在必要的情况下,要分解自动变速器予以修理;

⑤检测主油路油压,必要时解体自动变速器予以修理;

⑥检测换档时的主油路油压。正常情况下,换档时主油路油压会有瞬时下降。若没有下降,则可能是减振器活塞卡滞;

⑦电控自动变速器如果出现换档冲击过大的故障,应检查油压电磁阀的线路以及油压电磁阀工作是否正常。微机在换档瞬间是否向油压电磁阀发出控制信号。若线路有故障,应予以修复。电磁阀损坏则应更换,微机有故障则应更换微机。

3. 自动变速器无前进档

1)故障现象

①汽车倒档行驶正常,在前进档时则不能正常行驶;

②选档手柄在“D”位时不能起步,在“2”位、“L”位时可以起步。

2)故障原因

①前进离合器严重打滑;

②前进单向超速离合器装反或打滑;

③前进离合器油路严重泄漏;

④选档手柄调整不当。

3)故障诊断与排除

①检查选档手柄的调整情况,若有异常则应重新调整;

②检测前进档主油路油压,若油压过低,说明主油路严重泄漏,应拆检自动变速器,更换前

进档油路上的密封圈和密封环；

③若前进档主油路油压正常，应拆检前进离合器。若摩擦片表面粉末冶金层有烧焦或磨损过甚，则应更换摩擦片；

④若主油路油压和前进离合器均正常，则应拆检单向超速离合器，看其是否装反或打滑，若装反应重新安装，若打滑则换新件。

4. 自动变速器无倒档

1)故障现象

汽车在前进档时能够正常行驶，但挂在倒档时不能够正常行驶。

2)故障原因

①自动变速器的选档手柄调整不当；

②倒档油路泄漏；

③倒档离合器或制动器打滑。

3)故障诊断与排除

①检查自动变速器的选档手柄位置，若有异常则应按规定程序重新调整；

②检查倒档油路油压，若油压过低说明倒档油路有泄漏。应拆检自动变速器，给予修复；

③如果倒档油路油压正常，应拆检自动变速器，更换损坏的离合器片、制动带(制动片)。

5. 自动变速器频繁跳档

1)故障现象

汽车以前进档行驶时，驾驶员踩住加速踏板不动，自动变速器仍然会经常出现突然降档现象，降档后发动机转速异常升高，并产生换档冲击。

2)故障原因

①节气门位置传感器有故障；

②车速传感器有故障；

③电子控制系统电路搭铁不良；

④换档电磁阀接触不良；

⑤微机有故障。

3)故障诊断与排除

①对于电控自动变速器，应先进行故障的自行诊断，若有故障代码出现，则按照所显示的故障代码查找故障原因；

②检测节气门位置传感器，如果有异常则应更换；

③检测车速传感器，如果有异常则应更换；

④检查电子控制系统电路各条搭铁线的接触状态，若搭铁不良应予以修复；

⑤拆下自动变速器的油底壳，检查各换档电磁阀线接头的连接情况。如有松动现象，应予以修复；

⑥检查控制系统微机各接线电插的工作电压，如果有异常则修复或更换；

⑦更换微机或阀板总成，若微机及阀板总成工作良好，则应更换控制系统所有的线束。

6. 自动变速器发热

1)故障现象

在汽车行驶一定里程后，用手触试变速器壳，有无法忍受的烫手感觉，并伴有液压油烧焦味。

2)故障原因

①自动变速器内油平面过低；

②自动变速器液压油冷却管路堵塞；

③拖拉重负而导致冷却不良；

④油泵有缺陷，内部打滑。

3)故障的诊断与排除

①检查液压油的油平面高度，若过低应补充；

②检查液压油冷却管路堵塞情况。若有堵塞，则应排除堵塞后加注新的变速器油；

③检查自动变速器油冷却系工作情况。若冷却不良，则自动变速器发热；

④拆检自动变速器，检查油泵是否有故障，若有故障则应更换。同时检查自动变速器内部是否有打滑现象，若有打滑现象应予以修复。

7. 变速器反应迟钝或错档

1)故障现象

汽车加速迟缓或档位错乱。

2)故障原因

①自动变速器油平面过低；

②真空式节气门阀的真空管破裂；

③自动变速器内部功能恶化。

3)故障诊断与排除

①检查自动变速器的油平面高度。若过低则应补充；

②检查真空管路是否有破损。若有破损松脱，则应更换修复；

③拆装并检查自动变速器内部，若有故障应予以修复。

复习题

1. 自动变速器是由哪些部分组成的？汽车上应用自动变速器有哪些好处？
2. 汽车上所用的自动变速器有哪些类型？
3. 液力变矩器由哪些原件组成？什么叫综合式液力变矩器？
4. 液力变矩器是怎样传递动力的？
5. 单排行星齿轮机构的运动规律特性方程式是什么？
6. 行星齿轮变速器中的离合器和制动器各起什么作用？
7. 选档杆位置 P、R、N、D、3、2、L 各是什么意思？
8. 自动变速器的液压控制系统是由哪些部分组成的？
9. 手动阀的作用是什么？
10. 换档阀的作用是什么？
11. 电控自动变速器中微机的作用是什么？
12. 自动变速器的基本检查包括哪些项目？
13. 自动变速器的油面过高或过低有哪些危害？
14. 失速试验的目的是什么？
15. 怎样进行手动换档试验？其试验目的是什么？
16. 使用自动变速器的汽车因故障而牵引时应注意哪些事项？
17. 自动变速器无倒档的原因有哪些？
18. 如何诊断和排除自动变速器发热的故障？

第六章　汽车防滑控制系统

汽车防滑控制系统包括汽车制动防抱死系统(ABS)和驱动防滑转系统(ASR)。ABS 用于汽车制动过程中防止车轮抱死拖滑,改善汽车制动过程中的操纵稳定性,缩短制动距离;ASR 是 ABS 功能的延伸,通过调节驱动轮的牵引力,实现车轮滑转控制,提高汽车的加速性能及操纵稳定性。

目前,随着汽车电子技术的发展,汽车防滑控制系统在现代汽车上得到广泛应用。许多高级轿车(如宝马、凌志、凯迪拉克、上海别克等)将具有制动防抱死和驱动防滑转功能的防滑控制系统作为标准装备或选择装备。该系统成功地解决了汽车制动和驱动时的方向稳定性,但在车辆做回转运动达到极限时(如急转弯),却无相应的安全装置加以控制,使车辆极易失去稳定性,为此,汽车工业发达的国家又在 ABS/ASR 系统的基础上,发展成汽车动态控制系统 VDC,进一步提高了汽车的主动安全性。

本章主要介绍汽车制动防抱死系统(ABS),对汽车驱动防滑转系统(ASR)及防滑差速装置 ASD 作常识性介绍。

第一节　电子控制防抱死制动系统

普通制动系在汽车制动、车轮抱死滑移时,不但会使轮胎严重磨损,而且会使胎面产生局部高温而稀化,导致轮胎与路面的纵向附着系数减小,侧向附着系数则完全消失。若前轮制动到抱死滑移而后轮还在滚动,汽车将失去转向能力;若后轮制动到抱死滑移而前轮还在滚动,则在不大的侧向力作用下汽车将产生侧滑(甩尾)现象。这些都极易造成严重的交通事故。因此,汽车在制动时车轮应处于边滚动边滑动的不完全抱死状态。此时轮胎与路面的纵向附着系数最大,侧向附着系数也很大。为了充分利用轮胎与路面的附着性能以达到最佳的制动效果,现代汽车上装备了防抱死制动装置。汽车防抱死制动装置(Anti - Lock Brake System)简称 ABS。

一、汽车最佳制动状态

1. 车轮的滑移率

汽车在制动过程中,车轮在路面上的运动是一个边滚边滑的过程,汽车未制动时,车轮处于纯滚动状态;当车轮制动抱死时,车轮在路面上的运动处于纯滑动状态。为定量描述汽车制动时车轮的运动状态,引入车轮滑移率来反映车轮滑动的成分。滑移率 λ 定义为:

$$\lambda = \frac{v_v - v_\omega}{v_v} \times 100\% = \frac{v_v - \omega R}{v_v} \times 100\%$$

式中:v_v——车身相对于地面的速度,m/s;

v_ω——车轮圆周线速度,m/s;

R——车轮半径,m;

ω——车轮转动角速度,rad/s。

车轮在路面上纯滚动时,$v_v = v_\omega$, $\lambda = 0$;车轮抱死时即在地面上纯滑动时,$\omega = 0$,车轮滑移率 $\lambda = 100\%$;车轮在路面上边滚边滑时,$v_v > v_\omega$,车轮滑移率 $0 < \lambda < 100\%$。车轮滑移率越大,说明车轮在运动中滑移成分所占的比例越大。

2. 附着系数和滑移率的关系

车轮滑移率的大小对车轮与地面间的附着系数有很大影响,从图 6-1 中可以看出:

1)纵向附着系数与滑移率的关系

当滑移率处于 10%~30%的范围时,附着系数有最大值,即可产生的地面制动力最大,制动距离相对最短,制动效果最佳。

2)横向附着系数与滑移率的关系

横向附着系数是研究汽车行驶稳定性的重要参数之一。当滑移率为零时横向附着系数最大;随着滑移率的增加,横向附着系数越来越小,当车轮抱死时,横向附着系数几乎为零,车轮将完全丧失抵抗外界侧向力作用的能力。使汽车失去方向稳定性,失去转向控制能力。

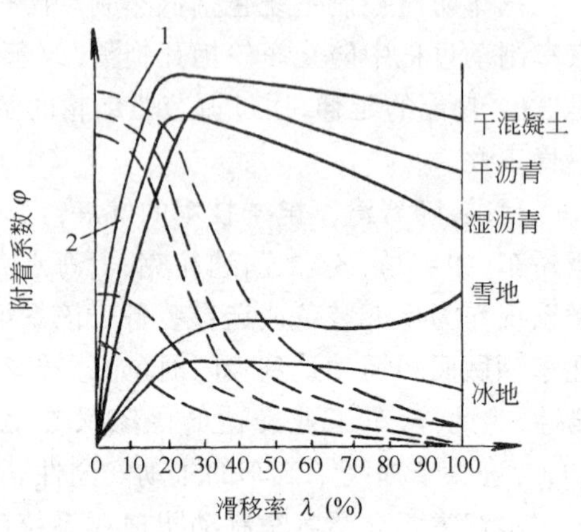

图 6-1 附着系数和滑移率的关系
1-横向附着系数;2-纵向附着系数

3. 最佳制动状态

汽车制动时,若能将滑移率控制在最大附着系数所对应的滑移率范围内,即λ为 15%~30%时制动效果最佳,将 λ 为 15%~30%的制动过程称为制动稳定区。在这时,不仅车轮的纵向附着系数最大,因而汽车获得的地面制动力最大,制动停车距离相对最小;而且车轮的横向附着系数也较大(横向附着系数约为最大横向附着系数的 50%~75%),所以可使汽车获得较大的转向和防止横向侧滑所需要的侧向附着力,从而保持制动时的稳定性。

ABS 的功能就是通过调节控制制动管路压力,避免车轮在制动过程中抱死而滑移,使车轮滑移率保持在理想滑移率附近的狭小范围内,以达到充分利用车轮与路面间纵向峰值附着系数和较高的横向附着系数,实现防止车轮抱死和获得最佳制动性能。其优点可概括为:缩短制动距离;提高汽车制动时的稳定性;制动时保持转向控制能力;减少轮胎磨损;减少驾驶员紧张情绪;使用方便,工作可靠。

二、ABS 的分类、组成及工作原理

1. ABS 的分类

ABS 一般分为机械式 ABS 和电子式 ABS 两类。目前机械式 ABS 已趋于淘汰,电子控制式 ABS 在现代汽车上得到普遍的应用。ABS 的种类很多,分类方法各异。本教材按照传感器数量及控制通道的分类方法重点介绍电子控制式 ABS。

1)四传感器四通道式

如图 6-2a)、b)所示,该系统具有 4 个传感器和 4 条控制通道,能够根据各个车轮的需要分别控制制动压力。这种形式的优点是制动距离最短,制动操纵性最好,但系统布置较复杂、成本较高。此外,在附着系数不同的不对称路面上制动时,影响制动的方向稳定性。为此可采用"低选择"控制方式,即两前轮仍分别控制,而后轮则以易抱死的车轮为标准,对两后轮同时施

加相等的制动力矩。

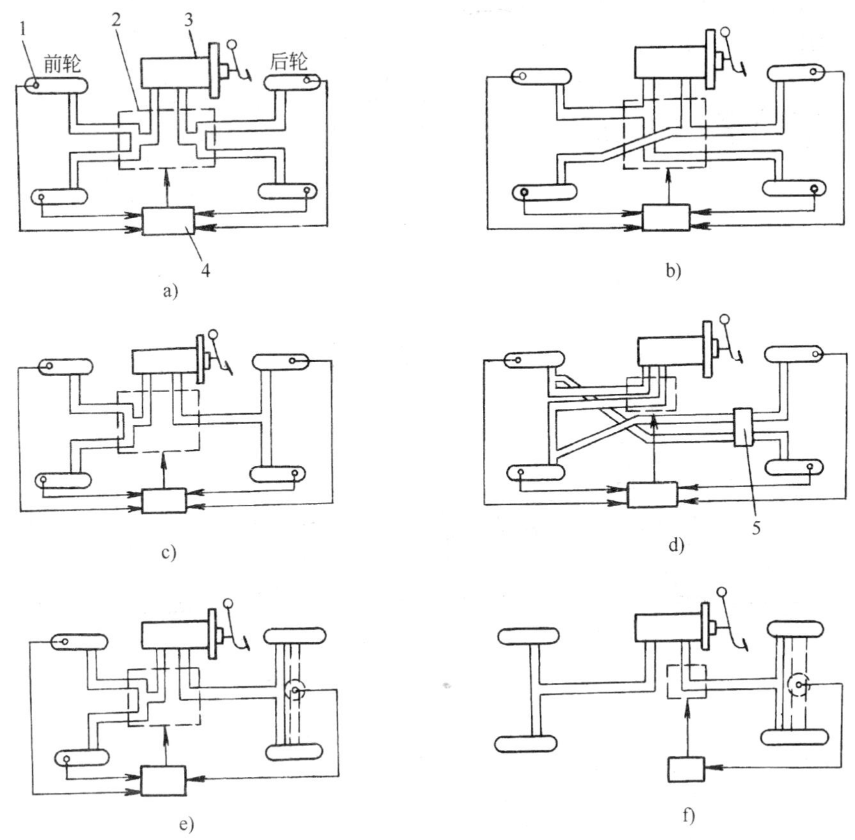

图 6-2　汽车 ABS 的形式示意图

a)四传感器四通道式(前后制动管路);b)四传感器四通道式(X 型制动管路);c)四传感器二通道式(前后制动管路);d)四传感器二通道式(X 型制动管路);e)三传感器三通道式;f)一传感器一通道式

1-传感器;2-制动压力调节器;3-制动主缸;4-电子控制器;5-比例阀(或低选择阀)

2)四传感器三通道式

如图 6-2c)所示,用两个传感器,两条通道分别控制两前轮,将后轮的两个传感器信号按低选择控制方式加以综合处理后,用一条液压通道同时控制两后轮。国产桑塔纳 2000GSi、捷达王均采用之。

3)四传感器二通道式

如图 6-2d)所示,用两个传感器分别控制两前轮,根据后轮上的两个传感器信号计算出基准轮速,利用 X 型制动管路,用前轮的制动压力控制对角后轮。

4)三传感器三通道式

如图 6-2e)所示,用两个传感器、两条液压通道分别控制两前轮,用一个装在差速器上的传感器和另一条液压通道控制两后轮。

5)一传感器一通道式

如图 6-2f)所示,采用一个传感器、一条液压通道只控制两后轮(称为后控制 ABS),以避免汽车制动时因后轮抱死侧滑。

2．ABS的组成

ABS主要由传感器、电子控制单元(ECU)和执行器三部分组成。日本丰田LS400汽车ABS的组成如图6-3所示。

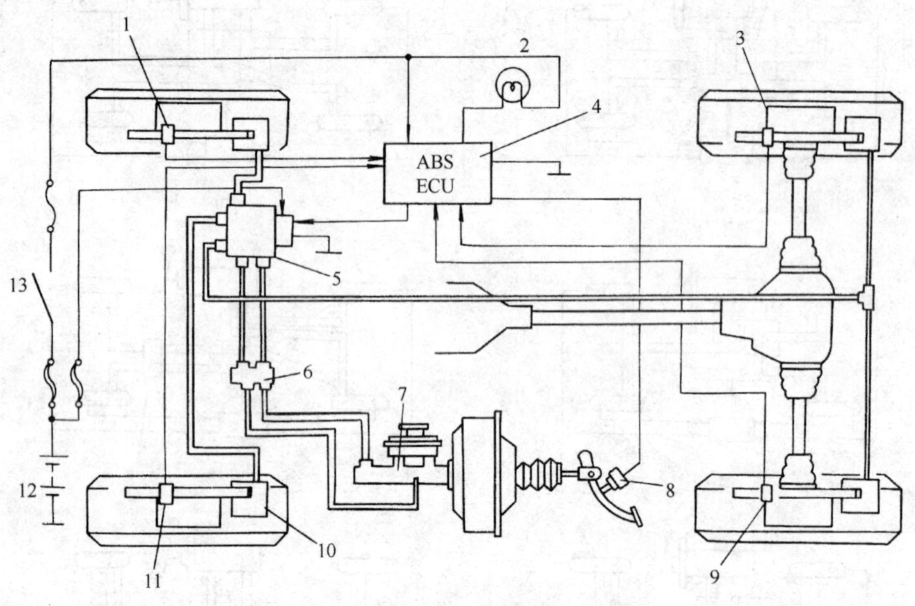

图6-3　丰田LS400型汽车ABS组成

1、11-前轮速度传感器；2-ABS警告灯；3、9-后轮速度传感器；4-电子控制器(ECU)；5-制动压力调节器；6-比例分配阀；7-制动主缸；8-制动灯开关；10-制动轮缸；12-蓄电池；13-点火开关

1)转速传感器

最常用的转速传感器由传感头和齿圈等组成，用于检测车轮的转速，并将转速信号输入ECU。其结构和原理如图6-4和6-5所示。

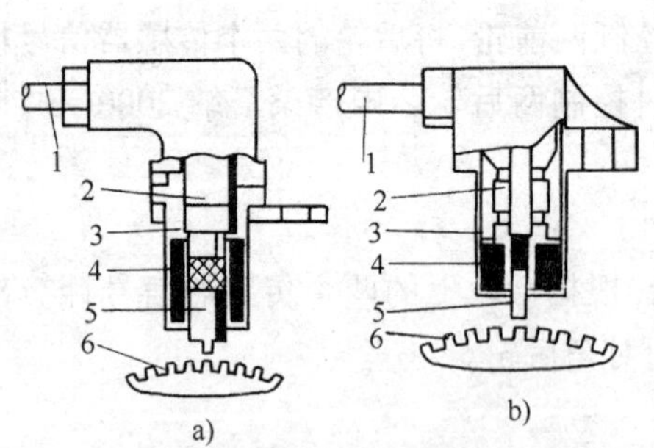

图6-4　电磁感应式轮速传感器的结构

a)凿式轮速传感器；b)柱式轮速传感器

1-电缆；2-永磁体；3-外壳；

4-传感线圈；5-极轴；6-齿圈

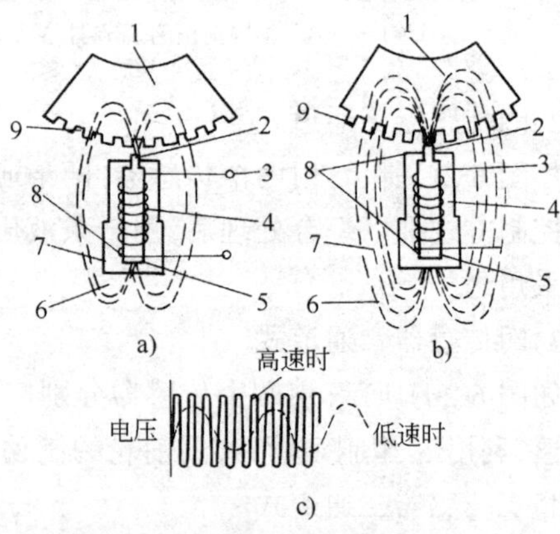

图6-5　电磁感应式轮速传感器工作原理

a)齿隙与磁极端部相对；b)齿顶与磁极端部相对；

c)传感器输入电压信号

1-齿圈；2-磁极端部；3-感应线圈引线；4-感应线圈；5-永久磁铁；6-磁力线；7-电磁感应式轮速传感器；8-磁极；9-齿圈齿顶

当传感头的磁极端部与齿圈的齿隙相对时，磁极端部距齿圈之间的空隙最大(即磁阻最大)，传感头的磁极所产生的磁力线只有少量通过齿圈构成回路，电磁线圈周围的磁场较弱；当传感头的磁极端部与齿圈的齿顶相对时，两者之间空隙最小(即磁阻最小)，传感头磁极产生的磁力线通过齿圈的数量增多，电磁线圈周围的磁场较强。齿圈随车轮不停地旋转，使传感头的电磁线圈周围的磁场以强—弱—强—弱……周期性地变化，电磁线圈就产生交变电压信号，即车轮速度信号。

2)电子控制单元

ECU 主要用于接收转速传感器及其他传感器输入的信号，进行放大、计算、比较，按照特定的控制逻辑，分析判断后输出控制指令，控制制动压力调节器进行压力调节。目前 ABS ECU 的内部电路和控制程序并不相同，但基本组成如图 6-6 所示。

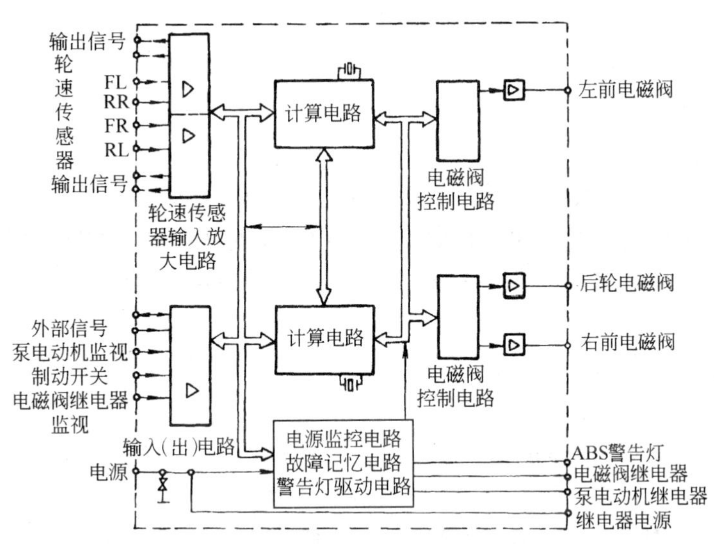

图 6-6　ABS ECU 内部电路框图(四传感器三通道系统)

3)制动压力调节器

制动压力调节器用于接收 ECU 的指令，通过电磁阀的动作自动调节制动器制动压力。汽车 ABS 制动压力调节器有机械柱塞式和电磁阀式两种。如图 6-7 所示，电磁阀控制压力调节器由电磁阀、油泵、储液器和单向阀等组成。

如图 6-8 所示，当给线圈通电时，铁心就会变成具有一定磁力的磁铁而产生吸力。改变线圈的电流强度就可以改变磁场力，从而控制两铁心之间的吸引力，进而控制了衔铁 7 在阀内的轴向位置。电磁阀上有三个阀口：4 与制动主缸相通；5 与储液器相通；6 与制动轮缸相通。衔铁内设有油液通道，据线圈中电流的大小，可将衔铁控制在三个不同的轴向位置上，从而改变三个阀口间通路，故称为三位三通电磁阀。

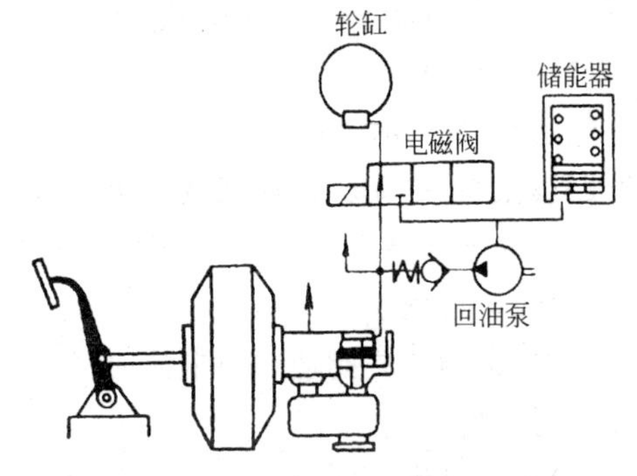

图 6-7　循环式制动压力调节器的工作原理

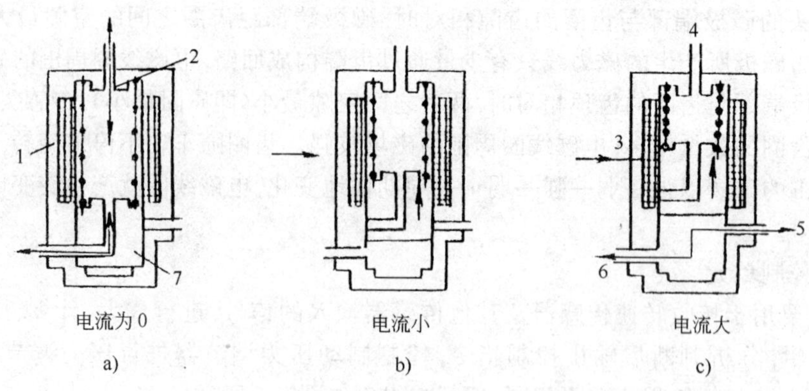

图6-8　三位三通电磁阀的动作

1-线圈;2-固定铁心;3-电流;4-通主缸;5-通储液器;6-通轮缸;7-衔铁

3. ABS的工作原理

1)ABS系统基本工作原理

ABS系统的基本工作原理是:汽车在制动过程中,车轮转速传感器不断把各个车轮的转速信号及时送给ABS电子控制单元(ECU),ABS ECU根据设定的控制逻辑对转速传感器输入的信号进行处理,计算汽车的参考车速、各车轮速度和减速度,确定各车轮的滑移率。如果某个车轮的滑移率超过设定值,ABS ECU就会发出指令控制液压控制单元,使该车轮制动轮缸中的制动压力减小;如果某个车轮的滑移率没有达到设定值,ABS ECU就控制液压控制单元,使该车轮的制动压力增大;如果某个车轮的滑移率接近于设定值,ABS ECU就控制液压控制单元,使该车轮的制动压力保持一定,从而使各个车轮的滑移率保持在理想的范围之内,防止车轮完全抱死。

在制动过程中,如果车轮没有抱死趋势,ABS系统将不参与制动压力的控制,此时制动过程与常规制动系统相同。如果ABS出现故障,电子控制单元将不再对液压单元进行控制,并将仪表板上的ABS故障警告灯点亮,向驾驶员发出警告信号,此时,ABS不起作用,制动过程将与没有ABS的常规制动系统的工作相同。

2)防抱死制动装置的工作过程

(1)常规制动过程(ABS不工作)

常规制动过程如图6-9所示,电磁阀不通电,衔铁在图示位置,主缸和轮缸管路相通,制动主缸可随时控制制动压力的增减,此时电动泵不工作。

(2)减压过程

如图6-10所示,当ECU给电磁阀提供较大电流时,柱塞移至上端,制动主缸和制动轮缸的通路被截断,制动轮缸和储液器接通,轮缸的制动液流入储液器,制动压力降低。与此同时,电动机带动电动泵工作,把流回储液器的制动液加压后送回制动主缸。

(3)保压过程

当ECU给电磁阀通较小电流时,柱塞移至图6-11所示位置,所有的通路被截断,制动器制动压力保持不变。

(4)增压过程

当ECU对电磁阀断电后,柱塞又回到图6-12所示初始位置。制动主缸和制动轮缸再次相通，主缸的高压制动液再次进入制动轮缸，增加制动压力。增压和减压的速度可直接通过电磁阀的进出油口来控制。

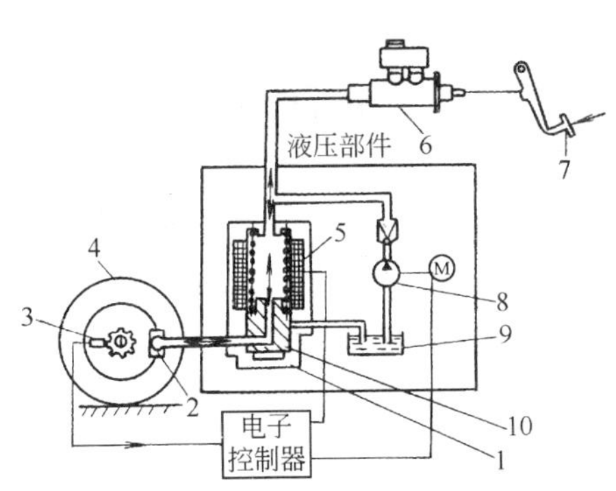

图 6-9　常规制动过程
1-电磁阀；2-轮缸；3-传感器；4-车轮；
5-线圈；6-主缸；7-踏板；8-电动泵；
9-储液器；10-柱塞

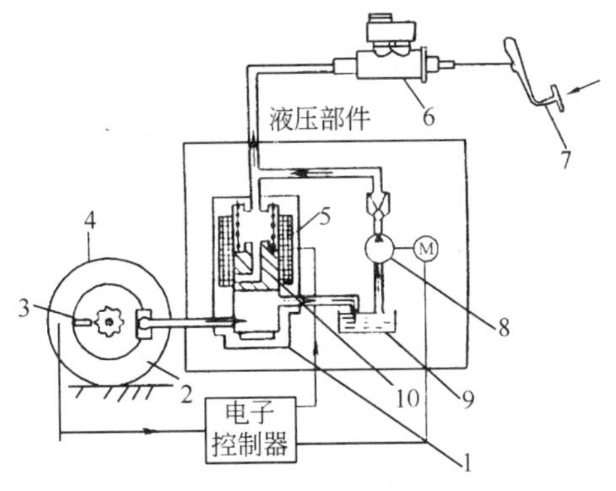

图 6-10　ABS 减压过程
1-电磁阀；2-轮缸；3-传感器；4-车轮；
5-线圈；6-主缸；7-踏板；8-电动泵；
9-储液器；10-柱塞

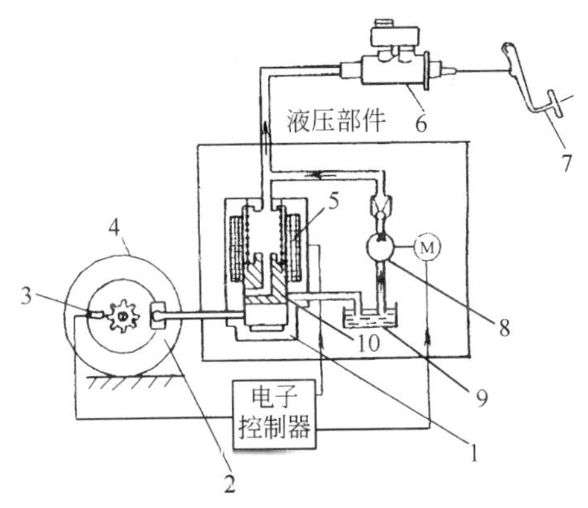

图 6-11　ABS 保压过程
1-电磁阀；2-轮缸；3-传感器；4-车轮；
5-线圈；6-主缸；7-踏板；8-电动泵；
9-储液器；10-柱塞

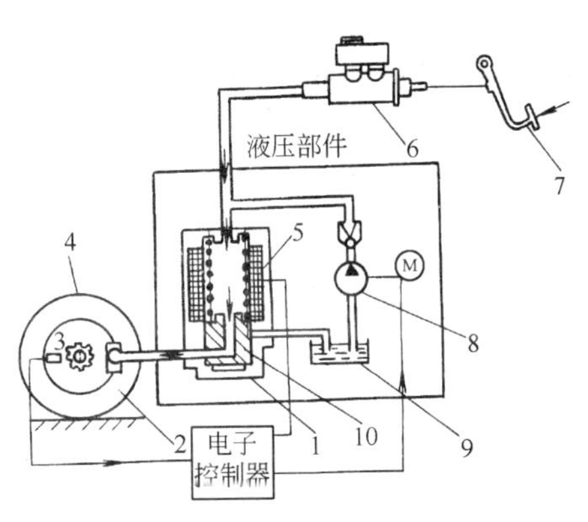

图 6-12　ABS 增压过程
1-电磁阀；2-轮缸；3-传感器；4-车轮；
5-线圈；6-主缸；7-踏板；8-电动泵；
9-储液器；10-柱塞

ABS 控制上述“减压”（或增压）、“保持”各工况，使之相互交替进行，从而保证汽车获得最佳制动效果。

三、ABS 的使用与维护

1．ABS 的使用

①在 ABS 系统警告灯持续点亮而施行制动时，系统已转换为常规制动状态，驾驶员应注意控制制动强度，以防制动车轮过早抱死，致使制动停车距离延长或侧滑；

②防止碰撞电子控制器（ECU），否则 ECU 将会损坏；

③ABS ECU 对过电压、静电压非常敏感。在点火开关处于接通位置时，不要拆装系统中的电器元件和线束插头。若必须拆装时，应先关闭点火开关；用充电机对车上蓄电池充电时，要拆下蓄电池电缆线后再进行充电，切记不可用充电机起动发动机；在车上进行电焊时，要戴

好静电器，在拔下 ECU 连接器后再进行焊接；

④高温环境容易损坏 ECU。一般 ECU 只能在短时间内承受 90℃ 温度，或在一定时间内(约 2h)承受 85℃ 温度(有的要求 ECU 受热不能超过 82℃)。在对汽车进行烤漆作业时，应将 ECU 从车上拆下；

⑤ABS 必须装用警示灯，将 ABS 电器的技术状态准确、及时地报告给驾驶员。ABS 电器系统出现故障，必须及时排除，否则就必须终止 ABS 的工作，绝不可带病运行；

⑥驾驶员只要踩下制动踏板，ABS 就可实施有效制动。但紧急制动时，不要重复地踩放制动踏板，而只要把脚持续地踩在制动踏板上，ABS 就会自动进入制动状态，不需人工干涉。多踩几脚制动踏板，反而会使 ABS ECU 接收到不正确信号，导致制动效果不良；

⑦施行制动时，驾驶员会感到制动踏板脉动性抖动，即 ABS 的踏板反应，并伴有系统压力调节器发出的响声，这是 ABS 系统正常的工作现象；

⑧要求制动液每年更换一次。ABS 系统推荐使用 DOT3 乙二醇型制动液(有的要求使用 DOT4 型制动液，注意不能选用 DOT5 型硅酮型制动液，它对 ABS 系统有严重损害)，DOT3 或 DOT4 制动液吸湿性很强，使用一年后其中含水量会增至 3%。含水分的制动液不仅使沸点降低、制动系统内部产生腐蚀，而且使制动效果明显下降，影响 ABS 正常工作，因此制动液应及时更换。另外，对制动液要做到及时检查、补充，一般制动液液面过低时 ABS 系统会自行关闭。在存储和更换制动液时，要注意保持器皿清洁，不要使灰尘、污物进入制动液装置中；

⑨在维修 ABS 系统高压蓄能器之前，应先泄压，使蓄能器中的高压制动液完全释放，以免高压制动液喷出伤人。释放蓄能器中的高压制动液的方法是，先关闭点火开关，然后反复踩、放制动踏板，直到制动踏板变得很硬时为止。另外，在制动系统没有完全装好之前，不能接通点火开关，以免电动泵泵油；

⑩保持电子控制器(ECU)以及线束插接器清洁干燥，防止油污、水液及尘埃脏污插接器。否则，导线插头座会锈蚀而接触不良，致使系统不能正常工作；

⑪使用或维修后，若感到制动踏板变软，应对制动系统排气。装备 ABS 的制动系统与常规制动系统的排气方法有所不同，且不同形式的 ABS 系统，排气顺序和程序也可能不同。在排气时，应参照相应的维护手册进行，并应注意以下几点：

a. 对于装有制动真空助力器的，首先要把制动助力控制装置断开，使制动系统处于无助力状态；

b. 断开 ABS 微机，使排气过程中 ABS 电子控制系统不起作用，避免 ABS 对排气造成影响；

c. ABS 排气时间较长，消耗的制动液也较多，需边排气边向制动总泵贮液罐添加制动液，使贮液罐制动液液面保持在“Max”与“Min”之间；

d. 排出的制动液需在加盖的玻璃瓶中静置 3 天以上，待制动液中的气泡排尽后才能再用；

e. 在排气过程中，制动踏板要缓缓的踩动，不得过猛；

f. 排气时，可让 ABS 油泵工作，在加压的情况下可使排气更快、更彻底；

⑫应选用厂家推荐的轮胎，若要换用其他型号的轮胎，应选用与原车所用轮胎的外径、附着性能和转动惯量相近的轮胎，但不能混用不同规格的轮胎，否则会影响 ABS 系统的控制效果。

2．ABS 的维护

①ABS 系统工作可靠性较好，电子控制器(ECU)故障率很低，并且不允许对其拆卸维修。当 ABS 警告灯发亮，告诉驾驶员系统有故障时，应先检查系统各导线插接器是否牢靠、接触是否良好，不可盲目拆卸；

②在对 ABS 维护时，要对全车制动装置全面考虑，不能只考虑电子控制器(ECU)、车轮速度传感器、压力调节器等电器部件。因为常规制动部件不良（例如，制动蹄衬片与制动鼓之间间隙不正确，制动盘磨损超过极限等），也会使制动效果变差。在维护制动分泵时，要防止污垢进入泵腔；更换制动摩擦衬片压回分泵活塞之前，应先拧松放气螺钉，以防污垢压入制动管路而造成系统工作失灵；

③检修 ABS 系统故障时，应按照先检查机械故障，后检查电器故障，先简单后复杂，先外后内的顺序进行；

④制动液侵蚀油漆能力较强，因此在检修液压部件和加注制动液时，应防止制动液溅污油漆表面而使油漆失去光泽或变色；

⑤拆卸轮速传感器时注意不要碰撞和敲击传感头，不要用传感器齿环当做撬面；防止上面沾染油污或其他脏物，必要时，可涂上一层薄防锈油；传感器间隙有的是不可调的，有的是可调的，调整时应使用非磁性塞尺或纸片；

⑥ABS 制动管路要能承受较高的制动压力。制动液管路若有凹瘪、扭曲、破裂或接头损坏，必须换用同规格的高压管路，不能使用普通制动管路。

四、ABS 常见故障与处理

1．ABS 的故障类别

1)工程上通用的故障分类

工程上通用的故障分类方法是将 ABS 的故障分为三大类，即电器故障、机械故障及外来干扰故障等。

2)按 ABS 的结构分类

按 ABS 的结构可将 ABS 的故障分为：传感器故障、控制器故障、调节器故障、导线故障及外来干扰故障等。

2．系统检查和故障诊断的一般方法

1)直观检查

直观检查是在 ABS 系统出现故障或感觉系统工作不正常时采用的初步目视检查方法。

①检查驻车制动操纵杆是否完全释放；

②检查制动液是否渗漏、制动液面是否在规定的范围内；

③检查 ABS 系统的熔丝、继电器是否完好，插接是否牢固；

④检查 ABS ECU 连接器连接是否良好；

⑤检查有关元器件的连接器和导线是否连接良好；

⑥检查蓄电池电压是否在规定范围内，正、负极柱的导线是否连接可靠。

2)故障自诊断

ABS 系统一般都具有故障自诊断功能，ECU 工作时能对自身和系统中的有关电器元件进行测试。若 ECU 发现系统中存在故障，则点亮 ABS 警告灯，使 ABS 停止工作，恢复常规制动性能，同时将故障信息以代码的形式存入存储器，供检修时调出，以便查找故障。

故障代码的读取和清除与发动机电子控制系统含义相同,ABS 系统故障代码的读取方法可归纳为以下三种:

①连接自诊断起动电路读取故障代码;

②借助专用诊断测试仪读取故障代码;

③利用汽车仪表板上的信息显示系统读取故障代码。

3)快速检查

快速检查一般是在自诊断基础上进行的,它是利用专用仪器或万用表等,对系统的电路和元件进行连续测试,以查找故障的方法。

根据故障代码,多数情况下只能了解故障大致范围和基本情况,有的还没有自诊断功能,不能读取故障码。为了进一步查清故障,经常采用一些仪器或万用表等,对 ABS 系统的电路和元器件进行深入测试,根据测试仪和仪表显示的信息,确诊故障的部位、性质和原因。

①利用 ABS 诊断测试仪进行测试;

②利用"接线端子盒"进行测试;

③直接用万用表进行测试;

④利用故障警告灯诊断。

通过读取故障代码和快速检查,一般都能准确地诊断出故障部位及原因。在实际应用中,还经常利用故障警告灯进行诊断,即通过观察仪表板上的 ABS 警告灯和红色制动警告灯的闪亮规律,进行故障诊断。

3. ABS 系统故障诊断与排除实例

现以上海桑塔纳 2000GSI 轿车选装的 SABS/ITT 公司生产的 MK20-I 型 ABS 制动系统为例介绍其故障的诊断与排除。

1)ABS 的某些工作现象与故障的区别

①在发动机发动时,踩下的制动踏板会弹起,而在发动机熄火时,制动踏板则会下沉。这属于 ABS 的正常反应,并非故障现象。这是因为 ABS 制动压力调节器与动力转向器共用一个油泵,在发动机起动、动力转向油泵开始工作时,就会使制动踏板上抬;发动机熄火、动力转向油泵停止工作时,则会使制动踏板下沉;

②制动时,转动方向会感到转向盘有轻微的振动。这也是由于制动压力调节器与动力转向器共用一个油泵所引起的正常反应;

③制动时,有时会感到制动踏板有轻微下沉。这是由于道路路面附着系数变化,ABS 正常反应所引起的,并非故障现象;

④制动时,制动踏板会有轻微振动,这是 ABS 起作用的正常现象;

⑤高速行驶急转弯时,或冰滑路面上行驶时,有时会出现制动警告灯亮起的现象。这是由于出现了车轮打滑现象,ABS 产生保护作用引起的,并非故障;

⑥制动时,ABS 继电器不断地动作,这是 ABS 在起作用的正常现象;

⑦在制动后期,会有车轮被抱死,地面留下拖滑的印痕。这是因为在车速小于7~10km/h时,ABS 将不起作用,属正常现象。但是,ABS 在紧急制动时留下的短而淡淡的印痕与普通制动器紧急制动留下的长拖印是截然不同的。

2)故障诊断常识

(1)读取和消除故障码

ABS 系统故障诊断可使用 V·A·G1552 故障诊断仪操作。

ABS 故障码索引 表 6-1

故障代码	故 障 部 位	故障诊断内容
65535	电子控制单元	损坏
01276	ABS 液压泵	电动机无法工作
00283	左前轮转速传感器	电气及机械故障
00285	右前轮转速传感器	电气及机械故障
00290	左后轮转速传感器	电气及机械故障
00287	右后轮转速传感器	电气及机械故障
01044	ABS 编码错误	
00668	供电端子 30	
01130	ABS 工作异常	信号不合理

(2)偶发性故障的维修要点

在电子控制系统中,电气回路和输入/输出信号的地方,可能出现瞬时接触不良问题,从而导致偶发性故障或在 ECU 自检时留下故障码。如果故障原因持续存在,那么只要按照故障码检查表就可以发现不正常的部位。不过有时候故障发生的原因会自行消失,所以不容易找出问题的原因。在这种情况下,可按下列方式模拟故障,检查故障是否再现。

当振动可能是故障主要原因时可采取以下措施:

①将接头轻轻地上下左右摇动;

②将线束轻轻地上下左右摇动;

③将传感器轻轻地上下左右摇动;

④将其他运动件(如车轮轴承等)轻轻摇动。

如果线束有扭断或因拉得太紧而断裂,就必须更换新件,尤其是传感器在车辆运动时因为悬架系统的上下移动,可能造成短暂的断/短路。

当过热或过冷可能是故障主要原因时可采取以下措施:

①用吹风机加热被怀疑有故障的部件;

②用冷喷雾剂检查是否有冷焊现象。

当电源回路接触电阻过大可能是故障主要原因时,应打开所在电器开关,包括前照灯和后除霜开关。如果此时故障没有再现,就必须等到下次故障再现时才能诊断维修。

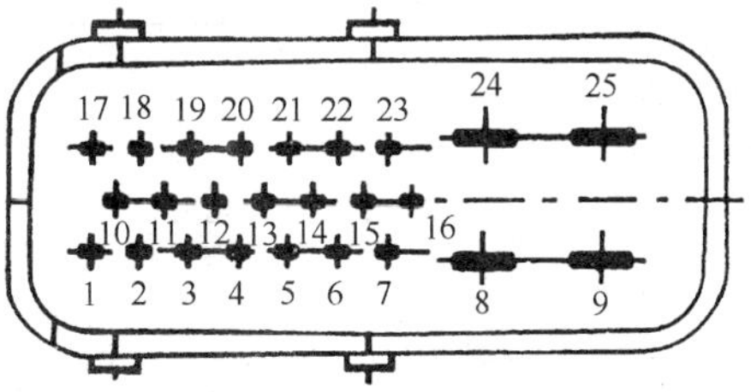

(3)ABS ECU 插座

ABS ECU 插座如图 6-13 所示。

图 6-13 ABS ECU 插座示意图
1～25-插孔编号

1)ABS 系统故障检查

利用故障诊断仪 V·A·G 1552 可对系统故障实施检查。在功能选择处输入功能代码“03”后,按表 6-2、表 6-3 列出 ABS 检查的项目进行。

ABS 系统检查(一) 表 6-2

检查项目	点火开关档位	接线柱		标准值	单位
蓄电池电压(电动机)	OFF	25-8		10.1~14.5	V
蓄电池电压(电磁阀)	OFF	9-24		10.1~14.5	V
电源绝缘性能	OFF	8-23		0.00~0.5	V
搭铁绝源性能	OFF	8-24		0.00~0.5	V
电源电压	ON	8-23		10.0~14.5	V
ABS 警告灯	OFF	未连接 ECU		警告灯熄灭	目视
	ON			警告灯发亮	目视
	OFF	连接 ECU		警告灯熄灭	目视
	ON			警告灯亮 1.7s 后熄灭	目视
制动灯开关功能(踏板未踩下)	ON	8-12		0.0~0.5	V
制动灯开关功能(踏板踩下)	ON	8-12		10.0~14.5	V
诊断接头	OFF	诊断接头		0.0~0.5	Ω
		K	13		
左前轮速度传感器电阻值	OFF	11-4		1.0~1.3	kΩ
右前轮速度传感器电阻值	OFF	18-3		1.0~1.3	kΩ
左后轮速度传感器电阻值	OFF	2-10		1.0~1.3	kΩ
右后轮速度传感器电阻值	OFF	1-17		1.0~1.3	kΩ
左前轮传感器输出电压	OFF	11-4		1.0~1.3	MV/Hz
右前轮传感器输出电压	OFF	18-3		1.0~1.3	MV/Hz
左后轮传感器输出电压	OFF	2-10		>12.2	MV/Hz
右后轮传感器输出电压	OFF	1-17		>12.2	MV/Hz
传感器输出电压比	最高峰值电压/最低峰值电压≤2				
车型识别	OFF	6-22		0.0~1.0	Ω

ABS 系统检查(二) 表 6-3

检查项目	点火开关档位	操作	标准值	备注
左前轮常开阀及常闭阀密封性	ON	踏踏板	左前轮无法转动时,踏板不下沉	检查常闭阀
	ON(两阀和液压泵同时通电)	踏踏板	左前轮可自由转动时,踏板不下沉	检查常开阀
右前轮常开阀及常闭阀密封性	ON	踏踏板	右前轮无法转动时,踏板不下沉	检查常闭阀
	ON(两阀和液压泵同时通电)	踏踏板	右前轮可自由转动时,踏板不下沉	检查常开阀
左后轮常开阀及常闭阀密封性	ON	踏踏板	左后轮无法转动时,踏板不下沉	检查常闭阀
	ON(两阀和液压泵同时通电)	踏踏板	左后轮可自由转动时,踏板不下沉	检查常开阀
右后轮常开阀及常闭阀密封性	ON	踏踏板	右后轮无法转动时,踏板不下沉	检查常闭阀
	ON(两阀和液压泵同时通电)	踏踏板	右后轮可自由转动时,踏板不下沉	检查常开阀

①ABS 系统有故障代码故障的诊断。ABS 系统有故障，可以利用 V·A·G1552 故障诊断仪读取故障码，并参照故障码检查索引，进行诊断与排除。如表 6-4 所示；

有故障码检查表 表 6-4

<table>
<tr><td rowspan="2">故障码为：01276
说明：当车速超过 20km/h 时，ABS ECU 监控到电动机不能正常工作，就会记录此故障码。
提示：出现此故障码时，可能是电动机和 ECU 之间的线束连接松脱。用 V·A·G1552 的低压单元功能可以测试驱动电动机，进行此项测试。</td><td>可能原因</td></tr>
<tr><td>·电源供应短路或搭铁
·电动机线束松脱
·电动机损坏</td></tr>
</table>

检查步骤：

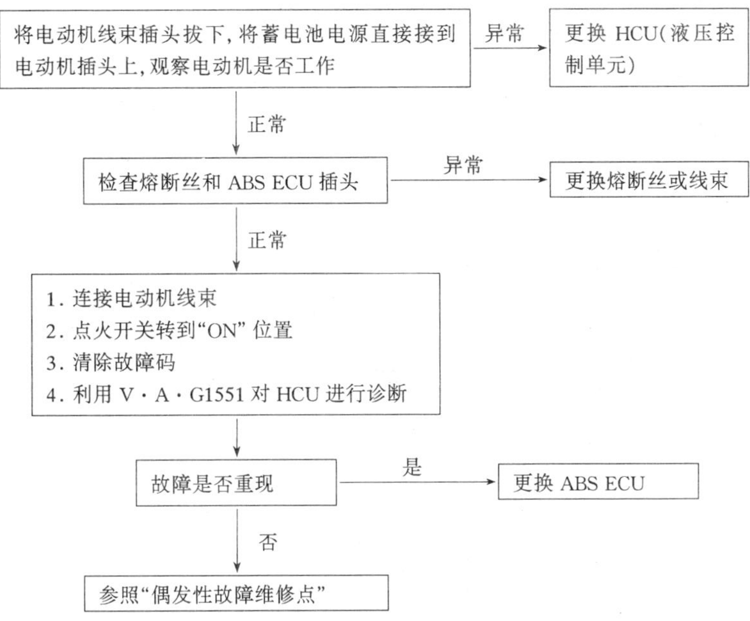

注：如果蓄电池过度放电，电动机将无法驱动，所以在进行电动机驱动测试时，应先确认蓄电池电压是否正常。进行电动机驱动测试时车辆须在静止状态下。

②ABS 系统无故障代码故障的诊断。如表 6-5 至 6-10 所示。

2）ABS 系统主要故障症状

桑塔纳 2000GSI 轿车选装的 MK20-I 型 ABS 系统没有故障代码输出，但经常出现的故障症状主要有：

①点火开关转到“ON”（发动机处于熄火状态）ABS 警告灯不亮；

②ABS 系统工作异常，两侧制动力不均匀；

③ABS 系统工作异常，制动力不足；

④ABS 系统工作异常，轻踩制动踏板时 ABS 工作（汽车处于静止状态）；

⑤ABS 系统工作异常，轻踩制动踏板时 ABS 工作（汽车处于行驶状态）；

⑥ABS 系统工作时，制动踏板剧烈振动；

⑦制动踏板行程过长；

⑧需用很大的力踩制动踏板；

⑨无故障代码输出（无法与 V·A·G1552 通讯）。

3)故障诊断与排除方法

①点火开关在“ON”位置(发动机熄火),ABS警告灯不亮故障检测方法如表6-5所示;

②发动机起动后,ABS警告灯常亮故障的检测诊断方法如表6-6所示;

③ABS工作异常故障的检测诊断方法如表6-7所示;

④需用很大的力踩制动踏板故障的检测诊断方法如表6-8所示;

⑤制动踏板行程过长故障的检测诊断方法如表6-9所示;

⑥无故障代码输出(无法与V·A·G1552通讯)的检测诊断方法如表6-10所示。

无故障码检查表 表6-5

故障现象与说明	可能原因
故障现象:在发动机熄火状态下,点火开关打到“ON”档位ABS故障警告灯不亮。 说明:ABS故障警告灯不亮,可能是故障警告灯电源回路断路、灯泡损坏或故障警告灯控制器损坏。	·熔断丝烧毁 ·ABS故障警告灯灯泡烧毁 ·电源线路断路 ·ABS警告灯控制器损坏

检查步骤:

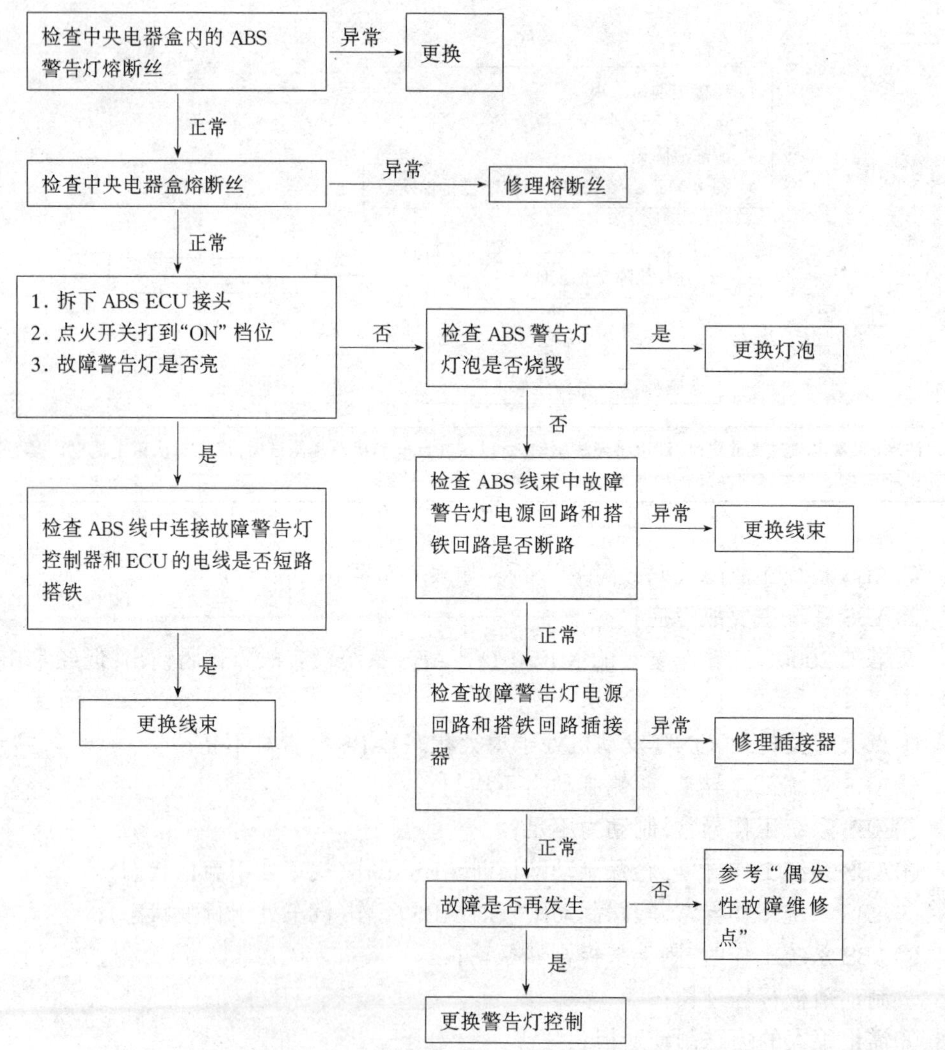

无故障码检查表 表 6-6

故障现象:发动机启动后,ABS 故障警告灯常亮不灭。 说明:产生该故障的可能原因是 ABS 故障警告灯控制器损坏或 ABS 故障警告灯回路断路。	可能原因 ·ABS 故障警告灯控制器损坏 ·ABS 故障警告灯控制器回路断路 ·ABS ECU 损坏

检查步骤:

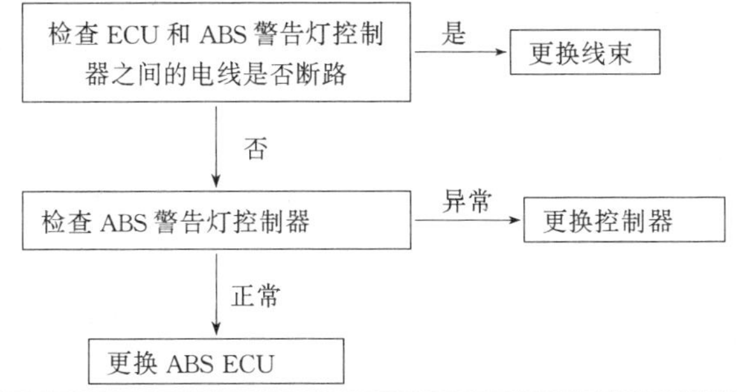

无故障码检查表 表 6-7

故障现象:ABS 工作异常。 说明:产生该故障的原因可能与驾驶状况和路面条件密切相关,因此不容易进行故障诊断。若没有故障码记忆,可进行以下检查。	可能原因 ·传感器安装不当 ·传感器线束有问题 ·传感器损坏 ·传感器沾有异物 ·车轮轴承损坏 ·ABS HCU 损坏 ·ABS ECU 损坏

检查步骤:

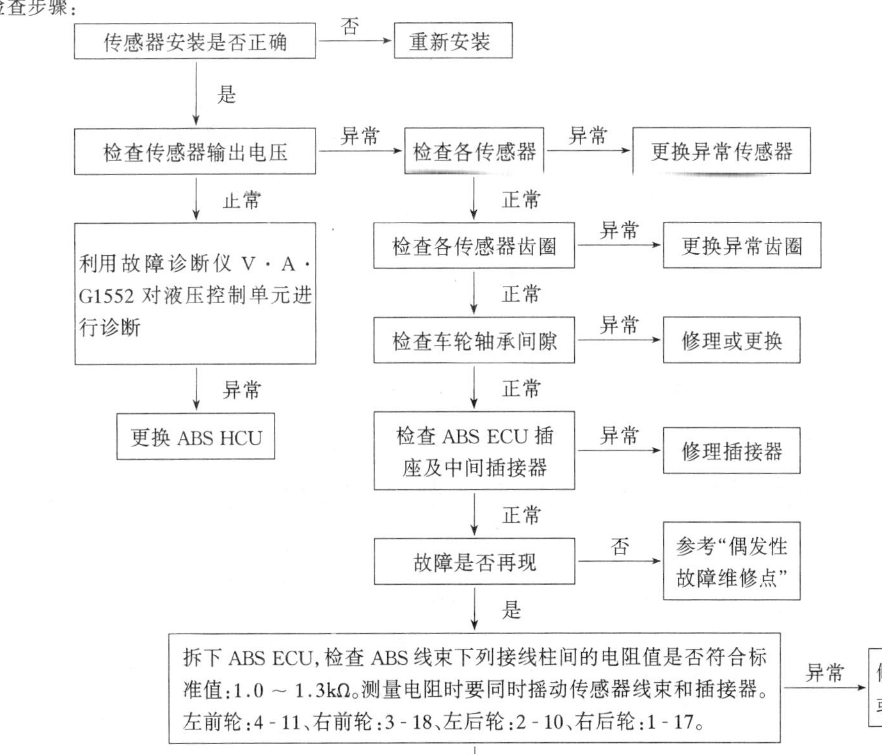

无故障码检查表 表 6-8

故障现象:须用较大力踩制动踏板。 说明:用传统方法检查助力器和制动踏板行程。对常开阀的故障可利用 V·A·G1552 对液压控制单元功能进行测试检查。	可能原因 ·助力器有故障 ·常开阀有故障

检查步骤:

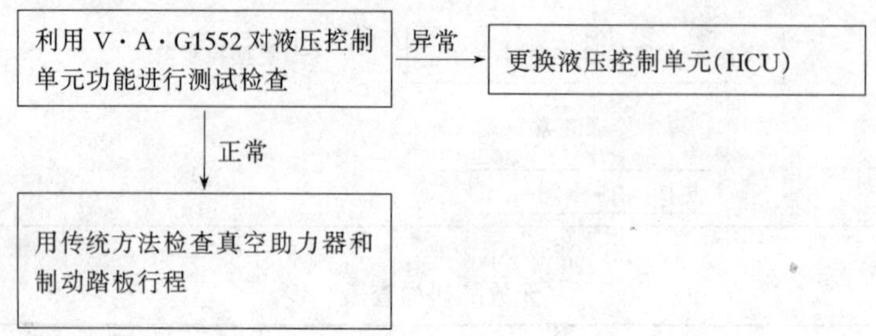

无故障码检查表 表 6-9

故障现象:制动踏板行程过长。 说明:首先观察是否有外部泄漏或机械故障。用排气法检查系统中是否有空气。利用 V·A·G1552 对液压控制单元功能测试检查常闭阀是否泄漏。	可能原因 ·制动液泄漏 ·常闭阀泄漏 ·系统中有空气 ·制动盘严重磨损 ·驻车制动调整不当

检查步骤:

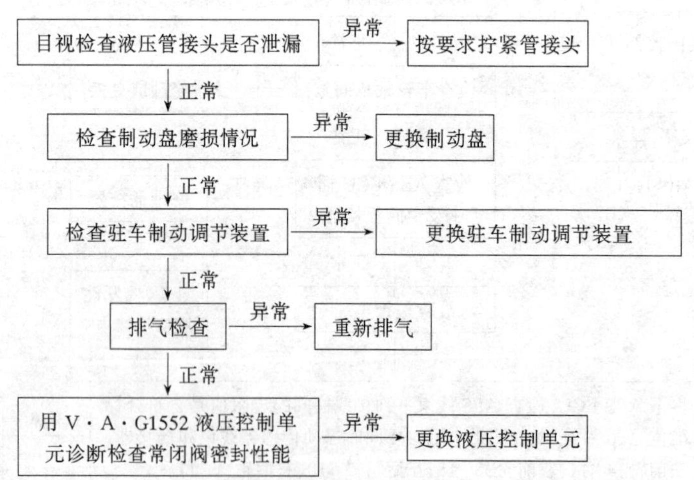

无故障码检查表 表 6-10

故障现象与说明	可能原因
故障现象:无诊断码输出,即无法与V·A·G1552通讯。 说明:无法与V·A·G1552通讯,可能是ABS ECU的电源回路或诊断线路断路。	·系统熔断丝烧毁 ·诊断线断裂或接头松脱 ·ABS ECU损坏 ·V·A·G1522有故障

检查步骤:

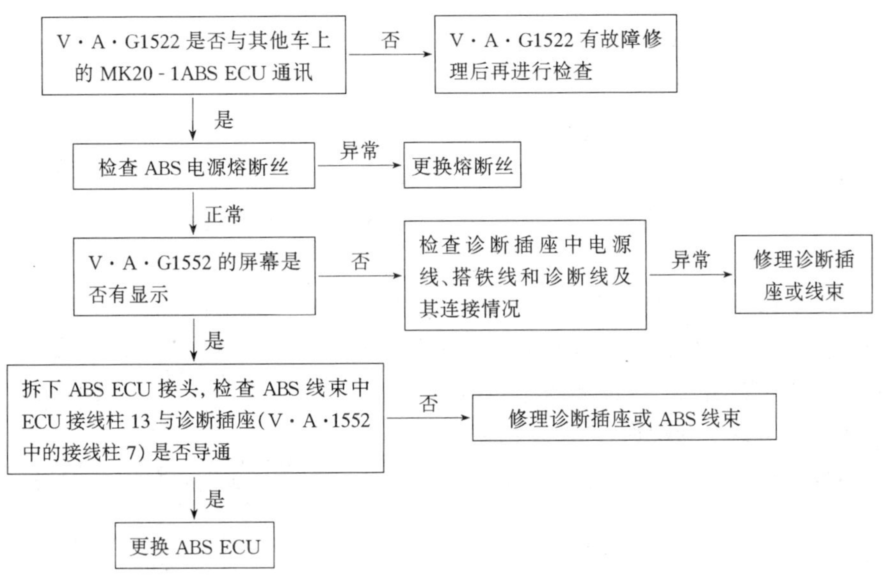

第二节 驱动防滑转系统

随着汽车性能的提高,不仅要求在制动过程中防止车轮抱死,而且要求在驱动过程中(特别是起步、加速中)防止驱动车轮滑转,保持汽车在驱动过程中的方向稳定性、转向控制能力和加速性能,因此采用了汽车防滑转系统(Acceleration Slip Regulation)简称ASR。目前我国进口的一些高级轿车,如德国的奔驰、宝马、日本的丰田凌志LS300、LS400,美国的卡迪拉克、别克等轿车,一般都装有防滑控制系统。

一、汽车行驶的附着条件

汽车行驶时,驱动力的增大受到地面附着力的限制,当驱动力超过附着力时,驱动轮将在地面上滑转。因此,汽车行驶时应满足下面的附着条件:

$$F_t = M_n/R_t = F_\varphi \cdot \varphi$$

式中:F_t——汽车驱动力,N;

M_n——作用在驱动轮上的转矩,Nm;

R——车轮工作半径,m;

F_{φ}——车轮与地面之间的附着力,N;

φ——附着系数。

随着驱动轮转矩的不断增大,汽车的驱动力也随之增大,当驱动力超过地面附着力时,驱动轮就开始滑转。当车轮与地面之间的附着系数非常小时,尽管驱动轮不停地转动,但汽车却原地不动,即驱动轮滑转。驱动轮的滑转程度用驱动轮滑转率 λ_d 表示。

$$\lambda_d = (v_\omega - v_v)/v_\omega \times 100\% = (r\omega - v_v)/\omega R \times 100\%$$

式中:v_ω——车轮的瞬时线速度,m/s;

v_v——汽车行驶(平移)的瞬时速度,m/s;

R——车轮工作半径,m;

ω——车轮旋转的角速度,rad/s。

当车轮在地面上纯滚动时,汽车速度完全由车轮滚动产生,$v_v = \omega R$,滑转率 $\lambda_d = 0$;当车轮在地面上完全滑转时,车速 $v_v = 0$,滑转率 $\lambda_d = 100\%$;当车轮在地面上边滚边滑时,$v_\omega > v_v$,$0 < \lambda_d < 100\%$。在车轮转动过程中,滑转所占的比例越大,滑转率 λ_d 也越大。驱动时纵向附着系数与车轮滑转率的关系如图 6-14 所示,与制动时相似。从图中可以看出,当滑转率在 10%～20%时,纵向附着系数达到峰值,此时横向附着系数也比较大;而当滑转率在 100%时,即车轮完全空转时,纵向附着系数变小,且横向附着系数几乎为零。此时产生的驱动力最低,对于后轮驱动汽车会失去方向稳定性,对前轮驱动汽车会失去转向控制能力。为了最大程度地利用附着系数,获得最大的驱动力,得到较好的方向稳定性和转向控制能力,防止驱动车轮滑转,必须将滑转率控制在 10%～20%的目标范围内。

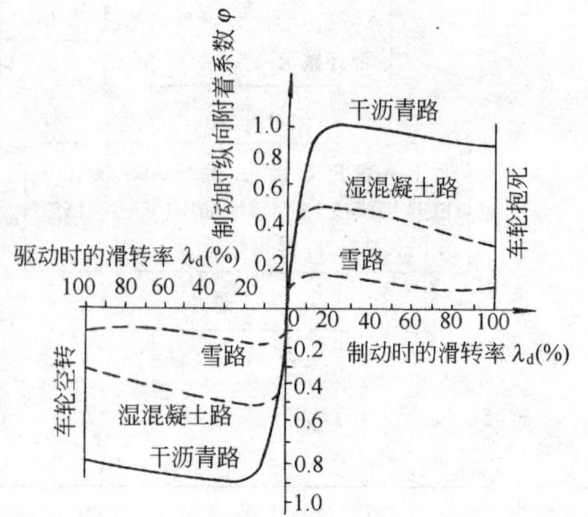

图 6-14 附着系数(纵向)与滑转率的关系

ASR 能在驱动轮滑转时自动调节滑转率,充分利用驱动车轮的最大附着力,具体优点是:

①汽车起步、行驶过程中提供最佳驱动力,从而提高了汽车的动力性,特别是在附着系数较小的路面上,起步、加速性能和爬坡能力良好;

②能保持汽车的方向稳定性和前轮驱动汽车的转向控制能力;

③减少轮胎磨损和降低发动机油耗。

二、ASR 的特点

①ASR 可以由驾驶员通过 ASR 选择开关对其是否进入工作状态进行选择,在 ASR 进行防滑转调节时,ASR 工作指示灯会自动点亮。如果通过 ASR 选择开关将 ASR 关闭,ASR 关闭指示灯会自动点亮;

②ASR 处于关闭状态时,副节气门将自动处于全开位置;ASR 制动压力调节器不会影响制动系统的正常工作;

③如果 ASR 处于防滑转调节过程,驾驶员踩下制动踏板进行制动时,ASR 将会自动退出

防滑转调节过程，而不影响制动过程的进行；

④ASR 通常只在一定的车速范围内进行防滑转调节，当车速达到一定值(120km/h)，ASR 将自动退出防滑转调节过程；

⑤ASR 在其工作车速范围内通常具有不同的优先选择性。在车速较低时以提高牵引力为优先选择，此时对两驱动车轮施加的制动力矩可以不同，即对两后制动轮缸的制动压力进行分别调节。而在车速较高时以提高行驶方向稳定性为优先选择，此时对两驱动车轮施加的制动力矩应是相同的，即对两后制动轮缸的制动压力进行一同调节；

⑥ASR 具有自诊断功能，一旦发现存在影响系统正常工作的故障时，ASR 将自动关闭，并向驾驶员发出警示信号；

⑦ASR 和 ABS 都是通过控制作用于被控车轮上的力矩，将车轮的滑转率控制在设定的理想范围内，以提高车轮附着力的利用率，从而缩短汽车制动距离或提高汽车的加速性能，改善汽车行驶方向的稳定性和转向操纵能力；

⑧ASR 和 ABS 都要求系统具有快速反应能力，以适应车轮附着力的变化；都要求控制偏差尽可能达到最小，以免引起汽车及传动系统的振动；都要求尽量减少调节过程中能量消耗。

三、ASR 的控制方式

1. 对发动机输出转矩进行控制

合理地控制发动机转矩输出，可以使汽车获得最大驱动力。发动机输出转矩的控制手段有：

①调节燃油量，如减少或中断供油；

②调整点火时间，如减少点火提前角或停止点火；

③调整进气量，如调整节气门的开度和辅助空气装置。

2. 对驱动轮进行制动控制

通过对发生滑转的驱动轮直接实施制动(增加车轮制动分泵的压力)，历时时间短，可迅速、有效地防止驱动轮滑转。但为了制动过程平稳，出于舒适性考虑，其制动力应缓慢升高。该控制方式一般作为调整进气量、改变发动机输出转矩方式的补充。

对驱动轮进行控制还能起到差速锁的作用。对滑转的驱动车轮施加一定的制动力，能使处于高附着系数路面的车轮产生更大的驱动力。如图 6-15 所示，作用到驱动轮总的驱动力可增大到最大值，即 $F_{max}=2F_L+F_B$。

3. 对可变锁止差速器进行控制

锁止差速器是由电子控制的差速装置。差速器向驱动轮输出端的离合器片上加压可以实现锁止功能，如图 6-16 所示。这种方式可使差速器的锁止程度逐渐变化，其锁止范围由基本锁止到完全锁止。它的控制压力由储压器供给高压油液，压力值的大小由电子控制器(ECU)控制的电磁阀来调节，并由压力传感器和驱动车轮速度传感器反馈给电子控制器(ECU)以实现反馈式控制。

4. 对发动机与驱动轮之间的转矩进行控制

这种控制方法包括对离合器和变速器等进行控制，实用中多是通过控制变速器的换档特性改变传动比来实现。

上述 4 种控制方法中，前两种采用较多。这些控制方式可以单独使用，但目前采用组合使用的较为普遍。

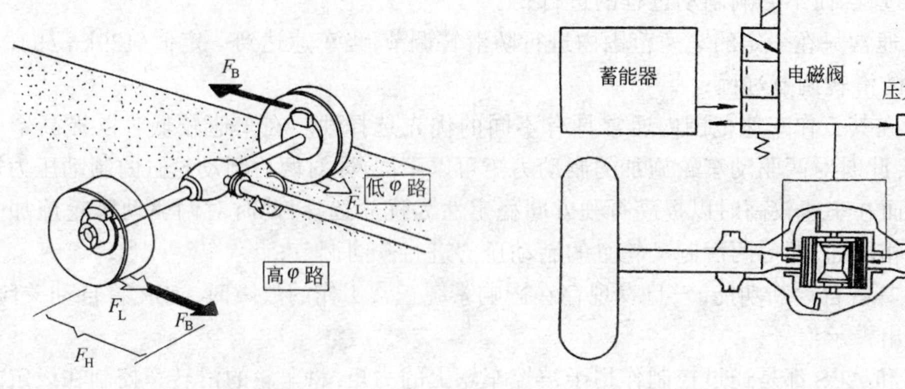

图 6-15 制动控制产生的差速锁作用　　图 6-16 差速器锁止控制

四、ASR 的组成及工作原理

1. ASR 的组成

ASR 系统主要由 ECU、制动压力调节器、轮速传感器脉冲盘、差速制动阀、发动机控制阀和发动机控制缸组成,其元部件在车上的分布情况如图 6-17 所示。

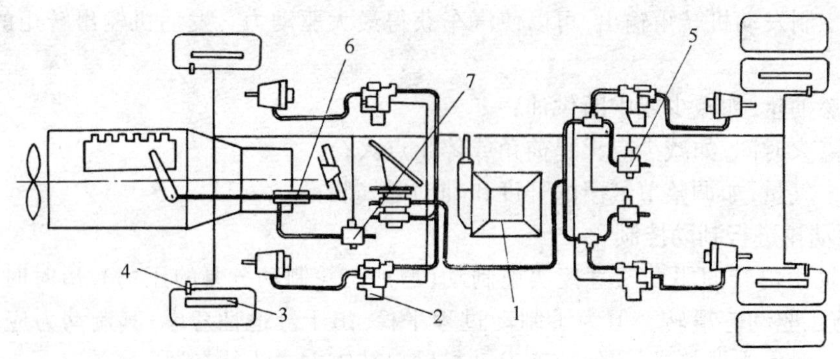

图 6-17 ASR 系统主要元部件的车上布置

1-ECU;2-制动压力调节器;3-轮速传感器脉冲盘;4-轮速传感器;5-差速制动阀;6-发动机控制缸;7-发动机控制阀

2. ASR 系统的原理

车轮转速传感器将汽车驱动车轮转速及非驱动车轮转速转变为电信号,转送给控制器,控制器根据车轮转速传感器的信号计算驱动车轮的滑转率。如滑转率超出了目标范围,控制器再综合参考节气门开度信号、发动机转速信号、转向信号等因素确定控制方式,输出控制信号,使相应的执行器动作,将驱动车轮的滑转率控制在目标范围之内。

3. ASR 系统典型实例

目前各汽车公司生产的 ASR 产品其结构不尽相同,原理也不尽一样。这里仅以丰田凌志 LS400 为例,介绍 ASR 的结构及工作原理。丰田凌志 LS400 的 ASR 系统采用发动机转矩和制动力综合控制方式。

凌志 LS400 轿车 ABS/TRAC 系统的结构及车上安装位置如图 6-18 所示。

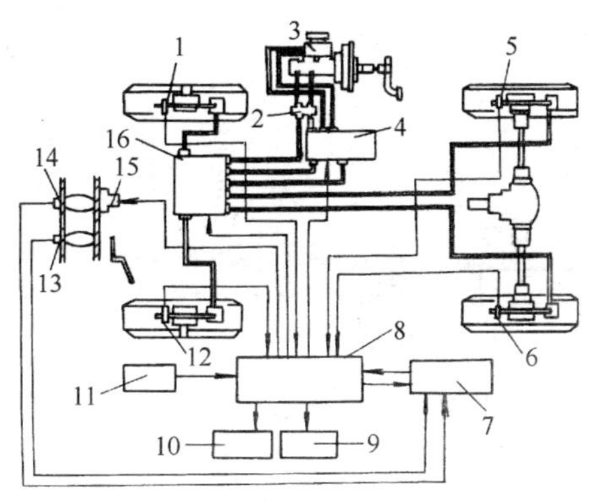

图 6-18 典型 ABS/ASR 的组成

1-右前轮速传感器；2-比例阀的差压阀；3-制动主缸；4-ASR 制动压力调节器；5-右后轮速传感器；6-左后轮速传感器；7-发动机/变速器 ECU ；8-ABS/ASR ECU；9-ASR 关闭指示灯；10-ASR 工作指示灯；11-ASR 选择开关；12-右前轮速传感器；13-主节气门开度传感器；14-副节气门开度传感器；15-副节气门驱动步进电动机；16-ABS 制动压力调节器

发动机输出转矩的控制是采用控制副节气门开度的方法来控制发动机的输出转矩。副节气门位置传感器 14 装在副节气门阀轴上，它将副节气门的开度转换为电压信号，并经发动机/变速器 ECU 送入 ABS/ASR ECU 中，副节气门调节器（副节气门驱动步进电动机）15 则装在副节气门体上，它由永久磁铁、线圈及转子轴组成，它根据来自 ABS/ASR ECU 的信号，带动装在转子轴末端的主动齿轮转动，从而带动装在副节气门轴末端的凸轮轴齿轮，控制副节气门开度及控制发动机输出转矩，控制情况如图 6-19 所示。

轮速控制是由 ABS/ASR ECU 不断地从 4 个轮速传感器接收 4 个车轮的转速信号，并以两个前轮的轮速为基准，计算出近似的汽车车速，设定一个目标控制速度（设定速度）。

当汽车在较滑路面上，两后轮（驱动轮）开始打滑，并且后轮转速超过设定速度时，ABS/ASR ECU 向 ASR 制动调节器发出一个信号，使其向后轮制动分泵提供加压的制动液，从而使后轮转速相应下降，使驱动力与附着力相匹配。LS400 轿车 ABS/ASR 的控制原理如图 6-20 所示。

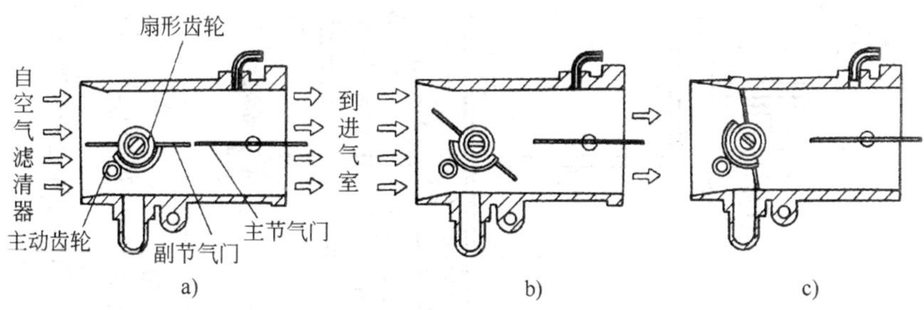

图 6-19 副节气门的各种位置

a）全开位置；b）半开位置；c）全闭位置

丰田凌志 LS400 的 ASR 系统通过对发动机转矩及驱动轮转速的控制，可有效地防止汽车在加速、转弯等工况下，特别是在非对称路面上驱动轮的滑转，并与 ABS 共同作用，大大提高了行车安全性。

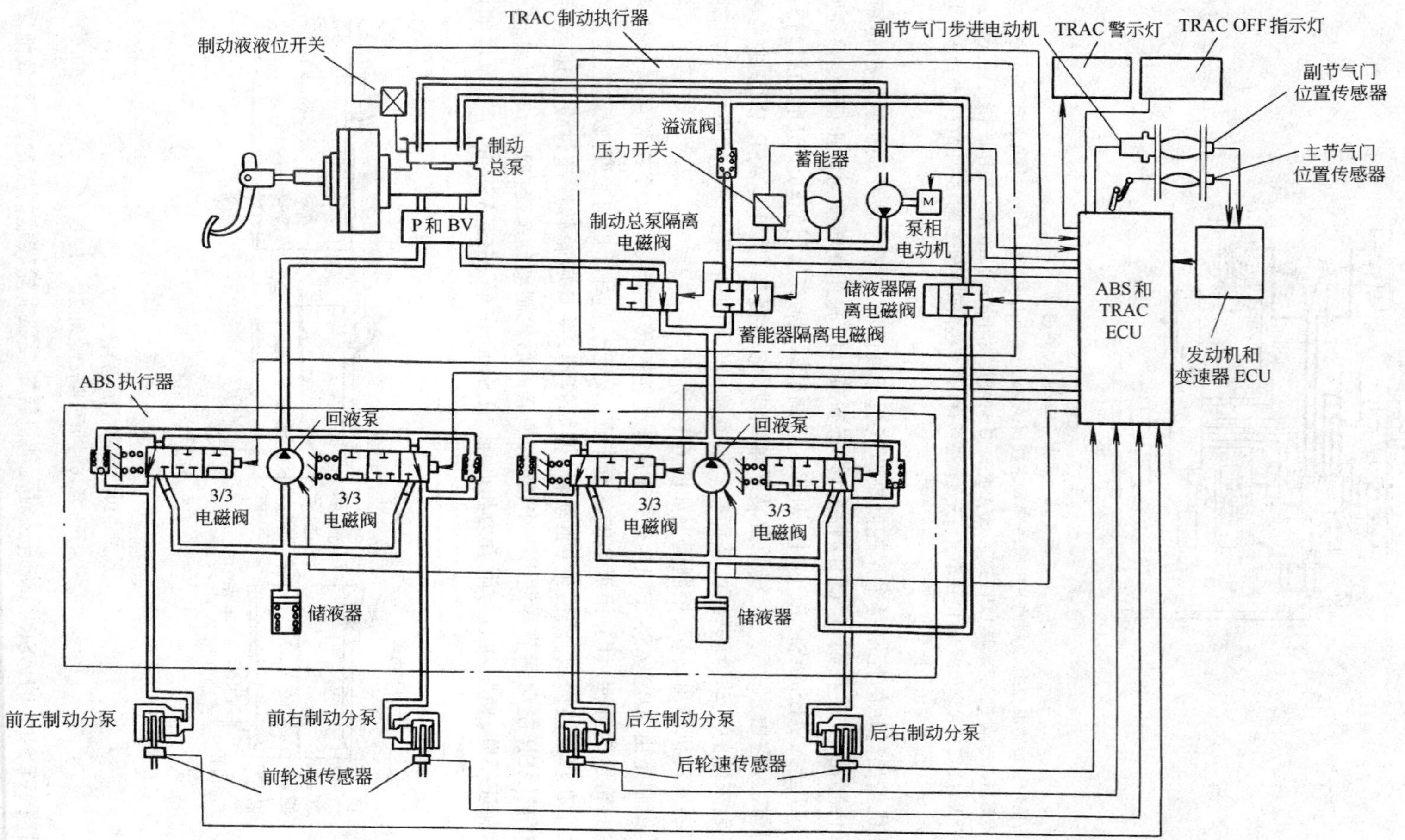

图 6-20　ABS/TRAC 防滑控制系统

第三节 自动防滑差速装置

一、自动防滑差速装置的功用

汽车自动防滑差速装置(Automatic Silp-control Differential)简称 ASD。有经验的汽车驾驶员都有这样的体会,当汽车的一个驱动轮处于泥泞路面因附着力小而打滑时,即使另一驱动轮处于附着力大的路面上未滑转,汽车仍不能行驶。为了提高汽车通过路面的能力,可采用防滑差速器。当汽车某一侧驱动轮发生滑转时,差速器的差速作用被锁住,并将大部分或全部转矩分配给未滑转的驱动轮,充分利用未滑转车轮与地面之间的附着力,以产生足够的牵引力使汽车继续行驶。同时对汽车行驶稳定性、减轻轮胎磨损、减少传动系内部功率损耗等均有好处。

二、防滑差速器的结构及工作原理

汽车上常用的防滑差速器有人工强制锁止式和自锁式两大类。前者通过驾驶员操纵差速锁,人为地将差速器暂时锁住,使差速器不起作用。后者是在汽车行驶过程中,根据路面情况自动改变驱动轮间的转矩分配。自锁式差速器有摩擦片式、滑块凸轮式、托森式、偶合行星齿轮式、液力轴间差速器和粘性差速器等。下面重点介绍液力轴间差速器及粘性差速器的主要结构及工作原理。

1. 液力轴间差速器

液力轴间差速器的结构如图 6-21 所示。这种差速器类似于湿式多片离合器,由输入轴、输出轴,61 片传力片(压板)(包括主动传力片和从动传力片)以及传力片之间存满的粘性液——硅油组成。主动传力片(主动压板)通过内花键套装在输入轴的外花键上,随输入轴一起旋转;从动传力片(从动压板)通过外花键套装在壳体的内花键孔中,随壳体一起旋转,而壳体又与从动轴刚性联接,即从动传力片与输出轴转速相同,主从动传力片相互交错布置,它们之间充满高粘度的硅油,即主动传力片是通过硅油来带动从动传力片的,因此主从动轴之间的联接是柔性的,两者的转速可以相同,也可以不同,即允许差速,但只有在转速不同的情况下才能相互传递动力,而且转速差越大,所传递的转矩也越大。

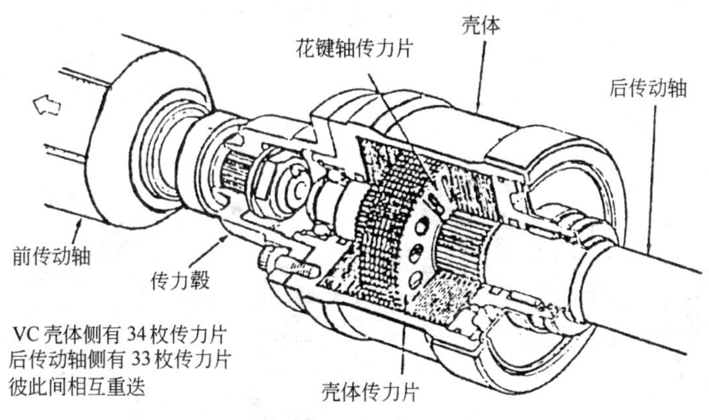

图 6-21 液力轴间差速器的结构

如图6-22所示，由于前桥轮间差速器壳上的动力是经中间传动器3两级增速后传到液力轴间差速器输入轴及主动传力片上的，因此主动传力片转速较高，即使前、后桥间没有差速，主动传力片转速也高于从动传力片的转递，该差速器仍传递动力，只是因此时主、从动传力片间转速差较小，差速器所传递的转矩较小，变速器输出的动力大部分传给与其刚性联接的前桥，使汽车近似处于两轮驱动状态(2WD状态)。

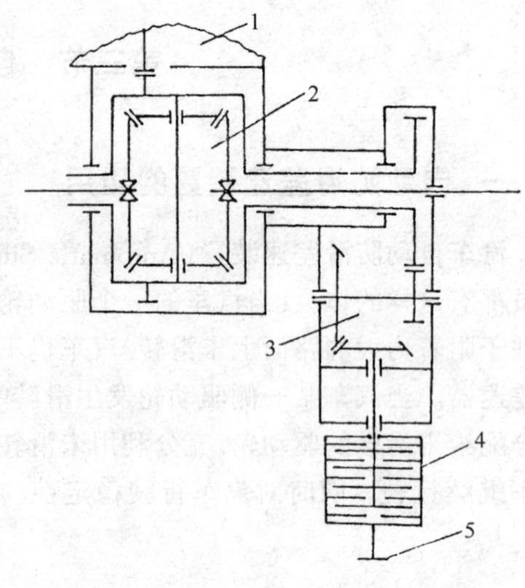

图6-22　前桥与后桥的动力传递示意图

1-变速器；2-前桥轮间差速器；3-中间传动器；4-液力轴间差速器；5-后桥传动凸缘

当汽车转向时，前、后桥间出现转速差，使液力轴间差速器主、从动传力片间转速差增大，所传递的转矩也增大，从而使转速较慢的后桥的驱动力增大，转速较快的前桥的驱动力相应减小，即差速器锁止倾向加大，汽车四轮驱动(4WD)特征突出。

如果前桥车轮处于冰雪路面而高速打滑，液力轴间差速器的主、从动传力片间转速差将大为增加，从而使其传递转矩大大增加，变速器输出的动力将大部分传给后桥，驱动汽车前进，驶离打滑地点。

如果后桥车轮处于冰雪路面打滑，则因变速器的动力是直接通过刚性联接传给前桥的，所以前轮上的驱动力并不会受到任何影响，而仍然能够正常驱动。

2. 粘性差速器

如图6-23所示为一种带有粘性差速器的4WD系统，具有前后动力不等分配功能。粘性差速器的具体结构如图6-24所示，主要由一个行星排和在齿圈与太阳轮之间所设置的一组多片离合器所组成，多片离合器中充有硅油并靠硅油的粘性传递力矩。到前轮的动力输出轴通过链传动与太阳轮相联，到后轮的动力输出轴与齿圈相联。行星排的齿圈的齿数(或半径 R_a)与太阳轮的齿数(或半径 R_S)之比决定了向前后车轮的动力分配关系，当 $R_a = R_s = 2:1$时，则前后动力分配约为33:67。如前、后驱动轮转速相同时，多片离合器中没有滑磨，动力的分配可简单地由粘性差速器结构所决定。如前、后有转速差时，多片离合器产生滑磨，因此可以通过控制改变离合器的力矩，就能改变到前后车轮的动力分配情况。

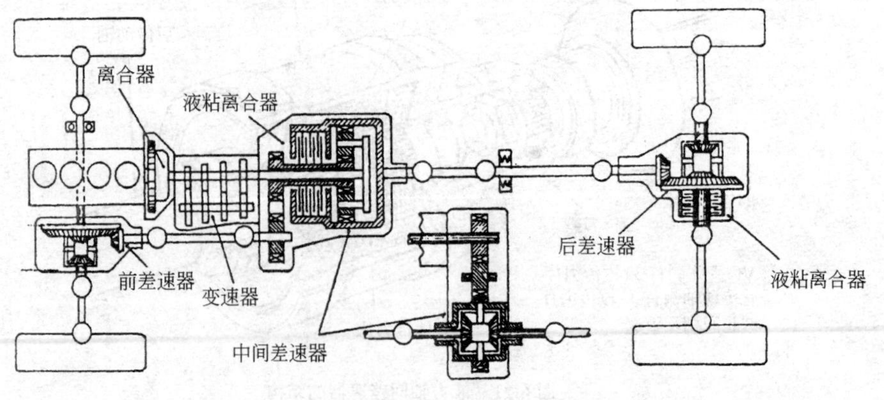

图6-23　带粘性差速器转矩分流4WD系统

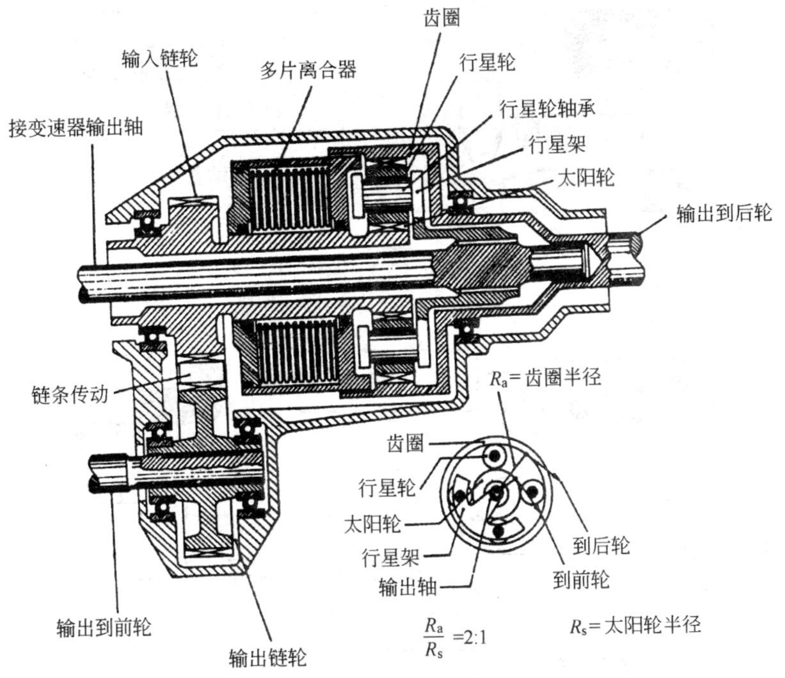

图 6-24 粘性差速器

采用电子控制离合器转矩分流 4WD 系统如图 6-25 所示。该系统的基本控制原理是通过监测前后车轮的转速差,检查车轮是否滑转,并根据转速差控制驱动力的分配。

通过与其他电子控制系统相结合,构成"智能型"I-4WD(intelligent four-whee drive)系统如图 6-26 所示。系统的控制信号主要有车轮速度传感器、转向角度传感器和横向速度传感器。系统的 ECU 与 ABS 的 ECU 通过控制中间差速器向前后轮的动力分配由 30:70 到 50:50 之间连续变化,得到无级调节特性。多片离合器的压力由 ECU 控制比例电磁阀进行调节,系统通过在动力传动控制、悬架控制 4WD 控制的 ECU 之间互相通讯,可以得到有效地信息共享和整体控制功能。

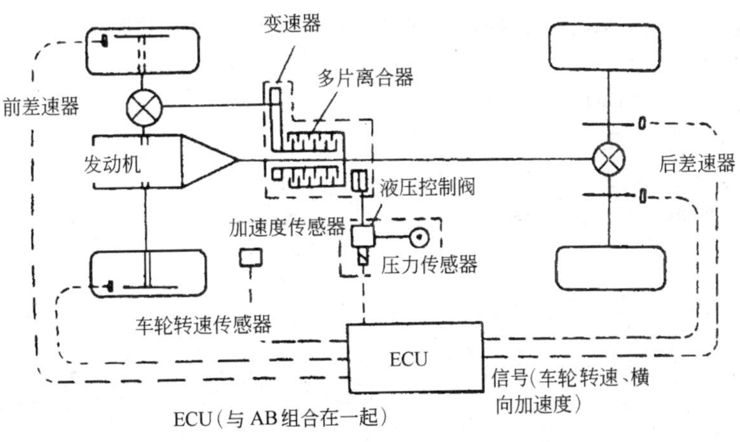

图 6-25 电子控制离合器转矩分流 4WD 系统

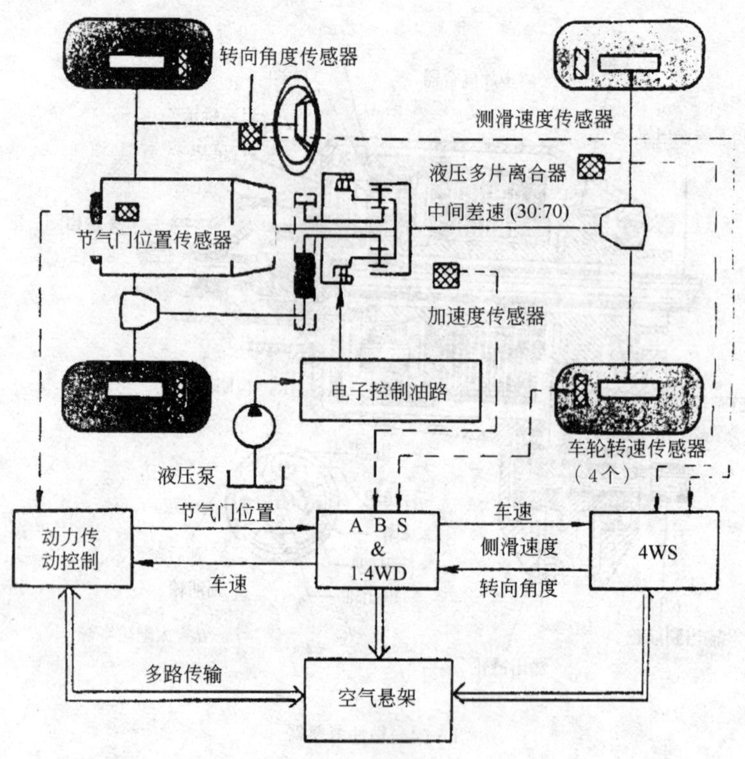

图 6-26 I-4WD 系统结构图

复习题

1. 制动防抱死装置为什么以滑移率为控制对象？本书介绍的控制系统怎样检测滑移率？
2. 试述制动防抱死装置的组成和工作原理。
3. 制动防抱死装置按照传感器数量和控制通道数分为哪几类？各有何特点？
4. 制动防抱死装置使用时应注意哪些事项？
5. 试述 ABS 制动系统检查和故障诊断的一般方法。
6. 若制动防抱死系统无故障码输出、系统工作时制动踏板剧烈振动如何诊断排除？
7. 何为驱动防滑转系统？
8. 试述驱动防滑转系统的组成及工作原理。
9. 简述驱动防滑转系统的特点。
10. 试述 ASR 控制驱动轮最佳滑移率的方式。
11. 简述粘性差速器结构及工作原理。

第七章　汽车转向系和行驶系

汽车转向系是驾驶员用来改变汽车行驶方向的机构，与汽车行驶系配合保证汽车能机动灵活、稳定安全地行驶。行驶系是由车架、车桥、车轮和悬架等组成的，其功用是接受传动系传来的转矩，并通过驱动轮与路面的附着作用，产生牵引力；传递并承受路面作用于车轮上的各向反力及其所形成的力矩，缓和不平路面对车身造成的冲击，减少车身振动。随着电子技术的发展，汽车转向系和行驶系已逐步采用了电控技术。本章主要介绍电控动力转向、电控悬架、巡航系统和汽车轮胎等。

第一节　电控动力转向系统

汽车的动力转向系统是在转向系统中增设了一个动力装置，它利用一定的动力助力方式帮助驾驶员实现转向操作。一般的动力转向系统按动力介质的不同分为气力式、液力式。液力式动力转向由于工作压力高，效率高，结构紧凑，部件尺寸较小，工作无噪声，工作滞后时间短，而且能吸收冲击与振动，因此，许多汽车采用了液力形式的动力转向装置。在采用气压制动或空气悬架的大型汽车上，有采用气力式动力转向系统的。但这二类动力转向仍存在结构复杂、消耗功率多、易产生泄漏等问题。电控动力转向系统是为克服上述缺点并以车载微机的运用为条件的一种先进的动力转向系统。这种微机控制的动力转向系统可完成比较复杂的调整工作，它能在各种不同车速转向时通过电脑调节转向的助力大小，实现了在各种行驶条件下转向盘所得到的操纵力均为最佳值。并减少发动机损耗，增大输出功率，节省燃油。使系统更加小型轻量化，因此发展尤为迅速。

一、电子控制动力转向系统的组成及工作原理

电子控制动力转向系统根据其动力形式的不同主要有电子控制液压动力转向系统和电子控制电动动力转向系统两种。下面分别以德国 ZF 公司的电控液压动力转向系统和 Aito 汽车电子控制电动动力转向系统为例进行介绍。

1. 电子控制液压动力转向系统

德国 ZF 公司的“电子伺服”型电子控制液压动力转向系统组成示意图如图 7-1 所示，它由电子转速表 1、电控单元 2、电液转换器 3、带有助力器控制阀的转向机构 4、高压油泵 5、储油罐 6 等组成。其中电子转速表、电控单元与电液转换器三者彼此之间以电路相连，而转向机构、高压油泵与储油罐等则以管路相连。其助力的大小除用油液流量调节外，还可由施于转向盘上的手力加以调节。

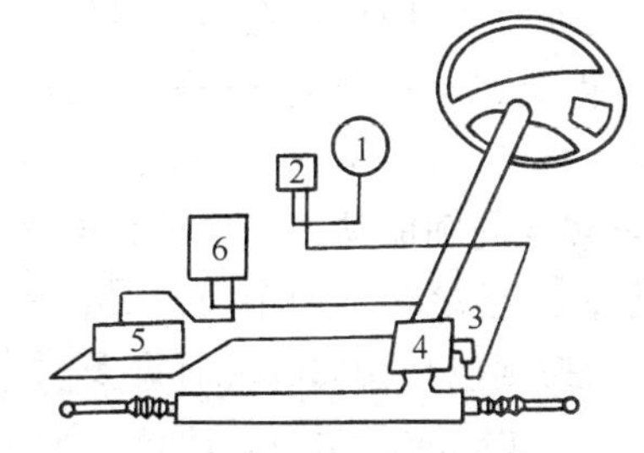

图 7-1　电子控制液压动力转向系统
1-电子转速表；2-电控单元；3-电液转换器；4-转向机构；5-高压油泵；6-储油罐

ZF 系统的作用原理是液压反作用的直接性。由电子转速表所发出的脉冲为电控单元的模块提供一个输入信号,而模块上则编写着与汽车转向特性相适应的程序。该信号被输送至装在整体或齿轮齿条式动力转向系旁的电液转换器,这样布置的目的是为了控制液压反馈,并使液压反作用力成为输入速度脉冲的函数。系统极其灵敏,转向盘轮缘只需 0.25mm 的移动量就足以使助力器分配阀起作用并改变其助力大小。

"伺服电子"型动力转向器能在低速掉头和停车时提供 95%的助力,以后随着车速的提高为提供路感和精确的手动控制而逐渐地减小至 65%,并可根据行驶状态和需要而精确地进行调节,不受因温度改变而引起油量或粘度变化的影响。

在巡航速度时的动力助力最小。此时如轮胎突然爆裂,就立即得到最大的流量,从而使驾驶员能用较小的体力保证对转向的控制。这套电子装置还包括一套监控系统,当任何一个电子元件失效时,伺服系统仍能继续工作,但此时仅可作为一般动力转向系统来操作使用。

2. 电子控制电动动力转向系统

系统通常由转矩传感器、车速传感器、电子控制器、电动机、电磁离合器和减速机构等组成。Aito 汽车电子控制动力转向系统的组成如图 7-2 所示,该系统各部件在车上的布置示意图,见图 7-3 所示。

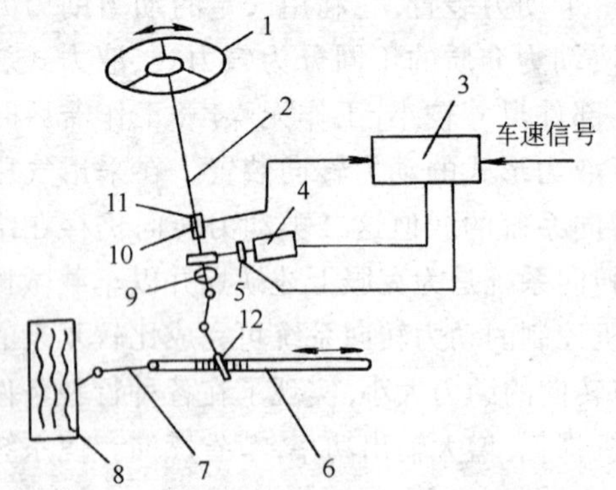

图 7-2 Aito 汽车电控动力转向系统的组成

1-转向盘;2-输入轴;3-电子控制器;4-助力电动机;5-电磁离合器;6-转向齿条;7-横拉杆;8-轮胎;9-输出轴;10-扭力杆;11-转矩传感器;12-转向齿轮

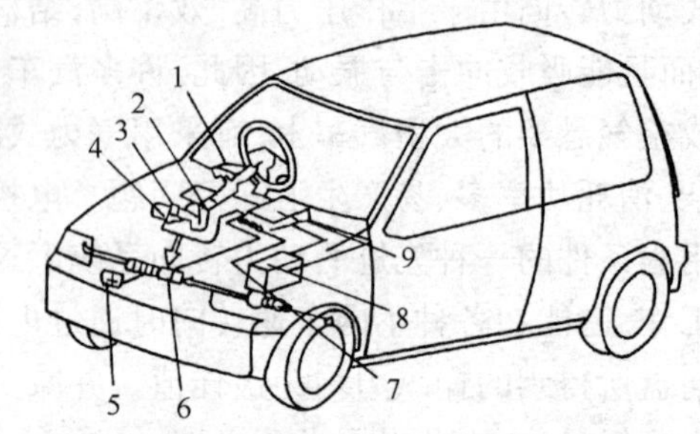

图 7-3 Aito 汽车电控动力转向系统的布置

1-车速传感器;2-转矩传感器;3-减速机构;4-电动机与离合器;5-发电机;6-转向机构;7-发动机转速传感器;8-蓄电池;9-电子控制器

电子控制电动动力转向系统是利用电动机作为助力源,根据转向参数和车速等,由电动机完成助力控制,其原理可概述如下:

当操纵转向盘时,装在转向盘轴上的转矩传感器(亦称转向传感器)不断测出转向轴上的转矩,并由此产生一个电压信号,该信号与车速信号同时输入电子控制器,由于控制器中的微机根据这些输入信号进行运算处理,确定助力转矩的大小和转向,即选定电动机的电流和转向,调整转向的辅助动力。电动机的转矩由电磁离合器通过减速机构减速增矩后,加在汽车的转向机构上,使之得到一个与工况相适应的转向作用力。

电子控制电动动力转向有许多液力式动力转向所不具备的优点,主要是:

①将电动机、减速装置、转向杆、转向器等各部件装配成一个整体,这样既无管道也无控制阀,结构紧凑,质量轻。一般电子控制电动动力转向系统的质量比液力式动力转向系统轻 25%。

②没有液力式动力转向所必须的常运转油泵,电动机只是在需要转向时才能接通电源转动,从而节省了发动机动力。

③能根据不同的情况产生适合各种车速的动力转向，不受发动机停止运转的影响。在停车时驾驶员可获得最大的转向动力。汽车在行驶过程中，电子控制部分可调整电动机的反力，以改善“路感”。它还有助于四轮转向的实现，并能促进悬挂系统的发展。

此外，还有一种电动动力转向系统，是将电动机和减速机构直接与转向拉杆上的齿轮齿条系统相连接，将辅助动力直接传给横拉杆。这样可以省去离合器，但减速机构需要采用行星齿轮减速系统，因而结构变得复杂。

二、电子控制电动动力转向系统的结构及工作原理

1. 转矩传感器

转矩传感器也称转向传感器，通过测定转向盘与转向器之间的相对转矩，作为电动助力的依据之一。

转矩传感器的基本工作原理如图 7-4 所示。用磁性材料制成的定子和转子可以形成闭合的磁路。线圈 A、B、C、D 分别绕在极靴上，接成一个桥式回路。转向盘杆扭转变形的扭转角与转矩成比例，所以只要测定杆的扭转角，就可间接地知道转向力的大小。在线圈的 U、T 两端施加连续的脉冲电压信号 U_i，当转向杆上的转矩为零时，定子与转子的相对转角也为零。这时转子的纵向对称面处于图示定子 AC、BD 的对称平面上，每个极靴上的磁通量是相同的。因而电桥是平衡的，在 V、W 两端的电位差 $U_o=0$。

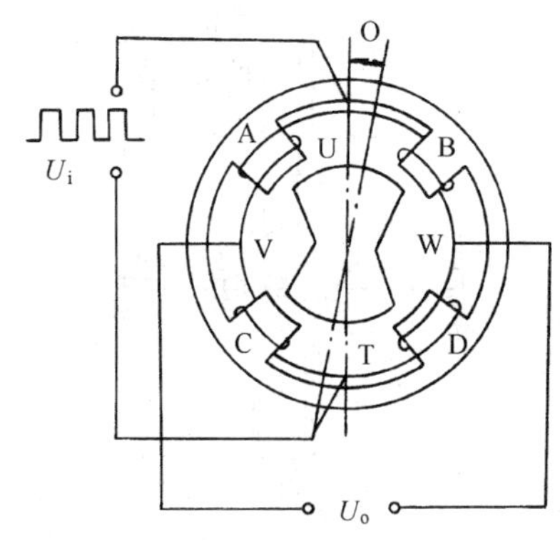

图 7-4　转矩传感器原理

如果转向杆上存在转矩时，定子与转子的相对转角不为零，此时转子与定子间产生如图 7-4所示的角位移 θ。极靴 A、D 间的磁阻增加，B、C 间的磁阻减少，各个极靴的磁通产生差别，电桥失去平衡，在 V、W 之间出现电位差。这个电位差与杆的扭转角 θ 和输入电压 U_i 成比例。若比例系数为 k 则有

$$U_o = kU_i\theta$$

由电桥出现的电位差 U_o 就可以知道转向盘杆的扭转角，从而便可以知道转向盘杆的转矩。

在实际使用中，不少转矩传感器做成图 7-5 所示的结构形式，这种结构与上述结构在工作原理上基本相同，其优点是便于安装。

日本富士重工电子控制电动转向系统用转矩传感器，是将负载力矩引起的扭杆扭转角位移测出，并转换为电位计电阻的变化。转子上产生的电信号经滑环由定子传递出来，其结构如图 7-6 所示。

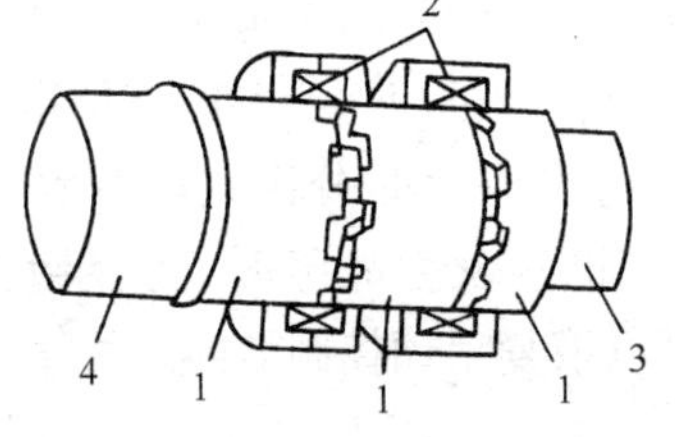

图 7-5　实际应用的转矩传感器
1-检测环；2-检测线圈；3-输入轴；4-输出轴

2. 电动机、离合器与减速机构

1)电动机

它与起动机在原理上基本相同，但一般采用永磁电动机。为降低噪声和减少振动，有的电动机转子外圆表面开有斜槽。用于小型轿车电动动力转向的电动机最大电流为 30A 左右，电压为 DC12V，额定转矩为 10N·m。

转向助力用的电动机需要正反转控制。一种比较简单适用的转向助力电动机正反转控制电路如图 7-7 所示。a_1、a_2 为触发信号端。从微机系统的 D/A 转换器得到的直流信号输入到 a_1、a_2 端,用以触发电动机产生正反转。当 a_1 端得到输入信号时,晶体管 T_3 导通,T_2 管得到基极电流而导通,电流经 T_2 管的发射极和集电极、电动机 M 及 T_3 的集电极和发射极搭铁,电动机有电流通过而正转。当 a_2 端得到输入信号时,晶体管 T_4 导通,T_1 管得到基极电流而导通,电流经过 T_1 管的发射极和集电极、电动机 M 及 T_4 管的集电极和发射极搭铁,电动机有反向电流通过而反转。控制触发信号端的电流大小,就可以控制电动机通过电流的大小 。

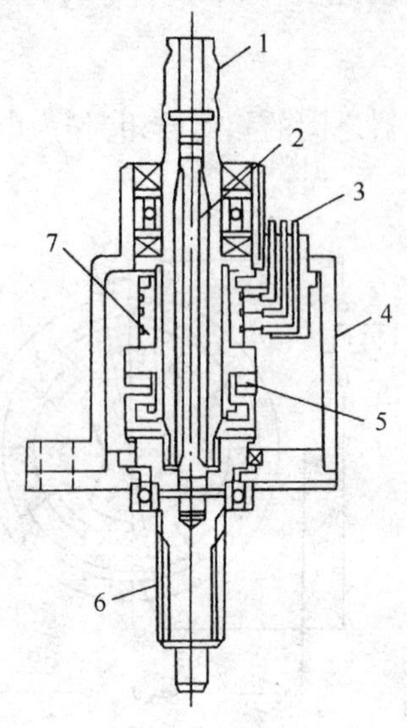

图 7-6 日本富士重工电动转向系统用转矩传感器

1-轴;2-扭杆;3-输出端;4-外壳;5-电位计;6-转向器主动齿轮;7-滑环

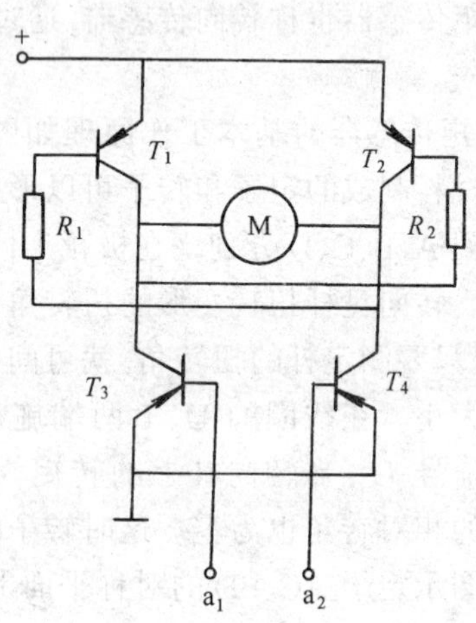

图 7-7 电动机正反转控制

2)离合器

干式单片电磁离合器的工作原理如图 7-8 所示。工作电压为 DC12V,额定转速时传递的转矩为 15 N·m,线圈电阻(20℃时)为 19.5Ω。但电流通过滑环进入离合器线圈时,主动轮产生电磁吸力,带花键的压板被吸引与主动轮压紧,电动机的动力经过轴、主动轮、压板、花键、从动轴传给执行机构。

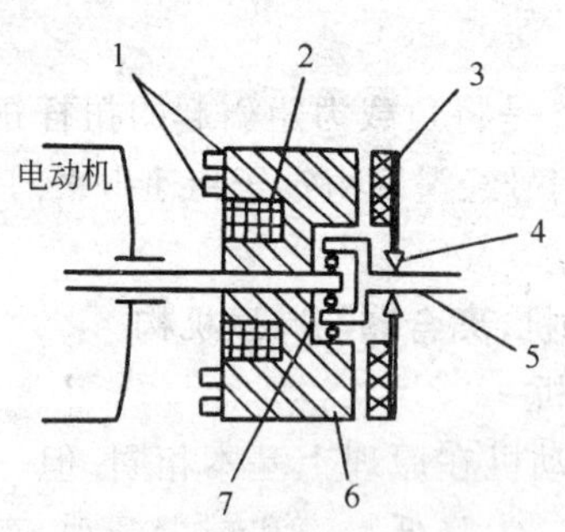

图 7-8 电磁离合器的工作原理

1-滑环;2-线圈;3-压板;4-花键;5-从动轴;6-主动轴;7-滚动轴承

由于转向助力的工作范围限定在一速度区域内,所以离合器一般设定一个车速范围,例如当车速超过 30km/h 时,离合器便分离,电动机也停止工作,这时就没有辅助转向的作用。当电动机停止工作时,为了不使电动机和离合器的惯性影响转向系的工作,离合器也应及时分离,以切断辅助动力。当系统中电动机等发生故障时,离合器会自动分离,这时仍可以恢复手动控制转向。

为了减少与不加转向助力时驾驶车辆感觉的差别,离合器不仅具有滞后输出特性,同时还具有半离合器状态区域。

3)减速机构

减速机构是电动动力转向系统不可缺少的部件。目前实用的减速机构有多种组合方式，一般采用蜗轮蜗杆与转向轴驱动组合式，也有的采用两级行星齿轮与传动齿轮组合式。为了抑制噪声和提高耐久性，减速机构中的齿轮有的采用树脂材料制成，有的采用特殊齿形。

3. 控制装置与控制逻辑

电子控制电动动力转向的控制系统如图 7-9 所示。该系统的核心是一个有 4K ROM 和 256RAM 的 8 位微机。

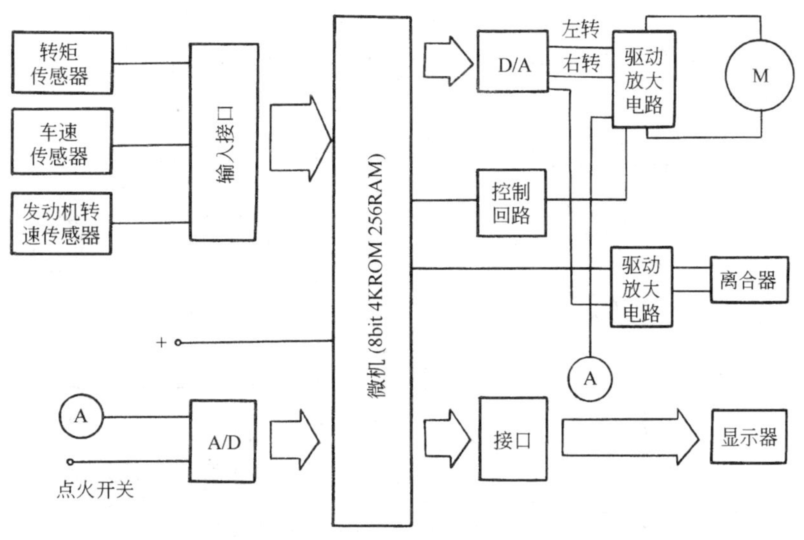

图 7-9　电子控制动力转向的控制系统

转向盘转矩信号和车速信号经过输入接口送入微机，随着车速的升高，微机控制相应地降低助力电动机电流，以减少助力转矩。发动机转速信号也被送入微机，当发动机处于怠速时，由于供电不足，助力电动机和离合器不工作。点火开关的通断（ON/OFF）信号经 A/D 转换接口送入微机。当点火开关断开时，电动机和离合器不能进入工作。微机控制指令经 D/A 转换接口送入电动机和离合器的驱动放大电路中，控制电动机的旋转转向和离合器的离合。电动机的电流经驱动放大回路、电流表 A、A/D 转换接口反馈给微机，将电动机的实际电流与按微机指令应给的电流相比较，调节电动机的实际电流，使两者接近一致。

随着汽车车速和转向转矩的变化，助力电动机通过的电流也应变化。其控制逻辑如图7-10所示。目前一般由计算机控制的电动动力转向系统为车速感应控制型。根据汽车理论，随着车速的提高给以转向盘的辅助动力应该相应地减小。也就是说，随着车速的升高，助力电动机的电流应该减小。然而在实际的控制中，电动机电流是按阶梯状态下降的。在起动和低速时电动机电流的变化比较大，因为在车速极低时，转向盘上所需的转矩比中速时大得多。当车速超过30km/h 时，转向盘上的操纵力很小，为了保持一定的操作手感，这时助力电动机和电磁离合器停止工作。

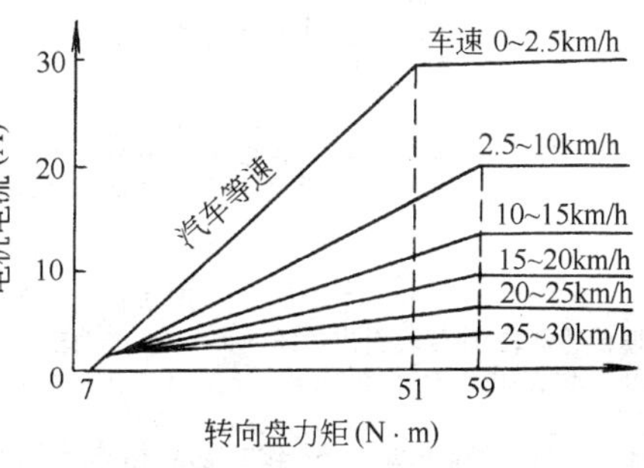

图 7-10　助力电动机电流的控制逻辑

另外,助力电动机的电流还随着转向盘转矩的增加而增加,当转向盘转矩增加到一定程度后,在一定的车速范围内,电动机电流就维持不变。因为更大的转向盘转矩出现的机率很小,所以从整体上说对驾驶员的转向操纵力影响不大。

三、电子控制动力转向系统实例

1. 三菱轿车电子控制制动转向系统工作原理

上面介绍了电子控制电动动力转向系统的组成、工作原理以及主要部件的结构,下面扼要介绍三菱"米尼卡" 电子控制电动动力转向系统(英文缩写为 ECPS)。电子控制器(ECU)根据车速和转向盘上的转向作用力,驱动转向器齿轮总成内的电动机,从而实现助力控制,ECPS的机构原理如图 7-11 所示。

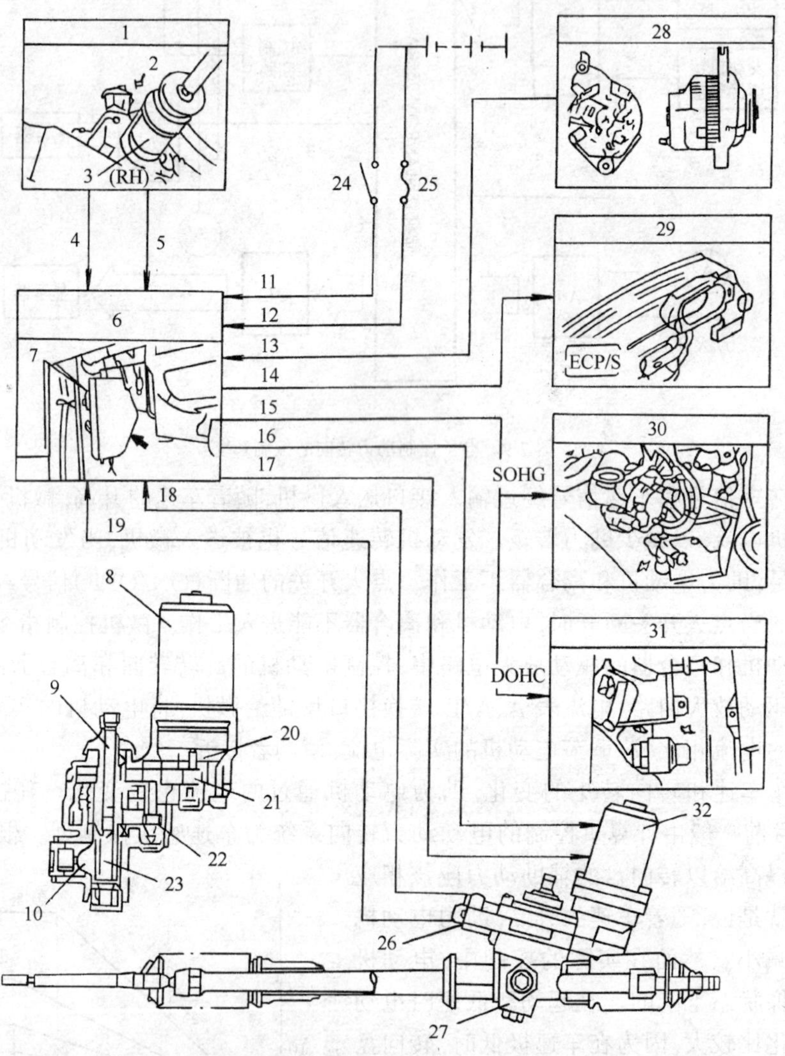

图 7-11　三菱"米尼卡"ECPS 的机构原理

1-车速传感器;2-速度表引出电缆的部位;3-传动轴;4-车速信号(主);5-车速信号(副);6- ECPS 电子控制器;7-副驾驶员脚下部位;8-电动机;9-扭杆;10-齿条;11-点火电源;12-蓄电池;13-发电机信号;14-指示灯信号;15-提高怠速电流;16-电动机电流;17-离合器电流;18-转矩信号(主);19-转矩信号(副);20-离合器;21-电动机齿轮;22-传动齿轮;23-小齿轮;24-点火开关;25-熔断丝;26-转矩传感器;27-转向器齿轮总成;28-交流发电机的 L 端子;29-指示灯;30-怠速提高电磁阀;31-发动机电子控制器;32-电动机与离合器

由图可知，交流发电机的 L 端子电压可视为向电子控制器(ECU)输出信号的一个传感器，利用交流发电机的 L 端子电压可以判断发动机是否转动。当发动机还未发动而使 ECPS 工作时，由于电动机最大电流约 30A，就会造成蓄电池亏电和容量下降。电动机和离合器接受电子控制器输出电流，产生助力转矩，经传动齿轮减速后，再经过小齿轮实现动力转向。电动机的动力是通过行星齿轮机构传动的。离合器是由电磁铁和弹簧等组成的电磁离合器。

三菱"米尼卡"车 ECPS 采用的电子控制器的电路示意图如图 7-12 所示。电子控制器的核心是摩托罗拉公司生产的 8 位单片机 MC6805。图 7-13 是 ECPS 的控制方框图。

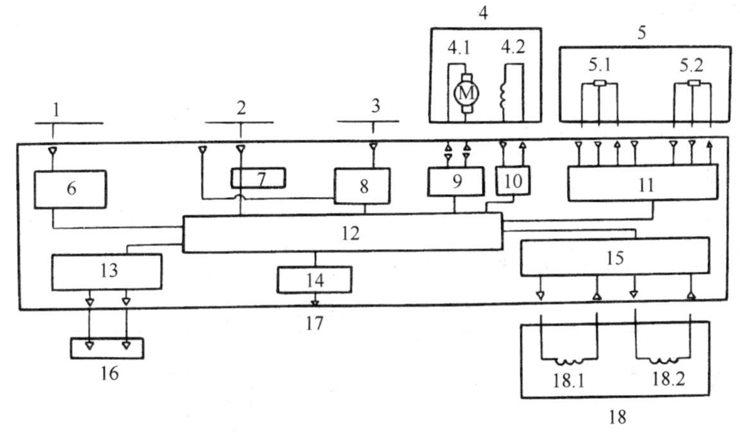

图 7-12 电子控制器的电路示意图

1-点火开关(IGI)；2-交流发电机(L 端子)；3-易熔线；4-发动机与离合器；4.1-发动机；4.2-离合器；5-转矩传感器；5.1-副传感器；5.2-主传感器；6-自我修正控制；7-发电检测；8-电源电路；9-电流极性控制；10-驱动电路；11-中间、转向、操纵力的检测，主副转矩传感器之差；12-8 位单片机；13-传感器、执行部件故障检测；14-电动机工作检测；15-车速、加减速基准车速的对比，主副车速传感器之差；16-自诊断检测用端子；17-二极管；18-车速传感器；18.1-主车速传感器；18.2-副车速传感器

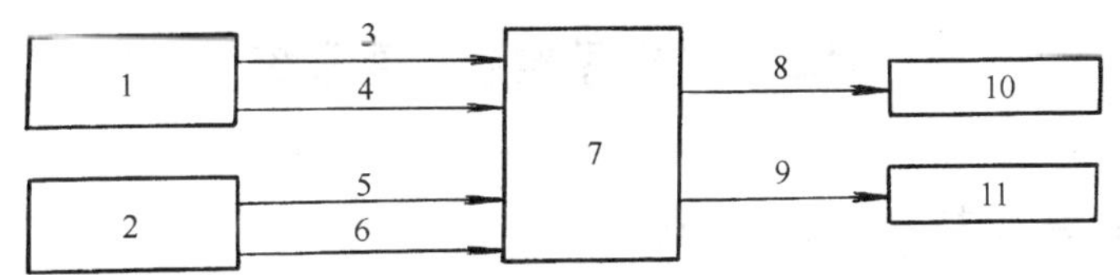

图 7-13 ECPS 的控制方框图

1-转矩传感器；2-车速传感器；3-转矩信号(主)；4-转矩信号(副)；5-车速信号(主)；6-车速信号(副)；7-ECPS 电子控制器；8-离合器信号(ON—OFF)；9-电动机信号；10-电磁离合器；11-电动机

当点火开关接通时，电源加于 ECPS 的电子控制器上，电动助力转向系统才能进行工作。在发动机已被起动时，交流发电机 L 端子的电压加到电子控制器上。当检测到发动机处于起动状态时，动力转向系统转为工作状态。

行车时，电子控制器按不同车速下的转向盘转矩，控制电动机的电流，并完成电子控制转向和普通转向控制之间的转换。当车速高于 30km/h 时，则转换成普通的转向控制，电子控制器没有离合器信号和电动机电流输出，离合器处于分离状态。但车速低于 27km/h 时，ECPS 的电子控制器又输出离合器信号和电动机电流，普通转向控制又转换为动力转向的工作方式。

2. 三菱轿车电子控制动力转向系统的故障自诊断测试

ECPS的电子控制器具有自我修正的控制功能。当电动助力转向系统出现故障时，可自动断开电动机输出电流，恢复到通常的转向系统；同时速度表内的报警灯——ECPS灯点亮，以通知驾驶员动力转向系统发生故障。

1)故障码的读取

三菱高级轿车动力转向系统故障码的读取步骤：

①将电火开关转到断开(OFF)位置；

②如图7-14所示将端子10与12用LED灯跨接；

③将点火开关置于接通(ON)位置；

④由LED灯的闪烁读取故障码。

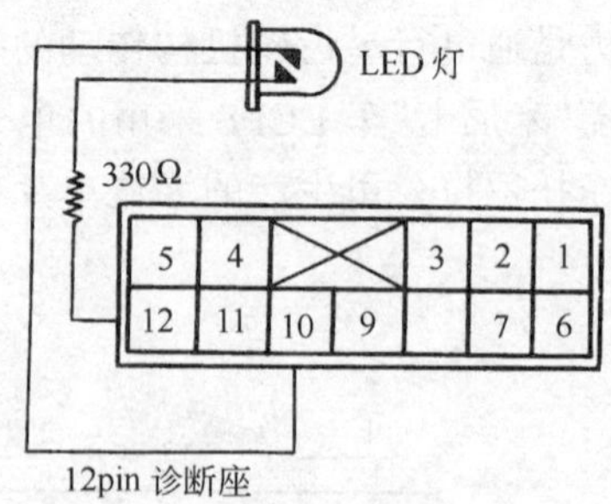

图7-14　三菱轿车EPS故障码读取
1～12-诊断座端子

2)故障码及其含义

三菱轿车EPS故障码及其内容如表7-1所示。

三菱轿车EPS故障码及其内容　　表7-1

故障码	内　容
11	EPS主电脑电源不良
12	VSS车速信号不良
13	EPS电磁阀作用不良
14	EPS主电脑故障

3)故障码的清除

拆开蓄电池负极线接头15s以后再装回，即可清除故障码。

第二节　电子控制悬架系统

一、电子控制悬架系统的功能及分类

1. 汽车悬架系统的功能

汽车悬架除了缓和冲击和吸收来自车轮振动的能量之外，还要在行驶过程中传递车轮与路面的驱动力和制动力；在汽车转向时，悬架还要承受来自车身的侧倾力，并在汽车起动与制动时抑制车身的俯仰和点头。但是，对缓冲和减振的行驶平顺性要求与抑制侧倾、俯仰和点头等的行驶稳定性、安全性要求，在悬架设计中往往是互相矛盾的。传统的被动悬架只能保证在一种特定的道路状态和速度下达到性能最优折衷。电子控制悬架系统可使悬架的刚度、减振器的阻尼系数、车身高度能随汽车载荷、行驶速度、路面状况等行驶条件变化，使悬架性能总是处于最佳状态附近。能同时满足汽车行驶平顺性、操纵稳定性等方面的要求，使电子控制悬架系统得到发展并在一些高级轿车上采用。它既能适应在不同道路条件下的行驶要求，又可保证乘坐的舒适性和安全性。

2. 电控悬架系统分类

电子控制悬架系统主要有半主动悬架和主动悬架两种。半主动悬架是指悬架元件中的

弹簧刚度和减振器阻尼系数之一可以根据需要进行调节。为减少执行元件所需的功率，主要采用调节减振器的阻尼系数法，这种方法只需提供调节控制阀、控制器和反馈调节器所消耗的较小功率即可。主动悬架是一种具有作功能力的悬架，通常包括产生力和转矩的主动作用器(液压缸、气缸、伺服电动机、电磁铁等)、测量元件(加速度、位移和力传感器等)和反馈控制器等。主动悬架需要一个动力源(液压泵或空气压缩机等)为悬架系统提供连续的动力输入。当汽车载荷、行驶速度、路面状况等行驶条件发生变化时，主动悬架系统能自动调整悬架刚度(包括整体调整和单轮调整)，从而能同时满足汽车行驶平顺性和操纵稳定性等各方面的要求。

二、电子控制悬架系统的工作原理

电子控制半主动悬架和主动悬架的控制参数和效果各有差别，但设计原理基本相同，即在行驶过程中，根据实际需要，使悬架的基本参数如刚度、阻尼随时调节，从而达到最佳的行驶平顺性和操纵稳定性。例如在好路面上正常行驶时希望软一点，在坏路面或起步、制动时希望硬一点；低速时希望软一点，以满足乘坐的舒适性，高速时则希望硬一点，以提高操纵稳定性。主动悬架系统还可根据需要随时对车身高度进行控制。

1. 半主动悬架系统工作原理

从行驶平顺性和舒适性角度出发，弹簧刚度和减振器的阻尼系数应能随汽车运行状态而变化，使悬架系统性能总是处于最优状态附近。但是，弹簧刚度选定后，又很难改变，因此可从改变减振器阻尼入手，将阻尼分为两级或三级，可由驾驶员选择或根据传感器信号自动选择所需要的阻尼级。

三级可调减振器旁路控制阀调节电动机带动控制杆使回转阀转动时，可通、断油孔和控制油路截面积的变化，使控制阀具有小、中、大三个位置，产生三个阻尼值，以适应不同的行驶条件。

图 7 15 为一个由外部电磁铁控制的减振器简图。满足舒适性要求时，可选择较低阻尼级；车辆高速行驶时，可选择较高阻尼级。高阻尼可提高车辆行驶安全性，但舒适性下降；低阻尼可降低系统自振频率，减少对车身的冲击，有利于提高舒适性，但安全性下降。

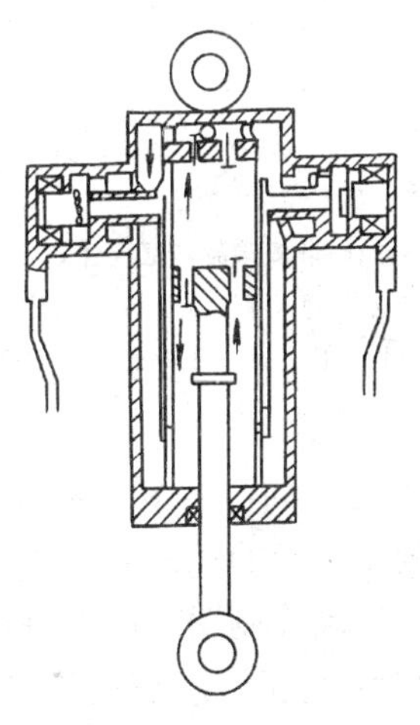

图 7-15　电磁铁控制的减振器简图

图 7-16 为一种阻尼力可连续调节的半主动悬架系统，其阻尼力能在几毫秒内由最小变到最大，其 ECU 接收速度、位移、加速度等传感器信号，计算出相应的阻尼值，向步进电动机发出控制信号，经阀杆调节阀门，使节流孔阻尼连续变化。

2. 主动悬架系统工作原理

主动悬架系统能根据车身高度、车速、转向角度及速率、制动等信号，由电子控制单元(ECU)控制悬架执行机构，从而改变悬架系统的刚度、减振器的阻尼力及车身高度等参数，从而使汽车具有良好的乘坐舒适性和操纵稳定性。

1)主动式空气悬架系统工作原理

电子控制主动式空气悬架系统元部件在车上

的布置如图 7-17 所示，主要由空气压缩机、干燥器、空气电磁阀、车身高度传感器、带有减振器的空气弹簧、悬架控制执行器、悬架控制选择开关及ECU 等组成。空气压缩机由直流电动机驱动产生压缩空气，压缩空气经干燥器干燥后由空气管道经空气电磁阀送至空气弹簧的主气室。当车身需要降低时，ECU 控制电磁阀使空气弹簧主气室中压缩空气排到大气中去，如图 7-18a)所示；当车身需要升高时，ECU 控制电磁阀使压缩空气进入空气弹簧的主气室，使空气弹簧伸长，车身升高，如图7-18b)所示。在空气弹簧的主、辅气室之间有一连通阀，空气弹簧的上部装有悬架控制器。ECU 根据各传感器输出信号，控制悬架执行器，一方面使空气弹簧主、辅气室之间的连通阀发生改变，使主、辅气室之间的气体流量发生变化，因此改变悬架的弹簧刚度；另一方面，执行器驱动减振器的阻尼力调节杆，改变减振器的阻尼力。

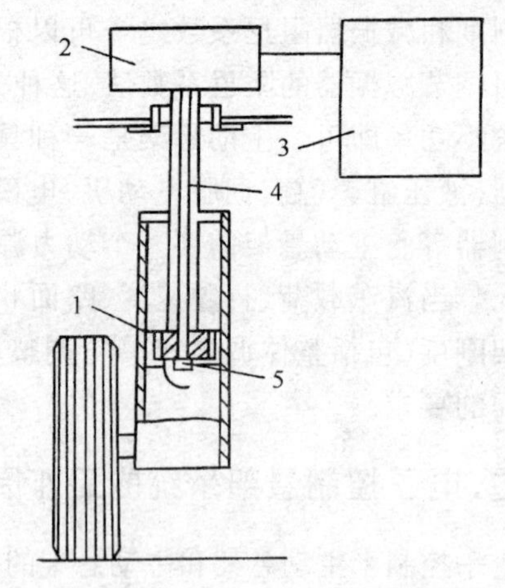

图 7-16　阻尼力可连续调节的半主动悬架系统

1-节流孔；2-步进电动机；3-ECU；4-阀杆；5-阀门

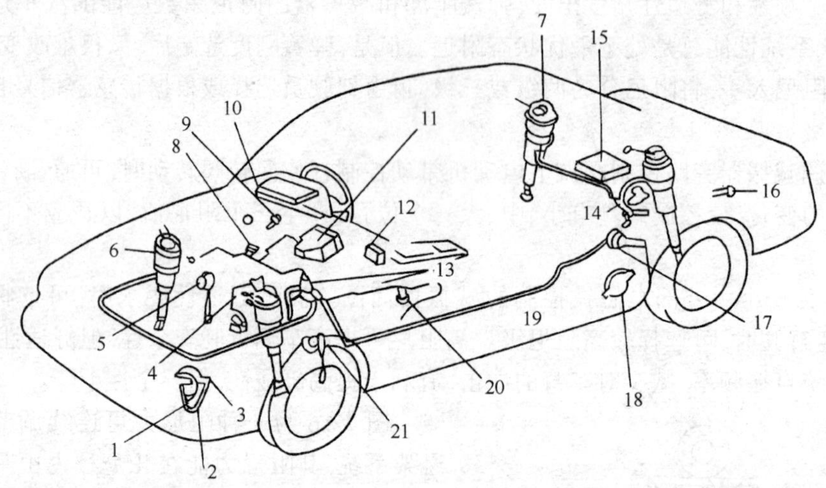

图 7-17　电子控制主动式空气悬架系统元部件的车上布置

1-空气压缩机；2-空气电磁阀；3-干燥器；4-节气门位置传感器；5-车身高度传感器；6-带减振器的空气弹簧；7-悬架控制执行器；8-转向传感器；9-停车开关；10-TEMS 指示灯；11-电子多点视频器；12-悬架控制开关；13-1 号高度控制阀；14-2 号高度控制阀；15-显示器用 ECU；16-诊断用接线；17-车身高度传感器；18-悬架用 ECU；19-空气管道；20-车速传感器；21-车身高度传感器

在主动式空气悬架系统中，车高、弹簧刚度和减振器阻尼力可同时得到控制，且各自可以取 3 种数值，其所取数值由 ECU 根据当时的运行条件和驾驶员选定的控制方式决定。驾驶员可以任意选择 4 种自动控制模式，即控制车身高度的“常规值自动控制”和“高值自动控制”，以及控制弹簧刚度和减振器阻尼力的“常规值自动控制”和“高速行驶时自动控制”，具体控制内容如下：

(1)利用弹簧刚度/减振器阻尼力进行控制

①抗后坐。通过传感器检测加速踏板移动速度和位移。当车速低于 20km/h 且加速度大时，ECU 通过执行器将弹簧刚度和减振器阻尼力调到高值，从而抵抗汽车起步时车身后坐。若选择“常规值自动控制”模式，则弹簧刚度和减振器阻尼力由软调至硬；若选择“高速行驶自动控制”模式，则刚度和阻尼力由中调至硬。

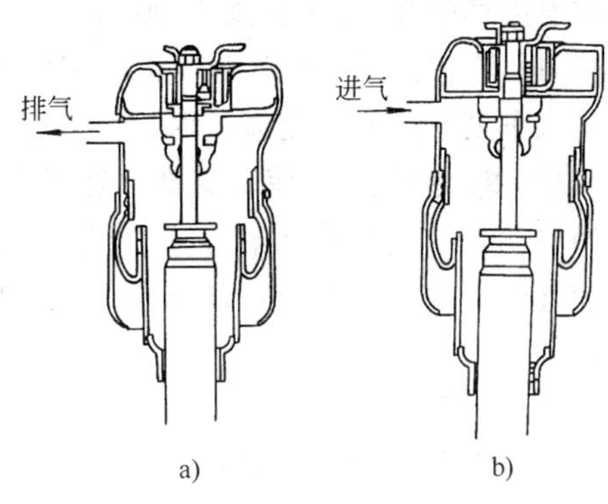

图 7-18 车身高度调整过程
a)车身降低；b)车身升高

②抗侧倾。由装在转向轴的光电式转向传感器检测转向盘的操作情况，急转弯时，ECU 通过执行器使弹簧刚度和减振器阻尼转换到高值，以抵抗车身侧倾。

③抗“点头”。在车速高于 60km/h 时紧急制动，ECU 通过执行器使弹簧刚度和减振器阻尼力调到高值，而不管驾驶员选择了何种控制模式，以抵抗车身前部下冲。

④高速感应。当车速大于 110km/h 时，系统使弹簧刚度和减振器阻尼力调至中间值，从而提高高速行驶时操纵稳定性。即使选择了“常规值自动控制”模式，系统也将刚度和阻尼力调至中间值。

⑤前、后关联控制。车速在 30～80km/h 范围内时，若前轮车高传感器检测出路面有较小凸起，则在后轮越过该凸起之前，系统将使弹簧刚度和减振器阻尼力调至低值，从而提高汽车乘坐舒适性。此时即使驾驶员选择了高速行驶控制模式，系统仍将刚度和阻尼力调至低值。为了不影响高速时的操纵稳定性，此动作在车速为 80km/h 以下时才发生。

⑥坏路、俯仰、振动感应。车速在 40～100km/h 范围内，当前轮车高传感器检测出路面有较大凸起时，系统将弹簧刚度和减振器阻尼力调至中间值，以抑制车体的前后颠簸、振动等大动作，从而提高汽车的乘坐舒适性和通过性，而不论控制处于何种模式。车速高于 100km/h 时，系统将使刚度和阻尼力调至高值。

⑦良好路面正常行驶。弹簧刚度和减振器阻尼力由驾驶员选择，“常规值自动控制”模式，刚度和阻尼力处于低值；“高速行驶时自动控制”模式，则刚度和阻尼力为中间值。

(2)车身高度控制

悬架 ECU 接收左右前轮和左后轮 3 个车身高度传感器发出的车高信号，经处理后对执行器发出指令，对车身高度进行调整。

①高速感应。当车速高于 90km/h 时，将车身高度降低一级，以减小风阻，提高行驶稳定性。若选择了“常规值自动控制”模式，则车身高度值由中间值调至低值；若选择了“高值自动控制”模式，则车高由高值调至中间值。在车速为 60km/h 时，车高恢复原状。

②连续坏路面感应。汽车在坏路面上连续行驶，车高信号持续 2.5s 以上有较大变动，且超过规定值时，悬架控制系统将车高升高一级，使来自路面的突然抬起感减弱，并提高汽车的通过性能。

汽车连续坏路行驶且车速大于 40km/h 小于 90km/h 时，不论选择了何种控制模式，悬架控制系统都将车高调至高值，以减小路面不平感，确保足够的离地间隙，提高乘坐舒适性。

车速小于 40km/h 时，车高则完全由驾驶员选择，选择“常规值自动控制”时，车高为中间值；选择“高值自动控制”时，车高为高值。

在连续坏路面上，车速高于 90km/h 时，不管驾驶员选择了何种控制模式，车高都将调至中间值，以避免车身过高对高速行驶稳定性产生不良影响。另外，还具有驻车时车高控制功能。当汽车处于驻车控制模式时，为了使车身外观平衡，保持良好的驻车姿势，当点火开关关闭后，ECU 即发出指令，使车身高度处于常规模式的低控制模式。

2)主动式油气弹簧悬架系统工作原理

油气弹簧以气体作为弹性介质，而用油液作为传力介质，一般由气体弹簧和相当于液力减振器的液压缸组成。通过油液压缩气室中的空气实现刚度特性，通过电磁阀控制油液管路中的小孔节流实现变阻尼特性。图 7-19 为雪铁龙 XM 轿车的主动式油气弹簧悬架布置图，该系统采用了 5 个基本行车状态的传感器。

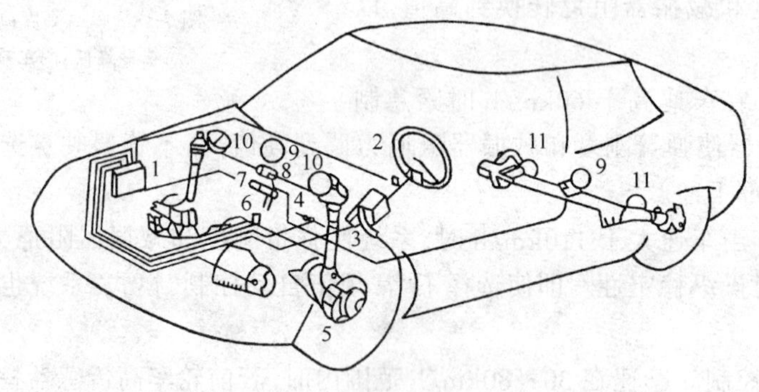

图 7-19　雪铁龙 XM 轿车的主动式油气弹簧悬架系统

1-ECU；2-转向盘转角传感器；3-加速度传感器；4-制动压力传感器；5-车速传感器；6-车身位移传感器；7-电磁阀；8-辅助控制阀；9-刚度调节器；10-前油气室；11-后油气室

①转向盘转角传感器安装在转向柱上，用于测量转向盘转角信号，并将信号送入 ECU。

②加速度传感器与油门踏板连接，将测得的加速动作信号送给 ECU。

③制动压力传感器安装于制动管路中，制动时向 ECU 发送一个阶跃信号表示制动，使 ECU 产生抑制“点头”的信号输出。

④车速传感器安装于车轮上，送出与转速成正比的脉冲，ECU 利用它和转向盘转角信号，可以计算出车身的侧倾程度。

⑤车身位移传感器安装于车身与车桥之间，用来测量车身与车桥的相对高度，其变化频率和幅度可反映车身的平顺性，同时还用于车高自动调节。

系统工作原理如图 7-20 所示，电磁阀在 ECU 指令下向右移动，接通压力油道，使辅助液压阀的阀芯向左移动，中间的油气室与主油气室连通，使总的气室容积增加，气压减小，从而刚度变小。a、b 节流孔是阻尼器，在图 7-20a)位置，系统处于“软”状态，在图7-20b)位置，电磁阀中无电流通过，在弹簧作用下，阀芯左移，关闭压力油道，原来用于推动液压阀的压力油通过电磁阀的左边油道泄出，辅助液压阀阀芯右移，关闭刚度调节器，气室总容积减小，刚度增大，使系统处于“硬”状态。

在正常行车状态时，系统处于“软”状态，以提高乘坐舒适性，当高速、转向、起步和制动时，系统处于“硬”状态，以提高车辆的操纵稳定性。

3)带路况预测传感器的主动悬架系统

带有路况预测传感器的主动悬架系统如图7-21所示，该系统包括一个悬架弹簧和一个单

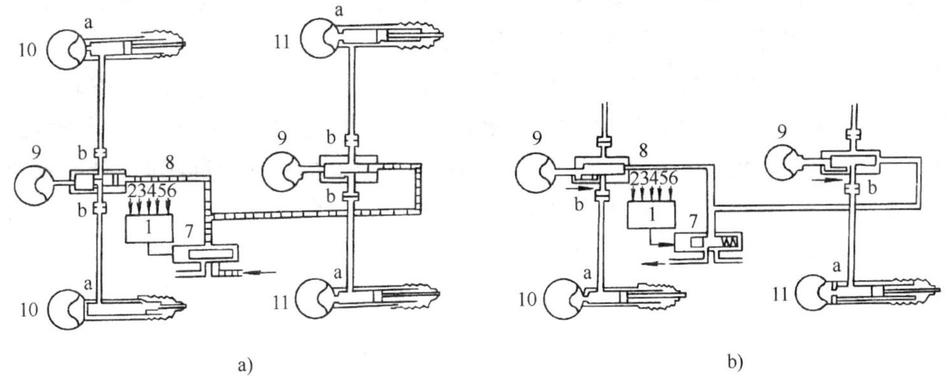

a)　　　　b)

图 7-20　主动式油气弹簧悬架系统工作原理

a)系统处于"软"状态；b)系统处于"硬"状态

1-ECU；2-转向盘转角传感器；3-加速度传感器；4-制动压力传感器；5-车速传感器；6-车身位移传感器；7-电磁阀；8-辅助液压阀；9-刚度调节器；10-前油气室；11-后油气室

向液压执行器，控制阀 6 通过油管 8 与单向液压执行器的油压腔相通。油管上还接有一个支管 8a，该支管与一个蓄能器 11 相连，蓄能器内充有气体，该气体具有弹簧的作用。另外，支管中间还设有一个主节流孔 12，以限制蓄能器和油压腔之间的油流，从而形成减振作用。在油管和蓄能器之间还设有一个旁通管路 8b，该旁路上带有一个选择阀 10 和一个副节流孔 9，副节流孔的直径大于主节流孔的直径。当选择阀打开时，油流通过选择阀的副节流孔，在蓄能器和油压腔之间流动，从而减小振动阻尼。因此，悬架系统在选择阀的作用下，具有两种不同的阻尼参数。

控制阀的开度可以随控制电流的大小而改变，以控制进入油管的油量，进而控制施加到液压执行器的油压，随着输入控制阀的电流的增加，液压执行器承载能力也增加。

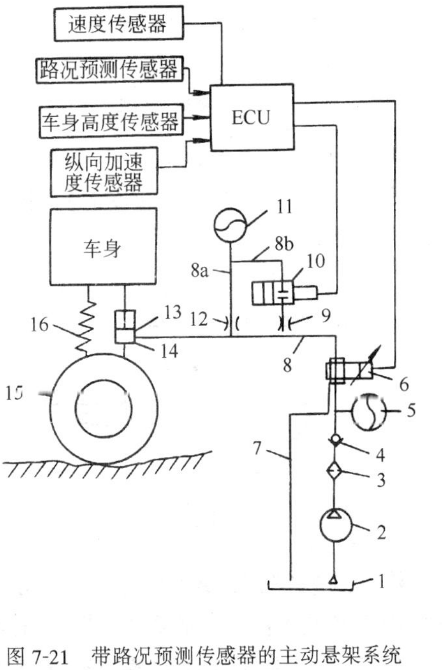

图 7-21　带路况预测传感器的主动悬架系统

1-油箱；2-油泵；3-滤清器；4-单向阀；5-蓄能器；6-控制阀；7-回油管；8-油管（8a、8b 是支管）；9-副节流阀；10-选择阀；11-蓄能器；12-主节流阀；13-油压腔；14-油压执行器；15-车轮；16-悬架弹簧

在该悬架系统中，输入到控制单元 ECU 的信号有：各车轮上设置的检测车身纵向加速度的传感器输出信号，路况预测传感器测出的车辆前方是否有凸起物及其大小的检测信号，在各车轮处检测车身高度的传感器输出信号及车速传感器输出的车速信号等。控制单元根据这些信号，对设置在各车轮上的控制阀和选择阀进行控制。

路况预测传感器的设置情况如图 7-22 所示，该传感器通常为超声波传感器，频率为 40kHz 左右，它安装在车身的前面，以便对其下方的路面状况进行检测。

在车辆正常行驶时，选择阀关闭，液压执行器的油压腔通过主节流孔与蓄能器相通，它可以吸收并降低因路面不平而引起的微小振动。当路况预测传感器发现路面上有将引起振动的凸起物时,ECU 便控制选择阀打开,并将悬架系统的阻尼系数减小到一特定值。

图 7-23 所示为路况预测传感器的输出信号,输出信号的幅值与路面凸起物的大小成正比。如果完全按照传感器输出信号进行控制,悬架系统的阻尼变化就会过于频繁,因此,在控制系统中设置了一个低阀值 V_1。另外,如果在车辆通过一个很大的凸起物时,悬架系统的阻尼系数若调整得过低,就可能会产生极大的冲击力,形成悬架底部与车桥的刚性碰撞,因此,控制系统中还设定了一个高阀值 V_2。只有在路况预测信号介于 V_1 和 V_2 之间时,ECU 才输出一个打开选择阀的控制信号。

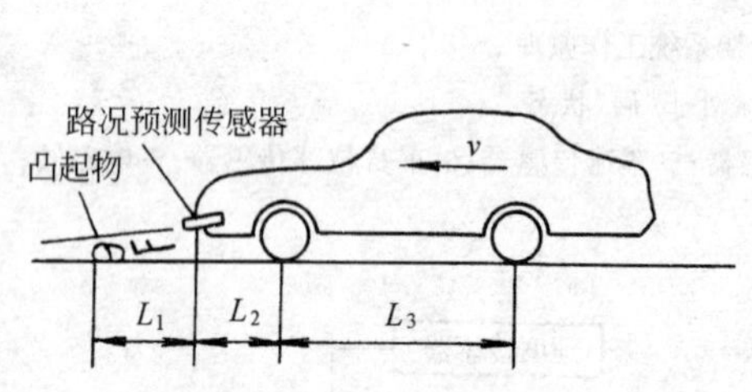

图 7-22 路况预测传感器的设置

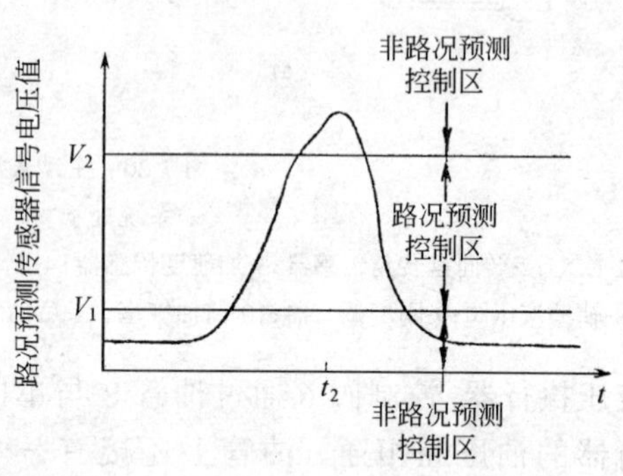

图 7-23 路况预测传感器的输出信号

ECU 根据车速可以估算出测得的凸起物和实际车轮通过凸起物之间的滞后时间,控制选择阀应恰好在车轮通过凸起物时打开,使悬架的阻尼系数作短暂变化,车轮过了凸起物后,选择阀再次关闭。

具有路况预测传感器的主动悬架系统可以在汽车到达之前对路面情况进行预测处理,因而大大改善了悬架的工作性能。

第三节 汽车电子巡航控制系统

一、汽车电子巡航控制系统的作用

汽车巡航控制系统的英文为 Cruise Control System,其缩写为 CCS。根据其特点又称"恒速控制系统"、"车速控制系统"或"巡航控制系统"等。

目前,不少车辆特别是高级轿车已把巡航控制系统作为配属设备或选配设备。例如日本的皇冠(CRWON)、凌志(LEXUS)、佳美(CAMRY),美国的纽约人(NEW YORKER)、别克(BUICK)、凯迪拉克(CADILLAC),德国的奔驰(BENZ)、宝马(BMW)等车均装有巡航控制系统。

1. 汽车巡航控制系统的作用

汽车巡航控制系统的作用是按照驾驶员所要求的速度,不踩加速踏板就可使汽车自动地以固定的速度行驶。采用这种装置后,当在高速公路上长时间行车时,就可使驾驶员踩加速踏板的脚得以休息,不致因长时间驾车过程中利用控制加速踏板来稳定车速而产生疲劳,同时,由于定速行驶,加速踏板及制动踏板的踩放次数减少,使耗油量减少,行车较为经济,因而该系统又称为经济车速巡航控制系统。

2. 汽车巡航控制系统的优点

汽车巡航控制系统的主要优点是无论由于风力和道路坡度变化，引起汽车的行驶阻力怎样变化，只要在发动机功率允许范围内，汽车的行驶速度便可保持不变。而当汽车以定速行驶时，驾驶员负担明显减轻，使其可轻松地驾驶，提高了行驶的舒适性。此外，使用这种速度稳定装置后，可使汽车燃油的供给与发动机功率间的配合处于最佳状态，有效地降低了燃油的消耗，减少有害气体的排放。

二、汽车电子巡航控制系统的组成及工作原理

CCS 由传感器、操作开关、执行器和巡航控制 ECU 等组成。传感器和开关将信号送入巡航控制 ECU，ECU 根据这些信号计算节气门适当的开度，并给执行器发出信号，自动调节节气门开度。

1. 操作开关

操作开关主要用于设置巡航车速或将其重新设置为另一车速，以及取消巡航控制等。主要包括主开关、控制开关和退出巡航开关。

1)主开关(MAIN)

主开关是巡航控制系统的主电源开关，采用按键方式，每次将其推入，该系统的电源就接通或关闭，如图 7-24 中箭头 A 所示。主开关接通时，如将点火开关关闭，主开关也关闭。即使点火开关再次接通，主开关仍保持关闭。

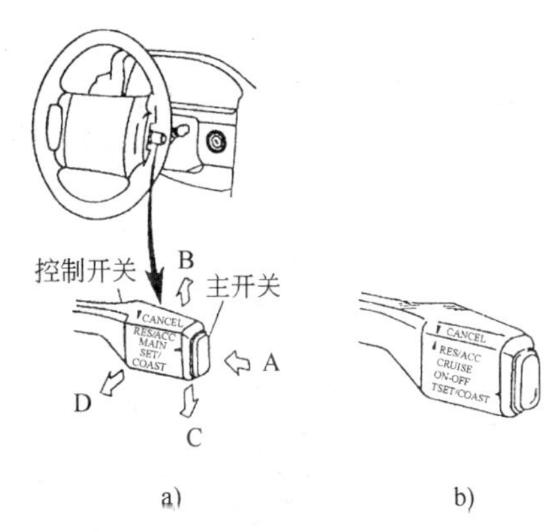

图 7-24 巡航控制系统操作开关

a)凌志 LS400；b) 佳美

2)控制开关

手柄式控制开关有 5 种控制功能：SET(设置)、COAST(减速)、RES(恢复)、ACC(加速)和 CANCEL(取消)。其中 SET 和 COAST 模式共用一个开关，RES 和 ACC 模式共用另一个开关。当沿箭头 B、C 和 D 方向操作开关时，开关接通；而松开时，则关断。这是一个自动回位型开关。

3)退出巡航控制开关

退出巡航控制开关包括取消开关、停车灯开关、驻车制动开关、离合器开关和空档起动开关。当其中任一开关接通时，巡航控制将被自动取消。但当 CCS 取消瞬间的车速不低于35km/h时，此车速存储于巡航控制 ECU 中。当接 RES 开关时，最后存储的车速就会自动恢复。

(1) 驻车制动开关

当拉起驻车制动操作杆时，驻车制动器开关就接通，将取消信号传送至巡航控制 ECU。同时，驻车制动指示灯亮。

(2) 空档起动开关

当换档杆设置在自动变速箱的 P 或 N 档位时，空档起动开关即接通，将取消信号传送至巡航控制 ECU。

(3) 离合器开关

当踩下手动变速器的离合器踏板时，离合器开关即接通，将取消信号传送至巡航控制 ECU。

(4)制动灯开关

制动灯开关实际上由两个开关组成,如图 7-25 和图 7-26 所示,当踩下制动踏板时,两个开关同时工作。开关 A 闭合,电流经过制动灯开关,使制动灯亮。同时,蓄电池电压经过这个开关施加在巡航控制 ECU 上,使其判断制动器处于工作状态。所以,巡航控制 ECU 取消 CCS 的工作,开关 B 断开,执行器得不到巡航控制 ECU 的信号,从而停止工作。

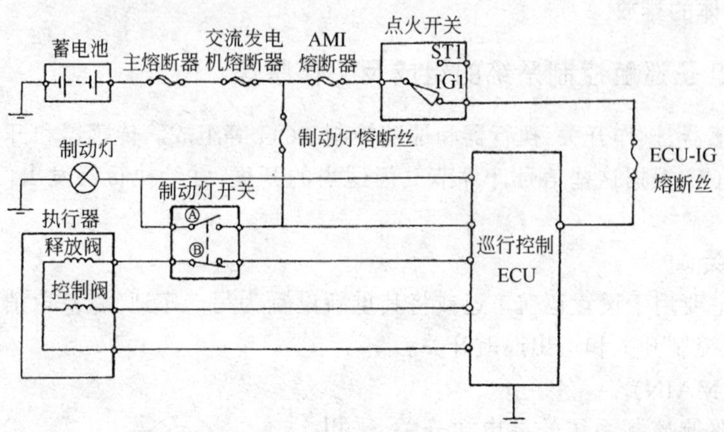

图 7-25　Cressida 真空驱动型停车灯开关电路

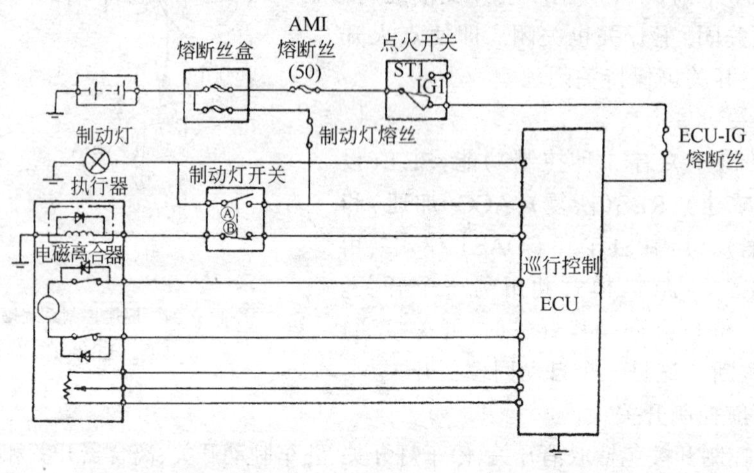

图 7-26　陆地巡洋舰电动机驱动型停车灯开关电路

2. 传感器

1)车速传感器

车速传感器用于提供一个与汽车实际车速成比例的交变振荡脉冲信号,巡航控制 ECU 将此信号进行处理。车速传感器类型有磁脉冲式、霍尔式、光电式、磁阻式等,该传感器与发动机电控系统共用。

2)节气门位置传感器

节气门位置传感器给巡航控制 ECU 提供一个与节气门位置成正比的电信号,该传感器与发动机电控系统共用。

3)节气门控制摇臂传感器

节气门控制摇臂传感器可对巡航控制 ECU 提供节气门摇臂位置的电信号，目前采用较多的是滑线电位计式，当节气门控制摇臂转动时，电位计随之转动，便输出一个与控制摇臂位置成比例且连续变化的电信号。

3. 巡航控制 ECU

巡航控制 ECU 由处理器芯片、A/D、D/A、IC 及输出重置驱动和保护电路等模块组成。ECU 接收来自车速传感器和各种开关的信号，按照存储的程序进行处理，当车速偏离设定的巡航车速时，给执行器一个电信号，控制执行器即动作，使实际车速与设定车速相一致。图 7-27 为美国摩托罗拉公司以单片机为主的巡航控制 ECU 方框图。

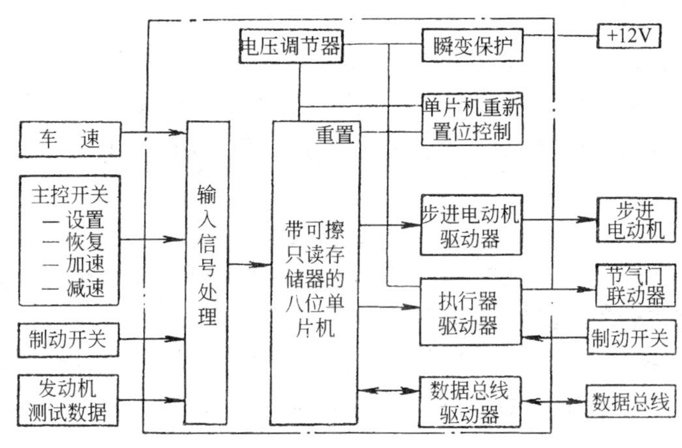

图 7-27 巡航控制系统 ECU 方框图

汽车在巡航控制状态时，一般当车速低于 40km/h 时，ECU 将巡航控制取消，这样使汽车在制动、转弯时，巡航控制不起作用。当车速超过设定车速 6～8km/h 时，ECU 将巡航控制取消；当汽车的减速度的值大于 $2m/s^2$ 时，以及汽车的制动灯开关动作等情况时，ECU 也自动取消巡航控制，以确保行车安全。巡航控制 ECU 具有以下控制功能。

1)匀速控制功能

ECU 将实际车速与设定车速进行比较，若车速高于设定车速，控制执行器将节气门适当关闭，若车速低于设定车速，控制执行器将节气门适当开启。

2)设定功能

当主开关接通，车辆在巡航控制车速范围(约 40～200km/h)内行驶时，若 SET/COAST 开关接通后松开，巡航控制 ECU 便将此车速存储于 ECU 存储器内，并保持此车速行驶。

3)滑行功能

当车辆以巡航控制模式行驶时，若 SET/COAST 开关接通后不松开，执行器就会关闭节气门，使车辆减速。ECU 将开关松开时的车速存储，并保持此车速行驶。

4)加速功能

当车辆以巡航控制模式行驶时，若 SET/COAST 开关接通，执行器就会将节气门适当开启，使车辆加速。ECU 将开关松开时的车速存储，并保持此车速行驶。

5)恢复功能

只要车辆车速没有降至 40km/h 以下，若用任一个取消开关以手动的方法将巡航控制模式取消后,接通 RES/ACC 开关,即可恢复设定车速。车速一旦处于 40km/h 以下,设定车速就不能恢复,因为存储器中的车速已被清除。

6)车速下限控制功能

车速下限是巡航控制所能设定的最低车速,约为 40km/h,巡航控制不能低于这个速度,当车辆以巡航控制模式行驶时,若车速降至 40km/h 以下,巡航控制就会自动取消,设置在存储器内的车速也被清除。

7)车速上限控制功能

车速上限是巡航控制所能设定的最高车速,约为 200km/h。操作 ACC 开关,也不能使车速超过 200km/h。

8)手动取消功能

当车辆以巡航控制模式行驶时,如下列信号中任一个传送至巡航控制 ECU,巡航控制就会取消:真空驱动执行器内的释放阀和控制阀同时关断,就会取消巡航控制模式(大气压进入);电动机驱动执行器关断执行器内的电磁离合器,巡航控制模式即取消。

9)自动取消功能

当车辆以巡航控制模式行驶时,若出现伺服调速电动机或安全电磁阀晶体管驱动电流过大,伺服电动机始终朝节气门打开方向转动时,存储器中设置的车速被清除,安全电磁阀离合器断电,巡航控制方式取消,主控开关同时关闭。

在巡航控制行驶期间,若出现车速低于 40km/h,巡航控制系统的电源中断时间超过 5s,巡航控制也被取消,但存储器中设定的速度尚未取消,巡航控制功能可用 SET 或 RES 开关恢复。

10)自动变速器控制功能

在车辆以超速档上坡行驶时,车速降至超速档切断速度(设定车速减去 4km/h)时,ECU 自动取消超速档并增加驱动力,防止车速进一步降低。当车速升至超速档恢复速度(设定车速减去 2km/h)时,约 6s 后巡航控制 ECU 恢复超速档。

11)迅速降速和迅速升速控制功能

当实际车速与设定车速相差不足约 5km/h 时,每次迅速(0.6s 以内)操纵 SET/COAST 开关,可将设定车速降低约 1.65km/h;当实际车速与设定车速相差不足约 5km/h 时,每次迅速(在 0.6s 以内)操纵 RES/ACC 开关,可将设定车速升高约 1.65km/h。

12)诊断功能

巡航控制系统发生故障时,ECU 能确定故障并使组合仪表上的电源指示灯闪烁,以提示驾驶员;同时,ECU 存储相应的故障代码,故障代码可通过电源指示灯读取。

4. 执行器

执行器将 ECU 输出的电流或电压信号转变为机械运动,进而控制节气门的开度,最终达到控制车速的目的。目前使用的执行器有两种类型,一种是真空驱动型,另一种是电动机驱动型。前者由负压操纵节气门,后者由电动机操纵节气门。

1)真空驱动型执行器

真空驱动型执行器可用于发动机进气歧管真空度控制,当进气歧管负压太低时,用真空泵提高负压进行控制。真空驱动型执行器的工作原理如图 7-28 所示。

执行器活塞连杆与节气门拉杆相连,当活塞连杆对节气门拉杆无作用时,弹簧力使节气门关闭。当节气门的输入信号 V_e 对电磁阀线圈通电时,压力控制阀阀芯克服阀弹簧力下移,执行器活塞气缸与进气歧管连通。由于进气歧管内为真空，于是执行器气缸压力迅速下降，执行器活塞带动节气门拉杆向左运动，从而使节气门平顺渐进地打开。活塞上的作用力随气缸中平均压力的变化而变化，而气缸中的平均压力则通过快速通断压力控制阀来控制。执行器的输入信号是一个脉冲信号，当 V_e 为高电位时，电磁铁通电。当 V_e 为低电位时，电磁铁断电。因此，气缸中的平均压力即节气门开度与压力控制阀控制信号 V_e 的真空比成正比。

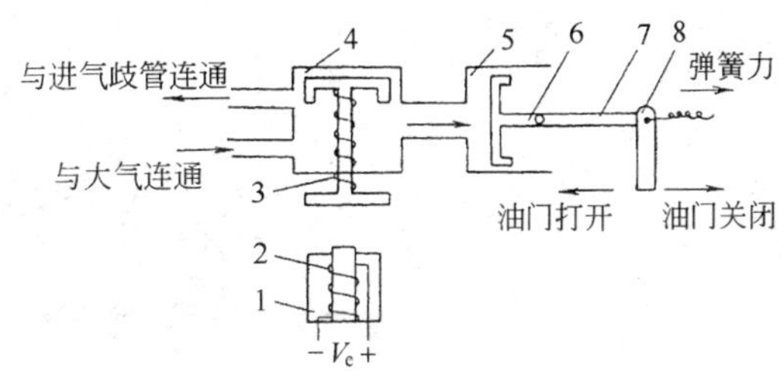

图 7-28　真空驱动型执行器的工作原理

1-电磁铁；2-电磁线圈；3-阀弹簧；4-压力控制阀；5-气缸；6-活塞；7-连杆；8-节气门拉杆

选择执行器时，应使节气门执行器的频率与车速传感器的频率基本一致，以保证整个巡航控制的协调进行。

2）电动机驱动型执行器

电动机驱动型执行器由电动机、电磁离合器和电位计组成，其结构如图 7-29 所示。

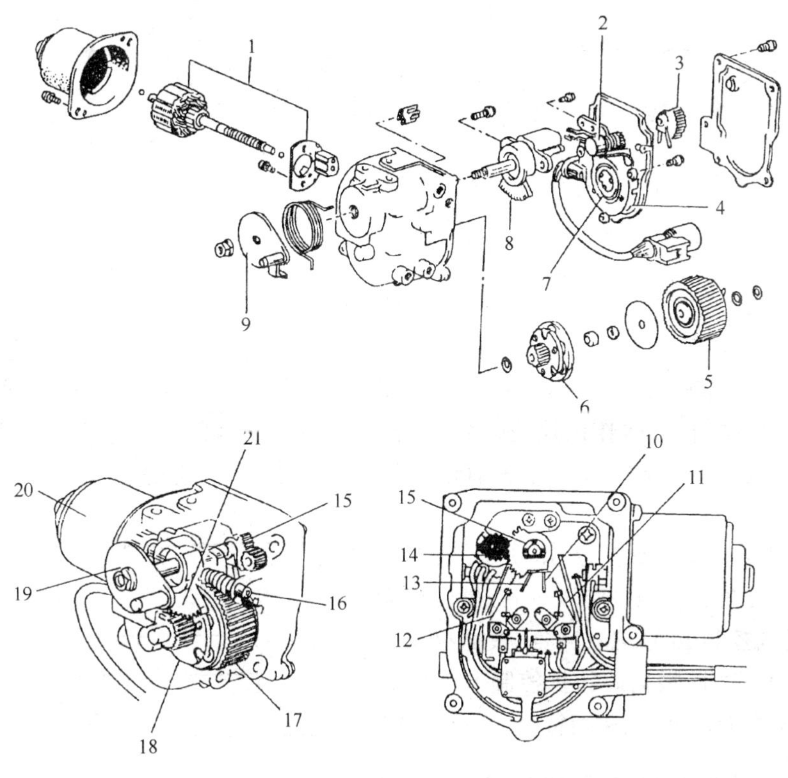

图 7-29　电动机驱动型执行器的组成

1-驱动电动机；2、14-电位计；3-电位计主动齿轮；4-电路板；5、17-电磁离合器；6、18-离合器片；7-滑力环；8、21-主减速器；9、19-控制臂；10-杆 B；11、12-限位开关；13-杆 A；15-电位计主动齿轮；16-涡轮；20-电动机

电动机根据来自 ECU 的信号，顺时针或逆时针转动，从而改变节气门的开度。节气门已完全打开或关闭后，若电动机继续转动，就会损坏。因此，电动机安装了两个限位开关。用于控制电动机的运转。

电磁离合器用于控制电动机和节气门拉线的结合和分离，其结构与原理如图 7-30 所示。

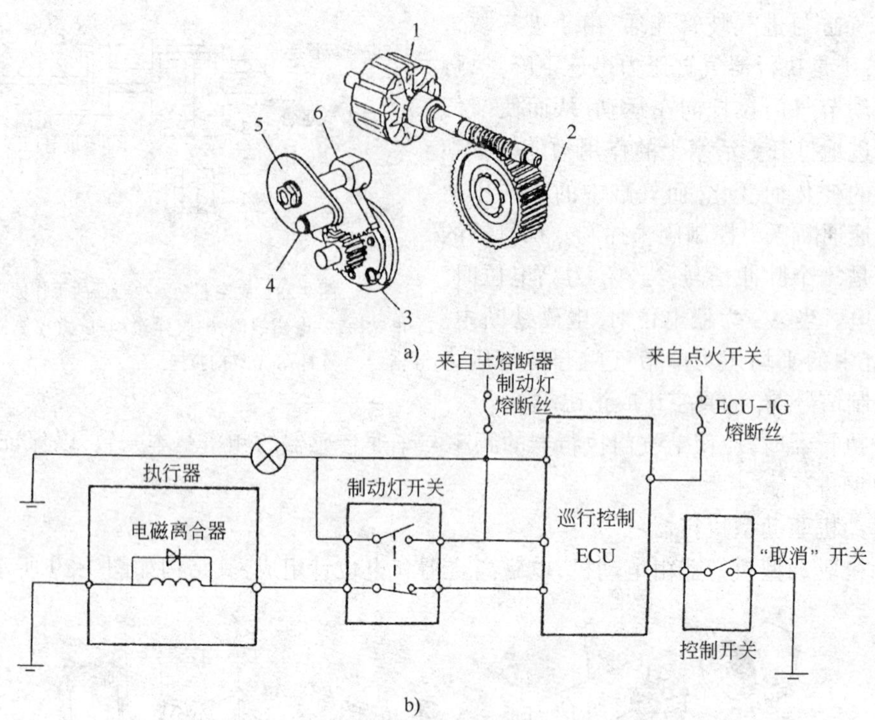

图 7-30 电磁离合器的结构及其工作电路

a)结构;b)电路

1-驱动电动机;2-电磁离合器;3-离合器片;4-至节气门拉线;5-控制臂;6-主减速器

当 ECU 给执行器发出控制信号时,电磁离合器结合,电动机通过拉线转动节气门。在巡航控制系统工作室,或驾驶员按动任一取消开关,巡航控制 ECU 按受到此信号,即作出反应,将电磁离合器分离,阻止电动机转动节气门,取消巡航控制。

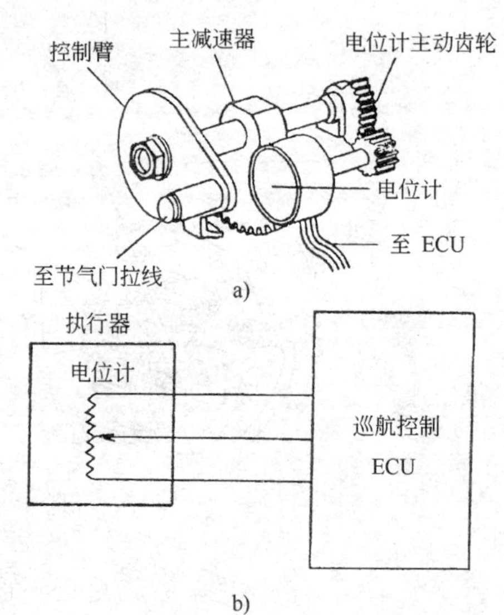

图 7-31 电位计及其工作电路

a)电位计结构;b)电位计工作电路

电位计及其工作电路如图 7-31 所示,当巡航控制系统车速设定时,电位计将节气门开度转换为电信号,送入巡航控制 ECU,ECU 将此数据存储于存储器中,行车中 ECU 根据此数据控制节气门的开度,使实际车速与设定的车速相符。

三、汽车电子巡航控制系统的使用

1. 使用方法

巡航控制系统的操纵手柄开关位置有四档(见图 7-24),手柄的端部有按键,这个按键是巡航控制系统的总开关,按下按钮时,仪表板上巡航控制系统的 CRUISE ON—OFF 指示灯亮,表示巡航控制系统进入运行状态;如再按一下,则按钮弹起,指示灯灭,表示巡航控制系统处于关闭状态。操纵手柄朝下扳动是巡航速度的设定开关;向上推则是巡航速度取消开关;朝转向盘方向扳起是恢复。巡航控制系统的使用方法如下：

1)设定巡航速度

为确保行车安全,巡航控制系统的低速控制点一般为40km/h,即车速低于40km/h时,巡航系统不工作。设定巡航速度的方法是:第一,开启巡航控制系统,按下CRUISE ON—OFF按钮,踩下加速踏板,使车辆加速。第二,当车速到设定值时,将巡航控制系统手柄置于SET/COAST位置并释放,即进入自动行驶状态,驾驶员可将加速踏板松开,巡航控制系统会根据汽车行驶时阻力的变化,自动调节节气门的开度,使车速保持在设定的范围内。

若驾驶员想加速,如需超越前方车辆时,只要踩下加速踏板即可。超车完毕后再释放加速踏板,汽车便又恢复到已设定的巡航速度行驶。

2)取消设定巡航速度

取消设定的巡航速度,有几种方法可供选择:第一、将巡航控制系统操纵手柄置于CANCEL位置并释放。第二,踩下制动踏板使汽车减速。第三,装备MT的汽车,踩下离合器踏板即可;装备有AT的汽车,选档杆置于空档。

当汽车的行驶速度低于40km/h,则设定的巡航速度将自动取消;当汽车减速后车速比设定的巡航车速低时,巡航控制系统也将自动停止工作。

此外,汽车行驶时设定的巡航速度如不是由上述原因而自动取消,或仪表板上的巡航控制CRUISE ON—OFF开关指示灯出现闪烁现象,则表明系统出现故障。

3)设定装备AT的汽车加速

将巡航控制系统操纵手柄置于RES/ACC位置并保持手柄不动,此时车速将逐渐加快,当车速达到要重新设定的巡航速度时释放手柄。这种加速方法与踩加速踏板加速相比,所用时间较长。

4)设定装备AT的汽车减速

将巡航控制系统的操纵手柄置于SET/COAST位置并保持手柄不动。此时车速将逐渐减慢,当车速降至所要求的设定的速度时释放操纵手柄。这种减速方法与踩制动踏板减速相比,减速度要小。

5)恢复到原来设定上的巡航速度

将巡航控制系统操纵手柄置于RES/ACC位置,汽车可恢复到原设定的速度行驶。当车速降至40km/h以下或低于设定的速度的差值在16km/h以上时,巡航控制系统自动停止工作。

2.使用注意事项

巡航控制系统在使用中还应该注意以下几个问题：

①为了让汽车获得最佳控制,当遇到交通阻塞或在雨、冰、雪等湿滑路上行驶或遇上大风天气时,不要使用巡航控制系统。

②为了避免巡航控制系统误工作,在不使用巡航控制系统时,务必使巡航控制系统的控制开关处于关闭状态。

③汽车行驶在陡坡时,使用巡航控制系统,会引起发动机转速变化过大,因此最好不要使用巡航控制系统。下坡驾驶时,应避免加速行驶。若车辆的实际行驶速度比设定车速高出太多,则应停止使用巡航控制装置,然后将变速器换入低档,利用发动机制动使车速得到控制。

④汽车巡航行驶时,对装备MT的汽车不应在未踩下离合器踏板时就将变速杆置空档,否则会造成发动机转速急剧升高。

⑤使用巡航控制系统要注意观察仪表板上的"CRUISE"指示灯是否闪亮,若闪亮,则表明巡航控制系统处于故障状态。发现系统故障时,应停止使用巡航控制系统,待排除故障后再使用巡航控制。

⑥ECU 是巡航控制系统的中枢,对于电磁环境、湿度及机械振动等有较高的要求。使用时应注意:

a. 保持汽车发电机及其电压调节器处于良好技术状态。ECU 电源电压的设计可满足车辆的各种工作状况,若发电机及其电压调节器出现故障,将影响到 ECU,应经常检查发电机及其电压调节器的工作状况,若调节电压不符合规定或有故障应及时排除。

b. 必须保证车辆的蓄电池与发电机、车体的良好连接。蓄电池与发电机及车体的良好连接,不仅使蓄电池充电良好,而且蓄电池对汽车上的瞬变电压起到很大的吸收作用。若蓄电池与发电机断开,会使电源的瞬变电压直接作用在 ECU 上,导致 ECU 不能正常工作,甚至损坏。ECU 的搭铁线应连接可靠,不可任意改变搭铁线的位置。

c. 保持 ECU 电源接插件接线正确、连接可靠。ECU 电源接插件一般不会插错,但在维修中有可能重新接线,此时必须注意电源的极性及电源线的位置。电源接插件应保持清洁,金属部分应保持无氧化、无变形和无油污。接插件应连接到位,有锁紧装置的必须锁紧。

d. 注意 ECU 防潮、防振、防磁、防污染。ECU 通常安装在车辆干燥清洁处,其外壳应保持固定可靠,注意防水、油进入 ECU 内部。ECU 存放时,注意防潮、防尘。ECU 的磁屏蔽罩应保证牢固,不可有松脱、变形、不可在屏蔽罩上打孔、安装螺钉。

第四节 汽车轮胎

一、汽车轮胎的组成、类型及结构特点

现代汽车广泛采用充气轮胎。充气轮胎可分为有内胎式和无内胎式两种;按胎内气压的不同又分为:高压胎(气压在 0.5~0.7MPa 之间)、低压胎(气压在 0.2~0.5MPa 之间)、超低压胎(气压在 0.2MPa 以下);按胎面花纹不同可分为:普通花纹轮胎、越野花纹轮胎、混合花纹轮胎;按轮胎结构的不同又可分为:斜交轮胎、子午线轮胎、无内胎轮胎、活胎面轮胎、拱形轮胎、椭圆形轮胎和新型疲转轮胎。不同的轮胎有不同的结构特点和使用性能。当今轮胎的发展重点是减轻质量,降低油耗,改善行驶性能(包括直驶稳定性、转向稳定性及精确性、行驶平稳性),降低噪声,同时要有良好的耐用性,抗刺穿和抗爆破。

1. 轮胎的组成

普通充气轮胎由外胎、内胎和垫带组成,如图 7-32 所示。

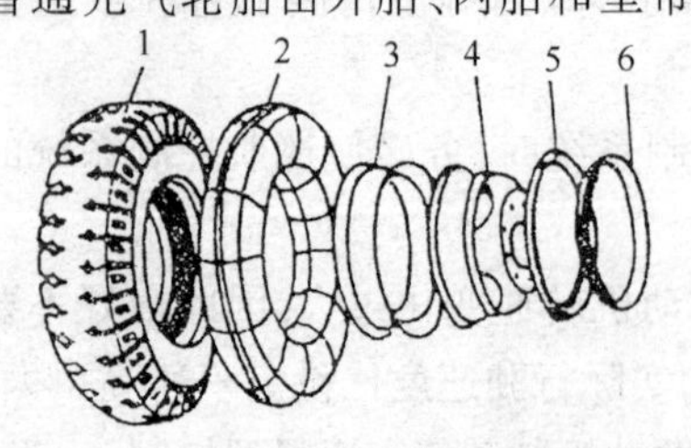

图 7-32 轮胎与轮辋的组成
1-外胎;2-内胎;3-垫带;4-轮辋;5-压圈;6-压条

外胎是轮胎的主体,它由胎面、胎侧、胎体和胎圈等四部分组成,如图 7-33 所示。

胎冠用耐磨橡胶制成,直接承受冲击和磨损,为使轮胎与地面有良好的附着性能,防止纵、横向滑移,在胎面上制有各种形状的凹凸花纹。

胎肩是较厚的胎冠与较薄的胎侧间的过渡部分,一般也制有各种花纹,以利散热。胎侧是贴在胎体帘布层侧壁的薄橡胶层。它的主要作用是保

护胎体侧部帘布层免受机械损伤。

胎体是外胎的骨架。用以保持外胎的形状和尺寸,并使其具有必要的强度。

缓冲层位于胎面和帘布层之间,由两层或数层较稀疏的帘布和橡胶制成,弹性较大。其作用是加强胎面与帘布层之间的结合,能防止汽车紧急制动时,胎面与帘布层脱离,并缓和汽车行驶时所受到的不平路面的冲击。

胎圈由钢丝圈 3、帘布层包边 4 和胎圈包边 5 组成。它是胎体的根基,轮胎靠胎圈固装在轮辋上。

内胎是一个环形的橡胶管,上面装有气门嘴,以便充入或排出空气。为使内胎在充气状态下不产生皱折,其尺寸应稍小于外胎的内壁尺寸。

垫带是一个环形的橡胶带,它垫在内胎与轮辋之间,保护内胎不被轮辋和胎圈磨伤。

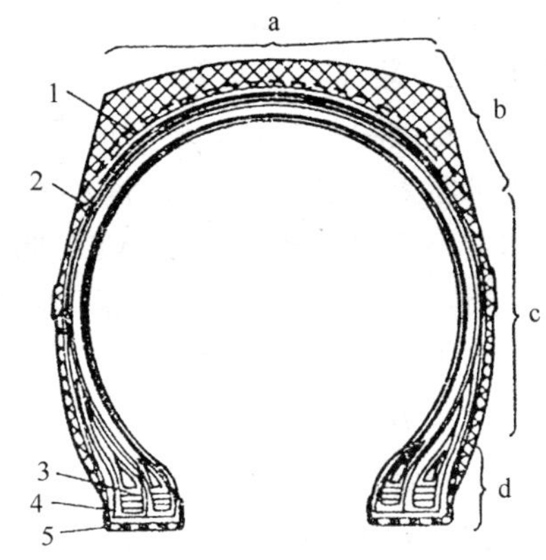

图 7-33 外胎的结构

1-缓冲层;2-帘布层;3-钢丝圈;4-帘布层包边;5-胎圈包边

a-胎冠;b-胎肩;c-胎侧;d-胎圈

2. 轮胎的花纹

轮胎的花纹一般分普通花纹、越野花纹和混合花纹。当今轿车轮胎胎面花纹经过精心设计增加了排水能力加强的花纹、提高干地行驶能力的花纹、降低行驶噪声的花纹,如图 7-34 所示。

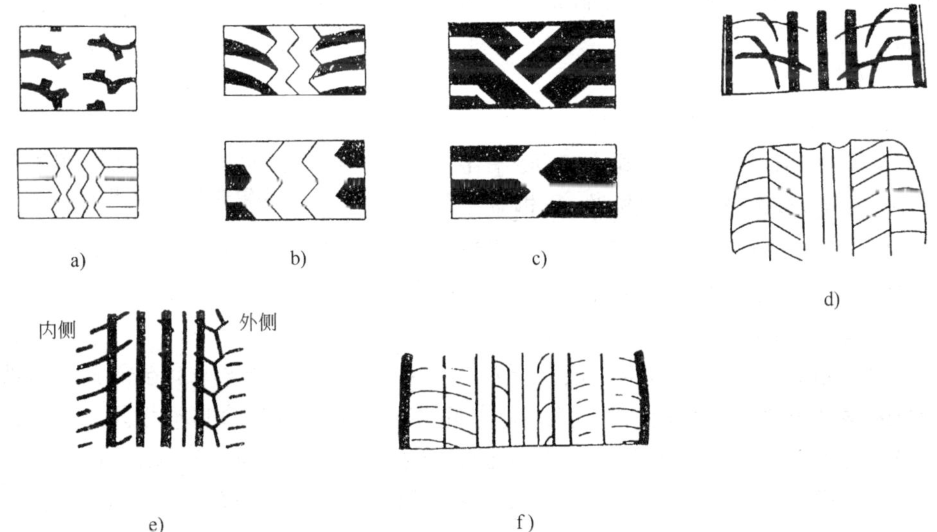

图 7-34 轮胎的花纹

a)普通花纹;b) 混合花纹;c) 越野花纹;d)排水能力加强的花纹;e)提高干地行驶能力的花纹;f)降低行驶噪声的花纹

①普通花纹有横向和纵向花纹之分,见图 7-34a)所示。其特点是花纹沟槽细而浅,花纹块的接地面积大,滚动阻力小。横向花纹轮胎有较高的耐磨损性和防纵滑性能,并不易夹石;纵向花纹轮胎滚动阻力小,防侧滑和散热性好,噪声小,适用于高速行驶的车辆。

②越野花纹可分为无向花纹(如马牙花纹)和有向花纹(如人字花纹)两种,见图 7-34c)所

示。其特点是花纹沟槽宽而深，花纹块接地面积小，防滑性能好，适用于崎岖不平的山路、工地松软路面、泥泞路面等。安装时要注意人字尖端先着地，以提高排泥性，增大与路面的附着力。

③混合花纹轮胎兼有上述两种花纹的特点，如图 7-34b) 所示，适合在各种路面上使用。

④排水能力加强的花纹：轮胎采用各种有利排水能力的结构花纹，如：弯曲的花纹凹沟、宽直胎槽和 V 形斜槽的配合以及 WET 胎纹技术等，如图 7-34d)所示，这些花纹有利于把水输送到外部，使轮胎与地面接触处于准干摩擦状态，提高轮胎滑动附着系数，防止出现滑水现象。

⑤提高干地行驶能力的花纹：轮胎采用如图 7-34e)所示的双裂附着平衡胎纹，它使轮胎附着力随转弯压力的增大而增强，并产生强大的附着力和侧偏刚度，促使压力分布更均匀，提高急转弯时的稳定性。

⑥降低行驶噪声的花纹：轮胎采用如图 7-34f)所示斜槽胎纹，斜槽胎块是一个可变化的板块，随压力增加，胎块膨胀，减少车轮转动时排挤出空气的体积，并且在同一转速下也可降低泵气的频率，从而降低轮胎噪声。

3. 轮胎的结构特点

1)斜交轮胎

图 7-35a)所示为斜交轮胎帘布层和缓冲层帘线的排列图。斜交轮胎是一种老式的结构。胎体中的帘线与胎面中心约呈 35°，由一侧胎边穿过胎面，到另一侧胎边，由这种斜置帘线组成的帘布层，通常有多层，它们交错叠合起来，成为胎体的基础。由于帘布层的斜交排列，给轮胎胎面和胎侧增加了强度。

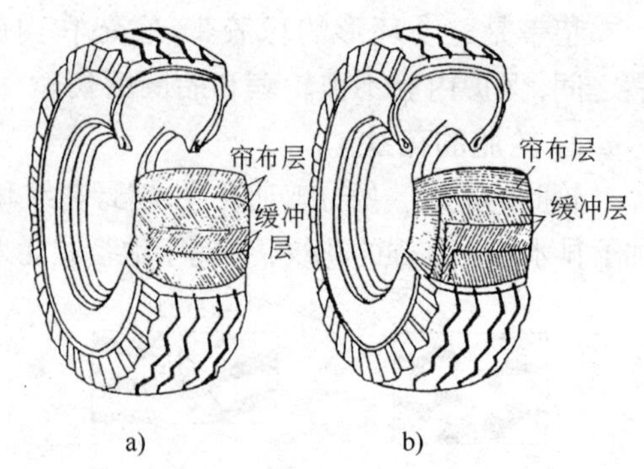

图 7-35　轮胎帘布层和缓冲层帘线的排列
a)斜交轮胎；b)子午线轮胎

2)子午线轮胎

(1)子午线轮胎的类型

根据带束层和胎体的骨架材料的不同，子午线轮胎可分为三类：全钢丝子午线轮胎、半钢丝子午线轮胎(钢丝带束层纤维胎体子午线轮胎)和全纤维子午线轮胎。载货车子午线轮胎有全钢丝的或半钢丝的；轿车子午线轮胎有半钢丝的，也有全纤维的。

(2)子午线轮胎的结构

图 7-35b)所示为子午线轮胎帘布层和缓冲层帘线的排列。在结构上除帘布层帘线的角度和缓冲层的强度与普通充气轮胎不同外，其他组成部分与普通轮胎基本相同。子午线轮胎帘布层的帘线排列与轮胎上子午断面(即横断面)一致，即与胎面中心线呈 90°，而缓冲层帘线排列与胎面中心成 25°～30°，夹角成三向交叉排列。这种排列使帘线的强度得到充分利用，故子午线轮胎帘布层数比普通轮胎减少 40%～50%，缓冲层层数较多，刚度较大。

子午线轮胎的结构与斜交轮胎相比有行驶里程长、滚动阻力小、油耗低、承载能力大、减振性能好、附着性能好、胎面耐穿刺、安全性和附着性能好等优点。但轮胎侧向稳定性较差，胎侧易裂口，制造成本高。

解放 CA1092 型、东风 EQ1090 型、EQ2080 型等载货车和越野汽车均采用子午线轮胎，由于子午线轮胎明显优于斜交轮胎，因此广泛采用。

近年来，子午线轮胎又新发展出椭圆轮胎，它是在钢丝束带内用聚酯纤维帘布制成的胎体，除了胎体外表看去有点扁胖外，它很像常规的子午线轮胎。椭圆形的胎侧形成一条曲线与轮辋相交，汽车颠簸时，胎侧较大的变形可以多承受 50％以上的膨胀压力而不会引起乘坐不舒适。较大的膨胀压力可减少滚动阻力，在公路上行驶时，可节油 3％～4％。从图7-36可以看出，常规的子午线胎的胎侧与地面近乎垂直，只有在充气压力低一些时，胎侧才能弯曲吸收振动，而椭圆轮胎有相当厚的胎壁，即使在很高的气压下（可比常规子午线胎高 50％），胎壁也能保持弯曲形状，提高了汽车行驶的平顺性、稳定性；胎面接地面积宽，牵引性能好，胎面耐磨。目前椭圆轮胎已在轿车上广泛采用。

3）疲转轮胎

最近，日本工程师推出一种叫“疲转轮胎”的新型轮胎。它是在钢丝带绕的子午线轮胎的基础上，利用胎壁的加强层，在轮胎瘪气的情况下，支撑车轮工作，仍可以 80km/h 的速度行车约 160km。这种轮胎的质量约比常规轮胎增加 25％。但由于行车不需要带备胎和千斤顶，整车装备质量反而有所下降。疲转轮胎结构如图 7-37 所示 。

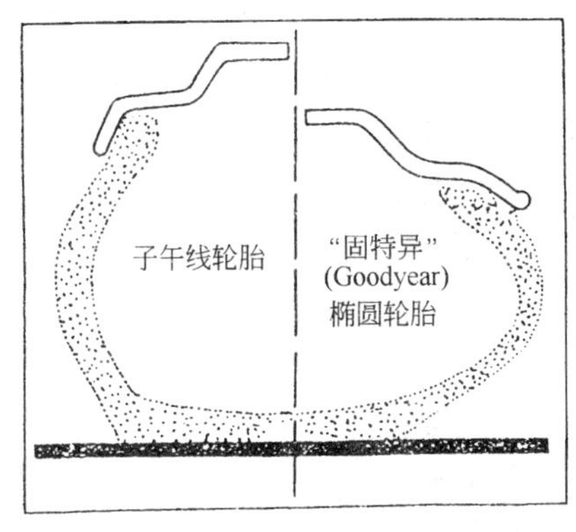

图 7-36　常规子午线轮胎与椭圆轮胎的比较

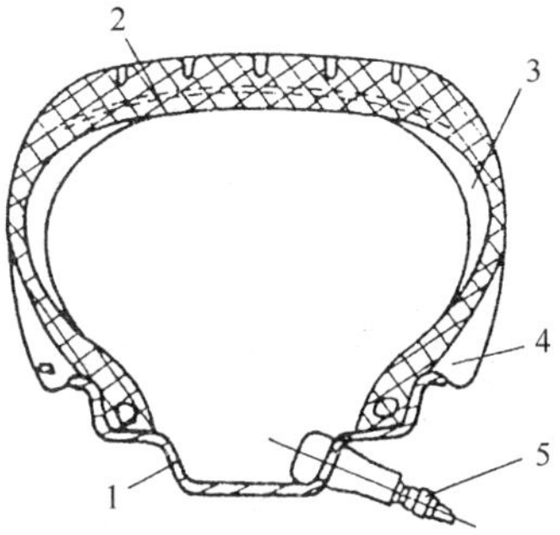

图 7-37　新型疲转轮胎
1-标准轮辋；2-钢丝护胎带；3-增强橡胶；4-副圈；5-标准气嘴

4）无内胎轮胎

无内胎轮胎的外形与普通轮胎的外形相似，如图 7-38 所示。所不同的是它既无内胎，又无垫带，这种轮胎消除了内外胎之间的摩擦，并使热量容易从轮辋直接散出，故无内胎轮胎行驶时的温度较普通轮胎约低 20％～25％，以利于提高车速，且寿命比普通轮胎约长 20％，并有结构简单、重量轻的特点。无内胎轮胎空气直接压入外胎中，要求轮胎与轮辋之间有很好的密封。为此在胎圈上做出若干道同心环形槽纹，在轮胎内压的作用下，此槽纹使胎圈紧贴在轮辋边缘上，以保证轮胎与轮辋之间气密性。

在无内胎轮胎的外胎内壁上附加了一层厚约 2～3mm 的橡胶密封层 1（有的还在该层下面贴一层自粘层，能自行将刺穿的小孔粘住），以提高外胎的密封性。在胎圈外侧也附有一层橡胶层，以增加外胎与轮辋之间的密封性。轮辋底部涂有均匀的漆层。气门嘴 3 直接固定在轮辋上，用橡胶密封衬垫 2 和旋紧的螺母密封。铆接轮辋和轮辐的铆钉从内侧塞入，并涂上一层橡胶。

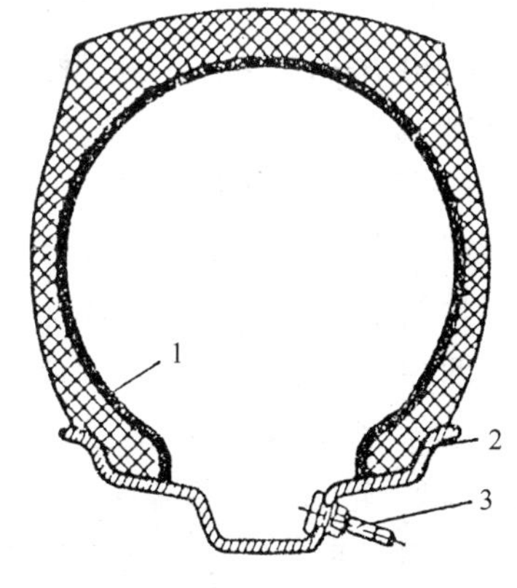

图 7-38　无内胎轮胎
1-气密层；2-胎圈橡胶密封层；3-气门嘴

无内胎轮胎穿孔时，压力不会急剧下降，只有在轮胎爆破时才会失效。由于不存在内胎与外胎之间的摩擦，且可直接通过轮辋散热，所以工作温度低,适于高速行驶,无内胎轮胎近年来在轿车和一些货车上的使用日渐广泛。一汽奥迪100型轿车和上海桑塔纳轿车均使用无内胎轮胎。

5)活面轮胎

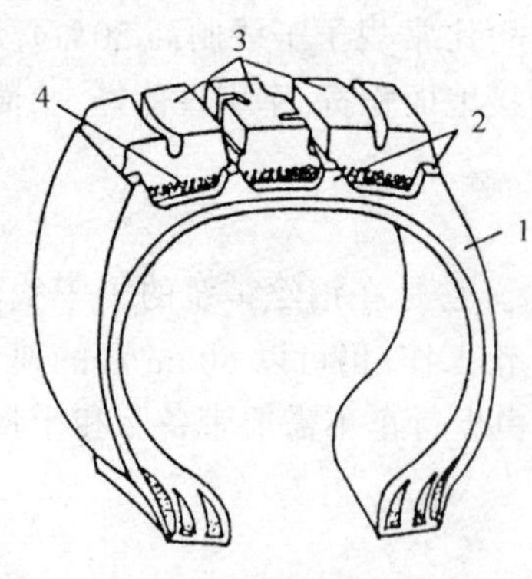

图 7-39 活面轮胎

1-胎体;2-凸棱;3-胎面环;4-钢丝帘布

活面轮胎如图 7-39 所示,外胎由胎体和三个胎面套组成,胎压为 0.2MPa。活胎面全钢丝子午线轮胎是从子午线轮胎中衍生出来的,其外胎是由钢丝帘线呈辐射方向排列的胎体和钢丝帘线呈周向排列的并可卸换的胎面两部分组成。胎体的冠部橡胶层上有两条凸出的周向筋棱以及保护性的周向边棱,可卸换胎面,称为胎条。胎条是在胎体未充气时装到胎体上的,然后借内压的作用张紧胎条,并固定在胎体上进行工作。这种轮胎除兼有子午线轮胎的一些优点外,最大的特点是胎条磨损后,可以随时更换,也可根据路面或季节变化换用不同花纹的胎条。

二、汽车轮胎规格与标志

轮胎规格的表示方法基本上有公制和英制两种,目前大多数国家采用英制;欧洲一些国家常采用公制,我国采用英制。

1. 轮胎的规格

轮胎的规格可用外胎直径 D,轮辋直径 d,断面宽 B 和断面高 H 的名义尺寸代号表示如图 7-40 所示。

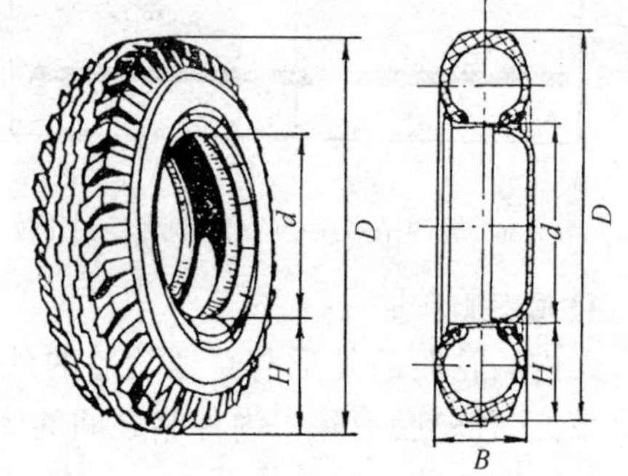

图 7-40 轮胎的尺寸代号

D-轮胎外径;d-胎圈内径或轮辋直径;B-轮胎断面宽;H-轮胎断面高

2. 斜交轮胎的规格

我国和大多数国家一样斜交轮胎的规格用 $B—d$ 表示。高压胎规格用 $D \times B$ 表示。单位均为英寸,“×”表示高压胎。例 34×7,即表示该轮胎外径为 34 英寸、断面宽度为 7 英寸的高压胎。低压胎规格用 $B—d$ 表示。“—”表示低压胎,例 9.00—20 即断面宽度为 9 英寸、轮辋直径为 20 英寸的低压胎。

3. 子午线轮胎的规格

国产载货汽车子午线轮胎用 BRd 表示。其中“R”代表子午线轮胎,例 9.00R20。国产轿车子午线轮胎断面宽 B 全部改用公制单位(mm);载货汽车轮胎断面宽 B 有英制单位(in)和公制单位两种。而轮辋直径 d 的单位仍为英寸(in)。例 205/70SR15,其中“205”表示轮胎名义断面宽度为 205mm;“70”表示轮胎名义高宽比为 70%(高宽比是轮胎断面高与宽比值的百分数,它反映了轮胎不同的扁平率,它由 60~80 趋向 50~70,多用 50、55、60、65、70 几种,少数轿车已有 40、45 规格的);“S”表示速度符号(速度符号对应的最大车速可查表),“R”表示子午线轮胎;“15”表示轮辋直径为 38.1cm (15in)。

4. 无内胎轮胎表示的规格

无内胎轮胎表示法一般与有内胎轮胎一样，不同的是在规格中加“TL”标志，例如轻型载货汽车子午线轮胎 7.00R16.5TL、轿车子午线轮胎 205/70S15TL 等，其中“TL”表示无内胎轮胎。

三、汽车子午线轮胎的使用

轮胎的使用寿命在很大程度上取决于轮胎的使用保养条件、汽车本身的技术状况、驾驶员的操作水平、轮胎的维护以及是否做到适时翻新、及时修补等。轮胎的合理使用目的在于降低轮胎的磨损速度，防止不正常的磨损和损坏，从而延长轮胎的使用寿命，所以必须正确地使用轮胎。子午线轮胎由于其结构特点，在使用与维护上，除了与普通轮胎有相同之处外，也有它的特殊要求。

1. 保证车轮前束符合要求

装用子午线轮胎的车轮前束值，要比斜交轮胎小得多，甚至有的车型在装用子午线轮胎时，需要很小的反前束。推荐前束值为 0～3mm。

2. 保持轮胎气压正常

轮胎充气压力是决定轮胎使用寿命和工作好坏的主要因素。对子午线轮胎显得更重要。为了减少轮胎的过分变形量，它的充气标准比规格的斜交轮胎高。载重轮胎为 0.5～1.5MPa；轿车轮胎为 0.2～0.3MPa。装用后，必须保持轮胎的气压不低于标准规定。子午线轮胎比斜交轮胎对气压的敏感性大得多(即径向变形随气压的变化率比斜交轮胎大得多)。在使用过程中，要做到定时检查和随时补气。否则，气压过高时，由于接地面积小，降低附着力，制动性能变差，易打滑并增大轮胎胎冠磨损；气压过低，轮胎侧偏刚性下降，会引起磨损加剧，弹性迟滞及发热增大，极易导致轮胎脱层报废。

3. 合理装配轮胎

轮胎应按照规定车型配装，并根据行驶地区道路条件选择适当的胎面花纹。同时，同一车上应装配同一规格、结构、层级和花纹的轮胎，双胎并装时，还要求同厂牌，以求负荷、磨耗均分。

子午线轮胎与斜交轮胎的径向、侧向以及切向刚度都不相同。若混装于同一轴上，由于各自刚性不同会引起地面对轮胎的反作用力不一样，而可能出现单胎打滑、磨损加剧的现象。若前轴装子午线轮胎，后轴装斜交轮胎，由于前轮侧偏刚度大而侧倾刚性较小，不仅后轮磨损加剧，而且还会严重影响车辆操纵稳定性。尤其当地面附着系数较低或汽车急转弯时，后轮因弹性较低极易发生跳离地面或甩尾的危险。

另外，子午线轮胎的内胎，最好装用丁基橡胶内胎，由于丁基橡胶内胎具有耐热、耐老化、气密性好的特点，能保持气压正常，以减小胎体钢丝疲劳，提高轮胎的行驶里程，达到节油节胎效果。

4. 防止轮胎超载

轮胎超载，分静超载和动超载两种情况。轮胎静超载主要是由于汽车装载超过额定载荷或汽车载荷分布不均、装载不合理致使载荷过分集中于某几个轮胎上而引起；轮胎的动载荷主要产生在汽车紧急制动、急促变速时产生的质量转移及附加载荷。防止静超载的措施很简单，只要控制载荷量并均匀合理装载即可。防止动超载主要是避免紧急制动，提高驾驶技术，尽可能平稳驾驶车辆。

轮胎超载可使轮胎产生多种异常磨损和早期损坏，还常引发其他机械故障，甚至引起车祸危及行车安全。

从图7-41可知轮胎负荷超过20%时，其行驶里程将降低35%；超过50%时，将降低59%；超过一倍时，将降低80%以下。因此，在使用轮胎时必须按标定的容载量装货载客，不得超载。严格掌握车辆装载，不使轮胎超载，并注意车辆装载均匀。车辆装载均衡就可使汽车的每只轮胎均衡地承受负荷，装载不均衡会引起车辆的前轴或后轴单胎或双胎超载，如图7-42所示。

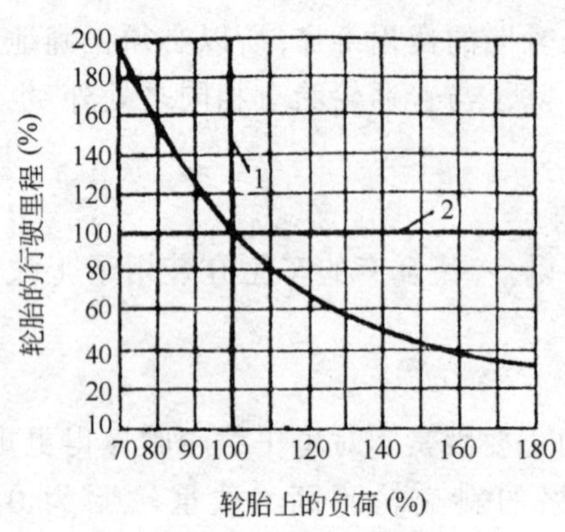

图7-41 轮胎行驶里程和负荷的关系

1-轮胎上的标准负荷；2-轮胎的额定行驶里程

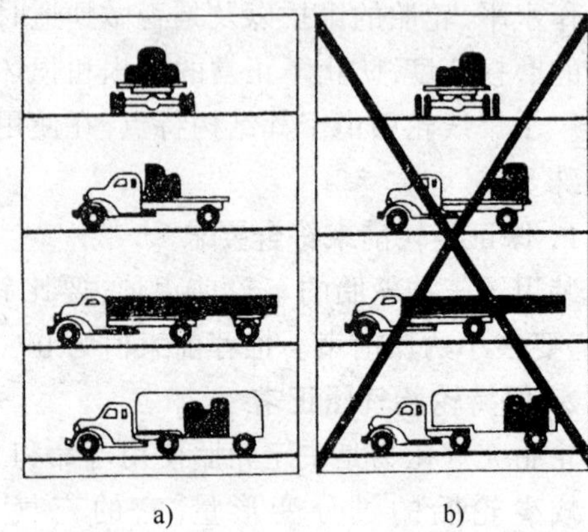

图7-42 载货汽车上的物品分布

a)正确的载货方法；b)不正确的载货方法

5. 驾驶操作

由于子午线轮胎的回正能力较差等原因，致使汽车行驶时方向摆动的衰减作用小，因此，驾驶装备子午线轮胎的汽车，比驾驶装备普通斜交轮胎汽车容易感觉转向盘“发飘”，车身“侧倾”。所谓“发飘”是指汽车在前进中，驾驶员没有操纵转向盘，而汽车自己不断改变前进方向，表现在手中的转向盘自动左右摆动的现象。

为了用好子午线轮胎，应对驾驶员进行使用子午线轮胎的技术培训。在驾驶操作上，要掌握以下要领：

①驾驶员必须了解子午线轮胎的变形特性，掌握子午线轮胎的操作规程。对汽车的装载、路面的选择提出更高的要求；

②起步要慢，刹车要稳，转弯、会车、超车或在碎石路面行驶时，车速比斜交轮胎稍低，以减少车辆的惯性力、离心力和侧向力；

③汽车装货时，装载高度不得超过规定。否则，重心偏移增大，易加剧车辆行驶的不稳定性。

复习题

1. 动力转向系统应达到哪些要求？
2. 电控转向系统有哪两种？说明各工作原理及系统组成？
3. 微机控制电动动力转向系的优点？
4. 巡航控制系统(CSS)的作用及优点？
5. 说明巡航控制的主开关、控制开关及退出巡航控制开关的功能？
6. 巡航控制系统在使用中应注意哪些问题？

7. 电子悬架系统调整的主要参数是什么?

8. 主动式悬架系统有哪些控制功能?

9. 汽车悬架系统通常分为哪三类?

10. 汽车轮胎是如何分类的?

11. 子午线轮胎在使用中应注意哪些问题?

12. 子午线轮胎有哪些特点?

第八章　安全防护系统

随着汽车流量的增加和车速的提高，驾驶员和乘员的安全问题变得十分突出，为了减少汽车发生正面碰撞时对驾驶员和乘员的伤害，现代汽车在驾驶员前端转向盘和驾驶员副座前的工具箱上端普遍装有安全气囊(Supplemental Restraint System，简称 SRS)。安全气囊系统与座椅安全带配合使用，可以为乘员提供有效的防撞保护。在轿车上普及安全气囊是大势所趋。

第一节　安全气囊系统的组成及工作原理

一、对安全气囊系统控制的基本要求

安全气囊是在汽车碰撞的极端情况下对乘员产生保护作用。因此，对安全气囊的要求极为苛刻。基本要求如下：

①必须具有极高的可靠性。保证系统在任何情况下都能可靠工作，有效地对乘员产生保护作用；

②必须具有很强的抗干扰能力。保证安全气囊在汽车发生颠簸和受到撞击等情况下不会发生误点火；

③必须具有高度的灵敏性。能灵敏地感测汽车的碰撞信号，准确地判断是否点火；

④必须具有极强的实时性。保证系统在汽车发生碰撞后的极短时间内快速准确地进行信号采集和处理，判定碰撞事故需要胀开气囊时，能够及时控制点火器点火。

二、安全气囊系统的组成与工作原理

安全气囊系统主要由碰撞传感器、安全气囊电子控制(ECU)、充气元件和气囊等四部分组成。下面以驾驶员前的安全气囊为例介绍其工作原理。

安全气囊平时是收卷在一起的。汽车行驶中任何颠簸都不会引爆气囊系统，仅在汽车受到正面 $\pm 30°$范围内剧烈碰撞时才会引爆气囊系统。充气元件在 30ms 内使气囊充满气体，横置于转向盘及驾驶员之间，从而避免或减轻驾驶员头部及身体上部的伤害。

假设汽车以 50km/h 的速度行驶，从正面与障碍物相撞，气囊系统的工作过程分为 4 个阶段。

第一阶段：汽车撞车，达到气囊系统引爆极限，碰撞传感器从测出碰撞到接通电流需 10ms，气囊 ECU 中的引爆控制电路点燃气囊的充气元件，而此时驾驶员仍然处于直坐状态。

第二阶段：充气元件在 30ms 内将气囊完全胀起，撞车 40ms 后，驾驶员身体开始向前移动，斜系在驾驶员身上的安全带随驾驶员的前移被拉长，撞车时产生的冲击能量一部分被安全带吸收。

第三阶段:汽车撞车60ms之后,驾驶员的头部及身体上部都压向气囊,气囊后面的泄气口允许气体在压力作用下匀速地逸出。

第四阶段:汽车撞车100ms之后,驾驶员向后移回到座椅上,大部分气体已从气囊中逸出。

气囊在使用过程中只能被引爆一次,引爆后的气囊必须更换。

1. 碰撞传感器

碰撞传感器是安全气囊中主要的控制信号输入装置,其作用是在汽车发生碰撞时检测碰撞的强度信号,并将信号输入安全气囊ECU。ECU根据此信号来判断是否引爆充气元件,使气囊充气。碰撞传感器根据所承担任务的不同可分为三种:第一种是前碰撞传感器,主要用来感测汽车正面低速所受到的冲击信号,通常安装在前左(右)挡泥板、保险杠中央;第二种是中央传感器,主要用来感测汽车发生高速碰撞的信号,通常安装在ECU中;第三种是安全传感器,主要用来防止系统在非碰撞状况引起安全气囊误操作,通常也安装在ECU内。

1)前碰撞传感器

前碰撞传感器现大多数采用惯性式机械开关结构,如下图8-1图为丰田车系碰撞传感器外形图。

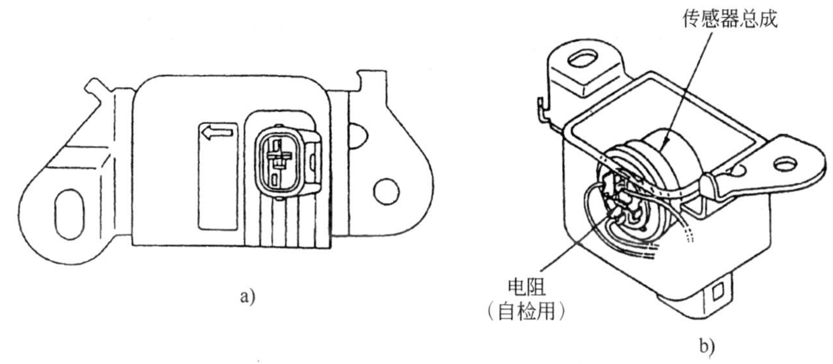

图8-1 碰撞传感器外形

a)传感器外形;b)传感器总成

前碰撞传感器元件包括:壳体、偏心转子、偏心重块、固定触点、旋转触点等。如图8-2所示,在传感器元件外固定一个电阻R,电阻R用于自我检测,检测气囊ECU与前碰撞传感器之间的联接导线是否断路或短路。

前碰撞传感器工作原理如图8-3所示。正常情况下,由于螺旋弹簧弹力作用,偏心转子和偏心重块与外壳上的止动器相接触。此时,固定触点与旋转触点分开,传感器没有信号输给ECU。当汽车发生碰撞时,在惯性力作用下,偏心重块带动偏心转子克服弹簧弹力产生偏转。当碰撞强度达到气囊引爆极限,偏心转子偏转角度使旋转触点与固定触点闭合,传感器向ECU输入一个“ON”信号,从而引爆充气元件。

2)安全传感器

安全传感器是用来防止系统在非碰撞状况引起气囊误操作。它们安装在气囊ECU中,如图8-4所示。当汽车发生碰撞时,足够大的减速度力将水银上抛,接通电路。

2. 安全气囊ECU

安全气囊ECU包括引爆控制电路、驱动电路、记忆电路和诊断电路等,如图8-5所示。引

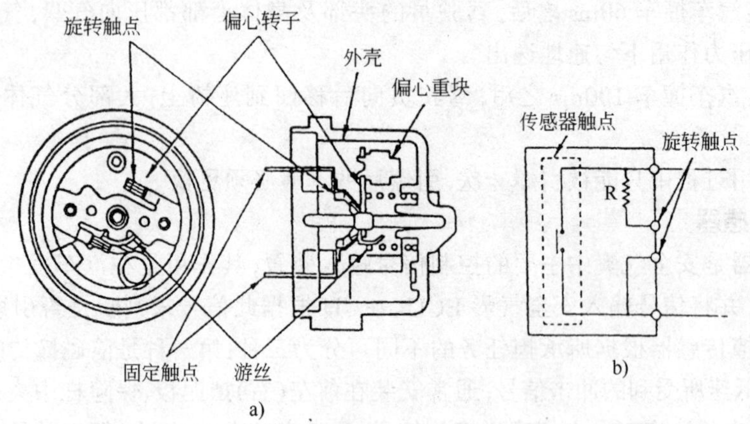

图 8-2 碰撞传感器的结构
a)结构图；b)电路图

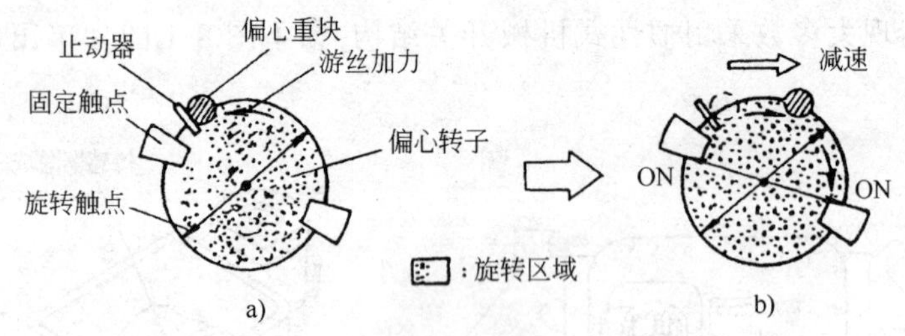

图 8-3 碰撞传感器工作原理
a)碰撞前；b)碰撞后

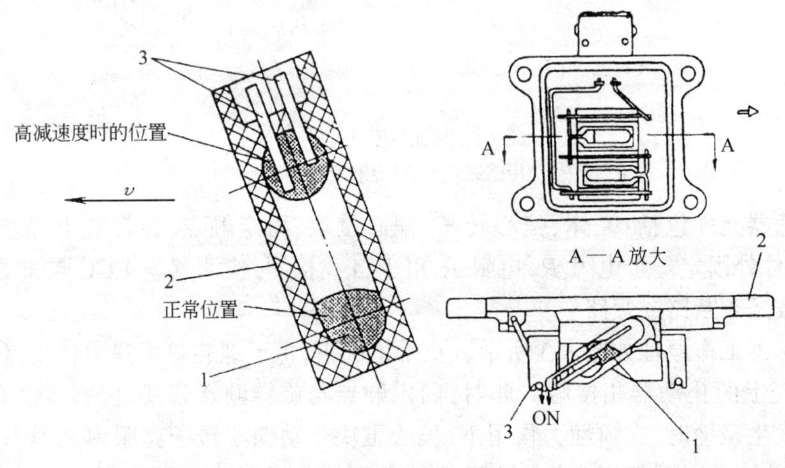

图 8-4 安全传感器
1-水银；2-壳体；3-接点

爆控制电路在接到各传感器的碰撞信号后，通过比较、判别、确认是碰撞信号后，向驱动电路发出指令，由驱动电路接通电源，引爆安全气囊。诊断电路不断分析和诊断安全气囊系统的各种故障。一旦发生故障，一方面点亮仪表盘上的安全气囊系统报警灯；另一方面将这些故障内容编成代码储存在记忆电路中，以备检修时用。备用电源包括一个直流稳压器和一个储能器。

直流稳压电源保证供给系统电压的恒定性。储能器用来储存电能，防止碰撞中气囊系统中断电源。

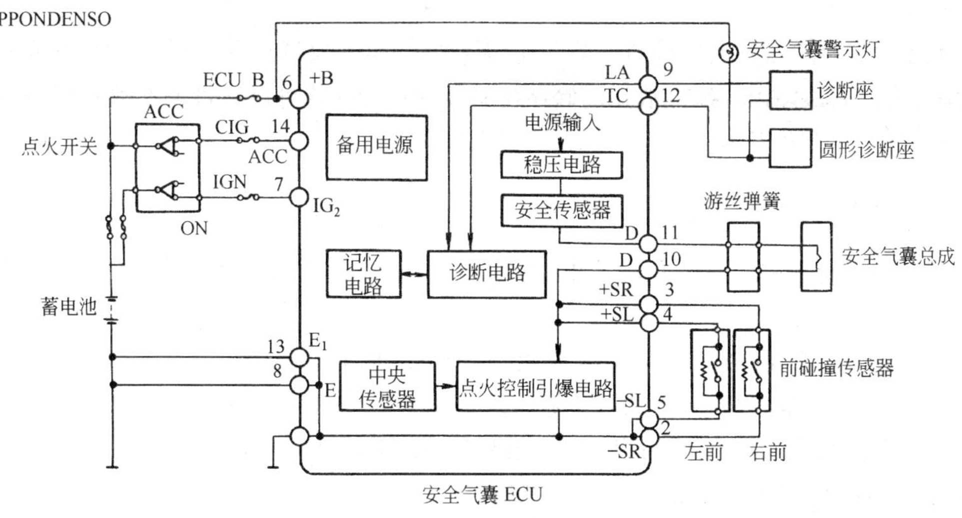

图 8-5　安全气囊 ECU

3. 气囊

气囊由尼龙布制成，在尼龙布里面涂一层聚丁橡胶或有机硅胶。气囊在背离驾驶员的一面有泄气孔，这些孔在驾驶员上部压向气囊时，可以使气囊均匀而缓慢地泄气，以免驾驶员身体发生反弹，同时由撞车产生的能量被控制地吸收。

4. 充气元件

充气元件由电爆管、点火药粉及气体发生剂组成，其作用是给气囊充气。车辆发生碰撞时，达到气囊系统引爆极限，ECU 接通引爆控制电路，电流流过电爆管，使其发热将其内部的点火介质引燃，火焰随即扩散到点火药粉和气体发生剂，产生大量气体，气体经过有过滤和冷却作用的滤网后进入气囊，使气囊急剧膨胀。

5. 气囊点火触发条件

安全传感器只有当车辆前方冲突时才作出响应，使输出点火信号的逻辑电路工作(如图 8-6所示)。当冲突以外的其他原因，即使中央传感器和前碰撞传感器输出信号，如果安全传感器无输出判定车辆冲撞信号，也不输出点火信号，以防止不必要情况下打开安全气囊。

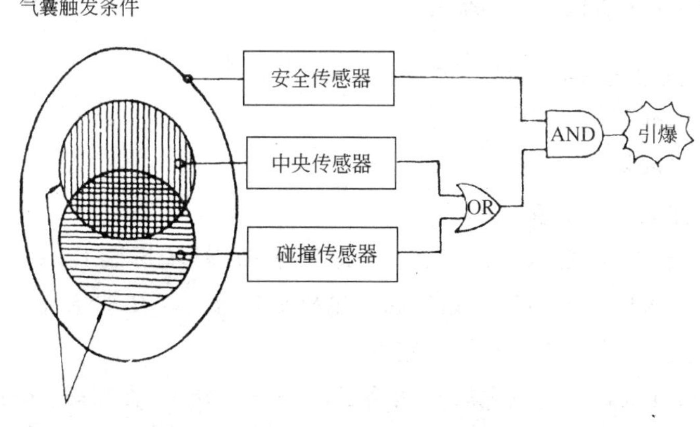

图 8-6　气囊引爆条件

第二节　安全气囊系统故障诊断

一般安全气囊系统均有故障自诊断功能，系统一旦出现故障，一方面点亮安全气囊系统报警灯；另一方面将故障内容编成故障码储存在ECU中，这样就可以通过调取故障码的方式对故障进行诊断，本节将以丰田车系为例介绍其诊断方法。

一、安全气囊系统故障码的调取

安全气囊系统故障码的调取是通过在诊断座上采取跨线的方法来进行的，具体方法步骤如下：

①将点火开关转至“ON”或“ACC”位置，安全气囊指示灯（SRS灯）亮6s后熄灭，说明系统正常，若不熄灭，则按以下步骤读取故障码；

②点火开关仍在“ON”，过20s后用导线跨接连接器 T_c 和 E_1 端子（凌志车用仪表板左下方圆形检查连接器），即可由SRS灯读出故障码；

③若安全气囊系统正常，SRS灯每秒闪2次，并连续闪烁，若安全气囊系统电控单元内存在故障，则SRS灯以每秒1次的频率闪烁，第一次闪烁的次数表示故障代码的十位，第二次闪烁的次数表示故障代码的个位，两者相隔1.5s，如图8-7所示。当存贮器中存储二个以上故障码时，首先显示较低数位的代码，相邻代码间隔2.5s，重复显示间隔4.0s。

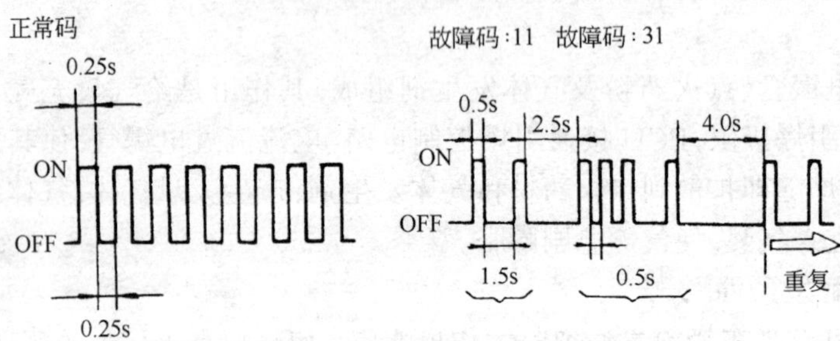

图8-7　故障码波形

二、安全气囊系统故障码的清除

1. 安全气囊系统故障码的清除方法

将蓄电池搭铁线拆下10s以上。

2. 41#故障码的清除：

①将点火开关拧至“ACC”或“ON”档；

②先将 T_c 端子搭铁1s后取开，并在0.5s钟内将 *AB* 端子搭铁1s；

③在 *AB* 端子尚未取开前，将 T_c 端子再次搭铁后再移开 *AB* 端子待1s；

④移开 T_c 端子搭铁后再将 *AB* 端子搭铁1s；

⑤*AB* 搭铁未移开前再将 T_c 搭铁，然后将 *AB* 搭铁移开，并保持 T_c 搭铁，直到SRS指示灯一起连续闪烁，41号故障码已清除。

部分故障码内容 表 8-1

故障码	故障内容	检查部位
11	碰撞传感器故障	检查碰撞传感器
13	安全气囊的 D_+ 与 D_- 导线相互短路	检查安全气囊的 D_+ 与 D_- 线路
14	安全气囊线路断路	检查安全气囊线路
15	碰撞传感器断路	检查碰撞传感器及线路
31	SRS ECU 故障	检查更换 SRS ECU
41	SRS ECU 曾存储有故障	按 41 号故障码清除方法清除

第三节 安全气囊系统使用与维修注意事项

安全气囊系统本身是一个精密的装置,所以在检修更换时要严格遵照以下注意事项:

①安全气囊系统失灵征兆难以确诊,所以诊断该系统时首先读取故障代码,然后再脱开蓄电池;

②务必在点火开关转到 LOCK 位置和从蓄电池负极(-)端子拆下电缆 90s 以后才能开始检修工作,否则可能会使气囊无故充气胀开;

③即使发生轻微的碰撞,安全气囊没有张开,也应检查转向盘衬垫,安全气囊总成,座位安全带收卷器和前碰撞传感器;

④不可用其他车辆 SRS 零件,需要更换零件替代时,应装用新零件;

⑤应用高阻抗(至少 10kΩ/V)万用表诊断安全气囊电路系统的故障;

⑥在修理过程中,如果会对传感器有冲击作用,则在修理前应先拆下碰撞传感器;

⑦不要让前碰撞传感器、安全气囊 ECU、转向盘衬垫或座位安全带收卷器直接暴露在热空气或火焰中;

⑧辅助乘员保护系统的维修工作完成后,应检查 SRS 警告灯;

⑨非专业人员不要对安全气囊系统的任何部位进行维修,以免因气囊突然胀开而受到伤害;

⑩安全气囊装置只能工作一次,发生事故引爆后的气囊组件应全部更换;

⑪在车辆上进行焊接作业时,必须先脱开气囊组件连接器;

⑫报废安全气囊时,最好将气囊组件拆下在车外引爆。

第四节 安全带的功用及分类

汽车座椅安全带是保护约束乘员的设施,可大幅度地降低碰撞事故的受伤率和死亡率,是汽车上必备设施之一。

一、安全带的功用

当汽车发生碰撞时,安全带将乘员束缚在座椅上,乘员的头部、胸部不至于向前撞到转向盘、仪表板及挡风玻璃上,使乘员免受车内二次碰撞的危险;同时使乘员不会因惯性抛离座椅。如图 8-8 所示为安全带的效果图,可见无安全带时的死亡事故,在使用了安全带后可转化为重伤和轻伤。现绝大多数国家都已有使用安全带的法律规定,前排乘员和驾驶员必须使用安全带。后排乘员应该使用安全带,否则不但危及本身安全,还会危及前排乘员及驾驶员的安全。我国目前规定轿车和旅行车的前排人员必须使用安全带。

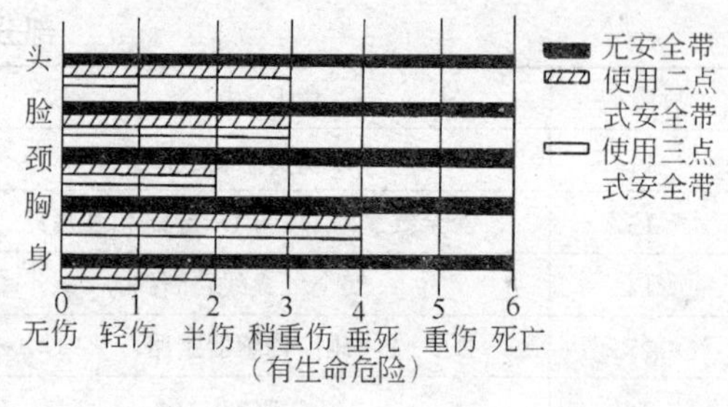

图 8-8 安全带的效果图

二、安全带的分类

安全带大体上可分为三种,即二点式安全带、三点式安全带和四点式安全带(四点式安全带又称全背式安全带),如图 8-9 所示。

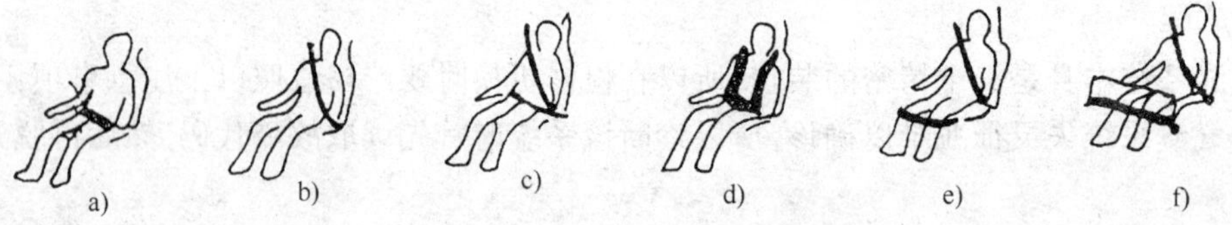

图 8-9 安全带的型式

a、b-两点式安全带;c-三点式安全带;d、e、f-四点式安全带

轿车驾驶员和前排乘员常用三点式安全带,后排乘员或载货汽车、大客车乘员常用两点式安全带,赛车常用四点式安全带。

1. 两点式安全带

1)肩带

如图 8-9b)所示,肩带主要用于限制乘员上躯体向前运动。

2)腰带

如图 8-9a)所示,腰带主要用于限制乘员下躯体向前运动,多用于后排座椅和中间座椅。

2. 三点式安全带

三点式安全带最常用的形式为腰肩连续带,这种安全带既能限制乘员的躯体向前移动,又能限制其上躯体过度前倾。如图 8-10 所示为最常用的腰肩连续带的各个组成部分。安全带通过三个点(其中包括在座椅的外侧和内侧地板上的固定点 7、8 和位于座椅外侧车身支柱上方的固定点 1)牢靠地与车身骨架连接。它具有斜跨前胸的肩带 3 和绕过胯部的腰带 5,肩带和腰带通常绕过上方固定点的环状导向板 2 伸入车身支柱内腔并卷在支柱下端的收卷器 6 内。乘员胯部内侧附近有一个插扣,插扣由插板 10(松套在带子上)和锁扣 9(与内侧地板固定点相连)两部

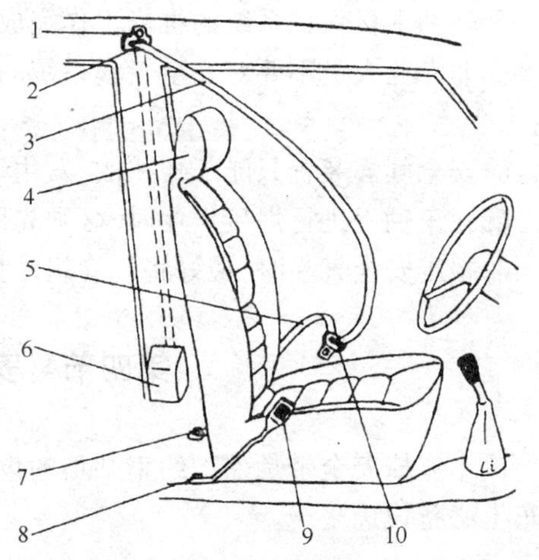

图 8-10 三点式安全带及头枕

1-外侧上部固定点;2-导向板;3-肩带;4-头枕;5-腰带;6-收卷器;7-外侧地板固定点;8-内侧地板固定点;9-锁扣;10-插板

分组成，这两部分插合后即可将乘员约束在座椅上。按下插扣的红色按钮就能解除约束。

3. 四点式安全带

这是一种乘员保护性能最好的安全带，其固定点多为四点，目前多用于赛车上。

三、安全带主要构件及其作用

安全带种类繁多，但其主要组成部分多由织带、收卷器、带扣和调节件组成。

1. 织带

织带是构成安全带的本体，是一种由化学纤维（如涤纶聚脂、锦纶聚脂）编织而成的带子，宽度一般在48mm左右，厚约1.1～1.2mm。按照我国国家标准规定，腰肩连续带织带的抗拉强度应达到22.3kN，肩部固定点的承载能力应大于22.9kN，而且必须具有足够的强度，良好的耐温、耐磨、耐光性、阻燃性。

2. 收卷器

收卷器主要用于收卷、储存部分或全部织带，使佩戴者不必随时调节织带长度。收卷器按其作用可分为三种：

①无锁式收卷器。这是一种在织带全部拉出时保持束紧力的收卷器；

②自锁式收卷器。这是一种在任意位置停止拉出织带动作时，其锁止机构能在停止位置附近自动锁止同时保持束紧力的收卷器；

③紧急锁止收卷器，这是一种应用非常广泛的收卷器。如图8-10所示。这种结构的收卷器在正常情况下，安全带对人体上部并不起约束作用。当乘员向前弯腰时，带子可以从收卷器6经由上方固定的导向板2被拉出，这样收卷器既能使织带随使用者躯体的移动而自由伸缩，又不会使织带松弛。但在紧急情况下——紧急制动、碰撞、减速度超过预定数值或车身严重倾斜时，收卷器内的敏感元件将驱动锁止机构锁住卷轴，使织带固定在某一位置上，并承受乘员身体加给的载荷，从而对乘员产生有效的约束。

3. 带扣

带扣是既能把乘员约束在安全带中，又能快速解脱的连接装置。如图8-10所示锁扣9与插板10。一般来说，汽车前排座椅常采用弹出式带杆带扣。带扣锁杆多为金属杆带塑料套的窄带杆或带塑料套的钢丝杆。汽车后排座椅使用的两点式安全带带扣多数为按钮式带扣。

4. 调节件

调节件是指用于调节织带使用长度的部件。

5. 导向件

导向件的作用是便于织带的拉出和回卷。如图8-10所示导向板2，导向件一般采用树脂表面或镀铬表面，近年来也常用塑料注塑成型的导向件，这种导向件有利于消除织带拉卷时由于摩擦力造成的织带拉伸滞后现象。

四、安全带使用注意事项

①在驾驶汽车时应始终系好安全带，这样才能发挥安全带的作用；

②身高小于1.5m的儿童不可以佩带常规安全带，因为可能在儿童腹部或颈部造成伤害；

③使用三点式安全带应注意使安全带贴靠肩膀中部，不应该让安全带勒在颈部；

④孕妇应该时时刻刻注意正确佩带安全带，应将安全带的腰带部分的位置尽可能放低，使之横过髋部，以便不对下腹部施加压力；

⑤每副安全带只能用于一人,不允许两人共用,(即便是儿童)宽松的衣服会影响安全带的功能(如大衣等);

⑥安全带应通畅,不得在锋利边缘上摩擦,安全带出口处别让纸片或其他东西堵塞;

⑦安全带带扣中应避免硬币之类物品进入,以免影响带扣的正常使用;

⑧安全带应保持清洁,否则收卷器等部件工作将不正常;

⑨损坏或因事故而拉长的安全带必须更换;

⑩安全带的安装与修理应在专业维修厂进行。

复习题

1. 简述安全气囊系统各组成部分的作用、结构及工作原理。
2. 简述安全带各部分作用、结构。

第九章　车辆技术管理

第一节　概　　述

车辆技术管理是汽车运输业管理工作的组成部分，是保持车辆技术状况良好、保障安全生产、发挥车辆效能及降低运行消耗的有效手段，是最大限度地获得经济效益和社会效益的措施之一。

车辆技术管理包括车辆的选型、购置、索赔等前期管理，维护、修理、使用等中期管理以及更新、改造、报废等后期管理。此外，还包括车辆技术鉴定、保险理赔、汽车燃润料及轮胎，以及运输企业安全技术管理等方面。

车辆技术管理应遵循“技术进步、科技先导、预防为主及技术与经济相结合”的四项基本原则。对车辆实施“择优选配、正确使用、强制维护、合理改造、适时更新和报废”的全过程综合管理。

车辆技术管理的目标是，在车辆技术管理的全过程中，从车辆的“管、用、养、修”各个环节入手，以科学技术为先导，依靠技术进步，充分挖掘设备潜力，合理地延长车辆经济寿命，为社会提供高效、低耗、安全、可靠的运输工具，以满足工农业生产和人民生活的需要。

现代企业制度的建立，要求企业管理工作必须实现管理思想的现代化、管理方法的科学化、管理手段的自动化。随着科学技术的迅速发展和车辆的更新换代，车辆技术管理作为汽车运输业的一门综合性软科学日渐受到人们的关注，新的科学化的管理方法业已崭露头角。I/M制度及非接触式IC卡已逐渐被汽车运输业所接受，并得到推广应用。

I/M制度（Inspection and maintrenance program），是通过对在用车的检测确定其尾气排放污染严重的原因，然后有针对性地采取维护措施，使在用车最大限度地发挥自身的尾气排放净化潜力。实施I/M制度由于硬件投资少，费用低，净化效益好，在控制车辆排放及净化空气效果上十分可观，能有效地体现环保和社会文明，是促进车辆维护制度改革的一项重要技术措施。

非接触式IC卡，又称无触点集成电路卡，是世界上近年来迅速发展起来的一项新技术。它成功地将射频识别技术和IC卡技术结合起来，解决了无源（卡中无电源）和免接触这一难题，是电子器件领域的一大突破。由于非接触式IC卡具有可靠性高、操作方便快捷、防冲突、加密性能好及可以适合于多种用途等优点，广泛用于电子钱包、公路自动收费系统和公共汽车自动售票系统等。引入车辆技术管理系统，前景十分看好。

第二节　车辆选配的意义、原则及方法

一、车辆选配的意义

车辆的选配包含车辆的择优选择和合理配置两方面内容。

1. 车辆选配的意义

车辆是公路运输的主要生产工具，是公路运输事业的物质基础。采取科学的管理制度和管理手段，加强车辆管理，是公路运输企业和个体运输户取得良好的投资效益和社会效益的基础工作。车辆选配是车辆管理的前期工作，它涉及到车辆中后期的维护、修理、使用、索赔及报废诸方面，同经济效益息息相关。因此，应根据运输市场实际情况，以及当地的社会运力，油料供应，运量，运距情况和道路、气候等社会及自然条件，制定车辆发展规划，择优选购和合理配置车辆。

随着汽车工业的发展壮大和汽车销售市场的活跃，车辆选配的空间也愈来愈大，可供选择的车辆类型也愈来愈多。这无疑给企业和经营者带来更多的福音。如何利用有限的资金，购置性能优越、价格适宜的车辆就尤为显得突出。

另外，挂车的择优选配也不容忽视。汽车拖挂运输作为一种有效的运输方式，其运输成本低、燃料经济性好，可大幅度提高车辆生产效率和劳动生产率，具有明显的经济效益。根据汽车列车运行特点和对装卸工作的不同要求，拖挂运输又可分为定挂和甩挂两种形式。定挂运输是指汽车列车在运行和装卸作业时，汽车与全挂车、牵引车与半挂车一般不予分离。它在运行组织和管理工作方面基本上与单车相仿，是我国当前组织拖挂运输的一种主要形式。甩挂运输也可称甩挂装卸，是指汽车或牵引车按照预定计划，在装卸地点有目的地甩下并挂上指定挂车再继续运行，以减少车辆等待装卸时间，提高车辆利用率。甩挂运输在货源充足、货场和道路条件允许情况下，经济效益十分明显。

2. 可供选配的车辆类型

汽车按用途一般分为以下七类：

①载货汽车：又称货车，专门作为运输货物用。按额定载质量的不同，载货汽车又可分为轻型载货汽车（载质量小于 3t）、中型载货汽车（载质量为 3～8t）和重型载货汽车（载质量在 8t 以上）；

②自卸汽车：指货厢可以自动倾卸的载货汽车，分为一般工矿企业用自卸车和矿用自卸车两类；

③越野汽车：其主要特征是全部车轮可作为驱动轮。能在坏路或无路条件下行驶，通过性能好。越野汽车按驱动轮轴数分为双轴驱动越野汽车、三轴驱动越野汽车和四轴驱动越野汽车；

④牵引汽车与挂车：牵引汽车有各种不同形式，与半挂车、挂车和长货挂车配合使用；

⑤大客车：是指成批运送旅客用的汽车，按座位数分为小型大客车（座位数为 8～15 座）、普通大客车（座位数为 15～40 座）铰接式大客车（座位数为 40 座以上）；

⑥小客车：一般供几个人乘坐，按发动机工作容积分为微型小客车、轻级小客车、中级小客车和高级小客车；

⑦特种用途汽车：指装有特殊装置完成特种任务的汽车，如油罐车、工程车、起重车、消防车、洒水车等。

3. 车辆的合理配置

运输企业根据其所承担运输任务的性质、运量、运距和道路、气候以及油料供应情况等条件，合理配备车辆结构，如大、中、小型车辆比例，汽、柴油车比例，通用、专用车比例等，通过合理规划，优化车辆构成，充分发挥车辆吨（座）位和容量的利用率，促进企业发展和满足社会需求。

1)企业在具体选配营运车辆时的考核内容

①认真调查研究和预测营运区内客货源的特点、数量、运距及淡旺季流量状况；

②认真进行技术和经济的综合分析,对车辆运用条件,如道路、气候、燃润料供应等的变化作超前分析和预测,以确保营运周期的相对稳定,不致于在三、五年内发生重大变化；

③分析当前本企业在用车辆的使用情况、适应程度和各项使用性能的发挥情况及存在的问题。还应对附近地区的汽车运输部门进行有针对性的调研,了解他们用车尤其是同类型车辆的使用情况,以便汲取全面的经验和教训；

④对汽车市场的现有车型的动态作全面了解,如销售量、销售覆盖面等,并对其结构特点和使用性能作对比分析,收集有关信息和翔实的资料,使企业能购置到性能好、质量高、价格低的车辆。

2)企业合理配置车辆的标志是：

①车型先进,安全可靠,货物装卸(或旅客上下)方便；

②车辆规格齐全、能与当地客货源相适应且配比合理(指吨位大小、座位多少、高中低档车比例等),吨(座)位利用率和容量利用率高；

③车辆的燃润料消耗低、维修费用低、运输成本低但获得的利润高；

④应变能力强,既能完成正常的生产任务,又能突出重点、完成特殊任务。

二、车辆选配的基本原则

车辆选配是运输经营的重大决策,除应充分考虑车辆的质量、价格、服务等因素外,还必须深入研究车辆的类型、主要使用性能以及运行条件等因素。进行全面分析、综合评价、遵循“技术先进、经济合理、生产适用、维修方便”的基本原则进行选配。

1. 车辆选配基本原则的含义

技术先进的原则是指车辆在当前和今后一个时期主要的使用性能指标和技术性能指标是先进的或比较先进的。能够体现出车辆的动力性、安全可靠性、耐用性、节能性和环保性能好的优越性。在便于操作及乘坐舒适性方面也优于其他车辆。

经济合理的原则是指车辆选配时既要考虑到车辆的购置费用低,又要考虑到车辆在日后使用过程中维持运转的费用低,即寿命周期总费用最低。

生产适用的原则包含三层含义:一是选购的车辆要符合经营的需要,即“用得着”,为此选购车辆之前应首先考虑具体的运输任务和经营要求,避免盲目购置造成闲置,同时要制定企业车辆发展规划,做到有计划购置,努力保持运力与运量的基本平衡,避免盲目增加运力。二是要充分考虑到车辆的使用条件,如营运区域内的道路、桥梁、渡口地理环境条件,燃润料配件条件,气候自然条件等等,避免购置的车辆“用不上”,或者不能充分发挥其效能,造成不必要的浪费。三是根据市场运营情况,适时调整车辆配置构成,合理选配不同类型及不同档次的车辆,以期达到最佳配比关系,适应市场需求。

维修方便性原则,除应考虑维修操作方便、维修技术简便、维修工作量少、维修费用低及本地区或本企业维修能力等方面外,还应考虑到汽车零配件的选购来源和方便性,以及自制零配件的可能性和经济性,避免因延误维修而造成车辆长期停驶。

2. 车辆选配应侧重研究的问题

1)研究本企业生产发展规划,确定运力需求量

车辆选配时,应首先进行市场运力供需调查,了解已有货主近期或长期生产发展规划,原

材料来源及产品流向,本地区工农业生产发展及同行业的运力情况,预测营运区内居民乘车的需求及发展趋势,注意分析运力供需平衡情况,使本企业有充足的运力以保证具有强劲的竞争优势。从而确定运力需求量,制定本企业生产发展规划。

2)研究营运区域内车辆的运行条件

根据客观需要和使用条件,科学地选配车辆,充分发挥车辆的使用性能,以便提高运输生产效率,获得较好的经济效果。运行条件可分为:

①运输条件:指由运送对象的不同性质和要求所决定的各项因素。主要有运输的性质、货物的种类、货运量的批量,运输的时间性、运输的距离和范围、旅客的乘车习惯和流量大小、要求等;

②组织与技术条件:指由企业组织与技术水平所决定的各项因素。主要有车辆运行及运输的规律和管理制度、企业使用经验、车辆维修工作技术水平及组织制度、运行材料的供应条件等;

③气候条件:指营运区气候变化的规律和特点等。如大气温度、湿度及雨、雪、风、沙、雾等方面对运行的影响;

④道路条件:由道路及交通情况所决定的各项因素。道路是构成汽车运输生产力的一个重要组成部分,营运区域内的道路状况的影响并不次于汽车本身质量所产生的影响。如道路的通过能力、承载质量、坡度大小,路面质量和弯路半径,还有道路等级、过往村镇等也是选择车辆时应予综合考虑的。同时,还应考虑车队设置和车辆停放场地情况。以便于车辆的进出和管理。

3)研究车辆的使用性能

通常人们把汽车能够适应使用条件而发挥最大工作效率的能力,称为汽车的使用性能。了解和掌握汽车的使用性能不仅是择优选购车辆重点研究的项目,而且也是科学地进行车辆技术管理和合理运用汽车的基础。

车辆的使用性能主要有:车辆的动力性、燃料经济性、制动性、操纵稳定性、行驶平顺性和通过性。与使用因素关系极为密切的动力性、燃料经济性与制动性,是车辆选配的重点。

①车辆动力性:它是汽车各种性能中最基本、最重要的性能,直接决定着汽车平均行驶速度的大小,进而影响汽车的运输效率。车辆动力性评价指标以最高车速、最大爬坡能力、加速能力以及比功率、比质量等来衡量;

②燃料经济性:即车辆的燃润料消耗及经济车速等。评价指标主要有单位行程燃料消耗量(百公里油耗)和单位运输工作量燃料消耗量(百吨公里或千人公里油耗);

③制动性能:与车辆安全可靠性密不可分的性能。评价指标有三个:即制动效能、制动效能的恒定性和制动时方向的稳定性;

④维修方便性:本地区或本企业维修能力及市场配件供给情况;

⑤操作方便性:车辆操作方便,指示标识较多、功能齐全,可使驾驶员减轻劳动强度、减少疲劳,有利于安全运行和提高生产效率;

⑥乘坐舒适性:车座、内饰布置科学合理,乘坐条件优越,减少旅客疲劳程度;

⑦环保性:无污染或少污染,尾气排放及噪声污染符合国家标准;

4)研究简化车型

选择配置车辆,应尽可能在满足需要的前提下,简化车型。方便管、用、维、修、供。车型过多,厂牌繁杂,必将造成配件种类繁多、采购困难、流动资金占有量大、维修技术生疏、运用经验缺乏和维修机工具种类不足等问题，给管理经营带来不便。

挂车的选配比较单一，除了考虑质量、价格及技术性能因素外，主要应对挂车的使用条件及对主车（牵引车）的适应性进行综合考察。

三、车辆选配的方法

购置车辆或进口车辆，必须从技术、经济、使用、维修等方面进行选择和评价。即对多种方案进行比较分析，从中选择出最佳方案。无疑，车辆选配时，应了解车辆的技术性能及对车辆进行经济评价。

1. 车辆的技术性能

车辆的技术性能标示着车辆全部特征，车辆的技术参数展示了车辆本身的品质。详细了解和比较车辆的技术性能是选购车辆的重要方法之一。

车辆的主要技术性能指标如下：

①整车外形尺寸：长×宽×高；

②载质量：载质量（货）或乘客座位数；

③厂定最大总质量：载质量＋整车整备质量；

④发动机：包括型号、缸径、行程、最大功率、压缩比、油耗及安装位置等；

⑤底盘：包括变速器、离合器、后桥、车架、悬架等；

⑥轴距及轮距：轴间的距离及两轮胎中心线间的距离；

⑦最高车速：汽车满载在平直良好路面上所能达到的最高行驶速度；

⑧最大爬坡度：汽车满载时用变速器最低档位在坚硬良好路面上等速行驶所能克服的最大道路坡度。用百分比表示，愈大则爬坡能力愈强；

⑨最小转弯半径、接近角、离去角及最小离地间隙：表示车辆通过性能的优劣；

⑩燃油消耗：一般为百公里消耗量或50公里消耗量；

⑪制动距离：规定车速、道路条件下的车辆制动距离；

⑫制动系统：包括行车制动和驻车制动及发动机排气制动配置、气液单双管路配置或助力式和非助力式制动配置等；

⑬转向系统：动力转向或非动力转向配置；

⑭轮胎：斜交胎或子午线胎规格尺寸等；

⑮行李仓：包括容积标准及设置位置；

⑯其他：如客车的视听系统、冷暖风设置、自动报警设置及其他选装配置等。

随着汽车工业的发展和社会需求的增加，汽车生产厂家提供给用户的车辆也愈来愈品类繁多。除了简介车辆的基本技术性能外，往往附设有许多装备，功能也较齐全，如设置卫生间、无线电话等，购置车辆时可按自己的需求进行选择。一般说来，货运车辆应侧重于功率大、耐用性好及便于装卸方面，购置客车时应侧重于车辆造型、附属装备配置及良好的安全性和舒适性方面。

2. 车辆的经济性评价

对车辆购置进行经济评价的方法有多种，如“投资回收期法”、“费用效率分析法”、“费用换算法”和“投资回收额法”等。现择其主要方法作一简介：

1）投资回收期法

企业投资购置营运车辆，除了要研究分析车辆在生产中的适用性、技术上的先进性以及维修的方便性等因素外,还要考虑车辆投资能否在短期内收回的问题。在其他方面相同的情况下,应当选择投资回收期最短的方案(车辆)。

投资回收期的计算公式如下:

$$\text{投资回收期(年)}=\frac{\text{车辆投资额}-\text{残值}}{\text{年净收益}+\text{年折旧费}}$$

式中:"车辆投资额"包括车辆价格(购置费)、车辆购置附加费、(需要运输时)运输费用等全部投资额。"年净收益"是指车辆投入营运后,预计每年可能获得的净收益额。"残值"是指车辆报废后的残余价值净额。"年折旧费"是指按平均年限法计算的年折旧额。

实例:购置新车,有 ABC 三种方案可供选择。其投资额,残值、预计年净收益以及年折旧费资料如下表 9-1,选择哪种方案为好?

车辆选择方案 表 9-1

可选方案	投资额(元)	残 值(元)	年净收益 (元)	年折旧额 (元)
A 型车	180 000	9000	15 000	21 375
B 型车	200 000	7 400	16 000	21 400
C 型车	240 000	7 200	16 500	23 280

$$\text{A 型车投资回收期}=\frac{180\ 000-9\ 000}{15\ 000+21\ 375}=\frac{171\ 000}{36\ 375}\approx 4.7(\text{年})$$

$$\text{B 型车投资回收期}=\frac{200\ 000-7\ 400}{160\ 000+21\ 400}=\frac{192\ 600}{37\ 400}\approx 5.15(\text{年})$$

$$\text{C 型车投资回收期}=\frac{240\ 000-7\ 200}{160\ 500+23\ 280}=\frac{232\ 800}{39\ 780}\approx 5.85(\text{年})$$

可见 A 型车投资回收期最短,应选择 A 型车。

2)费用换算法

这种方法是考虑资金的时间价值,把车辆的购置费加上车辆的使用费算出车辆的总费用,通过比较总费用,来评价不同车辆的经济性优劣。

由于车辆购置费是在购车时一次支付的,而使用费则是车辆投入使用后逐年陆续支出的,因此不能将两者简单地相加来进行比较,必须把使用费和购置费换算成同一时间的总费用。按照费用换算的方法不同,费用换算法可分为年费法和现值法两种。

(1)年费法

年费法是将购置车辆时一次支付的车辆购置费换算成相当于投产后每年的支出。然后加上每年的使用费,即得每年的总费用。比较年总费用,在不考虑其他条件时,应选购年总费用最低的方案。

每年车辆购置费支出按下式换算:

$$\text{平均每年购置费用}=\text{车辆购置费用}\times\frac{i(1+i)^n}{(1+i)^n-1} \quad ①$$

式中:i——年利率;

n——车辆使用年限。

车辆每年总费用按下式计算:

$$\text{车辆每年总费用}=\text{平均每年购置费用}+\text{每年使用费用} \quad ②$$

实例:现有不同车辆购置方案的有关资料如下表 9-2,问选择哪个方案较好?

表 9-2

购车方案	购置费用(元)	使用年限(元)	年利率	每年使用费(元)
A 型车	168 000	10	10%	39 700
B 型车	180 000	10	10%	37 300

按①式计算平均每年购置费用：

$$A\text{ 型车}:168\ 000\times\frac{0.1\times(1+0.1)^{10}}{(1+0.1)^{10}-1}=27\ 333.6(\text{元})$$

$$B\text{ 型车}:180\ 000\times\frac{0.1\times(1+0.1)^{10}}{(1+0.1)^{10}-1}=29\ 286(\text{元})$$

按②式计算两车每年总费用：

A 型车：每年总费用 = 27 333.6 + 39 700 = 67 033.6(元)

B 型车：每年总费用 = 29 286 + 37 300 = 66 586(元)

比较两车每年总费用，B 型车总费用较少，应选购 B 车有利。

(2)现值法

现值法就是把车辆使用过程中每年支出的使用费换算成现值。再加上车辆的购置费，然后比较总费用，选购总费用最少的方案。计算公式如下：

$$\text{各年使用费换算的现值}=\text{每年的使用费}\times\frac{(1+i)^{n}-1}{i(1+i)^{n}} \quad ③$$

$$\text{车辆总费用(现值)}=\text{车辆购置费}+\text{各年使用费换算的现值} \quad ④$$

我们还用上例的数据说明如下。先将各年的使用费按③式换算成现值：

$$A\text{ 型车}:39\ 700\times\frac{(1+0.1)^{10}-1}{0.1\times(1+0.1)^{10}}\approx 244\ 008(\text{元})$$

$$B\text{ 型车}:37\ 300\times\frac{(1+0.1)^{10}-1}{0.1\times(1+0.1)^{10}}\approx 229\ 257(\text{元})$$

按④式计算两车的总费用现值：

A 型车：总费用现值 = 168 000 + 244 008 = 412 008(元)

B 型车：总费用现值 = 180 000 + 229 257 = 409 257(元)

可见 B 型车总费用现值低于 A 型车，应选购 B 型车。用不同的换算方法进行评价，结论是一致的。

第三节 车辆技术等级鉴定的原则及检测方法

对车辆实施技术等级鉴定制度是车辆全过程管理的重要环节，它体现了车辆管理应实行“定期检测”的管理原则。

一、车辆技术等级鉴定概述

1. 车辆技术等级鉴定的意义

随着车辆行驶里程的增加和使用年限的延长，车辆的动力性、安全可靠性、经济性、舒适性以及排放污染程度都会随车辆技术状况的变化而日趋变坏，所以应及时了解和掌握车辆的技术状况，适时作出能否安全运行和确定修理项目。对在用车辆实行定期的检测，通过检测，来确定其技术等级。这一做法，不仅有利于行业管理部门能随时了解和掌握本区域内车辆的分布情况及车辆技术状况的动态，为科学合理地编制车辆更新计划提供有效依据，而且对车辆使用者亦可实行有效的监督。实施车辆技术等级鉴定制度，也使车辆使用者便于及时了解车辆技术状况，做到合理维护和及时修理。

车辆技术等级鉴定须采取定期检测的制度，即采用科学手段和现代化检测器具对车辆进行综合性能的检测，通过检测而确定的车辆技术等级可以客观地、正确地反映出车辆的实际技术状况。较之过去的耳听手摸凭经验判别车辆技术状况的做法更具有科学性和权威性。

2．车辆技术等级的划分和评定标准

《汽车运输业技术管理规定》（交通部第 13 号令）中规定：在用车辆技术状况等级的划分按其技术性能情况及行驶里程或时间的长短分为四类：即一级车（完好车）、二级车（基本完好车）、三级车（需修车）和四级车（停驶车）。

车辆技术等级的评价标准依交通部 JT/T 198—95 行业标准，采用汽车使用年限、关键项和项次合格率来衡量，分为一级车、二级车和三级车。因该标准适用的是在道路上行驶的在用汽车，故不再考虑停驶车。除车辆使用年限条件外，根据所评定车辆的动力性、燃料经济性，制动性、转向操纵性、前照灯及喇叭噪声、废气排放、汽车防雨密封性、整车与外观等各项指标依下列公式计算核定。即：

$$B=\frac{N}{M}\times 100\%$$

式中：B——项次合格率；

N——检测合格的项次数之和；

M——检测的项次数之和。

式中的项次：为标准中所列的所有应检测项目，其中分设关键项和一般项，在关键项中尚分设分级项目和不分级项目。

分级的标准：（车辆技术等级分级标准）

1）一级车

使用年限在七年以内；关键项分级的项目达到一级，关键项不分级的项目为合格；项次合格率大于等于 90%；在运行中无任何保留条件。它应符合 3 个条件，即：

①使用年限从新车投入运行起不得超过七年；

②技术状况良好，即完好车；

③在运行中无任何保留条件。

2）二级车

使用年限超过七年；关键项分级的项目达到二级以上，关键项不分级的项目为合格；项次合格率大于等于 80%；在运行中无任何保留条件。

二级车的标准略低于一级车，它的技术性能和技术状况较一级车为低，但应符合 GB7258—1997《机动车运行安全技术条件》。它应符合 3 个条件，即：

①使用年限已超过七年；

②技术状况尚好，属基本完好车；

③在运行中无任何保留条件，可随时参加运行。

3）三级车

凡达不到二级车技术等级标准的车辆。是指送大修前最后一次二级维护后的车辆和正在大修或待更新尚在行驶的车辆。

三级车的定级标准为：

①凡技术状况和性能较差、不再计划作二级维护作业、即将送厂大修的车辆；

②正在进行大修的车辆；

③车辆技术状况和性能变坏，预计近期更新但仍还在行驶的车辆。

3. 车辆技术等级鉴定周期

根据交通部《汽车运输业车辆技术管理规定》，车辆技术等级鉴定由各地交通运输管理部门组织实施，在各检测站进行，至少每半年进行一次。

二、车辆技术状况检测标准

车辆技术等级鉴定的依据之一，是要对车辆的技术状况先行进行检测，再依上节所述的公式进行计算，从而核定出车辆技术状况的百分数；综合车辆使用年限和运行情况，核定车辆的技术等级。

依交通部 JT/T 198—95《汽车技术等级评定标准》，车辆技术状况检测项目及技术要求如表 9-3 所示。

检测项目及技术要求 表 9-3

序号	检测项目	检测手段	评定技术要求	备注
1	动力性			下列三项中可任选一项
*1.1	发动机功率	无外载测功仪	一级大于等于额定功率的 85% 二级大于等于额定功率的 75%、小于 85%	
*1.2	底盘输出功率	底盘测功机	折算为发动机功率，按 1.1 评定	
*1.3	汽车直接档加速时间	底盘测功机 （装有模拟质量）	折算为发动机功率，按 1.1 评定	
2	燃料经济性			
*2.1	等速百公里油耗	底盘测功机油耗计	一级不大于原厂规定值 二级不大于原厂规定的 110%	
3	制动性			
3.1	制动力	制动检验台 轮重仪	制动力总和占整车质量百分比 满载大于等于 50%；空载大于等于 60% 主要承载轴制动力总和占该轴轴质量百分比 满载大于等于 50%；空载大于等于 60%	行车制动系最大制动效能应在踏板全行程的五分之四以内达到。液压制动系踏板力不大于 700N，气压制动系气压表指示气压不大于 590kPa
*3.2	制动力平衡	制动检验台 轮重仪	前轴左右轮制动力差不大于该轴轴质量的 5% 后轴左右轮制动力差不大于该轴轴质量的 8%	
*3.3	车轮阻滞力	制动检验台	车轮阻滞力占该轮轮质量的百分比空载不大于 5%	

续上表

序号	检测项目	检测手段	评定技术要求	备　注
3.4	制动系统协调时间	配有测量制动系统协调时间的制动检验台	总质量小于4.5t,制动系统协调时间小于等于0.33s 总质量大于等于4.5t,小于等于12t,制动系统协调时间小于等于0.45s 总质量大于12t,制动系统协调时间小于等于0.56s	
*3.5	驻车制动力	制动检验台 轮重仪	驻车制动力总和占该车整备质量的百分比不小于20%	
4	转向操纵性			
*4.1	侧滑量	侧滑检验台　双板式	不大于5m/km	
		侧滑检验台　单板式	不大于7m/km	
4.2	转向盘操纵力	转向力—角仪	不大于245N	
4.3	转向盘自由转动量	转向力—角仪	从中间位置向左向右均不大于15°	
5	废气排放			
*5.1	汽油车怠速污染物排放	汽车排放气体侧试仪	轻型车: CO不大于4.5% HC不大于1200ppm(四冲程) HC不大于8000ppm(二冲程) 重型车: CO不大于5.0% HC不大于2000ppm(四冲程) HC不大于9000ppm(二冲程)	适用于1995年7月1日以前生产的在用汽车
			轻型车: CO不大于4.5% HC不大于900ppm(四冲程) HC不大于7500ppm(二冲程) 重型车: CO不大于4.5% HC不大于1200ppm(四冲程) HC不大于8000ppm(二冲程)	适用于1995年7月1日以后生产的在用汽车
*5.2	柴油车自由加速烟度排放	烟度计	不大于烟度值FSN5.0	适用于1995年7月1日以前生产的在用汽车
			不大于烟度值FSN4.5	适用于1995年7月1日以后生产的在用汽车
6	前照灯及喇叭			
*6.1	前照灯发光强度	前照灯检测仪	两灯制的汽车,每只灯的发光强度应大于15000cd 四灯制的汽车,每只灯的发光强度应大于12000cd	

续上表

序号	检测项目	检测手段	评定技术要求	备　注
*6.2	前照灯光束照射方位偏移量	前照灯检测仪	前照灯距屏幕10m处,光束明暗截止线转角或中点的高度应为(0.75～0.8)H(H为前照灯中心高度),其水平方向位置向左右均不得大于100mm 四灯制前照灯,其远光单光束灯在屏幕上的调整,要求光束中心离地高度为(0.85～0.9)H。水平位置要求左灯向左偏不得大于100mm,向右偏不得大于170mm;右灯向左或向右偏均不得大于170mm	各种形式的前照灯检测仪应按相应规定检测
6.3	喇叭噪声	声级计	在距汽车前2m、离地高1.2m处,应为90～105dB(A)	
7	密封性			
*7.1	汽车防雨密封性	喷淋装置	按GB12481的有关规定评定	
7.2	连接件密封性	检视	无渗油、无漏水、无漏气现象	
8	整车与外观			
8.1	整车装备	检视	装备齐全完好有效,车体周正。左右对称部位高度差不大于40mm。左右轴距差不大于5mm。外部连接件坚固完好	
8.2	发动机起动性与异响	检视、异响诊断仪	发动机在热状态下三次起动不成功为不合格、发动机运转无异响	
8.3	传动系、悬挂与车架	检视、异响诊断仪	装备齐全、完好无损、无异响	
*8.4	转向与制动装置	检视	装备齐全、完好无损、无松旷	转向横直拉杆不得拼焊
8.5	车身与内饰	检视	车身无突出物、车身骨架完好、表面涂层完好	
8.6	门窗	检视	完好无损,开、关灵活有效	
8.7	仪表与信号装置	检视	仪表与信号装置齐全有效	
8.8	润滑	检视	各部润滑良好,发动机怠速机油压力不小于0.1MPa	
8.9	轮胎	检视	轮胎气压应符合规定 胎冠花纹深度轿车不小于1.6mm,其他不小于3.2mm;不得有长于2.5cm、深至帘布层的破裂与割伤	转向轮不得装用翻新轮胎

注:带*号的项目为关键项

三、车辆技术等级鉴定的检测方法

依交通部JT/T 199—95《汽车技术等级评定的检测方法》行业标准,汽车技术等级评定的检测方法如下述:

1. 检测方法

1)动力性

(1)检测项目

发动机功率、底盘输出功率、汽车直接档加速时间。

(2)检测方法

①用发动机无外载测功仪(以下简称测功仪)检测发动机功率:

a. 起动发动机,并预热至正常热状态,与此同时接通测功仪电源,连接传感器;

b. 按仪器使用说明书进行操作;

c. 从测功仪上读取(或换算成)发动机的功率值。

②用汽车底盘测功机检测底盘输出功率:

a. 起动发动机,变速器顺序换至直接档(无直接档的用最高档),使汽车预热至正常热状态;

b. 测量时,使变速器在直接档,逐渐加大节气门开度,同时对测功机加载,直到节气门全开,发动机达到额定转速;

c. 车速稳定后,读取车速值及测功机显示的功率值;

d. 换算成发动机功率。

③用装有模拟质量的底盘测功机检测汽车直接档加速时间:

测量规定车速段的加速时间,再换算成发动机功率。

2)燃料经济性

(1)检测项目

汽车等速百公里油耗。

(2)检测方法

用底盘测功机检测等速百公里油耗:

起动发动机,使汽车运转至正常热状态。在测功机上变速器置直接档(无直接档的用最高档),测功机加载至限定条件,使汽车稳定在测试车速,测量燃料消耗量,并换算成百公里燃料消耗量。

3)制动性

(1)检测项目

制动力、制动力平衡、车轮阻滞力、制动系统协调时间、驻车制动力。

(2)检测方法

用滚筒反力式制动检验台及轮重仪检测制动力、制动力平衡、车轮阻滞力、制动系统协调时间、驻车制动力。

①在轮重仪上测汽车轮质量;

②在滚筒反力式检验台上按操作规程,测各轮(轴)制动力、阻滞力;

③在配有测量制动系统协调时间的制动检验台上测制动系统协调时间;

④在滚筒反力式试验台上测驻车制动器的制动力。

4)转向操纵性

(1)检测项目

转向轮的侧滑量、转向盘操纵力及最大自由转动量。

(2)检测方法

①在侧滑检验台上测转向轮侧滑量：

汽车以不大于 4km/h 的车速垂直侧滑检验台匀速驶过，读取转向轮的侧滑量。

②用转向力—角仪侧转向盘操纵力及最大自由转动量：

a. 汽车置于平坦硬实干燥清洁的水泥或沥青地面上；

b. 将仪器安装在转向盘上；

c. 转动转向盘，分别测出操纵力及自由转动量。

5)废气排放

(1)检测项目

汽油车怠速污染物排放、柴油车自由加速烟度排放。

(2)检测方法

①用汽车排放气体测试仪测汽油车怠速污染物排放：

a. 发动机由怠速加速到中等转速，维持 5s 以上，再降至怠速状态；

b. 此时将取样管插入排气管中，深度不少于 300mm；

c. 读数取最大值；

d. 若为多排气管时，则取各管测量值的算术平均值。

②用烟度计测柴油车自由加速烟度排放：

a. 取样探头逆气流固定于排气管内，并使其中心线与排气管轴线平行；

b. 将踏板开关固定于加速踏板上端，并使检测仪表上的转换开关位于与踏板结合的位置；

c. 由怠速工况将加速踏板急速踏到底，约 4s 迅速松开，如此重复三次后可开始测量；

d. 在完成滤纸走位、清洗取样管、调整零位后，将加速踏板与踏板开关一并迅速踏到底，至 4s 时迅速松开加速踏板和踏板开关，并由表头读数，下一次踏加速踏板距前一次间隔 15s。如此重复三次，取三次读数的算术平均值为所测烟度。

6)前照灯及喇叭

(1)检测项目

前照灯的发光强度及前照灯光束照射方位偏移量、喇叭的噪声；

(2)检测方法

①用前照灯检测仪检测前照灯发光强度及前照灯光束照射方位偏移量：

a. 将汽车驶至检测位置，前照灯与检测仪受光器之间的距离，按仪器使用说明书规定确定；

b. 汽车应与检测仪对正；

c. 按检测仪操作规程规定测量前照灯的发光强度及光束照射方位偏移量。

②用声级计检测喇叭噪声：

在汽车前 2m、离地高 1.2m 处，用声级计测喇叭的声强。

7)密封性

(1)检测项目

汽车防雨密封性、连接件密封性。

(2)检测方法

①按 GB/T 12480 进行；

②检视各部连接件密封情况。

8)整车与外观

(1)检测项目

整车装备、发动机起动性与异响、传动系、悬挂与车架、转向与制动装置、车身与内饰、门窗、仪表与信号装置、润滑及轮胎。

(2)检测方法

①检视整车设备:

a. 检视车体是否周正;

b. 检视轮胎螺母、骑马螺栓、总成连接是否紧固;

c. 用钢卷尺测量车体左右高度差;

d. 用皮尺测量左右轴距差;

e. 检视车牌照是否齐全完好;

f. 检视刮水器工作是否正常;

g. 检视后视镜、下视镜是否齐全、完好;

h. 检视备胎、拖钩是否齐全完好。

②检视发动机起动性,并用异响诊断仪检查发动机异响:

a. 发动机在正常热状态下检视发动机易起动程度;

b. 用发动机异响诊断仪检测发动机异响,按仪器操作规程规定进行测量。

③检视传动系、悬挂与车架,并用异响诊断仪检查传动系统异响:

a. 用异响诊断仪检测传动系异响,按仪器操作规程规定进行测量;

b. 检视离合器接合是否平稳、分离是否彻底,不得有异响、抖动和打滑现象;

c. 检视变速器换档时齿轮啮合是否灵便,不得有乱档、自行跳档现象;

d. 检视传动轴、中间轴承、万向节是否有裂纹和松动现象;

e. 检视主减速器、差速器工作是否正常;

f. 检视汽车悬挂弹簧是否有裂纹、断裂现象,中心螺栓是否紧固,减振器是否齐全;

g. 检视车架变形、锈蚀、弯曲、裂纹情况及螺栓、铆钉缺少或松动情况。

④检视转向与制动装置:

a. 检视转向器安装是否牢固;

b. 检视转向节臂、转向垂臂、横直拉杆及球头销有无裂纹、损伤及松旷情况;

c. 测量制动踏板自由行程。

⑤检视车身与内饰:

a. 检视车身骨架有无变形、断裂;

b. 检视车身表面涂层是否完好;

c. 检视车身外部是否有使人致伤的尖锐突起物;

d. 检视车内座椅是否齐全完好;

e. 检视安全带齐全、完好状况。

⑥检视门窗:

a. 检视门窗开关是否灵活;

b. 检视车门铰链是否完好;

c. 检视玻璃升降器是否完好;

d. 检视门锁是否完好;

e. 检视门窗玻璃是否完好。

⑦检视仪表与信号装置:

a. 检视车速里程表、水温表、机油压力表、电压表、电流表是否齐全有效;

b. 检视转向信号灯、制动灯、牌照灯、雾灯、示宽灯、倒车灯、故障信号灯是否齐全、完好、有效。

⑧检视润滑:

检视各部润滑点的润滑状况及发动机机油压力。

⑨检视轮胎:

a. 检视轮胎气压是否符合使用说明书规定;

b. 测量轮胎花纹深度;

c. 检视轮胎破损情况。

2. 检测方法实例

交通部13号令《汽车运输业车辆技术管理规定》有关车辆技术状况等级鉴定条文中规定,"各省、自治区、直辖市交通厅(局)应制定车辆技术状况鉴定制度"。现将某省交通厅所制定的《运输业车辆技术状况等级鉴定检测方法》列举,以资参考。

运输业车辆技术状况等级鉴定检测方法

1. 鉴定规则

1)本鉴定检测方法是按照交通行业标准JT/T 198—95《汽车技术等级评定标准》的评定规则及要求,结合我省实际情况确定的暂行方法,检测评定的项目一共20项,按重要程度分为"关键项"和"一般项",序号前标有*号的项目为关键项。

2)在用技术技能等级的划分及项次合格率的计算方法同前(按标准)。

3)评定车辆技术等级的方法

一级车:使用年限在五年以内;关键项全部合格,项次合格率大于90%。

二级车:使用年限在十年以内;关键项不合格项数不超过两项;项次合格率大丁80%。

三级车:凡达不到二级车等级标准的车列为三级车。

2. 检测方法

*1)发动机功率的检测

使用发动机性能综合检测仪或无外载测功仪测汽车发动机功率,示值大于或等于额定功率的85%时可评为一级车,示值大于等于额定功率的75%而小于85%时可评为二级车,示值小于额定功率75%时评为三级车。

*2)车轮阻滞力的检测

使用轮重仪和制动力检测仪进行检测,在不踩制动踏板时制动力检测仪显示的数值,前、后轴车轮阻滞力占该轴荷的百分比不得大于5%。

*3)制动力的检测

使用制动力检测仪和轮重仪进行检测,车辆空载时前、后轴制动力的总和必须大于整车重力的60%,承载轴的制动力必须大于该轴重力的60%。

*4)制动力平衡的检测

使用制动力检测仪测出前轴左右制动力差与两制动力中大者之比不得大于20%,后轴左右制动力之差与两制动力中大者之比不得大于24%。

＊5)驻车制动力的检测

使用制动力检测仪和轮重仪进行检测,汽车驻车制动力不得小于该车整车重力的20%。

＊6)侧滑量的检测

汽车以不大于4km/h的车速匀速驶过侧滑检验板进行检测,双板式侧滑仪示值小于或等于5m/km为合格,单板式侧滑仪示值小于或等于7m/km为合格。

＊7)汽车污染物及烟度的检测

①汽油车怠速污染物(CO和HC)排放量的检测使用排气分析仪进行测试。受检车发动机必须预热至规定的热状态,加速到中等转速后维持5s以上,将车速再降至怠速后将取样管插入排气管中,深度不少于300mm,读取最大示值,若为多排气管时则取各管示值的算术平均值,规定1995年7月1日以前生产的在用汽车CO不大于5.0%,HC不大于2000ppm;1995年7月1日以后生产的在用汽车CO不大于4.5%,HC不大于1200ppm;

②柴油车自由加速烟度排放量的检测使用烟度计进行测试。将汽车运行至规定的热状态,按仪器操作规则进行检测,1995年7月1日以前生产的在用汽车烟度值不大于FSN 5.0,1995年7月1日以后生产的在用车烟度值不大于FSN 4.5。

＊8)前照灯发光强度和光束偏移量的检测

①使用前照灯检测仪检测。对使用两只前照灯的车,每只灯的发光强度应大于15000cd;对使用四只前照灯的车,每只灯的发光强度应大于12000cd(旧车允许减少20%左右);

②在检测前照灯光束偏移量时车辆必须空载、车内只允许乘坐一名驾驶员,前照灯在距屏幕10m处,光束明暗截止线转角或中点的高度应为0.6～0.8H(H为前照灯中心高度),其水平方向位置向左向右均不得大于100mm。对四灯制的前照灯的远光单光束,在屏幕上的调整要求光束中心离地高度为0.85～0.9H,水平位置要求左灯向左偏移不得大于100mm,向右偏移不得大于170mm,右灯向左向右偏移均不得大于170mm。

＊9)转向与制动装置的检查

人工检视转向节臂、转向节垂臂有无损伤和松旷,检视制动装置栓销是否齐全有效,横直拉杆有无裂纹和异常,检视制动踏板自由行程是否合格。

＊10)传动系悬挂与车架的检查

人工检视离合器接合是否平稳、分离是否彻底,有无异响和抖动打滑现象;检视变速器换档时齿轮啮合是否灵便和自行乱档跳档等异常;检视传动轴中间轴承、万向节有无松动;检视主减速器、差速器工作是否正常;检视悬挂及减振器弹簧是否正常;检视车架有无断裂、弯曲、锈蚀,螺栓及铆钉有无松动缺损等情况。

11)车速表准确度的检测

使用车速表检测仪进行检测,车速表的允许误差范围为+20%～-5%,即车速表指示值为40km/h时,实际车速应为33.3～42.1km/h范围内,小于33.3km/h或大于4.21km/h均为不合格。

12)转向盘操纵力和自由转动量的检测

使用专用检测仪测试,转向盘转向力不得大于245N,转向盘自由转动量不得大于15°(最高设计车速大于或等于100km/h的不得大于10°)。

13)喇叭声强的检测

使用声级计进行检测,在距汽车前方2m处,离地面高1.2m处安放声级计,喇叭声强应在90dB(A)至105dB(A)之间,不得小于90dB(A),不得大于105dB(A)。

14)汽车发动机异响的检测

使用发动机异响诊断仪进行测试,发动机上、中、下、前、后均无异响为合格。

15)汽车发动机起动性能的检测

发动机在热状态下连续三次均发动不着为不合格。

16)发动机的润滑情况的检查

发动机各部润滑良好,怠速时机油表压力示值不得小于0.1MPa为合格。

17)汽车仪表与信号装置的检查

检视机油压力表、水温表、电压表、电流表和转向灯、制动灯、牌照灯、防雾灯、示宽灯、倒车灯、故障信号灯是否齐全有效。

18)整车装备的检查评定

检视整车装备是否齐全有效,检视车体是否周正,使用钢板尺和皮尺检查左右对称部位高度差不得大于40mm、左右轴距差不得大于5mm,用扭力板手检查轮胎螺母、骑马螺栓及总成连接件紧固是否牢靠,发现三处以上松动或力矩达不到规定力矩的判为不合格,检视汽车转向轮发现装用翻新胎时判为不合格。

19)车身与内部装饰的检查

车身表面光滑平顺无突出和凹陷、涂层无剥落(指面积大于30mm×30mm者)、车身骨架完好无损为合格,车内座椅齐全完好,车门开闭灵活,锁销有效,配有灭火器,发现缺陷超过三处者判为不合格。

20)各处管路连接密封性的检视

各部连接无渗油、无漏水、漏气现象为合格,发现渗漏缺陷超过三处判为不合格。

第四节　车辆使用技术管理

车辆的正确使用,是发挥效率,减少行车事故、降低维修费用、节约能源和延长车辆使用寿命的重要环节。严格按照车辆使用规定及走合期使用要求,掌握车辆运行检验技术条件与车辆的报废条件,了解车辆索赔及理赔知识是正确使用车辆的重要内容。

一、车辆使用的有关规定

1. 车辆使用技术条件

为了保证车辆行驶安全、运行可靠和经济合理,参加营运的车辆,均应符合以下主要技术条件:

①车容整洁、装备齐全,外露部位的螺栓、螺母紧固可靠,汽车动力性及滑行性能良好;

②发动机运转情况良好,燃润料消耗正常、冷却水温在50℃以上时无敲击异响,无漏油、漏气、漏水、漏电现象;

③底盘各总成连接牢固,不过热,无异响,性能良好,各润滑部位不缺油,悬挂无开裂无错位,轮胎气压正常,汽挂车连接和防护装备齐全、可靠;

④转向轻便灵活,横直拉杆及球头销不松旷,性能良好。前轮定位符合要求,驻车制动作用可靠,行车制动效能符合规定,挂车制动装置齐全有效;

⑤客车车厢,货车驾驶室内不进尘土、不漏水,门窗关闭严密、开关灵活,挡风玻璃视线清晰。货厢无漏洞,栏板挂钩牢固可靠;

⑥照明、信号和其他电气设备齐全，工作可靠，排放及噪声符合标准。

2. 车辆装载质量的规定

车辆的额定装载质量，取决于车辆的结构形式与运行条件，特别是道路的路面结构和维护情况，更能影响车辆的装载质量。应根据各型车辆的正常运行条件下的最大允许载荷和使用中的变化因素，作出切合实际的装载质量规定。因为载质量的大小，直接影响着汽车零件的磨损、变形和损坏，直接影响着车辆的使用寿命。汽车超载、超负荷运行时，发动机处于高负荷的不稳定工况下工作，造成冷却水温和曲轴箱机油温度过高、热状况不良，使发动机各部件负荷增加，以致损坏；同样，车架、传动机构及轮胎等都将早期损坏，使车辆寿命减低。

1)车辆额定装载质量

国产汽车额定载质量应符合原厂规定。

进口汽车的装载标准应以原厂规定结合我国各地的具体条件与实际使用经验重新测试核定(或增或减)。

对改装、改造的车辆，或由于当地运行条件，如海拔高度、道路坡度、气候等原因需要重新标定载质量的车辆，都需经当地车管或运管部门重新标定。

对进口车辆装用或制造厂规定的最大负荷不同的轮胎时，如轮胎的最大负荷大于原轮胎的，应保持原车额定载质量；小于原轮胎的，则必须相应地降低其载质量。所有汽车、挂车的载质量，既经核定，严禁超载。

车辆总质量超过桥梁承载质量或运输超长、超宽、超高货物时，应报请当地交通、公安主管部门，采取安全有效措施，批准后才可通行。车辆运载易散落、飞扬、泄漏、污秽物品时，应封盖严密，以免污染环境。

2)车辆的减载

汽车运输企业，根据车辆运用技术状况，结合实际运行条件，可做出临时性减载规定。

新车及大修后的汽车在走合期内应按规定减载行驶；汽车长期行驶于三、四级公路时，应适当减载，但不能低于额定载质量的75%。

装运不能均匀分布在车箱内的笨重货物或体积大、质量轻的物质时，应适当减载，其实际载质量，根据具体情况确定。

3. 拖挂运输的适用条件

组织实施拖挂运输必须做全面的分析研究，既要提高运输生产率，又要保护现有运力；既要考虑运行材料的节约，又要保证运输生产的安全和减少机件磨损；既要结合实际，又要尊重科学。只有正确处理好拖挂运输中相互影响和相互制约的关系，才能使拖挂运输走上经济合理的轨道。根据公路运输业长期积累的实践经验，汽车拖挂的适用条件：

①车型选择：原则上载质量标准在4t以下的汽车不主张拖挂，特殊情况下也可视情实施；

②汽车技术状况：拖挂的汽车，其技术状况应不低于一级车况。凡长期行驶接近送厂大修或牵引能力有限以及传力机构存在严重缺陷的汽车，不宜组织拖挂。此外，新车或大修车走合期以及走合期后1000km以内的车辆，不得拖挂；

③各型汽车在任何运输条件下组织拖挂运输时，均不得超过最大容许拖挂质量，严重超载时将产生不良影响；

④道路条件：道路条件主要涉及到路线的标准、路面结构与维护情况。凡道路状况良好的行车路线应尽量组织拖挂，三类路况、等外道路以及泥泞翻浆等困难道路不允许组织拖挂；

⑤汽车满载时，驾驶操作不熟练的驾驶员不得拖带挂车。

4. 车辆使用主要技术经济定额指标

①行车燃料消耗定额：是指汽车每行驶百车公里或完成百吨公里所消耗燃料的限额。根据 GB 4352—84《载货汽车运行燃料消耗量》和 GB 4353—84《载客汽车运行燃料消耗量》规定，按车型、使用条件、载质(客)量和燃料种类等分别制定；

②轮胎行驶里程定额：是指新胎从开始装用，经翻新到报废总行驶里程的限额。根据车型、使用条件和轮胎性能分别制定；

③车辆维护与小修费用定额：是指车辆每行驶一定里程，维护与小修耗用的工时和物料费用的限额。按车型的使用条件等分别制定；

④车辆大修间隔里程定额：是指新车到大修，或大修到大修之间所行驶的里程限额。按车型和使用条件等分别制定；

⑤发动机大修间隔里程定额：是指新发动机到大修，或大修到大修之间所行驶的里程限额。按车型和使用燃料类别等分别制定；

⑥车辆大修费用定额：是指车辆大修所耗工时和物料总费用的限额。按车辆类别和形式等分别制定；

⑦营运车辆完好率：是指完好车日在总车日中所占的百分比；

⑧车辆平均技术等级：是指所有运输车辆技术状况的平均等级。计算公式如下：

$$\text{车辆平均技术等级}=\frac{(1\times\text{一级车数})+(2\times\text{二级车数})+(3\times\text{三级车数})+(4\times\text{四级车数})}{\text{各级车辆的总和}}$$

⑨车辆新度系数：是综合评价运输单位车辆新旧程度的指标。计算方法如下：

$$\text{车辆新度系数}=\frac{\text{年末全部运输车辆固定资产净值}}{\text{年末全部运输车辆固定资产原值}}$$

⑩小修频率：是指每千车公里发生小修的次数(不包括各级维护作业中的小修)；

⑪轮胎翻新率：是指在统计期内经过翻新的报废轮胎数占全部报废轮胎数的百分比。

二、车辆走合期的使用及索赔

新车或大修竣工出厂的车辆，初期使用阶段，尤其要加以注意，它对车辆此后长期使用影响甚大。

1. 车辆走合期的使用

走合期是指汽车运行初期，改善零件摩擦表面几何形状和表面层物理机械性能的过程。新车(包括大修竣工汽车)最初的使用阶段称为走合期。走合期行驶里程称走合里程。

汽车的走合期通常为 1000～1500km，相当于 40～60 工作小时，在走合期的头 2～3h 里(第一阶段)，因为零件加工表面还较粗糙，加工后的形状和装配位置都存在一定偏差，配合间隙也较小，因此，零件磨损和机械损失很大，零件表面和润滑油的温度也很高；走合 5～8h(第二阶段)，零件开始形成了较为光滑的工作表面，消耗在摩擦上的机械损失和产生的热量减少了；零件工作表面磨合过程逐渐结束，并形成了一层防止配合表面金属直接接触的氧化膜，进入了氧化磨耗阶段(第三阶段)。

汽车在走合期应采取的主要措施如下：

①走合期载质量一般不得超过额定载荷的 80%，不允许拖挂和拖带其他机械。最高车速一般不超过 40～45km/h；

②发动机起动时，预热温度应超过 50℃，行驶中冷却系水温不应低于 80℃；

③在起步和行驶中，不允许使发动机转速过高，换档要及时，各档位应按车辆使用说明书

的规定控制车速。起步、加速和换档时不要过急,防止底盘的动力传动装置承受冲击载荷,影响磨合质量;

④汽车在走合期内,不应在恶劣的道路上行驶,以使汽车各部总成减轻振动和冲击;

⑤走合期内的技术维护作业要按规定执行,尤其应特别注意做好日常维护,经常检查、紧固外露部位螺栓、螺母,并按时进行润滑作业,润滑油可用优质的、粘度较低的牌号,其加注量可比规定的数量略多些。经常注意总成和部件在运行过程中的声响和温度变化,及时进行适当调整。在行驶150km后,需全面地检查各机件的紧固程度,行驶系统的温度情况,仔细地检查并消除漏水、漏油和漏气现象。在行驶500km后,清洗发动机润滑系和底盘传动系壳体并更换润滑油;

⑥走合期内,汽油发动机使用的汽油,其辛烷值不应低于规定值,柴油发动机必须应用轻质而清洁的柴油;

⑦走合期满后,应进行一次走合维护,其作业项目要求可参照二级维护的规定,对汽车进行全面的检查、紧固、调整和润滑作业,拆除化油器和进气管间的限速片。只有在汽车达到良好的技术状况后,才能投入正常使用。

在走合期满后3000～4000km内,发动机仍不能以很高转速运转,车速也不宜过高,不要在很坏的道路上运行或满载运行。

2. 车辆使用期的索赔及理赔

车辆的使用期是一个较漫长的时间阶段,它分为车辆的使用前期、使用中期和使用后期。就一般规律和实践经验看,车辆的使用前期,尤其是车辆使用的走合期,所发生的质量纠纷率最高,大体上要占到整个使用期的60%～80%以上。由此而引发的车辆索赔及理赔事例已不在少数,引起车辆使用管理部门的高度重视,并列入车辆技术管理的议事日程。

一般说来,厂方在自己产品的使用说明书或是服务手册中会列出以下一些承诺:

①质量保证期:车辆在售出后一定的时间阶段或限定的一定行驶里程内若发生的属于产品质量或装配质量问题厂方负责赔偿;

②理赔的委托单位:指车辆驻地或就近该车型的服务维修站点;

③载明不属于理赔的范围:属于用户使用不当所造成的车辆损坏不予理赔;

④要求提供相关资料和实物;

⑤其他的特别约定:指供需双方自行签定的有法律约束效力的合同文本等。

车辆的维护或修理竣工出厂后的保用条件也类似于上述条款,在发生质量纠纷时,用户也可要求索赔。

为确保消费者的权益不受侵害,进行索赔时,应做以下工作:

①在车辆投入使用前,应认真阅读所用车型的使用说明书,详细了解该车的结构和特征,避免因使用失误造成车辆损坏;

②在车辆使用前期,尤其是车辆走合期,因发生的质量问题最易暴露,要密切注意车辆的动静态情况,多观察和查验;

③认真研读车辆使用说明书或用户手册,了解厂方的质量保证条件或合同的特别约定,避免因概念的混淆而陷入被动;

④应注意收集车辆运行初期的使用技术资料,包括开始运行时间、运行里程、故障发生部位、现象、损坏情况等。为分析故障提供依据;

⑤提供详细的技术资料和实物。包括车辆技术管理部门的鉴定结论、实物图片或实物的

原始状态；

⑥提出索赔申请。包括欲索赔车(或机件)的一般情况、损坏情况、技术分析结论、要求索赔的理由及金额等；

⑦在车辆发生质量损坏时，应在厂方派员在场情况下进行拆解，或征得厂方同意时可自行拆解，以求得客观和公正；

⑧在发生索赔和理赔的重大纠纷时，可报请上一级机构或技术监督部门仲裁解决直至求助于法律。

三、车辆运行技术检验

运行车辆的技术检验是车辆使用的重要环节。它不仅关系到车辆能否正常运行，而且关系到行车安全的重大问题。运行车辆技术检验包括出车前、行驶中、收车后的“三检”制度，前两项是由驾驶员完成的，而收车后的技术检验则是由专职检验员进行的。

1. 完好车的概念

①发动机容易起动、运转均匀、动力性和加速性能良好、无异常响声、温度和压力正常。点火、燃料供给，润滑、冷却、排气系统机件齐全，性能良好；

②离合器分离彻底，接合平稳可靠，无异常响声；

③转向装置调整适当，操纵轻便灵活，工作可靠；

④驻车、行车制动器调整适当、效能良好、不跑偏、制动距离符合要求；

⑤各齿轮箱和传动机件无异常响声，无过热现象；

⑥仪表照明、信号及附属装置齐全、性能良好；

⑦全车线路齐全，连接固定可靠；

⑧空气滤清器、机油滤清器清洁完好；

⑨蓄电池固定可靠，电解液密度及液面高度适当，符合技术要求；

⑩钢板弹簧和减振器性能良好；

⑪底盘各部调整适当、管路固定牢固，无干涉，汽车滑行性能好；

⑫全车清洁无漏气、漏水、漏油、漏电现象。

2. 运行车辆技术检验标准(人工检视方法)

①车辆内部清洁，外观整洁，各零部件应完好，连接紧固无缺损，并且有正常的技术性能。车辆的牌照号、放大号字迹清楚；

②发动机动力性能良好，运转平稳，不得有异响，怠速稳定，机油压力正常；废气排放符合国家有关标准；

③转向盘应转动灵活，操纵轻便，无阻滞现象。转向节及臂、转向横直拉杆及球销应无损伤，并且球销不得松旷，锁销锁止可靠；

④制动阀、制动气室、驻车制动操纵杆固定牢靠，制动操纵机构应灵活可靠，制动踏板的自由行程应符合原厂规定。制动性能应符合国标 GB 7258—1997《机动车运行安全技术条件》(制动系)的有关规定；

⑤离合器应接合平稳，分离彻底，不得有异响、抖动、打滑现象，踏板自由行程应符合原厂规定；

⑥变速器操纵机构应灵活可靠，无脱档和严重异响现象；

⑦传动轴中间轴承、万向节、钢板弹簧 U 形螺栓、车轮螺栓，半轴螺栓应齐全紧固，钢板弹

簧不得有断裂、缺片和移位现象。减振器工作正常；

⑧安全防护装置齐全有效，主、挂车的连接装置应坚固耐用，安全防护装置完备，后视镜安装适宜，刮水器工作正常，燃油箱通气口畅通，装备灭火器；

⑨车辆各主要部位不应漏油、漏气、漏水、漏电，但油、水密封结合面允许有不致形成滴状的浸迹；

⑩轮胎胎面无夹石、铁屑等异物，气压应符合规定；

⑪车门、车窗启闭轻便，不得有自行开启现象，其门锁牢固可靠；

⑫车辆各种灯具安装牢靠，灯泡有保护装置，开关自如，仪表及电气设备装备齐全有效，工作可靠；

⑬蓄电池外表清洁，壳体无破裂，无渗漏，通气孔应畅通；

⑭发现影响安全的零部件损坏，应停止运行，进厂修理；

⑮通过检验的车辆，由检验员填发“车辆完好证”。

四、车辆的报废

车辆使用的末期直至报废的这一阶段，可称为车辆后期的技术管理阶段，在这一阶段，一般因车辆的整车技术性能严重下降不适于继续运行或继续运行不经济的，车主申请经有关部门批准后可准予车辆报废。

1. 车辆技术状况变化的规律

汽车在使用过程中技术状况会不断地发生变化，汽车技术状况与行驶里程之间遵循一定的变化规律。采用研究汽车主要部件的磨损规律作为汽车技术状况变化规律的主要指标，汽车两个相配合零件的磨损量随汽车行驶里程的变化规律即该配合副的磨损特征如图 9-1 所示。

由图可以看出，零件的磨损规律可分为三个阶段：

第一阶段是零件磨合的走合期，一般为 1000～1500km，这一阶段的特征是在较短的里程内，零件的磨损量较大，但随着里程的加大，磨损量增长速度却逐惭减慢。

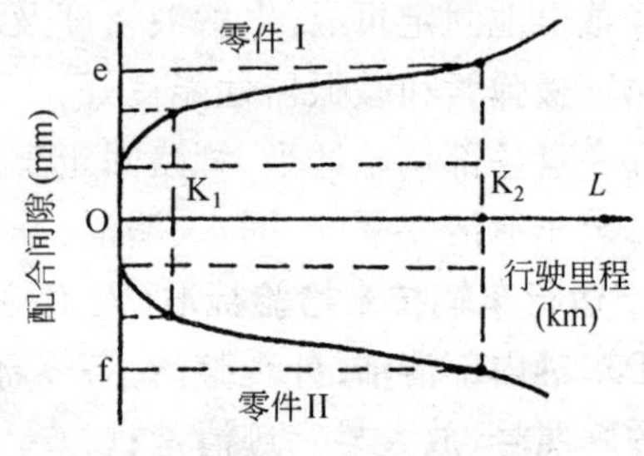

图 9-1　零件磨损规律曲线图

第二阶段为零件的正常工作期，即图 9-1 的 K_1K_2 段。这一阶段的特征是零件的磨损随汽车行驶里程的增加而缓慢地增长。这是由于经走合阶段后，零件的表面已经磨合的较光滑，而相配合零件间隙仍处于正常允许限度内，从而改善了润滑条件所致。对汽车来说，这个阶段的行驶里程相当于大修前的行驶里程。

第三阶段是零件的加速磨损期，其特征是相配合零件已达到最大允许使用极限，冲击负荷大，润滑油膜难以维持，磨损量急剧增加，从而会出现异响、漏气等故障，失去了正常工作能力。如继续使用则会由自然磨损发展为事故磨损，使零件加速损坏。

从汽车磨损规律的分析可以看出，零件磨损进入第三阶段时，汽车已失去正常的使用性能，必须对汽车各部件进行大修，以恢复其使用性能，否则会造成更大的经济损失或事故。从图中也可以看出，汽车的使用寿命与走合期和正常工作期的合理使用有很大关系。

图 9-2 所示为汽车合理使用时对汽车零件磨损的影响。

由图 9-2 可见，走合不良对汽车技术状况的不利影响最大，使汽车大修间隔里程显著下降，严重影响着汽车使用寿命。

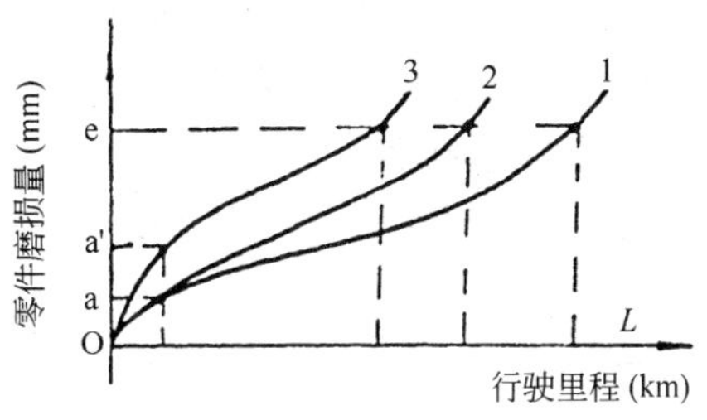

图 9-2　汽车合理使用程度对零件磨损的影响

1-合理使用时；2-正常工作期使用不当；

3-走合期不合理使用

2. 汽车的使用寿命

汽车的使用寿命可分为汽车的技术使用寿命、经济使用寿命和合理使用寿命。

1)技术使用寿命

汽车技术使用寿命是指汽车从开始使用，直至其主要机件到达技术极限状态而不宜再继续修理时为止的总工作时间或总行驶里程。它主要取决于各部总成的设计水平、制造质量和合理使用与维修程度。汽车到达技术使用寿命时，应对车辆进行报废处理，其主要零部件也不能再作备件使用。汽车维修工作做的好，汽车的技术使用寿命会延长。但总的来说，随着汽车使用时间的延长，汽车的维修费用也日益增高，也需权衡得失。

2)经济使用寿命

经济使用寿命是指汽车使用到相当程度，对其进行全面经济分析之后得出已到达不经济合理、运输成本较高的寿命时刻。

所谓进行全面的经济分析，就是从汽车的运输总成本出发，分析汽车的购置成本、使用与维修费用、企业管理开支、车辆的折旧以及市场价格变化等一系列因素，作出综合性经济评定，确定继续使用下去在经济上是否合算。

3)合理使用寿命

合理使用寿命是以汽车的技术使用寿命和经济使用寿命为基础，考虑整个国民经济的发展和能源节约等因素，制定出符合实际情况的使用期限。也就是说，若汽车虽已达到了经济寿命，但是否要更新、还要视国情而定。如更新汽车的来源、更新资金等因素。为此，国家根据上述情况制定出汽车更新的技术政策、规定车辆更新(报废)的期限。

3. 车辆的报废条件及相关规定

车辆报废的定性规定认定，凡"车辆经长期使用，车型老旧、性能低劣、燃料超耗严重、维修费用过高，继续使用不经济、不安全的应予报废"。也就是说凡符合下述条件之一者可予报废：

①车型老旧，性能低劣。此种车辆经长期使用，其性能已大大落后于新车，继续使用不经济或已不符合机动车运行安全技术条件者；

②车辆的基础件严重损坏，不堪继续使用或虽能修复但费用过高。此种车辆将会造成运行燃料超耗严重，经济效益很差，投入大、收效少；

③运行隐患很多，极不安全且无法修的车辆。

并明确规定，车辆需报废时运输单位或个人须经其主管部门鉴定、审批，并报交通运输管理部门备案。它有两层意思，其一，运输车辆要报废，运输单位和个人应报主管部门审批后，才能报废并报交通运输管理部门备案。其二，需要报废的车辆，应由主管部门或委托有条件的单位组织技术鉴定。鉴定时，必须实事求是，认真进行，不得隐瞒和作假。

此外，对需要报废但尚未批准的车辆，应由车属单位妥善保管，严禁拆卸或挪用其任何零件和总成。

对于报废车辆的处理，国家明文规定，凡经批准或确定报废的车辆，交通运输管理部门应及时吊销营运证件,并不得将车辆转让或移作它用。严禁用报废车的总成或零部件拼装车辆等。这对于一些报废车再度流入社会无疑是强有力的约束。

4.汽车报废标准

国家1997年7月15日发布的《汽车报废标准》如表9-4所示:

汽车报废标准 表9-4

车型	行驶里程(万km)	使用时间(年)
矿山特种车	30	8
轻微型载货车	30	8
重中型载货车	40	10
大客车	50	10
轿车	50	8(出租车)
其他	45	10

汽车报废标准尚有以下情况可依:

①使用年限:除规定的使用年限条件外,或虽未超过上述使用年限,但经过两次大修,技术状况下降仍达不到国家对机动车运行安全技术条件要求的,应予报废;

②汽车经过长期使用,虽经修理或更换零部件,但在正常路面条件下行驶,耗油量仍超过定型车出厂标准规定值15%的,应予报废;

③由于各种原因造成车辆严重损坏,无法修复或一次性大修费用为新车价格50%以上的,应予报废;

④使用多年的老旧进口汽车或国产非定型杂牌车已无配件来源及车辆技术状况低劣、又不宜修复的,应予报废;

⑤排污量、噪声都已超出国家规定标准的,应予报废。

另外,报废标准在兼顾了我国目前用户的承受能力及国情需要的同时,还留有一定的回旋余地,即对达到报废里程和使用年限但技术状况尚好的一些车辆,可适当延缓报废,但不得超过规定使用年限的一半(即4~5年),且应增加每年的检验次数、以确保安全及有效监督。

为了鼓励技术进步、节约资源,促进汽车消费,2000年12月18日,国家经贸委、国家计委、公安部、国家环保总局联合下发了“关于调整汽车报废标准若干规定的通知”(国经贸资源〔2000〕1202号),决定将1997年制定的汽车报废标准中非营运载客汽车和旅游载客汽车的使用年限及办理延缓的报废标准调整为:

①9座(含9座)以下非营运载客汽车(包括轿车、含越野型)使用15年;

②旅游载客汽车和9座以上非营运载客汽车使用10年;

③上述车辆达到报废年限后需继续使用的,必须依据国家机动车安全、污染物排放有关规定进行严格检验,检验合格后可延长使用年限。但旅游载客汽车和9座以上非营运载客汽车可延长使用年限最长不超过10年;

④对延长使用年限的车辆,应当按照公安交通管理部门和环境保护部门的规定,增加检验次数。一个检验周期内连续三次检验不符合要求的,应注销登记,不允许再上路行驶;

⑤营运车辆转为非营运车辆或非营运车辆转为营运车辆,一律按营运车辆的规定报废;

⑥本通知没有调整的内容和其他类型的汽车(包括右置转向盘汽车),仍按照国家经贸委

等部门《关于发布〈汽车报废标准〉的通知》(国经贸经〔1997〕456 号)和《关于调整轻型载货汽车报废标准的通知》(国经贸经〔1998〕407 号)执行;

⑦本通知所称非营运载客汽车是指:单位和个人不以获取运输利润为目的的自用载客汽车;旅游载客汽车是指:经各级旅游主管部门批准的旅行社专门运载游客的自用载客汽车。

第五节　车辆维修技术管理

车辆的维护与修理是汽车运用中的重要一环。它对维持和保障车辆的技术状况良好,充分发挥车辆的经济效益和社会效益是举足轻重的。车辆维护应贯彻预防为主、强制维护的原则,车辆修理应贯彻视情修理的原则,这是车辆维修管理工作必须遵循的原则。

一、车辆计划预防维护

车辆维护是一种维护作业,是为保持车辆技术状况良好而进行的各种技术作业的总称。

1. 车辆预防维护制度

车辆在长期运行过程中,随着行驶里程的增加,技术使用性能不可避免地要发生变化,结果将使汽车的动力性能下降,燃料消耗量增加,工作可靠性变坏,甚至因故障损伤而造成停歇,影响其正常使用。

为了减少因零件磨损而导致的汽车技术性能下降,我们必须认真贯彻执行计划预防维护制度。汽车的计划预防维护制度是一种预防性的技术措施,它规定了维护的分级,各级维护的作业内容、要求和维护周期。也就是说,汽车行驶一定里程后,必须按预先规定的作业项目和内容,按计划进行强制性的维护作业。这是为减轻零件磨损、防止早期损坏和在运行中发生故障、延长汽车使用寿命而采取的一种技术组织措施。贯彻计划预防维护制度的目的在于:

①使汽车经常保持整洁的外表并处于完好的技术状态,随时可以参加运行;

②在合理运行的条件下,不致因中途损坏机件而停驶,也不致因机件事故而影响行车安全;

③使整个车辆及各个总成的技术状况保持均衡状态,以达到最高的大修间隔里程;

④在运行中,燃、润料及轮胎和零件达到最低的消耗;

⑤减小车辆的噪音和排气对环境的污染。

2. 计划预防维护制度的制订

1)计划预防维护制度的内容

在制定维护制度工作中,主要解决维护分级和确定各级维护周期。一般把车辆维护分成若干级,各级的维护按一定周期循环进行,高一级的维护包括相邻的低一级的全部维护作业项目和内容,各级维护的周期成倍数关系。

维护的分级主要是根据零件磨损的规律性和技术状况的变化进行。由于车辆各部机构零件、组合件的使用性能和工作情况不同,其自然松动和磨损规律也不同,需要进行的作业范围、深度和周期也应有所区别。因此,维护工作必须根据不同的作业范围、深度和其周期的长短,分级进行维护。

各级维护周期取决于主要作业项目(如影响汽车安全运行的,影响总成故障或机件损坏的项目等)的合理维护周期。个别作业项目的合理维护周期,若与拟订的各级维护周期不适应,可提前进行,或者是通过改善使用条件、改进车辆结构及材料等方法予以延长。

2)制订维护制度的基本依据

我国目前制定汽车维护制度的依据,主要来源于四个方面:汽车制造厂的说明书;企业主管机关的技术文件;科学研究部门的资料;车辆使用具体情况。由于各地运行条件不完全一致,所以汽车使用单位应根据上述四方面的资料,结合本企业的具体情况拟定各级维护作业的项目和周期, 对所确定的维护周期,还要按技术经济观点,进行维护和修理费用的综合分析与评价,确保最佳的维护周期和相应的作业项目。

车辆使用具体情况一般包括以下几方面的内容:

(1)车辆的特点及技术状况

不同类型的车辆,具有不同的结构特点和薄弱环节。同一类型的车辆,由于使用年限和新旧程度的不同,其技术状况也不一样。因此,在制定维护制度时应分别在作业项目和维护周期上作必要的调整。

(2)道路状况及气候条件

车辆行驶地区的道路状况及气候、季节、风沙等对车辆运用影响很大,制定车辆维护作业项目和维护周期时也应予以顾及。如进入冬夏季之前,应结合二级维护进行一次季节性维护;车辆在尘沙较多的地区行驶时,应经常清洁空气滤清器;车辆在山区行驶时,因换档、制动和转弯次数较多,底盘载荷大,维护周期宜适当缩短等。

(3)车辆的使用及维修质量

车辆使用的合理程度,如驾驶技术、行驶速度、装载质量和拖挂质量以及维修质量等,均直接影响车辆的使用寿命。制定维护制度时,也必须根据具体情况对作业项目和维护周期作适当调整。

(4)运输组织

在车辆运输组织中,货运与客运、装载不同品种的货物、采用不同的装卸方法,采用单车或拖挂运输、定线或不定线、白班或夜班行驶以及车辆入库停放或露天放置等不同情况,对车辆机构、总成的磨损程度是不一样的。因此,对其维护的技术要求也不相同。在制定维护作业和周期上,也应适当调整。

(5)燃、润料及配件、修理旧件的品质

燃、润料及配件质量好坏对车辆的技术性能和使用性能影响极大,制定维护制度时,必须考虑这些因素的影响。

二、车辆维护的分级与维护质量保证

各级维护的作业项目和维护周期的规定,应根据车辆结构性能、使用条件、故障规律、配件质量以及经济效果等情况综合考虑。随着运行条件的变化,新工艺、新技术的采用,维护项目和周期可适当进行调整。

车辆维护作业主要包括清洁、检查、补给、润滑、紧固、调整等。因此,除主要总成发生故障、必须解体(拆开进行检查、测定、处理等)的情况外,车辆维护作业时,不得对总成进行解体。以免浪费人力、物力、延长作业时间,影响总成或部件的正常技术状况。

如果运输单位和个人不具备相应的维护能力时,其运输车辆应在交通运输管理部门认定的维修厂(场)进行维护,并建立维护合作关系,以保证车辆维护质量和按期维护,避免影响或延误运输生产。维修厂(场)必须认真进行维修作业,确保维护作业时间,尽量为运输单位和个人减少车辆的维护(包括待维护)车日。车辆维护作业完成后,应将车辆维护的级别、项目等内容填入车辆技术档案，并签发合格证。

1. 车辆维护的分级

1)车辆维护的分级

车辆的维护，按照作业范围和作业深度不同，可分为三级：日常维护、一级维护、二级维护。

(1)日常维护

日常维护是日常性作业。日常维护作业的中心内容是清洁、补给和安全检视。

日常维护由驾驶员负责进行，是驾驶员必须完成的经常性工作。为了保持车辆的正常工作状况，驾驶员必须做到：

①坚持"三检"。即"出车前、行车中、收车后"，检视车辆的安全机构以及各部机件连续和紧固情况。发现故障时，及时处理；

②保持"四清"。即：保持机油、空气和燃油滤清器以及蓄电池的清洁；

③防止"四漏"。即：防止漏水、漏油、漏气、漏电；

④保持车容整齐清洁。

(2)一级维护

一级维护由专业维修工人负责进行，按一定的周期强制执行。

一级维护作业的中心内容，除了包括日常维护的所有作业项目外，以清洁、润滑、紧固为主，并检查有关制动、操纵等安全部件。

(3)二级维护

二级维护是对车辆进行的较一级维护作业范围更为深广的维护作业。由专业维修工人负责进行。应按照二级维护间隔里程定额，按期强制执行。

二级维护作业的中心内容，除一级维护作业外，以检查、调整为主，并拆检轮胎，进行轮胎的调边、换位。

由于二级维护作业的间隔里程较长(一般为一级维护的三倍)，作业过程中经常会发现一些机件故障，需要排除，所以二级维护作业中经常有附加的小修项目。因此，车辆进行二级维护之前，应进行检测诊断和技术评定。根据检测诊断和技术评定的结果，确定必要的附加作业或小修项目，以便结合二级维护一并进行。

车辆维护与小修是不同性质的作业。一般规定：维护作业中发生的小修作业，在维护作业工时定额内的，由维修工完成，不另计小修次数，不另统计小修工时。超出维护工时定额的部分，按小修作业统计、收费。维护作业中因进行小修发生的材料费、更换零部件的费用，按小修作业处理。

除了上述日常维护、一级维护、二级维护外，营运车辆还规定要进行季节性维护、走合期维护、封存期维护等等。

2)挂车维护的分类

挂车维护分日常维护、一级维护、二级维护。可同主车一起进行。

(1) 日常维护

日常维护是日常性作业。由驾驶员负责执行，其作业中心内容是清洁、补给、外露联接件的紧固及安全检视等。

(2) 一级维护

其作业中心内容除日常维护外，以清洁、润滑、紧固为主，并检查有关制动操纵等安全部件。

(3) 二级维护

由专业维修工负责执行，其作业中心内容，除一级维护外，以检查、调整为主，拆检轮胎并进行轮胎换位。

在定车定挂的运行条件下，挂车应与其牵引汽车同时进行各级维护。

挂车维护中，有些工作量较大的修理作业，视情可作为附加项目结合二级维护进行，也可纳入修理作业范围内进行。

2. 质量保证

车辆维护厂(场)站的产品，是经一、二级维护出厂的车辆。车辆维护质量的好坏，与车辆所担负的运输任务和运输质量以及在运行过程中的物料消耗关系极大。因此，车辆维护厂(场)站除应严格执行三级技术检验制度(即自检、互检、终检和进厂检验、过程检验、出厂检验)、把好质量关外，还应对维护竣工出厂后的车辆在一定行驶里程内负责，以便促进维护质量的不断提高，减少返修率。

车辆维护厂(场)站对经一、二级维护出场后的车辆在行驶里程及作业范围上应予以保证：

1)保证里程：

一级维护：1000km；包修期为2天。二级维护：1500km；包修期为10天。

2)保证范围

(1)一级维护的保证范围

一级维护出厂的汽车在保证里程内，应保证：

①汽车连接部位牢固；

②三滤畅通；

③不漏油、不漏水、不漏气、不漏电、不漏润滑点。

(2)二级维护保证范围

二级维护出厂的汽车在保证里程内，应保证：

①转向节和横、直拉杆以及梯形臂装置应齐全、牢固、可靠；

②油底壳、变速器、差速器、转向器、空压机和发动机等处不漏油、不漏水，不漏气；

③轮毂轴承调整、润滑正确；

④机油、燃油、空气滤清器应装置齐全、密封、清洁、工作正常、机油不变色；

⑤前后钢板弹簧装配正确，U形螺栓不松动；

⑥前轮定位符合标准要求，操作轻便灵活，不发生恶性磨胎现象；

⑦发电机及调节器、起动机及其操纵机构、蓄电池等应工作正常；

⑧拖挂钩及挂车连接部位不松动，牢固可靠。

三、车辆修理的分类及质量保证

修理是恢复汽车技术使用性能，节约行车消耗，延长使用寿命所采取的技术措施。汽车修理应贯彻“视情修理”的原则，即根据车辆检测诊断和技术鉴定的结果，视情按不同的作业范围和项目进行。

1. 车辆修理的分类及送修标志

按照不同的对象和不同的作业范围，车辆修理可分为：汽车大修、小修、总成大修和零件修理四类。

1)车辆大修

大修是新车或经过大修后的车辆，在行驶一定里程(或时间)后，经过检测诊断的技术鉴定，用修理或更换车辆零部件的方法恢复车辆技术状况，完全或接近完全地恢复车辆寿命的技术措施。

汽车大修送修标志：客车以车厢为主，结合发动机总成；货车以发动机总成为主，结合车架总成或其他两个总成，凡上述总成符合大修条件的车辆即可大修。

挂车大修送修标志：挂车车架(包括转盘)和货箱符合大修条件；定车牵引的半挂车和铰接式大客车，按照汽车大修的标志与牵引车同时进厂大修。

2)车辆小修

小修是用修理或更换个别零件的方法，保证或恢复车辆工作能力的支持性技术措施，主要是消除车辆在运行过程或维护作业过程中发生或发现的故障或隐患，以及已经摸清规律的计划性小修。除运行中的临时故障应随时加以排除外，其余应结合各级维护进行处理。

车辆小修亦称运行性修理，一般没有相对固定的作业项目，也没有严格的作业周期(间隔里程)。多数小修作业是替换零部件的作业。有些小修作业可由驾驶员进行；有些小修作业有一定规律性，可以有计划地安排在某次二级维护作业中一并进行，作为二级维护附加作业。

当汽车的小修频率很高时，表明汽车的技术状况恶化，应通过技术检测诊断，确定是否需要进行大修或总成大修。

3)总成大修

总成大修，是车辆的总成经过一定使用里程(或时间)后，用修理或更换总成任何零部件(包括基础件)的方法，恢复其完好技术状况和寿命的恢复性修理。

汽车是由发动机附离合器总成、车架总成、前桥总成、后桥总成、车身总成等构成的。在使用过程中，各个总成的磨损程度不尽相同，技术性能的变化也不一致。有些总成在车辆大修间隔里程定额未达到之前，不需修理。个别总成则由于技术状况变差不宜继续使用，应即进行解体修理或更换部分零部件，以恢复其应有的技术性能。通常在新车至第一次大修或两次大修之间往往需要进行一次发动机总成大修，使其能够与其他总成同时达到下一次汽车大修的里程。因此，总成大修也是一种平衡性修理。

总成大修有两种作业方式：就车大修，即某辆汽车的总成修竣后仍装在原车上，汽车同时停厂等待；总成互换大修，即对互换下的总成进行大修，以备替换用。

就车大修和总成互换大修各有优缺点。就车大修的优点是原车修复总成，除报废零件外，可保持原车原件，不需要储备备件总成，只需要储备零部件，可以减少资金占用；不受车型和车属单位不同的限制，适用性强。缺点是修理周期较长，汽车要停厂等待总成修复；总成互换大修优点是总成拆装作业延续时间短，汽车换上总成即可驶离修理厂，可以大量压缩汽车停厂待修时间，基本不影响车辆的使用，亦可减少车辆非技术完好车日(在修车日)，提高车辆完好率。替换下来的总成，可采用流水作业进行大修。缺点是既要储备相应的零部件供修复替下的总成，又要储备一定数量的总成供互换用，当车型较多时，需要储备各种车型总成，势必占用大量的流动资金，不利于提高资金利用效率，而且总成互换只适用于同企业内部车辆互换，不同车属单位(即不同核算单位)之间不能互换总成。

因此，采用就车修理方式，还是总成互换方式，要根据送修车辆的数量、车型，以及车辆送修单位等具体情况而定。

总成大修的送修标志是：

①发动机附离合器总成:气缸体破裂或气缸内径磨蚀逾限;气缸磨损,圆柱度达到0.75～0.25mm或圆度已达到0.050～0.063mm(以其中磨损量最大的一个气缸为准),最大功率或气缸压力较标准降低25%以上;动力性能降低,燃料与润滑材料超耗;发动机运转时出现轴承响声和敲缸声等杂音,需拆卸进行彻底修理;

②车架总成:车架弯曲、扭曲、断裂、锈蚀变形逾限,大部铆钉松动,或铆钉孔磨损,必须拆卸其他总成后才能进行校正、修理或重铆,方能修复;

③变速器(分动器)附传动轴总成;壳体破裂、变形、轴承承孔磨损逾限,变速齿轮及轴恶性磨损、损坏,需要彻底修复;

④后桥(驱动桥、中桥)总成:桥壳破裂、变形,半轴套管承孔磨损逾限,需要校正或彻底修复;

⑤前桥总成:前轴裂纹、变形,主销承孔磨损逾限,需要校正或彻底修复;

⑥客车车身总成:车厢骨架断裂、锈蚀、变形严重,蒙皮破损面积较大,需要彻底修复;

⑦货车车身总成:驾驶室锈蚀、变形严重,破裂,或货厢纵、横梁腐朽,底板、栏板破损面积大,需要彻底修复。

4)零件修理

零件修理是零件在使用中发生损伤、变形、磨蚀,需要校正、修复,以恢复其使用性能的修理作业。

零件修理是修旧利废、节约原料、降低成本、增产节约的一项重要措施。汽车修理和维护换下来的零件,具有修理价值的,均应修复使用。修理工艺比较复杂、数量较大的零件应集中修理。

零件修理的主要方法,大致可归纳为如下几种:

①机械加工法:有修理尺寸法、镶套法;

②压力加工法:有胀大或缩小、墩粗、校正、冷作强化;

③焊接和堆焊法:有气焊、电焊(手工电弧焊、振动堆焊、埋弧焊,CO_2气体保护焊);

④电镀法:有镀铬、镀铁、镀铜;

⑤金属喷涂法:火焰喷涂,电弧喷涂、等离子喷涂;

⑥胶粘法:无机粘接及有机粘接。

2.车辆大修出厂后的质量保证

车辆大修竣工后,不仅要按照出厂时的有关规定进行验收、交接,而且承修厂在车辆使用初期正常走合的前提下,即自出厂10000km或三个月时间以内(或依双方特别约定),要保证车辆技术状况,以延长车辆使用寿命。其保证范围是:

①发动走热后,运转正常,无拉缸现象,气缸压力和真空吸力符合标准;活塞销、曲轴轴承和连杆轴承无异响,机油压力和冷却水温度正常,无漏油、漏水现象;

②离合器工作正常,不发抖、不打滑,无异响;

③变速器(包括分动器)齿轮无恶性磨损,不发高热,不跳档,运转时无敲击声,不漏油;

④传动轴十字轴轴承、中间支架轴承不松旷,无抖动发响现象;

⑤后桥壳及半轴不得有裂纹,减速齿轮及差速齿轮无恶性磨损,不过热,轴承不走内外圈,不引起恶性磨胎,不漏油;

⑥前桥不引起恶性磨胎,行驶时不摆头、蛇行或跑偏,转向器不过重或发响,转向盘转动量符合规定,工字梁和转向节无裂纹,轴承内外圈不松旷;

⑦制动鼓无裂纹、不变形;制动鼓与制动蹄片接触正常;
⑧车架铆接不松动、拖钩和支架无裂纹;
⑨客车车厢不摆尾,不漏水,油漆无裂纹和脱落;
⑩货车车厢车头和驾驶室不摆晃,驾驶室不漏水,油漆无裂纹或脱落。

四、车辆维修合同

在生产经营活动中,供求双方为了维护各自的利益和合法权利,要签定一定形式的"合同"文本,以便一旦发生纠纷时,能够得到法律的公正裁判和保护。车辆的维修也不例外,运输业主在送修承修厂家时也须签定一定形式的"维修合同"来保障自身的合法权益不受损害。

1. 车辆维修合同签定的范围

①汽车大修;
②汽车主要总成的大修;
③汽车的二级维护;
④汽车维修预算费用在1000元以上者。

2. 合同签订的主要内容

①承、托修方的名称;
②签订的日期及地点;
③合同编号;
④送修车辆的车种车型、牌照号码,发动机型号(或编号)、底盘号码;
⑤维修类别及项目;
⑥预计维修费用;
⑦质量保证期限;
⑧送修地点、日期及方式;
⑨交车地点、日期及方式;
⑩托修方所提供材料的规格、数量、质量及费用结算原则;
⑪验收标准和方式;
⑫结算方式及期限;
⑬违约责任和金额;
⑭解决合同纠纷的方式;
⑮双方商定的其他条款。

3. 合同双方的义务

1)托修方的义务
①按合同规定的时间送修车辆和接收竣工车辆;
②提供送修车辆的有关情况(包括送修车辆基础技术资料、技术档案等);
③按合同规定的方式和期限交纳维修费用。

2)承修方的义务:
①按合同规定的时间交付修竣车辆;
②按照有关汽车修理技术标准修车,保证维修质量,向托修方提供竣工车辆出厂合格证;
③建立承修车辆维修技术档案,并向托修方提供维修车辆的有关资料及使用注意事项;
④按规定收受维修费用,并向托修方提供维修工时、材料明细表。

4. 合同的约束效力

①汽车维修合同签订后，任何一方不得擅自变更或解除。当事人一方要求变更或解除维修合同时，应及时以书面形式通知对方。因变更或解除合同使另一方遭受损失的，除依法可以免除责任的以外，应由责任方负责赔偿；

②托修方按合同规定对竣工车辆进行验收签字后，方能接收车辆。承修方必须按其义务和规定提供有关资料；

③托修方未按合同规定时间送修车辆和承修方未按合同规定时间交付竣工车辆，应按合同规定支付对方违约金。托修方不按合同规定交付维修费，从应付费次日起，每日按不超过维修费的0.1%向承修方交纳滞纳金；

④违约金、滞纳金金额由双方商定，但法律另有规定的除外。除双方另有商定外，违约金、赔偿金应在明确责任后十日内偿付，否则按逾期付款处理；

⑤在合同期已竣工的车辆，托修方不按合同期限验收接车，应承付车辆的保管费和自然损伤的修复费。逾期半年以上的，承修方有权将车辆提交有关部门依法处理；

⑥承、托修双方在履行合同中发生纠纷时，应及时协商解决；协商不成时，任何一方均可向当地经济合同仲裁部门申请仲裁或直接向当地人民法院起诉。维修车辆在质量保证期内发生质量问题，当事人也可先到所在地交通主管部门提请调解处理。

5. 维修质量纠纷责任认定

①承修方不按技术标准、有关技术资料和维修操作规程维修车辆或不按使用说明书规定选用配件、油料所引起的质量责任由承修方负责；承修方因装配使用有质量问题的配件、油料或装配使用托修方自带配件、油料且未在维修合同中明确责任的，所引起的质量责任也由承修方负责；

②承修方在进行总成大修、小修和二级维护作业时，未对所装(拆)配件进行鉴定或虽发现相关配件质量不符合技术要求但未与托修方签订责任协议，在质量保证期内确因该零部件质量引起的质量事故由承修方负责。汽车维修合同中另有约定的按合同规定的责任确定；

③因托修方违反驾驶操作规程和车辆使用、维护规定而引起的质量责任，由托修方负责；

④责任认定的依据是建立在公正、客观的技术分析和技术鉴定基础上的；

⑤汽车维修质量纠纷调解的原则应是坚持自愿公平，调解机构在调解时应当公开，做到依据事实、查明原因、分清责任、公开调解、公平负担。

6. 维修车辆送修和修竣出厂规定

1)车辆和总成的送修规定

①车辆和总成送修时，承修单位与送修单位应签订合同，商定送修要求、修理车日和质量保证等。合同签订后必须严格执行；

②车辆送修时，应具备行驶功能，装备齐全，不得拆换；

③总成送修时，应在装合状态，附件、零件均不得拆换和短缺；

④肇事车辆或因特殊原因不能行驶和短缺零部件的车辆，在签订合同时，应作出相应的规定和说明；

⑤车辆和总成送修时，应将车辆和总成的有关技术档案一并送承修单位。

2)修竣车辆和总成的出厂规定

①送修车辆和总成修竣检验合格后，承修单位应签发出厂合格证，并将技术档案、修理技术资料和合格证移交送修单位；

②车辆或总成修竣出厂时,不论送修时的装备(附件)状况如何,均应按照有关规定配备齐全。发动机应安装限速装置;

③接车人员应根据合同规定,就车辆或总成的技术状况和装备情况等进行验收,如发现确有不符合竣工要求的情况时,承修单位应立即查明,及时处理;

④送修单位必须严格执行车辆走合期的规定,在保证期内因修理发生故障或提前损坏时,承修单位应优先安排,及时排除,免费修理。如发生纠纷,由维修管理部门组织技术分析,进行仲裁。

第六节　汽车燃润料及轮胎

汽车运输成本中,运行材料(燃料、润滑材料和轮胎)消耗费用占很大比重,燃料费在运输成本中约占 20%～40%,轮胎消耗费约占 10%～15%。由此可见,用好、管好运行材料对降低运输成本,提高经济效益具有直接的意义。

一、汽油的使用性能、牌号、规格及选用

1. 汽油的使用性能

汽油使用性能的主要评价指标是蒸发性及抗爆性,其次是氧化安定性、腐蚀性和其他指标。前两者对发动机的动力性和燃料经济性有很大影响,后两者对发动机的工作可靠性和燃油贮存有一定影响。其主要使用性能如下:

①汽油的蒸发性,用馏程和饱和蒸气压两项指标来评定;

②汽油的抗爆性,评价指标用辛烷值和抗爆指数表示;

③汽油的氧化安定性,评价指标为实际胶质和诱导期;

④汽油的腐蚀性及其他指标。

汽油中的有害物质主要是硫分、硫化物、有机酸、水溶性酸和碱等。此外,汽油中不允许有机械杂质和水分,因为它们对使用的危害性很大。

2. 汽油的牌号、规格及选用

1)汽油的牌号及规格

汽油的牌号是根据汽油的辛烷值大小来划分的。汽油的品种主要有 70、90、93、95 和 97 号等。我国目前的汽油标准有两个,一个是国标 GB 484—1993 含铅汽油,另一个是石化行业标准 SH 0041—1993 无铅汽油标准。我国正在组织制定无铅汽油国家标准,加严了对硫含量的限制。

2)汽油的选用

选用汽油就是选汽油的辛烷值,即汽油的牌号,汽油牌号中的数字就是辛烷值。选择汽油牌号过高,会造成浪费,过低则会使发动机产生爆震,影响动力性和经济性,严重时还会使汽油机损坏。选用汽油时应注意下述几点:

①根据汽车使用说明书的要求选择,应注意说明书上要求的辛烷值是研究法辛烷值(RON)还是马达法辛烷值(MON);

②根据汽油发动机压缩比选择。一般压缩比高的发动机应选择高牌号汽油,压缩比低的发动机应选择低牌号汽油,见表 9-5 所示;

发动机压缩比与选用汽油牌号表　　表 9-5

汽油机压缩比	<7.5	7.5	8.5	78.5
汽油牌号	70	90 或 93	90 或 93	97

③根据使用条件选择。高原地区大气压力小，空气稀薄，汽油机工作时爆震倾向减小，可以适当降低汽油的辛烷值。一般海拔每上升 100m，汽油辛烷值可降低 0.1 个单位。经常在大负荷、低转速下工作的汽油机，应选择较高牌号的汽油；

④根据使用时间调整汽油牌号的选择。汽油机使用时间较长后，由于燃烧室积炭、水套积垢等会使发动机压力增加，此时再使用原牌号汽油时发动机会有爆震，因此，此类汽车在维护后应该使用高一级的汽油；

⑤应重视汽油的质量。使用者加油时应到规模较大、信誉良好的加油站加油。切忌只顾眼前利益，加用质量低劣的汽油，这样不仅会影响车辆的使用性能（如动力性差、排放高、油耗高等），严重时且会使汽油机机件损坏。

另外，对进口车辆汽油牌号的选择可采用下述经验公式求得。（式中 Y 为辛烷值 RON，ε 为汽油机压缩比）

$$Y=-5.71+33.31\sqrt{\varepsilon}\cdots\cdots（对日本进口车辆）$$

$$Y=-9.4+13.0\varepsilon\cdots\cdots（对欧洲轿车、压缩比<7.2 时）$$

$$Y=30\lg(\varepsilon-6.2)+84.2\cdots\cdots（对欧洲轿车、压缩比>7.2 时）$$

二、柴油的使用性能、牌号、规格及选用

1. 柴油的使用性能

柴油的使用性能包括发火性、蒸发性、低温流动性、粘度、腐蚀性及其他性能。

①柴油的发火性，用十六烷值或十六烷指数表示；

②柴油的蒸发性，用馏程和闪点来控制；

③柴油的粘度，一般车用柴油粘度在 20℃ 时大约 $2mm^2/s$ 为宜；

④柴油的低温流动性，主要评价指标有浊点、倾点、凝点及冷滤点等；

⑤柴油的腐蚀性、安定性及清洁性，柴油的腐蚀性是由硫分、酸度、水溶性酸或碱和腐蚀试验 4 个指标来控制的。柴油的安定性也是以实际胶质来控制的，柴油的清洁性是用灰分、水分和机械杂质等指标控制的。

2. 柴油的牌号、规格及选用

1）柴油的牌号、规格

一般柴油汽车均属高速柴油机，使用轻柴油，我国 1994 年修订了原国家标准。轻柴油按质量分为优等品、一等品及合格品三等级，每个等级按凝点又分为 10 号、0 号、-10 号、-20 号、-35 号、-50 号六个牌号。

2）柴油的选用

从柴油的规格可以看出，不同牌号的柴油除凝点有明显区别及 -20 号、-35 号柴油的十六烷值稍低外，其余指标基本相同。因此，普通轻柴油主要依据使用地区的气温选用柴油牌号。

原则上柴油的凝点必须低于环境温度 3～5℃。为保证在最低气温下柴油机也能正常工作，凝点应比环境气温低 5℃ 以上。各地选用车用柴油时可参照表 9-6 所示。

普通柴油牌号推荐表 表 9-6

牌　　号	适用地区季节	适用最低气温(℃)
10 号	全国各地 6～8 月和长江以南 4～9 月	12
0 号	全国各地 4～9 月和长江以南冬季	3
-10 号	长城以南地区冬季和长江以南地区严冬	-7
-20 号	长城以北地区冬季和长城以南黄河以北地区严冬	-17
-35 号	东北和西北地区严冬	-32
-50 号	东北的漠河和新疆的阿乐泰地区严冬	-45

三、发动机润滑油的使用性能、规格、牌号及选用

发动机润滑油的主要作用是润滑曲轴、连杆、活塞、气缸壁、凸轮轴、气门等摩擦部位,除此之外,性能优良的发动机润滑油还应具有冷却、密封、清洗和防锈抗腐蚀作用。

1. 发动机润滑油的主要性能指标

主要性能指标为:粘度;粘温性能;腐蚀性;清洗分散性;倾点和凝点;酸值;闪点;灰分;残碳;水分和机械杂质;抗氧化性能;热氧化安定性。

2. 发动机润滑油的规格和牌号

我国发动机润滑油采用美国 API 性能分类法和 SAE 粘度分类法。按用途主要分为汽油润滑油、柴油润滑油和二冲程汽油润滑油三大类。按润滑油的品质和特性,汽油机润滑油分 SC、SD、SE、SF 四级,后一级比前一级好。柴油机润滑油按用途和特性分为 CC、CD 两种质量级别,同汽油机润滑油一样,也是后一级比前一级好。以上各类润滑油的特性和使用场合见表 9-7。

发动机润滑油的分类 表 9-7

级　别	特　性　和　使　用　场　合
SC	具有较好的清净性、分散性、抗氧化性、抗腐蚀和防锈性。用于中等条件下工作的载货汽车、客车和其他车辆,适用于国外 1964　1967 年型的汽油机
SD	性能比 SC 级油更高的机油,用于较苛刻条件下工作的载货汽车、客车和某些型号轿车。也可代替 SC 级油使用。可满足装有曲轴箱强制通风装置的汽油机要求,适用于国外 1968～1971 年型的汽油机
SE	性能比 SD 级油更高的机油,用于苛刻条件下工作的轿车和某些载货汽车,可满足装有曲轴箱强制通风装置的汽油机要求,适用国外 1971～1972 年型汽油机
SF	抗氧化和抗磨损性能比 SE 级油更高的机油,用于更苛刻条件下工作的轿车和某些载货汽车。适用于 1980～1987 年型国外进口车
CC	具有防止高低温沉积物、防锈和抗腐蚀的性能。适用于中等负荷条件下工作的低增压柴油机和工作条件苛刻(或热负荷高)的非增压的高速柴油机
CD	具有良好的抗磨损、抗腐蚀和防止高温沉积物的性能。适用于高速高负荷条件下工作的增压柴油机

润滑油牌号中的数字表示其粘度等级。我国内燃机润滑油粘度等级等效采用 SAEJ 300APR84 标准。该标准将冬季用润滑油按 -30℃、-25℃、-20℃、-15℃、-10℃、-5℃时的最高动力粘度、边界泵送温度和最高倾点三项低温性能指标分为 0W、5W、10W、15W、20W 及 25W 等六个等级(W 表示冬用),其低温粘度、边界泵送温度和最高倾点一级比一级高;按 100℃时的运动粘度把春秋和夏季用润滑油分为 20、30、40、50 四个等级,其粘度也依次递增。润滑油粘度分级见表 9-8。

内燃机润滑油粘度分级 表 9-8

粘度分级	低温粘度最大值		最高边界泵送温度(℃)	最高稳定倾点(℃)	100℃粘度(cSt)	
	粘度(cP)	温度(℃)			最小	最大
0W	3250	-30	-35		3.8	
5W	3500	-25	-30	-35	3.8	
10W	3500	-20	-25	-30	4.1	
15W	4500	-15	-20		5.6	
20W	6000	-10	-15		5.6	
25W		-5	-10		9.3	
20					5.6	小于 9.3
30					9.3	小于 12.5
40					12.5	小于 16.3
50					16.3	小于 21.9

如果一种内燃机润滑油的低温性能各项指标和 100℃运动粘度仅满足冬用润滑油或夏用润滑油粘度分级之一者,称为单级油;如果一种润滑油,它的低温性能各项指标和 100℃运动粘度能同时满足冬夏两种粘度分级要求的,称为多级油。常用的多级油有下列几种:5W/20、5W/30、5W/40、5W/50、10W/20、10W/30、10W/40、10W/50、15W/20、15W/30、15W/40、15W/50、20W/20、20W/30、20W/40、20W/50 共 16 种。

在单级冬季用油中,符号 W 前的数字越小,说明其低温粘度越小,低温流动性越好,适用的最低气温越低。在单级夏季用油中,数字越大,其粘度越大,适用的最高气温越高。对于多级油来讲,其代表冬季用部分的数字越小,代表夏季部分的数字越大,说明其粘温特性越好,适用的气温范围越大。

随着汽车技术的不断发展,汽车发动机对润滑油的要求也不断提高。1995 年我国重新修订并发布了汽油润滑油国家标准。1997 年我国相继颁布了 CC、CD 柴油润滑油标准。

3. 发动机润滑油的选用

发动机润滑油是保证其正常工作的必要条件,如果选择不当,不仅影响发动机的使用性能,严重时还会导致发动机的突发故障,造成安全隐患。同理,选择了正确的润滑油,还要了解正确的使用方法,使用不当将发挥不了所选油品应有的作用。

1)汽油机润滑油的选择

汽油机润滑油主要依据发动机的结构特点、使用条件、气候条件等选择润滑油的质量等级和粘度级别。

根据汽油机的结构性能和使用条件选择相应的润滑油质量等级,再根据使用地区的气温选择润滑油粘度级别。有汽车使用说明书的用户,依据说明书要求选取;无使用说明书时,汽油车可以按照发动机设计年代、发动机的压缩比、曲轴箱是否安装正压通风装置(PVC)、是否安装废气再循环装置(EGR)和催化转化器等因素选取润滑油。一般的发动机装有 PCV 阀,用 SD 以上的汽油润滑油;安装了 EGR,用 SE 级润滑油;发动机装有催化转化器,用 SF 润滑油。近期进口车或引进技术生产的轿车用 SF 级润滑油。

按压缩比选用润滑油等级可见表 9-9。

发动机压缩比与润滑油等级参考值 表 9-9

压缩比范围	可选用润滑油等级	压缩比范围	可选用润滑油等级
小于 7	SC	8～10	SE
7 左右，并安装曲轴箱正压通风装置	SD	大于 10	SF

我国常用汽油机汽车选用润滑油等级见表 9-10。

我国常用汽油机汽车选用润滑油等级 表 9-10

车　　型	润滑油质量等级
EQ1090，492QC 为动力的各类车	SC
CA1091 和东风改型汽油车	SD
夏利、大发、昌河、拉达	SE
一汽奥迪、捷达、红旗、小解放、CA6440 轻客、上海桑塔纳、北京切诺基、标致	SF
富康、桑塔纳 2000(电喷)、红旗 7220AE、捷达(电喷)	SG 或 SH

进口汽车可根据生产年限选择润滑油。对美、英、法、意、日、德、加拿大等国家的汽车可从其生产年代来判断应用润滑油的质量等级。1964～1967 年生产的汽油车用 SC 级润滑油；1968～1971 年出厂的汽车用 SD 级润滑油；1972～1980 年出厂的汽车用 SE 级润滑油；1981～1986 年以后出厂的汽车用 SF 级润滑油；1987 年以后用 SG 级润滑油。另外，随着技术进步，汽车发动机的压缩比、转速、功率等不断提高，而发动机体积减小，热负荷越来越大，因而润滑油工作条件也越来越苛刻。因此又出现一些新的润滑油等级。例如：SH 适用于 1994 年以后生产的轿车、轻型载货车的汽油机。SJ 适用于 1997 年以后生产的轿车、轻型载货汽油机。

选择汽油机润滑油的粘度主要根据发动机工作的环境温度。一般常以汽车使用地区的年最高和最低气温选择润滑油的粘度等级。如我国北方温度不低于 -15℃ 的地区，冬季用 SAE20，夏季用 SAE30 或全年通用 SAE20W/30；低于 -15℃ 的地区，全年通用SAE15W/30或 SAE10W/30；严寒地区用 SAE5W/20。南方最低气温高于 -5℃ 的地区，全年通用 SAE30，广东、广西、海南可用 SAE40。表 9-11 列出了粘度等级与使用环境温度范围的参考值。

粘度等级与使用环境温度范围的参考值 表 9-11

粘度等级	使用温度(℃)	粘度等级	使用温度(℃)
5W	-30～-10	5W/30	-30～30
10W	-25～-5	10W/30	-25～30
20	-10～30	10W/40	-25～40
30	0～30	15W/40	-20～40
40	10～50	20W/40	-15～40

2)柴油机润滑油的选择

柴油机润滑油的选择主要依据汽车使用说明书，在没有使用说明书时，也可根据柴油机的强化系数确定柴油机润滑油的质量等级，然后根据汽车使用地区的气候确定润滑油的粘度级别。

柴油机强化系数代表其热负荷和机械负荷，强化系数越大，表明发动机的热负荷和机械负荷越高，而且对油品的质量要求也越高。柴油机的强化系数用 K 表示，计算式为：

$$K = P_e \cdot C_m \cdot Z$$

式中：P_e——气缸平均有效压力，0.1MPa 的倍数；

C_m——活塞平均速度，m/s；

Z——冲程系数（四冲程取 0.5，二冲程取 1.0）。

强化系数在 30～50 之间的柴油机，选 CC 级柴油润滑油；强化系数大于 50 时，选择 CD 级柴油润滑油。我国常用柴油机选用润滑油等级见表 9-12。

我国常用柴油机选用润滑油等级一览表 表 9-12

柴油机型号	润滑油等级
康明斯、斯太尔、依维柯	CD
玉柴、扬柴、朝柴、锡柴、大柴、日野 ZM400、五十铃 4BD1、4BG2	CC 或 CD

选好润滑油的质量等级后，还应根据汽车实际工作条件的艰苦程度，提高用油的等级，工作条件符合下列情况之一的，应将质量等级提高一个级别（在无级别可提高时，应缩短换油周期）：

①汽车处于经常停停开开的使用工况，容易产生低温油泥。如：城市公共汽车、出租车等；

②长时期在低温、低速（气温低于 0℃、速度 16km/h 以下）行驶，容易产生低温沉积；

③长时间在高温、高速、满载下工作，易使润滑油氧化变质，生成积炭、漆膜等高温沉积物；

④长期在灰尘大的条件下工作。

除此之外，还应根据柴油机润滑油容量大小和所用柴油含硫量的高低，适当升降润滑油的质量等级。一般而言，润滑油容量大、工作条件较缓和时可降低一级质量；柴油含硫量超过 1.0%时，应考虑升高一级质量。

柴油机润滑油粘度选择原则与汽油机润滑油相同，考虑到柴油机工作压力比汽油机大，但转速又较汽油机低的特点，在选择粘度时应略比汽油机高一些。

3）使用润滑油注意事项

选择了合适的润滑油等级和粘度级别后，还要注意正确的使用方法。如果使用不当，同样会造成发动机磨损加剧，甚至出现拉缸、烧轴瓦的故障。因此，使用时应注意以下几点：

①同一级别的国内外润滑油使用效果一致，国产长城牌 SJ5W/30 受到国际认可，是目前国产最高品质的润滑油，适用所有高档车；

②级别低的润滑油不能用于高性能发动机，以防润滑不良，造成磨损加剧；级别高的润滑油可以用于稍低性能的发动机，但不可降档太多；

③在保证润滑条件下，优选粘度低的润滑油，可以减少机件的摩擦损失，提高功率，降低燃料消耗。如果发现所用润滑油粘度太高，切不可自行进行稀释。正确的方法是放掉发动机内所有润滑油（包括滤清器内的润滑油），换用粘度适当的润滑油。

④保持正常油位，常检查，勤加油。正常油位应位于油尺的满刻度标志和 1/2 刻度标志之间，不可过多或过少；

⑤不同牌号的润滑油不可混用，同一牌号但不同生产厂家的润滑油也尽量不混用；

⑥注意识别伪劣润滑油。选取润滑油时，切勿一味相信广告和维修人员推荐，应检查是否经权威检测单位检测；

⑦定期更换润滑油，换油时同时换掉润滑油滤芯。

四、汽车润滑脂的选用

1. 汽车润滑脂的选择

选择润滑脂时，首先要搞清润滑脂的失效机理、使用部位、使用的温度、速度、负荷和工作环境等。

润滑脂在摩擦副中会同时受到机械剪切力和离心力的作用。在离心力的作用下，润滑脂被甩出摩擦界面或者使润滑脂产生分油，使润滑脂油分减少、锥入度减小而硬化，到一定程度后就会导致润滑完全失效。润滑脂在机械剪切力作用下，结构发生破坏，引起软化、相对粘度下降，稠度下降，析油增加等，最终导致失效。另外，润滑脂在高温环境和摩擦热的作用下，会发生蒸发损失，使润滑脂油性减少、变硬、粘度增加。润滑脂与空气中的氧发生化学反应会产生酸性物质，消除润滑脂中的抗氧化添加剂，一定程度后，有机酸会腐蚀金属并破坏脂的结构，使滴点下降、粘度增加。因此，选择润滑脂时应注意以下几项原则：

①工作温度：工作温度越高，使用寿命越短。一般轴承温度升高 10～15℃，润滑脂的寿命下降 1/2。温度高的部位一定要选用抗氧化安定性好、热蒸发损失少、滴点高、分油量少的润滑脂；温度较低的部位，一定要选用低温起动性能好、相对粘度小的润滑脂；

②速度：轴承通常以速度因数“DN”表示润滑脂适用的速度。其中 D 表示轴承内径(mm)，N 表示轴承转速(r/min)；

③负荷：对重负荷机械，应采用稠度大一些的润滑脂，比如选择加极压添加剂、二硫化钼或石墨的润滑脂；

④环境条件：选择润滑脂时还应考虑润滑部位的温度、灰尘、腐蚀性等因素，特殊环境选用特殊性能的润滑脂。

2. 润滑脂的合理使用

试验表明，润滑脂的稠度牌号不易太大。对于汽车轮毂轴承而言，使用 2 号脂比较适宜。采用集中润滑的底盘摩擦节点使用 0 号脂较好。因此，除热带重负荷车辆外，我国南方宜全年使用 2 号脂，北方冬季用 1 号脂，夏季用 2 号脂。

在润滑脂的使用中，不同牌号的不要混用。避免不同化学成分和性质的油脂混在一起降低润滑脂的使用性能和寿命。例如：锂基脂中混入 10% 左右的钠基脂，其滴点和耐用寿命会明显下降。

五、汽车齿轮油的使用性能、分类及选用

汽车齿轮油主要用于润滑各种车辆的后桥传动齿轮和手动变速器。齿轮油在齿轮传动中的主要作用是减少摩擦、降低磨损、冷却零部件，同时还起缓和振动、减少冲击、防止锈蚀以及清洗摩擦面脏物的作用。

1. 汽车齿轮油的使用性能

①极压抗磨性：齿轮油要求能在较高的负荷下还能保持有足够厚的油膜；

②热氧化安定性：齿轮油氧化带来的问题很多，它使油的粘度增加，生成油泥，影响油的流动；它产生腐蚀性物质，加速金属的腐蚀和锈蚀；它生成的极性沉定物会吸附极性添加剂，使添加剂随沉淀一起从油中析出；

③抗腐蚀性能：汽车齿轮油中含有的极性添加剂会与零件表面金属反应生成有机膜，以防止在重负荷时油膜破裂引起擦伤，增加极压性能。但极性添加剂又会造成铜或铜合金的腐蚀。

所以要求汽车齿轮油有兼顾极压性和抗腐蚀性的能力。

2. 汽车齿轮油分类

1)粘度分级

齿轮油按粘度分为五个牌号,即75W、80W、85W、90、140。在粘度分类中,与发动机润滑油一样,W表示有低温要求,85W/90表示多级油。但数字表示的粘度大小不同,各粘度牌号齿轮油适用的环境温度见表9-13。

各种粘度牌号齿轮油适用的温度范围 表9-13

粘度牌号	环境温度(℃)	粘度牌号	环境温度(℃)	粘度牌号	环境温度(℃)
75W	-57～+10	85W/90	-15～+49	90	-12～+49
80W/90	-25～+49	85W/140	-15～+49	140	-7～+49

2)质量分级

我国汽车齿轮油质量是按其承载能力划分的,共有三级,CLC普通汽车齿轮油,CLD中负荷汽车齿轮油,CLE重负荷汽车齿轮油。通常后两种又称为双曲线齿轮油。三种齿轮油的特点和常用部位见表9-14。

汽车齿轮油的分类 表9-14

名称及代号	特点	常用部位	相当API级别
普通汽车齿轮油CLC	精制矿物油加抗氧剂、抗泡剂和少量极压剂等	手动变速器、螺旋伞齿轮的驱动桥	GL—3(已废除)
中负荷汽车齿轮油CLD	精制矿物油加抗氧剂、防锈剂、抗泡剂和极压剂等。适应在低速高转矩、高速低转矩下操作的各种齿轮,特别是客车和其他各种车辆用的准双曲面齿轮	手动变速器、负荷高的螺旋伞齿轮和使用条件不苛刻的准双曲面齿轮的驱动桥	GL—4(已废除)
重负荷汽车CLE	精制矿物油加抗氧剂、防锈剂、抗泡剂和极压剂等。适用于高速冲击负荷、低速高转矩、高速低转矩下操作的各种齿轮,特别是客车和其他各种车辆用的准双曲面齿轮	操作条件苛刻的准双曲面齿轮及其他各种齿轮的驱动桥。也可用于手动变速器	GL—5

3. 汽车齿轮油的选用

汽车齿轮油的选择首先要根据齿轮的类型、负荷大小、滑动速度选定合适的质量级别,然后再根据使用的最高和最低工作温度来确定齿轮油的粘度级别。一般而言,气温低、负荷小,可选择粘度较小的油;反之,宜选用粘度较大的油。可以同时满足最低环境温度的冷起动和正常工作条件下的温度要求的油是多级油。齿轮油的粘度等级可参考表9-13中的温度范围选择。

选择汽车齿轮油时应注意,一般进口和引进生产线生产的汽车后桥必须用CLE重负荷汽车齿轮油,手动变速器用CLD中负荷汽车齿轮油,如桑塔纳、红旗等轿车以及东风EQ1141G、进口中、重型车等。使用螺旋伞齿轮的国产汽车驱动桥适于用CLC普通汽车齿轮油或者CLD

中负荷汽车齿轮油，手动变速器用 CLC 齿轮油，如东风 EQ1090E、北京 BJ2023C 等车。使用双曲线齿轮的国产汽车驱动桥宜采用 CLD 中负荷汽车齿轮油或 CLE 重负荷汽车齿轮油，手动变速器用 CLD 油。齿轮油的换油周期一般都在 2～3 万 km 以上，往往需要跨年度使用，所以，齿轮油的粘度最好能同时满足一年内最高和最低气温的要求，即冬夏通用。根据我国地域气候情况，南方冬季气温不低于 －10℃ 的地区全年可选用 90 号齿轮油；冬季气温不低于 －30℃ 的地区全年可选用 80W/90 粘度级别；夏季最高气温达 40℃ 的南方炎热地区，经常长途行驶在山区公路的重型汽车，夏季宜选用 140 号或全年使用 85W/140。

选择适当质量级别和粘度的齿轮油不仅有利于驱动桥和变速器齿轮的润滑，而且可以减少摩擦，节约能源。一般地，在满足润滑的前提下，选用低粘度比高粘度齿轮油节能，使用多级齿轮油比单级油节能。在齿轮油中加入适当高效摩擦改进剂可以节能。但是需要注意，准双曲面齿轮驱动桥在重负荷下连续运行时的转动阻力与齿轮油粘度的关系与变速器的情况不同，当油温超过某值后(例如 75W 超过 65℃)低粘度齿轮油的传动效率反而下降。经验表明，如果夏季准双曲面齿轮驱动桥在重负荷或高速下运转时，齿轮油的温度将达 120～130℃，此时若使用粘度太低的齿轮油，就会引起严重的汽车故障。

另外，在选用齿轮油时，可根据齿轮油的色泽、是否分层判断油品的优劣。通常情况下，颜色发黑、可见分层和沉淀的齿轮油属质量低劣的齿轮油。

六、轮胎的使用及管理

1. 轮胎的运输、验收和保管

轮胎的运输：外胎运输时，必须在车厢中直立放置；内胎应以半充气状态装入外胎中，不得与油类、酸类、易燃品和易使橡胶变质的物质混装。

轮胎的保管：包括库内轮胎和在用轮胎的保管。

库内轮胎管理：除库房要符合规定条件、轮胎要按要求放置外，新胎入库后按轮胎厂牌、尺寸、花纹等分批存放，并按进库时间先后次序，做到先进先出，依次使用，以防库存时间过长而使轮胎自然老化。翻修好的轮胎，入库时要与新胎分开放置。待翻、待修轮胎要尽可能放置在库房，以防日晒雨淋、橡胶老化，帘线腐蚀。

在用轮胎的管理：在用轮胎应有专人管理必须建立胎卡，做到账、胎、卡相符，胎卡除记载轮胎厂牌、规格尺寸、层数、花纹深度、原编胎号和自编胎号外，还要及时地登记好轮胎的领取、翻修、调拨和每月行驶里程。通过胎卡，可以掌握在用轮胎的数量、成色以及尚可行驶的里程等情况；鉴别各种厂、牌、规格轮胎的行驶里程、经济效果；为编制年度购胎和轮胎送翻计划提供可靠的依据。

在用轮胎的管理考核采用一胎一卡制的方法。

实行轮胎定车使用(包括备胎)，避免随意拆借、调换。已定车的轮胎原则上必须一直使用到报废，如某车装用轮胎需翻新或修补时，可以将周转轮胎替上使用。同时应填写周转轮胎替换记录；待原车轮胎翻修后，仍装回原车使用，而行驶里程必须另行记载。

2. 轮胎的定期盘存和考核

1)轮胎的定期盘存

定期盘存和考核轮胎，是掌握和全面分析在用轮胎的使用情况、考核轮胎质量、改进轮胎管理的一项重要工作。

轮胎盘存的任务是：逐胎鉴定轮胎成色，测量轮胎花纹深度，检查胎体，核定尚可行驶里程，做到账、胎 、卡相符。

2)轮胎报废条件

外胎报废条件是：胎体周围有连续不断裂纹不堪使用者；胎面胶已磨光，且有大洞失去翻新可能者；胎体帘布层有环形裂纹及整圈分离者；钢丝断裂或趾口大爆破并无法修理者；其他损坏不能修复者。

内胎报废条件是：有折迭、破裂现象不能使用者；裂口过大或发粘者；老化或变形过甚者；被油料或有害溶液浸蚀者；

3. 轮胎的合理使用

轮胎使用寿命主要取决于轮胎的制造质量和合理使用。合理使用轮胎是延长轮胎使用寿命的一个重要环节，主要应抓好以下几点：

1)控制车速

椐资料介绍，轮胎在车速 50km/h 下的平均使用寿命为 9 万 km，在车速 100km/h 以下的平均使用寿命仅有 3 万 km。轮胎磨耗随着车速的提高而加快的原因是胎体温度急剧升高，遇到与障碍物相碰时，冲击负荷大，易于导致轮胎爆破。高速行车，是造成轮胎早期磨损的主要原因之一。

2)注意轮胎的温度

轮胎是用橡胶和纤维等高分子材料制成的，都是不良导热体，轮胎温度升高后，橡胶与帘线，或橡胶与钢丝的结合强度下降，易于造成胎面脱层，碎裂掉块等；当轮胎达到危险温度 95°时，就有可能爆破。夏季轮胎爆破多且严重，主要是轮胎温度高所致。为此应作好“控温防爆”工作。在进入夏季前，要实行整车换胎，将能经得住高温考验的轮胎装车使用。

3)保持轮胎的标准气压

保持轮胎的标准气压是延长轮胎使用寿命最易见效的措施。各种规格的轮胎都有相应的标准气压，每一条轮胎都应按标准气压充气。不论新胎和旧胎，充气压力过高，轮胎刚性增高，耐磨性较差；同时缓冲性能也变差，车辆振动较大，易于造成轮胎早期损坏或爆破。充气压力过低，胎体刚性减弱，变形大，产生强烈生热现象，导致轮胎温度升高；同时帘布层产生过度疲劳，造成胎肩脱空和裂纹。实践证明，超过标准气压 20%～25%时，轮胎使用寿命要降低 40%～45%；低于标准气压 20%～25%时；轮胎使用寿命降低 40%～60%。保持轮胎标准气压唯一可靠的措施是勤检查、勤补气。

4)轮胎的合理配装

轮胎配装时，必须是同一规格尺寸、花纹形式和帘布层级的轮胎，严禁高压胎与低压胎、钢丝胎与棉帘线胎、普通花纹胎与越野花纹轮胎同轴混装。新、旧轮胎混装时，其半径差一般不得大于 3mm，直径较大的轮胎应作后桥外档轮胎。车辆换胎时，在条件允许的前提下，最好实行整车换胎。这样，便于换位、保证正常磨耗，减少损坏，有利提高翻新率，同时也便于各车之间对比。

5)防止轮胎超载

实践证明，轮胎超载 10%时，轮胎使用寿命要降低 20%，超载 20%时，使用寿命降低 40%。因为轮胎承受的负荷是根据轮胎结构、帘布层数、帘线抗拉强度、气压和车速决定的。轮胎的规格不同，承受的负荷也不同。轮胎超载，变形增加，外胎弯曲厉害，帘布层线条绷得过紧，产生疲劳和应力，致使轮胎发热量增加，使用寿命缩短。

6)定期换位

汽车前、后、左、右各车轮的工作条件是不一样的,轮胎磨损也不尽相同。一般来说,前轮负荷较小,且为从动轮,磨损比后轮要轻;后轮外档胎比内档胎的磨损又要大些,因为外胎当在路面上滚动时还存在拖曳滑行现象。所以轮胎要定期换位。轮胎换位一般分为交叉换位法和单边换位法。图 9-3 是四轮二桥轮胎换位法。轮胎换位在车辆二级维护时一并进行。

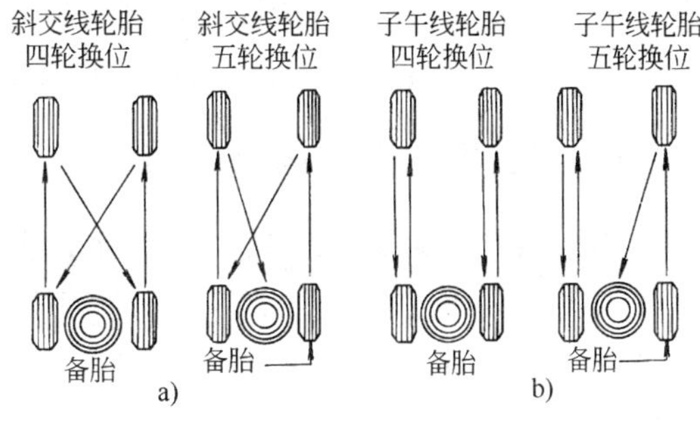

图 9-3 四轮二桥轮胎换位法

a)交叉换位;b)单边换位

7)保持车况完好,正确驾驶

保持车况完好,尤其是底盘机件技术状况良好,是防止轮胎早期损坏的有效措施。当底盘机件装配不当或出现故障时,轮胎不能平顺滚动,产生滑移、拖曳或摆振,使轮胎遭到损伤。汽车驾驶方法涉及轮胎及路面间相互受力情况,不正确或不经心地驾驶汽车,都将使轮胎使用寿命急剧缩短。

4.轮胎的正确维护

轮胎在使用过程中要进行日常维护,行驶一定里程后应进行一级维护和二级维护。

1)轮胎日常维护的作业项目

①检查轮胎配备是否齐全;

②检查轮胎外表、气门嘴是否碰擦轮辋或制动鼓,轮毂螺栓和螺母是否松动或缺少,轮胎有无伤痕、变形、穿孔、裂纹等损伤;

③检查轮胎气压是否正常;

④剔除轮胎夹石、硬物、铁屑和玻璃等尖物;

⑤行驶一定里程后,检查胎温是否过高。

2)轮胎一级维护的作业项目

除进行轮胎日常维护作业外,还有:

①检查胎面磨损情况,胎体外观是否完好,有无不正常现象,并作记录;

②检查轮胎有无漏气,漏时应修补;

③检查轮胎损伤,并予以排除;

④将需要送修、送翻的轮胎及时替换、翻新。

3)轮胎二级维护的作业项目

除进行一级维护作业外,还有:

①拆解轮胎并检视,除去污物和铁锈,必要时在轮辋上涂漆;

②修复损坏了的轮胎,并消除造成损坏的因素;

③按规定进行轮胎换位。可视情选定一种轮胎换位方法进行,但选定后应始终按所选方法换位;

④检查前轮定位和底盘状况,不符合规定影响轮胎使用寿命者,应予修复。

第七节 运输企业安全技术管理

交通安全是公路运输企业永恒的主题。交通事故,不仅给人民的生命财产带来巨大损失,而且极易引发社会问题。因此,必须引起各级人民政府,尤其是运输企业及经营者的高度重视,并坚持做好安全管理工作,强化运输企业的安全技术管理具有非常重要的现实意义。

一、安全技术管理体系及职责

"安全第一、预防为主"是一切运输业户必须贯彻的方针。企业安全技术管理的任务就是通过认真贯彻、执行国家有关汽车安全的法规、条例,建立健全有效的行车安全管理机构和制度,对职工进行安全教育、培训,实施汽车安全监督、检查及奖惩,以达到降低事故频率,减少人员伤亡和财产损失,杜绝重大、特大汽车事故发生的目的。

1.安全技术管理体系

1)交通安全委员会

运输企业安全管理工作,均实行企业第一行政领导负责制。即由企业一把手负责,组成由企业主管安全领导、安全机构(处、科、股)、基层安全成员、技术科室负责人及企业管理办公室人员参加的交通安全委员会(即俗称的"交安委")。有关本企业汽车安全方面的一切重大决策、方案及奖惩措施等,均由交通安全委员会决定。同时,还要负责协调企业各部门,实现对行车安全管理工作的综合治理。"交安委"应在当地公安交通管理部门的指导下开展工作。

2)安全管理机构(如安全处、科、股)职责。

①贯彻上级下达的有关行车安全的法规、条例;

②制定、修改、充实本企业行车安全管理的有关规定;

③督促各项安全制度的落实;

④检查本企业车辆的安全技术状况;

⑤负责本企业行车事故的处理、统计和上报;

⑥负责组织对驾乘人员的安全培训和教育;

⑦负责本企业车辆和驾驶员的年度审验工作;

⑧对驾乘人员的录用、辞退有权提出建议,对不利于行车安全的规定、命令、生产安排等有否决权。

3)基层(车队)安全员职责

①具体贯彻落实国家及有关部门下达的安全法规、条例和本企业制定的安全制度;

②负责本单位行车事故的处理、统计和上报;

③负责组织和会同有关部门开展各项安全活动;

④监督、检查车辆的安全技术状况;

⑤负责运行车辆的上路检查;

⑥参与本企业车辆和驾驶员年度检验工作;

⑦对不利于行车安全的命令、生产安排等有制止和向上级反映的权力。

2.安全技术管理制度

1)安全档案制度

主要包括有关行车安全的法规、条例、规章制度、文件及驾驶员行车安全档案;行车事故档案等。

2)行车安全监督、检查制度

主要包括:安全检查、监督的网络安排;定期或不定期检查时间及监督检查详细内容记录等。

3)安全工作例会制度

主要包括:安全例会的时间、内容及会议记录。

4)安全岗位责任制

主要包括:安管部门及其负责人、安全员、车辆检查人员的岗位责任制。

5)“安全活动”制度

主要包括:每周的“安全活动日”及不同形式的“安全竞赛”等。如“百日安全赛”、“安全对手赛”等。

3. 安全教育及培训

①安全员:交通安全法规、条例;安全检测设备使用常识;行车事故一般规律及汽车事故的分析处理;行车安全管理基础知识;车辆技术状况等级划分及职业道德教育等。

②驾驶员:交通安全法规、条例;安全操作规范及安全驾驶经验;紧急救险常识;汽车构造及维护常识;行车事故的一般规律及防范要求;汽车故障分析与排除及职业道德教育。

③乘务员:交通安全法规、条例;乘务员服务规范;紧急救险常识及职业道德。

④车况检查人员及维修工:汽车构造维修知识;汽车维修技术标准;汽车技术状况检测方法及检测设备使用常识。

4. 安全考核

1)汽车运输企业行车安全考核指标

①事故频率<3次/百万车km;

②事故责任死亡率<0.3人/百万车km;

③事故伤亡率<1.6人/百万车km。

2)驾驶员考核指标(按安全行驶里程)

①特级安全驾驶员　　150万km以上;

②一级安全驾驶员　　120~150万km;

③二级安全驾驶员　　100~120万km;

④安全驾驶员　　60~100万km。

二、机动车运行安全技术条件

公路交通安全管理法规很多,涉及安全管理的方方面面。《机动车运行安全技术条件》是运输企业安全技术管理的基础文件,也是机动车安全运行的物质基础和技术保障。

《机动车运行安全技术条件》以GB7258—1997国家标准的形式发布,它规定了机动车的整车及发动机、转向系、制动系、照明与信号装置、行驶系、传动系、车身、安全防护装置等有关安全和排气污染物控制,车内噪声和驾驶员耳旁噪声控制的基本技术要求及检验方法。

1. 发动机

①发动机应动力性能良好、运转平稳、怠速稳定、无异响。发动机功率不得低于原标定功率的75%;

②应有良好的起动性能、不得有“回火”、“放炮”现象。柴油机停机装置必须灵活有效;

③发动机点火、燃料供给、润滑、冷却和排气等系统的机件应齐全,性能良好。

2. 转向系

①机动车的转向盘(或方向把)应转动灵活,操纵方便,无阻滞现象。机动车应设置转向限位装置。车轮转向过程中,不得与其他部件有干涉现象;

②机动车转向轮转向后应能自动回正,以便机动车具有稳定的直线行驶能力;

③机动车转向盘的最大自由转动量从中间位置向左或向右转角均不得大于:最大设计车速大于或等于 100km/h 的机动车 10°;最大设计车速小于 100km/h 的机动车(三轮农用运输车除外)15°;

④机动车在平坦、硬实、干燥和清洁的道路上行驶不得跑偏,其转向盘(或方向把)不得有摆振、路感不灵或其他异常现象;

⑤机动车转向桥轴载质量大于 4000kg 时,必须采用转向助力装置。装有转向助力装置的车辆,当转向助力器失效后,仍应具有用转向盘控制车辆的能力;

⑥机动车(摩托车、轻便摩托车和三轮农用运输车除外)转向轮的横向侧滑量,用侧滑仪(包括双板和单板侧滑仪)检测时侧滑量值应不大于 5m/km;

⑦转向节及臂,转向横、直拉杆及球销应无裂纹和损伤,并且球销不得松旷。对车辆进行改装或修理时横、直拉杆不得拼焊;

⑧机动车前轮定位值应符合该车有关技术条件。一些车辆的前轮定位标准数值如表9-15所示。

一些车辆的前轮定位标准值 表 9-15

厂牌车型	前轮前束(mm)	前轮外倾	主销后倾	主销内倾
解放 CA1090	2～4	1°	1°30′	8°
东风 EQ1090E	1～5	1°	2°30′	6°
上海桑塔纳 63kW	0～2 (10′±10′) 空载	−40′±30′ 左右允差≤30′	30′±30′ 左右允差≤30′ 空载,不可调	
上海桑塔纳 66kW	空载 −1～−3 (−20′±10′) 重载 −30′±10′ 左右允差 15′	−1°40′±20′ 左右允差 20′	30′ 空载,不可调	
上海桑塔纳 63kW,66kW	后轮前束 25′±15′ 左右允差 20′	后轮外倾不可调 −1°40′±20′ 左右允差 30′		
天津大发 TJ1010T TJ1010SV TJ1010HV	5～13(内侧) 空载	−1°25′±1°30′ 空载	3°20′±1°30′ 空载	12°02′±1°30′ 空载
吉林 JL1010B JL6320 JL1010D	6～10	1°30′	2°30′	11°30′
北京 BJ1020 BJ2020 BJ2020A	1～4	1°30′	4° 3° 3°	5°30′
北京 BJ1040	1～4	1°	1°30′	7°30′
跃进 NJ1041 NJ1041A	1.5～3	1°	2°30′	8°
黄河 JN1150/100 JN1150/106	6～8 在轮内侧 ϕ648mm 直径侧	1°40′	2°	6°50′
黄河 JN1171/127 JN1171/128	3～4.5 子午线轮胎 0.5	1°	2°	5°

续上表

厂牌车型	前轮前束(mm)	前轮外倾	主销后倾	主销内倾
丰田黛娜 RU1215	3～4	2°	0°30′	7°
丰田科罗娜 RT81	4～6	1°20′	20′±30′	6°55′
丰田皇冠 2600	4±1 空载	空载 25′±30′ 重载 30′±30′	空载 45′±15′ 满载 30′±30′	7°20′
夏利	-1～+3 后轮前束 4～8	0°20′±1°	2°55′±1°	12°±30′
奥迪 100	0.5～1.0	0°±30′	1°16′	14°10′
捷达	0.5～1.0 后轮前束 0.33±0.17°	±30′	1°15′±20′	14°
富康	-2～0 后轮前束 -2～2	0°30′±30′	0°30′±40′	10°45′±40′
标致	-3～+5±1	0°30′±30′	9°±30′	2°±30′
红旗 CA7220	0.5～1.0	0°±30′	1°16′	14°16′

3. 制动系

①机动车应具有行车制动系，汽车应具有应急制动功能和驻车制动功能。汽车行车制动、应急制动和驻车制动的各系统以某种方式相联，它们应保证当其中一个或两个系统的操纵机构的任何部件失效时，仍具有应急制动功能；

②采用真空助力的行车制动系，当真空助力器失效后，制动系统仍能保持一定的制动性能；

③液压行车制动在达到规定的制动效能时，踏板行程(包括空行程，下同)不得超过踏板全行程的 3/4；制动器装有自动调整间隙装置的车辆的踏板行程不得超过踏板全行程的 4/5，且座位数小于或等于 9 的载客汽车不得超过 120mm，其他类型车辆不得超过 150mm；

④应急制动必须在行车制动系统有一处管路失效的情况下，在规定的距离内将车辆停住。应急制动可以是行车制动系统具有应急特性或是与行车制动分开的独立系统；

⑤采用气压制动的机动车当气压升至 600kPa 且不使用制动的情况下，停止空气压缩机 3min 后，其气压的降低值应不大于 10kPa。在气压为 600kPa 的情况下，将制动踏板踩到底，待气压稳定后观察 3min，单车气压降低值不得超过 20kPa；列车气压降低值不得超过 30kPa；

⑥采用液压制动的机动车在保持踏板力为 700N(摩托车为 400N)达到 1min 时，踏板不得有缓慢向地板移动的现象；

⑦气压制动系统必须装有限压装置，确保贮气筒内气压不超过允许的最高气压。采用气压制动系统的机动车，发动机在 75% 的标定功率转速下，4min(汽车、列车为 6min，城市铰接公共汽车和无轨电车为 8min)内气压表的指示气压应从零开始升至起步气压；

⑧汽车、无轨电车和四轮农用运输车的行车制动必须采用双管路或多管路，当部分管路失效时，剩余制动效能仍能保持原规定值的 30% 以上；

⑨机动车在运行过程中，不应有自行制动现象。当挂车(由轮式拖拉机牵引的载质量 3t 以下的挂车除外)与牵引车意外脱离后，挂车应能自行制动，牵引车的制动仍然有效；

⑩贮气筒的容量应保证在调压阀调定的最高气压下，且在不继续充气的情况下，机动车在连续五次踩到底的全行程制动后，气压不低于起步气压(未标起步气压者，按 400kPa 计)；

⑪采用气压制动的机动车，当制动系统的气压低于空气压缩机调压器限制压力至少一半的规定压力时，报警装置应能连续向驾驶员发出容易听到或看到的报警信号；

⑫用制动距离检验行车制动性能，机动车在规定的初速度下的制动距离和制动稳定性应符合表 9-16 的要求。对空载检验制动距离有质疑时，可用满载检验的制动性能要求进行；

制动距离和制动稳定性能要求 表 9-16

车辆类型	制动初速度 (km/h)	满载检验制动 距离要求(m)	空载检验制动 距离要求(m)	制动稳定性要求车辆 任何部位不得超出 的试车道宽度
座位数≤9 的载客汽车	50	≤20	≤19	2.5
其他总质量 ≤4.5t 的汽车	50	≤22	≤21	2.5
其他汽车、汽车列车 及无轨电车	30	≤10	≤9	3.0

⑬行车制动系制动踏板的自由行程和制动间隙应符合该车有关技术条件。常见车型制动踏板自由行程和制动间隙见表 9-17。

常见车型制动踏板自由行程和制动间隙 表 9-17

厂牌车型	制动踏板 自由行程(mm)	制动间隙(mm)	
		行车制动器	驻车制动器
上海桑塔纳	最大为总行程 1/3		
天津大发	1~5		
吉林	15~20	0.25	
北京	10~15	分泵端 0.30 支承销端 0.15	
跃进	8~13	上端 0.25 下端 0.12	0.3~0.5
解放		凸轮端 0.4~0.7 销轴端 0.2~0.5	0.4
东风	15~20	凸轮端 0.40~0.55 销轴端 0.25~0.40	0.20~0.40
黄河	≯25		
黄河		制动臂上端摆动 15~20	
日野	5~22 2~3	0.20	
五十铃	25	凸轮端 0.20 销轴端 0.15	
菲亚特		1mm 自动调整	
菲亚特		凸轮端 0.40 销轴端 0.15	
三菱扶桑	8~9	0.20	

4. 照明及信号装置

①机动车的灯具应安装牢靠，完好有效，不得因车辆振动而松脱、损坏、失去作用或改变光照方向；所有灯光的开关应安装牢固，开关自如，不得因车辆振动而自行开关；

②前照灯光束照射位置要求　机动车在检验前照灯的近光光束照射位置时，前照灯在距离屏幕10m处，光束明暗截止线转角或中点的高度应为0.6～0.8H(H为前照灯基准中心高度)，其水平方向位置向左向右偏均不得超过100mm；

③机动车的前后转向信号、危险报警闪光灯及制动灯白天距100m可见，侧转向信号灯白天距30m可见；前后位置灯、示廓灯和挂车标志灯夜间好天气距300m可见；后牌照灯夜间好天气距20m能看清牌照号码。制动灯的亮度应明显于后位灯；

④机动车喇叭声级在距车前2m、离地高1.2m处测量时，其值应为90～11.5dB(A)。

5. 行驶系

①轮胎的磨损：轿车、摩托车、轻便摩托车和挂车轮胎胎冠上花纹深度不得小于1.6mm；其他机动车转向轮的胎冠花纹深度不得小于3.2mm；其余轮胎胎冠花纹深度不得小于1.6mm；

②轮胎的胎面和胎壁上不得有长度超过25mm或深度足以暴露出轮胎帘布层的破裂和割伤。轮胎胎面不得因局部磨损而暴露出轮胎帘布层；

③机动车转向轮不得装用翻新的轮胎；

④车轮总成的横向摆动量和径向跳动量：总质量小于或等于4.5t的汽车不得大于5mm；摩托车和轻便摩托车不得不于3mm；其他车辆不得大于8mm；

⑤车架不得有变形、锈蚀和裂纹，螺栓和铆钉不得缺少或松动；

⑥前、后桥不得有变形和裂纹；

⑦车桥与悬架之间的各种拉杆和导杆不得变形，各接头和衬套不得松旷和移位。

6. 传动系

①机动车离合器应接合平稳，分离彻底，工作时不得有异响、抖动和不正常打滑等现象；

②换档时齿轮啮合灵便，互锁和自锁装置有效，不得有乱档和自行跳档现象。运行中无异响。换档时变速杆不得与其他部件干涉；

③传动轴在运转时不得发生振抖和异响，中间轴承和万向节不得有裂纹和松旷现象；

④离合器踏板自由行程应符合整车技术条件的有关规定。部分车型离合器踏板自由行程如表9-18所示。

7. 其他

此外对车身、安全防护装置及对特种车附加要求等都有具体的条款约束。

部分车型离合器踏板自由行程　　表9-18

厂牌车型	自由行程(mm)	厂牌车型	自由行程(mm)
上海桑塔纳	15～25	跃进NJ1040	35～45
奥迪	10～15	跃进NJ1041	25～35
吉林JL1010B JL6320 JL101D	20～30	跃进NJ1041A	30～40
天津大发TJ1010T TJ1010SV TJ1010HV	20～35	东风EQ1090 EQ1090E	30～40

续上表

厂牌车型	自由行程(mm)	厂牌车型	自由行程(mm)
北京 BJ1020 BJ2020 BJ2020A	32～40	黄河 JN1150/100 JN1150/106	30～40
北京 BJ1040 BJ1040A BJ1040S	27～38	黄河 JN1171/127 JN1171/128	40～60
北京切诺基	5～15	解放 CA1091	30～40
高尔夫、捷达	10～20	斯太尔 91 系列	35～40
标致	10～15	富康	5～15
天津夏利系列	15～30	长安奥拓	20～30
天津华利、大发	20～35	柳州五菱	15～25
松花江	15～25	吉林	20～30

三、汽车保险的分类、投保及赔偿

汽车保险，就是汽车在使用过程中发生肇事、事故，造成车辆本身以及第三者人身伤亡和财产损失后的一种经济补救制度。汽车所有人依照保险规定参加保险，将汽车使用中无法预计的意外损失，变为固定的、小量的保险费支出，把风险转嫁给保险公司。保险公司根据保险条款的规定及时进行经济补偿，以确保汽车所有者的生产和经营以及保障第三者受害人得到合法的经济补偿。现就保险的分类、汽车的投保及理赔分述如下：

1. 保险的分类

汽车保险按保险对象的不同可分为车辆损失险、第三者责任险和附加险三类。

1)车辆损失险

车辆损失险是以车辆自身为目标的保险。对于投保车辆在发生保险责任事故后，保险公司只对保险汽车的损失及与保险汽车有关的合理费用进行全部或部分赔偿。

(1)保险责任范围

①汽车因碰撞、倾覆、火灾、爆炸造成的损失；

②汽车因自然灾害造成的损失。自然灾害通常指：雷击、暴风、龙卷风、洪水、破坏性地震、地陷、冰陷、崖崩、雪崩、雹灾、泥石流、隧道坍塌、空中运行物体坠落等。

③汽车因失窃造成的损失。整个保险汽车或保险挂车在停放中被他人偷走或在行驶途中被盗匪劫走，经向公安部门备案，在 3 个月以上仍未找到者，属于保险责任，保险公司按有关规定具体处理该类保险事故；

④因载运保险汽车的渡船遭受自然灾害或意外事故引起保险汽车的损失。保险汽车在行驶途中过河(江、湖、海)，驾驶员把车开上渡船，并随车照料到对岸，这期间渡船因遭受自然灾害或意外事故，致使保险汽车本身发生损失，保险公司予以赔偿；

⑤对保险汽车采取施救、保护措施所支出的费用。发生保险事故时，被保险人为减少车辆损失，对保险汽车采取主动的救护措施所支出的合理费用，保险公司负责赔偿，但最高以不超过保险金额为限。

(2)非保险责任范围

由下列原因造成保险汽车的损失、费用支出和其他损失，不在保险责任范围内，其费用支出，保险公司概不负责赔偿。

①战争、军事冲突或暴乱造成保险汽车的损失;

②驾驶员酒后开车、无有效驾驶证或人工直接供油造成保险汽车的损失;

③汽车行驶时,车内货物与本车相互撞击,造成本车的损失;

④被保险人或其驾驶人员的故意行为造成保险汽车的损失;

⑤自然磨损、朽蚀,轮胎自身爆裂或汽车自身故障造成保险汽车的损失;

⑥其他。

保险汽车因发生保险事故而遭受损失后,由于被保险人的原因,没有及时修理达到汽车正常行驶标准,致使损失扩大部分,保险公司不予赔偿。

投保车辆损失险的保险汽车发生保险事故,保险公司仅赔偿保险汽车本身的损失,由于保险汽车的损失而引起的其他各种间接损失,如由于意外事故使保险人的正常情况下应得财产或收入因事故而未能得到等,保险公司不予赔偿。

2)第三者责任险

第三者责任险是以应由保险人承担的对第三者的赔偿责任为标的保险。投保第三者责任险后,若保险汽车在使用中发生意外事故,致使第三者遭受人身伤亡或财产损毁,经查验属保险责任,则保险公司依照保险合同的规定,按第三者责任险对第三者进行赔偿,但因事故产生的善后工作,由被保险人负责处理。

(1)保险责任范围

①出险时保险汽车必须是由被保险人或其允许的驾驶员使用,被保险人或其允许的驾驶员指保险人自已的驾驶员、借来的驾驶员、保险汽车借给他人使用时的驾驶员。但被人私自开车或盗车,或未经被保险单位领导同意,驾驶员私自允许的人开车,不能视为“被保险人允许的驾驶员”。

②第三者人身伤亡或财产损毁必须由保险汽车发生意外事故直接造成。

(2)非保险责任范围

以下人身伤亡和财产损毁,不论在法律上是否应当由被保险人承担赔偿责任,均不属于第三者责任险的责任范围,保险公司不负责赔偿。

①被保险人所有或代管的财产;

②私有汽车的被保险人及其家庭成员,以及他所有或代管的财产;

③本车的驾驶人员;

④本车上的一切人员和财产;

⑤拖带的未保险汽车或其他拖带物造成的损失,如货车拖挂车的主车(牵引车)保了第三者责任险,被拖带的车(如挂车)或其他拖带物(如水泥搅拌机)没有保险,前者肇事可予负责,后者肇事则不予负责;

⑥保险汽车发生意外事故,引起停电、停水、停气、停业或停驶造成损失以及各种间接损失;

⑦保险公司对因酒后开车、无有效驾驶证或被保险人的故意行为而造成他人人身伤亡或财产损失不予赔偿。

3)附加险

针对车辆损失险和第三者责任险的部分除外的责任,各地保险公司分别开办了附加险。附加险不能单独投保,必须与车辆损失险或第三者责任险同时投保。附加险的种类有很多,如“乘客意外伤害责任险”、“装卸工意外伤害责任险”等。

(1)乘客意外伤害责任保险

保险汽车发生第三者责任范围内的灾害事故,致使本车上的乘客遭受人身伤亡,依法应由被保险人承担的经济责任,由保险公司负责赔偿,但每次事故每人以不超过5000元为限。收费办法(按年计)是:20及20座以下客车按客座收费,每座7.5元;20座以上客车,除按每座7.5元收费外,另加收20%。单位和个人的各型客车,均可加保此特约责任险。

(2)装卸工意外伤害责任保险

保险汽车发生第三者责任范围内的灾害事故,致使本车上的装卸工遭受人身伤亡,依法应由被保险人承担的经济责任,由保险公司负责赔偿。但每次事故每人以不超过5000元为限。收费办法是:汽车装卸工意外伤害责任保险费按每人每年10元计收;单位和个人的各型汽车均可加保此特约责任险。

(3)其他附加险种类

其他附加险主要有驾驶员伤害责任险、承运货物责任险、玻璃破碎险和他人恶意行为保险等。

汽车所有人或管理人可以在投保车辆损失险和第三者责任险的基础上,选择投保一种或几种附加险。

2. 汽车保险的投保

所有经公安机关交通管理部门检验合格、领有牌照的机动汽车,其所有人或管理人都可以就近向保险公司或其代理机构办理机动汽车保险手续,这就叫投保。凡参加汽车保险的单位或个人称为被保险人,保险公司称保险人。

1)投保条件

参加保险的汽车必须具有以下条件,否则保险无效;

①汽车要有经公安交通管理部门审核、检验合格发给的正式号牌;

②汽车要有公安交通管理部门对车长、车高、车宽、发动机号码、车架号码等检验后,填发的机动车行驶证;

③新车要有汽车制造厂出厂时出具的检验合格证明,旧车须有车辆年审合格证明;

④具有经公安交通管理部门测试审验合格,并领取与驾驶车辆相符驾驶证的驾驶人员。

2)投保程序

车主在投保时,首先要认真阅读保险条款,并出示《机动车辆行驶证》,按照保险条款的要求,如实填写《机动车辆投保单》,在办理完投保手续后,投保人即成为被保险人,被保险人要妥善保管《机动车辆投保单》,这是索取赔款的必要证明,行车中要随车携带《机动车辆保险证》,以便向保险公司报案和接受检查。

保险有效期为1年,自约定起保之日零时起,至保险期满日的24时止,期满续保另办手续。

3)保险金额

保险金额又称投保金额,是发生保险事故后保险公司按保险合同付给被保险人的赔款金额。它是被保险人和保险人双方经过协商确定的,通常由被保险人提出,保险人允许后在保险单中予以明确,并以此作为计算被保险人支付保险费的依据。

(1)车辆损失保险金额

公有车辆的保险金额,可以按重置价值确定,也可以由被保险人和保险公司协商确定,私有或个人承包车辆的保险金额,由被保险人和保险公司协商确定,但最高不超过投保时的实际价值。

①保险金额是保险公司对投保车辆损失险的汽车，在发生保险责任范围内的自然灾害或意外事故造成损失时，给予赔偿的最高金额；

②重置价值是指保险合同签订地的新车购置价。国家机关、社会团体、全民或集体所有制企事业等单位的汽车称为公有汽车，这些汽车的保险金额可以按重置价值确定，也可以由被保险人和保险公司协商确定；

③私有汽车是指汽车所有权属于私人，如个体、联户和私营企业等的汽车；

④个人承包汽车指公有汽车承包给个人，承包者个人对汽车具有经营权和使用权；

⑤实际价值是指保险合同签订地的投保汽车的市场价。

在汽车保险合同有效期内，被保险人要求调整保险金额，应向保险公司提出书面申请，经保险公司办理批准后，方为有效。

(2)第三者责任险保险金额

第三者责任险保险金额由投保人按限额和无限额自行确定。

4)保险费

保险费是指投保人向保险公司交纳的投保费用，是补偿汽车发生保险责任范围损失的基本来源，保险费依据保险费率计算收取。

(1)保险费率

保险费率是指保险费(除基本保险费外)与投保金额(保险金额)的比率。保险公司根据车辆种类、车属性质和投保险别确定基本保险费率。

(2)保险费的计算方法

①车辆损失险保险费 = 基本保险费 + 保险金额 × 保险费率；

②车辆损失险和第三者责任险同时投保的保险费 = 车辆损失险保险费 + 投保限额所规定的第三者责任险固定保险费；

③附加险保险费按各附加险的收费办法计算。

5)被保险人义务

被保险人有向保险公司索赔的权利，同时也要履行自己的义务，否则，就可能丧失索赔的权利。被保险人的义务主要有：

①被保险人投保机动车辆险时，应按保险单和保险公司的要求，将投保汽车的情况如实申报，并应当在签订保险合同的同时一次交清保险费；

②汽车投保后，被保险人应当做好保险汽车维护工作，使保险汽车保持正常技术状态，避免出现故障，防止汽车在运行中酿成不应有的事故；

③在保险合同有效期内，保险汽车合法转卖、转让、赠送他人或变更用途，被保险人应当事先通知保险公司并申请办理批改。转卖的保险汽车经汽车交易市场合法交易后，应凭工商部门认可的发票，向保险公司申请办理批改被保险人称谓。保险汽车转让或赠送他人，在向交通管理部门办理异动手续后，应向保险公司申请办理批改被保险人称谓。保险汽车改变汽车使用性质或改装变型，应向保险公司申请办理批改汽车使用性质或车型；

④被保险人不得违反国家有关规定进行非法转卖、转让保险汽车，不得利用保险汽车从事违法犯罪活动。利用保险汽车从事违法犯罪活动是一种故意犯罪行为，与正常使用保险汽车发生过失的性质不同，不能构成保险责任事故；

⑤保险汽车发生保险责任范围内的事故后，被保险人应当采取合理的保护、施救措施，以

防止损失的扩大,并立即向交通管理部门报案,同时尽快通知承保公司,若保险汽车在外地出险,则应先通知当地保险公司代为查勘;

⑥被保险人不履行上述规定的义务,保险公司有权拒绝赔偿或自书面通知之日起,终止保险合同。

3. 汽车保险的赔偿

1)赔偿处理过程

①损失通知,被保险人在发生保险事故后应尽快通知保险公司;

②现场查勘,保险公司接到损失通知后,应当立即派人到现场进行查勘,了解出险原因、受损情况及损失程度,被保险人应提供损失证明、损失价值清单等有关证明;

③核定损失,保险公司在进行责任审核时,如果对被保险人提供的证明材料和费用单据产生异议时,应与被保险人协商或委托其他有关部门评估、审核,最后确定赔偿金额;

④损余处理,受损物资如果还剩有可利用部分,可折价归保险公司所有,并在赔偿款项中扣除;

⑤给付赔偿,被保险人同意保险公司计算结果后,应在一定期限内领取赔款,并办理相应的手续,以确认合同是否终止或继续有效等。

2)索赔手续

保险汽车在发生损失或事故后,向保险公司索取保险责任范围内的赔偿称为索赔。

①被保险人索赔时,应当向承保公司提供保险单、事故证明、事故调解结案书、损失清单和各种有关费用单据,承保公司在接到上述单证后,经审查核定赔款,按规定权限履行审批和报批手续,并在审批或接到上级公司批文后10天内一次赔偿结案;

②被保险人在向保险公司索赔时提供的种种单证必须真实可靠,对被保险人涂改、伪造单证或制造假案等欺骗图谋赔款行为,保险公司拒绝赔偿或追回已付保险赔款,必要时可向法院提起诉讼;

③保险汽车发生保险责任范围内的损失或被保险人的赔偿责任应当由第三方负责赔偿时,被保险人应向第三方索赔。如果被保险人向保险公司提出赔偿请求,保险公司可以按有关规定予先赔偿,但被保险人必须将向第三方追偿的权利转让给保险公司,并协助保险公司向第三方追偿,为追偿所支出的各项合理费用由保险公司负担;

④被保险人自保险汽车修复或交通事故处理结案之日起三个月内不提交各种必要单证,或自保险公司书面通知被保险人领取赔款之日起一年内不领取应得赔款,即作为自愿放弃权益。其中汽车修复之日以被保险人提车出修理厂之日计;交通事故处理结案之日以事故调解结案书或裁决书之日计;保险公司书面通知被保险人领取赔款之日以通知书送抵被保险人手中之日计。

3)赔偿规定

(1)车辆损失险

在保险合同有效期内,投保车辆损失险的汽车发生保险责任范围内的事故遭受损毁后,修理费用估计不会达到或接近保险金额,则应当予以修复。被保险人事先要会同保险公司检验受损保险汽车,明确修理项目、修理方式和修理费用,否则,保险公司有权重新核定修理费用。

对不经过保险公司定损而被保险人自行修理的汽车,保险公司在重新核定修理费用时,被保险人应当如实向保险公司提供汽车的受损情况、修理情况及有关证明材料,如发现被保险人隐瞒事实真象,不如实申报,保险公司可根据有关规定全部或部分拒绝赔偿。

因事故而遭受的损失或费用支出,保险公司按以下规定赔偿:

①全部损失,按保险金额赔偿,如果保险金额高于出险当时的重置价值时,按出险当时的重置价值赔偿;

②部分损失,投保时按重置价值确定保险金额的汽车,发生部分损失按实际修理费用赔偿。如果保险金额低于承保时的重置价值,发生部分损失按保险金额与出险当时的重置价值比例赔偿修理费用;

③保险汽车损失最高赔偿额以保险金额为限;

④保险汽车按全部损失赔偿或部分损失赔偿,一次赔偿等于保险金额时,车辆损失险的保险责任即行终止。但保险汽车在保险有效期内,不论发生一次或多次保险责任范围内的损失或费用支出,只要每次赔偿未达到保险金额,其保险责任依然有效;

⑤保险汽车发生保险责任范围内的事故遭受全损后的残值,保险双方协商作价归被保险人,并在赔偿款中扣除,保险汽车部分损失后的残值,可参照处理。

(2)第三者责任险

保险汽车发生第三者责任事故时,应当按《道路交通事故处理办法》的有关规定处理赔偿。交通事故一般由交通管理部门处理,但对在非公路地点发生的汽车事故,交通管理部门一般不予受理,可请出险当地政府根据《道路交通事故处理办法》研究处理,对与交通管理部门或出险当地政府的处理意见有严重分歧的案件,可提交法院处理解决。

如投保的是有限额第三者责任险,则赔偿金额不得超过保险赔偿限额。对不符合《道路交通事故处理办法》规定的赔偿金额,凡属被保险人自行承诺或支付的,保险公司有权重新核定,剔除不合理部分。保险公司重新核定时,被保险人应当如实向保险公司提供汽车出险情况及各种必要单证,如果发现被保险人隐瞒事实真象,不如实申报,保险公司可根据有关规定部分或全部拒绝赔偿。

保险公司赔偿结案后,对受害第三者的任何病变或赔偿费用的增加不再负责。

保险汽车发生第三者责任保险事故,保险公司赔偿后,每次事故不论赔偿是否达到保险赔偿限额,在保险期限内,第三者责任险的保险责任仍旧有效,直至保险期满。

4)无赔偿优待

为了鼓励被保险人及其驾驶人员严格遵守交通规则,安全行车,保险公司实行“无赔偿优待办法”,保险汽车在一年保险期限内无赔偿,续保时可享受一定比例的无赔偿优待,一般优待金为上年度应交付保险费的10%,不续保者不给,被保险人投保汽车不止一辆时,无赔偿优待分别按辆计算。其中需要说明以下几点:

①汽车同时投保车辆损失险和第三者责任险,只要其中一险种发生赔偿,续保时就不能给予无赔款优待;

②保险汽车发生保险事故,续保时案件未决,不能给予无赔款优待。但事故处理后,保险公司无赔款责任,则可补给无赔款优待;

③在一年保险期内,发生所有权转移的保险汽车,续保时不给予无赔款优待。

复习题

1. 车辆选配的原则有哪些?
2. 如何进行车辆的择优选择和合理配置?
3. 车辆技术等级的划分和评定标准是什么?

4. 略述车辆技术等级的检测方法?

5. 运输车辆使用的技术条件有哪些规定?

6. 如何做好车辆走合期的使用及管理工作?

7. 车辆报废的依据有哪些?

8. 简述车辆各级维护的主要内容及保用条件?

9. 简述车辆修理的分类及送修标志?

10. 简述车辆维修合同的主要内容及合同纠纷处理注意事项?

11. 车用燃润料的性能及选用原则有哪些?

12. 如何才能做好安全运输生产?

13. 发生行车事故后驾驶员应如何处置?

14. 保险的分类有哪些?如何进行理赔交涉?

第十章　现代汽车的检测

第一节　概　　论

汽车的技术性能检测是伴随着汽车的发展而产生的一门应用技术，它是采用先进的仪器设备及技术在不解体的情况下，对汽车使用性能进行客观检测，判明汽车的技术状况，为汽车在确保安全和环保要求的情况下继续运行以及是否进厂维修提供可靠依据。同时有效地促进和监督汽车的制造质量及维修质量，改进汽车的结构和技术性能。

随着科学技术的进步，工业水平的提高，特别是微型计算机技术和电子传感技术在汽车上的广泛应用，现代汽车已成为机、电、液一体化的高科技产品。如电控燃油喷射技术(EFI)、电控电子点火(ESA 及 DIS)、制动防抱死系统(ABS)、牵引力控制系统(TCS)、电控自动变速器(ECT)、电控悬架装置(ECS)、电控巡航系统(CCS)、电控自动空调(ACEC)等。这些先进的电子控制技术在汽车上的应用，必须使用现代化的检测设备和手段才能完成对汽车性能的检测，才能迅速、准确查出故障所在或评价出汽车的技术状况。

一、汽车检测的类型

1. 安全环保检测

对汽车实行定期和不定期安全运行和环境保护方面的检测，目的是在汽车不解体情况下建立安全和公害监控体系，确保车辆具有符合要求的外观容貌、良好的安全性能和规定范围内的排放状况，在安全、高效和低污染下运行。

2. 综合性能检测

对汽车实行定期和不定期综合性能方面的检测，目的是在汽车不解体情况下，对运行车辆确定其工作能力和技术状况，查明故障或隐患的部位和原因；对维修车辆实行质量监督，建立质量监控体系，确保车辆具有良好的安全性、可靠性、动力性、经济性及噪声、废气排放达标。以创造更大的经济效益和社会效益。同时，对车辆实行定期综合性能检测，又是实行“定期检测、强制维护、视情修理”这一新的维修制度的必要前提和技术保障。

二、汽车检测的方法及特点

汽车经过长期使用，随着行驶里程的增加，技术状况逐渐变坏，出现动力性下降、经济性变差、可靠性降低、故障率增加和污染加剧等现象。但是如能按一定周期检测汽车的技术状况，并采取相应的维护和修理措施就可改善汽车的使用性能、延长其使用寿命。汽车检测技术主要是针对汽车使用性能而言，检测方法分人工经验诊断法和现代仪器设备诊断法两种。

1. 人工经验诊断法

人工经验诊断法是诊断人员凭丰富的实践经验和一定的理论知识，借助简单检测工具，在汽车不解体或局部解体的情况下，用眼看、耳听、手摸等办法来判断汽车的技术状况。这种检测方式,由于劳动强度大,检测速度慢,且检测结果随检测人员的技术水平和责任心而有差异。这种检测方法已不能适应现代汽车检测的要求。

2. 现代仪器设备诊断法

随着科学技术的不断发展,汽车检测仪器、设备相继研制成功,利用这些专门的仪器、设备可在汽车不解体的情况下检测整车及总成的参数、曲线或波形,为分析、判断汽车技术状况提供定量的依据。采用微机控制的仪器设备还能自动分析、判断、存储并打印出汽车的技术状况。由于现代仪器设备诊断法具有检测速度快、准确性高、能定量分析、可实现快速诊断等优点,所以,现代仪器设备诊断法是汽车检测诊断技术发展的必然趋势。

三、汽车检测的发展趋势

随着汽车工业的发展,汽车检测技术也更加先进、科学。主要体现在以下几方面:

1. 实现随车自诊化

在装备微机控制系统的汽车上一般都有自诊断功能,可实现对电控部件的监测,当系统出现故障时,故障灯点亮报警,同时微机将故障以代码的形式储存在存贮器中。通过一定的程序可将微机中的故障代码调出,更快、更准确地显示故障性质和部位,为汽车排除故障及维修提供依据。

2. 检测手段智能化

由于微机技术在检测设备上的应用,将使人工操作的设备向微机控制的全自动综合检测设备方向发展,实现全过程的自动化检测。避免了人工经验诊断法造成的失误,从而提高了检测数据的准确性及公正性,同时检测过程更加方便、快捷。

3. 检测设备微型化

由于高科技检测设备的应用,使车辆的检测更加灵活机动,一些便携式仪器的使用给偏远山区、乡镇的车辆检测维修带来便利,可以节省大量劳力和能源。对需要定期检测的车辆还可采用移动式汽车检测车,既节省建大型检测站的投资,又方便了被检测车主。

4. 检测诊断一体化

现代综合性能检测设备,除具备汽车动力性、经济性、可靠性和安全性的检测功能外,还具备了对车辆故障部位、产生原因的分析功能,从而使汽车性能检测内容更加完善。

第二节　汽车的动力性检测

一、汽车动力性检测项目及检测方法

1. 汽车动力性检测项目

汽车的动力性是评价汽车技术状况的基本参数之一,是汽车综合性能检测的必检项目。动力性的评价指标主要是汽车的最高车速、最大爬坡能力和加速时间。汽车动力性检测项目主要有:加速性能检测、最高车速检测、滑行性能检测、发动机输出功率检测、汽车底盘输出功率检测等。

2. 汽车动力性检测方法

汽车动力性检测方法可分为台检与路检两种。

1)汽车动力性台架检测

主要是用无负荷测功仪检测发动机的功率，用底盘测功机检测汽车的最大输出功率、最高车速和加速能力。因室内台架试验不受气候、驾驶技术等客观条件的影响，只受测功仪本身测试精度的影响，测试条件易于控制，所以汽车检测站被广泛采用。

2)汽车动力性道路测试

通过道路试验分析汽车的动力性，其结果接近于实际情况，汽车动力性在道路试验中的检测项目一般有高档加速时间、起步加速时间、最高车速、陡坡爬坡车速、长坡爬坡车速等。有时为了评价汽车的拖挂能力，还进行汽车牵引力检测。汽车的动力性路试基本规范可按照 GB/T 12534—90《汽车道路试验方法通则》进行；汽车最高车速试验按 GB/T 12544—90《汽车最高车速试验方法》的有关规定进行；汽车加速性能试验按 GB/T 12543—90《汽车加速性能试验方法》的有关规定进行；汽车爬陡坡试验按 GB/T 12539—90《汽车爬陡坡试验方法》的有关规定进行；汽车牵引力性能试验按 GB/T 12537—90《汽车牵引力性能试验方法》的有关规定进行。

二、汽车底盘测功

底盘测功即汽车驱动轮输出功率或驱动力的检测。一般在滚筒式底盘测功机上进行。底盘测功机是一种不解体检验汽车性能的检测设备，它是通过在室内台架上汽车模拟道路行驶工况的方法来检测汽车的动力性，而且还可以测量多工况排放指标及油耗，同时能方便地进行汽车的加载调试和诊断汽车在负载条件下出现的故障。有时用获得的驱动轮输出功率与发动机输出功率进行对比，并求出传动效率，以便判定底盘传动系的技术状况。

1. 底盘测功试验台的结构原理

底盘测功机一般由滚筒装置、功率吸收装置、测功装置、举升装置和辅助装置等组成。

1)滚筒装置

底盘测功机的滚筒相当于连续移动的路面，被测车轮在其上滚动。试验台有单滚筒和双滚筒之分，如图 10-1 所示。

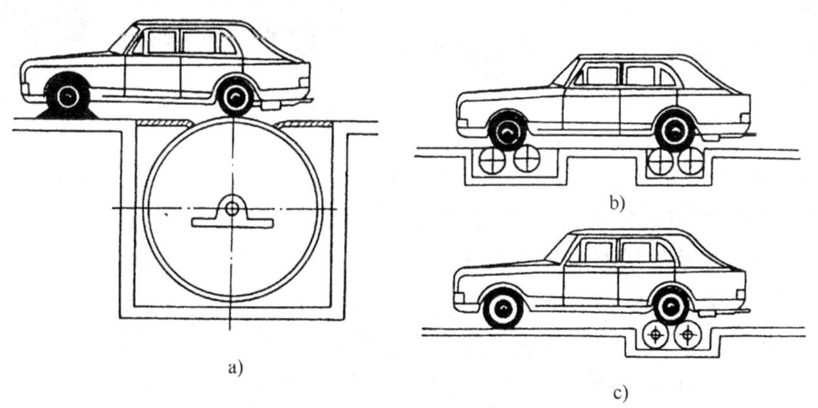

图 10-1　滚筒式底盘测功试验台

a)单轮单滚筒式；b)双轮双滚筒式；c)单轮双滚筒式

单滚筒底盘测功机滚筒直径一般在 1500～2500mm 之间。支撑两边驱动轮的滚筒各为一个。滚筒直径愈大，车轮在滚筒上越接近与路面接触的实际情况(轮胎与滚筒的滑转率小、滚动阻力小)，因而测试精度高，但制造成本高、安装占地面积大，所以滚筒直径不宜过大。

双滚筒式底盘测功机滚筒直径较小，一般在 185～400mm 之间。支撑汽车两边驱动轮的滚筒各为两个,因而车轮在滚筒上的安放定位方便,制造成本低,结构简单,所以适应汽车综合性能检测站和维修企业使用。滚筒多采用钢质材料空心结构,还有主、副滚筒之分,与测功器相连的为主滚筒,左右两主滚筒之间用联轴器连接,左右两边的副滚筒处于自由状态。

滚筒必须通过平衡试验,利用滚动轴承安装在框架上。国产 DCG—10C 型汽车底盘测功机机械部分结构如图 10-2 所示。

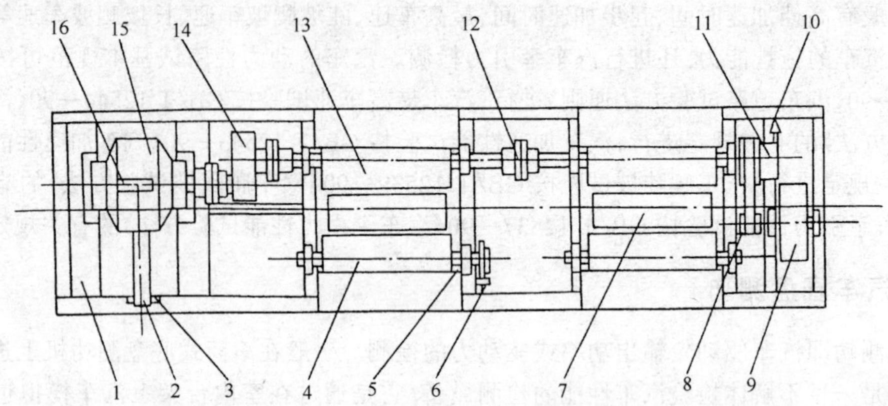

图 10-2 DCG—10C 型底盘测功机机械部分结构图

1-框架;2-杠杆;3-压力传感器;4-副滚筒;5-轴承座;6-速度传感器;7-举升装置;8-皮带轮;9-飞轮;10-冷却水入口;11-电涡流测功器;12-齿轮箱;13-主滚筒;14-联轴器;15-离合器;16-电刷

2)功率吸收装置

功率吸收装置能吸收(测量)发动机经传动系传到驱动轮的功率。它也是一种加载装置,常用的有水力测功器和电力测功器。目前汽车检测站适用的滚筒式底盘测功机多采用电涡流测功器,如图 10-3 所示。

电涡流测功器由转子和定子两大部分组成,且转子与主滚筒相连,而定子是可以摆动的。电涡流测功器具有结构简单、振动小、测试精度高、易于控制且造价适中等优点。

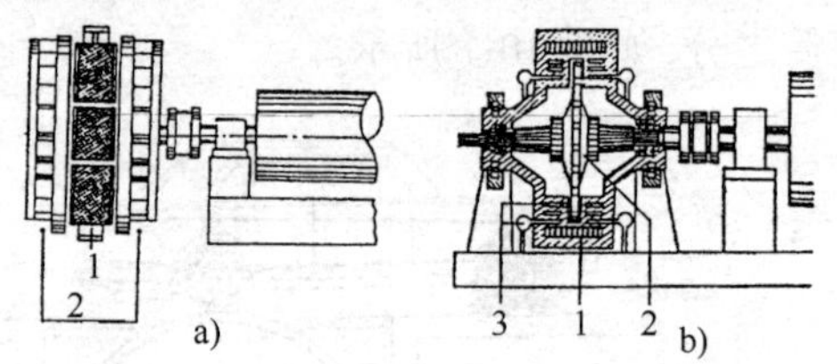

图 10-3 电涡流测功器原理图

a)气冷式电涡流测功器;b)水冷式电涡流测功器

1-有磁场线圈的定子;2-转子盘;3-水冷却室

电涡流测功器的定子四周装有励磁线圈,转子在磁场线圈间和涡环内转动。转子的圆周上加工或镶有齿环(齿与槽均匀分布),齿顶与涡流环留有一定的空气隙,当励磁线圈通以直流电时,在其周围形成磁场,转子通过励磁线圈磁场转动而在转子盘上产生涡电流。由涡电流和外磁场的相互作用,对转子盘产生一个制动转矩,既吸收了驱动车轮的输出功率,同时也对滚筒加载。只要调节通过励磁线圈电流的大小,就可自由地控制测功器产生的制动转矩(即吸收功率)。功率被吸收后转化为热能,经空气和冷却水散掉。

3)测量装置

测量装置包括测力装置、测速装置和功率控制与指示装置等。

(1)测力装置

它能测出驱动轮产生的驱动力。驱动轮对滚筒的驱动转矩,由测功器定子和转子间的制动作用而传给可摆动的定子,定子则通过一定长度的测力杠杆传给测力装置,由指示装置显示出来,其显示值即为驱动力。

(2)测速装置

测速装置是为底盘测功机在测量汽车功率、加速试验、等速试验、滑行试验和燃料经济性试验时，需测得试验车速而设置的。多采用电测式测速装置，一般由速度传感器、中间处理装置和指示装置等组成。常用的速度传感器有磁电式、光电式和测速发电机，它们安装在副滚筒一端将滚筒的转动转变为电信号，由毫伏电压计指示，刻度盘以 km/h 标定。

(3)控制与指示装置

现代汽车底盘测功机广泛采用以单片机或微处理机为核心的控制系统，测力传感器输出的电信号送入微机，经微机处理后，可在指示装置上直接指示功率值。国产 DCG—10C 型底盘测功机控制指示柜面板如图 10-4 所示。由图中可以看出，面板上有多个按键、旋钮、显示窗和功能灯、报警灯、指示灯和发光管等，用于控制试验的全过程及指示试验结果。

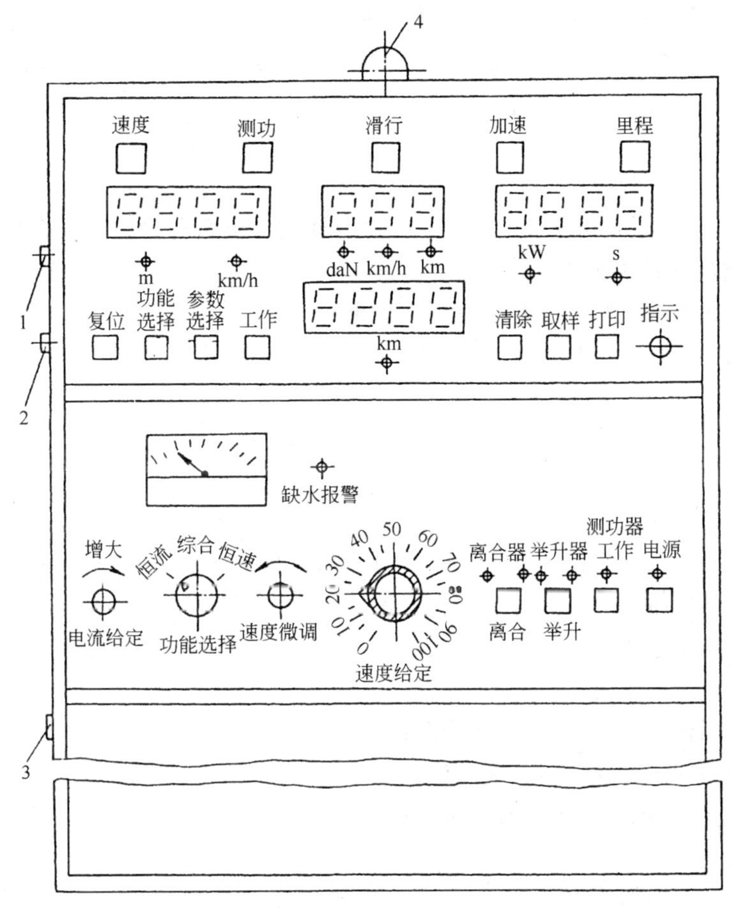

图 10-4　控制指示柜面板图

1-取样盒插座；2-打印机数据线插座；3-打印机电源线插座；4-报警灯

测量装置除上述 3 种之外，还需要有测距装置。

4)举升装置

为了方便汽车进出底盘测功试验台，在主、副滚筒间设有举升装置。举升装置由举升器和举升托盘组成。举升器有气动、液动和电动 3 种形式，以气动最为常见。气动式举升器又有气缸式和气囊式之分，气囊式结构简单、制造容易、成本低廉，已在底盘测功试验台上应用。

5)辅助装置

辅助装置主要包括纵向约束和冷风装置等。

(1)纵向约束装置

汽车在底盘测功机上试验时,为了防止汽车前后位移,应设置必要的纵向约束装置。双滚筒试验台一般不设置纵向约束装置,或必要时在从动车轮前后加装三角木就可以保证试验顺利进行。对于单滚筒试验台,由于要保证驱动车轮在滚筒上运转时能稳定地置于准确位置。只有三角木是不够的,还必须在汽车前后设置能拉紧汽车的钢索。三角木和钢索均称为纵向约束装置。

(2)冷风装置

汽车在滚筒式底盘测功试验台上模拟道路行驶时,虽然驱动车轮在滚动,但汽车并不发生位移,因而缺少迎面风,致使发动机冷却系的散热速度相对不足。特别是当长时间处于大负荷、全负荷试验工况时,发动机易过热,必须在汽车前面面对散热器设置移动式冷风机,以加强冷却。长时间试验也提高了轮胎的工作温度,为延长轮胎的使用寿命,在驱动桥两侧面也应设置移动式冷风机。

滚筒式底盘测功试验台除以上装置外,有的还装有飞轮装置。飞轮由滚动轴承支承在框架上,通过离合器与主滚筒相连。带有飞轮的底盘测功试验台称为惯性式底盘测功试验台。

2. 底盘测功机的使用方法

底盘测功机的牌号、型号不同,其使用方法也有差异,因而使用前务必认真阅读使用说明书,掌握其正确的使用方法和了解注意事项。现简述一般使用方法。

1)确定测功项目

①发动机标定功率下驱动车轮的输出功率或驱动力;

②发动机最大转矩转速下驱动轮的输出功率或驱动力;

③发动机部分负荷选定车速下驱动轮的输出功率或驱动力;

④发动机全负荷选定车速下驱动轮的输出功率或驱动力;

2)被测车辆的准备

①车辆必须路试走热;

②调试发动机点火系、供油系处于最佳工作状态;

③检查并紧固传动系、车轮的连接情况;

④检查轮胎的气压并保证达到规定值;

⑤检查胎冠无油、水和是否嵌有石子等。

3)测功方法

以双滚筒底盘测功机为例:

①操纵测功机控制系统,升起举升托板,将准备好的被测车辆开到底盘测功机试验台上,并保证被测车辆的驱动轮在其上正确安放;

②操作控制系统,降下举升平板并视需要对车辆进行约束;

③用三角木抵住从动车轮,以防止汽车在受检中纵向位移,并将冷却装置置于相应位置,并接通电源;

④起动发动机,由低档逐级升入选定档位,踏下加速踏板,同时调节测功机的功率吸收装置的负荷,使发动机在节气门全开情况下以额定转速运转,即测得发动机标定功率下驱动轮的输出功率或驱动力;

⑤待发动机转速稳定后，读取并打印驱动轮的输出功率(或驱动力)值、车速值；

⑥在节气门全开的情况下继续对滚筒加载，至发动机转速降到最大转矩转速稳定运转时，读取并打印驱动轮的输出功率(或驱动力)值、车速值。

如需测出驱动轮在变速器不同档位下的输出功率或驱动力，则要依次挂入每一档按上述方法进行检测。当发动机发出额定功率，挂入直接档，可测得驱动车轮的最大输出功率；当发动机发出最大转矩，挂一档，可测得驱动车轮的最大驱动力。

发动机全负荷选定车速下驱动轮的输出功率或驱动力的检测，是在踏下加速踏板的同时调节测功器制动转矩对滚筒加载，使发动机在节气门全开的情况下以选定的车速稳定运转进行的。发动机部分负荷选定车速下驱动轮的输出功率或驱动力的检测，只不过发动机是在选定的部分负荷下工作的。全部检测结束后，移开辅助装置，将被测车辆驶离测功机。切断测功机电源，收拾仪器、工具等，清洁工作现场。

3. 检验标准及检测结果分析

1)检验标准

从底盘测功机上测得的驱动轮输出功率，要与发动机飞轮输出的功率进行对比，按下式计算出传动效率

$$\eta_m = P_K / P_E$$

式中：P_K——驱动车轮的输出功率；

P_E——发动机飞轮的输出功率。

汽车传动系中的机械传动效率正常值如表 10-1 所示。

传动系机械传动效率 表 10-1

汽车类型		传动效率(η_m)
轿　　车		0.90～0.92
载货汽车和公共汽车	单级主减速器	0.90
	双级主减速器	0.84
4×4 越野汽车		0.85
6×4 载货汽车		0.80

2)检测结果分析

当被检车辆的传动效率低于表中值时，说明消耗于离合器、变速器、分动器、万向传动装置、主减速器、差速器和轮毂轴承等处的功率增加。损耗的功率主要集中在各运动件的搅油损耗和摩擦损耗方面，所以，提高传动效率，必须正确调整和合理润滑传动系。

汽车使用中，传动效率随着传动系技术状况的变化而变化。新车的传动效率并不是最高，只有传动系完全走合后，各部调整最佳时，才使其传动效率达最大值。随着车辆的继续使用，磨损逐渐扩大，润滑条件变差，配合情况逐渐恶化，摩擦损失也逐渐增加，因而传动效率也就逐渐下降。所以底盘测功能为评价底盘总的技术状况提供重要的参考数据。

第三节　发动机综合性能检测

发动机是汽车的动力来源。汽车的动力性、经济性、可靠性和排气净化等性能指标都直接与发动机技术状况有关。由于发动机结构复杂，工作条件不稳定，转速和负荷经常大幅度变化。某些机件还处于高温、高压等苛刻条件下工作，所以随着汽车使用时间和里程的增加，发

动机技术状况会变差。主要症状有:功率下降,燃料和润滑材料消耗增加,起动困难,并有漏水、漏油、漏气、漏电以及不正常响声等。

评价发动机技术状况的参数主要有:发动机功率、油耗,气缸密封性,排气净化性,以及点火性能、燃烧质量,发动机温度、异响、噪音,机油压力和油质等。在进行发动机技术状况诊断时,可采用发动机综合性能检测仪或专用检测设备进行。

一、发动机综合性能分析仪的功能

目前发动机综合性能检测设备类型较多,发动机综合性能分析仪是所有汽车检测设备中功能较多、检测项目和涉及系统最广的仪器。其基本功能有:无负荷测功的功能(加速测功)、检测点火系统(初、次级波形的采集处理,断电器闭合角、开启角,点火提前角的测定等)、机械和电控喷油过程各参数(压力、波形、脉宽、喷油提前角等)的测定、进气歧管真空度波形测定与分析、各缸工作均匀性测定、起动过程参数(电压、电流、转速)的测定、各缸压缩压力判断、电控供油系统各传感器的参数测定、万用表的功能和排气分析的功能等。

随着电子技术在汽车检测仪器上的应用,发动机综合性能分析仪的功能已超出了发动机的范畴,不仅能检测电控燃油喷射系统(EFI),还能检测汽车底盘和传动系的电控系统。

二、发动机综合性能分析仪的基本组成

目前各厂家开发的发动机综合性能分析仪千差万别,形式多样。但概括起来不外乎由信号提取系统、信息处理系统、采控显示系统三大部分组成。图 10-5 为发动机综合性能分析仪的一般结构形式外形图。

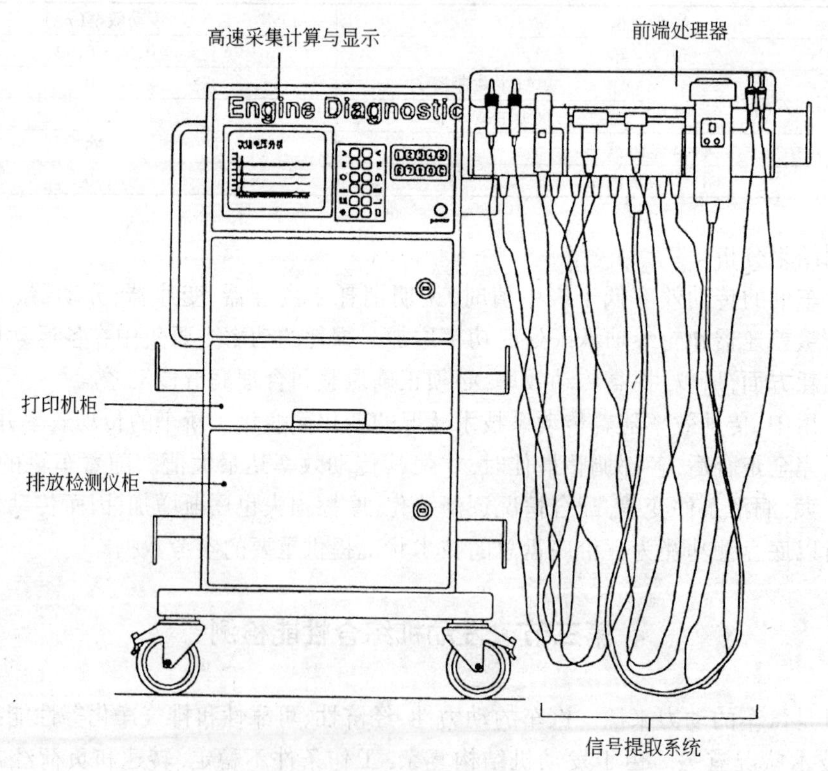

图 10-5　发动机综合性能分析仪外形图

1. 信号提取系统

信号提取系统的任务在于拾取汽车被测点的参数值，由于被测点的机械结构和参数性质不同，信号提取装置必须具有多种形式以适应不同的测试部位和要求。图 10-6 所示为大多数发动机综合性能分析仪的信号提取系统，它由不同形状的插头或探头组成，按它们接触的形式不同可分为四类。

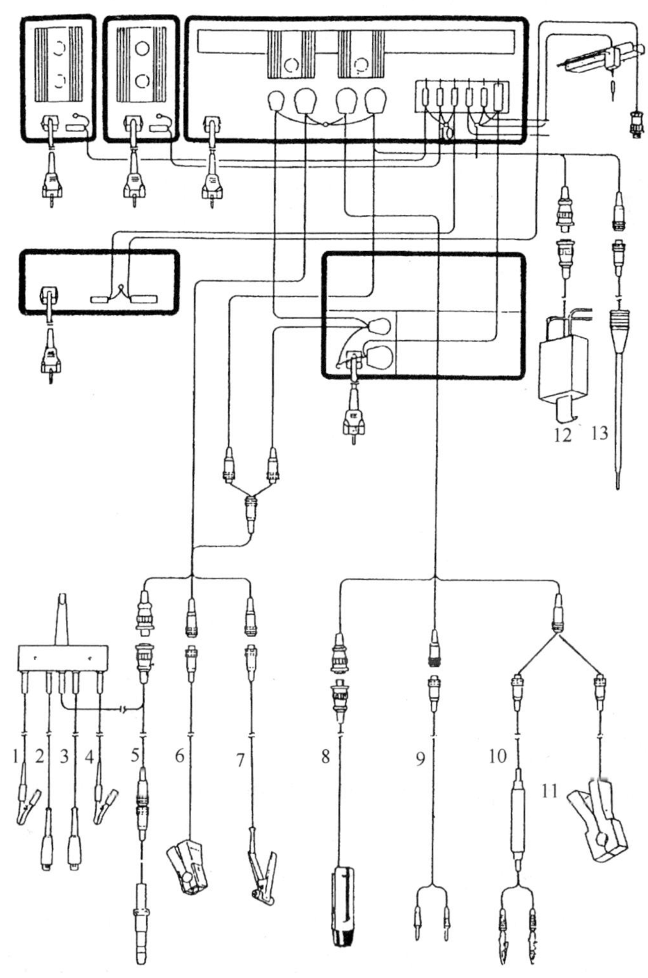

图 10-6　信号提取系统

1、4-蓄电池夹(红色为正极，黑色为负极)；2、3-点火线圈初级接线夹；5-上止点传感器；6、7-电感式或电容式夹持器；8-频闪灯；9-探针；10-鳄鱼夹；11-电流互感钳；12-压力传感器；13-温度传感器

1)直接接触式

1 和 4 接蓄电池的正负极，2 和 3 接点火线圈初级的正负极，9 为万用表功能或测试各传感器时的接头，它还可以再转接各类结构的探头以适应不同的测试点，10 为两个鳄鱼夹，由一个分流器引出，用以测定发电机电流。

2)非接触式

电感式或电容式夹持器 6 和 7 分别钳于一缸点火线上和点火线圈高压线上以获得点火信号，12 实际上是一个电流互感器，夹持在电瓶线上，可感应出起动电流。

3)传感器式

对于非电量参数的测量必须先经过某一类型的传感器将非电量转变为电量才行。电磁式TDC传感器5提供上止点信号,频闪灯8可寻找点火提前角信号,压力传感器12可将进气管或喉管真空度转变成电量,而13为一热敏电阻可将温度参数转换为电压值。

4)T形接头式

对于电控系统,为了不中断微机的控制功能,必须通过T形接头来提取信号,如(EFI)发动机,因微机计算喷油脉宽和自动控制过程的需要,各非电量已被各系统的传感器直接转换成电量,它们的提取可用9通过不同的转接头来完成。如图10-7所示。

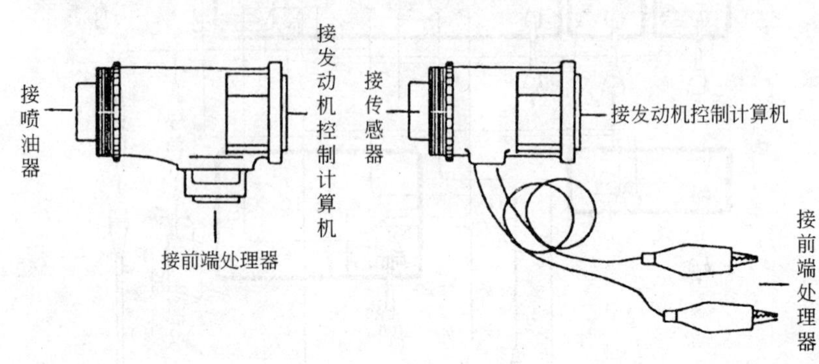

图10-7　信号的T形接头

2. 信号处理系统

信号处理系统工作框图如图10-8所示,它可将发动机的所有传感器信号经衰减、滤波、放大、整形,并将所有脉冲和数字信号直接输入CPU的高速输入端。发动机上的传感器其输出的电信号千差万别,不能被车载微机或发动机分析仪的中央控制器直接使用,必须经过预处理转换成标准的数字信号后送到微机。

车载传感器的输出信号可分为两种,模拟信号和频率信号。对于模拟信号,如温度传感器、压力传感器、节气门位置传感器等其幅值为0～5V,频率变化也比较缓慢,主要是对其进行低通滤波和信号隔离。经低通滤波后的信号再经过隔离装置送入A/D转换器。模拟信号中有一些幅值较小,如氧传感器为0～1V,废气分析仪的电气接口输出信号多为0～50mv,这些信号若直接送入A/D转换器,由于不能充分利用A/D转换器的精度,故需对其进行放大处理。模拟信号中也有一些大幅值信号,如起动电压信号,对此需经过衰减以后再由低通滤波和隔离后方能进行A/D转换。模拟信号中也有一些如初级点火信号、爆震信号、喷油脉冲、起动电流等,或具有较高的频率,或具有较高的电压、电流幅值,这些信号需特殊处理。

对于频率信号,如发动机转速、判缸信号、车速信号等,由于多采用电磁式、霍尔效应式、光电式传感器,其输出信号本身即为数字脉冲,但由于传输过程中的衰减、交变电磁波辐射等原因,也容易形成一定程度的失真,故需对其进行整形。

3. 采控与显示系统

台式和柜式发动机综合性能分析仪多采用14英寸彩色显示器,手提便携式则用小型液晶显示器,现代的检测分析仪都能醒目地显示操作菜单,并显示当前动态参数和波形,十字光标可显示曲线上任一点的数值,同时也可显示极限参数的数值,并配以色棒显示以示醒目,用户可任意设定显示范围和图形比例。

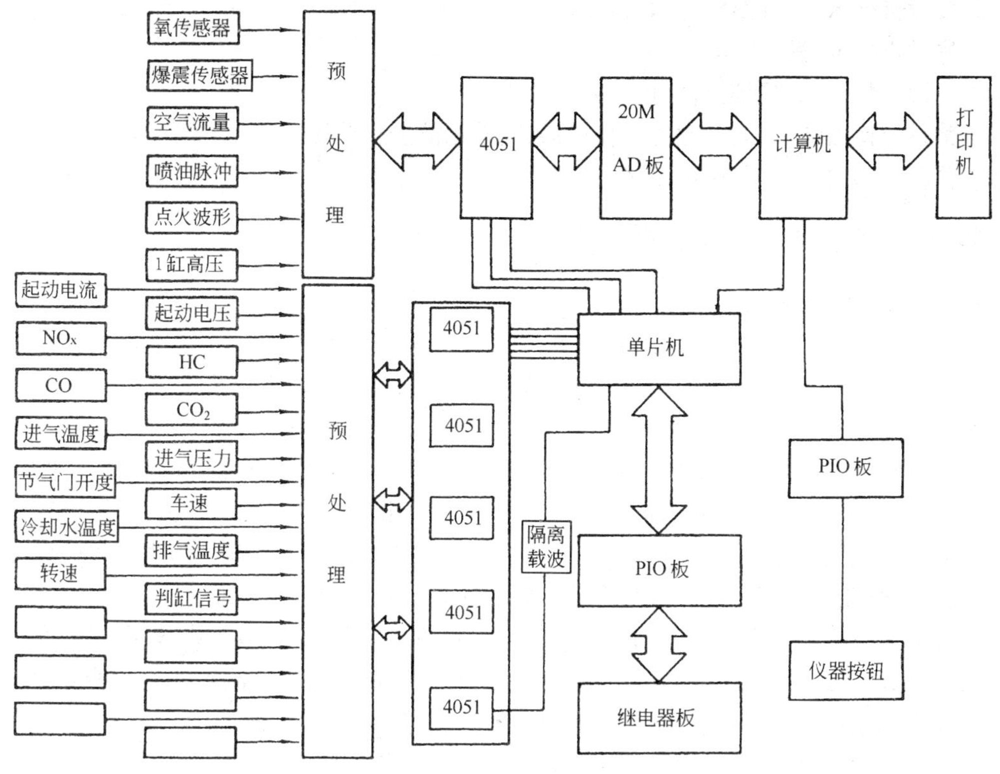

图 10-8　信号处理系统工作框图

三、发动机综合性能分析仪的使用

1. 测试前的程序选择

①接通微机电源，按微机提示进入测试系统；

②选择检测车种，按所检车辆选择汽油机检测或柴油机检测；

③选择车型，根据所检车型选择该车型的序号；

④选择系统，可供选择的系统根据检测仪的不同而不同，一般有：

a. 起动系检测（起动电流、起动电压、起动转速、相对缸压、绝对缸压）；

b. 点火系检测（全面项目检测、低压检测、高压检测、提前角检测）；

c. 动力性检测（加速测功、单缸动力性）；

d. 发动机异响（曲轴主轴承响、连杆轴承响、活塞销响、敲缸响）；

e. 配气相位检测；

f. 充电系检测；

g. 供油系检测；

h. 打印；

i. 显示。

2. 测试规程

①通过键盘操作，进入系统检测；

②根据所测系统项目，连接所需传感器；

③按微机提示,进行操作,开始检测;

④按微机提示,操作发动机;

⑤对检测数据或波形进行分析以判断故障;

⑥某系统检测结束,通过键盘操作,进入其他系统进行检测;

⑦检测全部结束、打印输出表格。

四、几个项目的检测与分析

1. 发动机功率的检测

发动机功率是指曲轴对外输出的功率,它是一个综合性评价指标,通过检测可以定性地确定发动机的技术状况,并定量的获得发动机的动力性。检测发动机功率的方法可分为动态测功和稳态测功两种。

动态测功是指发动机在节气门开度和转速等均在变化的状态下测其功率的一种方法,动态检测时无需对发动机施加外部负荷,故又称为无负荷测功。动态测功的方法是:当发动机在怠速或处于空载某一低速下运转时,突然全开节气门,使发动机克服惯性和内部阻力而加速运转,用其加速性能的好坏直接反映最大功率的大小。因此,只要测出加速过程中的某一参数,就可得出相应的最大功率。由于动态测功时不加负荷,又不需要大型的设备,既可以在台架上进行,也可以就车进行,因而提高了检测速度。但检测精度较之稳态测功要差一些。此法特别适用于在用车发动机的检测。或作为同一台发动机调整前后或维修前后的质量判断。为了提高无负荷测功的精度,必须从操作方法和被测车辆的准备工作着手,首先加速踏板踏下的速度和力度要均匀,且要求重复性要好,为此必须由经过专门训练的专职人员操作。为避免操作上的主观误差,须取三次测试结果的平均值。

稳态测功是指发动机节气门开度一定、转速一定和其他参数保持不变的稳定状态下,在测功机上测定功率的一种方法。测功机可测出发动机的转速和转矩,再经计算得出功率。常见的测功机有水力测功、电力测功和电涡流测功等。稳态测功结果比较准确可靠,但发动机安装费时费力,成本高。故多用于发动机设计、制造和一些科研、院校做性能试验用。由于稳态测功时需由测功机对发动机施加外部负荷,故也称为有负荷测功。

使用发动机综合性能分析仪进行无负荷测功应按使用说明书的要求步骤进行。根据国家标准 GB 7258—1997《机动车运行安全技术条件》和 GB/T 15746.2—95《汽车修理质量检查评定标准·发动机大修》附录 B 的规定:

在用车发动机功率不得低于原额定功率的 75%,大修后发动机功率不得低于原额定功率的 90%。

①若发动机功率偏低,属燃料供给系调整状况不佳,点火系技术状况不佳,应对油、电路进行调整。若调整后功率仍低时,应结合气缸压力和进气歧管真空度的检查,判断是否是机械部分故障。

②对个别气缸技术状况有怀疑时,可对其进行断火后再测功,从功率下降的大小,诊断该缸的工作情况。

③发动机综合性能分析仪既可以检测发动机的整机功率,又可以检测发动机某气缸的单缸功率。检测单缸功率的方法是:先测出发动机的整机功率,再测出某缸断火情况下的发动机功率,两功率之差即为断火之缸的功率。对于技术状态良好的发动机,各缸功率应是一致的,否则会造成发动机运转不平稳。比较各单缸功率,可判断各缸工作状况。此外,也可以利用在

单缸断火情况下测的发动机转速下降值，来评价各缸工作状况。工作正常的发动机在某一转速下稳定运转时，发动机的指示功率和摩擦功率是平衡的。此时，若取消任一缸的工作，发动机的转速都会有相同的下降值。若转速下降值不同，说明各缸工作不均匀。要求最高和最低转速下降值之差不大于平均下降值的 30%。如果转速下降值偏低，说明断火之缸工作不良。转速下降值愈小，则单缸功率愈小。发动机单缸功率偏低，一般是该缸高压分火线或火花塞技术状态不佳、气缸密封性不良、窜机油等原因造成的，应调整或检修。

2. 点火系统的检测与波形分析

1)点火系统的检测

在汽油机各系统中点火系对发动机的性能影响最大，因此发动机性能检测往往从点火系统开始。现代汽车点火系统大体上可分为 3 类：

(1)传统有机械触点的点火系

(2)无机械触点的点火系

由电磁、红外线、或霍尔元件构成的非接触式断电器组成，其放大电路又分为电感放电和电容放电两种。

(3)ECU 控制的点火系统

由微机根据曲轴转角传感器的信号确定点火时刻，因而它没有断电器，根据 ECU 送来的信号直接控制点火线圈初级电路。这种微机控制的点火系又可分为有分电器点火系统和无分电器点火系统。无分电器点火系统是当前最先进的点火系统，曲轴转角传感器送来的不仅有点火时刻信号，而且还有气缸识别信号，从而使点火系统能向指定的气缸在指定的时刻送去点火信号。无分电器点火系统还可分单独点火和同时点火两种。单独点火要求每缸配有独立的点火线圈。同时点火是一个线圈产生的高压电可同时送给两个缸的火花塞点火，显然每一个点火线圈点火时，总有一个缸是空点火。

检测点火系统首先将信号提取系统连接到发动机电路上，图 10-9 是机械点火系统和电感放电式点火系统信号提取接头的连接方法。图 10-10 是电容放电式点火系统信号提取接头的连接方法。

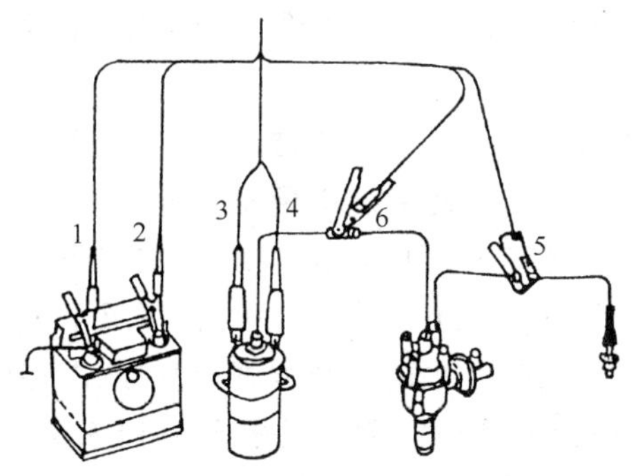

图 10-9 机械点火系统和电感放电式点火系统信号提取接头的连接方法

1、2-蓄电池夹(红正极、黑负极)；3、4-点火线圈初级接线夹；5、6-电感式夹持器

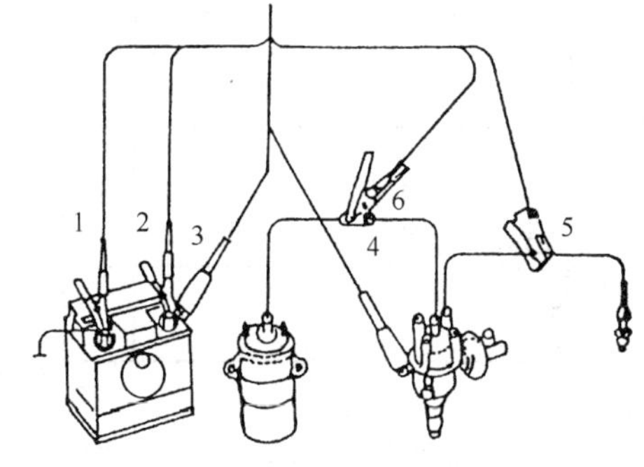

图 10-10 电容放电式点火系统信号提取接头的连接方法

1、2-蓄电池夹(红正极、黑负极)；3、4-点火线圈初级接线夹；5、6-电感式夹持器

无分电器点火系统是将高压通过独立的点火线圈直接送向火花塞，当高压感应夹难以找到可夹持的位置时，可用一种专用感应夹具夹持于独立的点火线圈上以感应出高压信号，如图

10-11 所示。

2)点火波形分析

(1) 触点式点火系波形

在发动机综合性能分析仪的操作面板上按菜单选择和确认按钮,使电控系统进入波形显示状态,选择当时即可得到点火波形如图 10-12(具体操作按所用仪器的使用说明书进行)。图示为触点式点火系统的正常点火波形,上面为次级波,下面为初级波。图中 A 为触点打开段,B 为触点闭合段。B 段为点火线圈充磁区。1 为触点打开点:点火线圈初级回路刚刚断开瞬间,次级电压迅速上升;1~2 为点火电压,即火花塞电极击穿电压;4 为火花线,即电容放电;5 为火花线,即电感放电。火花消失后点火线圈中剩余的磁场能量形成衰减振荡。6 触点闭合:电流流入初级线圈,因初级线圈的互感而产生振荡。

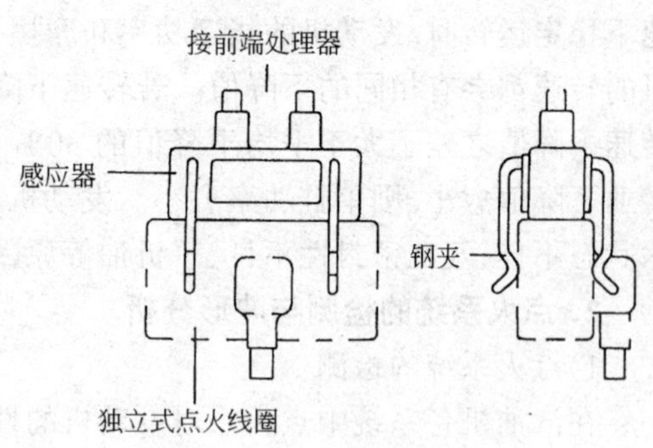

图 10-11　独立式点火线圈的夹持式感应器

初级电压波形可分三部分,a 部分在火花持续期内因磁感应而在初级回路上产生电压振荡;b 部分是火花期后,剩余的磁场能量产生的衰减振荡;c 部分是初级线圈的闭锁段。

从这一波形图上可以看到断电器触点闭合角、打开角、以及击穿电压和火花电压的幅值,并可以测试到火花的延迟期和两次振荡过程。

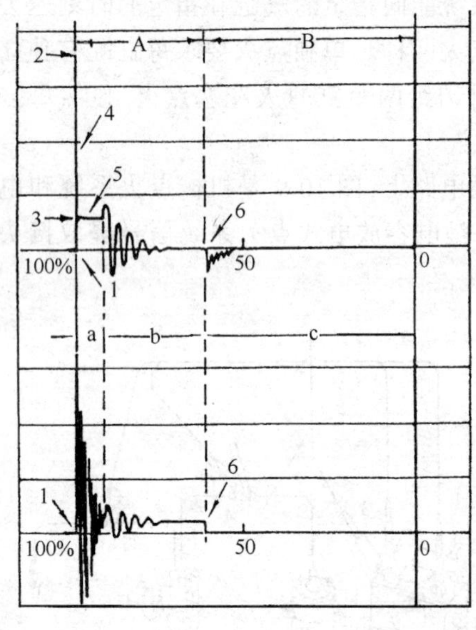

图 10-12　触点式点火系统的正常点火波形

(2)无触点电子点火系统波形

图 10-13 为无触点电子点火系统的正常点火波形,与有触点相比,因其初级电路的通断不是机械触点的开闭,而是晶体管的导通,使持续期内初级电压没有明显的振荡,而充磁过程中因限流作用电压有所升高,这一变动因点火线圈的感应引起次级电压线相应的波动(图中点 7 所示),这是无触点点火波形的正常现象,检测时需注意这一点。

(3)无分电器点火系统波形

无分电器点火系统中两缸共用一个点火线圈,使一个缸在循环中点火两次,一次在压缩过程末期,如图 10-14a),是有效点火,该工况下因气缸的充量为新鲜混合气,电离程度低,因此击穿电压和火花电压较高;另一次是在排气过程末期,如图 10-14 中 b),是无效点火,该工况下因气缸内为燃烧废气,电离程度高,因此击穿电压和火花电压较低,检测时应加以区分。

3)点火波形的各种组合

当点火波形采集完成后,检测分析仪计算机软件将捕获的点火波形进行不同类型的排列与组合,以供检测人员快速准确地判断故障的成因。

(1)平列波

按点火顺序将各缸点火波形首尾相联排成一字形,称为平列波,图 10-15 所示为一四缸发动机的平列波形。其作用主要用以分析次级电压的故障、各缸次级击穿电压是否均衡及火花电压是否有差异等。

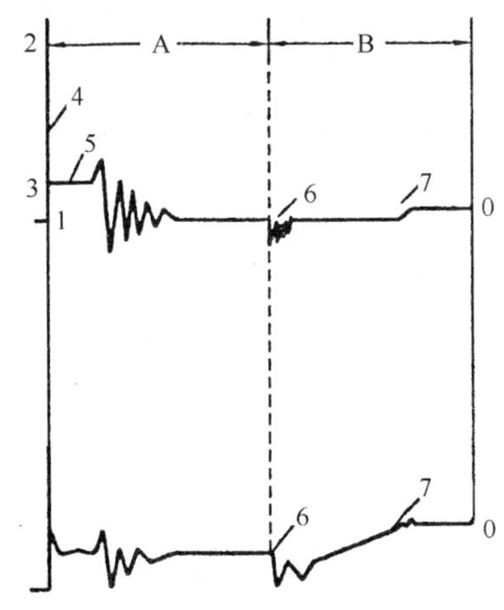

图 10-13　电子点火系统的正常点火波形

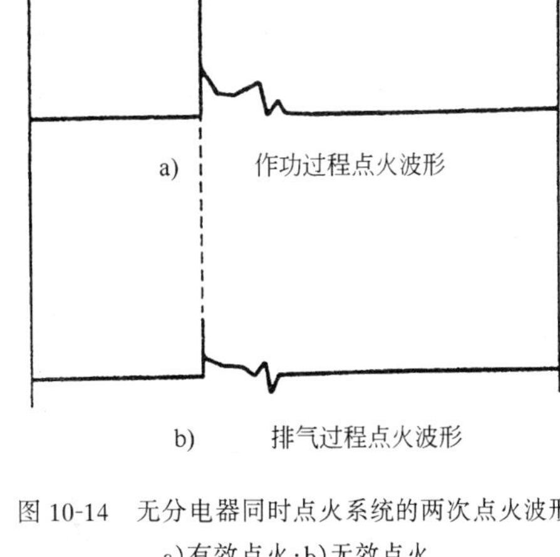

图 10-14　无分电器同时点火系统的两次点火波形

a)有效点火；b)无效点火

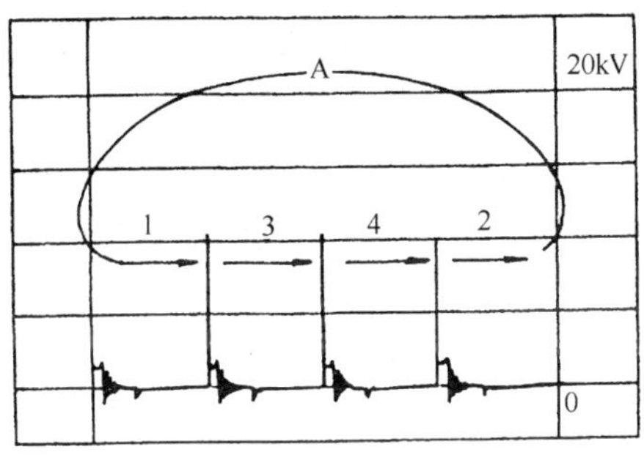

图 10-15　标准四缸次级电压平列波

1、2、3、4-气缸号

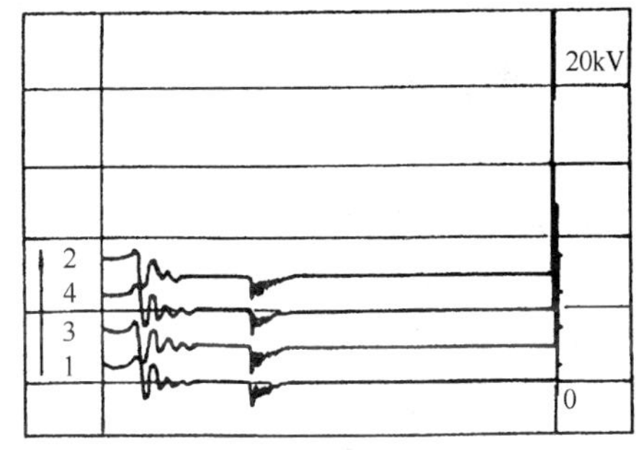

图 10 16　标准四缸次级电压并列波

1、2、3、4-气缸号

(2)并列波

如将各缸的点火波形始点对齐由下而上按点火顺序排列就形成并列波，如图 10-16 所示为一个四缸发动机的初级电压并列波形。这一波形图可以看到各缸直列波的全貌，可方便地分析各缸闭合角和开启角以及各缸火花塞的工作状态。如使用 TDC 传感器或频闪灯将上止点信号标于一缸电压波形上则可以检测到点火提前角。

(3)重叠波

将各缸的点火波形起始点对齐，全部重叠在一个水平位置上称为重叠波，如图 10-17 所示。如果触点式点火系统的分电器凸轮磨损不均匀或凸轮轴磨损严重将会造成波形重叠不良，一般重叠角不能超过周期的 5%。

4)点火系统的调试

一般情况下，运行不正常的汽车并非因零部件损坏而引起故障，而是汽车某些系统没有达到或在使用过程中失去了正确的调整状态。可利用并列波测定各缸闭合角和点火提前角是否正常。四缸的断电凸轮角为 90°，闭合角为 40°～45°；六缸的凸轮角为 60°，闭合角为 38°～42°；八缸的凸轮角为 45°，闭合角为 29°～32°。如这一闭合角度过大则说明触点间隙过小，反之当闭合角过小则说明触点间隙过大,应予调整。

无触点的电子点火系统当闭合角不正常时也需调整点火信号的触发部件,如磁感应式传感器的凸齿与传感器铁心的间隙需调整到0.2～0.4mm,具体调整值要视各车型而定。

点火提前角是影响发动机动力性、经济性和排放性的重要参数,利用并列波上第一缸的上止点标志可以清楚查看到各缸的点火提前角,也可以用图10-18所示的频闪灯对准曲轴飞轮上的第一缸上止点记号处,调整频闪灯上的电位器2使闪光相位前后移动直到曲轴飞轮上的标记对准飞轮壳上的记号,仪表即会显示第一缸的点火提前角。

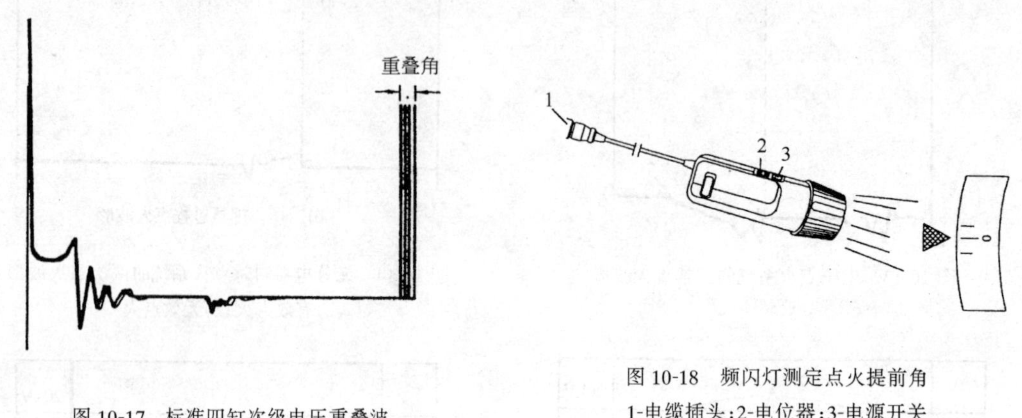

图10-17　标准四缸次级电压重叠波

图10-18　频闪灯测定点火提前角

1-电缆插头;2-电位器;3-电源开关

上面所测的点火提前角为总提前角,它由负荷提前值和转速提前值组成,对于机械触点式点火系即为真空和离心提前量,测量时拆去真空即为离心提前量,两者之差即为真空提前量。但在怠速工况下真空和离心提前量无法独立测定,为使这两个参数能不相互干扰的独立调整,要求在定转速下改变负荷就需要对发动机进行加载,这时汽车必须在底盘测功机上进行加载调试。如图10-19所示,加载时一般负荷率为40%～70%,车速为经济车速。只有这样,才能得知在不同转速和各种负荷下,转速提前量和负荷提前量的数值和动态变化历程是否正常。

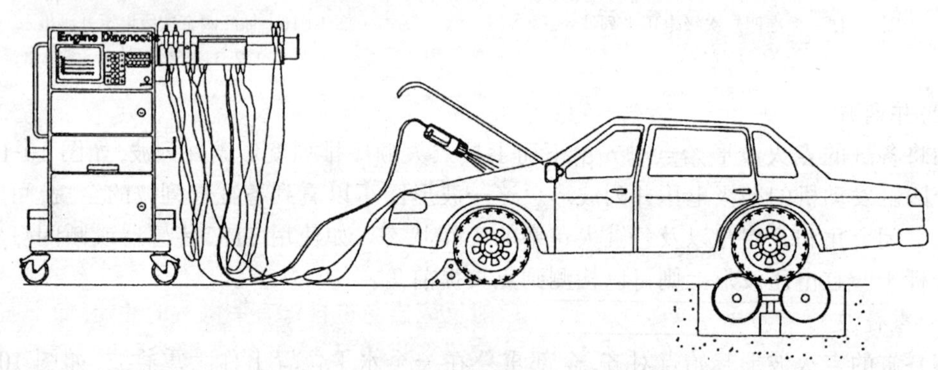

图10-19　汽车在底盘测功机上进行加载调试

电子点火系统,尤其是无分电器的电子点火系统转速提前量和负荷提前量由ECU根据发动机转速传感器和节气门传感器,以及进气真空度、凸轮轴位置、水温等信号,从预先贮存在RAM的数据中选定最佳点火提前角,再由ECU向电子点火器发出指令送向各缸的点火线圈,这一系统各部件不可调整,但也需经上述检测来确定故障是ECU损坏还是传感器失效。

3. 电控喷油信号的加载检测

为测取电控喷油系统的喷油电压脉冲信号，可拆开喷油器电插头，中间接入一专用T形接头，其一端接喷油器，另一头接电插头，中间引出端接分析仪的信号提取系统的信号探针，如图10-6所示。因喷油压力由压力调节器控制，使其保持燃油压力与进气管压力之差恒定，这样，从喷油器喷出的燃油只决定于喷油器的喷油时间，而喷油时间又决定于ECU向喷油器电磁线圈发出的指令时间来控制。

图10-20为分析仪采集到的喷油器电压信号波形，1为喷油器未动作前信号；2为喷油器控制晶体管导通，开始喷油；3为喷油器全开供给发动机所需的基本喷油量，该时间约为0.8～1.1ms，影响该段时间的主要因素有起动信号、水温、进气流量传感器等；4为基本喷油量供油结束，此时，喷油线圈产生自感电压约35V；5为加浓补偿量，虽然基本喷油量供油结束，但加浓补偿量控制信号立即接续，使晶体管控制在半开状态，继续维持喷油器持续供油，该时间在怠速约1.2～2.5ms之间；6为加浓补偿供油结束，使喷油线圈产生自感电压约30V；7为总喷油时间。

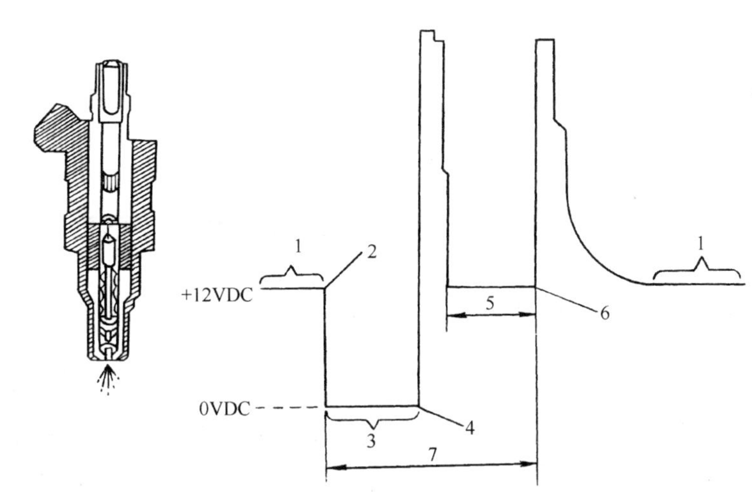

图10-20 喷油器电压信号波形

发动机在怠速工况检测时，其总喷油脉宽变化甚微，无法判断ECU的加浓补偿功能是否工作，因此可采用给汽车运行工况加载的办法，即在底盘测功机上使发动机在载荷下工作。从而可有效的检测ECU的控制补偿功能。

4. 进气歧管真空波形测试

冲程式发动机的进气过程是间歇的，这必然引起进气压力的脉动，所以进气歧管真空波形中能反应出与进排气有关机构的性能，如配气机构、气门密封情况、活塞环密封情况等。进气歧管真空波形测试可实现不解体检测，对于D型电控汽油喷射系统，进气压力还是ECU计量喷油量的重要参数。

图10-21是四缸、六缸、八缸发动机进气歧管真空度的正常波形。

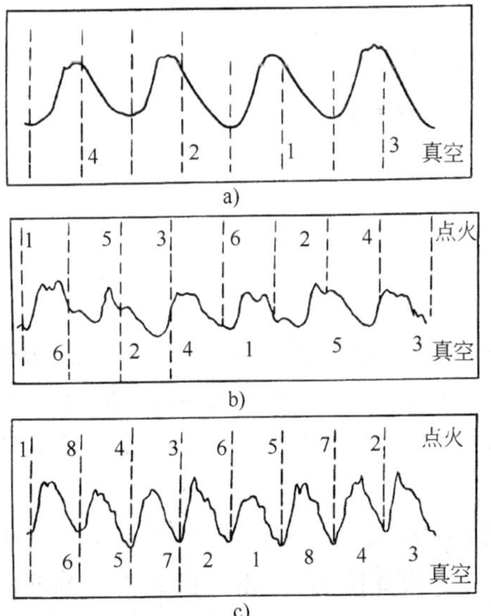

图10-21 发动机进气歧管真空度的正常波形
a)四缸发动机；b)六缸发动机；c)八缸发动机
1、2、3、4、5、6、7、8-气缸号

5. 气缸压力的测量

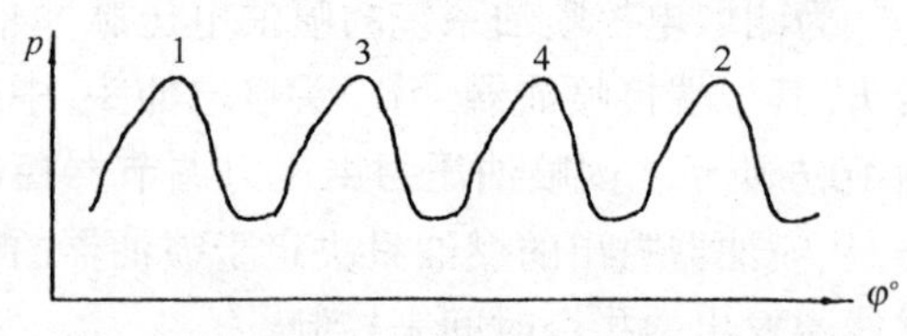

图 10-22 各缸压缩压力曲线
1、2、3、4-气缸号

发动机气缸压力是其工作循环中非常重要的参数，一般可用气缸压力表进行测量。当采用发动机综合性能分析仪进行发动机不解体检测时，可采用发动机不点火的空转起动电流波形来粗略估计。测量方法见图 10-6，将 11 电流互感钳夹于蓄电池负极接线柱上，打开分析仪，选择示波功能，选取缸压菜单，在 CRT 上即可观测到如图 10-22 的曲线，各缸压缩压力峰值的相对差别的允许值应满足所测发动机使用说明书的要求。

第四节 汽车排放污染物的检测

随着汽车工业的发展和汽车保有量的剧增，汽车的排放对大气的污染已构成严重的公害。尤其是一些大、中城市，既恶化了人类的生存环境，又影响了人民的身体健康，已成为严重的社会问题。汽车排放污染物的主要来源一是从排气管中直接排放出来的燃烧产物，即排气污染物(尾气排放)；二是从活塞环与气缸壁之间的间隙漏入曲轴箱，再由曲轴箱通风管排出的燃烧产物和未燃烧的燃料混合物，称为曲轴箱窜气；三是从汽油箱、化油器和油箱接头处挥发出来的汽油蒸气。在汽车排放的总污染物中，尾气排放所占比例最大。因此，汽车尾气排放的治理已刻不容缓。

一、排放污染物的主要成分及其危害

1. 主要成分

汽车排气中的污染物主要是一氧化碳(CO)、碳氢化合物(HC)、氮氧化物(NO_X)、铅化物、炭烟等。在相同工况下，汽油机排放的 CO、HC、NO_X 比柴油机多，因此，目前的排放法规对汽油机主要限制 CO、HC 和 NO_X 的排放量。柴油机对大气的污染比汽油机轻得多，柴油机燃烧时混合气形成时间非常短，在空气不足或混合气不均匀的情况下，主要产生炭烟污染，因此，排放法规主要限制柴油机的排气烟度。

2. 危害

1)一氧化碳(CO)

在内燃机中，CO 是因空气不足或其他原因造成不完全燃烧时所产生的一种无色、无味的气体。CO 吸入人体后，它能和血液中的血红蛋白结合成为一氧化碳血红蛋白，阻止氧的输送，它的亲和力是氧的 300 倍。因此，肺里的血红蛋白不与氧结合而与 CO 结合，致使人体缺氧，引起头痛、头晕、呕吐等中毒症状，严重时造成死亡。

CO 体积分数的容许限度规定为 8h 内 0.01%。如 1h 内吸入 0.05%的 CO，就会出现中毒症状，并危害中枢神经系统，造成感觉、反应、理解、记忆等机能障碍，严重时引起神经麻痹。如 1h 内吸入 0.1%的 CO，就会发生死亡。

2)碳氢化合物(HC)

HC 是多种碳氢化合物的总称，是发动机排气中的未燃尽的燃料分解产生的气体，还包括供油系中燃料的蒸发和滴漏。单独的 HC 只有在浓度相当高的情况下才会对人体产生影响，

一般情况下作用不大，但它却是产生光化学烟雾的重要成分。光化学烟雾是排气中的 NO_X 和 HC 排入大气后在紫外线作用下进行光化学反应而产生的黄色烟雾。其主要成分 O_3 是一种极强的氧化剂，当光化学烟雾中的光化学氧化剂超过一定浓度时，具有明显的刺激性。它能刺激眼结膜，引起流泪并导致红眼症，同时对鼻、咽、喉、气管及肺部均有刺激作用，能引起急性喘息症。当其浓度达到 50×10^{-6}时，人会在 1h 内死亡。1970 年，美国洛杉矶市曾有 3/4 以上居民发生过眼部刺激症状，日本东京在一次光化学烟雾中也曾有 2 万人罹患红眼症。光化学烟雾还具有损害植物、降低大气能见度、损坏橡胶制品等危害。

3）氮氧化物（NO_X）

NO_X 是发动机大负荷工作时大量产生的一种褐色的有臭味的废气。发动机废气刚一排出时，其内存的 NO 毒性较小，但 NO 很快氧化成毒性较大的 NO_2 等其他氮氧化合物。这些氮氧化合物统称为 NO_X。NO_X 进入肺部后能形成亚硝酸和硝酸，对肺组织产生剧烈的刺激作用。据医学研究表明，高浓度的一氧化氮会引起人体中枢神经的瘫痪和痉挛。虽然低浓度的一氧化氮毒性不大，但二氧化氮则是一种毒性很大的气体。它是一种红褐色的有刺激性气味的气体。当含量达到 5％时，就会闻到很强烈的臭味，对人的呼吸系统和免疫功能有很大危害。若二氧化氮浓度超过 100％时，人在其中只要生活 0.5～1h，就会得肺水肿而死亡。此外，氮氧化物也是光化学烟雾的主要前提物。

4）铅化物

发动机废气中的铅化物是为了改善汽油机的抗爆性而加入的，它们以颗粒状排入大气中，是污染大气的有害物质。当人们吸入含有铅微粒的空气时，铅逐渐在人体内积蓄。当积蓄达到一定程度时，将阻碍血液中红血球的生长，使心、肺等处发生病变；侵入大脑时则引起头痛，出现一种精神病的病状，还会造成智力下降。铅一旦进入人体，即使通过药物治疗也难排出。国外一些人口密集的大城市的交叉路口，空气中的含铅量常超过 $5\mu g/m^3$ 的法定标准，一般在 $10\mu g/m^3$ 左右，有时甚至高达 $100\mu g/m^3$。这样高浓度的铅长期吸入人体内，可使人产生精神衰弱综合症。根据美国环保部门的资料，居民身上的血铅含量与大气受排气污染的程度有密切关系。其中，城市居民的血铅含量高于乡村居民；交通警察和汽车厂工人的血铅含量要超过其他人员一倍以上。

5）炭烟

炭烟是柴油发动机燃烧不完全的产物，其内含有少量的带有臭味的乙醛，容易引起人们恶心和头晕。为此，包括我国在内的不少国家都规定了最大允许的烟度值，并规定了测量方法。

汽车排气中除上述污染物对人类造成危害外，还有二氧化硫（SO_2）和一些致癌物质。若大气中的 SO_2 过多，还会形成“酸雨”，造成水和土壤酸化，进而影响生态平衡。

二、汽油车排气污染物的检测

1. 汽油车排放污染物的检测

当混合气变浓时，汽油车排气中的 CO 和 HC 会逐渐增多。尤其是怠速运转时，由于节气门开度小、发动机转速低、残余排气量相对增大和燃烧温度低等原因，使得 CO 和 HC 明显增多。为此，国家标准 GB 14761.5—93 和 GB/T 3845—93 分别规定了《汽油车怠速污染物排放标准》和《汽油车排气污染物的测量——怠速法》。在怠速法中，特别指出测量仪器应采用不分光红外线吸收型（NDIR）监测仪。

1)汽车排气分析仪

(1)不分光红外线分析法的检测原理

汽车排出的CO、HC、NO_X和CO_2等气体,具有能吸收一定波长范围红外线的性质,而且红外线被吸收的程度与排气浓度成正比。不分光红外线分析法就是利用这一原理,来检测排气中各种污染物的含量。在各种气体混在一起的情况下,这种检测方法具有测量值不受影响的特点。利用不分光红外线分析法制成的分析仪,既可以制成单独检测CO或单独检测HC浓度的单项分析仪,也可以制成能测这两种气体含量的综合分析仪。

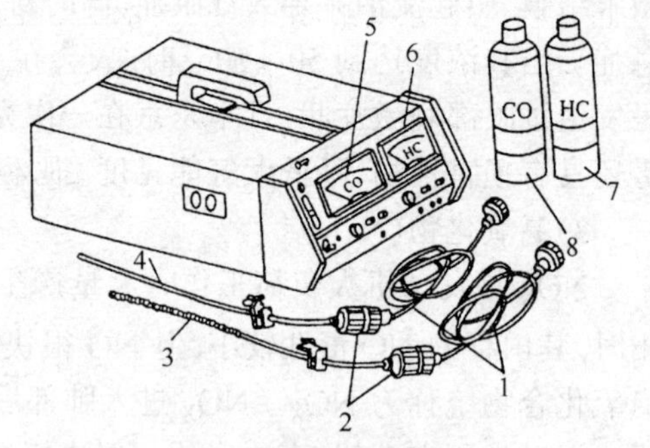

图10-23 MEXA—324F型汽车排气分析仪
1-导管;2-滤清器;3-低含量取样探头;4-高含量取样探头;5-CO指示仪表;6-HC指示仪表;7-标准HC气样瓶;8-标准CO气样瓶

(2)不分光红外线气体分析仪的结构与工作原理

不分光红外线CO和HC气体分析仪,是一种能够从汽车排气管中采集气样,对其中CO和HC含量进行连续测量的仪器,如图10-23所示。它由排气取样装置、排气分析装置、含量指示装置和校准装置等组成。排气在分析仪内的流动路线如图10-24所示。

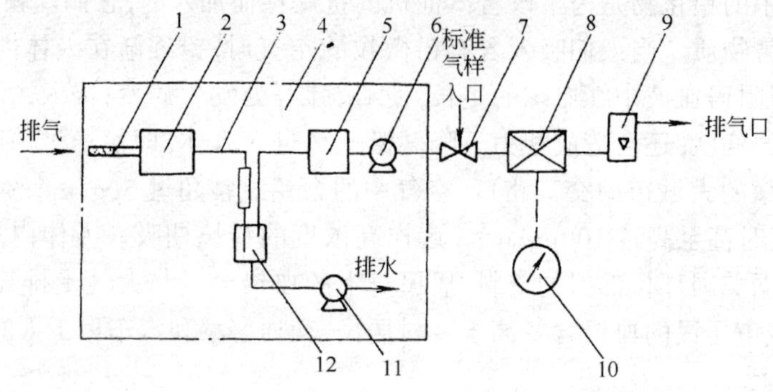

图10-24 排气在分析仪内的流动路线
1-取样探头;2、5-滤清器;3-导管;4-排气取样装置;6、11-泵;7-换向阀;8-排气分析仪;9-流量计;10-浓度指示装置;12-水分离器

2)排气取样装置

该装置由取样探头、滤清器、导管、水分离器和泵等组成。它通过取样探头、导管和泵从车辆排气管里采集排气,再用滤清器和水分离器把排气中的炭渣、灰尘和水分除掉,只把排气送入分析装置。为了使取样探头具有耐热性和防止导管吸附HC气体,它们是用特殊材料制成的。

3)排气分析装置

排气分析装置由红外线光源、气样室、旋转扇轮(截光器)和传感器等组成。该装置按照不分光红外线分析法,从来自取样装置的混有多种成分的排气中,测量CO和HC的含量,并转变成电信号输送给含量指示装置。按传感器形式不同,排气分析装置可分为电容微音器式和半导体式等不同形式;按功能不同,又可分为CO、HC综合式两种形式。

(1)电容微音器式分析装置

如图 10-25 所示,从两个红外线光源发出的红外线,分别通过标准气样室和测量气样室后到达测量室。在标准气样室内充有不吸收红外线的 N_2,在测量气样室内充有被测量的排气。测量室由两个分室组成,两者之间留有通道,并在通道上装有金属膜式电容微音器,以作为传感器。为了能够从排气中选择需要测量的成分,在测量室的两个分室内,充入适当含量的与被测气体相同的气体,即在测量 CO 浓度的分析装置的测量室内要充入 CO 气体,在测量 HC 含量的分析装置的测量室内要充入正乙烷气体。旋转扇轮也称为截光器,能连续地导通、截止两个红外线光源,从而形成射线脉冲。当红外线通过旋转扇轮断续地到达测量室时,由于通过测量气样室被所测气体按浓度大小吸收掉一部分一定波长的红外线,而通过标准气样室的红外线完全没有被吸收,因此在测量室的两个分室内,因红外线能量的差别出现了温度差别,温度差别又导致了压力差别,致使金属膜片弯曲变形。排气中被测气体含量越大,金属膜片弯曲变形也越大。膜片弯曲变形使电容改变,电容改变又引起电压改变,该电压信号经放大器放大后送往浓度指示装置。

(2)半导体式分析装置

如图 10-26 所示,从两个红外线光源发出的红外线,分别通过标准气样室和测量气样室后用聚光管聚光,然后输送到测量室。同样,在标准气样室里充有不吸收红外线的 N_2,在测量气样室里充有被测量的排气。

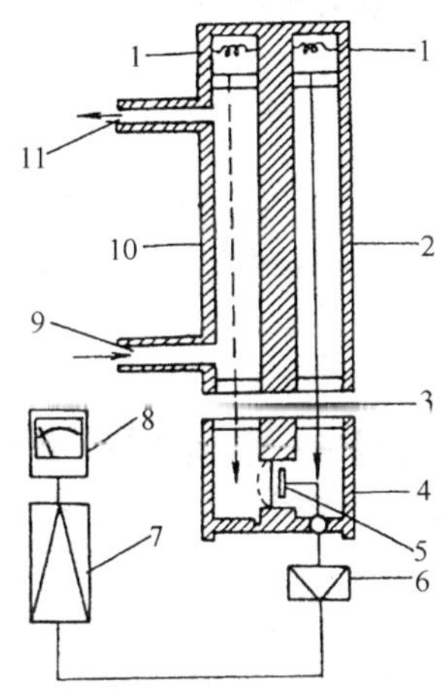

图 10-25　电容微音器式分析装置

1-红外线光源;2-标准气样室(比较室);3-旋转扇轮;4-测量室;5-电容微音器;6-前置放大器;7-主放大器;8-指示仪表;9-排气入口;10-测量气样室(试样室);11-排气出口

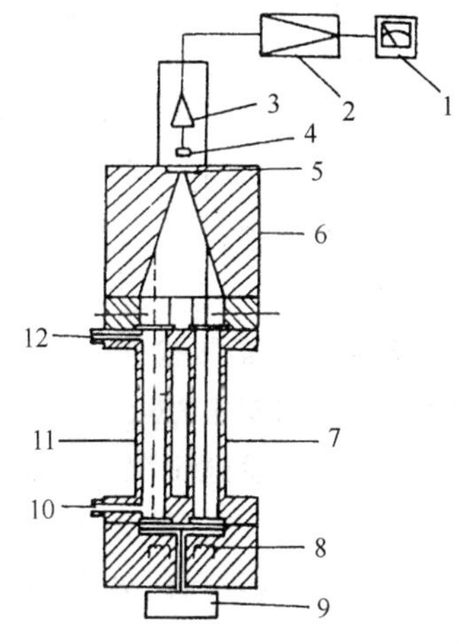

图 10-26　半导体式分析装置

1-指示仪表;2-主放大器;3-前置放大器;4-半导体传感器;5-光学滤色片;6-聚光管;7-标准气样室;8-红外线光源;9-旋转扇轮;10-排气入口;11-测量气样室;12-排气出口

传感器里采用的是一种能按照红外线能量强度改变电信号的半导体元件。由于该半导体元件本身不具有对被测气体吸收红外线波长范围的选择性,因此在半导体元件前面放置了一片光学滤色片,仅让被测气体吸收的波长范围以内的红外线通过。

红外线穿过旋转扇轮后,断续地通过标准气样室和测量气样室,经过聚光管和光学滤色片后到达半导体传感器。通过标准气样室的红外线由于未被吸收,因此能量保持不变。通过测量气样室的红外线,由于被所测气体含量吸收掉一部分一定波长的红外线,因此分别通过两气样室的红外线的能量形成差异后到达传感器。半导体传感器能将上述红外线能量差异转变成电信号，经放大器放大后输送给含量指示装置。

4)含量指示装置

综合式气体分析仪的含量指示装置，主要由CO指示装置和HC指示装置组成，有指针仪表和数字显示器两种类型。数字显示器式参见图10-23，指针仪表式如图10-27所示。从排气分析装置送来的电信号，经含量指示装置显示。在CO指示仪表上，CO的体积分数以百分数表示；在HC指示仪表上，HC体积分数以正乙烷当量百分数直接指示出来。以前，HC体积分数多以百万分数(10^{-6})表示，其值乘10^{-4}即可换算成百分数。仪表的指示可利用零点调整旋钮、标准调整旋钮和读数转换开头等进行控制。仪器内滤清器脏污时，对测量值有影响，因此要经常观察流量计的指示情况，发现指针进入红区应及时更换滤清器滤芯。

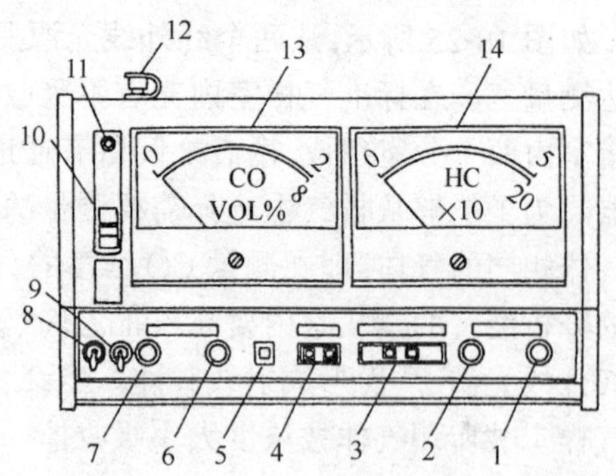

图10-27　MEXA—324F型汽车排气分析仪面板图

1-HC标准调整旋钮；2-HC零点调整旋钮；3-HC读数转换开关；4-CO读数转换开关；5-简易校准开关；6-CO标准调整旋钮；7-CO零点调整旋钮；8-电源开关；9-泵开关；10-流量计；11-电源指示灯；12-标准气样注入口；13-CO指示仪表；14-HC指示仪表

5)校准装置

该装置是一种为了保持分析仪的指示精度，使之能准确指示测量值的装置。在此装置中，既设有用加入标准气样进行校准的装置，也设有用机械方式简易校准的装置。

标准气样校准装置是把标准气样从分析仪上单设的一个专用注入口(图10-27中12)直接送到排气分析装置，再通过比较标准气样浓度值和仪表指示值的方法来进行校准的装置。

简易校准装置通常是用遮光板把排气分析装置中通过测量气样室的红外线挡住一部分，用减少一定量红外线的方法进行简单校准的装置 。

2. 汽油车怠速污染物检测

按照国家标准GB/T 3845—93《汽油车排气污染物的测量——怠速法》的规定，汽油车怠速污染物的检测应在怠速工况下进行。怠速工况是指发动机运转中，离合器处于接合位置，加速踏板处于松开位置，变速器处于空档位置(装有自动变速器时，其手柄应置于“P”或“N”位)，采用化油器系统的，其阻风门处于全开位置 。

1)仪器准备

按仪器使用说明书的要求做好各项检查工作。

2)仪器校准

接通电源，对分析仪预热30min以上。

①用标准气样校准。先让分析仪吸入清洁空气，用零点调整旋钮把仪表指针调到零点；然后把仪器附带的标准气样从标准气样注入口灌入，再用标准调整旋钮把仪表指针调到标准指示值。在灌注标准气样时，要关掉分析仪上的泵开关。

对于CO分析仪，可把标准气样瓶上标明的CO浓度值作为校准的标准值；对于HC分析仪，由于是用丙烷作为标准气样，因而要按下式求出正乙烷的换算值，再用正乙烷的换算值作为校准的标准值。

校准的标准值(即正乙烷的换算值)＝标准气样(丙烷)浓度×换算系数

式中的标准气样(丙烷)浓度即标准气样瓶上标明的浓度值；换算系数是分析仪的给出值，

一般为 0.472～0.578。

②简易校准。接通简易校准开关，对于有校准位置刻度线的仪器，可用标准调整旋钮（图 10-27 中的 1、6）把仪表指针调到正对标准刻度线位置。对于没有标准刻度线的仪器，要在标准气样校准后立即进行简易校准，使仪表指针与标准气样校准后的指示值重合。

把取样探头和取样导管安装到分析仪上，检查取样探头和导管内是否有残留 HC。如果管内壁吸附残留 HC 很多，仪表指针大大超过零点以上时，要用压缩空气或布条等清洁取样探头和导管。仪器经过上述检查和校准后，即可投入使用。

3）车辆准备

进气系统应装有空气滤清器，排气系统应装有排气消声器，并不得有泄漏。汽油应符合 GB 484 的规定。测量时发动机冷却水和润滑油温度应达到汽车使用说明书所规定的热状态。按规定调好怠速和点火正时。

4）检测方法

①发动机由怠速工况加速至 0.7 倍的额定转速，维持 60s 后降至怠速状态；

②发动机降至怠速状态后，将取样探头插入排气管中，深度等于 400mm，并固定于排气管上；

③先把指示仪表的读数转换开关打到最高量程档位，再一边观看指示仪表，一边用读数转换开关选择适于排气含量的量程档位；

④发动机在怠速状态，维持 15s 后开始读数，读取 30s 内的最高值和最低值，其平均值即为测量结果；

⑤若为多排气管时，取各排气管测量结果的算术平均值；

⑥测量工作结束后，把取样探头从排气管里抽出来，让它吸入新鲜空气 5min，待仪器指针回到零点后再关掉电源。

5）注意事项

①汽油车怠速污染物的检测，一定要把发动机怠速和温度控制在规定范围之内；

②取样探头、导管分为低含量用和高含量用两种，二者要分别使用；

③检测时导管不要发生弯折现象；

④多部车辆连续检测时，一定要把取样探头从排气管里抽出并待仪表指针回到零点后，再进行下一部车的测量；

⑤不要在有机溶剂的地方进行检测。要注意检测地点、室内通风换气，以防人员中毒；

⑥检测结束后，要立即把取样探头从排气管里抽出来。取样探头不用时要垂直吊挂，不要平放，以防管内的积水腐蚀取样探头；

⑦分析仪不要放置在湿度大、温度变化大、振动大或有倾斜的地方；

⑧分析仪要定时保养，以确保使用精度；

⑨校准用的校准气样是有毒的，要注意保管。

三、柴油车自由加速烟度的检测

柴油车排出的烟色，主要有黑烟、蓝烟和白烟 3 种。其中，在全负荷和加速工况时以排出黑烟最为常见。黑烟的发暗程度用排气烟度表示，排气烟度用烟度计检测。烟度计可分为滤纸式、透光式、重量式等多种形式。国家标准 GB/T 3846—93《柴油车自由加速烟度的测量——滤纸烟度法》中规定采用滤纸式烟度计。

自由加速滤纸式烟度的定义是：在自由加速工况下，从发动机排气管抽取规定长度的排气柱所含的炭烟，使规定面积的清洁滤纸染黑的程度，称为自由加速滤纸式烟度。该烟度以符号 S_F 表示，单位为 FSN(Filter Smoke Number)，即滤纸烟度值。

1. 滤纸式烟度计检测烟度的基本原理

如图 10-28 所示，滤纸式烟度计是用一个活塞式抽气泵，从柴油机排气管中抽取一定容积的排气，使它通过一张一定面积的白色滤纸，排气中的炭烟存留在滤纸上，使其染黑。用检测装置测定滤纸的染黑度，该染黑度即代表柴油车的排气烟度。

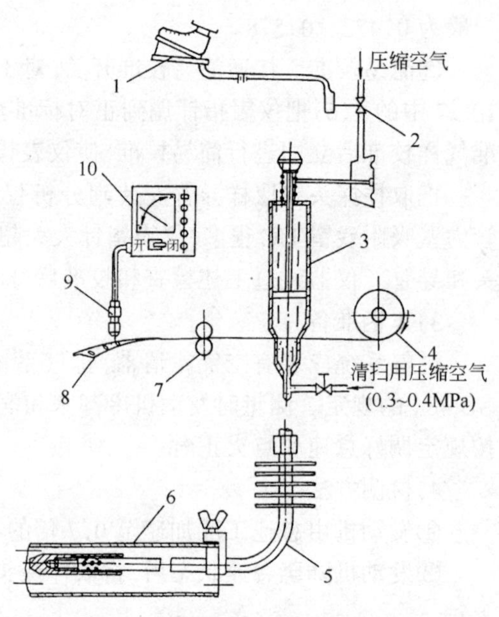

图 10-28 滤纸式烟度计示意图

1-脚踏开关；2-电磁阀；3-抽气泵；4-滤纸卷；5-取样探头；6-排气管；7-进给机构；8-染黑的滤纸；9-光电传感器；10-指示电表

2. 滤纸式烟度计的结构与工作原理

滤纸式烟度计是世界上应用最广泛的烟度计之一，有手动、半自动和全自动三种形式，都是由排气取样装置、染黑度检测与指示装置和控制装置等组成，一般还配备有打印机。国产 FQD—201 型半自动排气烟度计外形如图 10-29 所示。

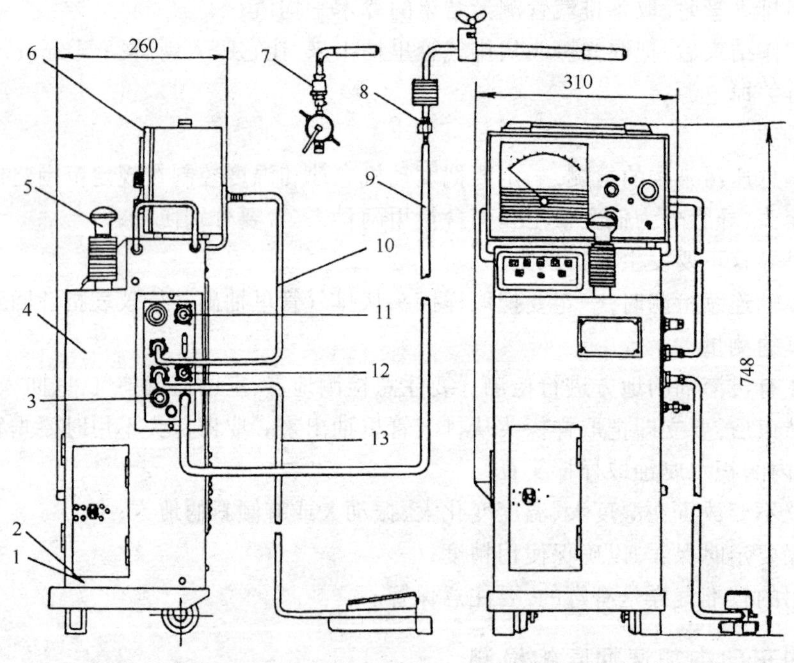

图 10-29 FQD—201 型半自动排气烟度计外形

1-螺钉；2-垫圈；3-扫气管；4-机壳罩；5-抽气泵；6-指示装置；7-三通阀；8-取样探头；9-取样软管；10-光电检测装置连接线；11-连接直流电源线；12-连接主电源线；13-脚踏开关连接线

1)取样装置

该装置由取样探头、活塞式抽气泵、取样软管和清洗机构等组成。取样探头分台架试验用和整车试验用两种形式。整车试验用取样探头带有散热片,其上装有夹具以便固定在排气管上。取样探头在活塞式抽气泵的作用下抽取排气,它的结构形状应能保证在取样时不受排气动压的影响。

活塞式抽气泵由泵筒、活塞、活塞杆、手柄、复位弹簧、锁止装置、电磁阀和滤纸夹持机构等组成。当抽气泵取样时能实现对滤纸的夹紧和密封,此时排气经滤纸进入泵筒内,炭烟存留在滤纸上并将其染黑,并能保证滤纸的有效工作面直径为 ϕ32mm。当抽气泵活塞完成复位过程到达泵筒下端时,滤纸夹持机构松开,染黑的滤纸位移至光电检测装置下。

取样软管把取样探头和活塞式抽气泵连接在一起,由于泵的抽气量与软管的容积有关,所以国家标准 GB/T 3846—93《柴油车自由加速烟度的测量——滤纸烟度法》规定,取样软管长度为 5.0m,内径为 $\phi 5_{-0.2}^{\ 0}$mm,取样系统局部内径不得小于 ϕ4mm。

2)检测与指示装置

该装置由光电传感器、指示电表或数字显示器、滤纸和标准烟样等组成。光电传感器由光源(白炽灯泡)、光电元件(环形硒光电池)和电位器等组成,其工作原理如图 10-30 所示。电源接通后白炽灯泡发亮,其光亮通过带有中心孔的环形硒光电池照射到滤纸上。滤纸的染黑度不同时,反射给环形硒光电池感光面的光线强度也不同,因而环形硒光电池产生的电流强度也就不同。线路中一般配备有 R_1 和 R_2 作为白炽灯泡电流的粗调和细调,以便获得适度的光强,使光源和硒光电池的灵敏度相匹配。

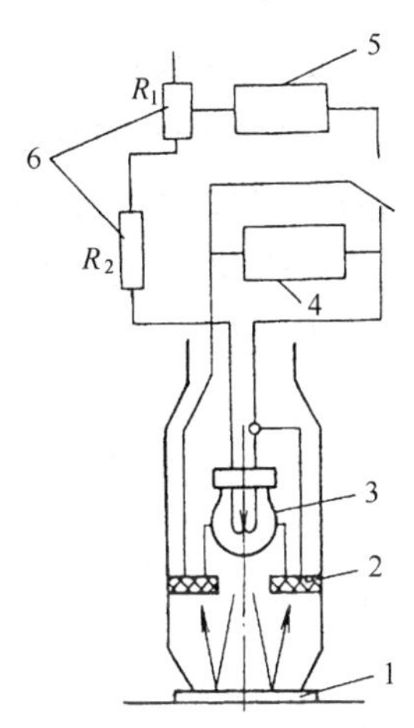

图 10-30 光电传感器原理图
1-滤纸;2-光电元件;3-光源;
4-指示电表;5-电源;6-电阻

指示电表是一个电流表,是滤纸染黑度亦即排气烟度的指示装置。当环形硒光电池送来的电流强度不同时,指示电表指针的位置也不同。国产 FQD—201 型半自动排气烟度计指示装置面板图如图 10-31 所示。图中的 FSN 为滤纸烟度值,规定全白滤纸为 0FSN,全黑滤纸为 10FSN,从 0～10 均匀分度。由微机控制的排气烟度计,其指示装置一般采用数字式显示器。如国产 FQD－201 型半自动排气烟度计采用了 MCS—48 系列单片机作仪器机芯,显示器由两位 LEC 数码管组成,配备有微型打印机。

检测装置还应备有供标定或校准用的标准烟样和符合规定的滤纸。标准烟样也称为烟度卡,应在烟度计上标定,精确度为 0.5%。当标准烟样用于标定烟度计时,按量程均匀分布不得少于 6 张;当用于校准烟度计时,每台烟度计 3 张,标准应选 4.0～5.0FSN。当烟度计指示电表需要校准时,只要把标准烟样放在光电传感器下,用调节旋钮把指示电表的指针调到标准烟样所代表的染黑度数值即可达到目的。这可使指示电表保持指示精度,以得出正确的测量结果。

滤纸有带状和圆片状两种。带状滤纸在进给机构的作用下能实现连续传送,圆片状滤纸仅适用于手动式烟度计。对滤纸总的要求是:反射因数为 92±3%,当量孔孔径为 45μm,透气度为 3000mL/(cm^2·min)(滤纸前后压差为 1.96 ～3.90kPa),厚度为 0.18～0.20mm。

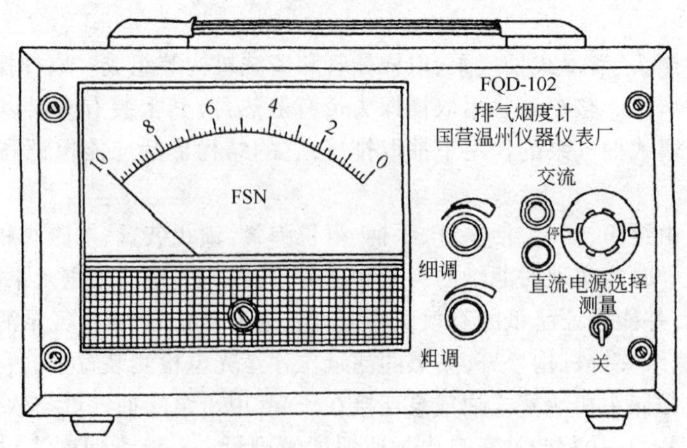

图 10-31　指示装置面板图

3. 柴油车自由加速烟度的检测方法

GB/T 3846—93《柴油车自由加速烟度的测量——滤纸烟度法》中规定，柴油车自由加速烟度的检测应在自由加速工况下进行。自由加速工况是指柴油发动机处于怠速工况（发动机运转，离合器处于接合位置，加速踏板处于松开位置，变速器处于空档位置。具有排气制动装置的发动机，其蝶形阀处于全开位置），将加速踏板迅速踏到底，维持 4s 后松开。

1）仪器准备

以 FQD—201 型排气烟度计为例。

①校准

a. 未接通电源时，先检查指示电表指针是否在机械零点上，否则用零点调整螺钉使指针与“10”的刻度重合；

b. 接通电源，仪器进行预热，然后打开测量开关，在光电传感器下垫上 10 张洁白滤纸，调节粗调电位器和细调电位器，使表头指针与“0”的刻线重合；

c. 在 10 张洁白滤纸上放上标准烟样，光电传感器对准烟样中心垂直放置其上。此时，表头指针应指在标准烟样所代表的染黑度数值上，否则应调节仪器后面板上的小型电位器。

②检查取样装置和控制装置中各部机件的工作情况，特别要检查脚踏开关与抽气泵动作是否同步；

③检查控制用压缩空气（空气压力为 0.4～0.6MPa）和清洗用压缩空气（空气压力为 0.3～0.4MPa）的压力是否符合要求；

④用压缩空气对取样探头和取样软管进行清洗；

⑤检查滤纸进给机构的工作情况；

⑥检查滤纸是否合格，应洁白无污。

2）车辆准备

①进气系统应装有空气滤清器，排气系统应装有消声器并且不得有泄漏；

②柴油应符合 GB 10327 的规定，不得使用燃油添加剂；

③测量时发动机的冷却水和润滑油温度应达到汽车使用说明书所规定的热状态。

3）检测方法

①将取样探头固定于排气管内，插入深度等于 300mm，并使其中心线与排气管轴线平行；

②将脚踏开关引入汽车驾驶室内；

③把抽气泵活塞压到最下端锁止；

④按图 10-32 所示测量规程进行自由加速烟度的检测。先由怠速工况将加速踏板踩到底，维持 4s 迅速松开，如此反复三次，以便将排气管内的炭渣等积存物吹掉。每次加速后怠速运转16s，在此时间内要用压缩空气清洗机构对取样软管和取样探头吹洗数秒种；再把脚踏开关固定在加速踏板上，把滤纸与进给机构连接好，进行实测(如图 10-33 所示)。实测时将加速踏板与脚踏开关一并迅速踩到底，至 4s 时立刻松开，维持怠速运转 16s。在 16s 时间内完成排气取样、滤纸染黑、抽气泵复位、走纸、检测并指示烟度和清洗等工作。从第 1 次开始加速至第 2 次开始加速为一个循环，每个循环共计 20s 时间。实测中需操作 4 个循环，取后 3 个循环烟度读数的算术平均值作为所测烟度值。当汽车发动机出现黑烟冒出排气管的时间与抽气泵开始抽气的时间不同步现象时，应取最大烟度值作为所测烟度值；

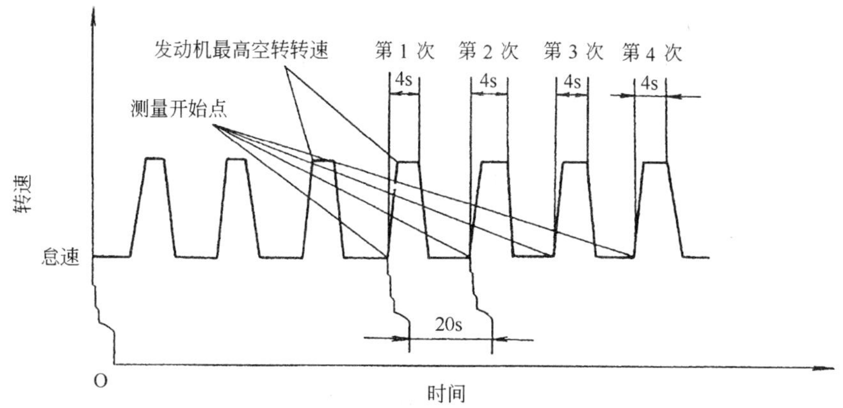

图 10-32　自由加速烟度测量规程

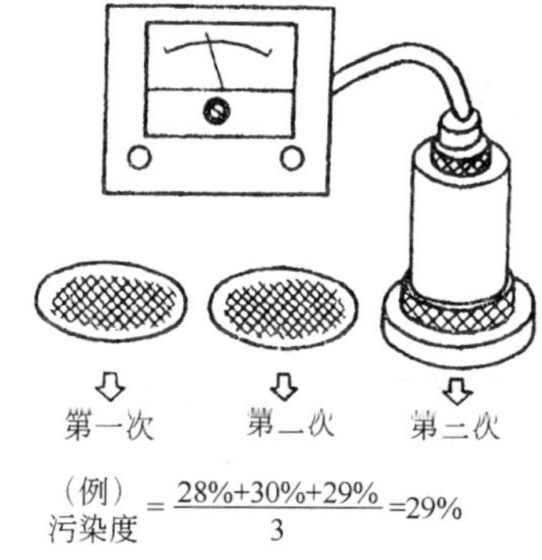

图 10-33　用滤纸测排气烟度

⑤在被染黑的滤纸上记下试验序号、试验工况和试验日期等，以便保存；

⑥检测结束，及时关闭电源和气源。

4)注意事项

①取样软管的内径和长度有规定，不能随意用其他型号的管子代替；

②指示装置不用时，应把测量开关打到关的位置，以免在移动或运输时损坏指示电表；

③指示装置应避开有振动和湿度大的地方；

④滤纸和校准用标准烟样，不要放置在阳光下曝晒或灰尘多的地方；

⑤标准烟样必须定期标定，在有效期内使用。

四、汽车排气污染物排放标准

国家标准 GB 18285—2000《在用汽车排气污染物限值及测试方法》对装配点燃式四冲程发动机及压燃式发动机，最大总质量大于或等于 4000kg，最大设计车速大于或等于 50km/h 的在用汽车的排气排放限值作出规定:装配点燃式发动机的车辆怠速试验排气污染物限值见表 10-2;装配压燃式发动机的车辆自由加速试验烟度排放限值见表 10-3。

装配点燃式发动机的车辆怠速试验排气污染物限值 表 10-2

车 辆 类 型	轻 型 车		重 型 车	
	CO (%)	HC ($\times 10^{-6}$)1)	CO (%)	HC ($\times 10^{-6}$)1)
1995 年 7 月 1 日以前生产的在用汽车	4.5	1 200	5.0	2 000
1995 年 7 月 1 日起生产的在用汽车	4.5	900	4.5	1 200

注:1)HC 容积浓度值按正已烷当量。

装配压燃式发动机的车辆自由加速试验烟度排放限值 表 10-3

车 辆 类 型	烟 度 值 (Rb)
1995 年 7 月 1 日以前生产的在用车	4.7
1995 年 7 月 1 日起生产的在用车	4.0

第五节 车速表检测

汽车行驶速度关系到行车安全与运输生产率。汽车行驶速度高,可以缩短运输时间、提高运输生产率。但是,车速过高时,会使车辆操纵稳定性降低,制动非安全区增加。因此,行车速度对交通安全有很大影响。为此,车速表一定要准确可靠。如果车速表指示误差太大,驾驶员就难以正确控制车速,且极易因判断失误而造成交通事故。为确保车速表的指示精度,必须适时对车速表进行检测、校正。

车速表的检测方法有道路试验法和室内台架试验法两种。本节着重介绍室内台架试验法。

一、车速表误差的形成与测量原理

1. 车速表误差的形成

车速表在使用过程中产生指示误差,主要是自身故障或损坏以及轮胎磨损、气压不足等原因造成的。车速表是利用磁电互感原理,通过指针摆动来显示汽车行驶速度的。车速表内有可转动的活动盘、转轴、轴承、齿轮、游丝等零件和磁性元件。由于这些零件在使用过程中的自然磨损以及磁性元件的磁性变化,都会造成车速表的指示误差。为获得车速表的指示误差,需借助车速表试验台适时对车速表进行检测。

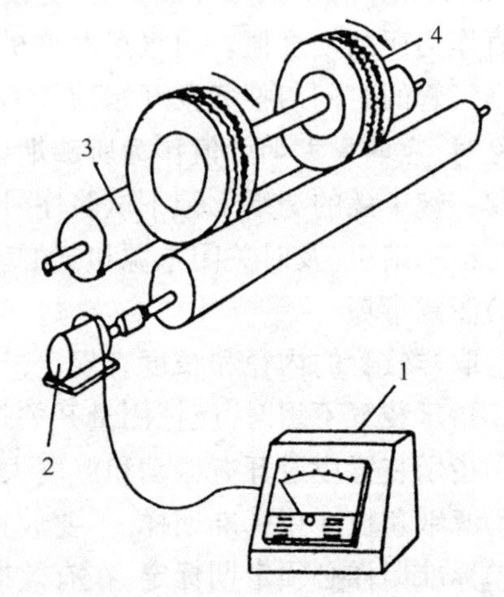

图 10-34 车速表误差的测量原理

1-车速指示仪表;2-速度传感器;3-滚筒;4-驱动车轮

2. 车速表误差的测量原理

用车速表试验台测量车速的指示误差,是把与车速表有传动关系的车轮置于滚筒上旋转,试验台滚筒相当于连续移动的路面,模拟汽车在路面上行驶的实际状态,进行车速表误差的测量。车速表误差的测量原理如图 10-34 所示。测量时，将汽车上与车速表有传动关系的车轮（一般情况下是驱动轮）置于车速表试验台的滚筒上，由车轮驱动滚筒旋转。滚筒端部装有速度传感器，能发出与车速变化成正比的电信号。

滚筒的线速度、圆周长度和转速之间的关系表达式为：

$$v = L \cdot n \times 60 \times 10^{-6}$$

式中：v——滚筒的线速度，km/h；

L——滚筒的圆周长度，mm；

n——滚筒的转速，r/min。

由于滚筒的线速度就是车轮的线速度，因此上述计算值即为汽车的实际车速值，由车速表试验台上的速度指示仪表显示，也称为试验台指示值。

车轮带动滚筒转动的同时，汽车驾驶室内的车速表也在显示车速值，称为车速表指示值。将车速表指示值与实际车速值（试验台指示值）相比较，即可获得车速表的指示误差。

二、车速表试验台

常见的车速表试验台有 3 种类型。第一种是无驱动装置的标准型，它依靠被测车轮带动滚筒旋转；第二种是有驱动装置的驱动型，它由电动机驱动滚筒旋转；第三种是与制动试验台、底盘测功试验台等组合在一起的综合型。

1. 标准型车速表试验台

该试验台由速度测量装置、速度指示装置和速度报警装置等组成，如图 10-35 所示。

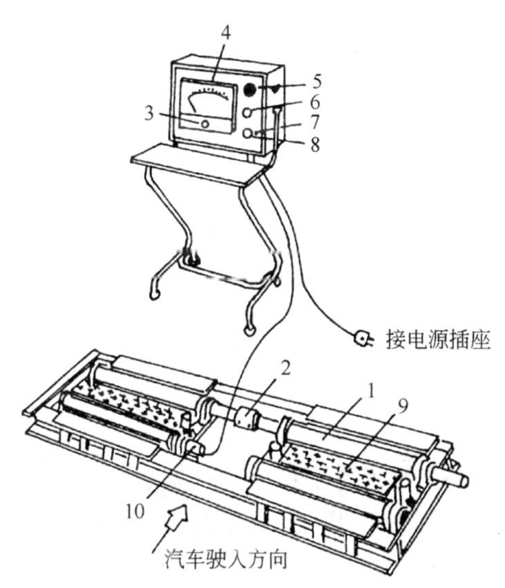

图 10-35　标准型车速表试验台

1-滚筒；2-联轴器；3-零点校正螺钉；4-速度指示仪表；5-蜂鸣器；6-报警灯；7-电源灯；8-电源开关；9-举升器；10-速度传感器（测速发电机式）

1）速度测量装置

该装置主要由滚筒、举升器、框架和速度传感器等组成。滚筒一般为 4 个，通过滚动轴承安装在框架上。试验时，为防止汽车驱动轴差速器行星齿轮自转，四滚筒式试验台的两个前滚筒用联轴器连在一起。为使汽车进、出试验台方便，在前后滚筒之间设有举升器。举升器与滚筒装置联动。当举升器升起使车轮进、出试验台时，滚筒因自身制动装置的制动作用而不会转动。速度传感器有测速发电机式、差动变压器式、磁电式和光敏式、霍尔式等多种形式。它装在滚筒的一端，将对应于滚筒转速发出的电信号送至速度指示装置。

2）速度指示装置

该装置按照速度传感器发出的电信号进行工作，能把以滚筒圆周长度与其转速算出的线速度，以 km/h 为单位在仪表上指示。

3）速度报警装置

该装置是在测量中判断车速表误差是否在合格范围之内的，一般有 3 种形式。

①用报警装置提示汽车实际车速已达到检测车速（如 40km/h）。在试验中，当汽车实际车速达到检测车速时，报警灯亮或蜂鸣器响，提示检测员立即读取驾驶室内车速表的指示值，以便与实际车速对照，判断车速表指示值是否在合格范围之内；

②将试验台指示仪表一定范围内涂成绿色区域。按现行标准将试验台速度表的 33.3～

42.1km/h 涂成绿色区域,表示为合格区域;

③同时具有上述两种装置的报警系统。

2. 驱动型车速表试验台

多数汽车的车速表转速信号,均取自变速器或分动器,即取自汽车的驱动系统。但是,也有一些汽车的车速表转速信号取自从动系统的前轮。驱动型车速表试验台就是为适应后一种汽车而设置的,如图 10-36 所示。需要指出的是,在滚筒与电动机之间装有离合器,当离合器处于分离状态时,这种试验台又可作为标准型试验台使用。

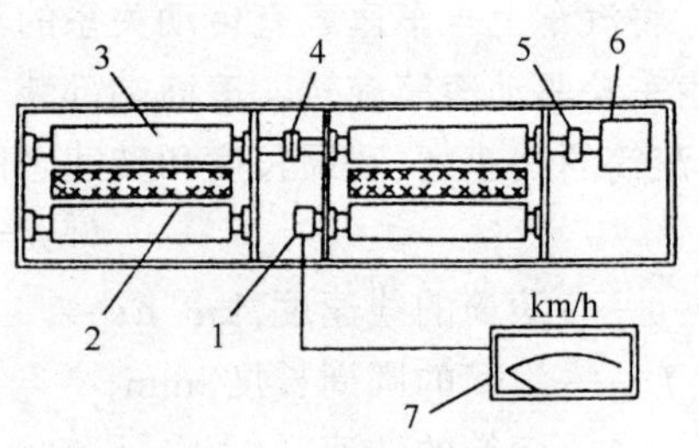

图 10-36　驱动型车速表试验台

1-测速发电机;2-举升器;3-滚筒;4-联轴器;5-离合器;6-电动机;7-速度指示仪表

三、车速表试验台检测车速的方法

测速之前应认真阅读车速表试验台的使用说明书,按规定正确使用。通用的使用方法如下。

1. 试验台的准备

①在滚筒处于静止状态下,检查指示仪表的指针是否在零点位置上。若指针不在零点上,可用零点调整螺钉调整;

②检查滚筒上是否沾有油、水、泥等杂物。若有,应清除干净;

③检查举升器的升、降动作是否自如。若动作阻滞或有泄漏部位,应予修理;

④检查导线的连接情况。若有接触不良或断路,应予修理或更换。

2. 被检车辆的准备

①按汽车制造厂的规定调整好轮胎气压;

②轮胎上沾有油、水、泥或花纹内嵌有小石子时,应清除干净。

3. 检测方法

①接通车速表试验台电源;

②升起滚筒间的举升器;

③将汽车开上车速表试验台,使其与车速表传动关系的车轮停于两滚筒之间;

④降下举升器,至轮胎与举升器托板脱离为止;

⑤标准型车速表试验台

a. 起动汽车,挂入最高档后踩下加速踏板使驱动轮带动滚筒平稳地加速运转;

b. 当驾驶室内车速表指示值达到检测车速时,读取试验台指示值(实际车速);或当试验台指示值达到检测车速时,读取驾驶室内车速表的指示值;

⑥驱动型车速表试验台

a. 接合试验台离合器,使滚筒与电动机连在一起;

b. 将汽车变速器挂入空档,起动电动机,通过滚筒带动车轮旋转;

c. 当车速表指示值达到检测车速时,读取试验台指示值;或反之,当试验台指示值达到检测车速时,读取车速表指示值;

⑦读取数据后,轻轻踩下汽车制动踏板,使滚筒和车轮停止转动。对于驱动型车速表试验台,必须先关断电动机电源,再踩制动踏板;

⑧升起举升器,汽车开出试验台;

⑨关断试验台电源,测速结束。

四、诊断参数标准

国家强制性标准 GB 7258—1997《机动车运行安全技术条件》中规定：车速表允许误差范围为 +20% ~ -5%，即当实际车速为 40km/h 时，车速表指示值在 38～48km/h 范围内为合格；试验时，当车速表指示值为 40km/h 时，观察试验台速度表指示值是否在合格的绿色区域，即实际车速在 33.3～42.1km/h 范围内。

第六节 灯 光 检 测

汽车前照灯，是保证汽车在夜间或在能见度较低的情况下安全行车并保持较高车速的重要装置。前照灯的诊断参数主要是发光强度和光束照射位置。当发光强度不足或光束照射位置偏斜时，驾驶员就不易辨清前方的障碍物或给对方来车驾驶员造成眩目，因而导致交通事故。所以，应定期对前照灯进行检测、校正。

一、前照灯的特性

前照灯特性有发光强度、光束照射方向和配光特性等。

1. 发光强度

按国际标准 ISO 的规定，发光强度单位是指一光源在给定方向上发出频率为 540×10^{12}Hz的单色辐射，且在此方向上的辐射强度为 1/683W 每球面度，则此光源在该方向上的发光强度为一个坎德拉，简称坎。单位符号用 cd 表示。

2. 照射方向

一般情况下，可把前照灯光束最亮之处看作是光轴的中心。光轴中心对水平、垂直坐标轴交点的偏离，表示光轴的照射方向。

3. 配光特性

把用等照度曲线表示的明亮度分布特征称为配光特性，亦称为光形分布特征。前照灯的配光特性有对称配光和非对称配光两种，等照度曲线左右对称，不偏向一边，上下的扩展也不太宽，这是对称式配光特性。如图 10-37 所示。还有一种非对称式配光特性，其光形的分布不是对称的，(如图 10-38 所示)有两种形式：一种是在配光屏幕上明暗截止线(眼睛感觉到的明暗陡变的分界线)水平部分在 V-V 线的左半边，右

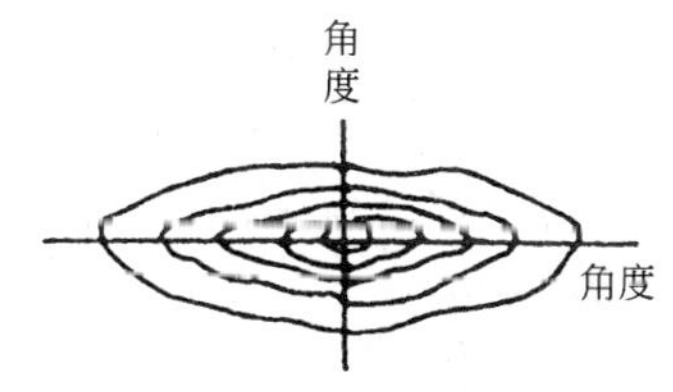

图 10-37 对称配光特性

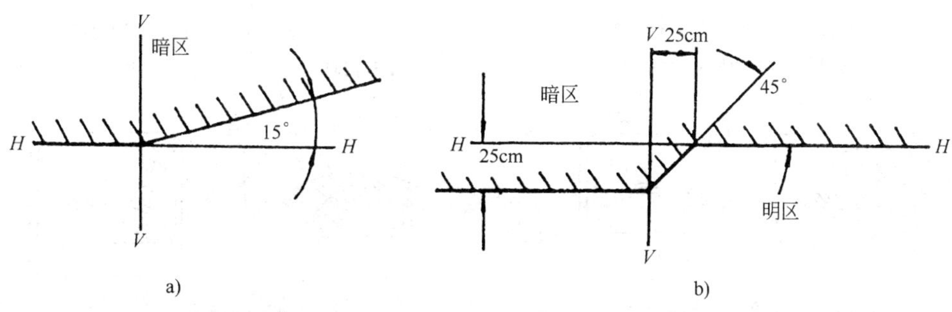

图 10-38 非对称式配光示意图

V-V-汽车纵向中心平面在屏幕上的投影线；H-H-汽车前照灯基准中心高度水平线

半边为与水平线成 15°角的斜线，如图 10-38a)所示。另一种是明暗截止线的左半边平行且低于 H-H 水平线 25cm，而右半边先为一与水平线成 45°角的斜线，至与 H-H 水平线相交时，又转折为与 H-H 线重合的水平线，由于明暗截止线呈 Z 形，所以亦称 Z 形配光，如图 10-38b)所示。我国前照灯近光灯已采用这种配光形式。

二、用前照灯检测仪检测发光强度和光轴偏斜量

前照灯检测仪是按一定测量距离放在被检车辆的对面，用来检测前照灯发光强度与光轴偏斜量的专用设备。

各型前照灯检测仪的测量原理基本相同，都是采用能把吸收的光能变成电流的硅光电池或硒光电池作为传感器，按照前照灯主光轴照射光电池产生电流的大小和比例，来测量前照灯发光强度和光轴偏斜量的。

1. 发光强度的检测原理

测量前照灯发光强度的电路由光电池、光度计和可变电阻等组成，如图 10-39 所示。按规定的距离使前照灯照射光电池，光电池便按受光强度的大小产生相应的光电流使光度计指针摆动，指示出前照灯的发光强度。

2. 光轴偏斜量的检测原理

测量前照灯光轴偏斜量的电路如图 10-40 所示，其中有 4 块硒光电池即 B_u、B_d、B_L 和 B_R。在 B_u 和 B_d 之间接有上下偏斜指示计，在 B_L 和 B_R 之间接有左右偏斜指示计。当前照灯光束照射光电池后，如果光束照射方向偏斜，将使 4 块光电池的受光面不一致，因而产生的电流大小也不一致。根据 B_u 与 B_d、B_L 与 B_R 的电流差值分别使上下偏斜指示计及左右偏斜指示计的指针摆动，从而检测出光轴的偏斜方向和偏斜量。例如，图 10-41 所示为光电池受光面无偏斜受光的情况，这时上下偏斜指示计的指针和左右偏斜指示计的指针均垂直向下，即处于零位。图 10-42 所示为光电池受光面向左下方偏斜受光的情况，这时上下偏斜指示计的指针向“下”偏斜，左右偏斜指示计的指针向“左”偏斜。

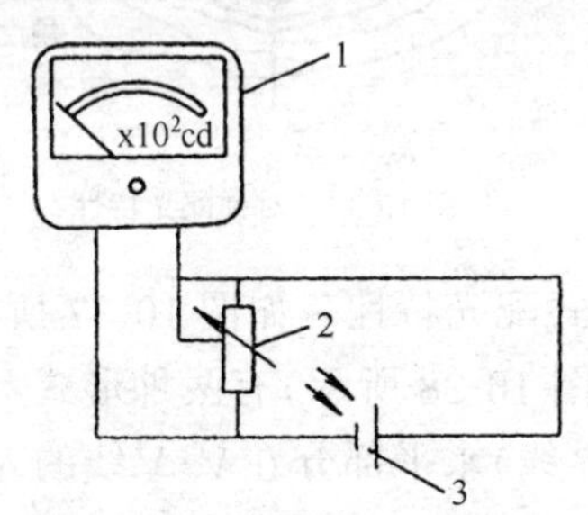

图 10-39 发光强度检测原理图

1-光度计；2-可变电阻；3-光电池

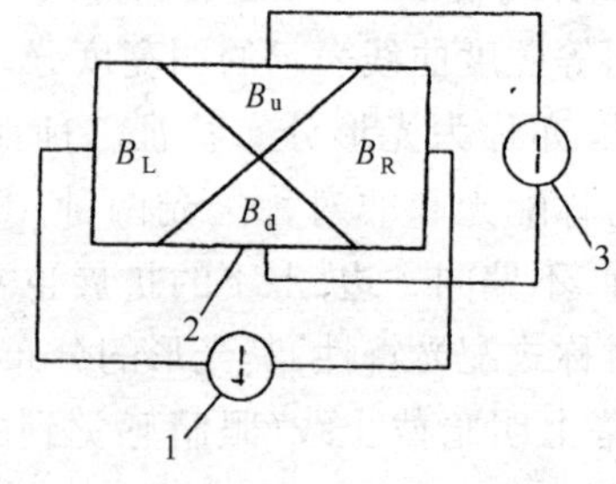

图 10-40 光轴偏斜量检测原理

1-左右偏斜指示计；2-光电池；3-上下偏斜指示计

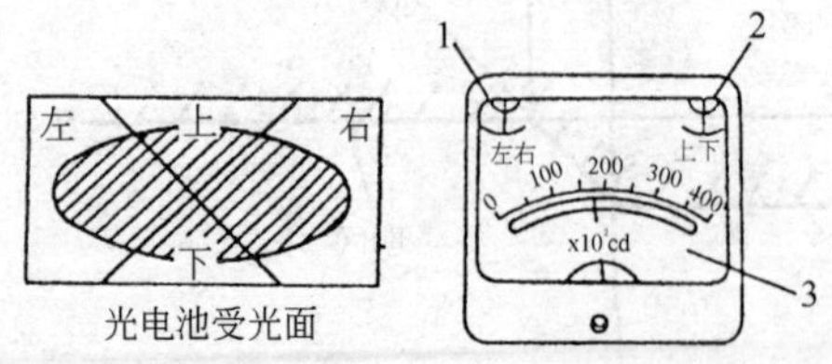

图 10-41 光轴无偏斜的情况

1-左右偏斜指示计；2-上下偏斜指示计；3-光度计

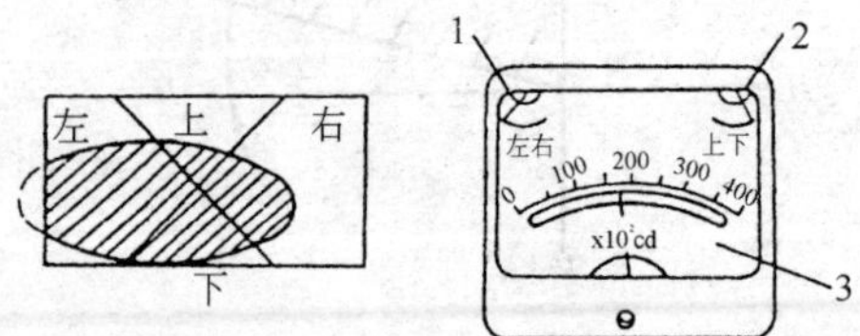

图 10-42 光轴有偏斜的情况

1-左右偏斜指示计；2-上下偏斜指示计；3-光度计

三、前照灯检测仪的类型与构造

按照前照灯检测仪的结构特征与测量方法，可分为聚光式、屏幕式、投影式和自动追踪光轴式等几种类型。这些不同类型的前照灯检测仪均由接受前照灯光束的受光器，使受光器与汽车前照灯对正的校准装置、前照灯发光强度指示装置、光轴偏斜方向和偏斜量指示装置以及支柱、底板、导轨、车辆摆正找准装置等组成。

1. 聚光式前照灯检测仪

其构造如图10-43所示。它是用受光器的聚光透镜把前照灯的散射光束聚合起来，根据其对光电池的照射强度，来检测前照灯的发光强度和光轴偏斜量的。检测时，检测仪放在距前照灯前方1m处。

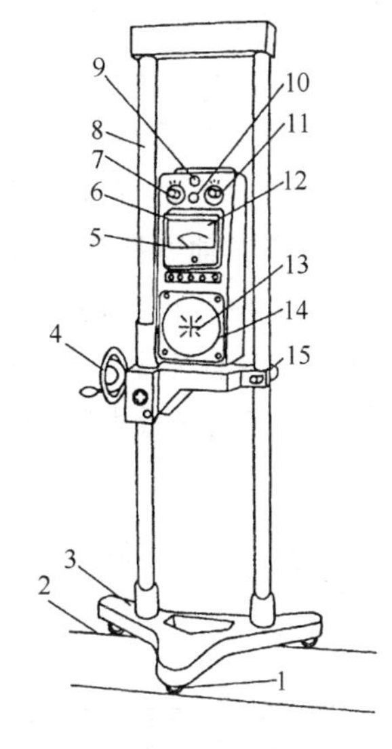

图10-43　聚光式前照灯检测仪

1-车轮；2-导轨；3-底座；4-升降手轮；5-光度计；6-左右偏斜指示计；7-光轴刻度盘(左右)；8-支柱；9-汽车摆正找准器；10-光度、光轴变换开关；11-光轴刻度盘(上下)；12-上下偏斜指示计；13-前照灯照准器；14-聚光透镜；15-角度调整螺钉

根据检测方法的不同，聚光式前照灯检测仪又可分为下列几种形式：

1)移动反射镜检测法

如图10-44所示。前照灯的散射光束经聚光透镜聚合和反射镜反射后，照射到光电池上。若转动光轴刻度盘，则反射镜的安装角度将随之变化，照射光电池的光束的位置也将随之变化，从而使光轴偏斜指示计的指针产生移动。在检测时，转动光轴刻度盘使光轴偏斜指示计的指针指示值为零，这时从光轴刻度盘上即可读出光轴的偏斜量，同时可从光度计的指示得出发光强度值。

2)移动光电池检测法

如图10-45所示。若转动上下和左右光轴刻度盘，则光电池随之移动，光电池的受光面位置将随之变化，从而使光轴偏斜指示计的指针产生移动。检测时，转动光轴刻度盘使光轴偏斜指示计的指针指示值为零，这时从光轴刻度盘上即可读出光轴的偏斜量，同时可从光度计的指示得出发光强度值。

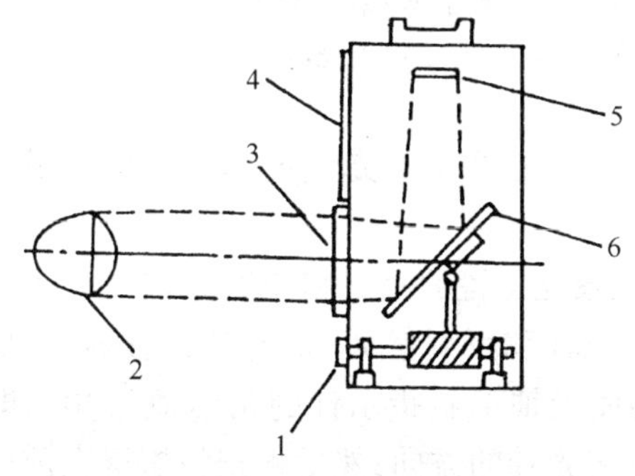

图10-44　移动反射镜检测法

1-光轴刻度盘；2-前照灯；3-聚光透镜；4-光轴偏斜指示计；5-光电池；6-反射镜

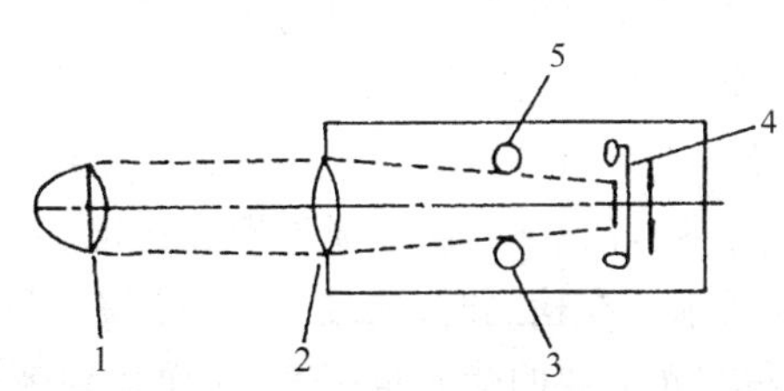

图10-45　移动光电池检测法

1-前照灯；2-聚光透镜；3-光轴刻度盘(左右)；4-光电池；5-光轴刻度盘(上下)

3)移动透镜检测法

如图 10-46 所示。聚光透镜和光电池用特殊的连接器连接成一个可活动的整体,光轴检测杠杆与其联动。若移动光轴检测杠杆,则光轴偏斜指示计的指针即产生移动。检测时,移动光轴检测杠杆,使光轴偏斜指示计的指针指示值为零。根据与杠杆联动的指针指示值,即可得出光轴偏斜量,同时可从光度计的指示值得出发光强度值。

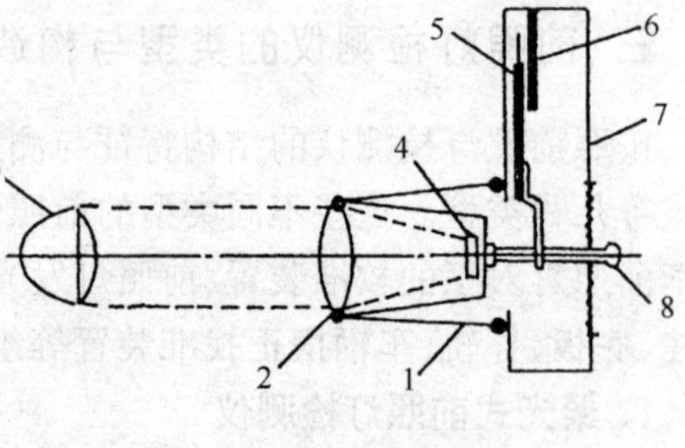

图 10-46 移动透镜检测法

1-连接器;2-聚光透镜;3-前照灯;4-光电池;5-指针;6-光轴刻度盘;7-外壳;8-光轴测量杠杆

2. 屏幕式前照灯检测仪

该检测仪把前照灯的光束照射到屏幕上,从而检测发光强度和光轴偏斜量。检测时,检测仪放在前照灯前方 3m 的检测距离处。

屏幕式前照灯检测仪的构造如图 10-47 所示。在固定屏幕上装有可以左右移动的活动屏幕,在活动屏幕上装有能上下移动的内部带光电池的受光器。检测时,移动受光器和活动屏幕,根据光度计指示值为最大时的位置找到主光轴的方向,然后由固定屏幕和活动屏幕上的光轴刻度尺即可读出光轴偏斜量,同时可从光度计的指示值得出发光强度。

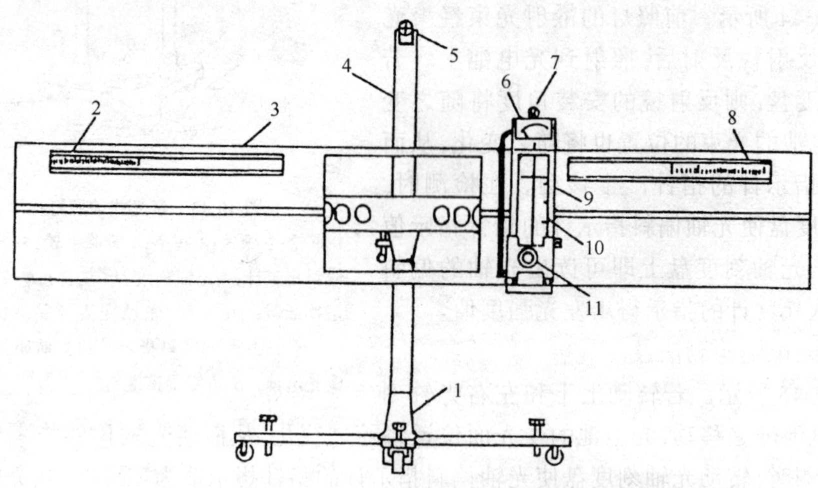

图 10-47 屏幕式前照灯检测仪

1-底座;2、8-光轴刻度尺(左右);3-固定屏幕;4-支柱;5-车辆摆正找准器;6-光度计;7-对正前照灯照准器 ;9-活动屏幕;10-光轴刻度尺(上下); 11-受光器

3. 投影式前照灯检测仪

该检测仪将前照灯光束的影像映射到投影屏上,从而检测出发光强度和光轴偏斜量。检测时,检测仪放在前照灯前方 3m 的检测距离处。

投影式前照灯检测仪的构造如图 10-48 所示。在聚光透镜的上下和左右方向装有 4 个光电池。前照灯光束的影像通过聚光透镜、光度计的光电池和反射镜后,映射到投影屏上,如图 10-49 所示。在检测时,通过上下与左右移动受光器使光轴偏斜指示计的指示值为“0”,即上下与左右光电池的受光量相等,从而找到被测前照灯主光轴的方向;然后根据投影屏上前照灯光束影像的位置,即可得出主光轴的偏斜量,同时可从光度计的指示值得出发光强度。

根据检测仪结构的不同,光轴偏斜量的检测方法又有下列两种:

1)投影屏刻度检测法

如图 10-50 所示。在投影屏上刻有表示光轴偏斜量的刻度线，根据前照灯影像中心在投影屏上所处的位置，即可直接读出光轴的偏斜量。

2)光轴刻度盘检测法

如图 10-51 所示。转动上下与左右光轴刻度盘，使前照灯光束影像中心与投影屏坐标原点重合，然后从光轴刻度盘上即可读出光轴偏斜量。

4. 自动追踪光轴式前照灯检测仪

该检测仪是采用使受光器自动追踪光轴的方法来检测发光强度和光轴偏斜量的。检测时，检测仪距前照灯有 3m 的检测距离。这种检测仪的构造如图 10-52 所示。在受光器的面板上装有聚光透镜，聚光透镜的上下和左右装有 4 个光电池，受光器的内部也装有 4 个光电池，形成主、副受光器，如图 10-53 和图 10-54 所示。另外，还有由两组光电池电流差所控制的能使受光器沿垂直和水平方向移动的驱动和传动装置。

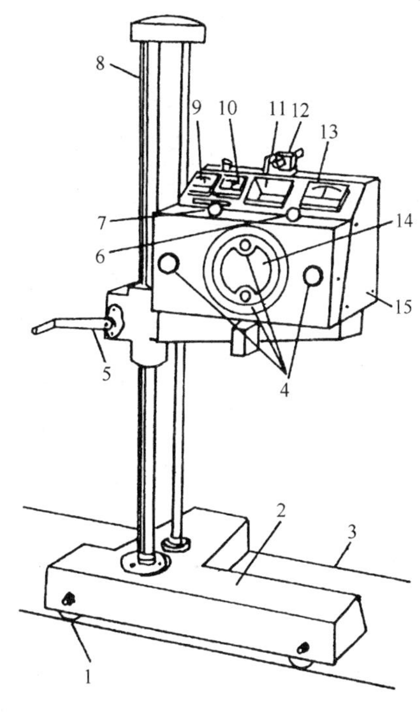

图 10-48　投影式前照灯检测仪

1-车轮；2-底座；3-导轨；4-光电池；5-上下移动手柄；6-光轴刻度盘(上下)；7-光轴刻度盘(左右)；8-支柱；9-左右偏斜指示计；10-上下偏斜指示计；11-投影屏；12-车辆摆正找准器；13-光度计；14-聚光透镜；15-受光器

检测时，要使前照灯的光束照射到检测仪的受光器上。此时，若前照灯光束照射方向偏斜，则主、副受光器上下或左右光电池的受光量不等，它们分别产生的电流便失去平衡。由其电流的差值控制受光器上下移动的电动机运转，或使控制箱左右移动的电动机运转，并通过钢丝绳牵动受光器上下移动或驱动控制箱在轨道上左右移动，直至受光器上下、左右光电池受光量相等为止。在追踪光轴时，受光器的位移方向和位移量由光轴偏斜指示计指示，此即前照灯光束的偏斜方向和偏斜量；发光强度由光度计指示。

前照灯检验标准可按国标 GB 7258—1997《机动车运行安全技术条件》的规定。

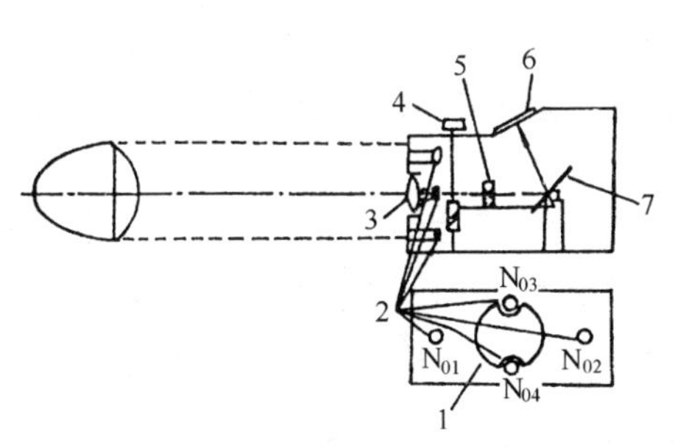

图 10-49　投影式检测仪光束影像的映射原理

1、3-聚光透镜；2-光电池；4-光轴刻度盘；5-光度计光电池；6-投影屏；7-反射镜

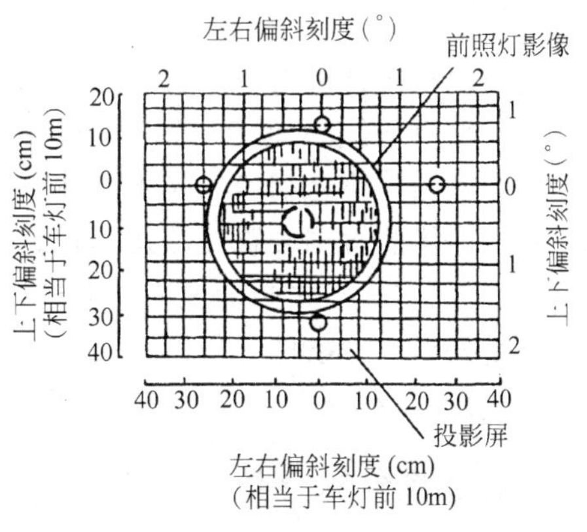

图 10-50　投影屏刻度检测法

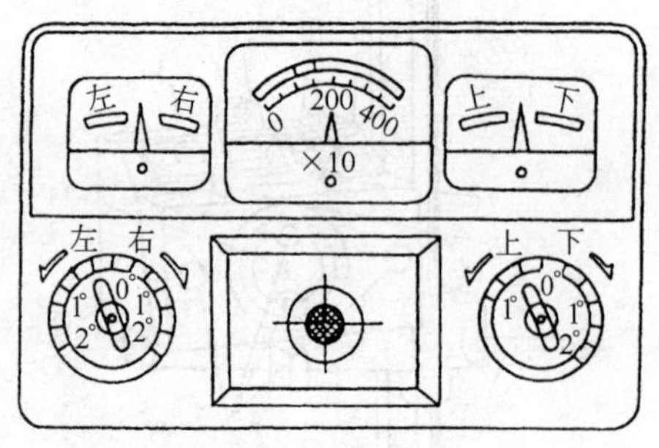

图 10-51　光轴刻度盘检测法

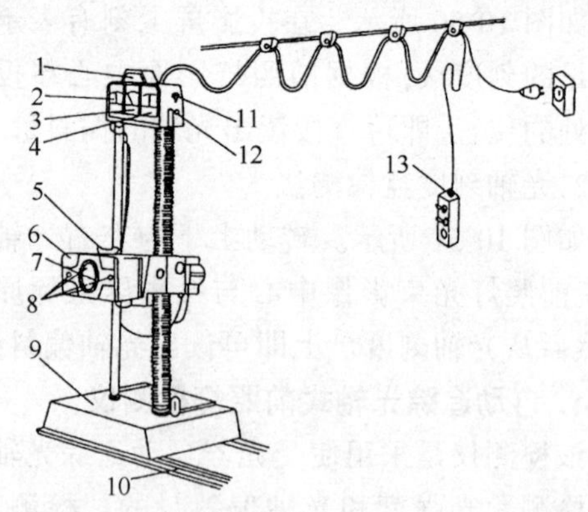
图 10-52　自动追踪光轴式前照灯检测仪
1-在用显示器;2-左右偏斜指示计;3-光度计;4-上下偏斜指示计;5-车辆摆正找准器;6-受光器;7-聚光透镜;8-光电池;9-控制箱;10-导轨;11-电源开关; 12-熔断丝;13-控制盒

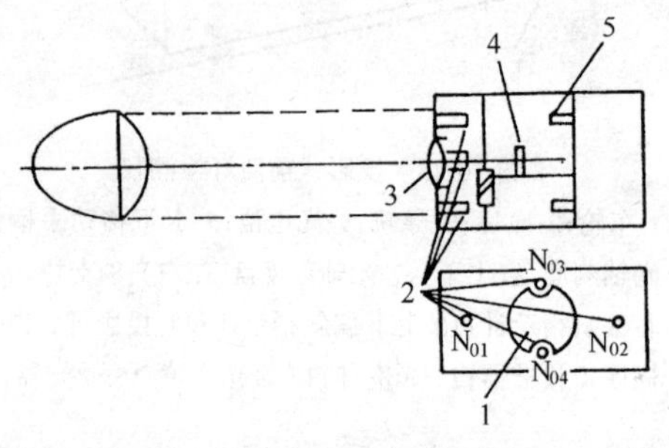

图 10-53　自动追踪光轴式前照灯检测仪受光器的构造
1、3-聚光透镜;2-主受光器光电池;
4-中央光电池;5-副受光器光电池

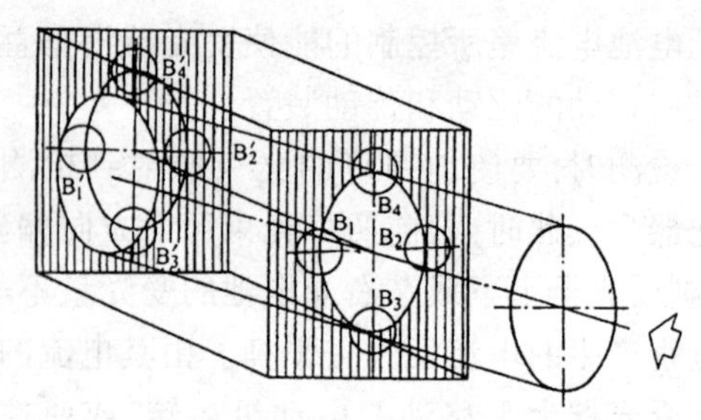
图 10-54　主、副受光器光电池

第七节　制动性能检测

汽车的制动性能直接关系到行车安全和运输效率。为此,国标 GB 7258—1997《机动车运行安全技术条件》和国家交通部《汽车运输业车辆技术管理规定》等法规中都要求对汽车制动性能进行定期检测并符合相应的技术条件。

汽车制动性能的检测分路试法检测和试验台检测两种,试验台检测可在滚筒式制动试验台上进行,也可以在平板式制动试验台上进行。由于试验台检测制动性能具有迅速、准确、经济、安全、不受外界自然条件的限制,以及试验重复性好和能定量地指示出各轮的制动力或制动距离等优点,因而在国内外获得广泛应用。

一、制动试验台的分类

制动试验台常见的分类方法有:按试验台测试原理的不同,可分为反力式和惯性式两类;按试验台支承车轮形式的不同,可分为滚筒式和平板式两类;按试验台检测参数的不同,可分为测制动力式、测制动距离式和多功能综合式 3 类;按试验台测量装置传递信号方式的不同,可分为机械式、液压式和电气式 3 类;按试验台同时能测车轴数的不同,又可分为单轴式、双轴式和多轴式 3 类。

上述类型中,反力式滚筒制动试验台(测制动力式)获得了广泛应用,特别是单轴反力式滚筒制动试验台的应用最为普遍,国内外车辆检测站所用制动检测设备多为这种类型。其制动检测原理如图 10-55 所示。

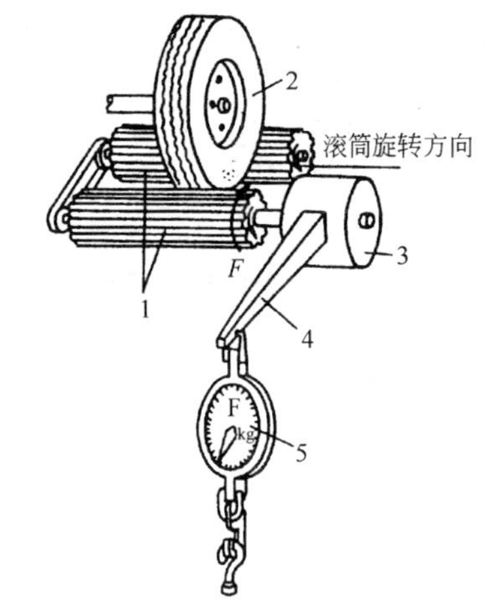

图 10-55　制动力检测原理

1-滚筒;2-车轮;3-电动机减速器;4-杠杆;5-测力秤

多功能综合式试验台不仅能检测车辆的制动性能,还能进行底盘测功,模拟道路行驶,进行加速性能、滑行性能、燃料经济性能和车速表指示误差等项目的检测,有的甚至还能进行前轮定位的检测。

二、反力式滚筒制动试验台

1. 结构

单轴反力式滚筒制动试验台的结构简图如图 10-56 所示。它主要由驱动装置、滚筒装置、测量装置、举升装置和指示与控制装置等组成。为使试验台能同时检测车轴两端左、右车轮的制动力,除框架、指示与控制装置外,其他装置是分别独立设置的。

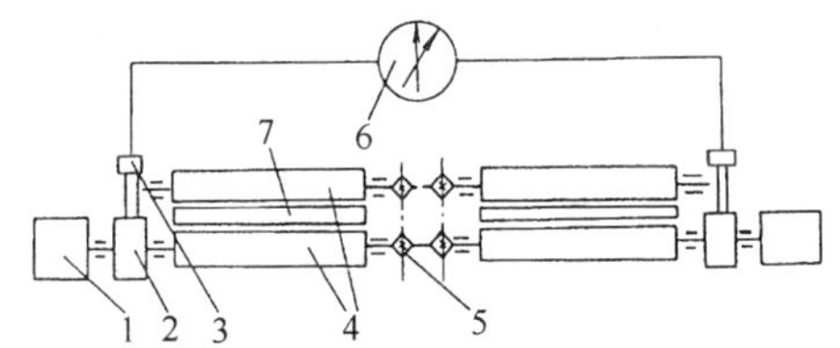

图 10-56　单轴反力式滚筒制动试验台简图

1-电动机;2-减速器;3-测量装置;4-滚筒装置;5-链传动;6-指示装置;7-举升装置

1)驱动装置

该装置由电动机、减速器和链传动组成。电动机的转动通过减速器内的蜗杆传动和一对圆柱齿轮传动,经两级减速后传给主动滚筒,主动滚筒又通过链传动把动力传给从动滚筒。减速器与主动滚筒共用一轴,减速器壳体处于浮动状态。

2)滚筒装置

该装置由 4 个滚筒组成,每对滚筒独立设置,有主动滚筒和从动滚筒之分。每个滚筒的两端分别用滚动轴承支承,被测车轮置于两滚筒之间。为使滚筒与轮胎的附着系数能够与路面相近,在滚筒圆周表面上沿轴线开有间隔均匀、有一定深度的若干沟槽,附着系数达 0.6~0.7。当车轮抱死时,这种带沟槽的滚筒有剥伤轮胎的缺点,且附着系数仍显不足。因此,在反力式滚筒制动试验台中,已出现在圆周表面覆盖一定厚度粘砂或烤砂代替沟槽的滚筒。这种粘砂或烤砂滚筒的表面几乎与道路表面一致,模拟性好,附着系数高(干态可达 0.9,湿态不低于 0.8)。有些反力式滚筒制动试验台,在两滚筒之间出现了一根直径比较小的第三滚筒,其上带有转速传感器。当车轮制动抱死时,这种第三滚筒上的转速传感器送出的电信号,可使滚筒立即停止转动,以防止轮胎剥伤,延长其使用寿命。

3)测量装置

该装置主要由测力杠杆、传感器和测力弹簧等组成。测力杠杆一端与传感器连接,另一端与减速器连接。与减速器连接的方式有两种:一种是测力杠杆固定在减速器壳体上;另一种是测力杠杆通过轴承松套在框架的支承轴上,其尾端作用有固定在减速器壳体上的带有刃口的传动臂,如图 10-57 所示。当浮动的减速器壳体前端向下移动时,第一种连接方式的测力杠杆的前端也向下移动；第二种连接方式的测力杠杆，则通过传力臂刃口的作用，前端向上移动，并拉伸测力弹簧A和测力弹簧B。测力弹簧A和B在不同的测量范围内起作用。如国产ZD—6000型制动试验台，制动力在0～4kN范围内，弹簧A起作用；制动力在4～20kN范围内，弹簧A和B共同起作用。

安装在测力杠杆前端的传感器，能把测力杠杆的移动或力变成反映制动力大小的电信号，送入指示与控制装置中去。传感器有自整角电机式、电位计式、差动变压器式或电阻应变片式等多种类型。

4)举升装置

为了便于汽车出入试验台，在两滚筒之间设有举升装置。举升装置一般由举升器、举升平板和控制开关等组成。举升平板下一般设置1、2个举升器。常见的试验台举升器主要有3种类型：一种是气压式，以压缩空气为动力驱动气缸中的活塞轴向移动或使气囊轴向变形完成举升工作；另一种是电动螺旋式，由电动机通过减速器带动丝杠螺母转动，迫使丝杠轴向移动完成举升工作；再一种是液压式，以液压油为动力驱动液压缸中的活塞轴向移动完成举升工作。

国产FZ－10B型汽车制动试验台的机械部分如图10-58所示。

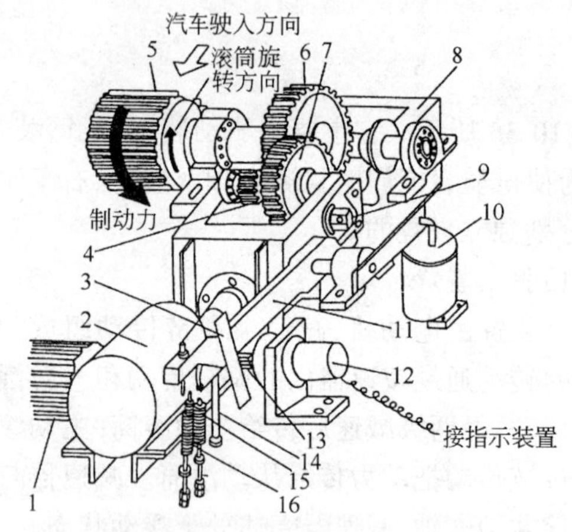

图10-57　反力式滚筒制动试验台的驱动装置和测量装置

1、5-滚筒；2-电动机；3-齿条；4-二级减速主动齿轮；6-二级减速从动齿轮；7-蜗轮；8-减速器壳体；9-传力臂刃口；10-缓冲器；11-测力杠杆；12-自整角电机；13-小齿轮；14-限位杆；15-测力弹簧A；16-测力弹簧B

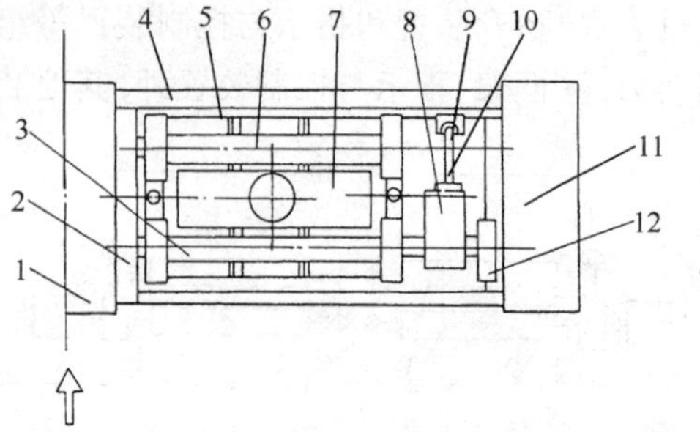

图10-58　FZ—10B型汽车制动试验台机械部分

1-中央盖板；2-链传动；3-主动滚筒；4-地基边缘；5-框架；6-从动滚筒；7-举升器；8-减速箱；9-传感器；10-测力杠杆；11-侧盖板；12-轴承座

5)指示与控制装置

控制装置有电子式和微机式之分。电子式控制装置多配以指针式指示仪表，微机式控制装置多配以数字显示器。国产反力式滚筒制动试验台多为电脑式，其指示与控制装置主要由微机、放大器、模数转换器、数字显示器和打印机等组成。国产FZ—10B型汽车制动试验台指示与控制装置的面板图如图10-59所示，微机控制框图如图10-60所示。从图10-60中可以看出，从测力传感器送来的电信号，经直流放大后，送往模数转换器转换成数字量，经微机计算采集、存储和处理后，检测结果由数码管显示或打印机打印出来。制动过程中，当左、右车轮制动力和大于500N时，微机即开始采集数据，采集时间为3s。3s后微机发出指令使电动机停转，以防止轮胎剥伤。左、右车轮的制动力由数码管显示，单位为daN(10N)。当用打印机打印检测结果时,还可以把左右车轮的最大制动力、制动力和、制动力差、阻滞力和制动力变化过程,即制动力—时间曲线等一并打印出来。

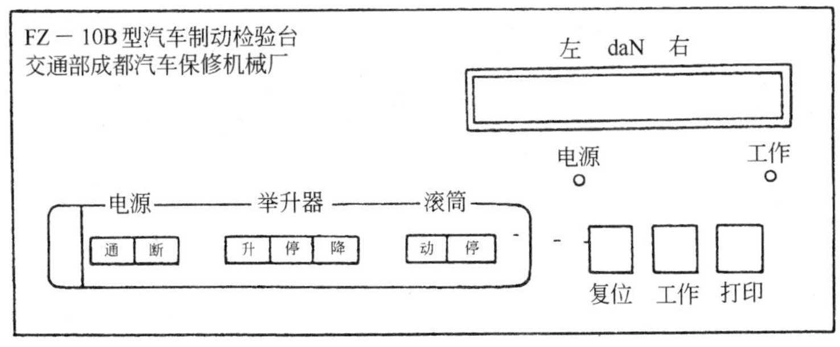

图 10-59 指示与控制装置面板图

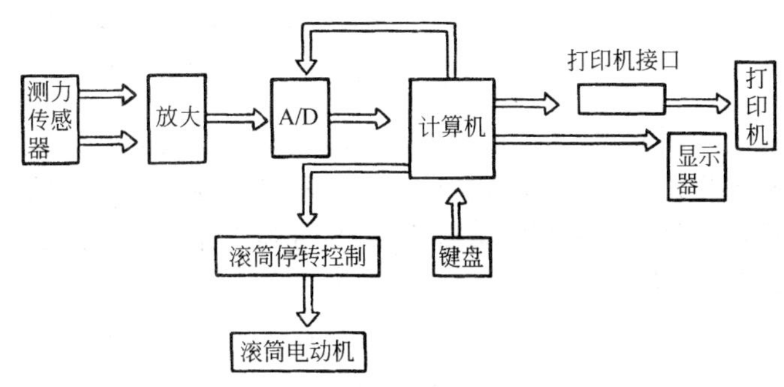

图 10-60 微机控制框图

制动试验台使用的指针式仪表有两种形式:一种是一轴单针式,另一种是一轴双针式。一轴单针式有两个刻度盘、两个指针,分别指示左、右轮的制动力;一轴双针式只有一个左、右轮制动力共用的刻度盘,两个指针分别指示左、右轮的制动力。一轴双针式的两个指针也是套在各自的轴上,只不过一个是空心轴,另一个是实心轴,两者套装在一起而已。

指示装置中,不管是显示器指示,还是指针式指示,现在一般都向大屏幕、大数码或大表盘、大刻度、大指针方向发展,以使检测员、驾驶员在较远距离也可清晰易读。

2. 工作原理

汽车开上制动试验台使被检车轴左右车轮处于每对滚筒之间,放下举升器。起动电动机,通过减速器、链传动和主从动滚筒带动车轮低速旋转,然后用力踩下制动踏板。此时,车轮产生的制动力作用在滚筒上,与滚筒的旋转方向相反,因而产生一反作用力矩。减速器壳体在反作用力矩的作用下,其前端发生绕其输出轴向下的偏转,迫使测力杠杆前端向下或向上位移,通过传感器转换成反映制动力大小的电信号,由微机采集、处理后,指令电动机停转,并由指示装置或打印机输出检测到的制动力数值。

需要注意的是,轴制动力的诊断参数标准是轴制动力与轴荷的百分比,必须在测得轴荷和轴制动力后才能评价制动性能,所以反力式滚筒制动试验台要配备轴重计或轮重仪。有些反力式滚筒制动试验台本身带有内藏式轴重测量装置,可不必再单独设置轴重计或轮重仪。

国产常见的反力式滚筒制动试验台主要参数如表 10-4 所列。

制动试验台主要参数　　表 10-4

型号 参数	FZ—10B	SXFB—2	ZD—6000	FZD—9010A	QJL—15
指示方式	数字显示	数字显示	指针显示或数字显示	数字显示	数字显示
测量精度	±5%	4%	2%	≤±5%	±4%
允许最大轴质量(t)	10	10	6	10	15
可测最大制动力(kN)	32.5	30	30	20	45
适应轮距(mm)				750～2450	
滚筒直径(mm)		120	120	120	272
滚筒中心距(mm)	406.4	396			700
滚筒转速(r/min)	6.9	8.2	7	7	21.5km/h
电动机功率(kW)×电动机数	2.2×2	2.2×2	1.5×2	2.2×2	11×2
举升器空气压力(MPa)	1	0.8		0.5～0.8	

3．使用方法

①将试验台指示与控制装置上的电源开关打开，按使用说明书要求预热；

②如果指示装置为指针式仪表，检查指针是否在零位，否则应加以调整；

③检查试验台滚筒上是否粘有泥、水、石等杂物，否则应加以清除；

④核实汽车各轴轴荷，不得超过试验台允许的载荷；

⑤检查汽车轮胎气压是否符合汽车制造厂的规定，否则应充气至规定值；

⑥检查汽车轮胎是否有泥、水、砂、石等杂物，否则应加以清除；

⑦检查试验台举升器是否在升起位置，否则应升起举升器；

⑧汽车被测车轴在轴重计或轮重仪上检测完轴荷后，应尽可能顺垂直于滚筒的方向驶入试验台；

⑨汽车停稳后，变速杆置于空档位置，行车、驻车制动器处于完全放松状态；

⑩降下举升器，至轮胎与举升器完全脱离为止；

⑪如果制动试验台本身带有内藏式轴重测量装置的，则应在此时测出轴荷；

⑫起动电动机，使滚筒带动车轮转动，先测出制动阻滞力；

⑬用力踩下制动踏板，一般试验台在1.5～3.0s后或所带第三滚筒发出信号后，滚筒自动停转；

⑭读取并打印检测结果；

⑮升起举升器，开出已测车轴，开入下一车轴，按与上述同样的方法检测制动力；

⑯当与驻车制动相关的车轴在试验台上时，检测完行车制动后应重新起动电动机，在行车制动完全放松的情况下用力拉紧驻车制动杆，检测驻车制动性能；

⑰所有车轴的行车制动性能及驻车制动性能检测完毕后，升起举升器，汽车开出试验台；

⑱切断试验台电源。

反力式滚筒试验台具有测试条件稳定、试验车速低、所需电动机功率小、结构简单、占地少和能适应多车型检测等优点。不少反力式制动试验台除了能测得各车轮的制动力外，还能测制动协调时间、制动全过程时间和制动完全释放时间。配备打印机、笔录仪或示波器的制动试验台，还可以描绘制动力随制动时间变化的全过程曲线，为分析、判断制动系技术状况提供了一种既直观又全面的依据。

第八节　车轮定位与轮胎动平衡检测

一、车轮定位的检测

现代汽车的转向轮都应有自动回正的能力。在行驶中,其转向轮如偶然受到外力作用,或转向盘稍作转动而偏离直线行驶时,有自动回复到直线行驶的能力。这一特性要靠转向轮定位来保证。由于汽车行驶速度越来越高,汽车的操纵稳定性对汽车安全影响也越来越重要。汽车不仅具有转向轮定位参数,有些高速客车和高级轿车还具有后轮外倾角和后轮前束等参数。这些定位参数的变化会使汽车操纵稳定性恶化,如主销后倾角过大时,转向沉重,驾驶员容易疲劳;主销后倾角过小时,在汽车直线行驶时,容易发生前轮摆振,转向盘摇摆不定,转向后转向盘自动回正能力变弱,驾驶员会失去路感;当左右车轮的主销后倾角不相等时,车辆直线行驶时会引起跑偏,驾驶员不敢放松转向盘,极易引起驾驶员疲劳。又如后轮前束角失准会引起跑偏和轮胎异常磨损等故障。因此适时检测这些定位参数是非常必要的。目前应用四轮定位仪对车轮定位参数进行检测,更能全面、准确地得到各个参数,以便调整与维修,从而提高车辆直线行驶时的安全性、自动回正性及驾驶操控性,并减少轮胎和悬架系统的磨损以及降低燃油消耗等。

1. 四轮定位仪的类型与检测项目

四轮定位仪是用来测量车轮定位参数的专用设备。它可检测的项目包括:前轮前束值/角(前轮前束角/前张角)、前轮外倾角、主销后倾角、主销内倾角、后轮前束值/角(后轮前束角/前张角)、后轮外倾角、车辆轮距、车辆轴距、转向20°时的前张角、推力角和左右轴距差等。目前常见的国产或进口的四轮定位仪可以用来测量上述检测项目中几个或全部项目(如图10-61所示)。

在这些检测项目中,车轮前束值/角、车轮外倾角、主销后倾角和主销内倾角统称为前轮定位,又称前轮定位四要素,各种前轮定位仪都能完成其检测任务。但汽车的操纵稳定性不仅由前轮定位来保证,后轮定位也起着至关重要的作用,所以,最好使用四轮定位检测和调整。

常用的四轮定位仪有拉线式、光学式、电脑拉线式和电脑激光式4种,它们的测量原理是一致的,只是采用的测量方法(或使用的传感器和类型)及数据记录与传输的方式不同。

2. 四轮定位仪的结构与测量原理

由于四轮定位仪类型较多,这里仅介绍光学式四轮定位仪的结构与测量原理。光学式四轮定位仪几大部件的结构和功能如下:

1)测试投影仪

结构如图10-62所示。其功能是投射十字刻度线和作为屏幕接收从轮镜上反射回来的十字刻度线,根据基准线与十字刻度线相交的刻度可读出车轮的前束角、外倾角、主销后倾角等。

2)导轨

结构如图10-62中的4所示。其功用是用来支承测试投影仪,位于后轮处的导轨较长,以保证投影仪能在其上来回滑动,以适应不同轴距车辆的检测要求。

3)转盘

结构如图10-63所示,转盘置于前轮下,以确保车轮在其上能灵活轻便地转动。转盘的内部结构见图10-64。

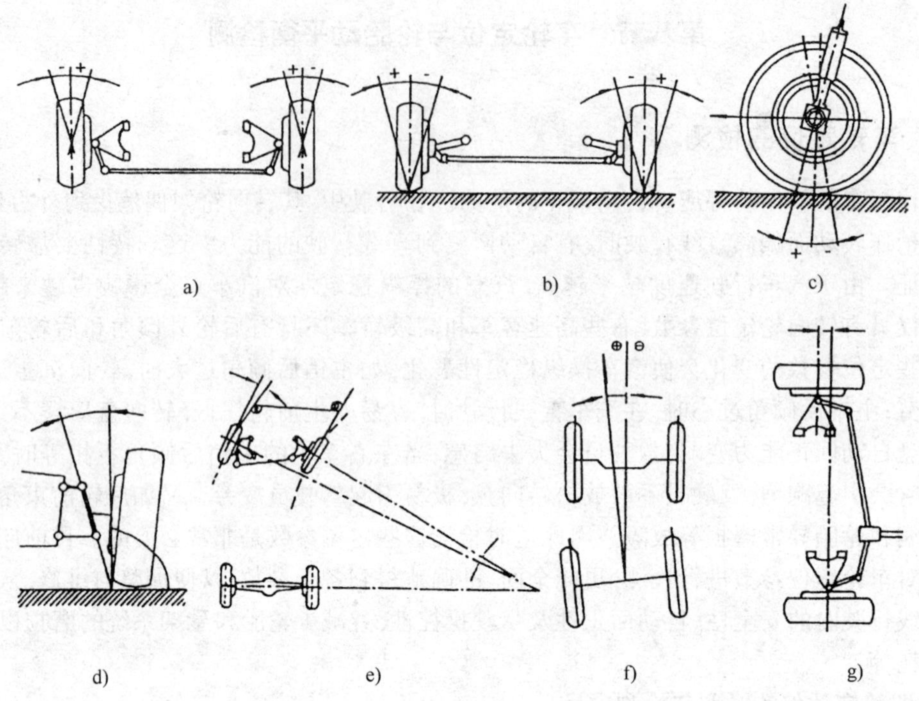

图 10-61　四轮定位仪的检测项目

a)车轮前束角和前张角；b)车轮外倾角；c)主销后倾角；d)主销内倾角；
e) 转向 20°的前张角；f)推力角；g)左右轴距差

转盘下面为一固定盘，上面为一活动盘，两盘之间有滚珠或滚柱及其保持架，以确保上面的转盘可以转动自如，在下转盘里装有十字导轨以支撑指示车轮转角的刻度指针。

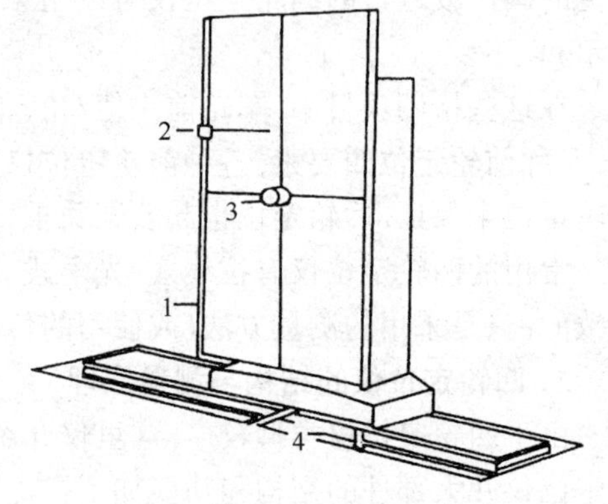

图 10-62　测试投影仪与导轨

1-带十字刻度线的投影屏；2-主销后倾角指针；3-投光镜；4-导轨

4)万能轮镜安装架

结构如图 10-65 所示。安装架的三个卡爪分别固定在轮辋边沿，卡爪可依据轮辋尺寸大小进行调节，并可通过其上的偏心手柄锁紧。

5)轮镜

结构如图 10-66 所示。轮镜有三个镜面，左右两镜面与中间镜面间夹角为 20°，用于接收并反射由投影仪投射出来的光线，轮镜通过紧套夹在调整盘上，调整盘又通过三角形布置的螺栓固定在万能轮镜安装架上。

6)定位测量卷尺

结构如图 10-67 所示。定位测量卷尺包括一把卷尺和一个磁性座，其功能是用来测量汽车的摆正情况。

7)后轮摆正滑板

结构如图 10-68 所示。后轮摆正滑板于后轮下面,可以左右摆正汽车。

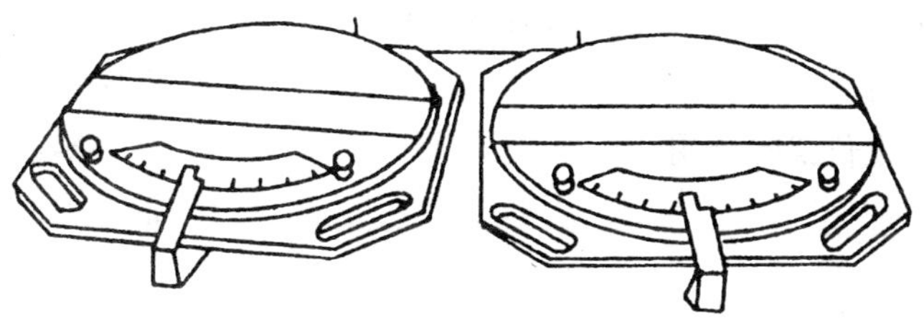

图 10-63 转盘

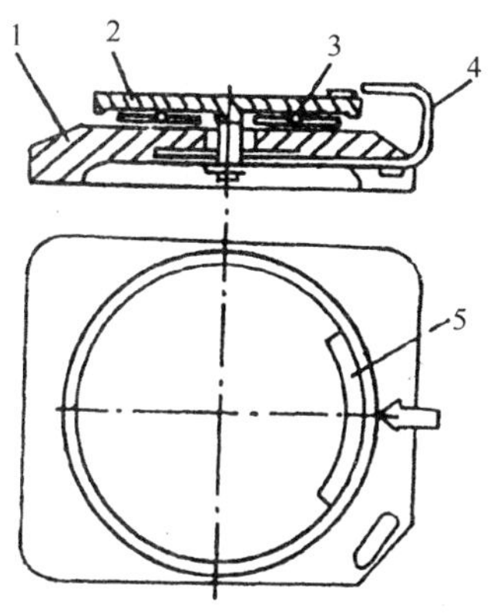

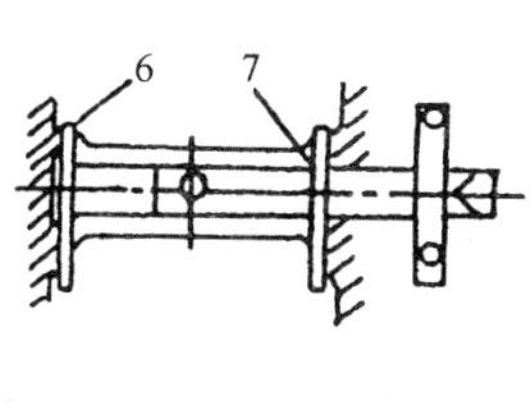

图 10-64 转盘的内部结构

1-底盘;2-转盘;3-钢球;4-指针;5-刻度尺;6-横向导轨;7-纵向导轨

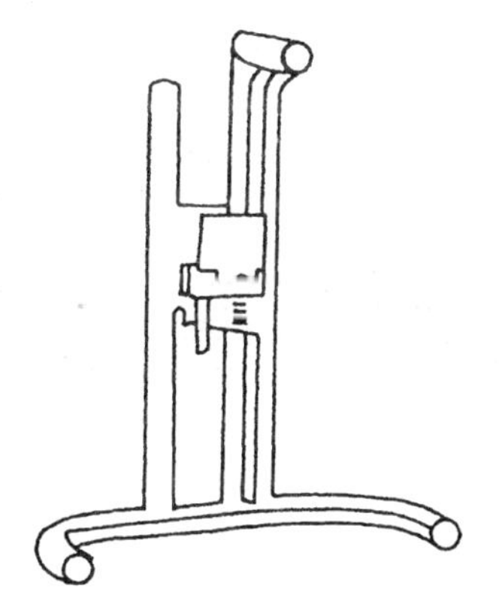

图 10-65 万能轮镜安装架

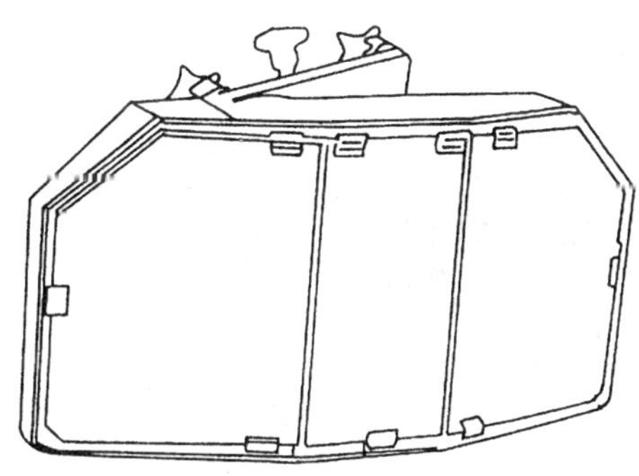

图 10-66 轮镜

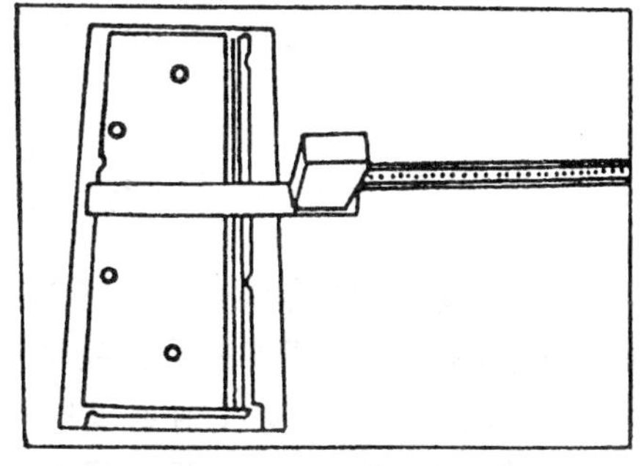

图 10-67 定位测量卷尺

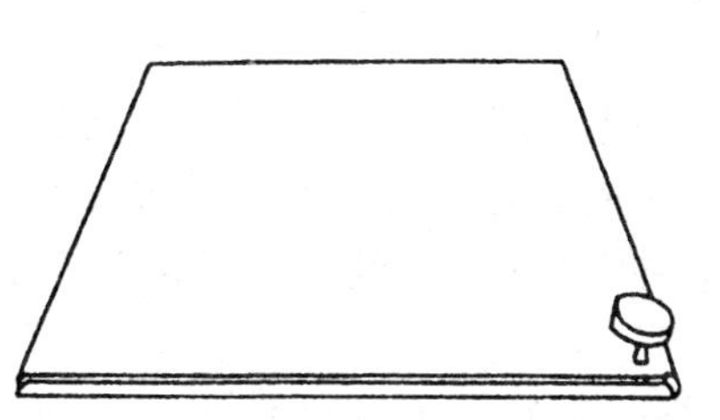

图 10-68 后轮摆正滑板

8)主销内倾角测试仪

结构如图 10-69 所示。它安装在轮镜调整盘上,是专门用来测试主销内倾角的。

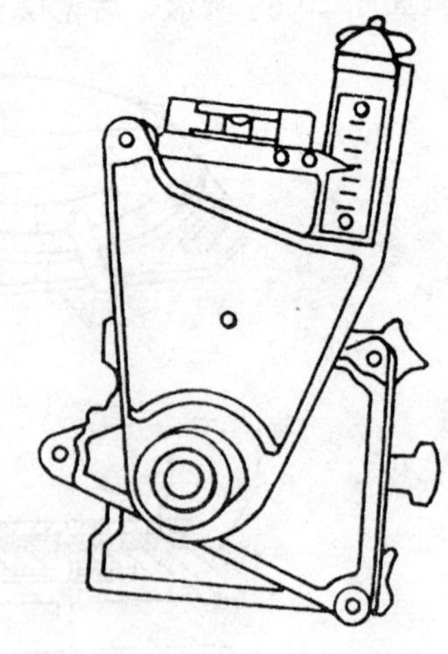

图 10-69　主销内倾角测试仪

3. 光学式四轮定位仪的使用

1)测量前的准备

(1)安装测试投影仪

安装投影仪时必须注意投影仪上标有“L”的,必须安装在待检车辆行进方向的左边导轨上,标有“R”的则放在右边导轨上。

左右两侧的投影仪的光学中心必须校准在同一轴线,以便测量汽车左右轮的同轴度,即必须保证两侧投影仪屏幕上的十字刻度线在同一水平面上。

(2)调整投影仪上投光镜的高度

测量待检车轮毂中心距离地面高度,将测量值减去 30mm 所得的值作为投光镜的高度值,有偏差的可通过手柄来调整。

(3)车辆的准备

检测前,被检车车轴的状况必须良好,车轮的所有轴承间隙、转向间隙和主销间隙均须检查并经过调整,且轮胎气压符合出厂要求。然后依据下述步骤进行检测:

①将车辆开到定位仪上,定位仪可安装在地沟两旁或举升平台上(参见图 10-70 和图 10-71)。

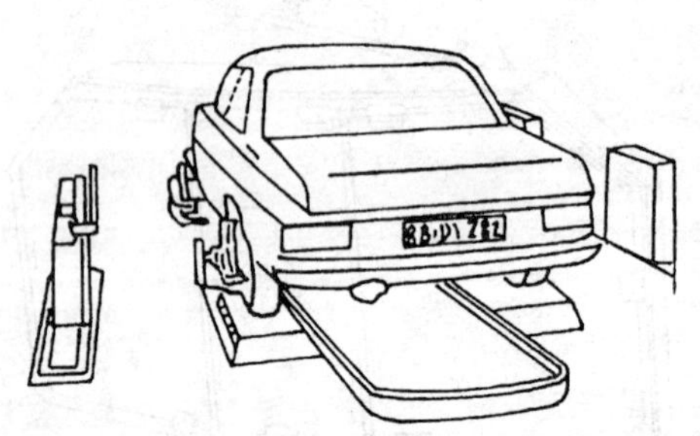

图 10-70　定位仪安装在地沟两旁

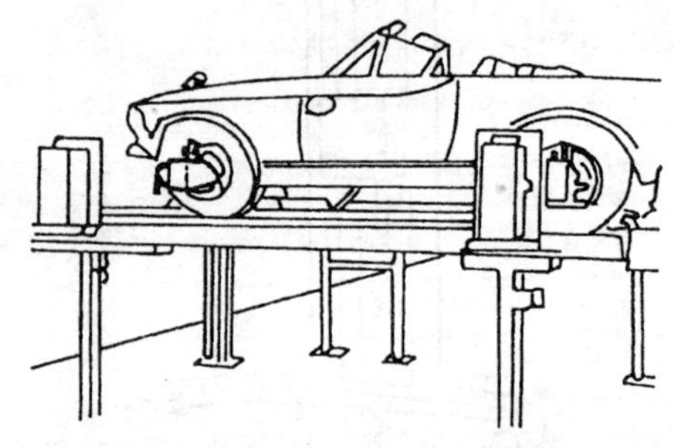

图 10-71　定位仪安装在举升平台上

待检车后轮停在可以横向移动车辆的后轮滑板中心处,在滑板的下面有滚筒支承。轮毂中心位置与投影仪等高。

②安装轮镜。首先根据轮辋直径调整 3 个卡爪之间的距离,然后将万能轮镜安装架紧固在轮辋边沿上,再将带有调整盘的轮镜安装在该架上,支起车轮并轻轻转动一周,若轮镜中心偏离车轴中心超过 1cm,应移动轮镜至车轮中心并紧固。

③轮镜安装基准调整(车轮夹具安装补偿)。由于轮辋的变形和轮镜安装架的装夹误差,会使装夹在车轮上的镜面不垂直于车轮轴心线,造成测量误差。因此,需要进行轮镜安装基准调整(即补偿调整)。首先支起车轮,打开投影仪开关,轮镜将刻度线的像反射到投影仪屏幕上,慢慢转动车轮,观察屏幕上的十字刻度线,若十字刻度线摆动量超过 5′(即屏幕上一个刻度值)时,需要使用三角形布置的调整旋钮螺丝调整,直至十字刻度线不摆动为止,并锁紧。

对于电脑式四轮定位仪只需将车轮支起，每次转动 90°，并记录下由传感器此时测出的外倾角值，当转动一周后，共记录下 4 个外倾角值，进行平均值计算后即可完成车轮夹具安装补偿过程。

补偿过程结束后，将转盘置于前车轮下面，落下车辆，后车轮置于滑板上，按压车身前部，给汽车悬架施加上下交替的力，使悬架系统处在正常的受力状态，并将前轮向左和向右转动几次，以消除转向间隙，最后让转向盘位于中间位置，前轮位于“正前方”位置。然后拉紧驻车制动杆。

④将车辆摆正定位，如图 10-72 所示。将定位测量卷尺置于待检车辆的左前侧，用卷尺的磁性座与投影仪的底座相连，垂直于车轮中心线量出至轮辋最低位置间的距离 A，(注意将卷尺水平拉直进行测量)，运用同样的方法，测出图示 C 的数值，左右调整直至 $A=C$ 为止。

再运用上述同样的方法测出左侧后轮 B 和右侧后轮 D 的数值，左右调整后轮摆正滑板，直至 $B=D$ 为止。

上述过程就相当于定出了该测量系统的光学矩形，可参见图 10-73，这样就消除了前后轮距不等所造成的影响。此时待检车辆刚好位于光学矩形中心位置，为防止车身移动应将摆正滑板锁住。

在图 10-73 中 O_{lf}代表的是左侧前轮投影仪的物镜所处的位置，O_{rf}为右侧前轮投影仪的物镜所处的位置；O_{lf}代表的是左侧后轮投影仪的物镜所处的位置，O_{rr}代表的是右轮后侧投影仪的物镜所处的位置。因为在上述车辆定位过程中保证了 $A=C$ 和 $B=D$，同时又因为在安装投影仪的过程中，已经校准左右两侧光学中心在同一轴线上，即由 O_{rf}处所发出的光线与由 O_{lf}发出的光线重合，由 O_{rr}处发出的光线与 O_{lr}发出的光线重合，即形成四边形，其中两条边 O_{lf}、O_{rf}与 O_{lr}、O_{rr}相互平行，定位仪安装过程中保证的两条边 O_{lf}、O_{lr}与 O_{rf}、O_{rr}相互平行，因此，它们刚好形成一矩形 O_{lf}、O_{rf}、O_{rr}、O_{lr}，从而保证了该光学系统的测试精度。

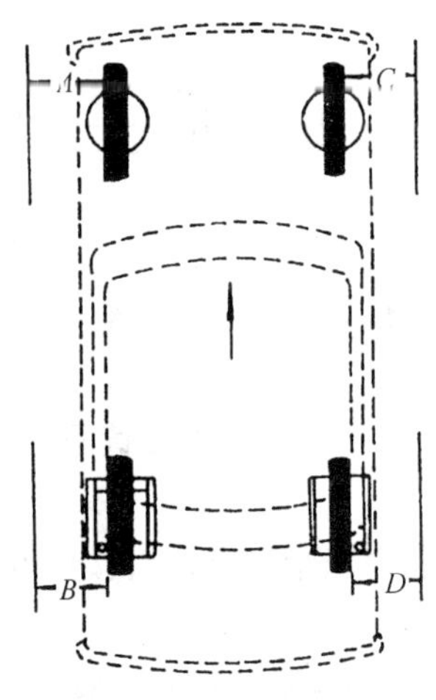

图 10-72　车辆摆正定位

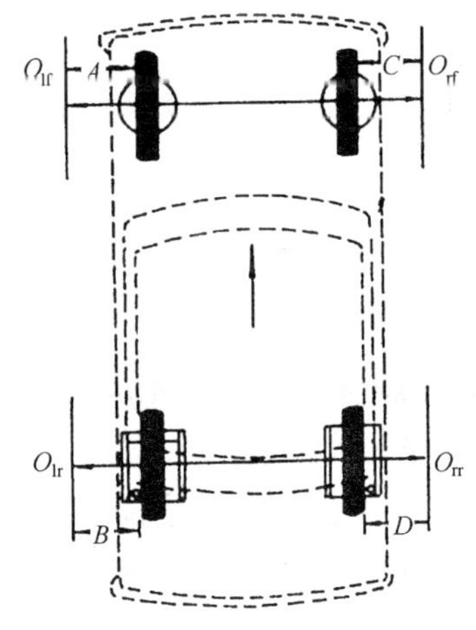

图 10-73　光学矩形的形成

2)定位参数的测量

在检测四轮定位参数时，请先查阅厂家关于定位参数的出厂标准。

各定位参数的测量值可直接从屏幕上和转盘上读出或从投影仪底座上的刻度尺上(测量左右车轮不同轴度时)读出，并将其值记录在图 10-74 中的相应位置上。

图 10-74 中标记有数字的位置(如 1、2、3 等)是定位参数记录的标志,如记录车轮前束、外倾角、主销后倾角、主销内倾角和转向 20°时的前张角等,每个数字代表确定的定位参数,前后左右车轮旁的方框用来记录轮胎标准气压值(bar)。

(1)关于图 10-74 中各数据的读取

胎压:在车轮定位检测之前,使用轮胎气压表测出胎压,并记录在图中车轮对应位置的方框内。

前束角:投影仪屏幕上十字线的铅垂线与投影十字刻度线影像中水平刻度的交点表示所测车轮的前束角(图 10-75 中所示前束角为负 50′)。

车轮外倾角:投影仪屏幕上的十字线中的水平线与投影十字刻度线影像上的垂直刻度的交点表示车轮外倾角。(图 10-75 中所示外倾角为负 1°22′)

主销后倾角:投影仪在屏幕上的主销后倾角刻度垂线影像与事先设置在投影仪屏幕上指针的交点表示主销后倾角。(图 10-75 中所示主销后倾角为正 10°17′)

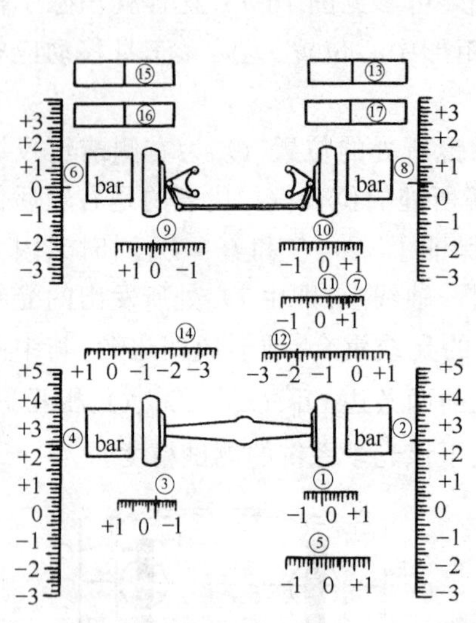

图 10-74　车轮定位参数登记图表

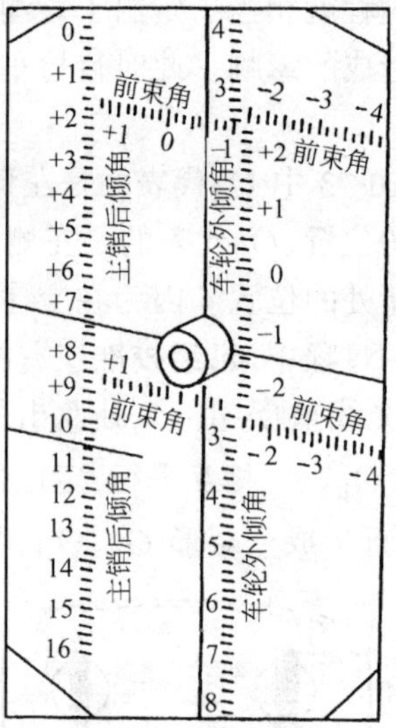

图 10-75　测量刻度线在屏幕上的投影

主销内倾角:在安装了主销内倾角测试仪进行主销内倾角测试时,可直接在主销内倾角测试仪的刻度盘上读出。

转向 20°时的前张角:一侧车轮转向 20°后,在另一侧车轮下转盘上直接读取,再按 $20° - X$ 的公式计算后填入记录。

左右车轮的同轴度(即错位偏移量):通过安装在导轨上的毫米刻度尺直接读取。

(2)具体测量步骤

①后轮前束角及后轮外倾角的测量:直接从右后轮处的投影仪屏幕上读取右后轮的前束角(−15′)和外倾角(2°30′)并分别记录在图 10-74 的①和②处。再从左后轮处的投影仪屏上读取左后轮前束角(−20′)和外倾角(2°20′)并分别记录在图 10-74 中的③和④处。并将 1+3 的值作为后轮总的前束角(−35′),记录在图 10-74 的⑤处。

②前轮前束角与外倾角的测量:转动前轮,将左前轮前束角调整到零点,然后直接从投影仪屏幕上读取左前轮外倾角(22′),并将其值记录在图 10-74 中的⑥处。并从右前轮处投影仪屏幕上读取前束角即两前轮的总前束角(45′),将其值记录在图 10-74 中的⑦处。

转动前轮，将右前轮前束角调整到零点(方法同上)，然后在右侧投影仪屏幕上读取右前轮外倾角(22′)，并将其记录在图 10-74 中的⑧处。

转动前轮呈直线行驶状态，从左前轮旁的投影仪屏幕上读左前轮前束角(17′)，并将其值记录在图 10-74 的⑨处，同时从右前轮旁的投影仪屏幕上读右前轮前束角(28′)，将其值记录在图 10-74 中的⑩处。

在加载测试中需转动前轮，使左轮前束角为零，在两前轮的前边或后边(视车型而定)安装车轮张紧装置，并依据出厂标准加载，此时在右前轮旁的投影仪屏幕上读取前束角(15′)，并记录在图 10-74 中的⑪处，此值即为张紧并承载后前轮总的前束角。

③转向 20°的前张角及主销后倾角的测量：将左前轮向左转向 20°(即轮镜左侧镜面刚好与投影仪的投光镜对正)，使左前轮旁投影仪屏幕上的十字刻度线指示“0”前束角，将屏幕上的指针移到主销后倾角“0”度处。

在右前轮旁的投影仪屏幕上读取在前束刻度线上的示值，即左转向 20°时的前张角(2°10′)，并将该值记录在图 10-74 中的⑫处。

将前轮向右转向大约 40°时，微调前轮，使得右前轮旁投影仪屏幕上的十字刻度线指示“0”前束角，也将屏幕上的指针移到主销后倾角“0”度处。

在左投影仪屏幕上读取前束值，即为向右转动 20°时前轮的前张角(2°10′)并将该值记录在图 10-74 中的⑭处。

再将前轮继续向右转向，当左轮投影仪屏上指示“0”前束角时，读取左轮主销后倾角(10°)(在屏幕上主销后倾角刻度线上读取，参见图 10-74 所示)，并将该值(连同正负号)记录在图 10-74 中的⑮处。再向左转向大约 40°并微调，待右投影仪屏幕上指示“0”前束角时，读取右前轮主销后倾角的大小及方向并将其值记录在图 10-74 中的⑬处。

④主销内倾角的测量：在测主销内倾角前应先测主销后倾角，并要在制动踏板上安装制动杆，以保证车轮转向时车轮不滚动。在轮镜架上安装主销内倾角测试仪(如图 10-76 所示)。

将前轮向右转向 20°，使左投影仪屏幕上的十字刻度线指示“0”前束角。调整左前轮上的主销内倾角测试仪上的水准气泡为零，并使游标刻度尺置于“0”刻度。

将车轮向左转向 20°(即转到轮镜的左侧镜面正好与投影仪的投光镜对正)，调整车轮使左投影仪屏幕上的十字刻度线指示“0”前束角，再将主销内倾角测试仪上的水准仪调零，此时可在主销内倾角测试仪的游标的刻度盘上读取主销内倾角的大小及方向，并将该值记录在图 10-74 中的⑯处。

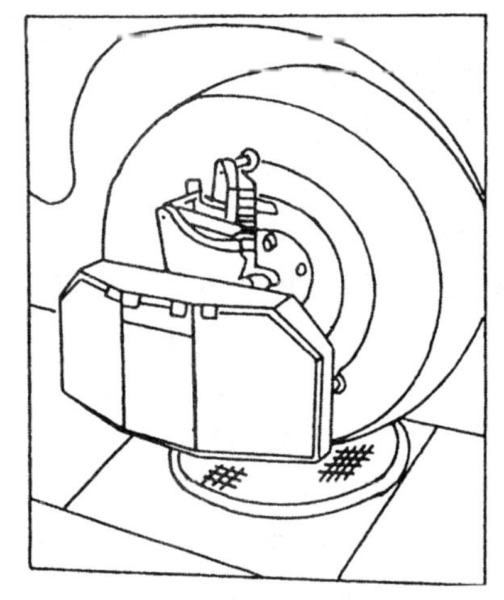

图 10-76　主销内倾角测试仪安装在轮镜架上

运用类似的方法，将主销内倾角测试仪安装在右前轮上，然后向右转向 40°，整个测试调整方法同上，最后从屏幕的刻度上读取内倾角的大小及方向，并将该值记录在图 10-74 中的⑰处，此值为右前轮的主销内倾角(注意记录正负号)。

⑤左右轮不同轴度的测量(轴距左右差测量)：在测量本项目前须检测完其他的所有项目，且已将车轮前束角或外倾角调整完毕。

本项目可测量左右车轮的不同轴度，也可用来检查车轮前轴的安装位置及判定悬架可能出现的磨损情况。

在测量前应先将毫米刻度尺固定在测试投影仪的导轨上，如图 10-77 所示。在轮镜架上安装指示车轮轴心的测试盘，并保证其上面的线铅垂向下，见图 10-78 所示，移动两投影仪直到投影十字刻度线上“0”前束角线与左右轮上测试盘上的线重合为止。此时从在左右两侧投影仪下的毫米尺上读出的差值即为左右轮的不同轴度(左右轮心的偏移量)。

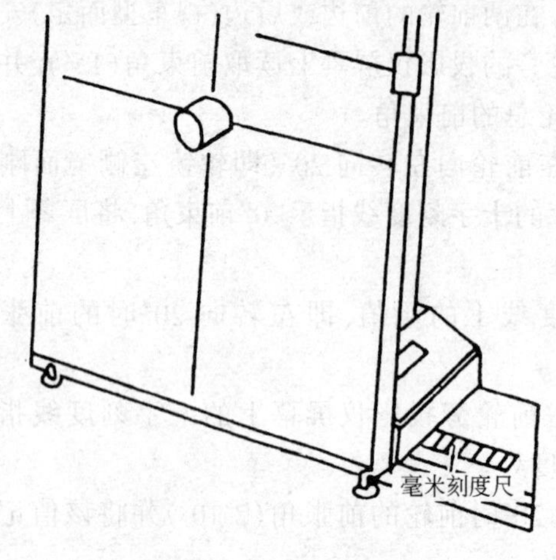

图 10-77 左右轮不同轴度的测量

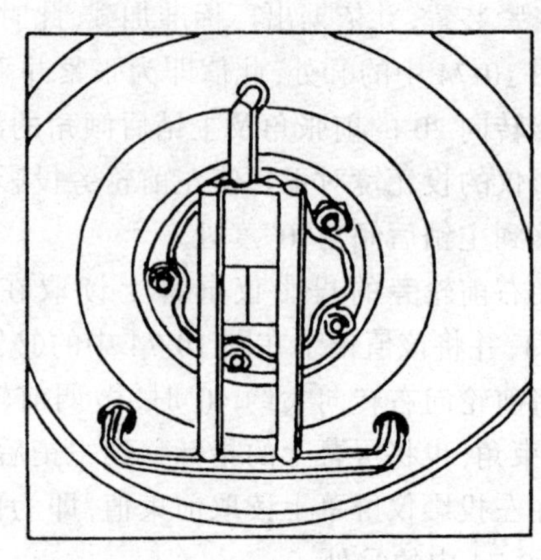
图 10-78 车轮轴心测试盘的安装

测量完所有的定位参数，将数据记录完毕后，从车轮上拆下安装架，让已检车驶离。

二、车轮平衡度的检测

随着道路质量的不断提高，尤其是高速公路的快速发展，汽车高速行驶能力得到充分发挥，这对车轮的平衡度提出更高要求。如果车轮不平衡，则在其高速旋转时，不平衡质量将引起车轮上下跳动和横向摆振，不仅影响汽车的行驶平顺性、乘坐舒适性和操纵稳定性，而且车辆难以控制，也影响了汽车行驶的安全性。此外，还因加剧了轮胎及有关机件的磨损和冲击，缩短了汽车使用寿命，增加了汽车运输成本。因此，车轮平衡问题越来越引起人们的重视，车轮平衡度已成为汽车检测项目之一。

1. 车轮静不平衡

对于静平衡的车轮，其质心与旋转中心重合；对于静不平衡的车轮，其质心与旋转中心不重合，在旋转时产生离心力 F，如图 10-79 所示。图中：

$$F = mr\omega^2$$

式中：m——不平衡点质量；

ω——车轮旋转角速度，$\omega = 2\pi n$；

n——车轮转速；

r——不平衡点质量离车轮旋转中心的距离。

从式中可以看出，车轮转速 n 越高，不平衡点质量 m 越大，不平衡点质量离车轮旋转中心的距离 r 越远，则离心力 F 越大。

离心力 F 可分解为水平分力 F_x 和垂直分力 F_y(如图 10-79 所示)。在车轮转动一周中，垂直分力 F_y 有两次落在通过车轮中心的垂线上，一次在 a 点，一次在 b 点，方向相反，均达到最大值，使车轮上下跳动，并由于陀螺效应引起前轮摆振；水平分力 F_x 有两次落在通过车轮中心的水平线上，一次在 c 点，一次在 d 点，方向相反，均达到最大值，使车轮前后窜动，并形成绕主销来回摆动的力矩，造成前轮摆振。当左、右前轮的不平衡质量相互处于 180°位置时，前轮摆振最为严重。

2. 车轮动不平衡

即使静平衡的车轮，即质心与旋转中心重合的车轮，也可能是动不平衡的。这是因为车轮的质量分布相对车轮纵向中心面不对称造成的。在图 10-80 中，车轮是静平衡的。在该车轮旋转轴线的径向相反位置上，各有一作用半径相同质量也相同的不平衡点 m_1 与 m_2，且不处于同一平面内。对于这样的车轮，其不平衡点的离心力合力为零，而离心力的合力矩不为零，转动中产生方向反复变动的力偶 M，使车轮处于动不平衡中。动不平衡的前轮将绕主销摆振。如果在 m_1、m_2 同一作用半径的相反方向上配置相同质量 m_1'、m_2'，则车轮处于动平衡中，如图 10-80b) 所示。动平衡的车轮肯定是静平衡的，因此对车轮主要应进行动平衡检验。

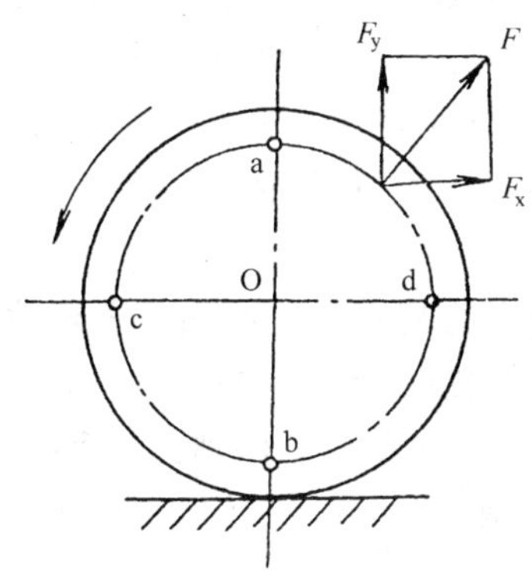

图 10-79　车轮离心力

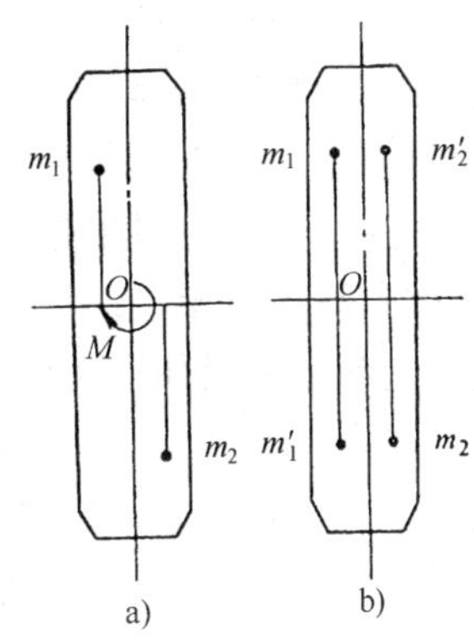

图 10-80　车轮平衡示意图

a)车轮静平衡但动不平衡；b)车轮动平衡

3. 车轮不平衡原因

①轮毂、制动鼓(盘)变形，产品质量或车轮碰撞造成；

②轮胎螺栓质量不等；

③轮辋质量分布不均或径向圆跳动、端面圆跳动太大；

④轮胎质量分布不均、尺寸或形状误差太大、前轮定位不当、使用中变形或磨损不均，特别是使用翻新轮胎或补胎；

⑤并装双胎的充气嘴未相隔 180°安装；

⑥单胎的充气嘴未与不平衡点标记(经过平衡试验的新轮胎，往往在胎侧标有红、黄、白或浅蓝色的□、△、○或◇符号，用来表示不平衡点位置)相隔 180°安装。

4. 车轮平衡机类型

车轮平衡度用车轮平衡机检测。按功能不同分为车轮静平衡机和车轮动平衡机；按测量方式不同分为离车式车轮平衡机和就车式车轮平衡机；按平衡机转轴的形式不同分为软式车轮平衡机和硬式车轮平衡机；按测量装置不同分为机械式和电测式。

5. 车轮动平衡的检验

1)离车式车轮动平衡检验

(1)检测原理

以硬支承平衡机为例,由于其转轴支承装置刚度大,固有振动频率高,振幅小,因而车轮的惯性力可忽略不计。车轮不平衡所产生的离心力是以力的形式作用在支承装置上的,只要测出支承装置上所受的力或因此而产生的振动,就可得到车轮的不平衡量。电测式车轮平衡机检测原理如图 10-81 所示。图中 m_1、m_2 为车轮不平衡质量,F_1、F_2 为对应的离心力,N_L、N_R 为左右支承测得的动反力。该测量法的测量点在支承处,不平衡的校正面在轮辋边缘,它们存在动平衡关系。根据力的平衡条件得

$$N_R - N_L - F_1 - F_2 = 0$$

$$F_1(a+c) + F_2(a+b+c) - N_R \cdot c = 0$$

联立求解得:

$$F_1 = N_L(a+b+c)/b - N_R$$

$$F_2 = N_L(a+c)/b - N_R \cdot a/b$$

可以看出,不平衡点质量产生的离心力仅与支承处的动反力及尺寸 a、b、c 有关。支承处的动反力或因此而引起的振动,可以通过相应传感器变成电信号后测出,各位置尺寸中 c 是常数,a、b 可通过测量后输入运算电路的方法求出。因此,通过运算即可根据动反力确定出车轮两个校正面上的离心力,再根据离心力确定出两个校正面上的平衡量。

(2)离车式车轮动平衡机结构

离车式车轮动平衡机如图 10-82 所示。目前应用最多的是硬式二面测定车轮动平衡机。该动平衡机一般由驱动装置、转轴与支承装置、显示与控制装置、制动装置、机箱和车轮防护罩等组成。驱动装置一般由电动机、传动机构等组成,可驱动转轴旋转。转轴由两个滚动轴承支承,每个轴承均有一能将动反力变为电信号的传感器。转轴的外端通过锥体和大螺距螺母等固装被测车轮。驱动装置、转轴与支承装置等均装在机箱内。车轮防护罩可防止车轮旋转时其上的平衡块或花纹内夹杂物飞出伤人。制动装置可使车轮停转。近年来生产的车轮动平衡机,其显示与控制装置多为电脑式,具有自动诊断和自动调校系统,能将传感器送来的电信号通过电脑运算、分析、判断后显示出不平衡量及相位。为了使显示的不平衡量恰是轮辋边缘所加平衡块的质量,还必须将测得的轮辋直径 d、轮辋宽度 b 和轮辋边缘至平衡机机箱的距离 a(轮辋外悬尺寸),通过键盘或旋钮输入微机才行。

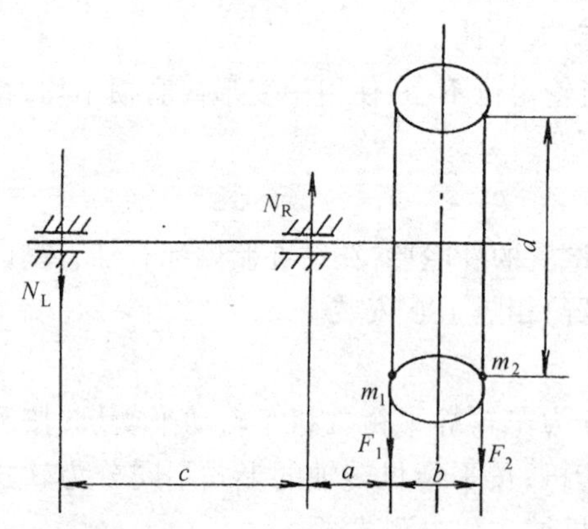

图 10-81 电测式车轮平衡机检测原理

a-轮辋边缘至右支承的距离;b-轮辋宽度;c-左右支承间的距离;d-轮辋直径

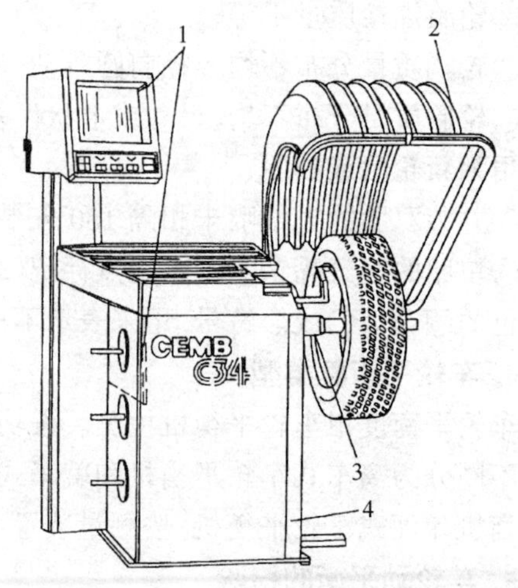

图 10-82 离车式车轮动平衡机

1-显示与控制装置;2-车轮防护罩;3-转轴;4-机箱

(3)使用方法

①清除被测车轮上的泥土、石子和旧平衡块;

②检查轮胎气压,视必要充至规定值;

③根据轮辋中心孔的大小选择锥体,仔细地装上车轮,用大螺距螺母上紧;

④打开电源开关,检查指示与控制装置的面板是否指示正确;

⑤用卡尺测量轮辋宽度 b、轮辋直径 d(也可由胎侧读出),用平衡机上的标尺测量轮辋边缘至机箱距离 a,再用键入或选择器旋钮对准测量值的方法,将 a、b、d、值输入指示与控制装置中去;

⑥放下车轮防护罩,按下起动键,车轮旋转,平衡测试开始,自动采集数据;

⑦车轮自动停转或听到“笛”声按下停止键并操纵制动装置使车轮停转后,从指示装置读取车轮内、外不平衡量和不平衡位置;

⑧抬起车轮防护罩,用手慢慢转动车轮。当指示装置发出指示(音响、指示灯亮、制动、显示点阵或显示检测数据等)时停止转动。在轮辋的内侧或外侧的上部(时钟 12 点位置)加装指示装置显示的该侧平衡块质量。内、外侧要分别进行,平衡块装卡要牢固;

⑨安装平衡块后有可能产生新的不平衡,应重新进行平衡试验,直至不平衡量<5g,指示装置显示“00”或“OK”时才能满意。当不平衡量相差 10g 左右时,如能沿轮辋边缘前后移动平衡块一定角度,将可获得满意的效果;

⑩测试结束,关闭电源开关。

2)就车式车轮动平衡检测

(1)检测原理

如图 10-83 所示,与静不平衡检测原理相同,只不过传感磁头固定在制动底板上,检测的是横向振动。横向振动通过传感磁头、可调支杆传至底座内的传感器,传感器转变成的电信号控制频闪灯闪光,以指示车轮不平衡点位置,并输入到指示装置指示车轮不平衡度(量)。

(2)结构简介

就车式车轮动平衡机一般由驱动装置、测量装置、指示与控制装置、制动装置和小车等组成,其示意图如图 10-84 所示,驱动装置由电动机、转轮等组成,能带动支离地面的车轮转动。测量装置由传感磁头、可调支杆、底座和传感器等组成。它能将车轮不平衡量产生的振动变成电信号,送至指示与控制装置。指示与控制装置由频闪灯、不平衡度表或数字显示屏等组成。

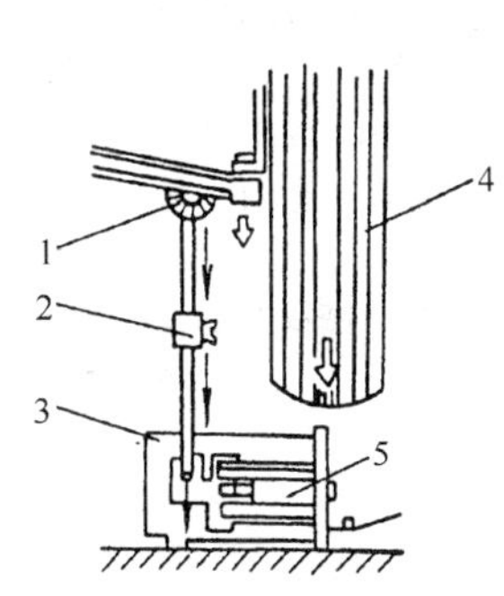

图 10-83 就车式车轮平衡机静不平衡检测原理

1-底座;2-可调支杆;3-传感磁头;4-车轮;5-传感器

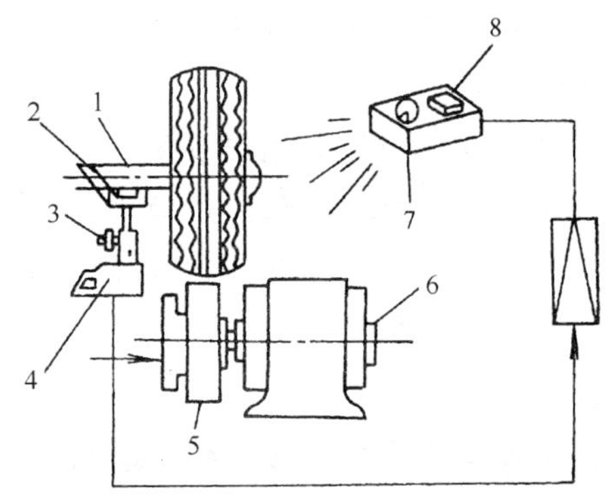

图 10-84 就车式车轮动平衡机示意图

1-转向节;2-传感磁头;3-可调支杆;4-底座;5-转轮;6-电动机;7-频闪灯;8-不平衡度表

频闪灯用来指示车轮不平衡点位置，不平衡度表或数字显示屏用来指示车轮的不平衡量。一般有两个档位，第一档往往用于初查时的指示，第二档往往用于装上平衡块后复查时指示。制动装置用于车轮停转。除测量装置外，车轮动平衡机的其余装置都装在小车上，可方便地移动。

(3)使用方法

①准备工作：

a. 用千斤顶支起车轴，两边车轮离地间隙要相等；

b. 除去被测车轮上的泥土、石子和旧平衡块；

c. 检查轮胎气压，视必要充至规定值；

d. 检查轮毂轴承是否松旷，视必要调整至规定的松紧度；

e. 在轮胎外侧面任意位置上用白粉笔或白胶布做上记号。

②前从动轮静平衡：

a. 用三角垫木塞紧对面车轮和后轴车轮，将测量装置推至被测前轮一端的前轴下，传感磁头吸附在悬架下或转向节下，调节可调支杆高度并锁紧；

b. 推车轮动平衡机至车轮侧面或前面(视车轮平衡机形式不同而异)，检查频闪灯工作是否正常，检查转轮的旋转方向能否使车轮的转动与前进行驶时方向一致；

c. 操纵车轮动平衡机转轮与轮胎接触，起动电机带动车轮旋转至规定转速；

d. 观察频闪灯照射下的轮胎标记位置，并从指示装置(第一档)上读取不平衡量数值；

e. 操纵车轮动平衡机上的制动装置，使车轮停止转动；

f. 用手转动车轮，使其上的标记仍处在上述观察位置上，此时轮辋的最上部(时钟 12 点位置)即为加装平衡块的位置；

g. 按指示装置显示的不平衡量选择平衡块，牢固地装卡到轮辋边缘上；

h. 重新驱动车轮进行复查测试，指示装置用二档显示。若车轮平衡度不符合要求，应调整平衡块质量和位置，可参照图 10-85 的方法进行，直至符合平衡要求。

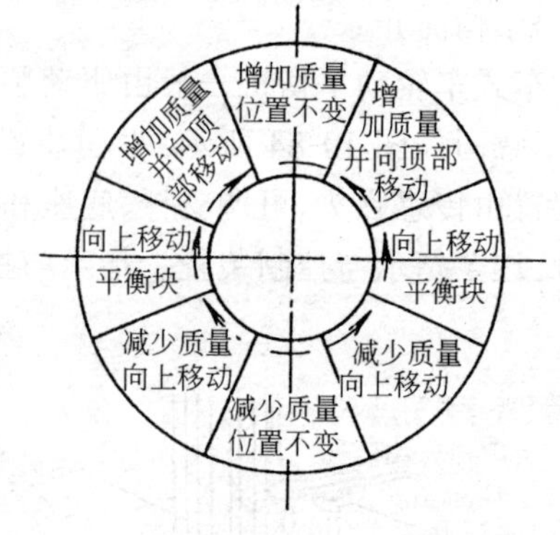

图 10-85 复查时平衡块质量和位置的调整方法

③前从动轮动平衡：

a. 将传感磁头吸附在经过擦拭的制动底板边缘平整之处；

b. 操纵车轮动平衡机转轮驱动车轮旋转至规定转速，观察轮胎标记位置，读取不平衡量数值，停转车轮找平衡块加装位置，加装平衡块和复查等方法与静平衡相同。

④驱动轮平衡：

a. 对面车轮不必用三角垫木塞紧；

b. 用发动机、传动系驱动车轮，加速至 50～70km/h，并在某一转速下稳定运转；

c. 测试结束后，用汽车制动器使车轮停转；

d. 其他方法同从动轮动、静平衡测试。

复习题

1. 现代汽车检测的特点和发展方向?
2. 底盘测功试验台由哪几部分组成? 各部分的功能是什么?
3. 发动机综合性能分析仪的功能有哪些?
4. 无外载测功仪的检测原理是什么? 操作中应注意哪些事项?
5. 无分电器点火系统的点火波形有什么特点? 测试时如何接线?
6. 汽车排气污染物主要成分有哪些? 这些污染物来自哪些方面?
7. 阐述汽油车怠速污染物的测量方法?
8. 阐述柴油车自由加速烟度的测量方法?
9. 车速表指示误差产生的原因? 车速表值允许误差是多少?
10. 前照灯的检验指标有哪些? 何为对称配光特性和非对称配光特性?
11. 自动追踪光轴式前照灯检验仪的结构原理和检验方法与一般的前照灯检验仪有何不同?
12. 反力式滚筒制动试验台制动力测试原理是什么?
13. 反力式滚筒制动试验台可以测哪几种制动性能?
14. 车轮定位仪能检测哪些项目?
15. 为什么现代汽车要进行四轮定位?
16. 目前常用四轮定位仪有哪几种形式?
17. 车轮不平衡量过大对汽车性能有何影响?
18. 离车式车轮平衡仪如何检测车轮的静、动不平衡?

参 考 文 献

1 吴桑,乔利白等.图解汽车新电器、构造、使用与维护.北京:科学出版社,1994
2 徐向阳.汽车电器与电子控制技术.北京:机械工业出版社,1999
3 阚有波.上海桑塔纳2000GSI轿车防盗系统及学习方法.《汽车驾驶与维修》,2001
4 甘绍津.日产风度轿车的防盗系统.《汽车杂志》,2000
5 李洋.上海别克中央门锁防盗系统的检修.《汽车驾驶与维修》,2001
6 周涌麟等.汽车污染物控制与检测.北京:中国环境科学出版社,1990
7 钱耀义.汽车发动机排气污染与控制.北京:人民交通出版社,1987
8 [日]藤汉英也,小林久德.电子控制汽油喷射.于贵林释译.《汽车与驾驶维修》,1992
9 钱耀义.汽车发动机汽油喷射系统.北京:人民交通出版社,1992
10 [日]林田洋一.汽车电子学.蔡锐彬译.北京:人民交通出版社,1988
11 [美]T·韦瑟斯,C·C亨特.汽车计算机与控制系统 .沈惠林,刘日正译.北京:人民交通出版社,1989
12 黄树林.现代汽车电子点火装置.(台中)正工出版社,1990
13 中国汽车技术研究中心,无锡油泵油嘴研究所.国外车用发动机控制汽油喷射系统文集,1991
14 Emission Controls Manual. 1992. CHILTON Book Company
15 Tom Weather Jr & Claud C. Hunter. Computerized Engine Control and Diagnostics. 1990
16 王俊源,种衍庆.上海桑塔纳轿车维修手册.北京:中国物资出版社,1989
17 吉林工业大学汽车工程系.汽车构造(第三版).北京:人民交通出版社,1993
18 边涣鹤.汽车电器与电子设备.北京:人民交通出版社,1997
19 AUTOMOTIVE ELECTRONIC SYSTEMS, TREVOR MELLARD LONDON 1987
20 AUTOMOTIVE ELECTRICAL & ELECTRONIC SYSTEMS, New York 1987
21 甄凯玉.柴油机PT燃油系统结构与维修.北京:机械工业出版社,1998
22 蒋向佩.汽车柴油机构造与使用.北京:机械工业出版社,1997
23 葛仁礼.汽车新结构新技术及其使用维修.陕西:西北大学出版社,1996
24 罗宗桥.南京依维柯轻型汽车结构与使用维修.北京:金盾出版社,1996
25 朱国玺等.汽车柴油机燃油系.北京:人民交通出版社,1984
26 姚全忱.康明斯柴油机制造与维修.辽宁:科学技术出版社,1997
27 林平.新型汽车自动变速器结构、检修.福建:科学技术出版社,1997
28 过学迅.汽车自动变速器.北京:机械工业出版社,2000
29 邹长庚等.现代汽车电控系统结构原理与故障诊断.北京:理工大学出版社,1998
30 智百年.轿车自动变速器的使用与维修.北京:中国物资出版社,1995
31 智百年.汽车液力自动变速器的使用与维修.北京:人民交通出版社,1990
32 杨少彬,步渊.神龙富康轿车结构与维修.辽宁:科学出版社,2001
33 刘生全.通用、丰田系列轿车自动变速器.北京:人民交通出版社,1998
34 张月相等.自动变速系统的原理与检修.黑龙江:科学技术出版社,1997
35 徐向阳.自动变速器与ABS原理与维修技术.黑龙江:科学技术出版社,1995

36 张开岭等.汽车自动变速器原理与检修.广东:科技出版社,1998
37 司利增.汽车防滑控制系统——ABS与ASR.北京:人民交通出版社,1996
38 张豫南.汽车防抱死制动系统(ABS)结构原理与维修.北京:中国物质出版社,1996
39 王遂双.汽车电子控制系统的原理与检修.北京:北京理工大学出版社,1998
40 付百学.汽车电子控制技术.北京:机械工业出版社,2000
41 潘旭峰.现代汽车电子技术.北京:北京理工大学出版社,1998
42 孟嗣宗.现代汽车防抱死制动系统和驱动力控制系统.北京:北京理工大学出版社,1997
43 田沛然.汽车防抱死制动系统(ABS)结构与使用维护.北京:金盾出版社,1999
44 张家玺.一汽捷达王.福建:福建科学技术出版社,2000
45 高进军.汽车构造.北京:人民交通出版社,1999
46 吴定才.汽车电子控制系统构造与维修.北京:人民交通出版社,2000
47 陈中一.燃料、润滑剂与轮胎.北京:机械工业出版社,1991
48 庄继德.汽车轮胎学.北京:北京理工大学出版社,1996
49 李炳泉.桑塔纳2000型轿车构造.机械工业出版社,2000
50 寇国瑗等.汽车电器与电子控制系统.人民交通出版社,1999
51 张立新,陈天民.桑塔纳2000/桑塔纳轿车电控与电气系统检修图解.北京:机械工业出版社,2000
52 徐向阳.汽车电子控制技术与应用.北京:电子工业出版社,1999
53 崔彬,郭紫洁等.汽车电子技术与应用.北京:电子工业出版社,1998
54 冯渊.汽车电子控制技术.北京:机械工业出版社,1999
55 王暄,李启光等.现代汽车安全.北京:人民交通出版社,1997
56 司利增.汽车计算机控制.北京:人民交通出版社,2000
57 张凤山.上海别克轿车结构与维修.北京:金盾出版社,2001
58 陈禹武、马竣.汽车运输业技术管理.陕西:陕西人民出版社,1996
59 省运.公路运输企业实用科技指南.山西:科技出版社,1996
60 部节能中心.汽车节能与环保实用技术.北京:人民交通出版社,1999
61 王亚军.现代汽车车主实用指南.北京:机械工业出版社,1997
62 张建俊.汽车检测与故障诊断技术.北京:机械工业出版社,1999
63 杨庆传.汽车故障诊断与检测技术.北京:人民交通出版社,1999
64 王静文.汽车诊断与检测技术.北京:人民交通出版社,1998
65 交通部公路司审定.汽车综合性能检测.上海:科学技术文献出版社,1999
66 秦文新等.汽车排气净化与噪声控制.北京:人民交通出版社,1999
67 李兴虎.汽车排气污染与控制.北京:机械工业出版社,1999
68 珠海欧亚汽车技术公司.进口汽车检测诊断设备原理与使用.辽宁:辽宁科学技术出版社,1999
69 刘仲国.现代汽车检测与诊断.北京:机械工业出版社,2001
70 杨佩昆,张树升.交通管理与控制.北京:人民交通出版社,1995
71 陆化普.城市交通现代化管理.北京:人民交通出版社,1999
72 李江,傅晓光,李作敏.现代道路交通管理.北京:人民交通出版社,2000
73 [日]社团法人,交通工学研究会.智能交通系统.董国良等译.北京:人民交通出版社,2000

74　车主丛书编委会.高速公路安全行车指南.北京:机械工业出版社,1997
75　赵建有,刘浩学.汽车安全驾驶技术.北京:人民交通出版社,1998
76　王亚军,江永贝.高速公路行车指南.北京:机械工业出版社,1998
77　刘公明.道路交通事故预防.吉林:吉林人民出版社,2001
78　蔡士钺.汽车交通安全.北京:人民交通出版社,1991
79　陈永德.道路交通事故的分析与预防.北京:人民交通出版社,2001